林业碳汇论文精选
SpecialPaper Collectionson Forestry Carbon Research

李怒云　袁金鸿　主编

中国林业出版社

图书在版编目(CIP)数据

林业碳汇论文精选 / 李怒云编著. —北京:中国林业出版社,2017.5
(碳汇中国系列丛书)
ISBN 978-7-5038-8513-6

I. ①林… II. ①李… III. ①森林 – 二氧化碳 – 资源利用 – 中国 – 文集 IV. ①S718.5-53

中国版本图书馆 CIP 数据核字(2016)第 093840 号

中国林业出版社
责任编辑:李 顺
出版咨询:(010)83143569

出版:中国林业出版社(100009 北京西城区德内大街刘海胡同 7 号)
网站:http://lycb.forestry.gov.cn
印刷:北京卡乐富印刷有限公司
发行:中国林业出版社
电话:(010)83143500
版次:2017 年 6 月第 1 版
印次:2017 年 6 月第 1 次
开本:787mm×960mm 1/16
印张:37
字数:600 千字
定价:100.00 元

"碳汇中国"系列丛书编委会

主　任：张建龙

副主任：张永利　彭有冬

顾　问：唐守正　蒋有绪

主　编：李怒云

副主编：金　旻　　周国模　　邵权熙　　王春峰
　　　　苏宗海　　张柏涛

成　员：李金良　　吴金友　　徐　明　　王光玉
　　　　袁金鸿　　何业云　　王国胜　　陆　霁
　　　　龚亚珍　　何　宇　　施拥军　　施志国
　　　　陈叙图　　苏　迪　　庞　博　　冯晓明
　　　　戴　芳　　王　珍　　王立国　　程昭华
　　　　高彩霞　　John Innes

总 序

进入21世纪,国际社会加快了应对气候变化的全球治理进程。气候变化不仅仅是全球环境问题,也是世界共同关注的社会问题,更是涉及各国发展的重大战略问题。面对全球绿色低碳经济转型的大趋势,各国政府和企业和全社会都在积极调整战略,以迎接低碳经济的机遇与挑战。我国是世界上最大的发展中国家,也是温室气体排放增速和排放量均居世界第一的国家。长期以来,面对气候变化的重大挑战,作为一个负责任的大国,我国政府积极采取多种措施,有效应对气候变化,在提高能效、降低能耗等方面都取得了明显成效。

森林在减缓气候变化中具有特殊功能。采取林业措施,利用绿色碳汇抵销碳排放,已成为应对气候变化国际治理政策的重要内容,受到世界各国的高度关注和普遍认同。自1997年《京都议定书》将森林间接减排明确为有效减排途径以来,气候大会通过的巴厘路线图、哥本哈根协议等成果文件,都突出强调了林业增汇减排的具体措施。特别是在去年底结束的联合国巴黎气候大会上,林业作为单独条款被写入《巴黎协定》,要求2020年后各国采取行动,保护和增加森林碳汇,充分彰显了林业在应对气候变化中的重要地位和作用。长期以来,我国政府坚持把发展林业作为应对气候变化的有效手段,通过大规模推进造林绿化、加强森林经营和保护等措施增加森林碳汇。据统计,近年来在全球森林资源锐减的情况下,我国森林面积持续增长,人工林保存面积达10.4亿亩,居全球首位,全国森林植被总碳储量达84.27亿吨。联合国粮农组织全球森林资源评估认为,中国多年开展的大规模植树造林和天然林资源保护,对扭转亚洲地区森林资源下降趋势起到了重要支持作用,为全球生态安全和应对气候变化做出了积极贡献。

国家林业局在加强森林经营和保护、大规模推进造林绿化的同时,从2003年开始,相继成立了碳汇办、能源办、气候办等林业应对气候变化管理机构,制定了林业应对气候变化行动计划,开展了碳汇造林试点,建立了全国碳汇计量监测体系,推动林业碳汇减排量进入碳市场交易。同时,广泛宣传普及林业应对气候变化和碳汇知识,促进企业捐资造林自愿减排。为进

总序

一步引导企业和个人等各类社会主体参与以积累碳汇、减少碳排放为主的植树造林公益活动。经国务院批准，2010年，由中国石油天燃气集团公司发起、国家林业局主管，在民政部登记注册成立了首家以增汇减排、应对气候变化为目的的全国性公募基金会——中国绿色碳汇基金会。自成立以来，碳汇基金会在推进植树造林、森林经营、减少毁林以及完善森林生态补偿机制等方面做了许多有益的探索。特别是在推动我国企业捐资造林、树立全民低碳意识方面创造性地开展了大量工作，收到了明显成效。2015年荣获民政部授予的"全国先进社会组织"称号。

增加森林碳汇，应对气候变化，既需要各级政府加大投入力度，也需要全社会的广泛参与。为进一步普及绿色低碳发展和林业应对气候变化的相关知识，近期，碳汇基金会组织编写完成了《碳汇中国》系列丛书，比较系统地介绍了全球应对气候变化治理的制度和政策背景，应对气候变化的国际行动和谈判进程，林业纳入国内外温室气体减排的相关规则和要求，林业碳汇管理的理论与实践等内容。这是一套关于林业碳汇理论、实践、技术、标准及其管理规则的丛书，对于开展碳汇研究、指导实践等具有较高的价值。这套丛书的出版，将会使广大读者特别是林业相关从业人员，加深对应对气候变化相关全球治理制度与政策、林业碳汇基本知识、国内外碳交易等情况的了解，切实增强加快造林绿化、增加森林碳汇的自觉性和紧迫性。同时，也有利于帮助广大公众进一步树立绿色生态理念和低碳生活理念，积极参加造林增汇活动，自觉消除碳足迹，共同保护人类共有的美好家园。

国家林业局局长

二〇一六年二月二日

前　言

以气候变暖为主要特征的全球气候变化，已对世界经济社会的可持续发展构成了巨大威胁，成为本世纪人类社会生态环境所面临的巨大挑战。伴随《联合国气候变化框架公约》和《京都议定书》的诞生，森林在减缓和适应气候变化中的特殊功能与作用，受到了国际社会的高度重视；利用林业碳汇抵减碳排放，也已成为国内外碳交易机制的一项重要内容，吸引着众多专家学者积极参与碳管理机制、政策及其技术、标准等方面的研究与探索。

多年来，我们国家高度重视林业在应对气候变化中的特殊地位与作用。2007年6月，国务院发布《中国应对气候变化国家方案》，提出了要加快植树造林、维护和扩大森林生态系统整体功能、构建良好生态环境的政策举措；2009年9月，中国政府在联合国气候变化峰会上提出"大力增加森林碳汇，到2020年森林面积比2005年增加4 000万公顷，森林蓄积量比2005年增加13亿立方米"的庄严承诺，进一步凸显了林业在温室气体减排中不可或缺的积极作用。

为此，近些年，相关领域的专家学者、高校师生和行业管理人员，在林业碳管理政策与制度设计、林业碳吸收机理、碳汇项目方法学和标准体系研建、碳汇项目设计与监测、碳汇交易等方面进行了大量广泛而深入的理论与实践的探索，成果颇为丰厚，这无疑对中国林业碳管理和林业碳汇事业的发展起到了重要的引领和指导作用。当然，林业碳汇管理是一个全新的事物，涉及自然科学、社会科学和管理科学等诸多交叉学科。碳汇概念及其方法学、技术标准等对非专业人士而言，相对较为生疏，尤其是碳交易及其国际规则的专业性和复杂性，在一定程度上使一些研究者或管理者对林业碳汇概念及其机制、技术等存在认识上的误区。一些相关网站、媒体片面夸大林业碳汇交易收益的宣传，误导和不良炒作时有发生；更有一些存在错误概念或虚假信息的文章被反复引用而一度造成林业碳汇概念的混乱，严重影响着林业碳汇事业科学、健康、有序地发展。

为以正视听，给相关研究者、决策者、管理者以及所有关注林业碳汇发展创新的人提供科学的概念、理论和实践知识，帮助大家客观把握林业碳汇在应对气候变化、建设生态文明和维护国家生态安全中的作用，确保林业碳

前言

汇的探索研究和项目实施沿着科学化、专业化和规范化的方向发展，我们组织专家精心遴选了自2000年以来公开发表的60篇论文，按照林业碳汇与国际气候变化谈判、森林碳汇的基础研究、林业碳汇产权与碳汇交易等专题加以整理、汇集，编辑成书，不仅方便科技和管理人员学习林业碳汇相关知识，为从业人员提供决策参考依据，也为社会公众积极参与应对气候变化、消除碳足迹等公益活动提供技术支撑。在此，谨向各位论文作者和发表其论文的有关刊物表示诚挚的谢意，感谢你们为传播林业碳汇科学知识和推动其科学研究、创新实践所付出的全部辛劳和不懈努力！

编　者

2015年6月

目 录

总序
前言

上篇　林业碳汇与国际气候变化谈判

中国林业应对气候变化碳管理之路　………　李怒云　冯晓明　陆　霁(3)
解读"碳汇林业"………………………………………………………李怒云(14)
中国绿色气候基金的创新与实践——以中国绿色碳汇基金会为例
　　　　　　　　　　　　　　　　　　　　　　李怒云　李金良(16)
林业减缓气候变化的国际进程、政策机制及对策研究
　　　　　　　　李怒云　黄　东　张晓静　章升东　贺祥瑞(27)
林业碳汇项目的三重功能分析　………………李怒云　龚亚珍　章升东(35)
中国林业碳汇项目的需求分析与设计思路　………　龚亚珍　李怒云(42)
气候变化与碳汇林业概述　………………李怒云　杨炎朝　何　宇(49)
加快林业碳汇标准化体系建设促进中国林业碳管理
　　　　　　　　　　　　李怒云　李金良　袁金鸿　陈叙图(55)
发展碳汇林业　应对气候变化——中国碳汇林业的实践与管理
　　　　　　　　　　　　　　　　李怒云　杨炎朝　陈叙图(64)
浅谈"碳中和"会议　…………………………………徐锭明　李怒云(70)
全球气候变化谈判中我国林业的立场及对策建议　……　李怒云　高均凯(73)
中国林业碳汇管理现状与展望　………………李怒云　宋维明　章升东(78)
气候变化与中国林业碳汇政策研究综述　………………李怒云　宋维明(88)
森林碳伙伴基金运行模式及对中国的启示　……………李怒云　吴水荣(99)
林业碳汇的经济属性分析　……………………金　巍　文　冰　秦　钢(106)
中国造林再造林碳汇项目的优先发展区域选择与评价
　　…李怒云　徐泽鸿　王春峰　陈　健　章升东　张　爽　侯瑞萍(111)
发展碳汇林业　应对气候变化　……………………………………李怒云(120)
林业碳汇与碳税制度设计之我见　………………………李怒云　陆　霁(124)

1

聚焦哥本哈根气候变化峰会：回顾与前瞻 ……………… 吴水荣（132）
林业在发展低碳经济中的地位与作用 …… 李怒云　陈叙图　章升东（141）
发展碳汇林业正当时 …………………………… 袁金鸿　李怒云（147）
气候变化背景下的中国林业建设 ………………… 李怒云　袁金鸿（151）
关于发展碳汇林业的理性思考 …………………… 苏宗海　于天飞（157）
凝聚全球共识　见证中国担当——联合国气候变化大会20周年回眸
　　（上、下） ……………………………………………… 吴小雁（165）
气候变化谈判，走过风云变幻20年——气候变化谈判历程和南非德班
　　气候大会展望 ………… 金普春　王春峰　张忠田　王国胜（184）
谈判艰难　德班气候大会终获新成果——气候变化谈判历程和南非德班
　　气候大会观察 ………… 金普春　王春峰　张忠田　王国胜（190）
多哈气候大会开启通向希望之门
　　……………… 金普春　王春峰　张忠田　王国胜　姜春前（195）
华沙气候大会通过有关林业一揽子决定 … 王春峰　张忠田　王国胜（197）
利马气候大会就新协议谈判达成相关决定林业议题继续受到普遍关注
　　………………………………… 王春峰　张忠田　王国胜（199）
部分国家REDD+国家战略文件背景分析 ………… 曾以禹　吴柏海（201）
LULUCF报告和核算规则现状、问题及趋势 ……………… 王春峰（213）
澳大利亚森林可持续经营与应对气候变化
　　………………………………… 王春能　姚建林　郭瑜富（223）

中篇　森林碳汇的基础研究

中国森林植被碳库的动态变化及其意义 …………… 方精云　陈安平（231）
中国陆地生态系统碳收支 …………………… 朴世龙　方精云　黄　耀（243）
1977～2008年中国森林生物量碳汇的时空变化
　　……………… 郭兆迪　胡会峰　李　品　李怒云　方精云（248）
1981～2000年中国陆地植被碳汇的估算
　　……………………… 方精云　郭兆迪　朴世龙　陈安平（265）
1850～2008年中国及世界主要国家的碳排放——碳排放与社会发展Ⅰ
　　……………………… 朱江玲　岳　超　王少鹏　方精云（281）
1995～2007年我国省区碳排放及碳强度的分析——碳排放与社会发展Ⅲ
　　………… 岳　超　胡雪洋　贺灿飞　朱江玲　王少鹏　方精云（292）

2050年中国碳排放量的情景预测——碳排放与社会发展Ⅳ
.... 岳 超 王少鹏 朱江玲 方精云（303）
北京东灵山三种温带森林生态系统的碳循环
.... 方精云 刘国华 朱 彪 王效科 刘绍辉（317）
全球变暖、碳排放及不确定性
.... 方精云 朱江玲 王少鹏 岳 超 沈海花（335）
我国主要森林生态系统碳贮量和碳平衡 ... 周玉荣 于振良 赵士洞（355）
北京城市园林树木碳贮量与固碳量研究
.... 谢军飞 李玉娥 李延明 高清竹（363）
湿地生态系统碳储存功能及其价值研究 .... 刘子刚 张坤民（369）
湿地生态系统碳储存和温室气体排放研究 .... 刘子刚（376）
三峡库区主要森林植被类型土壤有机碳贮量研究
.... 陈亮中 谢宝元 肖文发 黄志霖（386）
REDD+对我国木材进口影响的实证研究
.... 吴水荣 陈绍志 曾以禹（392）

下篇　碳汇产权与碳汇交易

国际、国内碳市场的发展展望 .... 钱国强 陈志斌 余思杨（409）
中国的碳交易之路：中国碳市场建设概况简论国际碳和中国林业碳汇交易市场 .... 李怒云 王春峰 陈叙图（446）
美国林业碳汇市场现状及发展趋势
.... 陈叙图 李怒云 高 岚 何 宇（453）
国际自愿碳汇市场的补偿标准 .... 武曙红 张小全 宋维明（462）
森林碳汇服务市场交易成本问题研究 .... 林德荣（473）
国内外林业碳汇产权比较研究 .... 陆 霁（480）
中国森林碳汇交易市场现状与潜力 .... 何 英 张小全 刘云仙（489）
新西兰碳排放交易体系及其对我国的启示 ...... 肖 艳 李晓雪（500）
林业碳汇交易可借鉴的国际经验 .... 陆 霁 张 颖 李怒云（512）
伐木制品相关议题国际谈判进展及各国应对策略分析
.... 原磊磊 吴水荣 陈幸良（523）

目录

基于 HASM 的中国森林植被碳储量空间分布模拟
.... 赵明伟　岳天祥　赵　娜　孙晓芳(533)

基于社会偏好的森林生态服务产品自愿供给路径分析
.... 冯晓明　李怒云(553)

促进林业生态产品生产与发展对策建议——以林业碳汇为例
.... 赵宗桓(563)

欧盟碳排放权交易体系第三期的改革及其启示
.... 周茂荣　王　丹　薛进军(570)

上 篇
林业碳汇与国际气候变化谈判

中国林业应对气候变化碳管理之路

李怒云[1]　冯晓明[2]　陆霁[3]

(1 国家林业局，北京 100714；2 河北农业大学商学院，河北省保定 071001；
3 北京林业大学经济管理学院，北京 100083)

森林是陆地生态系统的主体，是利用太阳能的最大载体。森林植物通过光合作用吸收大气中的二氧化碳，所具有的碳汇功能对稳定乃至降低大气中温室气体浓度具有重要作用；同时，森林的采伐和破坏以及林地退化等，又将其储存的二氧化碳释放到大气中，成为温室气体的排放源。据此，加快森林植被恢复增加碳汇，保护森林和防止森林退化减少碳排放，已经成为应对气候变化的全球共识和行动，也成为 2009 年哥本哈根气候大会（COP15）以后中国政府自主减排的 3 项承诺目标之一：即大力增加森林碳汇，到 2020 年森林面积比 2005 年增加 4 000 万公顷，森林蓄积量比 2005 年增加 13 亿立方米（林业"双增"目标），表明了林业在中国应对气候变化中的重要战略地位。因此，采取措施加强森林生态系统的碳储存和碳汇功能，减少森林造成的碳排放，充分发挥林业在减缓和适应气候变化的重要作用，是林业应对气候变化碳管理的首要目标。多年来，国家林业局从机构建设、政策措施、技术标准、碳汇交易和参与国际气候谈判等方面开展了以应对气候变化为主要目标的林业碳管理工作，初步建立了从宏观到微观的中国林业碳管理体系，有力地推动了中国林业应对气候变化工作。

林业碳汇在应对气候变化国内外进程中真正受到关注和重视只有十几年的历史。因此，林业碳管理作为一个新生事物，无论政策还是技术，在国际上都处于探索和研究阶段。虽然中国林业碳管理也走过了 10 年的历程。但是，认真总结 10 年来中国林业碳管理的工作，特别是从无到有的与国际接轨的林业碳汇标准体系的研建、碳汇营造林试点和碳汇交易等，是落实党的"十八大"提出的生态文明建设和"增加生态产品的供给能力"的迫切需要，是加强对以碳汇为主的生态产品的管理、评价和交易，以及充分发挥林业在减缓和适应气候变化中的作用，促进林业碳汇进入国家碳排放权交易体系的有效途径。

一、中国林业碳管理的探索与实践

中国林业建设取得了举世瞩目的伟大成就，森林资源在为国家经济发展和人民生活提供了大量的木材和能源的同时，吸收固定了大量的二氧化碳，为减缓全球气候变暖做出了积极贡献，也对中国建设资源集约型和环境友好型社会、拓展国家碳排放空间、构建人与自然和谐相处的生存环境有着不可替代的作用。全国第七次森林资源清查结果表明，我国森林面积1.95亿公顷，森林覆被率20.36%，森林活立木总蓄积量149.13亿立方米，森林植被总碳储量78.11亿吨，森林生态效益价值达10.01万亿元[1]。中国已成为全球森林面积增加最快、人工林最多的国家，也成为碳汇增量较多的国家。

根据国务院2007年公布的《应对气候变化国家方案》，1980~2005年中国通过持续不断地开展植树造林和森林管理活动，累计净吸收二氧化碳46.8亿吨，通过控制毁林减少排放二氧化碳4.3亿吨，两项合计51.1亿吨[2]。2004年中国森林净吸收了约5亿吨二氧化碳，相当于当年工业排放量的8%。因此，进一步加强林业碳管理，对增加碳汇、减少来自森林的碳排放和争取国家经济发展获得更多的碳排放空间具有重要的战略意义。

（一）建立碳管理机构

随着林业在国际应对气候变化进程中的地位进一步加强，2002年12月国家林业局造林司在浙江林学院举办了全国首个"造林绿化与气候变化国际培训班"，拉开了中国林业碳管理的序幕。随后，2003年2月又在北京召开了林业应对气候变化高级研讨会。2003年12月成立了国家林业局林业碳汇管理领导小组办公室（简称碳汇办）；2005年成立了国家林业局林业生物质能源管理领导小组及其办公室（简称能源办）；2007年成立了国家林业局应对气候变化和节能减排工作领导小组及其办公室（简称气候办）；为贯彻落实胡锦涛（时任）总书记在2007年亚太经合组织非正式领导人会议上提出的"建立亚太森林恢复与可持续管理网络"的倡议，2008年成立了亚太森林恢复与可持续管理网络中心；2010年经国务院批准在民政部注册成立了中国首家以林业措施增汇减排为主要目标的全国性公募基金会——中国绿色碳汇基金会（国家林业局主管）。目前，碳汇办与气候办已合并，由造林司气候处承担相应工作。这些机构成立以后，在国家应对气候变化与节能减排领导小组办公室的指导下，积极贯彻落实国家应对气候变化的方针政策和战略部署,履行国务院赋予国家林业局"拟订林业应对气候变化的政策、措施并组织实施"的职能,使林业应对气候变化工作逐步走上了规范化、科学化、国际化的轨道。

(二)林业碳管理的理论探索

《联合国气候变化框架公约》将"碳汇"定义为:从大气中清除二氧化碳的过程、活动或机制。相对应的森林碳汇被定义为:森林生态系统吸收大气中的二氧化碳并将其固定在植被或土壤中,减少大气中二氧化碳浓度的过程、活动或机制,属于自然科学范畴;林业碳汇则是:通过实施造林、再造林和森林管理、减少毁林以及湿地保护和荒漠化治理等活动,吸收大气中的二氧化碳,减少森林的碳排放并与管理政策和碳贸易相结合的过程、活动和机制,属于自然科学、社会科学范畴[3]。

碳汇林业的概念始于2009年《中共中央国务院关于2009年促进农业稳定发展农民持续增收的若干意见》。文中提出了"建设现代林业,发展山区林特产品、生态旅游业和碳汇林业"。李怒云认为,碳汇林业是指以吸收固定二氧化碳、充分发挥森林的碳汇功能、降低大气中二氧化碳浓度、减缓气候变化为主要目的的林业活动,但至少应该包括以下5个方面内容:①符合国家经济社会可持续发展要求和应对气候变化的国家战略;②除了积累碳汇外,要提高森林生态系统的稳定性、适应性和整体服务功能,推进生物多样性和生态保护,促进社区发展等森林多种效益的发挥;③建立符合国际规则与中国实际的技术支撑体系;④促进公众应对气候变化和保护气候意识的提高;⑤借助市场机制和法律手段,推动以碳汇为主的生态服务市场的发育[4]。

随着林业碳管理工作的深入发展,2007年在国家林业局编写的《碳汇造林技术规定》(试行)[5]中,明确了碳汇造林的定义:即"在确定了基线的土地上,以增加碳汇为主要目的,并对造林及其林分(木)生长过程都实施碳汇计量和监测而开展的有特殊要求的营造林活动"。上述这些概念的确定,为中国林业碳汇管理奠定了理论基础。

(三)林业碳管理政策措施

为统筹全国林业应对气候变化工作,在了解和借鉴国外应对气候变化政策和规则的基础上,国家林业局制定了有关林业碳管理的政策措施,并下发了若干指导性文件(表1)。

表1 林业碳管理指导性文件

编号	文件名称
1	《国家林业局造林司关于开展清洁发展机制造林项目的指导性意见》(造碳函[2006]30号)
2	《国家林业局造林司关于加强林业应对气候变化及碳汇管理工作的通知》(造碳函[2008]72号)
3	《国家林业局办公室关于加强碳汇造林管理工作的通知》(办造字[2009]121号)
4	《国家林业局林业碳汇计量与监测管理暂行办法》(办造字[2010]26号)
5	《国家林业局办公室关于贯彻落实〈应对气候变化林业行动计划〉的通知》(办造字[2010]56号)
6	《造林绿化管理司关于开展林业碳汇计量与监测体系建设试点工作的通知》(造气函[2010]62号)
7	《国家林业局办公室关于开展碳汇造林试点工作的通知》(办造字[2010]98号)
8	《国家林业局办公室关于印发〈碳汇造林技术规定(试行)〉和〈碳汇造林检查验收办法(试行)〉的通知》(办造字[2010]84号)
9	《国家林业局关于林业碳汇计量与监测资格认定的通知》(办造字[2010]174号)
10	《国家林业局造林绿化管理司(气候办)关于印发〈全国林业碳汇计量监测技术指南(试行)〉的通知》(造气函[2011]8号)
11	《国家林业局办公室关于印发〈造林项目碳汇计量与监测指南〉的通知》(办造字[2011]18号)
12	《国家林业局办公室关于印发〈关于坎昆气候大会进一步加强林业应对气候变化工作的意见〉的通知》(办造字[2011]45号)
13	《国家林业局办公室关于印发〈林业应对气候变化"十二五"行动要点〉的通知》(办造字[2011]241号)

表2 林业碳汇计量监测机构

序号	监测机构名称
1	国家林业局调查规划设计院
2	国家林业局昆明勘察设计院
3	国家林业局林产工业规划设计院
4	中国林业科学研究院森林生态环境与保护研究所
5	中国农业科学院农业与气候变化研究中心
6	北京林业大学
7	南京林业大学
8	浙江农林大学
9	内蒙古农业大学
10	北京林学会

这些文件的下发,对于刚起步的中国林业碳管理起到了把握方向、技术指导、传播知识等作用。例如,2010年发布的《国家林业局林业碳汇计量与监测管理暂行办法》,作为国内首个林业碳汇计量监测机构管理的部门规章,成为国家林业局审批碳汇计量监测机构资质的依据。目前,已有10家符合

条件的单位获得了国家林业局批准的碳汇计量监测资质证书（表2）。这些机构的建立，为规范化、科学化开展造林项目碳汇计量和监测，确保碳汇营造林项目达到可测量、可报告、可核查（以下简称"三可"）提供了保障。

（四）制定行动计划

2009年11月，国家林业局制定了《应对气候变化林业行动计划》[6]，确立了当前及今后一个时期我国林业应对气候变化工作的指导思想、基本原则、阶段目标，以及重点领域和主要行动。

（1）指导思想：以科学发展观为指导，按照国家发展和改革委员会《应对气候变化国家方案》提出的林业应对气候变化的政策措施，结合林业中长期发展规划，依托林业重点工程，扩大森林面积，提高森林质量，强化森林生态系统、湿地生态系统、荒漠生态系统保护力度。依靠科技进步，转变增长方式，统筹推进林业生态体系、产业体系和生态文化体系建设，不断增强林业碳汇功能。

（2）基本原则：坚持林业发展目标和国家应对气候变化战略相结合、扩大森林面积和提高森林质量相结合、增加碳汇和控制碳排放相结合、政府主导和社会参与相结合、减缓与适应相结合的原则。

（3）阶段目标：到2020年，年均造林育林面积500万公顷以上，全国森林覆盖率增加到23%，森林蓄积量达到140亿立方米，森林碳汇能力得到进一步提高。到2050年，比2020年净增森林面积4 700万公顷，森林覆盖率达到并稳定在26%以上，森林碳汇能力保持相对稳定。

（4）重点领域和主要行动：2011年11月，国家林业局又发布了《林业应对气候变化"十二五"行动要点》[7]，提出了5项林业减缓气候变化主要行动、4项林业适应气候变化主要行动和6项加强能力建设的主要行动。

（五）中国实施的CDM碳汇项目

根据《京都议定书》的规定，在第一承诺期内（即2008~2012年）附件Ⅰ国家可以通过清洁发展机制（CDM）碳汇项目，购买发展中国家造林、再造林所产生的碳（汇）信用指标，用于抵减其部分温室气体减排量。至此，作为森林生态功能之一的碳汇，在应对气候变化、抵减碳排放的作用上得到了国际社会的认可，标志着森林生态服务价值通过碳交易获取回报的时代的到来。同时，积极推动实施造林、再造林项目，不仅可以加快森林植被的恢复和改善生态状况，还可为社区农民带来经济收入，起到扶贫解困的作用，实现生态服务的价值化。

2006年11月,国家林业局与广西壮族自治区林业厅和世界银行合作开展的"中国广西珠江流域再造林项目",获得了联合国CDM执行理事会的批准,成为全球第1个获得注册的CDM碳汇项目。该项目通过以混交方式栽植马尾松、枫香、大叶栎、木荷、桉树等4 000公顷,所吸收的二氧化碳由世界银行生物碳基金出资200万美元,按照4.35美元/吨的价格购买。预计15年可购买48万吨二氧化碳当量。由中国林科院专家张小全领衔开发的该项目的方法学"CDM退化土地再造林方法学"成为全球首个被批准的退化土地再造林方法学,为全球开展CDM碳汇项目提供了示范,在国际上产生了积极影响。

"中国广西珠江流域再造林项目"之所以获得成功,就在于该项目的实施不仅吸收了二氧化碳,为周边自然保护区野生动植物提供了迁徙走廊和栖息地,较好地保护了生物多样性,控制了项目区的水土流失,还为当地农民提供了就业机会,并可从出售碳汇以及木质和非木质林产品中获利。可见,项目具有多重效益是成功的关键。

2009年广西壮族自治区林业厅与世界银行又在广西实施了第2期项目,再造林8 015公顷。该项目预计产生140万吨二氧化碳信用额度,其中37万吨由世界银行出资185万美元,按照5美元/吨的价格购买。

2009年11月,四川省大渡河造林局的碳汇造林项目也获得CDM执行理事会批准,成为中国第3个CDM碳汇项目。该项目规划造林2 251.8公顷,预计可产生46万吨二氧化碳信用额度(该项目为单边项目)。

上述项目的成功实施,不仅了解了应对气候变化相关的国际规则和CDM碳汇项目的技术和操作程序,为我们制定与国际接轨并符合中国实际的林业碳汇项目系列方法学奠定了基础,还对中国参与应对气候变化涉林谈判和林业碳汇项目的国际规则制定起到了重要的指导作用。

(六)研制相关技术标准

林业碳汇标准体系建设是国家开展林业碳管理和发展碳汇林业的重要技术基础。因此,要制定与国际接轨并适合中国实际的技术标准体系,以达到森林增汇减排的"三可"。同时,积极推动中国林业碳管理技术标准的国际化,争取我国在国际气候谈判涉林议题中的话语权。近10年来,国家林业局在林业碳汇技术标准体系建设上,开展了超前研究和探索。目前研制的标准和规定主要涵盖3个方面(表3):一是国家层面的计量监测体系,二是项目层面的碳汇营造林方法学,三是市场层面的标准和规则。

同时,在国家林业局规划院建立了林业碳汇项目注册平台。在计量监测单位完成碳汇预测报告后,经第三方(指定经营实体)按照《中国林业碳汇审定核查指南》对项目进行审核。审核合格后即可注册。根据碳汇项目的国内外规则和标准,只有按照碳汇造林的一系列技术规定和要求实施项目,经过有资质的单位按照相应的标准进行碳汇计量、监测、审核和注册的林分,才是真正意义的碳汇林。这种碳汇林基本达到了"三可"要求,其碳汇具备了交易的潜质。

表3 林业碳汇标准和规定(包括试行或待审定)

类别		名称
全国碳汇计量监测体系		《全国林业碳汇计量监测体系》(已建立)
		《全国林业碳汇计量监测指南》(试点)
方法学	造林再造林(国家林业局发布试行)	《碳汇造林技术规定》(试行)
		《碳汇造林检查验收办法》(试行)
		《造林项目碳汇计量与监测指南》
		《竹林项目碳汇计量与监测方法学》(试行)
	森林经营	《森林经营增汇减排最佳模式》(研制中)
		《森林管理碳汇计量监测指南》(待审定)
		《温州森林经营碳汇项目计量与监测指南》(试行)
审定和交易(试行)		《中国林业碳汇审定核查指南》(试行)
		《林业碳汇交易标准》
		《林业碳汇交易规则》
		《林业碳汇交易流程》
		《林业碳汇交易合同范本》
		《林业碳汇交易资金结算办法》
		《林业碳汇交易纠纷调解办法》
		《林业碳汇交易托管协议书》

二、中国绿色碳汇基金会的建立与运行

根据"共同但有区别责任"的原则,中国目前不承担《京都议定书》规定的减排义务,但促进中国企业积极参与造林增汇,自愿减少碳排放,是中国应对气候变化战略的重要内容,也是充分利用林业碳汇低成本减排的有效途径。因此,需要为企业和公众搭建一个实践低碳生产和低碳生活的平台,这个平台就是中国绿色碳汇基金会[8]。

(一)碳汇基金会的建立和宗旨

2010年7月,经国家批准、民政部注册,设立了全国首家以应对气候变化、积累碳汇为主要目的的全国性公募基金会——中国绿色碳汇基金会(下称碳汇基金会)。该基金会由中国石油天然气集团公司和嘉汉林业(中国)投资有限公司捐资发起,国家林业局为业务主管单位。其前身是2007年7月建立的中国绿色碳基金(专项基金)。碳汇基金会的宗旨是:推进以应对气候变化为目的的植树造林、森林经营、减少毁林和其他相关的增汇减排活动,开展科学研究,普及有关知识,提高公众应对气候变化的意识和能力,支持和完善中国森林生态效益补偿机制。截至2012年6月,碳汇基金会已获社会各界捐资5亿多元人民币,先后在全国10多个省(自治区)实施碳汇营造林8万多公顷。

(二)碳汇基金会的运行模式

碳汇基金会的建立为企业和公众搭建了一个通过林业措施"储存碳信用额、履行社会责任、提高农民收入、改善生态环境"四位一体的公益平台。根据国务院《基金会管理条例》《中国绿色碳汇基金会基金管理办法》等一系列规章制度,在企业捐资后尊重企业的意愿,由碳汇基金会组织实施碳汇造林、森林经营等增汇减排公益项目。所营造森林的林木所有权归当地农民或土地使用权者,而捐资方则获得项目产生的,经过专业机构计量、核证、注册、监测的碳汇信用,并记于企业或个人的社会责任账户,在中国绿色碳汇基金会网和中国碳汇网上给予公示,从而展示捐资方负责任的社会形象,树立绿色品牌,促进其可持续发展。捐资方还可获得税收优惠政策和相应表彰,同时,有权参与碳汇基金会组织的相关公益活动,培养企业内部熟悉碳汇生产、计量、监测和交易的专业人才,为企业的长远发展做前瞻性准备。许多个人也纷纷捐资到中国绿色碳汇基金会造林"购买碳汇",以抵消自己日常生活排放的二氧化碳。

(三)利用林业碳汇开展碳中和

碳汇基金会充分发挥技术优势,开展了一系列碳中和项目,组织营造了"联合国气候变化天津会议碳中和林""国务院参事碳汇林""全国林业厅局长会议碳中和林""国际竹藤组织2010年碳中和林"等不同主题的碳中和林(表4)。

表4 中国绿色碳汇基金会组织实施的碳中和项目

编号	项目名称
1	2010联合国气候变化天津会议碳中和公益项目
2	2010第三届中国生态文明与绿色竞争力国际论坛碳中和公益项目
3	2010"绿色唱响——零碳音乐季"碳中和公益项目
4	2010年国际竹藤组织碳中和公益项目
5	2010年福建建峰公司"2010年碳中和企业"公益项目
6	2011年全国林业厅局长会议碳中和公益项目
7	2011全国秋冬季森林防火工作会议碳中和公益项目
8	2011中国绿公司年会碳中和公益项目
9	2011年国际竹藤组织碳中和公益项目
10	2011"绿色唱响——零碳音乐季"碳中和公益项目
11	2012年全国林业厅局长会议碳中和公益项目
12	2012中国绿公司年会碳中和公益项目
13	2012中国绿色碳汇基金会公务出行碳中和公益项目
14	2012年全国低碳旅游发展大会碳中和项目

为方便公众捐款"购买碳汇",发布了全球首套包括春节贺卡、圣诞节、情人节卡在内的"碳汇礼品"系列卡。针对新形势下公众义务植树无地造林,难以履行义务的现实,借鉴北京市通过"购买碳汇"履行义务植树的制度创新,创办了"绿化祖国·低碳行动"植树节,引导公众"足不出户、低碳植树"履行义务植树,得到了政府和公众的积极响应,对提高全民义务植树尽责率起到了积极的作用。为此,碳汇基金会在全国布设了40片个人捐资碳汇造林基地,为企业和公众提供了"参与碳补偿、消除碳足迹"的网络平台。

(四)开展碳汇交易试点

作为中国首家从事碳汇营造林、开展碳中和的专业机构,中国绿色碳汇基金会营造林项目产生的碳汇具有以下特点:有1吨碳汇,一定有1片相对应的树林;每1吨碳汇都包含了扶贫减困、促进农民增收、保护生物多样性、改善生态环境等多重效益;碳汇量经过规范的计量、监测、核证和注册,达到"三可"要求,具备了交易的潜质。因此,2011年11月1日经国家林业局批准,在浙江省义乌市第四届国际林业博览会上,启动了中国林业碳汇交易试点。中国绿色碳汇基金会提供了符合要求的14.8万吨碳汇(信用指标),依托华东林业产权交易所的托管平台,现场签约预售,包括阿里巴巴、歌山建设、富阳木材市场、龙游外贸笋厂、建德宏达办公家具、浙江木佬佬玩具等在内的10家企业进行了认购。

此外，碳汇基金会开展了大量宣传与科普活动。编辑出版了《中国林业碳汇》《林业碳汇计量》《造林绿化与气候变化》等专业书籍，编写了全国第 1 本《林业碳汇与气候变化》中学生校本课程，北京二外附中高一学生每年安排 32 个学时用于该课程，使林业碳汇知识正式进入了中学生课堂。

三、中国林业应对气候变化碳管理展望

通过贯彻落实《应对气候变化国家方案》和《应对气候变化林业行动计划》，结合林业中长期发展规划，依托林业重点生态工程，扩大森林面积，提高森林质量，强化森林保护，采取更加有效的措施，加强森林经营和保护，增强森林生态系统整体服务功能，特别是碳储功能，可以促进维护生态安全、确保林业双增目标的顺利实现，捍卫国家在应对气候变化国际谈判中的话语权和主动权，并将为我国经济社会的可持续发展赢得更大的发展空间。

（一）加快森林恢复和保护，发展生物质能源

继续实施好林业重点生态工程，深入开展全民义务植树活动。为落实"十二五"林业规划的建设目标，每年计划造林 600 多万公顷、森林抚育 540 多万公顷；有效增加森林面积，提高森林质量、增加碳储量；严格控制征占用林地，保护林地植被和土壤等；加强对森林火灾、病虫害的防控，减少来自森林的碳排放；促进使用木材替代能源密集型材料的补贴政策，提倡"以木代塑、以木代钢"，发展林业生物质能源，延伸森林储碳和碳减排功能。

（二）加快技术标准体系建设

根据林业碳管理需要，应尽快将林业碳汇标准体系建设纳入国家温室气体减排标准体系规划中。加快国家层面和项目层面的标准体系建设。完善全国森林碳汇计量监测体系，加快《全国林业碳汇计量监测指南》的试点工作。在现有碳汇造林方法学基础上，加快森林管理方法学的研制，并积极筹备建立全国林业碳汇与林产品储碳标委会，以促进中国应对气候变化利用林业碳汇的国家行动。

（三）加强应对气候变化的林业科学与工程技术研究

加大对林业应对气候变化科研支持力度，深入开展森林对气候变化响应的基础研究、林业减排增汇的技术潜力与成本效益分析、森林灾害发生机理和防控对策研究，以及森林、湿地、荒漠、城市绿地等生态系统的适应性研究，并提出适应技术对策。摸清我国林业碳汇的空间格局和分布以及动态变

化情况，预测林业碳汇生产潜力和分布，服务中国应对气候变化国家战略。

(四) 推进林业应对气候变化工作法制化建设

在《森林法》修订中，增加林业应对气候变化的地位、功能、措施等内容。在同国家有关部门适时推进应对气候变化国家立法进程中，充分反映林业的内容，逐步将林业应对气候变化管理工作纳入法制化轨道。推动中国应对气候变化公益事业的发展，为企业和公众搭建参与造林增汇的自愿减排平台，建立健全林业增汇减排的政策和激励机制。

(五) 加强中国林业碳管理战略研究

开展林业碳汇与全国碳排放源（汇/源）平衡研究。将林业碳汇纳入国家碳排放权交易体系。依托全国森林碳汇和工业排放数据，提出国家、省（自治区）、市、县、企业等碳汇/源平衡的政策建议，包括林业碳汇抵减碳税优惠政策等。针对国际谈判林业议题，研究碳汇列入国家承诺减排总比例中的必要性和可能性，利用林业碳汇为我国争取更大的碳排放空间，最大限度地发挥林业在应对气候变化中的功能和作用，为国家经济发展做出更大的贡献。

参考文献

[1] 国家林业局. 中国森林资源报告[R]. 北京：国家林业局，2009：2-8.
[2] 国家发改委. 应对气候变化国家方案[R]. 北京：国家发展和改革委员会，2007.
[3] 李怒云. 中国林业碳汇[M]. 北京：中国林业出版社，2007：6-7.
[4] 李怒云，杨炎朝，何宇. 气候变化与碳汇林业概述[J]. 开发研究，2009(3)：94-97.
[5] 国家林业局造林司. 碳汇造林技术规定（试行）[R]. 北京：国家林业局，2010.
[6] 国家林业局. 应对气候变化林业行动计划[R]. 北京：国家林业局，2009.
[7] 国家林业局. 林业应对气候变化"十二五"行动要点[R]. 北京：国家林业局，2011.
[8] 中国绿色碳汇基金会. 中国绿色碳基金会机构简介[OL/DB]. (2010). [2012-12-23]. http://www.thjj.org.

解读"碳汇林业"

李怒云

（国家林业局应对气候变化与节能减排领导小组办公室，北京 100714）

《中共中央国务院关于2009年促进农业稳定发展农民持续增收的若干意见》中要求"建设现代林业，发展山区林特产品、生态旅游业和碳汇林业"。碳汇林业作为一个新的概念，虽然首次出现在中共中央文件中，但在应对气候变化的国际行动中，这个概念很早就被国际社会提出来了。

当前，全球正在发生着以变暖为特征的气候变化。主要原因是工业革命以来，大规模燃烧化石能源和乱砍滥伐森林等人类活动，向大气中过量地排放了以二氧化碳为主的温室气体。为了防止气候变暖对人类生存和生态系统造成不利影响，国际社会制定了《联合国气候变化框架公约》和《京都议定书》。强调人类应减少向大气中排放温室气体并增加对大气中温室气体的清除，以稳定大气中温室气体浓度，减缓气候变化的速率，避免给人类和自然生态系统带来不可逆转的负面影响。根据《联合国气候变化框架公约》的定义，将"从大气中清除二氧化碳的过程、活动和机制"称之为"碳汇"。

森林是陆地生态系统的主体。森林植物通过光合作用吸收二氧化碳，放出氧气，把大气中的二氧化碳以生物量的形式固定在植被和土壤中，这个过程和机制实际上就是清除已排放到大气中的二氧化碳。因此，森林具有碳汇功能。而且，通过植树造林和森林保护等措施吸收固定二氧化碳，其成本要远低于工业减排。总而言之，以充分发挥森林的碳汇功能，降低大气中二氧化碳浓度，减缓气候变暖为主要目的的林业活动，就泛称为碳汇林业。

碳汇林业虽然和传统林业有着密切联系，但又是对传统林业功能的进一步深化。碳汇林业的发展应包括以下几层含义：

（1）碳汇林业的发展，始终与气候变化的国际国内政策密切联系，应符合国家经济社会可持续发展要求和应对气候变化的国家战略。

（2）碳汇林业实施过程中，不仅仅考虑碳汇积累量，还要充分考虑项目活动对提高森林生态系统的稳定性、适应性和整体服务功能，对推进生物多样性保护、流域保护和社区发展的贡献,即碳汇林业追求森林的多种效益,同时,要促进公众应对气候变化和保护气候意识的提高。

(3) 碳汇林业要对项目积累的碳汇进行计量和监测,以证明对缓解气候变化产生真实的贡献。因此要制定符合国际规则和中国林业实际的技术支撑体系。

(4) 碳汇林业发展要借助市场机制和法律手段,通过碳汇贸易获取收益,推动森林生态服务市场的发育,提高植树造林的经济效益,调动更多的企业和社会力量,参与应对气候变化的林业行动。

根据以上理解,可将碳汇林业进一步概括为:遵循各国应对气候变化国家战略和可持续发展原则,以增加森林碳汇功能、减缓全球气候变暖为目标,综合运用市场、法律和行政手段,促进森林培育、森林保护和可持续经营的林业活动,提高森林生态系统整体固碳能力;同时,鼓励企业、公民积极参与造林增汇活动,展示社会责任,提高公民应对气候变化和保护气候意识;充分发挥林业在应对气候变化中的功能和作用,促进经济、社会和环境的可持续发展。

虽然碳汇林业对大多数国人来讲还是一个较新颖的名词,但是中国政府多年来重视森林植被恢复和保护,使中国成为全球人工林面积最多的国家。这实际上就是发展碳汇林业的举措。中国多年来大规模植树造林不仅提高了中国森林面积和蓄积量,也吸收固定了大量的二氧化碳。据专家估算:1980~2005年,中国通过持续不断地开展植树造林和森林管理活动,累计净吸收二氧化碳46.8亿吨,通过控制毁林,减少排放二氧化碳4.3亿吨,两项合计51.1亿吨。全国森林净吸收的二氧化碳,相当于同期工业排放总量的8%,对减缓全球气候变暖做出了重要贡献。

发展碳汇林业已作为重要措施纳入到了《中国应对气候变化国家方案》中。今后,中国将通过植树造林,扩大森林面积;加强森林管理,提高现有林分质量;加大湿地和林地保护力度;发展与森林有关的生物质能源;预防森林火灾、病虫害;控制非法征占林地和乱砍滥伐等行为,进一步发展碳汇林业。在增强森林生态系统整体固碳能力,降低大气中的二氧化碳浓度,减缓全球气候变暖趋势的同时,为国家气候和生态安全,促进经济社会全面协调和可持续发展作出积极贡献。

中国绿色气候基金的创新与实践

——以中国绿色碳汇基金会为例

李怒云[1] 李金良[2]

(1 国家林业局气候办 北京；2 中国绿色碳汇基金会 北京)

一 前 言

2012年11月底，在南非德班召开的《联合国气候变化框架公约》第十七次缔约方大会暨《京都议定书》第七次缔约方会议(以下简称为德班大会)的重要成果之一是决定正式成立"绿色气候基金"，旨在用于支持《联合国气候变化框架公约》(以下简称《公约》)缔约方发展中国家，特别是最贫困国家的政策和活动，以帮助这些国家采取低碳及其他措施适应气候变化。德班大会决定"绿色气候基金"作为《公约》资金机制的实施主体，要求尽快启动该基金下的相关管理工作，制定一个工作计划来管理对发展中国家的长期资助，且到2020之前，每年的目标是调动至少1 000亿美元的资金。德班大会的决定还敦促绿色气候基金等公约下的资金机制尽快为发展中国家开展减少毁林排放等行动提供资金支持。然而，关于这个绿色气候基金的运行模式和管理制度等关键问题，在德班气候大会上尚未确定，国际上也无成功经验可供借鉴，需要在后续的国际气候大会中进一步谈判。鉴于国内外鲜见专门以应对气候变化为目标的公益基金成功运行的报道，本文以中国绿色气候基金的探索者——中国绿色碳汇基金会(以下简称碳汇基金会)为案例，介绍中国率先开展应对气候变化公益行动的全国性公募基金会的运行和实践，旨在为德班绿色气候基金的运行管理提供有效模式和经验参考。

二 中国绿色气候基金的成立背景

以变暖为主要特征的全球气候变化是当今人类社会面临的最大威胁之一。应对气候变化已成为全球政治、经济、外交和生态环境等领域的重大热点议题。而通过林业措施减缓气候变暖，是国际社会认可并积极推进的有效措施。政府间气候变化专门委员会（以下简称 IPCC）第四次评估报告指出：林业具有多种效益，兼具减缓和适应气候变化的双重功能，是未来 30～50 年内增加碳汇、减少排放的成本较低、经济可行的重要措施。因此，林业措施被越来越多地纳入了应对气候变化的国际进程。

根据《公约》"共同但有区别的责任原则"，中国目前不承担《京都议定书》规定的温室气体强制减限排义务。但中国作为全球温室气体第一大排放国，建设资源节约型、环境友好型社会，是中国作为一个负责任大国的具体行动，符合国际社会的需要和中国的长远发展战略。因此，按照《公约》的基本原则，中国政府正在为减少温室气体排放、减缓全球气候变暖进行积极努力。这些努力既涉及到节能降耗、发展新能源和可再生能源，也包括大力推进植树造林、可持续经营森林和保护森林等一系列增汇减排行动。2009 年联合国气候变化哥本哈根大会后，林业目标成为中国政府承诺自主减排的三大目标之一：大力增加森林碳汇，到 2020 年中国森林面积要比 2005 年增加 4 000 万公顷，森林蓄积量增加 13 亿立方米（以下简称林业"双增"目标）。

多年来，中国政府高度重视森林植被的恢复和保护。全国第七次森林资源清查结果表明[1]，中国森林面积有 1.95 亿公顷，森林覆被率达 20.36%，森林活立木总蓄积量为 149.13 亿立方米，森林植被总碳储量为 78.11 亿吨，森林在固碳释氧、涵养水源、保育土壤、净化大气、积累干物质及保护生物多样性等 6 方面的生态服务功能年价值量达 10.01 万亿元人民币。中国成为全球森林面积增加最快、人工林面积最多的国家，对减缓全球气候变暖做出了巨大贡献，受到了国际社会的充分肯定和高度评价。联合国粮农组织（以下简称 FAO）发布的《2010 年世界森林状况》指出[2]：总体而言，亚洲和太平洋区域在 20 世纪 90 年代每年损失森林 70 万公顷，但在 2000～2010 年期间，森林面积每年增加了 140 万公顷。这主要是中国大规模植树造林的结果，20 世纪 90 年代中国森林面积每年增加 200 万公顷，自 2000 年以来每年平均增加 300 万公顷。但是，由于中国是发展中国家，大规模造林增加的碳汇量并没有如《京都议定书》附件 I 中国家一样，用于抵减其部分碳排放，而只起到了宣传作用。在国家目前没有给企业规定温室气体减限排指标的情况下，

---

[1] 国家林业局：中国森林资源报告——第七次全国森林资源清查. 北京：中国林业出版社，2009.
[2] FAO：2010 年世界森林状况. 2011.

如果这些碳汇量能够通过相关的技术措施和资金渠道，使其成为企业今后可利用的碳信用指标，先存于企业的碳信用账户上，争取作为今后国内企业碳减排的低成本储备，无疑对国家、对企业都有好处。此外，根据中国现阶段的国情，单纯依靠政府的力量来恢复和保护森林植被，还不能满足中国应对气候变化增汇减排和社会发展对生态产品的需求。因此，需要搭建一个公益平台，动员企业积极捐资造林和保护森林以及可持续经营森林。既能增加森林植被，维护国家生态安全，又能以较低的成本帮助企业自愿减排，参与应对气候变化的全球行动，树立企业良好的社会形象，提高企业软实力，促进企业可持续发展。在这个背景下，由中国石油天然气集团公司和嘉汉林业（中国）投资有限公司捐资发起，于2010年7月19日，经国家批准，民政部批复成立了中国绿色碳汇基金会。该基金会的业务主管单位是国家林业局。这是中国首个以增汇减排、应对气候变化为主要目标的全国性公募基金会，也可以看成是中国首个绿色气候基金。根据章程规定，该基金会的业务范围是：开展以应对气候变化为目的的植树造林、森林经营、荒漠化治理、能源林基地建设、湿地及生物多样性保护等活动；营造各种以积累碳汇量为目的的纪念林，开展认种认养绿地等活动；加强森林和林地保护，减少不合理利用土地造成的碳排放；支持各种以公益和增汇减排为目的的科学技术研究和教育培训；开展碳汇计量与监测以及相关标准制定；积极宣传森林在应对气候变化中的功能和作用，提高公众保护生态环境和关注气候变化的意识；开展林业应对气候变化的国内外合作与交流；开展适合该基金会宗旨的其他社会公益活动。

三 中国绿色气候基金的创新与实践

以公募基金会的方式开展增汇减排、应对气候变化的公益活动，在国内外均不多见，没有现成的运行模式和经验可以借鉴。因此，碳汇基金会被赋予了开拓创新的使命，所开展的工作大多数都是"首次"，具有很强的创新性，并以"增加绿色植被、吸收二氧化碳，应对气候变化、保护地球家园"为使命，在运行模式、标准建设、项目实施、碳汇交易、科学研究、宣传普及以及规范管理等方面进行了有益的探索和实践，取得了显著的成效。

（一）公益为本，创新运行模式

根据中国国务院《基金会管理条例》《中华人民共和国公益事业捐赠法》和《中国绿色碳汇基金会章程》，该基金会的一切活动与其他公益性基金会一样,都是围绕"公益"开展活动。但该基金会的公益行为结束后,还会产生额外的"碳信用",计入企业或个人碳汇信用账户。这是该基金会与其他公益基金会不同的创新模式(见图1)。

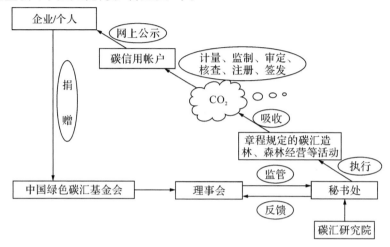

图1 中国绿色碳汇基金会运行框架

碳汇基金会制定了《中国绿色碳汇基金会基金管理办法》《中国绿色碳汇基金会项目管理办法》等一系列规章制度。致力于为企业和公众搭建一个通过林业等措施"储存碳信用、履行社会责任、提高农民收入、改善生态环境"四位一体的公益平台。其管理运行模式如下(见图2):企业或个人自愿捐资到碳汇基金会,在尊重捐资者意愿前提下,由碳汇基金会专业化组织实施碳汇造林、森林经营等项目;所营造林木所有权和使用权归当地农民或土地使用权者,项目区农民通过参加营造林活动获得就业机会,并增加经济收入。此外,项目的实施,还要求有保护生物多样性、改善环境和提供林副产品以及提供良好的游憩场所等多重效益,为促进绿色增长和应对气候变化做出贡献。而捐资方则获得项目产生的、经过专业机构计量、监测、核证、注册的碳信用指标,记于企业或个人的社会责任账户,在中国绿色碳汇基金会官网上给予公示。

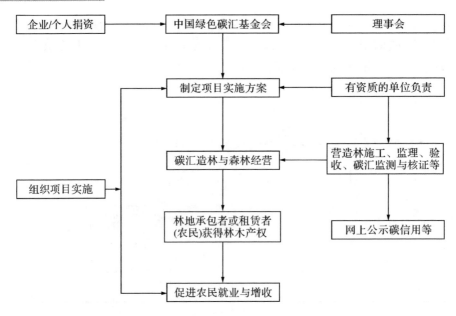

图 2 中国绿色碳汇基金会运行模式图

(二)加快标准研建,规范实施项目

为规范化实施项目,碳汇基金会积极参与国家林业局编写了《碳汇造林技术规定(试行)》①《碳汇造林检查验收办法(试行)》①《造林项目碳汇计量与监测指南》②等林业碳汇项目标准(国家林业局已发布试行),并在项目中使用。此外,碳汇基金会组织专家开发了四类碳汇项目方法学,其中《竹子碳汇造林方法学》已通过专家组评审,并开始在国内外竹子碳汇造林项目中试用。还编写了《中国林业碳汇项目审定与核查指南(试行)》《温州市森林经营碳汇项目技术规程(试行)》,已在项目中使用;制定了《中国绿色碳汇基金会林业碳汇项目注册暂行管理办法》,并组织开发了与其配套的林业碳汇项目注册系统,现已投入试用。据此,碳汇基金会初步建立了与国际接轨并结合中国实际的林业碳汇项目标准体系,为科学规范实施碳汇营造林项目奠定了基础(见表1)。

---

① 国家林业局:碳汇造林技术规定(试行)与碳汇造林检查验收办法(试行)(办造字[2010]84号),2010。
② 国家林业局:造林项目碳汇计量与监测指南(办造字[2011]18号),2011。

表1　中国绿色碳汇基金会试行标准和规定

类别	名称（备注）
项目方法学	《乔木碳汇造林方法学》（待审定）
	《灌木碳汇造林方法学》（待审定）
	《竹子碳汇造林方法学》（试行）
包括	《森林可持续经营增汇减排方法学》（待审定）
（造林再造林）	《碳汇造林技术规定》（国家林业局发布试行）
	《碳汇造林检查验收办法》（国家林业局发布试行）
	《造林项目碳汇计量与监测指南》（国家林业局发布施行）
（森林经营）	《中国森林经营增汇减排最佳模式》（研制中）
	《中国森林经营项目碳汇计量与监测指南》（研制中）
	《温州市森林经营碳汇项目技术规程》（试行）
审核和交易	《林业碳汇项目审定与核查指南》（试行）
	《林业碳汇交易标准》（试行）
	《林业碳汇交易规则》（试行）
	《林业碳汇交易流程》（试行）
	《林业碳汇交易账户托管规则》（试行）
	《林业碳汇交易托管协议书》（试行）
	《林业碳汇交易合同范本》（试行）
	《林业碳汇交易佣金管理办法》（试行）
	《林业碳汇交易资金结算办法》（试行）
	《林业碳汇交易纠纷调解办法》（试行）

（三）创新项目内容，质量控制为先

碳汇基金会本着促进企业自愿减排的原则，在项目开发、实施、管理等方面进行了有益探索，逐步树立起独有的公益品牌项目。

1. 广泛募集资金，加快项目实施

只有加快植树造林、森林经营和森林保护的步伐，才能更多地增加碳汇，减少碳排放。碳汇基金会开展的碳汇营造林项目与普通营造林项目的主要区别就在于碳汇基金会实施项目同时要将产生的碳汇/源计算清楚，以达到真实的增加碳汇、减少碳排放的目的。截至2012年6月，碳汇基金会获得企业和社会捐资5亿多元人民币，先后在中国近20个省（自治区、直辖市）营造碳汇林120多万亩。其中有在云南、四川以小桐子为主，在内蒙古以文冠果为主的油料能源林；在浙江以毛竹为主的生态经济兼用林；在大兴安岭、伊春汤旺河等以增汇减排为主的森林经营项目；在甘肃、北京等地以生态效益为主的碳汇造林项目等。所有的造林和森林经营项目均按照所制定的技术标准，开展碳汇计量和监测，审定与核查，实现全过程监控，确保项目施工和碳汇计量与监测的质量。

2. 开展碳中和，创立专业性品牌

2010年，碳汇基金会承担了联合国气候变化天津会议的碳中和项目。经清华大学能源经济环境研究所测算，该会议共计约排放1.2万吨二氧化碳当量。碳汇基金会出资375万元人民币，在山西省襄垣、昔阳、平顺等县营造5 000亩碳汇林，未来10年可将本次会议造成的碳排放全部吸收。预计项目区农民在该碳中和林项目20年管理运营期内，可获得260万元的劳务收入和相当于700多万的林副产品和木材收益。

之后，碳汇基金会又组织实施了国际竹藤组织、中国绿公司年会、全国林业厅局长会议等一系列机构及大型会议的碳中和项目(见表2)。另外，碳汇基金会还组织营造了"国务院参事碳汇林""八达岭碳汇示范林""建院附中碳汇科普林""劳模碳汇林(黑龙江新兴林场)"等不同主题的个人捐资碳汇林。设计、发布了全球首套包括春节贺卡、情人节卡、成人卡等在内的"碳汇公益礼品"系列卡，并在全国近40个县、市布设了个人捐资碳汇造林基地。公众上网点击即可自由选择造林地点、树种，支付捐资"购买"贺卡、义务植树等，现场打印购买凭证。真正做到了计量专业、管理规范，公开透明。

表2 中国绿色碳汇基金会组织实施的碳中和项目

编号	项目名称
1	2010联合国气候变化天津会议碳中和公益项目
2	2010第三届中国生态文明与绿色竞争力国际论坛碳中和公益项目
3	2011年全国林业厅局长会议碳中和公益项目
4	2012年全国林业厅局长会议碳中和公益项目
5	2011全国秋冬季森林防火工作会议碳中和公益项目
6	2011中国绿公司年会碳中和公益项目
7	2012中国绿公司年会碳中和公益项目
8	2010年国际竹藤组织碳中和公益项目
9	2011年国际竹藤组织碳中和公益项目
10	2010"绿色唱响——零碳音乐季"碳中和公益项目
11	2011"绿色唱响——零碳音乐季"碳中和公益项目
12	福建建峰公司"2010年碳中和企业"公益项目
13	中国绿色碳汇基金会公务出行碳中和公益项目

3. 启动"碳汇中国"行动计划

在2012年第43个世界地球日，碳汇基金会启动了"碳汇中国行动计划"。该计划由四川西部国林林业股份有限公司和南北联合林业产权交易股份有限公司、富来森集团有限公司、浙江科视电子技术有限公司共同捐资2080万元发起。旨在传播绿色低碳理念、倡导企业自愿减排、保护自然环境、减缓气候变暖、保护地球家园。先期实施的是："自然保护计划"和"绿色传播计划"。

"碳汇中国——自然保护计划"主要聚焦自然生态保护。通过植被恢复和森林保护，保护野生动物及其栖息地，传播自然保护理念与科学知识，加强自然保护区能力建设，动员社会各界积极参与植树造林、保护生物多样性等活动，构建人与自然和谐共存的美好环境，促进经济社会可持续发展。

"碳汇中国——绿色传播计划"的内容是传播应对气候变化特别是碳汇知识和绿色发展理念，倡导低碳生产和低碳生活，提高公众应对气候变化的意识，建立碳汇志愿者团队，开展绿色碳汇公益文化活动；广泛动员公众通过造林增汇措施"参与碳补偿、消除碳足迹"，为减缓和适应气候变化做出贡献。配合该计划，成立了由北京林业大学发起、数十所院校参加的中国绿色碳汇基金会"碳汇志愿者联盟"和"绿色传播中心"，并将两个机构挂靠在北京林业大学。

(四)开展碳汇交易试点

碳汇基金会规范实施项目，碳信用生产流程既与国际接轨，又体现中国特色（见图3）。做到有一吨碳汇，就有一片树林；每一吨碳汇都包含了扶贫解困、促进农民增收、保护生物多样性、改善生态环境等多重效益，而且项

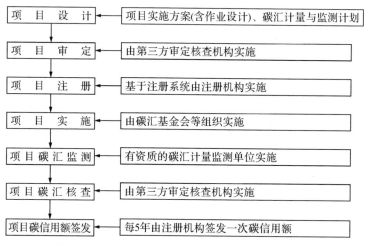

图3　中国绿色碳汇基金会碳汇项目碳信用生产流程

目的碳汇经过计量、监测、注册和核证，使其具备了交易的潜质。

为促进林业碳汇抵减碳排放的国家战略，碳汇基金会与华东林交所合作，在制定了相应交易标准和规则的基础上，建立了碳信用托管平台。2011年11月1日，经国家林业局批准，在浙江省义乌市第四届国际林业博览会上，启动了中国林业碳汇交易试点。依托华东林业产权交易所的交易平台，碳汇基金会提供了14.8万吨碳汇（碳信用），有阿里巴巴、歌山建设、德正志远、凯旋街道、杭州钱王会计师事务所、富阳木材市场、龙游外贸笋厂、建德宏达办公家具、浙江木佬佬玩具、杭州雨悦投资等10家企业，现场签约全部认购。所交易项目的审定，是由中国林科院作为技术支撑的中林绿色碳资产管理中心完成。按照国际碳交易规则，已交易项目简介和审定声明均公示在中国绿色碳汇基金会官网上。

（五）多方合作，开展科学研究

作为中国首个应对气候变化的"绿色气候基金"，从技术到政策，没有可借鉴的经验，大部分业务工作都面临着创新。为此，2011年初，碳汇基金会成立了中国首家碳汇研究院。由中科院院士蒋有绪、方精云等教授领衔，组织国内专家学者，就现实中急需解决的问题开展研究和国际交流。如开展了"油料能源林树种良种繁育""大庆竹柳种植模式和转化生物质燃料及碳平衡""桉树低碳造林模式""竹子碳汇造林方法学国外试点项目""伊春市汤旺河林业局森林经营碳汇项目方法学开发及试点"等课题研究，同时，碳汇基金会还参与了国家林业公益性行业专项"森林增汇技术、碳计量与碳贸易市场机制研究""国际林产品贸易中的碳转移计量与监测及中国林业碳汇产权研究"课题。与国际竹藤组织（INBAR）、美国大自然保护协会（TNC）、保护国际基金会（CI）、加拿大英属哥伦比亚大学（UBC）、美国北卡罗莱纳州立大学（North Carolina State University）等国际组织和著名大学签署了合作协议，开展人员培训和科研合作。2011~2012年，组织实施了CI项目"中国林业碳汇项目能力建设"，促进了碳汇基金会的标准建设、人员培训、项目实施等工作。与中国社科院城环所、北京大学、中国林科院、上海交通大学、北京林业大学、浙江农林大学等科研院校建立了良好的合作关系，共同开展林业碳汇和绿色气候基金相关研究。

（六）注重宣传，普及碳汇知识

为了动员更多的企业和个人参与林业应对气候变化的公益活动，了解林业碳汇、碳汇造林等专业性很强又生僻的概念，碳汇基金会采取形式多样、生动活泼的方式，宣传普及林业应对气候变化知识。

（1）举办新闻媒体培训班，面向各种媒体专业人员开展碳汇知识培训，为准确报道碳汇林业和气候变化奠定了基础。

（2）开展碳中和音乐会。分别于2010年、2011年，与北京市园林绿化局碳汇办合作，在北京中山音乐堂举办为期半年的"绿色唱响——零碳音乐季"。除邀请著名艺术家参加演出外，还在所有演出门票背面印制林业碳汇知识、音乐厅大堂设置形式多样的宣传海报，主持人介绍林业碳汇知识，听众参加幸运抽奖、现场计算碳足迹等。活动取得了理想的效果。

（3）向青少年宣传绿色气候基金。碳汇基金会与北京二外附中（全国生态文明教育基地）共同编撰出版了全国第一本林业碳汇校本课程教材《林业碳汇与气候变化》，面向中学生宣传绿色气候基金。

四 展望与建议

面对日愈严峻的气候变暖形势，中国作为温室气体排放大国，建立绿色气候基金，是实现减少温室气体排放国家战略的有效途径。以公募基金会的方式开展增汇减排的公益活动，是一项具有历史意义，并充满机遇与挑战的全新事业。面对不断变化的国内外应对气候变化政策和形势，需要完善管理和发展创新。

（一）加强管理，规范化运行

作为中国绿色气候基金的尝试，碳汇基金会坚持以"制度完善、管理规范、运行高效、成效显著"为目标，以"多元化募集基金""专业化实施项目"为核心，以执行力和公信力建设为重点，以紧跟应对气候变化国际进程和服务国家应对气候变化大局为原则。根据社会需求，适时调整优化碳汇基金会的运行模式。依托已经建立的技术标准体系和林业碳汇项目注册平台，碳汇基金会将为那些拟开展碳汇造林和森林可持续管理项目的企业、林场、农户等提供碳汇计量与监测等技术和项目注册服务。今后通过碳汇基金会注册平台进入自愿碳交易市场的碳汇项目，将有一些是来自企业和农户自己实施的碳汇造林和森林经营项目。此外，坚持规范化、专业化、全过程监督管理的原则，建设精品项目，确保项目成效；严格财务管理，接受社会各界的监督；广泛、深入、细致地宣传绿色气候基金，提高公众应对气候变化和保护环境的意识。

（二）拓展筹资渠道，可持续发展

多渠道筹集资金，全方位开展应对气候变化公益活动，引导企业自愿减排，是实现中国绿色气候基金发展壮大的有效途径。

一是继续开展公共募资。更广泛地动员企业和个人，积极捐资到碳汇基金会，开展以增汇减排为主的营造林活动。二是国家财政注入资金。国家财政出资支持中国绿色气候基金，以购买公益组织服务的形式，不仅资助造林增汇，还可将资助范围扩大到绿色能源、低碳教育培训等应对气候变化的其他领域。三是高排放企业注入资金。动员国内外高排放企业以自愿减排的形式，注资到绿色气候基金，作为碳中和的预付款，促进更多的企业自愿为减缓与适应气候变化做贡献。四是将减排纳入国家碳交易体系。积极探索绿色碳汇(信用)自愿交易与国家碳排放权交易的对接，推动从政策到实际操作层面的碳汇/碳源抵减模式，以促进企业有效利用低成本的绿色碳汇抵减碳排放，推动中国生态效益市场化进程，为实现国家温室气体自主减排目标做出贡献，也为德班绿色气候基金的建立和运行提供可操作的模式和经验。

林业减缓气候变化的国际进程、政策机制及对策研究

李怒云[1]　黄东[2]　张晓静[2]　章升东[1]　贺祥瑞[2]
于天飞[3]　陈叙图[1]　林琳[2]　王佳[2]

(1 国家林业局造林绿化管理司　北京 100714；2 国家林业局经济发展研究中心　北京 100714；
3 中国林业科学研究院科技信息所　北京 100091)

一、应对气候变化的国际进程及林业的作用

应对气候变化的国际行动从 1992 年至今已经走过了 18 年，回顾总结这 18 年来气候变化的国际进程，主要包括科学报告与政策行动两个方面，其中林业都占有十分重要的地位。科学报告是指联合国政府间气候变化专门委员会(简称 IPCC)评估报告，这是气候变化问题最具权威性和影响力的科学报告。政策行动是指从 1992 年制定《联合国气候变化框架公约》(简称《公约》)，到 1997 年签署《京都议定书》(简称《议定书》)，到 2007 年形成《巴厘路线图》，以及 2009 年底达成的不具法律约束力的《哥本哈根协议》这 4 份重要的政策协议，也就是气候变化国际谈判的四个非常重要的发展阶段。

(一) IPCC 评估报告肯定林业的重要作用

IPCC 由世界气象组织和联合国环境规划署于 1988 年共同成立。主要目的是收集科研成果和知识，研究气候变化的影响，并提出应对气候变化的建议和措施。截至 2007 年，IPCC 已经发布了 4 次评估报告。第 5 次评估报告正在研究编写之中，计划于 2014 年发布。综合来看，IPCC 历次评估报告就是一个评估范围不断扩大、情况分析不断深入的过程，每一次评估报告的出台都有力地推动气候谈判进程积极向前发展。IPCC 先后于 1990 年、1995 年、2001 年、2007 年发布 4 次评估报告，分别推动了《公约》的制定、《议定书》的签署、《马拉喀什协定》的形成，以及《巴厘路线图》的确立。

IPCC 第 4 次评估报告在论述林业增汇固碳功能时指出：林业具有多种效益，兼具减缓和适应气候变化双重功能，是未来 30～50 年增加碳汇、减

少排放成本、经济可行的重要措施。同时指出：增加林业碳汇的主要途径，是保持或扩大森林面积、保持或增加林地层面的碳密度、保持或增加景观层面的碳密度、提高林产品的异地碳储量和促进产品和燃料的替代。

(二)从《公约》到《议定书》突出林业增汇减排的作用

1992年，在首届联合国环境与发展大会上，国际社会共同签署了《公约》。《公约》确立的目标是"将大气中温室气体的浓度稳定在防止气候系统受到危险的人为干扰的水平上"，并指出"应对气候变化的政策和措施应当讲求成本效益，确保以尽可能最低的费用获得全球效益"。《公约》于1994年正式生效。然而，《公约》未能就温室气体减排问题做出具体规定。为了实现《公约》目标，各国经过艰苦谈判，于1997年形成了《议定书》。《议定书》首次以法律形式规定附件I国家(包括主要工业化国家和经济转轨国家)在第一承诺期内(2008~2012年)的量化减排目标(即在1990年排放水平的基础上平均减少5.2%)。

在《议定书》通过后，各缔约方就如何利用林业活动来帮助发达国家完成减排任务进行了长时间谈判，最终形成了一系列缔约方大会决定。考虑到工业减排成本高、难度大，《议定书》规定附件一国家除了主要在国内工业和能源领域进行实质性减排外，还可通过以下两方面的途径进行减排：一方面可在国内利用林业碳汇抵减其在工业、能源领域的排放量。具体而言就是，发达国家可以利用本国1990年以来的林业活动产生的碳汇来抵消其2008~2012年间的部分温室气体排放量。另一方面，也可通过排放贸易、联合履约和清洁发展机制(简称CDM)，到境外开展减排增汇项目。其中，与发展中国家直接相关的林业活动是CDM造林、再造林项目。具体而言，发达国家可以通过CDM项目，购买发展中国家造林、再造林项目产生的碳汇，来部分抵消其在2008~2012年期间的温室气体排放量。按照缔约方会议有关规定，附件I国家利用林业碳汇约可完成《议定书》为本国规定的减排任务，只能占到购买国1990年温室气体排放量的1%。由于林业碳汇成本较低，减轻了发达国家履行《议定书》减排承诺的压力。

(三)《巴厘路线图》进一步重视林业碳汇的作用

IPCC评估报告表明：全球毁林排放的二氧化碳多于交通部门，是位居能源、工业之后的全球第3大温室气体排放源，约占全球温室气体总排放量的17.4%左右。由于《议定书》第一承诺期到2012年就结束，第二承诺期谈判在《议定书》2005年生效后就摆上了议程。在《议定书》第二承诺期谈判中，发达国家如何继续利用林业碳汇来实现未来减排承诺成为谈判中的难点,受到了发达国家和发展中国家的密切关注。与此同时,热带地区的一些发展中国家长期以来面临着严重的毁林困扰。

2007年底在印度尼西亚巴厘岛召开的《公约》第13次缔约方大会通过的《巴厘路线图》中,将减少发展中国家毁林和森林退化导致的碳排放,以及通过森林保护、森林可持续管理、森林面积变化而增加的碳汇(简称REDD PLUS),作为发展中国家减缓措施纳入气候谈判进程,要求发达国家要对发展中国家在林业方面采取的上述减缓行动给予政策和资金支持。《巴厘路线图》进一步提升了林业在应对全球气候变化中的重要地位。

(四)《哥本哈根协议》对林业的表述

2009年12月7~18日,在丹麦首都哥本哈根召开了《公约》第15次缔约方大会。会议期间,发展中国家集团与发达国家集团角力激烈而复杂,最后形成了不具法律约束力的《哥本哈根协议》。《哥本哈根协议》进一步明确:"减少滥伐森林和森林退化引起的碳排放至关重要,需要提高森林碳汇能力以及立即建立包括REDD PLUS在内的正面激励机制"。由此可见,在当前及今后一个时期,国际社会围绕《公约》《议定书》原则和规定、《巴厘路线图》授权所作的种种努力,以及目前达成的相关共识,必将长期影响人类的发展模式、生活方式以及国际利益格局。林业作为气候谈判的重要议题之一,将面临着更多的机遇和挑战。

二、主要国家林业应对气候变化行动及政策机制

林业成为应对气候变化国际关注的热点问题,许多国家如英国、美国、加拿大、日本、德国、印度、俄罗斯、澳大利亚、瑞士等都制定了相关的林业应对气候变化的行动计划和政策机制。

(1)英国林业委员会调整林业发展战略。2008年,英国林业委员会将林业减缓和适应气候变化作为林业战略的重要组成部分,制定了各共和国林业应对气候变化的目标。其中较有影响的是《森林和气候变化指南——咨询草案》和《可再生能源战略草案》。前者明确了林业应对气候变化的6个关键行动计划,即保护现有森林,减少毁林,恢复森林植被,使用木质能源,用木材替代其他建筑材料,以及制定适应气候变化的计划;后者提出,在2020年前,生物能源具有满足可再生能源发展目标33%的潜力,其中木质燃料是一个很重要的方面。

(2) 美国林业碳计划以及林业应对气候变化战略框架和措施。美国林业碳计划是为个人和组织提供利用植树来补偿温室气体排放的平台。林业碳计划有两种模式：①出售碳信用以补偿特定活动导致的碳排放；②出售造林项目的碳汇，同时，着手制定为林业减缓气候变化的行动提供担保以激励个人和组织开展植树造林的行动框架。美国林务局还制定了林业应对气候变化的战略框架，提出优先发展领域。其中，美国应对气候变化技术（CCTP）制定了关于森林的国家政策，将通过造林、护林帮助改善人居环境作为目标。美国林业在适应气候变化方面的措施主要有：加强森林和草原管理，以促进生态系统健康发展，增强适应气候变化的能力；完善监测和模拟气候变化对生物及水影响的能力；预防和减少气候变化对物种迁移的影响；生态系统恢复；种植方法的调整。此外，还通过建立伙伴关系，加强森林碳补偿，如鼓励森林私有者积极管护森林，提高森林储碳量；通过森林碳汇交易市场进行碳补偿；推广扩大城市碳吸收的树木培育措施等。

(3) 加拿大"新的森林发展战略"。2008 年，加拿大政府发布了新的森林发展战略。重点关注林业部门的改革和应对气候变化。一致认为林业部门改革和应对气候变化相互影响，相互依赖。林业适应气候变化涉及脆弱性评估、加强适应能力、信息共享等一系列的管理政策和行动。林业应对气候变化的具体措施包括减缓和适应两方面。减缓：通过加强森林火灾、虫灾的防治，减少森林砍伐等减少碳排放，同时加强森林管理和促进使用林产品增加储碳量；适应：计划提供 2 500 万美元，用 5 年时间帮助社区适应气候变化，为全国 11 个以社区为基础的合伙企业提供资助，推进社区应对气候变化的信息共享和能力建设。

(4) 日本新森林计划。日本防止气候变暖的森林政策包括两个方面，一是通过植树造林增加碳汇，二是通过推进森林健康、加强国土保安林的管理以及生物资源的合理利用减少排放。2006 年 9 月，日本林野厅公布了新森林计划：根据增加碳汇、推进实施森林可持续经营、加强木材供给和木材有效利用等要求，提出了"防止地球变暖的森林碳汇 10 年对策"及今后的四个方向：①森林可持续经营；②保安林管理；③木材和生物质能源利用；④国民参与造林。在日本政府发布的 2008 年度《森林、林业白皮书》中明确了将包括农村、渔业地区等作为生物资源的供给源，提出了通过间伐可持续利用森林，扩大建筑使用木材等行动计划，并明确提出了长期减排 60% ~ 80% 的目标。

(5) 印度国家行动计划。印度所采取的应对气候变化行动计划主要有太阳能计划、提高能源效率计划、喜马拉雅生态保护计划、绿色印度计划等。核心都是保护生态环境，促进社会和经济可持续发展，增强适应气候变化的能力。印度应对气候变化的减缓政策措施包括提高能源利用效率，促进水电、风能、太阳能等可再生能源的发展，开发利用清洁煤炭发电技术，推广使用更清洁低碳的交通燃料，强化森林保护和管理等。2008 年 6 月印度政府批准了第一个关于气候变化的国家行动计划，其中确定了 8 个核心内容，其中重要的内容是强调森林可持续经营、保护与开发并重的方式利用非木材林产品、退化林区的开发和恢复等，此项行动持续到 2017 年。在 2007 年，印度宣布了包括在已退化林地上重新造林 600 万公顷的绿色印度计划。

(6) 俄罗斯的《森林工业基本发展纲要》。为了提高俄罗斯林业和木材加工业的国际竞争力，俄罗斯政府加强了对森林工业企业的调控力度，进一步深化林业企业改组，调整产业结构，提高产品加工能力，扩大林产品出口。俄罗斯工业科技部已制定了《森林工业基本发展纲要》，其中心内容是将木材加工业的赢利重点从原木出口转向木材深加工。2008 年俄罗斯联邦政府提高了原木出口关税，以限制原木出口。

(7) 澳大利亚的森林碳市场机制。澳大利亚提出了建立森林碳市场机制，其中包括 REDD 以及通过造林和再造林活动更多地消除大气中的温室气体。建议今后将土地部门也纳入 REDD 机制中。该机制旨在避免逆向的负面结果，包括鼓励当地人和原住民积极参与到本国的 REDD 行动中来，最大程度地保护生物多样性以及当地社区和原住民的利益。该提案中的碳市场机制主要在国家层面落实。

此外，苏格兰林业委员会提出了苏格兰林业适应和减缓气候变化的关键林业行动"合作计划 2008 ~ 2011 年"；瑞士的新林业行动计划，提出了最大限度地挖掘木材的价值，以逐步提高林主、企业主和公众对木材多种用途的认识；法国在若干领域也采取了一些新举措，包括木材生产与加工、重视自然保护区以及促进和开发森林的休闲功能等。

三、我国林业减缓和适应气候变化的机遇与挑战

(一) 应对气候变化给林业带来的发展机遇

(1) 林业在应对气候变化中具有特殊功能和作用，已成为国际社会的广泛共识。林业是当前和未来 30 年甚至更长时期内，技术和经济可行、成本

较低的减缓气候变化重要措施,可以和适应形成协同效应,在发挥减缓气候变暖作用的同时,带来增加就业和收入、保护水资源和生物多样性、促进减贫等多种效益。在气候变化大背景下,宣传林业减缓气候变化的作用,有助于促进全社会重新认识森林价值和林业工作的重要性,形成全社会重视林业、发展林业的良好氛围。

(2)根据《巴厘行动计划》,减少发展中国家毁林和森林退化导致的碳排放,以及通过森林保护、可持续经营和造林增加碳汇已成为2012年后发展中国家在更大程度上参与减缓气候变化行动的重要内容。发展中国家在这方面能否采取有效行动,将取决于发达国家在多大程度上为发展中国家提供资金和技术支持等。因此,将林业进一步纳入应对气候变化国内外进程,将为林业发展提供新的机会。

(3)充分发挥林业在应对气候变化中的作用,不仅涉及造林、森林经营,还涉及通过发展林木生物质能源替代化石能源和利用生物质材料替代化石能源生产的原材料等方面。如利用油料能源林生产的果实榨油可转化为生物柴油;利用定向培育的能源林、林区采伐剩余物、木材加工废料等可直燃发电或供热;利用林木半纤维素转化为乙醇燃料可作为第二代生物燃料;利用木材替代钢材、铝材等,降低了温室气体排放,促进了造林和林业产业的发展。

(4)《公约》和《议定书》下的创新机制,为促进林业发展提供了新机遇。尤其是基于排放权交易的碳市场的产生和发展,有助于对碳排放行为进行市场定价,通过价格机制既能约束排放主体的排放行为,又能降低全球温室气体减排总成本。林业碳汇是全球碳交易的组成部分。通过碳市场,开展碳汇交易,实现林业碳汇功能和效益外部性的内部化。从近期看,有助于将森林生态效益使用者和提供者的利益有机地结合起来,进一步完善生态效益补偿机制。从长远看,则有助于推进林业发展投融资机制的改革和创新。

(二)气候变化给林业发展带来的挑战

(1)气候变化将对我国森林生产力、物种分布和生态系统稳定性产生重要影响。如果不能很好地防控气候变化对森林的不利影响,森林不仅不能起到减缓气候变化的作用,还会加剧气候变暖趋势,进而影响森林自身的健康发展。近年来,气候变暖导致我国许多地区的森林火灾和病虫害发生频率和强度呈加剧趋势,西部干旱和半干旱地区水资源短缺状况日趋严重等。总体上,气候变化将加大我国森林资源保护和发展的难度。

(2)气候变化将加剧土地类型和不同利用方式间的矛盾。研究表明：气候变化可能对我国农业生产布局和结构产生很大影响，导致种植业生产能力下降。在人口数量增加的情况下，将意味着有更多的森林或林业用地面临被毁或被征占用于粮食和畜牧业，势必加剧不同土地利用方式间的矛盾，这将加大林业部门管理森林和林地的难度，对通过扩大森林面积增加碳汇构成了制约。

(3)气候变化对全球木质和非木质林产品以及森林生态服务的供给产生影响。大量研究表明：虽然通过林业措施减缓气候变化可带来多重效益，有助于降低减缓气候变化的成本，但也会导致土地利用格局的变化。在应对气候变化背景下，如何平衡森林提供林产品和包括增加碳汇在内的各种生态产品的需求，并为当地林业经营者提供持续有效的激励，就需要对我国现行林业政策、体制和机制进行改革和创新。

(4)随着《公约》谈判进程的不断深入，减少发展中国家毁林和森林退化造成的碳排放等行动将逐步纳入减缓气候变化的范畴，势必增加森林采伐和利用的成本，将在一定程度上加大我国进口木材成本，对我国利用境外森林资源形成制约。这对我国调整完善林业相关政策措施，提高木材自给能力，提出了新要求。

总之，在气候变化大背景下，林业发展既面临着重大挑战，也面临着战略机遇。气候变化将进一步促进各国政府更多地关注林业，加快林业管理制度改革和林业发展机制创新。主动抓住机遇，积极应对挑战，将给各国林业发展带来新动力。

四、政策建议

(一)落实《应对气候变化林业行动计划》

根据《应对气候变化林业行动计划》目标和要求：加快植树造林和森林经营增加碳汇；加强森林、林地和湿地保护控制碳排放；发展林业生物质能源替代化石燃料；增加和延长木质林产品使用固定二氧化碳。围绕《应对气候变化林业行动计划》建议：一是加大生态建设投入。继续实施天然林保护、退耕还林、"三北"及长江和沿海防护林体系、防沙治沙、湿地及野生动植物和自然保护区、商品林基地建设等林业重点工程。二是启动森林经营工程，提高森林质量，增加碳汇。三是制定和实施《全国造林绿化规划纲要》，发展林业生物质能源、油茶等木本粮油。四是健全森林生态效益补偿机制，开展湿地生态效益补偿试点，实行木材加工产品"下乡"补贴试点，推动低碳经济和劳动密集型产业发展。

（二）推进应对气候变化法制建设

一是在《森林法》修订进程中，充分体现林业应对气候变化的地位、作用、行动、措施等内容，逐步将林业应对气候变化管理工作纳入法制化轨道。特别增加充分发挥林业应对气候变化特殊作用、开展碳汇造林、碳汇计量监测和发展林业生物质能源等内容。二是加快搭建企业和社会力量参与林业应对气候变化行动平台，建立健全林业增汇减排的政策和激励机制，使工业获得减排缓冲期，为中国经济发展赢取时间和空间做出贡献。

（三）开展碳汇造林试点及计量与监测工作

开展碳汇造林试点，即在确定了基线的地块上，对营造林活动和林木生长的全过程进行碳汇计量和监测，以探索具有中国特色并与国际规则接轨的碳汇林业造林模式，建立与"三可"（可测量、可报告、可核查）相匹配的碳汇计量与监测技术体系，为中国森林生态系统增汇固碳开展"三可"奠定基础。建议中央财政给予支持，结合推进低碳经济发展，启动碳汇造林试点示范，加快建立国家森林碳汇计量监测体系建设步伐，为当前及未来积极履行《公约》、维护国家利益做出贡献。

（四）加大林业应对气候变化的科学研究

切实加大对林业应对气候变化方面的科研支持力度，深入开展森林对气候变化响应的基础研究、林业减排增汇的技术潜力与成本效益分析、森林灾害发生机理和防控对策研究，以及森林、湿地、荒漠、城市绿地等生态系统的适应性问题并提出适应技术对策。通过科研，提升林业应对气候变化整体科研水平，为制定气候变化相关决策和参与气候谈判提供科学支撑。

（五）推进气候变化国际合作

全面深入参与《公约》和《议定书》涉林议题谈判。系统梳理哥本哈根会议涉林议题成果，积极组织专家开展谈判对策研究。特别要加强 REDD PLUS 和"土地利用、土地利用变化和林业"两个谈判议题研究。加强气候谈判队伍建设，建立稳定的谈判梯队，强化谈判力量。鼓励开展林业应对气候变化双边和多边合作以及对话机制，积极争取外援，不断扩大合作。

林业碳汇项目的三重功能分析

李怒云[1,2]　龚亚珍[3]　章升东[4]

(1 北京林业大学经济管理学院，北京 100083；2 国家林业局造林司，北京 100714；
3 加拿大不列颠哥伦比亚大学；4 国家林业局调查规划设计院，北京 100714)

气候变化给全球社会经济发展带来了重大影响，引起了国际社会的广泛关注。《京都议定书》规定林业碳汇是减缓气候变化的一种重要途径（第313和314条款）。自此以后，林业碳汇项目在减缓气候变化方面的重要作用日益被世界各国所认可。

中国目前虽然不承担《京都议定书》框架下的减排义务，却无法回避气候变化带来的消极影响。与发达国家相比，中国的经济发展水平较低，基础设施较差，抵御和应对气候变化的能力远低于发达国家[1]；因此，有效地利用发达国家转让的先进技术和援助资金来适应气候变化、提高应对能力显得十分必要。积极实施林业碳汇项目，增加森林覆盖率和提高森林经营水平[2]，发挥林业在适应和减缓气候变化以及促进可持续发展方面的三重功能已成为新时期中国林业建设的一项重要内容。

一、林业碳汇项目的三重功能

林业碳汇是指通过造林、再造林、森林管理和森林保护等以吸收空气中的二氧化碳、降低或防止将森林中储存的二氧化碳排放到空气中。如图1所示，林业碳汇项目常常可以兼具适应和减缓气候变化、促进可持续发展这三重功能[7]。

二、适应、减缓与可持续发展

气候变化是指由于温室气体的排放积累到一定浓度导致的平均温度增加、海平面上升、降水分配不均和旱涝灾害频发等现象。气候变化是一个长期的、动态的、累积的过程，具有惯性。其对社会和自然生态系统的影响是深刻的、全面的、长远的，具有破坏性。在一定时期内，社会和自然生态系

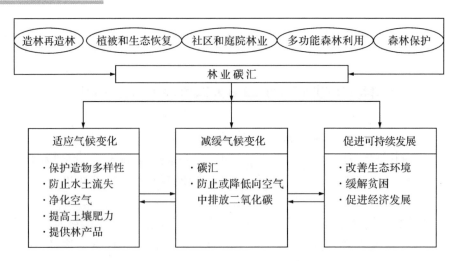

图1 林业碳汇项目的三重功能

统对气候变化是需要适应的。而当社会经济发展到一定阶段和一定水平时，人类可以依靠科技进步和管理水平的提高逐步减缓二氧化碳等温室气体的排放，进而改善大气质量，促进气候系统向自我平衡、自我调节的均衡轨道上发展。因而，在较长的时间尺度内，二者呈现出一种相互影响和适应的关系。

人类社会为了应对气候变化，常常会采取适应和减缓措施。所谓适应，是指针对气候变化引起的不良后果采取相应措施，旨在减轻气候变化的不利影响和损害，如采用抗旱抗涝作物品种、加固海岸堤防或保护沿海生态系统等；而减缓则是预防气候变化的行为，旨在降低气候变化的速度和频率，其主要手段是减少或限制温室气体向大气的排放，如使用清洁能源和采用新能源等手段降低向空气中排放温室气体，以及利用森林植被吸收空气中的二氧化碳。

虽然适应和减缓都是应对气候变化的措施，但两者有很大区别。适应措施见效快，减缓措施见效慢；适应措施创造局部效益，减缓措施创造全球效益；适应措施所需的基本技术已大量存在，减缓措施所需的技术尚不完全成熟；适应措施对经济增长的负面影响小，甚至在某些情况下会拉动经济增长，而减缓措施在现有技术条件下则会对经济增长产生大的负面影响。因此，《京都议定书》所列的附件I国家和发展中国家基于各自的国家利益而对适应和减缓持不同态度：发展中国家强调适应，发达国家则强调减缓。

过去很长一段时间内，无论是国际政界还是学术界对于气候变化的减缓措施的关注程度远胜于适应措施。其原因在于,作为实施《联合国气候变化框架公约》(简称《公约》)的《京都议定书》规定了减缓措施,而对适应描述较少。这使《公约》的实施失去平衡。但是近年来,越来越多的人士已经认识到,由于减缓带来的积极影响不是即时的,具有滞后性,以及气候变化本身的惯性,即使《京都议定书》既定的减排目标能够实现,全球变暖的趋势至少在今后几十年内还将继续存在。所以,世界各国都在综合考虑"适应和减缓"这二个相辅相成的手段,将其列为气候变化政策的重要内容,并纳入到了国家可持续发展的大框架下[3]。这一思路对中国这样一个人口和农业大国同时也是温室气体排放大国具有重要的意义。

三、中国现有林业碳汇项目分析

(一)项目现状

林业碳汇项目可大致分为"京都规则"的碳汇项目和潜在的"非京都规则"碳汇项目两类[5]。我们把按照《京都议定书》框架下的清洁发展机制(CDM)要求实施的林业碳汇项目,即至少在50年以上的无林地上新造林或1989年12月31日起到项目实施之日没有森林的无林地上再造林等内容,实施成"非林并满足额外性①"等其他要求的项目,称为"京都规则"的碳汇项目。而对其他不受《京都议定书》规则限制的造林、森林保护和森林管理项目(从根本上也起到吸收二氧化碳的作用),我们称之为潜在的"非京都规则"的碳汇项目。按照这种分类,林业六大工程和其他的造林绿化活动都可以视为潜在的"非京都规则"的碳汇项目。在中国目前正在开展或拟开展的林业碳汇试点项目中,广西、内蒙古实施的是严格的"京都规则"碳汇项目,而在云南、四川实施的森林多重效益项目以及在辽宁、河北及山西等地拟实施的碳汇项目则是两种类型都包括。

(1)内蒙古项目。该项目是国家林业局与《联合国防治荒漠化公约》秘书处合作,在我国开展的意大利政府投资的"中国东北部敖汉旗防治荒漠化青年造林"项目,是一个CDM的林业碳汇项目。该项目在第一个承诺期的5年内共投资153万美元(其中意大利投资135万),在敖汉旗荒沙地造林3 000

---

① 额外性有两层含义:第一,减少的气体排放量或者增加的固碳量相对于任何没有项目下发生的减少或增多是额外的。所以,天然碳储存必须计入基线。第二,这些减少排放或者固碳的行为是额外的。如果这些行为在没有项目的情况下也要发生,就不符合额外性原则。具体包括技术额外性、资金额外性、投资额外性、环境额外性及政策额外性。

公顷（4.5万亩）。总体目标是提高当地实施可持续发展的能力，防治荒漠化和土地退化，为恢复和保护当地生物多样性创造条件，吸收二氧化碳以减少温室气体排放，为项目区创造就业机会，改善社会经济状况。到2012年，项目产生的经认证的二氧化碳减排指标预计为238 184吨，将归投资国意大利所有。

（2）广西项目。世界银行在广西珠江流域实施了一个流域综合开发治理项目，在考虑珠江流域的植被恢复和水土保持的同时，兼顾碳吸收。世界银行生物碳基金投资约200万美元实施造林再造林碳汇子项目，所产生的碳汇由世行生物碳基金购买。值得一提的是：该项目提出的造林再造林方法学已于2005年11月底被《公约》CDM执行理事会批准。这是世界上第一个被批准的林业CDM碳汇项目的方法学，已成为世界上其他发展中国家仿效的模式之一。目前，该项目正在履行国内审批和国际审查。

（3）云南和四川项目。这是国家林业局与保护国际和美国大自然保护协会合作实施的由美国3M公司资助的"森林多重效益"项目。该项目拟按照《京都议定书》规则，将其中一部分做成CDM林业碳汇项目，其他则结合森林植被恢复和生物多样性保护、社区发展等内容，实施成"非京都规则"的碳汇试点项目。

（4）辽宁项目。辽宁省沈阳市林业局正和日本庆应大学合作，在康平县营造防风固沙试验林，并按照《京都议定书》CDM小规模造林项目设计要求，开展试验林林木生长及相关数据采集工作，通过分析有关数据得出沙地防护林吸储二氧化碳的情况，为中国开展防风固沙林的CDM造林项目探索路子。

（5）其他项目。在河北、山西等地，林业部门与荷兰、芬兰的公司及有关国际组织合作，正在积极进行实施林业碳汇项目的前期准备工作。

（二）项目分析

1. "京都规则"碳汇项目

目前，根据相关国际规则和操作程序设计，同时结合我国林业建设的实际，我国"京都规则"林业碳汇项目已取得了较大进展。这些项目在设计思路上有一个相似之处，即：主要考虑造林再造林活动对增加二氧化碳的吸收作用，同时兼顾其他效益。例如，广西项目虽然强调碳吸收，但兼顾了珠江流域的植被恢复和水土保持；内蒙古项目的主要目的是在防治荒漠化的同时进行碳吸收；四川和云南项目一方面考虑碳吸收的效益，另一方面强调森林植被的恢复和保护生物多样性，并考虑促进社区发展。这些项目实践体现了森林在应对气候变化方面适应和减缓的双重功效。因此,积极研究和探讨这种集经济效益、社会效益和生态效益为一体的"京都规则"碳汇项目,不仅可以提高我国应对气候变化的适应和减缓能力,还有助于社会经济及林业的可持续发展。

2. 潜在的"非京都规则"碳汇项目

我国的林业六大工程目前已取得显著的综合效益[8]:①森林资源总量增加。截至2004年底,天保、退耕还林和京津风沙源治理三大工程样本县的森林面积和蓄积量分别增加1%和1.73%、3.05%和3.15%、1.43%和2.54%。②天保工程木材产量调减到位。自工程实施以来,长江上游和黄河上中游地区的天保样本县已全面停止了天然林商品性采伐,431.81万公顷天然林资源得到切实有效的保护。③富余职工得到有效安置。富余人员安置率达到85.24%。对生态恶劣地区继续实施生态移民,农民生存状况得到改善。④水土流失面积减少,土地沙化得到有效遏制。这些活动,不仅增加了林业碳汇,是减缓气候变化的重要手段,同时还有利于保护生物多样性、防止水土流失、改善农业生产条件、净化空气、改善人居环境、提供林产品和就业机会等,同时也是适应气候变化的重要手段[9]。

中国林业六大工程和其他的造林绿化活动既是减缓气候变化的重要手段,也是适应气候变化和促进可持续发展的重要途径。林业六大工程在应对全球气候变暖的大背景下所创造的综合效益已远远超出了当初的设计目标。因此,在现阶段,继续实施好六大工程、扩大森林面积和蓄积、发挥森林的多重效益,不仅有助于向世界展示中国在应对气候变化问题上负责任的大国形象,更与本国是否能在未来的气候变化中更好地适应变化、实现可持续发展休戚相关。

四、实施林业碳汇项目的政策建议

鉴于林业碳汇项目在适应与减缓及促进社会经济可持续发展方面的重要作用,今后应进一步推动林业碳汇项目的实施。在继续加快六大工程建设的同时,积极引进CDM项目。通过两类碳汇项目的同步实施,充分发挥中国林业在减少温室气体方面的作用,为国家应对气候变化的战略决策作出应有的贡献。因此,对下一步的林业碳汇项目建设提出如下的建议。

(1)注重项目的多重效益。一个理想的林业碳汇项目应该是能够在考虑固碳增汇(即减缓)的同时最大限度地发挥适应功能,同时将"适应与减缓"

和生态、经济及社会的可持续发展结合在一起，做到统筹安排，综合考虑[4]。也只有包含多重效益、内涵丰富的碳汇项目，才更具市场吸引力和竞争力。

(2) 合理进行项目设计。消除贫困是可持续发展的核心内容之一[6]。如何使林业碳汇项目的实施更好地促进农村扶贫、确保社区老百姓从中受益是设计林业碳汇项目需要重视的问题。所以，"促进社区发展"应是一项重要的设计指标，必须尊重和听取项目区群众及其他利益相关者的意见和建议，实施社区发展友好型项目。

(3) 发挥项目的最佳效益。由于在"固碳"的同时考虑"适应"难免会有权衡取舍，因此有必要在两者间寻找一个最佳的平衡点和结合点。例如，实施"京都规则"CDM林业碳汇项目，根本目标是附件Ⅰ国家通过在发展中国家造林取得碳信用，以抵消其在国内的减排义务。因此，投资方关注的是快速增加碳汇，有可能倾向于种植速生的外来树种。而项目实施国的根本目的则是在完成投资方碳汇任务的同时促进本国的可持续发展，在树种的选择上有可能倾向于种植一些乡土树种，包括珍贵树种。为此，双方需要进行充分协商和讨论，利用有关的决策和分析工具寻找对双方都有利的解决途径，从而发挥林业碳汇项目的最佳效益。

(4) 促进国内"碳交易"市场的发展。鉴于中国目前还不承担减排义务，可首先动员和鼓励一些企业自愿参与到林业碳汇项目建设中来。具体的做法是，将企业或个人自愿投资造林或进行森林保护和管理的资金集中起来，建立"绿色碳基金"，专门用于林业碳汇项目。同时，对"绿色碳基金"固定或增加的二氧化碳量逐年计量并长期监测，作为"碳信用"存储在投资者的碳汇账户中。这样，一是可以让企业清楚地了解自己在适应和减缓气候变化中的贡献，树立良好的企业形象；二是使企业了解投入营造林的资金本质上是购买林木固定的二氧化碳，以此培养企业的碳交易意识。此外，还可以帮助企业积累项目经验，谋划未来生态发展战略。随着社会经济的不断发展和国际社会应对气候变化要求的强化，相信"绿色碳基金"所存储的"碳信用"将最终走向市场，以促进中国碳交易市场的发育和成长。

参考文献

[1] 高广生，李丽艳. 气候变化国际谈判进程及其核心问题. 中国人口、资源与环境，2002，(12)

[2] 李海涛, 袁家祖. 中国林业政策对减排温室气体的贡献. 江西农业大学学报, 2003, (10)

[3] 李怒云, 高均凯. 中国在全球气候变化谈判中的地位和战略. 林业经济, 2003, (5)

[4] 李怒云, 宋维明, 章升东. 中国林业碳汇管理现状与展望. 绿色中国, 2005, (3)

[5] 魏殿生, 徐晋涛, 李怒云. 造林绿化与气候变暖——碳汇问题研究. 北京: 中国林业出版社, 2003

[6] Bernhard Schlamadinger. Carbon sinks and the CDM: could a bioenergy linkage offer a constructive compromise. Climate Policy, 2001, (1)

[7] Robert T Watson, WorldBank, CoreWritingTeam. ClimateChange 2001: Synthesis Report, 2001

[8] 本报记者. 2004年天然林资源保护、退耕还林和京津风沙源治理三大工程区森林资源增多, 水土流失减少, 农民收入增长. 中国绿色时报, 2005-12-23(1-2)

中国林业碳汇项目的需求分析与设计思路

龚亚珍[1] 李怒云[2]

(1. 加拿大温哥华英属哥伦比亚大学林学院；2. 北京林业大学经济管理学院 北京 100083)

气候变化已成为当前人类社会面临的共同挑战，引起了世界各国的广泛关注。为改善人类的生存环境，避免气候变化可能引起的灾难性后果，自20世纪90年代以来，国际社会已采取了一系列行动，并分别于1992年和1997年制订了《联合国气候变化框架公约》(简称公约)和《京都议定书》，以应对气候变化。在此框架下，经过多轮谈判，同意将《京都议定书》下清洁发展机制(下称CDM)造林再造林碳汇活动，作为应对全球变暖的一种有效手段，最终达成共识并予以正式确立。应该说，通过与发达国家(附件Ⅰ国家)合作开展CDM林业碳汇项目，发挥森林吸收二氧化碳等温室气体的生态功能，并以交易的方式实现森林生态价值的市场补偿，已经成为当前国际林业发展的潮流，也构成了我国新时期林业建设的一项重要内容，对促进社会经济及林业的可持续发展具有重要意义。

一、CDM林业碳汇项目的意义

CDM是《京都议定书》框架下创立的三个灵活机制中唯一的发达国家与发展中国家之间的合作机制，其核心思想是允许发达国家通过在发展中国家投资减排或固碳来实现其在《京都议定书》框架下所作的减限排承诺，同时促进发展中国家的可持续发展。对于发达国家而言，这必然会对经济发展和人民生活带来负面的影响，而且，大部分发达国家由于已经拥有较好的清洁能源技术，在本国实施温室气体减排的边际成本较高。对于发展中国家而言，由于生产技术相对落后，生产效率低、污染程度高。合作开展CDM项目将有助于发展中国家从发达国家引进资金和先进的技术以及现代生产管理手段，提高生产效率，减少温室气体排放，降低经济发展对环境带来的不利影响，促进经济发展。因此，这是一个双赢的机制。

实际上，在CDM框架下规定了两种项目类型以应对气候变化：一种是减排项目。主要是在工业、能源部门。通过提高能源利用效率、采用替代性或可更新能源来减少温室气体排放；另一类叫碳汇项目，是指通过土地利用、土地利用变化和林业活动增加陆地碳贮量的项目，如造林、再造林、森林管理、植被恢复、农地管理、牧地管理等。《马拉喀什协定》规定，目前可以作为CDM林业碳汇项目的仅限于造林和再造林活动，且其碳汇总量不超过附件I缔约方基准年温室气体排放量1%的5倍。这里的造林是指通过栽种、播种或人工促进天然下种等方式，将至少有50年处于无林状态的地带转变为森林的直接的人类活动；而再造林是指在曾经有林、但后来变为无林的地带通过栽种、播种或人工促进天然下种等方式，将这种无林地带变为森林的直接的人类活动。就国际谈判形成的第一承诺期（2008~2012年）而言，再造林活动仅限于在1989年12月31日后处于无林地状态地带上。基于上述规则和界定，在此可以把CDM林业碳汇定义为：通过实施造林和再造林活动，吸收大气中的二氧化碳并将其固定在植被或土壤中，从而减少大气中二氧化碳浓度的过程、活动或机制。

二、中国林业碳汇项目的特点

林业碳汇项目通常分为两类，一类是按照《京都议定书》规则规定，即至少在50年以来的无林地新造林或1989年12月31日以后的无林地再造林获得碳汇并满足"额外性"及其他要求的项目，称为"京都规则"的碳汇项目。根据国际规则和我国林业建设的实际情况，目前就国内正在开展和拟开展的几个林业碳汇项目而言，在广西、内蒙古实施的碳汇项目是严格的"京都规则"碳汇项目。而其他的不受《京都议定书》第一个承诺期内规则限制所实施的造林绿化、森林保护和森林管理等活动称为潜在的"非京都规则"的林业碳汇项目，如林业六大工程的造林和其他的造林活动都属于此类。目前，我国林业碳汇项目建设呈现以下三个特点：

首先，中国的两类林业碳汇项目都有所发展。一是林业六大工程稳步推进，成效显著；二是天然林商品材采伐调减和木材供给的政策调控基本到位；三是林区群众的生活水平得到了提高，生活质量得到了改善；四是水土流失面积逐步减少，土地沙化得到有效遏制，区域生态环境明显改善。总体而言，林业六大工程基本上实现了增加森林植被和减少毁林。与此同时，广西和内蒙古"京都规则"的碳汇试点项目已经取得了实质性进展，并有望成为国际上率先交易的CDM林业碳汇项目。

其次，中国两类碳汇项目的设计规则存在差异性。"京都规则"的碳汇项目是完全按照《京都议定书》及相关国际规则的规定，是我国和附件Ⅰ国家共同进行的项目级合作，最终我方获得经济收益和森林实体，附件Ⅰ国家获得经过核证的减限排指标。而"非京都规则"的碳汇项目则是由我国大面积的造林绿化和加强森林管理特别是林业六大工程所增加的碳汇形成的。虽然目前尚未形成碳交易，但其生态效益的客观效果和对全球的生态贡献是不容置疑的。如果说"京都规则"的碳汇项目要求的是时效性和额外性，那么"非京都规则"的碳汇项目体现的则是计划性和普遍性，两者互相补充，共同从资金和技术两个层面推动着我国林业建设的发展。

第三，中国两类碳汇项目的设计思想存在相似点。就"京都规则"的碳汇项目而言，强调的核心思想是，发挥森林吸收二氧化碳的生态功能，改善生态环境，减轻气候变化对人类生活的负面影响。而"非京都规则"碳汇项目设计宗旨则是通过大规模营造生态公益林，构建生态屏障，保护生态环境，发挥森林的生态效益，为减少温室气体做出贡献。显然，保护、建设并发挥森林的生态效益既是两者的共同思想，也是它们的共同目标。既反映了对国际规则的理解和认识的深化，也考虑了国内林业建设的实际，是一种有效的结合。尽管两类碳汇项目的实施规程和标准存在差异，但实施效果是相同的。

三、中国林业碳汇项目的需求分析

中国林业碳汇项目具有潜在的国内和国外需求，但也面临着来自其他供给者的挑战和国内外形势演变的不确定性。

（一）国外的需求和潜在的竞争者

《京都议定书》第12款明确规定：允许发达国家到发展中国家投资进行减排或固碳活动以完成他们的减排目标，但这些活动必须能够有利于促进发展中国家的可持续发展。国外投资者看好中国有稳定的社会政治环境、有力的政府支持、充足的林地资源、相当的市场空间以及专门的管理机构等有利条件，这些对国际投资者和国际市场具有一定的吸引力和竞争力，显现了林业碳汇项目潜在的国际需求。但是，中国林业碳汇项目在国际竞争中也面临着如下压力：一是与其他的发展中国家相比，在中国实施造林和再造林的成本相对较高，土地权属、相关配套管理政策和措施不够完善；二是以巴西为代表的一些拉美国家，由于处于热带地区，有得天独厚的自然条件，森林的碳汇能力较强。现在可以用来进行造林和再造林的土地潜力很大；此外，这些国家开展相关研究和试点比我们早，积累了一定的经验。而且他们的经济发展水平比我国低，有更大的发展要求，更迎合 CDM 碳汇项目所要达到的帮助贫穷的发展中国家走出贫困，实现可持续发展的要求。

（二）国内投资者的需求和不确定性

这是一个潜在的需求，在很大程度上取决于国际国内的政策导向。可以预见，随着排碳权交易市场的建立和培育，国内企业对于碳信用证的需求将不断上升，这就为林业碳汇项目提供了潜在的国内需求。国内企业将可能成为今后中国林业碳汇项目的重要支持者和需求者，但这种需求主要取决于中国未来环境污染治理政策的调整力度和国际形势的演变。

四、中国发展林业碳汇项目潜在阻碍因素分析

虽然林业碳汇项目可能面临国内外投资者的需求，但"交易成本"有可能成为阻碍未来中国林业碳汇项目发展的重要因素（见图1）。

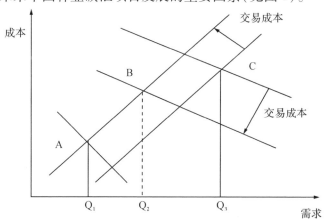

图1 林业碳汇项目的不同状态下的市场分析

首先假设一种理想的市场均衡状态（C 点），在这种情况下既有国外投资者对于 CDM 碳汇项目的需求，又有国内企业对普通碳汇的需求，而且交易成本为0，生产者不考虑风险因素，在这种市场状况下，投资者对于林业碳汇项目的需求为 Q_3。当交易成本不等于零的情况下，受交易成本的影响，投资者的需求和生产者（如农户）的供给都会有所下降，市场均衡点就会移到 B 点，市场的交易量也相应地从 Q_3 下降到 Q_2。假设图中的 A 点代表的是目前的状态，即：只有国外投资者的需求而且有交易成本。在这种情况下，

市场上林业碳汇的交易量为 Q_1，远远低于理想状态下 Q_3 的交易量。当然，理想状态下 Q_3 的情况在现实中几乎不能达到，但是要想将市场上对于林业碳汇的需求从 Q_1 尽可能地向 Q_3 靠近则是完全有可能的。但是，由于林业碳汇的投资周期长，相应带来高的风险。出于对风险因素的考虑，生产者即使面对强大的市场需求也有可能不愿意参加林业碳汇项目，因此 Q_1 可能会继续左移从而会更加远离理性状态下的 Q_3。事实上，中国政府多年以来已经通过补助和补偿的方法来鼓励私人部门造林，今后还可能采取其他的措施来解决这个问题。

从上述分析可以看出，未来中国林业碳汇项目的发展可以依赖三个重要的途径：一是努力培育国内市场，提高国内企业对于林业碳汇的需求；二是尽可能地降低交易成本；三是采取有关应对风险的政策措施。国内市场的培育需要国家扶持性政策的支持，为企业利用市场机制实现清洁生产目标提供条件。

五、中国林业碳汇项目的设计思路

对中国而言，稳步而有序地推进林业碳汇工作，不仅有利于中国获得林业建设的额外资金和先进技术，而且有利于参与并影响林业发展的国际进程，同时对促进中国林业的机制创新有重要作用。

第一，中国林业碳汇工作应从碳汇政策、碳汇技术、碳汇市场及碳汇项目 4 个主要方面逐步展开。其中，政策是前提，技术是基础，市场是关键，而项目则是载体（见图 2）。由于作为载体的林业碳汇项目包含了对政策的理解，对技术的把握和对市场的分析，综合反映了相关的内容和要求，是当前碳汇管理工作的重点和核心。

第二，在国家层面应该尽早建立起"碳排放权交易"市场，推动林业碳

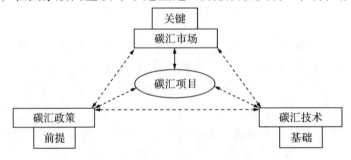

图 2　林业碳汇工作的 4 项主要内容

汇交易的发展。要建立排碳权交易，需要国家规定一个总的排碳量和各个部门的排碳总量，鼓励企业采用包括林业碳吸收在内的多种途径实现其减排目标。这种交易为林业的生态建设提供筹集资金的渠道和技术支持。

第三，迎接未来气候变化和可持续发展的需要，中国需要积极实施包括植树造林和森林保护在内的林业碳汇项目。虽然在第一个承诺期内，只有按照《京都议定书》规则实施的造林再造林活动，才有资格纳入合格的 CDM 林业碳汇项目，其他如自然保护区建设等尚未被纳入，但只要是增加森林植被，加强森林保护的活动对中国未来更好地适应气候变化都具有重要的意义。

第四，积极探索降低林业碳汇项目交易成本的有效途径。林业碳汇项目的交易成本主要有：①市场/项目合作者的信息收集成本；②签订和实施合同的成本；③监测成本；④项目文件的准备和审批成本；⑤项目的运行成本等。在中国大部分土地已经分散给单个家庭经营，这种经营方式决定了以下几个特点：一是市场/项目合作双方的信息收集成本高；二是地块分散，难以形成规模经济，且监测成本高；三是合同签订和实施成本以及项目的组织安排成本高。这些都会影响中国林业碳汇项目和碳汇市场的建立和发展。为了降低这些交易成本，一方面买卖双方可以通过项目及合同的合理设计从项目实施的层面上来解决；另一方面，国家可以通过政策设计和制度建设来解决，这两者应该互为支持和补充。从国家制度设计的角度来看，可采取几种措施降低交易成本。①建立国家级的碳信用注册登记制度和统一的数据库，以便生产者和购买者之间能够降低信息的收集成本；②加快林业碳汇项目的标准化建设并简化项目的审批程序；③加强碳汇产权制度建设，扩大产权流转。同时鼓励投资者进行规模经营、降低交易成本。

参考文献

陈迎，庄贵阳.《京都议定书》的前途及其国际经济和政治影响[J]. 世界经济与政治，2001(5)

高广生，李丽艳. 气候变化国际谈判进程及其核心问题[J]. 中国人口、资源与环境，2002(12)

李怒云，宋维明，章升东. 中国林业碳汇管理现状与展望[J]. 绿色中国，2005(3)

吕学都，刘德望. 清洁发展机制在中国[M]. 北京，清华大学出版社，2005(1)

魏殿生，徐晋涛，李怒云. 造林绿化与气候变化——碳汇问题研究[M]. 北京，中国林业出版社，2003，12

张小全,李怒云,武曙红. 中国实施清洁发展机制下的造林和再造林项目的可行性和潜力[J]. 林业科学,2005(1)

The Kyoto Protocol to the Convention on Climate Change[R]. 1997

United Nation Framework Convention on Climate Change(UNFCCC)[R],1992

气候变化与碳汇林业概述

李怒云[1] 杨炎朝[2] 何宇[3]

(1 国家林业局造林绿化管理司 北京 100714;2 北京语言大学 北京 100083;
3 国家林业局林产工业设计院 北京 1000010)

气候变化严重影响了经济社会的可持续发展。如何通过各方的共同努力,减缓和适应气候变化、保护环境成为国际社会关注的焦点问题。为应对全球气候变化,国际社会先后制定了《联合国气候变化框架公约》和《京都议定书》,采取各种措施,应对气候变化。

一、"碳汇"问题产生的国际背景

(一)温室气体增加导致了全球气候变暖

2007年,政府间气候变化专门委员会(IPCC①)发布了《第四次气候变化评估报告》。报告指出:2005年的大气温室气体浓度为379ppm,远远超过工业革命之前的280ppm。预计未来20年,每10年全球平均增温0.2℃,如温室气体排放稳定在2000年水平,每10年仍会继续增温0.1℃;如以等于或高于当前速率继续排放,本世纪将增温1.1~6.4℃,海平面将上升0.18~0.59米。有些地区极端天气气候事件(如厄尔尼诺、干旱、洪涝、高温天气和沙尘暴等)的出现频率与强度增加。该报告预测,到2100年全球平均气温将上升1.8~4℃,海平面升高18~59厘米。

第四次评估报告称,过去50年全球平均气温上升与人类大规模使用石油等化石燃料产生的温室气体增加有关。因此,有效控制人类活动,减少温室气体的排放或增加温室气体的吸收,是减缓和适应气候变化的有效措施。

《联合国气候变化框架公约》将"碳汇"定义为:从大气中清除二氧化碳的过程、活动或机制;相反,向大气中排放二氧化碳的过程、活动或机制,就称之为"碳源"。因此,应对气候变化的国际行动,主要是致力于减少二

---

① IPCC 作为国际气候变化问题评估的权威机构,于1990、1996、2001、2007年发布了四次评估报告。

氧化碳的排放(源)和增加二氧化碳的吸收(汇),即增加碳汇。于是"碳汇"成为了一个新的话题,逐渐进入了人们的视野。

(二)应对气候变化的国际行动

遵照"共同但有区别的责任"原则,鉴于发达国家在工业化进程中已排放大量温室气体的历史事实,《京都议定书》要求签约的发达国家和经济转轨国家(即附件Ⅰ国家)在 2008～2012 年的第一个承诺期内,将温室气体排放总量在 1990 年基础上平均减少 5.2%。为有效实现附件Ⅰ国家的温室气体减排目标,《京都议定书》制定了联合履约、排放贸易和清洁发展机制三种灵活机制,帮助附件Ⅰ国家履行《京都议定书》所规定的减排义务。

清洁发展机制是指发达国家通过向发展中国家提供资金和技术,与发展中国家合作开展减少温室气体排放或增加吸收温室气体的项目。项目所获得的温室气体减排量,用于完成发达国家在《京都议定书》中承诺的减排指标;排放贸易是指那些已经完成了减排目标的发达国家可以把超额完成的温室气体排放权卖给其他发达国家;联合履约与清洁发展机制原理相同,只不过是在发达国家之间开展的项目合作。在《京都议定书》规定的这三种履约机制中,清洁发展机制是唯一与发展中国家有关的机制。这个机制既能使发达国家以低于其国内成本的方式获得减排量,又为发展中国家带来先进技术和资金,有利于促进发展中国家经济、社会的可持续发展。因此,清洁发展机制被认为是一种"双赢"机制。

(三)林业成为碳汇的重点

《京都议定书》框架下的土地利用、土地利用变化和林业(LULUCF)条款中,充分认可森林碳汇在应对气候变化中的作用。因此,在第一承诺期内,把造林再造林[①]列为唯一合格的清洁发展机制碳汇项目,即附件Ⅰ国家可以通过到发展中国家实施造林再造林项目,所获得的碳汇(碳信用额度),可用于抵减本国的温室气体排放量。为避免削弱环境效果,《京都议定书》规定在第一承诺期内,附件Ⅰ国家每年从清洁发展机制造林再造林碳汇项目中获得的减排抵消额不得超过基准年(1990 年)排放量的 1%。2005 年 2 月 16 日,《京都议定书》正式生效。至此,清洁发展机制下造林再造林碳汇项目正式启动并进入实质性的操作阶段。

---

① 造林是指在过去 50 年来的无林地上开展的人工造林活动;再造林是指在 1990 年 1 月 1 日以来的无林地上开展的人工造林活动。

(四)森林的碳汇功能

森林是陆地生态系统的主体。森林植物通过光合作用吸收二氧化碳，放出氧气，把大气中的二氧化碳以生物量的形式固定在植被和土壤中，这个过程就是"汇"。因此，森林具有碳汇功能。森林的这种碳汇功能可以在一定时期内对稳定乃至降低大气中温室气体浓度发挥重要作用。森林以其巨大的生物量成为陆地生态系统中最大的碳库。在适应与减缓全球气候变化中，森林具有十分重要和不可替代的作用。加强森林管理，提高现有林分质量；加大湿地和林地土壤保护力度；大力开发与森林有关的生物质能；加强对森林火灾、病虫害和非法征占林地行为的防控；增加木材使用，延长木材使用寿命等都将会进一步增强森林生态系统的整体固碳能力。而且，通过植树造林方式吸收固定二氧化碳，其成本要远低于工业活动减排的成本。

二、国际碳市场发展概况

(一)国际碳市场产生

《京都议定书》的生效，催生了国际碳市场。由于碳信用指标可以跨越国家界限进行交易，在许多国家和地区相继形成了履行《京都议定书》协议的"京都市场"和不以履约为目的的"自愿市场"。近些年，由于国际社会对气候变化的高度关注，以及国际各类"碳基金"的推动，国际碳市场发展较快。2007年，全球碳市场交易量与交易额分别为29.83万吨与640.35亿美元[①]。

据专家预测，到2020年，国际碳市场的交易额有可能达到3 000亿美元。

(二)国际碳市场中的碳汇交易

碳汇交易是国际碳市场中的组成部分，但规模很有限。2006年，森林碳汇(碳信用)交易额只占到"京都市场"的1%[摘自美国林业者协会(the Society of American Foresters的报告)]。因为目前国际碳市场特别是"京都市场"中交易的绝大部分是减排项目，即减少排放源的项目，如太阳能发电、风力发电、甲烷回收等；而林业碳汇项目由于涉及较为复杂的技术环节和要求以及较高的交易成本，使得大部分附件Ⅰ国家如欧盟、加拿大等不接受"京都规则"的林业碳汇项目。截至目前，全球通过联合国清洁发展机制理

---

① 世界银行. 国际碳市场的现状与发展趋势[R]. 2008年报告, 2008 (05).

事会批准注册的林业碳汇项目只有 2 个（中国和印度各一个），其中第一个是"中国广西珠江流域再造林项目"。而在"自愿市场上，林业碳汇项目相对较多。一是一些区域性气候变化政策的要求。如澳大利亚的新南威尔士州的政策，允许工业能源企业通过购买造林产生的碳汇来抵消其温室气体排放，二是一些环境组织或者企业自发倡导，也包括一些个人自愿参与的活动，出资直接造林或者间接购买造林累积的碳汇，树立企业环境形象、展示社会责任。不过，分析人士认为，欧盟市场准入政策可能会在不久的将来有所改变，各种自愿购买碳汇的行为会越来越受到环保组织和一些企业的重视，国际碳市场的碳汇交易总体将呈现上升趋势。美国的相关研究报告指出，到 2012 年，森林碳汇在国际碳市场的比例将可能达到 10%。

三、我国碳汇林业发展现状与意义

（一）碳汇林业概念

中国虽然目前不承担《京都议定书》规定的减排义务。但是，作为一个负责任的大国，中国政府历来重视森林植被的恢复和保护。特别是改革开放以来，随着我国重点林业生态工程的实施，植树造林取得了巨大成绩，森林覆盖率由解放初期的 8.6% 增加到现在的 18.21%。根据联合国粮农组织"2009 年世界森林状况"报告，全球的森林资源呈下降趋势，但亚太地区的森林是增加的，主要来自于中国。中国每年净增加森林面积 300 多万公顷，弥补了其他地区的森林高采伐率。

《中共中央国务院关于 2009 年促进农业稳定发展农民持续增收的若干意见》中要求"建设现代林业，发展山区林特产品、生态旅游业和碳汇林业"。所谓碳汇林业即以应对气候变化为主的林业活动。也就是要遵循各国应对气候变化国家战略和可持续发展原则，以增加森林碳汇功能、减缓全球气候变暖为目标，综合运用市场、法律和行政手段，促进森林培育、森林保护和可持续经营的林业活动，提高森林生态系统整体固碳能力；同时，鼓励企业、公民积极参与造林增汇活动，展示社会责任，提高公民应对气候变化和保护气候意识；充分发挥林业在应对气候变化中的功能和作用，促进经济、社会和环境的可持续发展。多年来大规模植树造林不仅提高了我国森林面积和蓄积量，也吸收固定了大量的二氧化碳。据专家估算：1980～2005 年，我国通过持续不断地开展植树造林和森林管理活动，累计净吸收二氧化碳 46.8 亿吨，通过控制毁林，减少排放二氧化碳 4.3 亿吨，两项合计 51.1 亿吨。

全国森林净吸收的二氧化碳,相当于同期工业排放总量的8%,对减缓全球气候变暖作出了重要贡献。

(二)清洁发展机制碳汇项目

作为全球第一个清洁发展机制林业碳汇项目即"中国广西珠江流域再造林项目",为全球林业碳汇项目作出了有益探索。该项目于2006年11月获得了联合国清洁发展机制执行理事会的批准,成为全球第一获得注册的清洁发展机制下再造林碳汇项目。项目通过以混交方式栽植马尾松、枫香、大叶栎、木荷、桉树等树种,预计在未来的15年间,由世界银行生物碳基金按照4美元/吨的价格,购买项目产生的60多万吨二氧化碳当量。目前,购买碳汇的资金已按年度到位。该项目的实施,为周边自然保护区野生动植物提供了迁徙走廊和栖息地,促进了生物多样性保护,同时有效控制项目区的水土流失,为当地农民提供数万个临时就业机会,40个长期性就业岗位,有5 000个农户从出售碳汇以及木质和非木质林产品获得收益。

(三)中国绿色碳基金的建立与运行

单纯依靠政府的力量还远远不能满足中国经济社会发展日益增长对高质量的生态环境的需求和中国应对气候变化的需要。迫切需要构建一个平台,既能增加森林植被,巩固国家生态安全,又能以较低的成本帮助企业志愿参与应对气候变化的行动,工业反哺农业,城市支持农村,树立良好的公众形象,为企业自身长远发展抢占先机。这个平台就是2007年7月由国家林业局、中国绿化基金会、中国石油天然气集团公司等共同发起建立的中国绿色碳基金。截至2008年底,中国绿色碳基金已获得3亿多元人民币,在全国10余个省区完成碳汇造林200多万亩,预计今后的10年可固定二氧化碳1 000~2 000多万吨。

此外,一些个人也积极捐资到中国绿色碳基金造林,以吸收自己日常生活排放的二氧化碳,"消除碳足迹"。为了充分体现生态服务市场的概念并与普通的公益捐赠有所区别,国际上将这种行为看成是一种"购买"二氧化碳的行为。也就是说:企业和个人的出资造林是有回报的,这个回报就是森林固定的二氧化碳。因此,凡是捐资到中国绿色碳基金的企业和个人,所造的林木都要按照规定的计量方法计算碳汇,并且在网上予以公布。目前,中国绿色碳基金在"中国碳汇网"上为企业和个人都建立了"碳信用"账户;个人捐资可获得公益性免税发票、购买凭证(表明买到碳汇的数量)和车贴。目前个人捐资已在北京八达岭林场营造了碳汇林。

(四)我国发展碳汇林业的重要意义

当前,国际社会高度重视森林在减缓与适应气候变化中的功能与作用。中国作为全球最大的人工造林大国,大规模的植树造林不仅保护和改善了中国的生态环境,也为全球减缓气候变暖作出了巨大贡献。在我国林业进入新的发展阶段。通过实施碳汇林业项目,参与应对气候变化的国际行动意义重大。一是充分发挥我国林业在当前和未来应对气候变化的国家战略中的独特作用,树立中国负责任大国形象;二是加快我国林业与全球热点问题、特别是国际森林进程的结合步伐,进一步提升我国林业地位;三是拓宽林业发展的融资渠道,改变生态建设单纯依靠政府投资的格局。引入民间资金参与植树造林,探索生态建设投融资机制的改革,同时推动我国森林生态服务市场的发育,补充完善国家生态效益补偿基金;四是有利于推进我国造林质量管理激励机制的建立。通过碳汇交易的额外收入,激励造林者"种一棵、活一棵、成材一棵",为推动现代林业的发展和充分发挥林业在应对气候变化中的功能与作用,作出积极贡献。

参考文献

[1]李怒云. 中国林业碳汇[M]. 北京:中国林业出版社,2007

[2]张小全,武曙红. 中国CDM造林再造林项目指南[M]. 北京:中国林业出版社,2006

[3]周洪,张晓静. 森林生态效益补偿的市场化机制初探[J]. 中国林业,2003

[4]赵景柱,肖寒,吴刚. 生态系统服务的质量与价值量评价方法比较[J]. 应用生态学报,2000.11(2)

[5]周晓峰等. 森林生态功能与经营途径[M]. 北京:中国林业出版社. 1999

[6] S. Solomon. D. Q in M. Manningetal Intergovernmental Panelon Climate Change (IPCC). (2007), Climate Change 2007: The Physical Science Basis Contribution of Working Group I to the Fourth Assessment Report of the Intergovernmental Panel on Climate Change. New York Intergovernmental Panel on Climate Change.

[7] The Society of American Foresters 2008 Forest Offset Projects in a Carbon Trading System. http://www. safnet. org/fp/documents/offset_ projections_ expiresl2-8-2013. pdf

[8] The World Bank. 2007 State and Trends of the Carbon Market 2008 http://siteresources owrldbank. org/NEWS/Resources

加快林业碳汇标准化体系建设促进中国林业碳管理

李怒云[1]　李金良[1]　袁金鸿[1]　陈叙图[2]

(1. 中国绿色碳汇基金会，北京 100714；2. 国家林业局林产工业规划设计院，北京 100714)

森林是陆地生态系统的主体，森林植物通过光合作用吸收大气中的二氧化碳，并将其储存并固定在森林植被或土壤中，整个系统的碳净交换呈现碳吸收特点，这就是森林的碳汇功能，可以在一定时期内，降低大气中温室气体浓度，起到减缓气候变暖的作用。因此，通过林业措施应对气候变化，成为国际社会公认的温室气体减排的有效途径①②[1-5]。特别在当前资源禀赋条件、工业技术体系，以及传统能源消费模式情况下，通过工业、能源领域减排温室气体，每个国家都需要付出较高成本，对经济发展的负面影响较大。而林业措施具有成本较低、可持续、可循环、可再生，以及综合效益高并创造就业等特点，能够为经济发展、生态保护和社会进步带来多种效益，短期和长期都不会对经济社会发展带来负面影响。因此，《京都议定书》规定，附件Ⅰ国家除了通过提高能效，降低能耗或使用清洁能源等工业技术措施，直接减少二氧化碳等温室气体排放外，还可以利用造林、再造林和森林管理所获得的碳汇(碳信用)抵减温室气体排放量，实现间接减排。

在林业碳汇抵减碳排放和碳汇交易中，如何确定没有物质实体形态的碳汇信用指标的真实存在性，如何识别造林和森林管理活动获得的额外净碳吸收量，如何计量与监测林产品储碳量，碳汇交易的基础和依据是什么？如此种种，都需要有一套科学规范并与国际接轨的标准体系。

一、建立中国林业碳汇标准体系的重要意义

(一)标准体系是全球应对气候变化的技术基础

应对气候变化的主要措施有两个，一是减少温室气体的排放源，二是增

---

① 中国国家发展和改革委员会. 中国应对气候变化国家方案. 2007.
② 国家林业局. 林业应对气候变化"十二五"行动要点(办造字〔2011〕241号). 2011.

加温室气体的吸收汇。为此，国际社会制定了《联合国气候变化框架公约》和《京都议定书》，并制定了一系列的政策和制度，呼吁全球各个国家都做出努力，以减少和减低大气中温室气体浓度，减缓气候变暖。在国际政策和规则的执行中，建立标准体系是最重要的基础性工作，是测量和证明真实减排增汇、达到三可（可测量、可报告、可核查）目标不可或缺的重要手段。随着国际碳市场的交易额和交易量的日益扩大，标准体系成为碳计量和监测、审定、核查、注册、签发及碳交易的保证体系，以确保抵减排放量和碳交易的真实可靠。目前，国际上形成了欧盟排放权交易体系，英国排放贸易计划，新西兰、澳大利亚新南威尔士温室气体消减计划等数十个国际碳交易市场。其中，林业碳汇的交易量逐渐增加。2009年全球碳交易量为87亿吨二氧化碳当量，交易额达1 437.35亿美元；其中森林碳汇项目碳信用交易量达907万吨，交易额3 710万美元，分别占全球的0.1%和0.03%。据专家估计：林业碳汇信用交易量2012年有可能达到全球交易量的10%。随着国际谈判涉林议题内容的不断扩大以及国际碳交易市场林业碳汇交易额的逐步增加，研究编制造林、再造林和减少毁林、森林管理等技术标准体系，成为国际林业应对气候变化的热点问题[1-2]①。

（二）林业碳汇标准体系是实现碳减排的技术基础

林业在应对气候变化中具有特殊地位，已被纳入应对气候变化的国际进程。通过植树造林、森林经营增加碳汇和保护森林减少碳排放，是国际公认的未来30~50年增加碳汇、减少排放成本较低、经济可行的重要措施。因此，"大力增加森林碳汇，到2020年，森林面积比2005年增加4 000万公顷，森林蓄积量比2005年增加13亿立方米"的林业"双增目标"②被列入我国向国际社会承诺的自主控制温室气体排放的三个目标之一，并成为当前及今后一个时期我国林业发展的重要行动。此外，随着中国政府节能减排工作力度的加大，国家将温室气体减排作为约束性指标纳入了国民经济和社会发展中长期规划，同时决定在北京市、天津市、上海市、重庆市、广东省、湖北省、深圳市开展碳排放交易试点，探索在有效的政府引导和经济激励政策的基础上，运用市场机制推动控制温室气体排放目标的实现，并下发了《温室气体自愿减排交易管理暂行办法》。在上述交易试点中，林业碳汇将作为

---

① 中国国家发展和改革委员会. 中国应对气候变化国家方案. 2007.
② 国家林业局. 林业应对气候变化"十二五"行动要点（办造字[2011]241号）. 2011.

一个重要的内容纳入其中。因此，建立与国际接轨的林业碳汇标准体系，是林业碳汇进入碳交易市场的重要基础。只有规范地开展碳汇计量、监测、审定、核查等，才能提供具有额外性、合格的碳汇信用额参与国家碳排放权交易。

但是，在全国环境管理标准化技术委员会（SAC/TC207）下设的温室气体管理（SC7）分委员会编制的我国温室气体减排标准体系中，尚缺乏林业碳汇标准体系的内容，现行国家标准中也缺乏林业碳汇与林产品储碳标准，制约了我国碳汇林业的发展。这必将影响今后我国应对气候变化中利用林业碳汇的国家行动。因此，为落实我国的林业"双增目标"，适应国家应对气候变化战略对林业碳汇的需要，急需尽快建立林业碳汇国家标准体系。

二、国内外林业碳汇标准体系的现状和发展趋势

（一）国际林业碳汇标准现状

国际上涉及林业碳汇的标准体系主要有三类[1-9]①②。第一类是政府间气候变化专门委员会（IPCC）出版的方法学，包括《IPCC 2006 国家温室气体清单指南》《IPCC 2000 优良做法指南和不确定性管理》《IPCC 土地利用、土地利用变化和林业优良做法指南》《IPCC 土地利用、土地利用变化和林业特别报告》等；第二类是基于《京都议定书》规则下的清洁发展机制（下称CDM）碳汇项目标准。主要是 CDM 执行理事会批准的有关 CDM 造林再造林项目活动的基线方法学与监测方法学、适用工具，如《CDM 造林再造林项目活动的方式和程序》等；第三类是一些非政府组织编写并推行、基于自愿碳市场的标准（表1），如气候、社区和生物多样性标准（CCBS），农业、林业和其他土地利用项目核证碳标准（VCS），CFS 标准（Carbon Fix Standard），维沃计划（Plan Vivo System）等；第四类是一些国家依据本国的碳减排政策制定的林业碳汇项目标准和碳交易标准，如加拿大、新西兰、澳大利亚等国，根据本国碳减排政策和规定，建立了相应的碳管理标准体系，其中包涵了林业碳汇项目和碳汇交易的内容。

---

① 中国国家发展和改革委员会. 中国应对气候变化国家方案. 2007.
② 国家林业局. 林业应对气候变化"十二五"行动要点（办造字[2011]241号）. 2011.

表1 国际碳标准——自愿碳市场标准

序号	标准名称	使用状态	最新版本年份	主要起草或编制单位
1	气候、社区与生物多样性标准（CCBS）	使用	2008年	气候、社区和生物多样性联盟（The Climate, Community and Biodi-versity Alliance）
2	ISO：14064-2	使用	2006年	国际标准化组织（International Organization for Standardization）
3	芝加哥气候交易所碳汇项目标准（CCXs）	使用	2003年	芝加哥气候交易所（the Chicago Climate Exchange）
4	温洛克国际森林碳汇项目标准2.1版	使用	2011年	温洛克国际（Winrok International）
5	巴西马太标准（BMVS）	使用	2007年	巴西马太组织（Brasil Mata Viva）
6	碳固定标准（CFS）	使用	2007年	碳固定组织（the CarbonFix）
7	气候变化行动倡议碳汇标准	使用	2008年	加利福利亚气候变化行动组织（the California Climate Action Registry）
8	维沃计划（PVS）	使用	2008年	维沃基金会（the Plan Vivo Foundation）
9	自愿碳标准3.0（VCS）	使用	2011年	气候组织（the Climate Group），国际碳排放交易协会（the International Emission Trading Association），世界经济论坛（the World Economic Forum），世界经济可持续发展协会（the World Business Council for Sustainable Development）

注：此表为不完全统计。

（二）国内林业碳汇标准研建现状

中国作为第一个成功开发 CDM 林业碳汇项目方法学并实施全球首个 CDM 林业碳汇项目的国家，虽然国家层面的林业碳汇标准体系尚未建立，但通过参与 CDM 项目活动，培养了一批了解和掌握 CDM 碳汇项目方法学及碳汇计量监测的专家，为建立我国林业碳汇标准体系奠定了基础。国家林业局造林司和中国绿色碳汇基金会根据全国碳汇造林试点的需要，开展了国内林业碳汇标准的研究和探索。2003年始，国家林业局造林司（林业碳汇管理办公室）组织专家开展了碳汇造林系列标准的研究和全国林业碳汇计量监测体系的编制。2007年，制定了《中国绿色碳基金造林项目碳汇计量与监测指南》及相关标准[10]，经3年的试用修改，2010年造林司发布了《碳汇造林技术规定（试行）》《碳汇造林检查验收办法（试行）》[①][②]，2011年发布了《造林项目碳汇计量与监测指南》[③]。随着国内企业对林业措施应对气候变化的高度关注，捐资到中国绿色碳汇基金会营造碳汇林的需求逐步扩大，根据需要，中国绿色碳汇基金会组织研究编写了《林业碳汇项目审定与核查指南（试行）》《竹子碳汇造林方法学》《温州市森林经营碳汇项目技术规程（试行）》，配套发布了《中国绿色碳汇基金会林业碳汇项目注册管理暂行办法》等，同时，与华东林权交易所合作，研建了林业碳汇交易相关的标准和规则等。这些标准（表2）目前正在全国碳汇营造林和交易试点中试行，亟待通过相关程序申请立项，进一步修改、完善，形成行业或国家标准，为开发和实施林业增汇减排项目提供技术依据。

表2 国内目前试行的林业碳汇项目（准）标准

序号	项目名称	标准或规定状态	编号	主要起草单位
1	碳汇造林技术规定（试行）	局办发文试行	国家林业局办造字[2010]84号	国家林业局造林司、中国林科院、国家林业局调查规划设计院等
2	碳汇造林检查验收办法（试行）	同上	国家林业局办造字[2010]84号	国家林业局造林司、中国林科院等
3	造林项目碳汇计量与监测指南	同上	国家林业局办造字[2011]18号	国家林业局造林司、中国林科院等
4	全国林业碳汇计量监测体系	司发文试行	国家林业局造气函[2011]8号	国家林业局造林司、国家林业局调查规划设计院等
5	全国林业碳汇计量监测技术指南（试行）	司发文试行	国家林业局造气函[2011]8号	国家林业局造林司、国家林业局调查规划设计院等
6	林业碳汇项目审定核查指南	专家组审定通过	碳汇基金会试行	中国林科院科信所、碳汇基金会
7	竹子碳汇造林方法学	专家组审定通过	碳汇基金会试行	浙江农林大学、国际竹藤组织、碳汇基金会等
8	温州市森林经营碳汇项目技术规程	专家组审定通过	碳汇基金会试行	浙江林科院、温州市林业局、碳汇基金会
	林业碳汇交易标准			
	林业碳汇交易规则			

---

① 中国国家发展和改革委员会. 中国应对气候变化国家方案. 2007.
② 国家林业局. 林业应对气候变化"十二五"行动要点（办造字[2011]241号）. 2011.
③ 国家林业局. 造林项目碳汇计量与监测指南（办造字[2011]18号）.

(续)

序号	项目名称	标准或规定状态	编号	主要起草单位
	林业碳汇交易流程			
	林业碳汇账户托管规则	试用		华东林交所与碳汇基金会
	林业碳汇交易合同范本			
	林业碳汇交易资金结算办法			
	林业碳汇交易纠纷调解办法			

注：上述标准为项目试点的试行标准。

三、我国林业碳汇国家标准体系建设的思路与建议

随着应对气候变化国际谈判的深入和节能减排科学技术的发展，将有更严格、更复杂的全球温室气体减排的政策和制度。因此，制定和完善本国节能减排标准体系，成为进一步落实温室气体减排的国家战略以及科学规范的实施增汇减排项目的重要技术基础。特别是在"减少毁林和退化林地造成的碳排放，以及通过森林保护、森林可持续管理等活动增加森林碳汇（简称REDD+）的国际涉林谈判议题的背景下，除了已有的造林再造林标准和规则外，国际社会高度重视森林管理增汇减排及林产品储碳等标准体系的研究和制定。同时，为落实我国应对气候变化国家战略和《应对气候变化林业行动计划》，满足全国林业碳汇达到可测量、可报告、可核查要求，推动林业碳汇进入国家碳减排交易体系，加快林业碳汇标准体系建设势在必行。

根据 IPCC 有关指南和国际相关标准，结合中国国情，特别是国家林业局 10 年来碳汇管理的探索与实践，提出了建立我国林业碳汇国家标准体系的思路与设想。

(一) 林业碳汇国家标准体系建设思路

根据国际谈判涉林议题以及国际碳汇交易实践，我国的林业碳汇标准体系主要有 4 类，一类是方法学，其中包括乔木、灌木和竹子碳汇造林项目方法学、森林可持续经营增汇减排方法学以及林产品储碳计量与监测方法学；二类是林业碳汇项目审定与核查类；三类是林业碳汇项目注册与碳信用额签发管理；四类是林业碳汇项目碳信用指标交易（图1）。

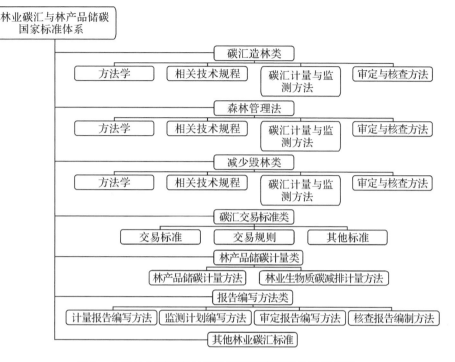

图 1　中国林业碳汇与林产品储碳国家标准体系规划图

二、加快林业碳汇标准体系建设的建议

1. 成立全国林业碳汇与林产品储碳标准化技术委员会

申请成立全国林业碳汇与林产品储碳标准化技术委员会（下称林业碳汇标委会）。该机构由国家林业局、中国标准化研究院以及有关科研单位、高等院校、企业集团和非政府组织等单位中熟悉应对气候变化标准和林业应对气候变化的专家组成。主要任务是：研究提出林业碳汇国家标准发展方向、标准体系，编制规划；负责林业碳汇国家标准的起草和技术审查工作；负责林业碳汇国家标准的复审，提出国家标准继续有效、修订或者废止的建议；对林业碳汇国家标准的实施情况进行调查研究，对存在的问题及时向国家标准委提出处理意见，并向国务院有关行政主管部门、具有行业管理职能的行业协会、碳汇计量与监测单位、审定核查单位及时通报有关情况；承担和拓展林业碳汇国际标准化工作；引进消化国际相关标准等。

2. 修改完善现行标准形成国家标准

在目前国家林业局碳汇造林试点工作的基础上，分步开展标准的修订和编制工作。

1)修订完善现有标准按程序形成国家标准

(1)造林技术:将《碳汇造林技术规定(试行)》《碳汇造林项目检查验收办法(试行)》进行修改、整合申报国家标准《碳汇造林技术规程》。

(2)碳汇计量与监测:将现有《造林项目碳汇计量与监测指南》修改、整合申报国家标准《造林项目碳汇计量与监测指南》。

(3)林业碳汇项目审定核查:修订《林业碳汇项目审定核查指南(试行)》,编制国家标准《林业碳汇项目审定核查指南》。

(4)林业碳汇交易:修订现行林业碳汇交易标准和规则,申报国家标准《林业碳汇项目碳信用交易标准及导则》。

2)研究并申报新编国家标准

(1)森林可持续经营增汇减排:在借鉴吸收《温州森林经营碳汇项目技术规程》有关经验的基础上,编制国家标准《森林经营增汇减排技术规程》。

(2)林产品储碳:研究、开发分地区、分树种、分用途的国家标准《林产品储碳计量与监测方法学》和《林业生物质能源碳减排计量与监测方法学》。在此基础上,整合编写、形成林业碳汇项目方法学系列,主要有:乔木碳汇造林方法学、灌木碳汇造林方法学、竹子碳汇造林方法学和森林经营增汇减排方法学以及林产品储碳方法学等,为促进中国林业碳管理与国际接轨,促进林业碳汇纳入国家碳排放权交易体系以及进入国际碳市场奠定基础。

在国家标准体系建设过程中,应积极借鉴和吸收国际上有关领域的优秀成果,如 IPCC 指南、CDM 规则、CCBS 标准以及 VCS 等标准中的优秀部分,在此基础上结合我国国情实际,建立一套与国际接轨并结合我国实际情况的林业碳汇国家标准体系,并在实践中,不断调整和完善,使该标准体系成为落实我国应对气候变化战略、应对气候变化林业行动计划的技术依据和科学行动指南,从而充分发挥林业在国家应对气候变化中的功能和作用,为国家温室气体减排做出应有的贡献。同时,积极推进我国林业碳汇项目方法学国际标准化,将一些领先的国家标准形成国际标准,为其他国家开发林业碳汇项目提供技术支持。

参考文献

[1] IPCC. Good Practice Guidance for Land Use, LandUse Change and Forestry[M]. Hayama, Japan: IPCC/IGES, 2003.

[2] 国家林业局. 应对气候变化林业行动计划[M]. 北京：中国林业出版社，2009：1-45.

[3] 张小全，武曙红. 中国 CDM 造林再造林项目指南[M]. 北京：中国林业出版社，2006.

[4] UNFCCC. Clean development mechanism methodology booklet：Methodologies for afforestation and reforestation (A/R) CDM project activities[Z]. November 2010.

[5] UNFCCC. Approved afforestation and reforestation baseline methodology，AR-AM0001，"Reforestation of degraded land"(Version 03)[Z].

[6] CCBA. Climate，Community& Community Project Design Standards (Second Edition)[EB/OL]. (2008-12-01)[2012-07-30]. http：//www.climate-standards.org.

[7] VCS Association. Verified carbon standard guidance for agriculture，forestry and other land use projects[EB/OL]. (2007-12-01)[2012-07-30]. http：//www.v-c-s.org.

[8] Winrock International Institute forAgricultural Development. A guide to monitoring carbon storage in forestry and agroforestry projects[Z]. 1997：1-87.

[9] ISO 14064-2[S]：2006.

[10] 国家林业局应对气候变化和节能减排领导小组办公室. 中国绿色碳基金造林项目碳汇计量与监测指南[M]. 北京：中国林业出版社，2008.

发展碳汇林业 应对气候变化

——中国碳汇林业的实践与管理

李怒云 杨炎朝 陈叙图

(国家林业局造林绿化管理司,100714,北京)

森林是陆地生态系统的主体。森林植物通过光合作用吸收二氧化碳,放出氧气,把大气中的二氧化碳固定在植被和土壤中,森林具有碳汇功能[1]。森林的这种特殊功能以及保护森林、减少毁林和林地退化等造成的碳排放,可以在一定时期内稳定乃至降低大气中温室气体浓度发挥重要作用[2]。森林以其具有巨大的生物量而成为陆地生态系统中最大的碳库。政府间气候变化专门委员会(IPCC)的评估报告指出:林业具有多种效益,兼具减缓和适应气候变化双重功能,是未来30~50年增加碳汇、减少排放成本相对较低、经济可行的重要措施[3]。

因此,在《联合国气候变化框架公约》和《京都议定书》的相关规定以及各类涉及减缓气候变化的国际谈判中,林业措施受到国际社会高度关注,成为气候公约谈判的必谈议题,也成为中国应对气候变化的重要内容。温家宝总理指出,林业在应对气候变化中具有特殊地位;回良玉副总理强调,应对气候变化,必须把发展林业作为战略选择。2009年9月22日,胡锦涛主席在联合国气候论坛上宣布了中国应对气候变化的4项措施之一——大力增加森林碳汇,争取到2020年森林面积比2005年增加4 000万公顷,森林蓄积量比2005年增加13亿立方米,这是中国为应对气候变化做出的一项重要承诺,进一步表明了林业在中国应对气候变化中的战略地位和作用。因此,积极发展碳汇林业,是中国减少温室气体排放,落实承诺的有效途径之一。

一、碳汇林业的概念

(一)碳汇概念

在《联合国气候变化框架公约》中,将"碳汇"定义为从大气中清除二氧化碳的过程、活动或机制[4];相反,向大气中排放二氧化碳的过程、活动或机制，就称之为"碳源"。相应地，森林碳汇是指森林生态系统吸收大气中的二氧化碳并将其固定在植被或土壤中，从而减少大气中二氧化碳浓度的过程、活动或机制，属自然科学范畴[5]。林业碳汇则是指通过实施造林、再造林和进行森林管理，减少毁林等活动，吸收（或减少）大气中的二氧化碳并与政策、管理和碳贸易相结合的过程、活动和机制，属自然科学和社会科学范畴[5]。

应对气候变化的国内外行动，主要是致力于减少二氧化碳的排放（源）和增加二氧化碳的吸收（汇），而在《京都议定书》框架下，林业成为碳汇的重点。《京都议定书》的土地利用、土地利用变化和林业（LULUCF）条款中，认可造林、森林管理、农业活动等获得的碳汇对减缓气候变化有作用；但是，在第一承诺期内，只有造林再造林项目才能列为合格的清洁发展机制碳汇项目，即在附件Ⅰ中指出，国家可以通过从发展中国家的造林再造林项目中获得碳汇（碳信用指标），用于抵减本国的温室气体排放量，而且，每年从清洁发展机制造林再造林碳汇项目中获得的减排抵消额不得超过基准年（1990年）排放量的1%。按照《京都议定书》规定，在第一承诺期内，造林是指在过去50年以来的无林地上开展的人工造林活动，再造林是指在1990年1月1日以来的无林地上开展的人工造林活动。

（二）碳汇林业概念

《中共中央国务院关于2009年促进农业稳定发展农民持续增收的若干意见》中，要求"建设现代林业，发展山区林特产品、生态旅游业和碳汇林业"。所谓碳汇林业，就是指以吸收固定二氧化碳，充分发挥森林的碳汇功能，降低大气中二氧化碳浓度，减缓气候变化为主要目的的林业活动。

根据清洁发展机制项目要求和国际林业碳汇项目的相关规则，笔者认为，碳汇林业至少应该包括以下5个方面：①符合国家经济社会可持续发展要求和应对气候变化的国家战略；②除了积累碳汇外，要提高森林生态系统的稳定性、适应性和整体服务功能，推进生物多样性和生态保护，促进社区发展等森林多种效益；③促进公众应对气候变化和保护气候意识的提高；④建立符合国际规则与中国实际的技术支撑体系；⑤借助市场机制和法律手段，通过碳汇贸易获取收益，推动森林生态服务市场的发育。

二、我国碳汇林业的实践

（一）中国大规模造林受世界瞩目

碳汇林业对大多数国人来说还是一个较新的名词，但是，我国政府多年来重视森林植被恢复和保护,使我国成为全球森林植被恢复最快和人工林面积最多的国家。实施森林植被恢复和保护实际上就是发展碳汇林业的举措。根据联合国粮农组织《2009年世界森林状况》报告,全球的森林资源呈下降趋势,但亚太地区的森林是增加的,主要来自于中国。中国每年净增加森林面积超过300万公顷,弥补了其他森林高采伐率的地区。中国多年来大规模植树造林,不仅提高了森林面积和蓄积量,也吸收固定了大量的二氧化碳。据专家[6]估算:1980~2005年,我国通过持续不断地开展植树造林和森林管理活动,累计净吸收二氧化碳46.8亿吨,通过控制毁林,减少排放二氧化碳4.3亿吨,2项合计51.1亿吨。2004年,中国森林净吸收了约5亿吨二氧化碳,相当于当年工业排放量的8%。专家普遍认为这是一个比较保守的数字。北京大学方精云院士等[7]研究结果显示:我国单位面积森林吸收固定二氧化碳的能力,已由20世纪80年代初每年吸收固定136.42吨/公顷增加到21世纪初的150.47吨/公顷;1981~2000年,以森林为主体的中国陆地植被碳汇大约抵消了我国同期工业二氧化碳排放量的14.6%~16.1%,对减缓全球气候变暖做出了重要贡献。

(二)实施了清洁发展机制林业碳汇项目

2006年11月,"中国广西珠江流域再造林项目"获得了联合国清洁发展机制执行理事会的批准,成为了全球第一个获得注册的"京都规则"的林业碳汇项目。该项目通过以混交方式栽植马尾松(*Pinus m assoniana* Lamb)、枫香(*Liquidam bar form osana* Hance)、大叶栎(*Quercus griffithii* Hook)、木荷(*Schima superba* Gardn et Champ)、桉树(*Eucalyptus* spp)等,吸收大量的二氧化碳,由世界银行生物碳基金按照4.35美元/吨的价格购买,预计15年将购买48万吨二氧化碳。同时,项目的实施为周边自然保护区野生动植物提供了迁徙走廊和栖息地,较好地保护了生物多样性,控制了项目区的水土流失;将陆续为当地农民提供数万个临时就业机会,产生40个长期性就业岗位,有5000个农户将可以从出售碳汇以及木质和非木质林产品获得收益[5]。

此外,国家林业局碳汇管理办公室组织专家完成了"中国清洁发展机制造林再造林碳汇项目优先发展区域选择与评价研究"(国家林业局重点课题)。提出了造林再造林碳汇项目优先发展区域选择与评价的指标体系,确立了造林再造林碳汇项目优先发展区域综合评价方法;对我国不同区域的林业碳汇项目潜力进行了综合评价,确定了中国适合开展造林再造林碳汇项目的优先发展区域。其成果为中国实施林业碳汇项目提供了技术支撑和科学决策依据,对规范碳汇造林和减低项目成本具有重要价值。

(三) 建立了中国绿色碳基金

单纯依靠政府的力量还远远不能满足中国应对气候变化和社会对生态产品的需求。需要构建一个平台,既能增加森林植被,巩固国家生态安全,又能以较低的成本帮助企业志愿参与应对气候变化的行动,树立良好的公众形象,为企业自身长远发展抢占先机。2007年7月,国家林业局、中国石油天然气集团公司、中国绿化基金会等共同发起建立了中国绿色碳基金。目前,该基金收到捐款近3亿元,已先后在全国10多个省(区)实施碳汇造林超过6.67万公顷,预计今后10年可固定二氧化碳500万~1 000万吨[8]。当地农户通过造林获得了就业机会并增加了收入,而捐资企业也可获得通过规范计量的碳汇(信用指标),记于企业的社会责任账户,并在中国碳汇网上进行公示。此外,许多个人也积极参与造林增汇减缓气候变化的行动,纷纷捐资到中国绿色碳基金,"购买碳汇",以吸收自己日常生活排放的二氧化碳,"参与碳补偿,消除碳足迹"。所有捐资造林都要计量碳汇,并登记在各自的"碳信用"账户,公布于中国碳汇网上。目前,个人捐资在北京建立了"八达岭碳汇造林基地"和"建院附中碳汇科普林"。

三、加强碳汇林业管理

(一) 落实国家方案,发挥林业作用

在《中国应对气候变化国家方案》的总体目标、减缓和适应气候变化的重点领域等多个方面,要求采取措施,大力加强林业建设,维护和增加森林生态系统碳汇。充分表明在新的形势下,中央对林业发展提出了新的更高的要求,把林业建设放在了国家应对气候变化和经济发展工作的十分突出的重要位置上;因此,加快植树造林,增加森林面积,加强森林管理,提高现有林分质量,加大湿地和林地土壤保护力度,大力开发与利用林业生物质能源,加强对森林火灾、病虫害和非法征占林地的防控措施,适当增加木材使用,延长木材使用寿命等,将是进一步挖掘林业潜力,增强森林生态系统的整体固碳能力,充分发挥林业在应对气候变化中特殊功能和作用的有效途径。因此,要采取措施,落实国家规划,进一步加强碳汇林业管理。

(二) 编制林业行动计划,明确重点领域和行动

为落实《中国应对气候变化国家方案》,国家林业局组织专家,历时2

年,编制出《应对气候变化林业行动计划》,明确了林业应对气候变化的指导思想、原则、重点领域和主要行动。它包括两大部分:一是林业减缓气候变化,共6个领域,15项具体行动,主要包括植树造林、森林可持续经营、林业生物质能源利用、森林保护、林产工业和湿地恢复与利用6个领域;二是林业适应气候变化,共3个领域,7项具体行动,主要包括森林生态系统、荒漠生态系统,以及湿地生态系统等3个领域。认真实施《应对气候变化林业行动计划》,为林业履行应对气候变化职能、推动现代林业发展、增加中国参与气候公约谈判话语权等提供强有力的政治和技术支撑及保障。

(三)建立全国统一的森林碳汇计量监测体系

碳汇林业具有较强的技术性与专业性。要制订全国统一的、与国际接轨的全国森林碳汇计量、监测体系和指南,并支持和鼓励各省(自治区)按照统一的指南,计量、监测本省的森林碳汇及其动态变化。项目级的《中国绿色碳基金碳汇造林监测指南》已编制完成,并于2008年底开始试行。目前,经财政部批准立项的"中国森林碳汇计量监测体系"正在由国家林业局规划院负责制订。

(四)建立碳汇计量监测队伍

由于森林在应对气候变化中的功能和作用受到越来越多的重视,森林如何减缓与适应气候变化,成了社会公众和业内人士、专业人员关注的问题。例如,社会公众迫切想知道森林如何影响气候变化,又如何受气候变化影响,而专业人员迫切地想了解在应对气候变化的国际背景下,用什么方法能够准确地衡量和表述森林生态系统吸收固定二氧化碳的功能,如何用通俗的语言告诉公众森林吸收固定二氧化碳的过程、活动或机制,这是一个十分复杂的科学问题。森林碳汇专家能够娴熟地计量和测量森林的碳贮量,而在气候变化的国际规则下,特别是涉及《京都议定书》以及清洁发展机制造林再造林碳汇项目、涉及国际碳贸易中的碳汇计量等时,问题就变得十分复杂,因此,需要建立了解国内外计量方法和国际规则的专家队伍。目前,国家林业局组建了由8所高等院校、3个规划院和设计院、4所林科院参加的全国林业碳汇项目计量团队,现已经完成了超过6.67万公顷碳汇造林的初步计量。

(五)开展碳汇造林注册登记

目前,国内开展的碳汇造林项目,主要有三种类型:一是清洁发展机制碳汇造林项目,这类项目要严格遵循相关国际规则及国家发改委发布的《清洁发展机制项目运行管理办法》;二是中国绿色碳基金支持开展的碳汇造林项目，这类项目主要由企业捐资进行定向的或以积累碳汇为主要目的的造林及相关活动，项目申报、实施、计量等需严格按照中国绿色碳基金的项目管理和造林技术要求以及《中国绿色碳基金造林项目碳汇计量与监测指南》执行；三是其他碳汇造林项目，这类项目不属于清洁发展机制类型和中国绿色碳基金支持的碳汇造林、森林经营等相关林业活动。国家林业局近日发文，要求对现有碳汇造林项目实行备案制，对上述第三类实行注册登记制，即到国家林业局进行登记注册，由国家林业局组织有资质的单位按照《中国绿色碳基金造林项目碳汇计量与监测指南》进行碳汇计量和监测，计量监测结果将统一纳入局林业碳汇登记系统并在中国碳汇网上予以公示。

（六）促进林业低碳经济试点

目前，低碳经济的研究和讨论大都集中在工业包括能源领域，而最有潜力的林业（增汇）却被忽略了。根据我国的现实，充分发挥林业在应对气候变化中的特殊功能与作用，是我国发展低碳经济的重要内容和最容易的途径之一。通过林业措施发展低碳经济，成本低，综合效益好，且可真实地减少二氧化碳，是促进国家经济可持续发展、维护国家生态安全、保证人类福祉的真正"低碳"选择；因此，积极贯彻全国人大《关于积极应对气候变化的决议》提出的"实施重点生态建设工程，增强碳汇能力，继续推进植树造林，积极发展碳汇林业，增强森林碳汇功能"，是实现低碳经济的重要途径。为此，要重视林业在低碳经济中的地位与作用，开展林业促进低碳经济的试点和研究。

参考文献

[1]张小全，武曙红. 中国CDM造林再造林项目指南. 北京：中国林业出版社，2006：1
[2]李怒云. 林业碳汇计量. 北京：中国林业出版社，2009：1-2
[3]IPCC. IPCC第四次评估报告[EB/OL]. [2009-06-12]. http://www.ipcc.ch
[4]联合国. 联合国气候变化框架公约[EB/OL]. [2009-06-28]. http://unfccc.int/2860.php
[5]李怒云. 中国林业碳汇. 北京：中国林业出版社，2007：125-131
[6]中国国家发展改革委员会编制. 中国应对气候变化国家方案[EB/OL]. [2009-06-28]. http://www.ccchina.gov.cn/cn/
[7]方精云，郭兆迪，朴世龙，等. 1981—2000年中国陆地植被碳汇的估算. 中国科学，2007，37（6）：804-812
[8]李怒云，宋维明，何宇. 中国绿色碳基金的创建与运营. 林业经济，2007（07）：15-18

浅谈"碳中和"会议

徐锭明　李怒云
（国务院参事室　中国绿色碳汇基金会）

　　碳足迹，英文为 Carbon Footprint，是指企业机构、活动、产品或个人通过交通运输、食品生产和消费以及各类生产过程等引起的温室气体排放的集合。其中"碳"，就是石油、煤炭、木材等由碳元素构成的自然资源；碳耗用得多，二氧化碳也制造得多，"碳足迹"就大，反之"碳足迹"就小。通常所有温室气体排放用二氧化碳当量来表示。它描述了一个人的能源意识和行为对自然界产生的影响。

　　每个人都有自己的碳足迹，它指每个人的温室气体排放量，以二氧化碳为标准计算。这个概念以形象的"足迹"为比喻，说明了我们每个人都在天空不断增多的温室气体中留下了自己的痕迹。一个人的碳足迹可以分为第一碳足迹和第二碳足迹。第一碳足迹是因使用化石能源而直接排放的二氧化碳，比如一个经常坐飞机出行的人会有较多的第一碳足迹，因为飞机飞行会消耗大量燃油，排出大量二氧化碳。第二碳足迹是因使用各种产品而间接排放的二氧化碳，比如消费一瓶普通的瓶装水，会因它的生产和运输过程中产生的排放而带来第二碳足迹。碳足迹越大，说明你对气候变化要负的责任越大。碳足迹的提出是为了让人们意识到应对气候变化的紧迫性。比如，如果你用了 100 度电，那等于你排放了大约 78.5 千克二氧化碳，需要种一棵树来抵消；如果你自驾车消耗了 100 公升汽油，大约排放了 270 千克二氧化碳，需要种三棵树来抵消。

　　在经济全球化时代，随着经济社会的发展，人类的交流和各国的交往越来越频繁，各种会议越来越多。因此，由于会议召开而带来的二氧化碳排放也就越来越多，已经成为人们减少二氧化碳排放活动中的一个突出问题和难题。

　　在国际社会积极应对气候变化的背景下，目前通过林业措施实现会议的碳中和已成为一种国际潮流。碳中和，是指将企业、组织或个人在一定时间内直接或间接产生的温室气体排放总量计算清楚，然后通过购买"碳信用"及排放者出资开展造林增汇或减少碳排放的项目，以抵消其排放的温室气体，从而达到减少大气中温室气体浓度的目的。会议的碳排放（亦称为碳足迹）一般包括用电、燃气、交通运输等方面。所谓碳汇是指从空气中清除二氧化碳的过程、活动、机制。与碳汇相对的概念是碳源，它是指自然界中向大气释放碳的母体。一般来讲，森林碳汇是指森林植物通过光合作用将大气中的二氧化碳吸收并固定在植被与土壤当中，从而减少大气中二氧化碳浓度的过程。

森林是陆地生态系统中最大的碳库，在降低大气中温室气体浓度、减缓全球气候变暖中，具有十分重要的独特作用。有关资料表明，森林面积虽然只占陆地总面积的1/3，但森林植被区的碳储量几乎占到了陆地碳库总量的一半。树木通过光合作用吸收了大气中大量的二氧化碳，减缓了温室效应。这就是通常所说的森林的碳汇作用。森林是二氧化碳的吸收器、贮存库和缓冲器。反之，森林一旦遭到破坏，则变成了二氧化碳的排放源。据相关资料表明，林木每生长1立方米蓄积量，大约可以吸收1.83吨二氧化碳，释放1.62吨氧气。

联合国巴厘岛气候大会就是一个"碳中和"会议的实例。2007年7月13日，在联合国气候变化大会临结束时，包括联合国秘书长潘基文在内的联合国与会职员表示，他们将购买此次会议的碳排放额度，以抵消造成的二氧化碳排放。据估计，由于乘坐飞机前往巴厘岛以及会议期间设置的一些活动，与会职员共将排放约3 370吨的二氧化碳，按当前的价格购买与此相当的排放额度需耗资10万美元。联合国将通过投资发展中国家的一些植树造林项目等来购买这些排放额度。据新华网消息，联合国一位负责人当天还宣布，在潘基文的领导下，联合国位于全球的所有机构都将执行"碳中和"政策。

据估算，此次联合国气候变化大会要造成约5万吨二氧化碳排放，印尼政府承诺通过植树造林等来加以抵消。植树造林总面积为45平方公里，估计能吸收二氧化碳90万吨。近些年来，国际会议"碳中和"运动蒸蒸日上。人们驾车、乘车或坐飞机去开会，都会直接或间接导致二氧化碳排放，而投资植树造林等绿色项目可以抵消这些排放，从而为改善气候环境作出努力。越来越多的会议组织者为此经常给会议定下"碳中和"的目标。

2010年，我国在天津首次举办联合国气候变化会议。经清华大学能源经济研究所测算，整个会议的碳排放共计约为1.2万吨二氧化碳当量。中国绿色碳汇基金会根据国家林业局批准的有资质的计量单位林产工业设计院的计量结果，出资375万元，在山西襄垣、昔阳、平顺等县造5000亩碳汇林，未来10年可将本次会议造成的碳排放全部吸收。预计项目所在地的农民，在该碳汇林20年的管理运行期内，可获得260万元的劳务收入，还有相当于700多万元的林副产品和木材收益。在天津举办的联合国气候变化会议成为我国第一个"碳中和"国际会议，并在世界上产生了积极的影响。同年，全国林业厅局长会议也设置了"碳中和"目标。由中国绿色碳汇基金会出资11 250元人民币，在陕西延安营造碳汇林15亩，预计未来10年可以将全国林业厅局长会议所造成的50吨碳排放全部吸收，实现了确定的"碳中和"目标。

在"碳中和"活动中，利用碳汇每中和一吨碳排放，就有一片相对应的树林。每一吨碳汇都包含了扶贫解困、促进农民增收、保护生物多样性、改善生态环境等多重效益。每个公民都可以参与碳补偿公益活动。中国绿色碳汇基金会自2010年7月19日成立以来，大力推动碳汇造林工作，得到了广大人民群众的积极响应。多年来，中国的植树造林增加碳汇等林业工作，始终走在世界的前列。

2011年下半年，在庆祝建党90周年的活动中，国务院参事党支部率先组织党员参事参与碳汇造林公益活动。党员自愿捐款认购碳汇额度，并在井冈山栽种了参事党支部的碳汇林。

读到外来词的"碳中和"，不由得使我们想起中国传统的"致中和"。《中庸》云："喜怒哀乐之未发，谓之中；发而皆中节，谓之和。""中也者，天下之大本也；和也者，天下之达道也。致中和，天地位焉，万物育焉。""致中和"，达到天人合一，达到万物皆育，达到和谐之境，不是一件容易事。为了经济增长，我们付出的资源环境代价已经太大。今天如何使人与自然和谐相处、如何全方位达到"碳中和"，是一个很严峻的现实问题。要想"碳中和"，首先要"致中和"。这就需要全民族的共识，需要全社会的行动。森林树木，就像地球之肺。科学家说，城里的一棵大树，抵得上五六台空调；不仅带来阴凉，而且还能中和二氧化碳。每一棵树，都是那么的宝贵。人类排放的碳，靠的是森林树木给吸收。但自然环境又是多么的脆弱。记得一位环保作家曾经说过："中国，你要小心翼翼地接近辉煌。"不久前，作家莫言说："我们要通过文学作品告诉人们，悠着点，慢着点，十分聪明用五分，留下五分给子孙。"人类需要精神内守、需要行动外化。有了精神内守才能"致中和"，有了行动外化才能"碳中和"。

全球气候变化谈判中我国林业的立场及对策建议

李怒云　高均凯

（国家林业局造林司，北京）

全球气候变化谈判可能会是对未来我国林业政策调整影响最大的事件，其对林业的影响甚至会超过中国加入 WTO。分析全球气候变化谈判中林业的地位、立场，对于深化我们对气候变化问题的认识，启发我们从国际经济竞争角度思考实施清洁发展机制林业项目的利弊，探讨政府林业主管部门从国家利益出发应采取的战略立场，展望由此可能导致的林业发展宏观政策的调整，及早提出有关对策建议，争取主动，有着十分重要的作用和意义。

背景及林业的关系

气候变化是当今世界上关注的热点问题，被普遍认为是人类社会未来发展中面临的巨大挑战之一。1992 年 5 月，巴西里约热内卢的联合国环发大会通过了《联合国气候变化框架公约》，在 1997 年 12 月《公约》缔约方的第三次大会上通过了《联合国气候变化框架公约京都议定书》，即我们通常所说的《京都议定书》。京都议定书明确提出了产生温室气体的各种因素，明确提出缔约方减排 CO_2 的责任，并规定了 38 个发达国家在 2008～2012 年的减排指标。由于包括我国在内的发展中国家人均排放量低，减排指标未作规定。

气候变化公约的谈判实际上是一场国际政治、经济的较量。谈判所涉及到的减少温室气体排放，主要是关系到能源和农业等国民经济和社会发展的基础产业，事关国家的重大经济利益。因此气候变化问题已超出了环境或气候领域，谈判涉及的是能源利用、工农业生产等经济发展模式问题。其影响只有 WTO 可与之相比，因此，世界各国对谈判涉及到的内容都十分慎重。

为促进世界各国积极实施减少温室气体排放，《京都议定书》规定了三种机制，即：排放贸易、联合履约和清洁发展机制（CDM）。其中清洁发展机制是发达国家和发展中国家之间有关温室气体减排的一种合作机制，即允许发达国家出资支持无减排义务的国家通过工业技术改造、造林等活动，降低温室气体排放量并抵顶发达国家的减排指标，这也是京都议定书中惟一涉及到发展中国家的一种机制。其中，造林和再造林项目是第一承诺期中惟一有资格作为清洁发展机制的土地利用、土地利用变化和森林项目（LULUCF）。

林业项目的出台有一定的政治背景。由于种种原因，欧盟希望减缓气候变化和温室气体排放能够成为增强其经济发展和竞争能力的新的契机，因此态度比较积极，德、英、法温室气体的排放有了明显下降。但美国作为最大排放国则于2001年3月宣布推迟履行《京都议定书》中作出的承诺。在这种情况下，波恩气候会议达成了一揽子方案，同意用森林植被抵消本国的减排指标，发达国家承诺向发展中国家提供环境投资，这样对森林资源多的美国、日本、加拿大等国非常有利，可以在很大程度上减轻其减排的压力。当然，对森林少的国家也提供了一个发展林业寻求资金支持的渠道。

涉林问题的战略立场

围绕京都议定书的生效，谈判非常激烈。尽管全球温室气体增加量大部分来自于发达国家。但发达国家一直设法逃避《京都议定书》规定的量化减排目标。大多数发展中国家由于担心受气候变化的危害以及考虑到发达国家在气候变化方面的历史责任，所以自然要求发达国家尽快采取行动实现实质性减排。

我国是世界第二大温室气体排放国，但人均排放指标不仅远远低于发达国家的水平，而且低于世界平均水平。因此在第一轮履约期内不承担减排义务。我国于1998年5月29日在联合国《京都议定书》上签了字。2002年9月，朱镕基总理在南非约翰内斯堡联合国可持续发展世界首脑会议上正式宣布，我国政府已经核准实施京都议定书，并且采取了包括大力开展植树造林等一系列措施，为缓解全球气候变化做出了巨大贡献。

在京都议定书谈判中，我国强调发达国家必须采取实质性减排措施，要求发达国家对发展中国家提供工业改造的技术和资金支持，不赞成通过林业CDM项目（即通过造林、森林保护项目以增加陆地碳贮存的项目）进行减排。

我国的谈判立场主要是考虑了以下几个因素：一是将碳汇项目纳入CDM将使发达国家承诺的温室气体减排大打折扣。二是影响发达国家对投入成本较高的节能、可再生能源等CDM项目的实施，并使发达国家以最低廉的代价实现其减排目标,对发展中国家获得较多的工业技术改造的技术和资金没有明显的帮助。三是实施林业项目的国际监管较严,涉及土地利用等主权问题较复杂。四是直接降低温室气体排放量还具有其他方面的环境效益。此外,还涉及到持久性、碳泄漏等问题。

目前在国际碳排交易市场(皆为非政府组织)的林业项目每吨 CO_2 的交易额大约为 2 美元左右,只相当于工业项目的 1/10~1/20。相比较而言,对于我国这样的发展中国家,更希望获得一些先进的工业生产技术和技改资金援助。目前,我国对于 CDM 项目的实施,主要是优先考虑引进先进的工业生产改造技术,获得较多外资无偿援助并促进工业升级换代,取得相对较大的效益。2003 年 3 月,中国与荷兰政府签定了第一个利用风力发电进行减排的 CDM 项目合同。

给林业带来的机遇和挑战

气候变化框架公约谈判明确了造林和再造林在减少温室气体方面的作用,在一定程度上把林业的发展作为工业和经济发展的前提条件,从而确立了森林在地球可持续发展中的重要地位,在生态建设中的首要地位。从国际公约的高度将林业在生态建设中的地位法定化,并为林业以森林固碳为基础的生态效益补偿市场化(即所谓的碳交换机制)创造了制度条件。同时,京都议定书的规定,将对我国的"以钢代木"等木材节约政策产生一定的影响。抓住这一时机,适时地提出扩大木材消费的政策,扩大木材的社会需求,对加快商品林的建设步伐和促进林业产业的扩张和发展具有十分现实的意义。

但是,林业 CDM 项目有十分严格的政策限制,可能会对我国林业政策、管理体制等产生一系列的影响。

应对挑战的有关措施

中国拥有世界上最大的人工林面积,造林和再造林是本轮谈判中清洁发展机制惟一涉及到的农业和土地利用项目。从长远角度考虑,《京都议定书》的实施对林业部门的影响可能要超过 WTO。因此,采取积极态度,及早安排部署,开展研究,应对有关的挑战是非常必要的。

(1)大力宣传我国造林绿化对减缓气候变化的贡献。目前,我国是世界上森林固碳能力增长最有潜力的国家。建国以来,尤其是 20 世纪 90 年代以来造林绿化面积的高速增长,为我国在国际气候谈判上赢得了良好的声誉。

实施六大工程，推进五大转变，实现跨越式发展的新时期林业发展思路将进一步推动我国造林绿化事业的发展进程，同时并为缓解全球气候变化做出更大的贡献。

(2)慎重对待林业CDM项目。鉴于目前我国的谈判立场，从林业主管部门的角度出发，要慎重对待将减排与造林绿化挂钩，原则上不审批清洁发展机制的林业项目。

(3)发挥森林碳汇政策制定的领导作用。积极参与气候变化的谈判和有关准备。近年来，林业的快速发展，已经使我国成为新增碳汇的最大供应国。同时外资造林项目增加速度加快，具有接待国际组织检查和监督的成功经验。由于国际竞争的存在，如果我国单方不同意林业CDM项目，将会白白丧失掉一批国际无偿援助。而且，随着形势的变化，我国气候外交谈判的策略很有可能发生变化。因此，林业部门应该以更积极的姿态配合国家有关部门，并介入国际气候谈判，争取林业部门在我国气候变化谈判决策方面的主动权。要围绕气候变化谈判中涉及林业的有关问题，开展政策研究，从国家利益的角度提出对策措施。还应组织更强大的力量，开展林业碳汇清单的研究和计算，争取主动利益。应加强对森林碳汇政策的制定工作，为国家制定有效的国际谈判战略，以及在国际谈判中采取更为积极的态度做出更大的贡献。

(4)研究京都议定书给林业带来的挑战。尽管开展大规模的林业CDM项目为时尚早，但我们认为，林业部门现在就应开始做好基础性工作，开展超前研究。超前研究的重点应放在林业部门面临的机遇和挑战方面。特别应研究林业部门在新的环境下在林业管理、林业政策和有关基础工作方面所面临的挑战。

(5)抓住机遇。完善和丰富林业投入政策。抓住京都议定书实施的机遇，在争取引进外资的同时，研究如何完善林业投入政策，增加投入渠道。重点是：如何利用碳排交易的手段丰富和完善我国现有的森林生态补偿机制；如何有效地争取国际碳基金，用于我国林业建设；国家优先考虑工业CDM项目的同时，将节省大笔的国内资金，为国家增加林业财政投入提供了可用的空间；以及实施林业CDM项目，引进国外资金的管理程序和方式等。

(6)在国内试点启动林业CDM项目。积累经验，调控国际市场碳排交易价格。建议在国内适宜地区开展试点工作，为将来与国际接轨积累经验。

同时,利用国内处于转轨时期的政策特点,适当调控交易价格,为在未来国际谈判中争取主动做好准备。

(7)继续通过培训等方式,在林业系统普及相关知识。一是举办气候变化与造林绿化高级研讨班,进一步提高各省区林业主管部门领导的认识。二是准备编辑出版有关书籍,在林业系统干部职工中普及气候变化方面的知识。三是成立一个造林绿化与气候谈判的信息网络,及时交流与《京都议定书》履约有关的新动态、新情况。为进一步发挥我国林业在全球温室气体减排中的重要作用做出积极努力。

中国林业碳汇管理现状与展望

李怒云[1]　宋维明[2]　章升东[3]

(1 北京林业大学研究生院，北京；2 北京林业大学，北京；
3 北京林业大学经济管理学院，北京)

造林再造林碳汇项目形成的背景

造林再造林碳汇项目是伴随着国际社会为缓解全球气候变暖趋势而采取的一系列行动被逐步提出来的。1994年3月正式生效的《联合国气候变化框架公约》(UNFCCC，简称《框架公约》)是第一个全面控制二氧化碳等温室气体排放，以应对全球气候变暖给人类经济和社会带来不利影响的国际公约，是国际社会在对付全球气候变化问题上进行国际合作的基本框架。为了尽快落实《框架公约》的相关内容，本着"共同但是有区别的原则"，公约缔约方召开了一系列的会议(简称COP)，就相关规则展开艰苦的谈判。1997年在日本京都召开的公约缔约方第三次大会(COP3)，通过了《京都议定书》，为工业化国家(附件Ⅰ国家)在2008～2012年期间(第一承诺期)减少其温室气体排放规定了具有法律约束力的目标。为帮助这些工业化国家实现减排目标，《京都议定书》还确定了三种机制：联合履约(JI)、排放贸易(ET)和清洁发展机制(CDM)。其中，CDM是发达国家和发展中国家开展的项目级合作，旨在推动发展中国家可持续发展的同时，发达国家也通过实施此类项目，实现减排目标。2001年7月在德国波恩召开的COP6续会上，各方达成了《波恩政治协议》，提出了将土地利用、土地利用变化和林业(LULUCF)活动作为减排的有效手段，并同意将造林和再造林作为第一承诺期合格的CDM项目。2001年10月在摩洛哥马拉喀什召开的COP7，达成了《马拉喀什协定》，其中要求就第一承诺期CDM汇项目展开进一步工作，以确定其模式、管理办法和规则以及在COP9上就第一承诺期中造林和再造林CDM项目的模式和规则做出决定。2003年12月的COP9通过了《CDM下的造林再造林碳汇项目模式和程序》，对实施造林再造林碳汇项目作出了具体规定。

2004年12月召开的COP10上，通过了关于CDM下简化的小规模造林再造林碳汇项目模式和程序的决定。至此，CDM下的LULUCF活动中的林业碳汇项目正式启动并进入了实质性项目试点和操作阶段。相关谈判进程见表1。

表1 国际气候谈判进程

年份	公约缔约方会议（COP）		谈判成果
1995	COP1	柏林	通过《柏林授权》
1996	COP2	日内瓦	通过《日内瓦宣言》
1997	COP3	东京	通过《京都议定书》
1998	COP4	阿根廷	通过《布宜诺斯艾利斯行动计划》
1999	COP5	波恩	未取得重要进展
2000	COP6	海牙	未取得重要进展
2001	COP6	波恩续会	达成《波恩政治协议》
2001	COP7	摩洛哥	达成《马拉喀什协定》
2002	COP8	新德里	通过《德里宣言》
2003	COP9	米兰	通过造林再造林模式和程序
2004	COP10	阿根廷	通过简化小规模造林再造林模程

森林的碳汇作用以及我国森林碳汇的重要贡献

森林作为陆地生态系统的主体，以其巨大的生物量贮存着大量的碳，森林植被中的碳含量约占生物量干重的50%。联合国粮食和农业组织（FAO）对全球森林资源的评估表明（表2），全球森林面积达38.69亿公顷，占全球陆地面积的30%。其中热带占47%，亚热带占9%，温带占11%，寒带占33%。平均每公顷森林的地上生物量为109吨，全球森林地上部分生物量达4 220亿吨（FAO，2001）。森林土壤中贮存的碳要比森林生物量中贮存的碳还要多的多。据IPCC估计，全球陆地生态系统碳贮量约24 770亿吨，其中植被贮存量约占20%，土壤贮存量约占80%。占全球土地面积27.6%的森林，其森林植被的碳贮存量约占全球植被的77%；森林土壤的碳贮存量约占全球土壤的39%。可见，森林生态系统是陆地生态系统中最大的碳库，其增加或减少都将对大气中CO_2产生重要影响。

表 2　全球森林面积及生物量

地区	森林面积 ($10^6 hm^2$)	森林覆盖率 (%)	单位面积蓄积量 (m^3/hm^2)	单位面积地上生物量 (tB/hm^2)	地上总生物量 (GtB)
非洲	650	22	72	109	71
亚洲	548	18	63	82	45
大洋洲	198	46	55	64	13
欧洲	1039	26	112	59	61
中北美洲	549	23	123	95	52
南美洲	886	51	125	203	180
合计	3869	30	100	109	422

资料来源：FAO，2001a

我国多年持续不断地开展了大规模造林绿化，对吸收 CO_2 等温室气体做出了重要贡献。根据有关方面的研究结果，从 1949～1998 年，我国开展的主要生态建设活动中，造林绿化的固碳率最高（表3）。每年每公顷可固碳 1～1.4 吨，是其他生态建设固碳率的 1.25～5 倍。50 多年来，在我国生态建设累计吸收固定的碳的总量中，人工造林、封山育林和飞播造林的贡献较大，分别占 39%、28% 和 21%。造林绿化在我国生态建设固定的 CO_2 总量中的贡献比例占 88%，最具成效，对缓解气候变化起到了积极作用。

表 3　1949～1998 我国生态治理活动吸储大气碳的估算结果

活动	固碳率 ($\times 10^4$ tC)	50 年累计固碳量 ($tC/hm^2 \cdot a$)
人工造林	1.4	4795
飞播造林	1	2533
封山育林	1	3407
治理水土流失	0.3	20
修梯田、建坝地、治沙造田	0.3	320
人工种草及改良草地	0.8	1186
合计		12261

资料来源：魏殿生主编《造林绿化与气候变化——碳汇问题研究》，2003

一方面，我国的造林绿化弥补了建国以来森林资源消耗造成的碳汇缺口。森林固碳最直接的反映指标是森林蓄积量。根据历次森林资源清查的统计，从新中国成立初期到 1998 年，全国共消耗森林资源 100×10^8 立方米，相当于1998年我国森林蓄积量的88.73%。从森林蓄积量的动态变化来看，我国森林覆盖率和蓄积量较新中国成立初期已大幅度增加。作为一个发展中大国，我们较好地处理了培育森林资源与经济发展的矛盾，在满足不同时期国民经济增长对木材大规模需求的基础上，成功地扩大了森林面积，有效地保持了森林资源的稳定增长，弥补了新中国成立以来森林资源消耗造成的碳汇缺口。

另一方面，我国森林的固碳能力还有较大增长潜力。根据国家林业发展的长期规划和建设目标，我国森林在数量扩张和质量提高两个方面都还有很大的潜力，都会对森林固碳能力产生较大的影响。中国林业发展战略研究表明，2050年全国森林覆盖率将增加到26%以上，森林面积将在1998年的基础上大幅度增加，也就意味着森林碳汇储量将提高。同时，中幼龄林占我国森林面积的71%，森林单位面积蓄积量也没有达到应有的水平，现有林蓄积增长空间很大，其固碳能力将随着单位面积蓄积量的增加而不断增加。

我国实施林业碳汇项目的前景

旨在遏制全球气候变化的《京都议定书》已于2005年2月16日正式生效。展望造林再造林碳汇项目的发展前景，对我国而言，有机会也有挑战：

第一，市场可能会扩大。首先，在俄罗斯批准《京都议定书》，《京都议定书》生效后，在第一承诺期内，附件Ⅰ国家必须承担减排任务。那么在减排成为一种具有法律效应的义务之后，受规则的压力，林业碳汇的市场空间将是一个逐渐扩大的趋势；其次，发达国家为了实现减排并且希望降低成本，到发展中国家进行CDM项目将可能性很大。有关专家分析：在开展CDM造林再造林项目上，亚洲和拉美地区具有相对优势，中国作为亚洲地区的发展中大国，将在实施此类项目中，占有一定优势。这对促进包括中国在内的发展中国家的林业建设是一个很好的机会。此外，伴随着《京都议定书》的生效，整个国际市场的碳交易活动会进一步活跃，碳价格正在呈现上涨的趋势，市场价格的这种变化趋势，将有助于推进CDM项目活动的开展。

第二，中国在亚洲地区有一定优势。与其他的亚洲国家相比较，在做CDM林业碳汇项目时，我国政治、经济环境稳定，具有实施CDM项目所需的稳定、可靠的社会制度保障；森林资源的所有制形式和经营模式也使在我国开展林业碳汇项目更具竞争力。根据现有规定，CDM项目的实施需要合作双方国家政府部门的认可和保证，包括国家CDM项目活动运行规则和程序的确定、项目的审核批准，以及邀请经公约缔约方大会指定的独立经营实体对 CDM 项目进行合格性认定和减排量核实、证明等。因此，一个国家只有政治、经济环境稳定，才能够保证其 CDM 项目相关政策的连续性和稳定性，进而保障项目的顺利实施。此外，根据我国的国情和林情，我国的森林资源和林地所有制形式相对单一，主要为国有和集体所有两种形式，有强有力和稳定的行政管理机构进行宏观调控和具体操作，便于实施规模造林、统一经营。相比小规模的林业碳汇项目，实施规模造林将减少项目实施过程中发生的交易成本，因此项目更具竞争力。发达国家对在我国做 CDM 林业碳汇项目正在表现出较高的积极性。

第三，与巴西等拉美国家和与印度等亚洲国家将可能形成竞争局面。综观整个国际碳交易市场，在 CDM 林业碳汇领域，以巴西为首的拉美国家和印度等亚洲国家将有可能成为我国最大的竞争对手。一是按照有关规定，在第一承诺期内，发达国家可以通过造林再造林碳汇项目实现的减排量占其减排量的比例有限，即不超过总减排量的 1%。也就是说在全球流动的可以抵减排放量的林业碳汇只有大约 3 500 万吨，形成稀缺资源；二是以巴西为代表的一些拉美国家和印度等亚洲国家，甚至一些小岛国，由于处于热带地区，有得天独厚的自然条件，森林的碳吸收速率比较快，造林成本相对较低，再加上他们过去的造林规模有限，现在可以用来进行造林和再造林的土地潜力较大；三是这些国家开展相关研究和试点比我们早，积累了一定的经验；四是他们的经济发展水平比我国低，有更大的发展要求，更迎合 CDM 项目所要达到的帮助贫穷的发展中国家走出贫困，实现可持续发展的项目宗旨。

我国林业碳汇管理的初步实践

第一，成立了国家林业局碳汇管理办公室。从《京都议定书》签订到 CDM 灵活机制的实施，再到土地利用、土地利用变化和森林活动（简称 LU-LUCF 活动）的提出，明确将造林和再造林项目纳入第一期承诺的合格的清洁发展机制，国际组织和私人公司已经抢先涉足林业碳汇领域，积极研究相关的国际规则、管理政策和技术层次的方法学分析。与此同时，国内的相关研究，特别是从整个国家层面来探讨如何实施和管理林业碳汇项目的研究，还没有出现。中国是一个大国，经济发展与生态保护的矛盾比较突出，面临着很大的潜在减排压力。不论是从国内的可持续发展看，还是从对国际社会负责的角度来看，都必须及时地参与到相关的规则制订、政策研究以及项目试点中来，积累经验，争取成为标准的制订者，维护战略层次的国家利益。基于此，2003年底，国家林业局针对气候谈判出现的新进展，成立了国家林业局碳汇管理办公室，目的是为了在充分了解国际规则，普及相关知识的基础上，在国内推行碳汇项目试点。通过试点，摸索出在我国开展林业碳汇项目应该遵循的管理程序和技术环节以及相关标准。同时，在考虑中国的具体国情和林情的基础上，结合国际碳交易进展，进一步探索如何通过市场机制来促进我国林业发展的机制创新。

第二，开展了相关的研讨和培训活动。由于清洁发展机制下造林再造林碳汇项目的实施和管理，涉及选点、基线确定、额外性、泄漏、非永久性、监测计划、社会经济和环境影响评价、核证登记等一系列技术问题和管理环节，与实施常规造林项目的要求有很大不同，国内尚缺乏这方面经验，因此，积极了解学习国际林业碳汇项目的经验教训十分必要。为此，国家林业局先后在浙江、北京等地举办了几次国际研讨会和国内培训班。邀请国家气候办、外交部、科技部等负责气候变化的领导以及国内有关单位从事气候变化研究的专家和国际专家，进行了造林绿化和气候变化专题培训和研讨。通过培训和研讨，学员对碳汇的认识有了较大程度的提高，有不少省、市对林业碳汇项目表现出较高的积极性。此外，2004年10月，应美国大自然保护协会邀请，国家林业局组团赴美国和巴西进行了为期13天的林业碳汇项目考察。通过对具体项目的实地考察，与国外的专家、官员及非政府组织人员的信息交流，对林业碳汇项目有了更加深入的认识，为国内开展这方面的工作提供了很好的指导和借鉴。

第三，准备相关试点示范项目。为熟悉国际规则，进一步实施项目和开展项目管理提供经验，国家林业局正在积极推进林业碳汇项目的试点工作：①结合世界银行在广西珠江流域实施的流域综合治理与开发项目，正在开展一个世界银行生物碳基金造林再造林碳汇子项目；②保护国际和美国大自然保护协会合作，按照有关国际规则和操作程序设计，在云南和四川，结合森林植被恢复和生物多样性保护，进行林业碳汇试点示范项目；③与《联合国防治荒漠化公约》秘书处合作，在我国开展的意大利政府援助的"阿根廷、中国、莫桑比克青年防治沙漠化造林项目"，该项目也涉及到清洁发展机制下的林业碳汇内容。

第四，大力促进知识普及与理论研究。国家林业局碳汇管理办公室从成立以来，与清华大学、北京师范大学、北京林业大学、中国林科院等高等院校和研究机构以及美国大自然保护协会、保护国际等组织合作，正在组织人员进行相关研究工作：①研究国际碳市场现状，分析林业碳汇的市场份额和未来趋势；②探索如何将气候变化、社区发展以及生物多样性保护等方面结合起来，实现碳汇项目多重效益的设计标准和评价标准；③开展我国造林再造林碳汇项目优先区域的选择和评价，建立立地选择的基本程序；④结合林业碳汇项目的实施，探索借助市场机制推进林业发展的政策机制；⑤推进有关教学科研单位，研究与实际林业碳汇项目相关的方法学问题，包括选点、监测、核实、认证等问题；⑥开展相关的知识普及和宣传工作，编辑出版有关 CDM 规则、林业碳汇投融资、碳汇要求下的造林技术、林业碳汇国际项目介绍等普及性书籍，目前已正式出版了《造林绿化与气候变化》一书。

我国林业碳汇管理的趋势展望

第一，研究确定中国造林再造林碳汇项目的区域布局。CDM 框架下的造林和再造林与一般意义的造林有很大的区别，这首先体现在造林地的选择上。选择什么样的造林地块，既满足国际规则又符合国家利益，同时还要考虑社区群众利益最大化。因此，需要找出林业碳汇项目的优先区域。而优先区域的确定，要有科学性和可操作性的依据。我国林业的六大工程主要营造的是生态林，其选择依据或者是大江大河的上游，或者是风沙严重或生态脆弱的地区等。而碳汇意义下的造林，不仅要符合《京都议定书》的基本规定，更重要的是要考虑到项目实际产生的汇的价值。相关研究显示，不同的地带，比如热带、亚热带、温带、寒带等植被的生长状况和碳汇能力是不同的，立地条件的不同也导致了不同地带基线和额外性的重大差别。而且，根据目前国际上的不成文标准，一个碳汇项目是否能成功通过核准和认证，主要看其效益的多样性，即除了有汇能力减缓气候变化外，还要有促进社区发展，保护生物多样性等可持续发展方面的要求。那么，在确定了我国造林再造林的碳汇区域分布后，一个相关的重要工作就是选择适宜树种和合理配置。不同树种的生长周期和碳汇能力存在着较大的差别，即便是同一树种的不同品种也相差较大。如在巴西普朗特碳汇项目中，实施者就很重视优良种苗的选育。他们共收集了 1 000 多种桉树品种，通过筛选，选出了最优的无性系进行扦插繁殖，使得桉树人工林单位面积生长量得到了很大提高，这种方式值得我们在实施碳汇项目中加以借鉴。

第二，探索建立与实施碳汇项目的区域布局相配套的管理政策。在市场经济充分发展的今天，只有高效的制度设计与基础的市场配置相结合，才能有望产生现实情况下的社会福利最大化。管理政策正是制度设计的一个重要组成部分。就林业碳汇项目而言，在区域布局确定之后，需要建立相应的管理政策，对具体的项目实施进行管理和规范。管理政策的制定需要综合考虑各个层次的利益相关者，体现整个管理政策的层次性。比如，在国家管理层次，应该有关于气候变化和林业碳汇方面的总体指导性意见；在各个省市地区层次，设立相关管理的归口单位并制定确切的项目计划安排；在各个社区，管理政策的设定需要充分考虑到社区居民就业的增加、生活条件的改善以及社区生态环境的保护等，能确实给社区带来多种实在效益。管理政策的内容应该从政治法律、经济发展、社会生活、文化习惯等方面具体展开。①项目的开展需要有政治保证和法律规范，因此，必须加强和健全生态效益补偿和林业发展的法律法规；②管理政策的制定要充分结合经济发展的大局，考虑可能对国家和地方经济发展带来的影响；③要体现管理政策与社会生活，文化习惯的相适性，形成适合项目地区的本土化管理方式，引导社区民众积极广泛参与。

第三，逐步建立林业碳汇项目内部管理和运行程序。实施林业碳汇项目，和一般工业减排有许多区别，特别是如何选择项目实施地点，以何种组织形式实施项目，项目实施是否能够推进当地林业发展，并调动当地群众管理森林的积极性，如何合理确定碳交易收益，如何在项目实施和管理过程中，处理好项目和周边社区群众的利益关系等，都需要我们结合试点项目进行探索。在此基础上，逐步建立适合林业特点的碳汇项目管理办法，形成相应的运行程序和相关的技术标准。为此，需要成立林业碳汇项目专家咨询组，组织专家对造林再造林碳汇项目提出初选意见，为项目的实施提供技术指导和政策咨询，对项目实施情况进行阶段性评价、总结，为规范项目运行、管理程序、建立和健全技术标准提供建议。

第四，加强相关科学研究，培养我国林业碳汇专家队伍。林业对气候变化具有重要作用，除了造林再造林可以增加对温室气体的吸收外，加强森林管理，提高林分质量，提高我国森林整体功能，也将增强我国森林的碳汇功能，同时，保护湿地，防止森林火灾，控制森林病虫害，延长木材使用寿命等，都会对缓解气候变化产生积极作用。但是，如何在今后国际谈判中，着重发挥我国林业潜在的优势，既有利于发展林业，促进经济社会可持续发展,又有利于我国在国际气候谈判中争取并掌握主动,必须加大对上述问题的科学研究,从而为在谈判中采取何种立场提供可靠的科学依据。目前,从总体来看,对林业在气候变化中的作用关注不够,从事这方面的科研人才相当缺乏,熟悉碳汇及其相关项目管理的人才更少,亟待通过加强科研和项目实践活动,促进这方面人才培养:一是结合实施碳汇项目,适当引进国际专家,让国内专家和国际专家共同工作,边干边学;二是争取国家科研项目在林业碳汇研究领域给予更多的支持,促进更多的专家研究和关注气候变化与林业碳汇问题,逐步培养一批这方面的专门人才;三是加强高等院校的相关学科建设,培养和造就应对气候变化特别是林业碳汇方面的复合性人才,保证人力资本的可持续性。

第五,探讨通过碳交易推进林业发展的机制创新。通过林业碳汇项目,实现碳交易,完成生态效益市场化的价值补偿,这是现代林业发展的机制创新与模式取向。林业发展的机制创新,包括市场机制的创新和管理机制的创新。市场机制的创新有:产权界定的探讨、融资渠道的构建、交易规则的确定、以及利益分配的选择;管理机制的创新有:管理机构的设置、人力资本的连续以及管理政策的安排。林业碳汇项目本质是通过市场化的手段来解决森林生态效益价值化的问题。目前,有关林业碳汇问题的探讨还处在初级阶段,更多是国际规则压力之下的,由非政府组织和一些有影响力的私人公司在做的所谓京都市场。国内的情况也是政府部门和 NGO 在合作做一些试点项目,均未形成活跃的志愿者市场。碳交易志愿者市场的扩大是未来林业发展机制创新的关键,是林业建设中生态效益市场化问题的一个有益尝试和探索。

参考文献

[1] Bernhard Schlamadinger. The Kyoto Protocol: provisions and unre solved issues relevant to land-use change and forestry. Environmental Science and Policy, 1998, 1.

[2] W. D. Gunter. Large CO_2 Sinks: Their role in the mitigation of greenhouse gases from an international, national (Canadian) and provincial (Alberta) perspective. Applied Energy, 1998, 61.

[3] Alexander S. P. Pfaff. The Kyoto protocol and payments for tropical forest: An interdisciplinary method for estimating carbon-offest supply and increasing the feasibility of a carbon market under the CDM. Ecological Economics, 2000, 35.

[4] Yoshiki Yamagata. Would forestation alleviate the burden of emission reduction? An assessment

of the future carbon sink from ARD activities. Climate Policy, 2001, 1.

[5] Bernhard Schlamadinger. Carbon sinks and the CDM: could a biocnergy linkage offer a constructive compromise? Climate Policy, 2001, 1.

[6] 李怒云, 高均凯. 全球气候变化谈判中我国林业的立场及对策建议. 林业经济, 2003(5)

[7] 魏殿生, 李怒云. 造林绿化与气候变化——碳汇问题研究. 中国林业出版社, 2003

[8] 中国科学院中国生态系统研究网络综合研究中心. 中国碳循环与碳管理, 2004

[9] 中国可持续发展林业战略研究项目组. 中国可持续发展林业战略研究. 中国林业出版社, 2003

气候变化与中国林业碳汇政策研究综述

李怒云[1,2]　宋维明[1]

(1. 北京林业大学 北京 100083；2. 国家林业局植树造林司 北京 100714)

一、逻辑关系

随着气候变化与国际谈判进程的推进，林业碳汇问题进一步受到了国际社会的广泛关注。综观林业碳汇的发展轨迹：碳汇问题是在全球气候变暖的背景下产生的，因此气候变化是碳汇问题提出的起因。政策分析是碳汇问题研究的核心。从图1可以看出：背景分析是前提，在此前提下，对相关概念进行界定，明确目标和对象，然后阐述碳汇研究的重要意义，说明开展碳汇活动的必要性。接着进一步探讨碳汇技术、碳汇市场和碳汇项目这三个主要问题。技术是前提，没有技术就失去可操作性；其次，市场是关键，没有市场就无法实现碳交易；项目是载体，没有项目就不能开展碳汇实践。在这些相互关联的问题中，作为核心的碳汇政策既是研究的重点也是研究的弱点，因此，开展这项研究十分必要。

图1　碳汇相关问题间的逻辑关系

二、碳汇背景

自20世纪80年代末以来，全球气候变化问题已日益引起了国际社会的广泛关注。最近美国戈达德太空研究所的科学家说，2005年的全球平均气温为14.6℃，比30年前高0.6℃，比一世纪前高0.8℃。尤其是过去50年间的增温，很大程度是由于人类大量燃烧化石燃料以及毁林等人为因素，导致大气层中CO_2等温室气体浓度大幅度增加形成温室效应的结果。人类应对气候变化的基本手段无外乎两个，一是提高对气候变化的适应能力，二是增强气候变化的减缓能力。就后者而言，关键是减少温室气体在大气中积累，其做法一是减少温室气体排放（源）；二是增加温室气体吸收（汇）。减少温室气体排放源主要是通过减少能耗，提高能效来实现。但常常会对一个国家经济产生负面影响。增加温室气体吸收汇，主要是利用森林等植物的光合作用，把大气中的 CO_2 以生物量的形式固定到植物体和土壤中，在一定时期内起到减少大气中温室气体积累的作用。

森林是陆地生态系统的主体，是最大的利用太阳能的载体。森林的碳汇功能使得实施林业碳汇项目随着《联合国气候变化框架公约》（下称《公约》）以及《京都议定书》的相关谈判进展而受到国内外的关注。为了实现《公约》确立的缓解气候变暖的目标，本着"共同但有区别的责任"的原则，1997 年，在日本召开的《公约》第三次缔约方大会（COP）上，制定了《京都议定书》，以法律形式要求工业化国家（附件 I 国家）控制并减少 6 种温室气体即二氧化碳、甲烷、氧化亚氮、氢氟碳化物、全氟化碳、六氟化硫，其中主要是 CO_2 的排放，并为附件 I 国家规定了减排限额。目标是在第一承诺期（2008～2012 年）内把这些温室气体的排放量在 1990 年的基础上减少 5.2%。

为了帮助发达国家实现确定的减排目标。《京都议定书》规定了三种机制，即排放贸易（ET）、联合履约（JI）和清洁发展机制（CDM）。其中排放贸易是指已经达到减排目标的发达国家把温室气体排放权卖给其他发达国家；联合履约是指发达国家之间可以通过共同实施温室气体减排项目，将获得的减排额度相互转让。清洁发展机制（CDM）是指发达国家与发展中国家通过开展项目合作向发展中国家提供资金和技术，将项目所实现的温室气体减排量，用于完成发达国家的减排指标。CDM 是《京都议定书》三机制中唯一与发展中国家相关的机制。这种机制既能使发达国家以低于国内成本的方式获得减排量，又有利于促进发展中国家社会经济可持续发展。通过实施 CDM 项目，发达国家可以在发展中国家投资，在工业、交通和能源部门中实施提高能源效率、开发新能源和可再生能源等项目，减少温室气体排放源。同时，可以通过实施有关土地利用、土地利用变化和林业（简称 LULUCF）等方面的项目，增加陆地生态系统的吸收汇，这些项目产生实质性的温室气体减排量，用来实现附件 I 国家在《京都议定书》中承诺的减排目标。

一个时期以来，在《公约》谈判过程中，是否把实施有关 LULUCF 的"汇"项目列入清洁发展机制，一直是谈判的焦点。包括中国在内的许多发展中国家认为：将"汇"项目纳入 CDM 将使发达国家在履行承诺的温室气体减排上大打折扣。"汇"项目获得的每 1 吨碳意味着发达国家在其承诺的减排份额中少了 1 吨碳，或者说发达国家可以多排放 1 吨碳。因此，在早期谈判中，包括中国在内的大多数发展中国家不同意将"汇"项目纳入清洁发展机制。但后来由于发达国家一再坚持，加上美国在 2001 年初宣布退出《京都议定书》。为挽救《京都议定书》，发展中国家做出了极大让步，谈判各方于 2001 年 7 月在德国波恩召开的 COP6 续会和此后召开的 COP7 上，分别达成了《波恩政治协定》和《吗拉喀什协定》，同意将毁林、造林和再造林活动引发的温室气体源的排放和汇的清除方面的净变化纳入附件 I 国家排放量的计算，其中，造林和再造林碳汇项目将作为第一承诺期唯一合格的 CDM 林业碳汇项目，并通过了有关开展 LULUCF 活动的定义、方式、规则和方法学等一系列规定。其中"造林"是指在 50 年以上的无林地进行造林；"再造林"是指在曾经为有林地、而后退化为无林地的地点进行造林，并且这些地点在 1989 年 12 月 31 日必须是无林地。但是，《波恩政治协定》为附件 I 国家利用林业碳汇项目获取减排量设定了上限，即在第一承诺期内，附件 I 国家每年从 CDM 林业碳汇项目中获得的减排低销额不得超过其基准年（1990 年）排放量的 1%。

与 CDM 工业和能源项目相比，林业碳汇项目在实施过程中存在很多复杂的技术问题，包括项目基准线与额外性的确定、碳储量的计量与核查，以及汇项目所特有的非持久性、泄漏、不确定性、项目对社会经济和环境的影响等。其中关于碳汇项目的非持久性问题是争论的焦点。一种观点认为，碳汇项目的固碳作用只是临时的，在林木成长过程中由树干、树叶和土壤吸收的二氧化碳，最终会由于采伐林木而重新释放回大气中，因此，造林碳汇项目只能延缓大气中温室气体的积累，只能作为一种过渡性政策选择。而通过开发能源项目减少的温室气体排放则是永久性的。另一种观点则认为，林木尤其是制成木制品后，其碳贮存时间则相当长。即使造林碳汇项目只是临时性的碳吸收，也能对延缓气候变化产生效益；如可以为开发低成本能源技术、缓解气候变暖趋势赢得时间。此外，一定比例的临时吸收可以被证明是永久的。尽管争论较多，但在 2003 年和 2004 年分别召开的 COP9 和 COP10 上，缔约方各国已就开展 CDM 下造林再造林碳汇项目的相关定义和具体实施规则达成了一致意见。2005 年 2 月 16 日，《京都议定书》正式生效，成为国际社会应对气候变化的纲领性文件。同年的 11 月召开了 COP11，标志着

《京都议定书》开始全面执行。至此,开展 CDM 下的林业碳汇项目正式启动并进入到实质性的操作阶段。

三、碳汇概念

分析现有研究文献可以看出,对碳汇概念的探讨与表述主要有以下两种观点:第一种观点认为,碳汇是指森林吸收并储存二氧化碳的多少或者说是森林吸收并储存二氧化碳的能力(袁嘉祖,1997)。袁教授强调,森林是陆地生态系统的主体,它在生长过程从大气中吸收并储存大量的二氧化碳,同时森林的采伐和破坏,又将其储存的二氧化碳释放到大气中(即碳源)。因此,森林既可以成为碳汇,又可以成为碳源。

第二种观点认为,在陆地生态系统中,碳汇功能体现在碳库的贮量和积累速率;碳源主要体现在碳的排放强度(吴建国,国家环保总局研究员)。他指出,源指来源,即事物间传递物质或信息的属性以及具有这种属性的事物或过程。汇是与源相对的概念,它指接受物质或信息流动的系统或接受流动的过程。在一个系统中,物质或信息流动是动态过程,把这些产生流的系统称为源,接受流的系统称为汇。基于这种逻辑,在森林系统和大气系统之间,如果森林中的物质流入到大气中,则把森林称为大气中这种物质的源,反之,则把森林称为汇。当这种物质由二氧化碳来充当时,便产生了森林碳汇和碳源。

综合上述观点可以得出:前期专家学者对碳汇概念的研究,虽然表述不同,但基本的界定在一定程度上达成了共识。选用何种含义的碳汇概念,是由研究的目的和对象规定的。现在,我们以林业碳汇管理政策为研究对象,着重分析在具体管理和调控中的政策构建,需要的是宏观广义又不失具体的碳汇概念。即碳汇是指从大气中清除二氧化碳的过程、活动或机制。林业碳汇则是指通过实施造林、森林管理和保护,吸收大气中的二氧化碳并将其固定在植被和土壤中,从而减少大气中二氧化碳浓度的过程和活动。

四、碳汇意义

研究碳汇问题的重大意义在于以下四个方面:

第一,林业战略层面。气候变暖是全球 10 大生态问题之首,是涉及人类生存环境及社会经济可持续发展的重大问题;是继 WTO 后国际多边关系的一个重要平台,是当前生态问题国际化最有代表性的事项(陈长根,

2003)。按照《京都议定书》的规定,发达国家可以通过在发展中国家实施林业碳汇项目抵消其部分温室气体排放量,是一个对林业意义十分重大的事件。这标志林业的生态功能在经济上得到了国际社会承认,标志林业的生态服务进入了可以通过贸易获取回报的时代的到来。因此,积极发展林业碳汇活动,不仅可以改善我国的生态状况,还因为造林增加了碳吸收,从而扩大了我国未来的排碳权空间。为能源、加工业、交通运输和旅游业发展创造了条件。同时,积极参与碳汇相关的国际交流和国际谈判,也有利于参与林业发展的国际进程,并为国家气候外交做出应有贡献。

第二,生态系统层面。中国科学院大气物理研究所研究员黄耀,通过对中国陆地和近海生态系统碳汇收支的深入研究后指出:我国地域广阔,生态系统富有多样性。拥有自寒带至热带的气候地带和特殊的地理区域。在这些生态系统开展碳收支的综合研究,对于阐明中国生态系统碳循环在全球变化中的作用以及促进社会经济的可持续发展具有重要的意义。同时,这些研究,还能实现学术理论的重大创新,提高我国在国际全球气候变化研究领域中的学术地位,为全球气候变化背景下中国社会经济的健康发展以及生态系统的管理提供科学依据,为履行有关国际公约提供基础数据。从目前相关研究的进展来看,近10多年,全球关于陆地生态系统碳汇的研究和讨论非常之多,有多项成果发表在 *NATURE*(自然)和 *SCIENCE*(科学)杂志上。但是,在我国,陆地生态系统的碳汇问题在文献中提到的不多,系统研究很少。所以希望有更多的学者投入到陆地生态系统碳循环的研究中,并能通过分析碳循环规律,为建立精确的中国陆地生态系统的 CO_2 清单和制定减缓 CO_2 排放措施提供科学依据(王效科,2002)。

第三,森林植被层面。通过对森林碳汇功能的成本效益进行分析和评价,对于生态建设具有重要意义。研究表明,最近20多年来,中国森林起着碳汇的作用,平均每年吸收 0.022pgc CO_2,而且主要来自人工林的贡献。此外目前实施的天然林保护工程和其他的森林管理活动也对减缓大气 CO_2 浓度有一定的贡献(方精云,2001)。

第四,碳汇贸易层面。中国林业科学院专家(范少辉,2003)指出:全球碳平衡和碳贸易问题已经提到国际商议的日程上,参与 CDM 项目促进可持续发展将成为中国的一个重要机遇。在此背景下,各国政府既需要能减少 CO_2 排放的技术,又需要能增加 CO_2 吸收的产业,由此促进了碳汇市场的发育。而森林是自然界中最大的碳库。我国是人工林培育大国,碳汇的潜力巨大。实施 CDM 碳汇项目将有助于我国林业吸收国外投资和先进技术，促进增加 CO_2 吸收产业的形成。

五、碳汇技术

碳汇技术的研究主要体现在以下 3 个方面：

第一，碳汇的生产。森林在与大气 CO_2 的关系中起着双重作用。一方面，森林是大气 CO_2 的吸收汇、贮存库和缓冲器。森林以其巨大的生物量贮存着大量的碳。森林植被中的碳含量约占生物量干重的 50%。人工林每生长 1 立方米木材，约可以吸收 1.83 吨 CO_2。另一方面，森林的破坏，特别是毁林成为大气 CO_2 的重要来源。除毁林过程中收获的部分木材及其木制品可以长时间保存外，大部分以生物量的形式贮存在森林中的碳被迅速释放进入大气。同时毁林引起的土地利用变化还将引起森林土壤有机碳的大量排放。因此，要想不断增强森林的碳吸收能力，就需要科学地进行森林经营活动，其基本途径有以下几种：一是通过造林绿化、退化生态系统恢复、加强森林管理等手段增加陆地植被和土壤碳贮量；二是通过减少毁林、改进采伐作业方式、提高木材利用效率以及加强森林病虫害防治等手段保护现有森林生态系统中贮存的碳，减少其向大气中的排放；三是寻找碳替代，包括以耐用木质林产品替代能源密集型材料、使用太阳能、林木生物质能源等可再生能源；四是通过特殊的技术和手段，将大气中的 CO_2 永久地封存于地下和海洋深处。

第二，碳汇方法学。开展 CDM 下造林再造林碳汇活动与一般意义上的造林存在区别。其中，方法学是一个重要的方面。一是对合格林地的基线要求（见碳汇背景部分）。二是额外性问题。CDM 碳汇项目强调额外性，要求所开展的造林再造林活动给减缓气候变化带来真实的、可测量的和长期的环境效益，而这些效益在没有此类活动时，是不可能产生的。同时，这种活动还须是额外于法律、政策和商业投资引起的汇增强。也就是说，碳汇活动必须具有技术额外性、投资额外性、环境额外性及政策额外性。三是泄漏问题。CDM 造林再造林项目活动的基线是在没有该项目活动情景下，项目边界内碳贮量的变化。基线应涵盖项目边界内所有的碳库，如果项目参与方选择忽略一个或多个碳库，需提供透明的和可核查的信息，证明该选择不会引起预期的人为净温室气体的增加，并要在项目设计文件（PDD）中明确。四是监测方法。UNFCCC（1997）规定 CDM 活动所引起的排放减少或汇清除必须是透明的、可证实的和可核查的,这就要求对这些活动引起的结果进行科学评价和监测。实际上,碳汇贮量的测定是研究土地利用、土地利用变化和林业活动碳源碳汇功能的主要手段之一。其基本方法有连续动态监测法和空间代替测定法。具体的监测内容主要包括碳库选择、监测时间间隔、样地数量、土壤容重等方面。

第三,碳循环模型。从自然科学的角度来看,林业碳汇本质上是在探讨森林生态系统的净第一生产力,即 NPP。因此,这里的碳循环模型是指对森林 NPP 的长期动态变化过程进行定量研究的估算模型。根据 Ruimy 等人的归纳(Ruimy,1994),NPP 估算模型大致可以分为统计模型、参数模型和过程模型三类。①统计模型也叫气候相关模型。是通过建立 NPP 和气候因子或蒸发因子之间的相关关系来估算 NPP。Miami 模型、Thornthwaite 模型及 Chikugo 模型等是最为常用的统计模型。②参数模型也称光能利用率模型。是在农作物研究的基础上发展起来的模型,以光能利用率的理论为基础,贯穿资源平衡的观点,通过植被冠层对太阳辐射的有效利用率来提取 NPP。其假定生态过程趋于调整植物特性以响应环境条件,在平衡观点成立的前提下,就可利用植被所吸收的太阳辐射以及其他调控因子来估算植被净第一生产力。其中,Heimann 模型和 Monteith 模型是主要代表。③过程模型又称机理模型。是根据植物生理、生态学原理,通过对太阳能转化为化学能的过程和植物冠层蒸散与光合作用相伴随的植物体及土壤水分散失的过程进行模拟,建立了相应的模型或模型库,从而实现对陆地植被 NPP 的估算。过程模型又可分为遥感过程模型和非遥感过程模型。目前,这类模型主要有 BIOME3、BIOMEBGC、BEPS、TEM、CENTURY、CARAIB 等。

六、碳汇市场

按照《京都议定书》及 CDM 相关规则的要求或出于自愿行为,交易的买卖双方(有时有中介),在市场上相互买卖经核证的碳信用,这就是所谓的碳市场,而且已经形成了国际碳市场。其中,林业碳汇是整个碳市场的一个重要组成部分。目前,国际碳市场由京都市场(与《京都议定书》规则相一致)和非京都市场(与《京都议定书》规则不相一致)构成(见图 2)。

图 2 中所示的国际碳市场结构就是按上述两种类型划分的。两种类型中都包含项目市场。而准许市场是由区域或洲级自己制定法规进行运行的市场。不仅有管理机构,所采用的规则有的甚至比京都规则还严。图中的

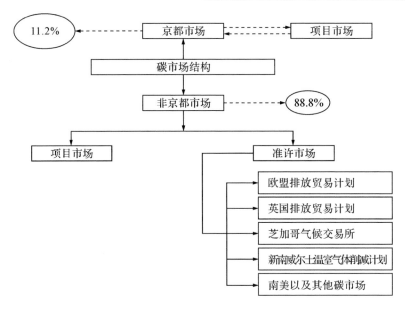

图 2　国际碳汇市场结构

11.2%和 88.8%分别表示从 1998~2004 年 5 月间，在总交易的碳项目数目中，非京都市场比重远大于京都市场。可以看出目前的国际碳市场形成了以非京都市场为主流市场，京都市场为辅助市场的基本格局。但需要说明的是，上述市场的交易中林业碳汇所占分额还很少。

目前，国际碳市场发展迅速，世界银行生物碳基金的一份报告显示，截至 2004 年 5 月，国际碳市场已成功交易 1 125 个项目，其中京都市场 128 个，非京都市场 997 个，平均交易规模为 267 405 吨 CO_2。国际买家主要有日本、荷兰及世界银行碳基金等；国际卖家则主要是拉丁美洲和亚洲的一些国家和地区。当时京都市场碳交易的平均价格为 4.68 美元/吨，非京都市场交易价格 1.34 美元/吨，但目前，后者价格已经浮动到 30 美元/吨左右。

七、碳汇项目

由于开展 CDM 碳汇项目对于发达国家和发展中国家有着各自的吸引力，因此在《京都议定书》生效之前，CDM 碳汇试点项目已经开展起来。截至 1998 年，在世界各地开展的 CDM 碳汇试点项目已经达到 27 个。项目所在国包括印度、马来西亚、捷克、阿根廷、伯里兹、哥斯达黎加、墨西哥、巴拿马、巴西等国家。之后，随着《波恩政治协定》和《吗拉喀什协定》将碳汇项目正式确立为第一承诺期内合格的 CDM 项目，以及《京都议定书》的正式生效，碳汇项目受到了更大关注，包括印度尼西亚、俄罗斯、智利、乌干达及中国在内的许多国家都在进行碳汇项目试点。具体内容包括通过造林、再造林、森林保护、森林经营管理促进社区发展；改善项目所在地的生态环境，保护生物多样性，以及为项目区群众创造实惠等。项目活动包括投资前期的可行性分析和评估、买卖双方的确定、碳汇价格的估算及项目实施方法学研究等。到 2005 年 6 月，仅世界银行生物碳基金就已经提交了 130 多个林业碳汇项目建议书，其中包括中国广西项目在内的大约 20 个项目进入了准备实施的候选之列。预计到 2017 年，这些项目产生的碳汇将达到 1 000 多万吨。

为适应国际林业发展的潮流和趋势，结合国内林业建设的实际，我国的林业碳汇活动取得了良好的开端。目前，国内正在开展和拟开展的林业碳汇试点项目共有 7 个，分别在内蒙古、广西、四川、云南、辽宁、河北及山西等地。这些项目既有按《京都议定书》规则实施的京都规则项目，也有不受《京都议定书》规则限制的非京都规则项目。两类项目的实施，既是对森林生态效益价值市场化的探索，也可以充分展示中国林业在适应与减缓气候变化中的贡献。

八、碳汇政策

碳汇管理政策是碳汇管理的核心，对具体的碳汇工作起着重要的指导作用。目前，这方面的探讨比较有限，相关分析集中在以下三个方面。

第一，碳汇政策的内涵。从其本质和内涵上看，主要体现在四个方面。即：①生态经济的协调发展。随着社会进入经济和生态协调发展的新时代，越来越多的经济学家寻求通过市场手段使生态效益价值化。生态学家懂得了按经济学原理处理生态问题，于是产生了碳汇交易这样的政策思路。通过碳交易活动，用市场手段解决生态问题，进而能充分而有效地发挥森林适应和减缓气候变化的功能。②人权关系的新拓展。人类共有的碳排放空间，由于产生了稀缺性，必然产生一个分配的问题。碳排放权分配实际遵循了两个原则，即公平原则和碳汇平衡原则。这两个原则是碳汇问题从谈判之初，到逐步确立以及现在实际操作过程中的一个重要的政策基础；但前一个原则，在国际社会并没有达成很好的共识，也是各国基于国家利益考虑争论不休的地方。③林业产业的新界定。森林是地球上最大、最优良的碳汇。用造林和加强森林管理吸收二氧化碳是最经济有效也是较好的减缓大气变暖的办法之一。在这种背景下,作为木材和其他林产品(包括有形和无形林产品)的生产行业,其许多的不利特性将会成为有利特性。④林业发展资金的新渠道。《公约》进程中,发展中国家可以利用 CDM 项目获得额外的投资和新技术(其中包括对林业碳汇的投资),促进社会经济的可持续发展。

第二,中国碳汇管理的现状。碳汇政策的制定需要从碳汇管理的实践产生又反过来指导实践。①宏观政策。为促进 CDM 项目活动的有效开展。2005 年 10 月 12 日,国家发改委颁布了清洁发展机制项目运行管理办法,规定了 CDM 项目管理的相关制度和基本原则。国家林业局也在 2003 年底成立了碳汇管理办公室,具体负责林业碳汇工作的协调和管理。②搭建信息平台。气候变化和林业碳汇是个新事物,普及基础知识和扩大宣传都很重要,为此,除了开展人员培训、国际交流、专题报道外,国家发改委气候办、国家林业局碳汇办及中国气象局等单位还结合各自业务分别搭建了网络信息平台,包括中国清洁发展机制网、中国气候变化信息网、中国碳汇网等。为信息的及时发布和互相交流提供了快速便捷的渠道。③研究优先区域。《京都议定书》正式生效后,为了规范有序地开展 CDM 碳汇项目,国家林业局开展了"造林再造林优选区域选择与评价"研究。拟根据研究结果,制定中国林业碳汇相关的政策、规则和技术标准等,指导和促进 CDM 碳汇项目的开展。④推动碳汇非京都市场的发育。研究林业碳汇问题的根本目的是促进森林生态效益市场化机制的形成。考察目前国际碳交易市场以及中国的经济发展现状,引导和培育非京都碳汇市场的发育是推动中国森林生态效益价值化、实现生态效益补偿市场化的有效途径。因此,尝试建立"绿色碳基金",吸引企业和个人参与造林绿化,获取碳信用。在提高国民环保意识、减排意识的同时,拓展林业建设的筹资渠道。

第三,碳汇政策研究趋势。一是森林碳汇产权化。由于排碳权交易的出现,那些需要获得较大空间排放二氧化碳的部门和单位有机会通过购买方式获得排碳权。这样在市场上与排碳权挂钩的林业碳汇必然成为一种资产。因此,拥有林业碳汇就有了财产权利。二是森林生态功能有形化。一方面,形成碳源的单位是确定的,其放出的二氧化碳的数量是可以测定的;另一方面,森林吸收的二氧化碳也是可以计量的。森林生态功能在计量的基础与碳源相对应,成为了商品并可以进入市场交易。三是森林生态服务市场化。林业长期为社会经济发展提供着经济、生态和社会服务。由于生态效益的外部性,服务对象不明确,难以通过市场实现有偿使用。《公约》的实施及《京都议定书》的生效,把森林汇集二氧化碳放出氧气这一最大生态功能的无形服务有形化了。林业生态补偿多元化的局面正在形成。

参考文献

高广生,李丽艳. 气候变化国际谈判进程及其核心问题[J]. 中国人口、资源与环境,2002(12)

李怒云,宋维明,章升东. 中国林业碳汇管理现状与展望[J]. 绿色中国,2005(3)

魏殿生,徐晋涛,李怒云. 造林绿化与气候变暖——碳汇问题研究[M]. 北京,中国林业出版社,2003(12)

章升东,宋维明,李怒云. 国际碳市场现状与趋势[J]. 世界林业研究,2005(5)

张小全,李怒云,武曙红. 中国实施清洁发展机制造林再造林项目的可行性和潜力,2005(9)

Ewald Rametsteiner. Forest certification—an instrument to promote sustainable forest management[J]. Environmental Management,2003,67.

Inter-governmental Panel on Climate Change(IPCC). Special Report on Land, Land use change, and Forestry[R]. 2000.

森林碳伙伴基金运行模式及对中国的启示

李怒云[1]　吴水荣[2]

(1 中国绿色碳汇基金会　北京　100714;
2 中国林业科学研究院林业科技信息研究所　北京　100091)

为帮助发展中国家"减少毁林和森林退化造成的碳排放,以及加强森林经营和增加森林面积增加碳汇"(下简称REDD+)。2007年,在印度尼西亚巴厘岛会议召开的《联合国气候变化框架公约》第13次缔约方大会(COP13)期间,参会国家和组织酝酿建立一个专门的基金支持开展REDD+试点活动。在11个发达国家和国际组织同意捐赠资金的情况下,2008年6月"森林碳伙伴基金"(下简称FCPF)正式成立并开始运行,成为全球性的伙伴关系。该基金试图通过在国家层面上示范实施REED+政策机制,从而摸索经验、探索路子,以期对《联合国气候变化框架公约》((UNFCCC)(下简称《公约》)REDD+议题谈判提供政策和技术支持。

一、森林碳伙伴基金的组织构架

森林碳伙伴基金由所有参与FCPF的国家和组织共同组成委员会(PA),每年召开一次会议,主要负责推选组建执行理事会(PC),并对执行理事会的决议进行审查,具有否决权。执行理事会由14个参与REDD+项目的国家、14个资金捐赠方,以及分别代表土著居民、民间团体、国际组织、联合国REDD计划(UN-REDD)、《公约》秘书处和私人部门的6个观察员构成。

执行理事会是FCPF的主要决策机构,每年召开3次会议,负责政策制定、资金分配、预算批准、审查国家递交的各项材料包括项目计划书等。世界银行受托管理森林碳伙伴基金,并提供秘书处服务和技术支持。此外,还设有专门的技术咨询小组,负责对参与国提交的项目计划书等材料进行技术审查。

二、森林碳伙伴基金的主要内容及运行模式

森林碳伙伴基金包含两个专项基金,一个是"准备就绪基金"(Readiness

Fund),计划筹集资金1.85亿美元,主要用于2008~2012年的项目前期准备和能力建设,包括建立项目运行框架和监管体系;另一个是"碳基金"(Carbon Fund),计划筹集2亿美元,主要用于2011~2015年间,推动前期准备充分的国家特别是第一批参加FCPF项目的国家,通过碳基金向发达国家"出售"碳信用指标。准备就绪基金和碳基金分别以拨款和购买核证温室气体减排量的形式向参与REDD+项目的国家提供资金支持。二者在资助活动、申请材料和审查程序上有所区别。

申请准备就绪基金的国家,首先需要准备和提交"准备就绪计划要点说明(R-PIN)",阐明本国与REDD+项目实施有关的背景情况,包括森林资源状况、毁林与退化情况、林业部门的排放情况、毁林与退化的主要原因、相关的法律框架及负责机构、当前实施的战略与计划、减少林业部门排放的计划以及希望FCPF提供哪些支持以达到准备就绪状态等。世界银行基金管理秘书处和技术咨询小组对申请国提交的"准备就绪计划要点说明"进行程序和技术上的审核并提交执行理事会审批。获得执行理事会批准以后申请国才正式成为FCPF的REDD+参与国,与FCPF签订参与者协议,并可向FCPF申请20万美元的工作经费(也可以获得其他资金来源),以完成"准备就绪计划项目建议书(R-PP)"。符合FCPF条件的REDD+国家须制订实施REDD+的国家战略并最终提交"准备就绪综合报告(R-Package)"。国家战略要体现减少温室气体排放的目标、生物多样性保护及改善依赖森林资源的民众生计、国家优先发展领域和制约条件,以及尽可能完善的测量、监测和核证温室气体减排量的方法。

准备就绪综合报告主要包括4部分内容:一是确定准备就绪管理的机构与制度安排;二是准备REDD+国家战略;三是设定国家森林排放参考水平;四是设计森林监测系统与保障措施。当上述程序履行完整并合格后,申请国可获得360万美元或380万美元以正式实施项目建议书中提议的各项活动以达到准备就绪水平,从而能够正式开展REDD+相关的活动。

关于碳基金机制。世界银行将在REDD+项目国中选择5个符合条件的国家实施碳基金项目。准备就绪阶段合格的国家在自愿的基础上可以向FCPF申请参加碳基金机制,以向碳基金出售经核证的减排量。世界银行基金管理秘书处和技术咨询小组对申请国的申请计划进行程序和技术上的审核,并提交碳基金执行理事会批准。一旦减排计划申请得到批准,世界银行将起草减排计划支付协议(ERPA),经过REDD+项目国和碳基金参与方同意后，由REDD+项目国和世界银行共同签署该减排计划支付协议。由此，减排计划即进入实施阶段。REDD+项目国需要对减排计划执行结果进行报告，当可核证的减排量产生并经过独立核证后，碳基金就将资金拨付给REDD+项目国(卖方)，并将经核证的减排量转交给碳基金参与方(买方)。详细的碳基金运行机制见下图(PCFC，2012a)。

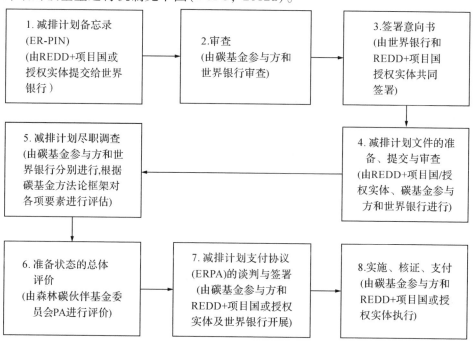

图1　森林碳伙伴基金的碳基金运行机制

在森林碳伙伴基金的碳基金中，较关键的因素是碳价的确定机制。碳价必须是公平和灵活并尽可能简单，且保护参与(买卖)双方不受极端价格波动的影响。减排计划支付协议(ERPA)中的碳价通常由固定碳价和浮动碳价两部分构成，并且是由碳基金参与方(买方)和减排计划执行实体(卖方)基于各自的支付意愿和接受意愿谈判确定的。碳价的谈判过程要求有市场调查、交易基准以及其他相关信息的支撑，同时也要考虑非碳效益，如对保护生物多样改善环境的贡献等，尽管非碳效益在碳价中没有量化的体现(FCPF，2012b)。

三、森林碳伙伴基金实施进展

森林碳伙伴基金在过去的 5 年里取得了长足的发展。截至 2012 年 12 月，准备就绪基金已经筹资 2.59 亿美元（FCPF，2013）主要来自挪威、荷兰、日本等 13 个发达国家；碳基金收到捐款 3.91 亿美元，主要来自欧洲委员会、德国、挪威和美国大自然保护协会（TNC）等国家和组织。目前，FCPF 选择了 37 个热带和亚热带国家作为其参与国，包括 14 个非洲国家和 15 个拉美国家及 8 个亚洲及太平洋地区国家，其中 36 个国家与 FCPF 签署了参与协议，20 个国家获得了 20 万美元的资助以完成其准备就绪项目建议书；23 个国家向执行理事会递交了准备就绪项目建议书；9 个国家获得了 340 万～360 万美元的资助执行其准备就绪活动。此外，还有包括伯利兹、不丹、科特迪瓦、牙买加、尼日利亚、巴基斯坦、菲律宾、斯里兰卡、多哥等在内的 14 个国家表达了希望加入 FCPF 的意愿。

在准备就绪基金的支持下，REDD + 参与国在准备就绪方面取得了长足进展，包括制定必要的政策与制度，特别是研究和制定 REDD + 国家战略；开发国家森林参考排放水平；设计测量、报告与核查（MRV）"三可"体系；设立 REDD + 国家管理体系，包括保障措施等（Williams et al.，2011）。

一直以来，FCPF 的工作重点是 REDD + 的准备就绪方面。到 2011 年 5 月，碳基金也正式开始运作。2013 年 3 月和 2013 年 6 月，哥斯达黎加和刚果民主共和国分别向碳基金递交了减排计划备忘录（ER-PIN）申请参加碳基金活动。未来一段时间，FCPF 将重点关注准备基金与碳基金之间的过渡，特别是要在对次国家层面减排项目的参考排放水平和 MRV 体系等关键问题上做出努力。

此外，FCPF 积极发展与各个国际机构在 REDD + 领域的合作，尤其是与联合国"减少毁林和退化林地造成的碳排放"计划（下简称 UN-REDD 计划，详细介绍见链接）的合作（图 2）。FCPF 和 UN-REDD 有很多共同点，都是将 REDD + 视作减缓气候变化的有效措施，并致力于帮助发展中国家减少毁林和森林退化碳排放的多边行动。与此同时，FCPF 和 UN-REDD 积极探索一些实用的办法来促进相互之间的合作。从联合任务与筹划会议到协调程序与开发执行 REDD + 活动的共同平台等，努力为《公约》等应对气候变化的国际制度建设、REDD + 国家能力建设等提供实践经验和技术支持。

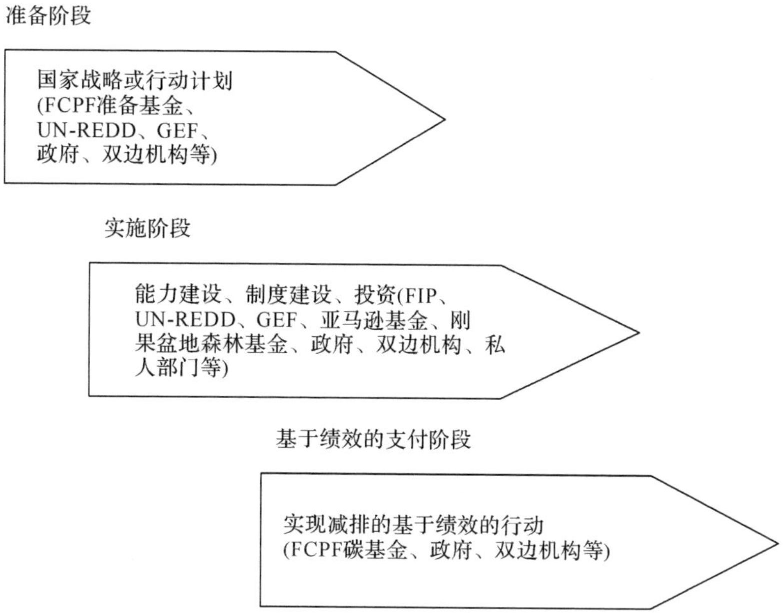

准备阶段

国家战略或行动计划
(FCPF准备基金、
UN-REDD、GEF、
政府、双边机构等)

实施阶段

能力建设、制度建设、投资(FIP、
UN-REDD、GEF、亚马逊基金、刚
果盆地森林基金、政府、双边机构、私
人部门等)

基于绩效的支付阶段

实现减排的基于绩效的行动
(FCPF碳基金、政府、双边机构等)

图2 FCPF 和 UN-REDD 等在 REDD + 不同阶段的合作

四、森林碳伙伴基金模式对中国的启示

中国虽然是发展中国家，但是目前并没有加入 FCPF 作为成员国参加活动。笔者作为观察员，参加了几次会议。

通过听取会议报告和讨论学习，了解了森林碳伙伴基金的运作模式以及探索 REDD + 活动做的大量调查评估和准备工作，推进了 REDD + 活动从理论到实践的进程。该基金的运行机制有效地激发了发达国家和 REDD + 国家共同参与 REDD + 项目的积极性。笔者认为，REDD + 不仅仅是简单的林业领域的事情，而是涉及到各个国家的国情、林情及国家可持续发展战略和应对气候变化的政策和行动。因此，每个国家都应选择适合自身发展的 REDD + 活动执行方式。

虽然 FCPF 已经募集到了一定的资金，并在准备就绪方面取得了重要进展，但是实施 REDD + 活动还面临许多困难。一方面，REDD + 项目的前期工作非常复杂，需要较长的准备时间；另一方面，人们需要改变观念，接受 REDD + 理念和项目活动方式。因此，REDD + 项目的运行和管理，需要对所有利益相关者公开透明，才能确保项目的可持续性。而且，需要研究如何简化项目资金的申请、发放、管理、监测等程序，要在项目的可操作性和严谨性之间找到平衡点。否则，就会像《京都议定书》框架下的清洁发展机制（CDM）林业碳汇项目一样"有行无市"。此外，笔者注意到，森林碳伙伴基金的国际融资机制和做法，与中国绿色碳汇基金会的运行模式十分相似，即资金来自于捐赠，用途都是通过林业措施增汇减排，同时还要求具有扶贫减困功能，促进生态保护和环境改善等。

五、建议

森林碳伙伴基金所开展的 REDD+ 准备与示范活动，正是当前国际气候谈判的林业热点问题。所开展的活动，在一定程度上反映了 REDD+ 的国际进程，能为气候变化相关议题谈判提供经验指导和借鉴。2008 年世界银行启动该基金时，重点是关注热带发展中国家的毁林与森林退化问题，所以中国并未被邀请加入其中。目前，该基金的项目活动范围实际已经扩展为 REDD+。中国作为全球恢复森林植被最快的国家，不应失去通过森林碳伙伴基金这一渠道了解和参与国际 REDD+ 进程的机会。通过参与该基金的准备与示范活动，学习了解 REDD+ 的方法学、新技术和新理念，跟踪 REDD+ 国际进程，了解发展动态和学习新的生态服务市场融资机制，将有助于促进中国 REDD+ 项目及碳汇林业事业的发展。一些发展中国家通过参与 FCPF 活动显著提高了 REDD+ 相关能力建设，提高了应对国际气候变化谈判的能力，中国作为发展中大国，更应该加入该进程，把握国际话语权并引领国际林业应对气候变化政策制定与实施。

此外，FCPF 参与实施项目的国家，大多是发展中和最不发达国家，中国作为人工林覆盖面积最大的发展中国家，在可持续森林经营和减少毁林和森林保护等方面，有许多先进经验可与其他国家分享，例如中国的天然林保护和退耕还林工程，实际具备了 REDD+ 的政策雏形，并取得了有效的实践经验。中国的集体林权改革、森林治理以及机构与制度建设等也将为其他发展中国家提供有益的经验借鉴，同时也学习其他国家的经验与教训。为此，中国一是应考虑申请成为森林碳伙伴基金成员国，深入了解 REDD+ 准备与示范活动情况，从而为推动 REDD+ 国际进程作出贡献；另一方面，结合我国大规模开展森林经营活动的实际需要，抓紧制定和实施 REDD+ 国家战略，并在已经开展的森林经营和天保工程项目区，选定 2~3 个地点开展项目试点，提高 REDD+ 国家能力和水平，以充分发挥中国林业在国家温室气体减排和应对全球气候变化中的重要功能与作用。

参考文献

FCPF, 2012a. The FCPF Carbon Fund: Pioneering Performance-Based Payments For REDD+. www.forestcarbonpartnership.org/fcp/node/277 [Accessed on 2012-08-02]

FCPF, 2012b. 2012 Annual Report. www.forestcarbonpartnership.org/ [Accessed on 2012-08-02]

FCPF, 2013. FCPF Dashboard, revised: June 15, 2013. www.forestcarbonpartnership.org/readiness-fund [Accessed on 2012-08-02]

Williams et al., 2011. Getting Ready with Forest Governance: A Review of the World Bank Forest Carbon Partnership Facility Readiness Preparation Proposals and the UN-REDD National Programme Documents, v 1.6. WRI Working Paper. World Resources Institute, Washington DC.

林业碳汇的经济属性分析

金 巍 文 冰 秦 钢
(西南林学院经济管理学院,昆明 650224)

随着《联合国气候变化框架公约》(以下简称《公约》)的提出和《京都议定书》(以下简称议定书)的正式生效,"林业碳汇"一词被越来越多的人所提及,也被越来越多的人所了解,同时林业碳汇市场的形成和发展也引起了更多人的关注。

从市场学的角度来看,市场的形成需具备供应者、需求者和商品这三种基本要素,而目前的林业碳汇市场基本上具备了这三种要素。从经济学的角度看,林业碳汇市场的形成需要明晰的林业产权和较低的交易成本,因而林业碳汇进入市场就必然要求它是一种私人物品。从常理上来看林业碳汇是通过森林等汇集的CO_2,而由森林固定的CO_2是任何人都可以享用的一种公共物品,林业碳汇也应是一种公共物品,既然林业碳汇是公共物品,它就只能由政府来提供,也就不会形成林业碳汇市场。本文试图从林业碳汇的概念入手,分别从广义和狭义两个方面理解林业碳汇的概念,分析其在不同情况下的经济属性,从而进一步论证林业碳汇市场的形成以及发展。

一、对林业碳汇概念的理解

《公约》中的"汇"指从大气中清除温室气体、气溶胶或温室气体前体的任何过程、活动或机制[1]。而相对应的"碳汇"的概念是指从大气中清除CO_2气体的任何过程、活动或机制,它是通过植物或其他方式清除CO_2气体的任何过程、活动或机制以及由这一过程、活动或机制而形成的结果。本文所指的林业碳汇的含义正是从以上两个概念而来的。

广义的林业碳汇是指通过森林活动清除CO_2的过程、活动和机制以及由此引起的碳的汇集和储存的结果,任何森林清除CO_2的过程、活动和机制都是指林业碳汇。狭义的林业碳汇是指在《公约》和《议定书》下的一个特定的名词,是指通过造林和再造林项目而产生的一种碳的汇集,是一种存储于森林体内的碳的集合,这样就将森林汇集 CO_2 放出氧气这一生态系统的无形服务变得有形化了,而汇集的气体变成了看得见、摸得着的可以计量的商品。因此广义和狭义上的林业碳汇是有区别的。

二、对林业碳汇经济属性的分析

(一)公共物品和私人物品的一般特征

所谓公共物品,是指"每个人对这种物品的消费不会造成任何其他人对该物品消费的减少"的物品[2]。自萨谬尔森对纯公共物品给以严格的定义以后,许多经济学家对这一问题进行了更广泛而深入的研究,对这一概念进行扩展,并提出了判断公共物品和私人物品的两个标准:物品是否具有消费的排他性和竞争性。如果一种物品同时具有消费的排他性和竞争性,这种物品就是私人物品;一种物品同时具有消费的非排他性和非竞争性则就是纯公共物品[3]。

(二)林业碳汇的经济属性界定

从广义上来说,林业碳汇是一种纯公共物品,因为它具有纯公共物品的两个基本特征——非排他性和非竞争性。广义的林业碳汇的非排他性是指不论由何人经营的林地,通过一定的时间该片林地汇集的 CO_2,任何人都可以利用,汇集所带来的效应是共享的,要想将一些人排除在外不享受其带来的收益是不可能的或是无效的,即森林的经营者难以对该片林地做有效的控制,无法迫使周围的受益者在享受效益的同时缴纳使用费,如林木吸收大量 CO_2 后生长茂盛,形成了绿色景观及生态效益,但是却无法迫使周围受益者去为这一效益付费,这即是林业碳汇的非排他性。广义的林业碳汇的非竞争性,是对于一片林地所汇集的 CO_2,一个个体使用或消耗并不会导致其他个体利用或使用该片林地固定的 CO_2,任何一个体利用或使用其 CO_2 是不会给其他人造成任何影响的,即增加一个人使用其固定的 CO_2 的边际成本是零。因此增加多人的使用,不会对总体竞争性造成影响。这即是广义的林业碳汇的非竞争性。由此可见,广义的林业碳汇是一种纯公共物品,因为它完全符合公共物品的两个基本特征——非排他性和非竞争性。

根据林业碳汇的狭义概念来看林业碳汇则不是一种公共物品,而是一种私人物品。狭义的林业碳汇是《议定书》和清洁发展机制(Clean Development Mechanism,简称 CDM)下的一个特定名词。在这里林业碳汇是在 CDM 下通过造林和再造林活动或其他项目汇集的碳而形成的一种碳库,它是碳以一种固定的形式存在，是看得见、摸得着的可以计量的商品。因此它完全属于森林的所有者，即它已经有明确的产权归属。因为它已经具备了私人物品的特征——排他性和竞争性。它的排他性是指该片林地一旦纳入CDM项目，这片林地通过一定时间所固定的碳即属于该片林地的所有者，即其他人是不可以任意砍伐的，具有排他性的。而它的竞争性是指一旦林地的所有权已经确定，那么其他人是不可以任意享用的，如果想要得到该片林地所固定的碳就必须付出相应的成本。因此它完全符合私人物品的两个基本特征——排他性和竞争性，所以狭义的林业碳汇是一种私人物品，也就是说只要被纳入CDM项目后，其生产的物品——林业碳汇便是属于私人物品了。

三、林业碳汇经济属性的确定与碳汇市场的形成

（一）林业碳汇经济属性的界定为林业碳汇市场的形成奠定了基础

以往在人们的认识中，林业碳汇就是一种公共物品，按照经济学的一般规律其属于市场失灵范围内，只能由政府来提供，但是在上文清晰的界定了林业碳汇的定义以及其经济属性以后，这种认识应该有了一定的变化，因为必须从狭义和广义两个角度来考虑林业碳汇了。林业碳汇狭义的经济属性的确定使森林碳汇进一步产权化。产权界定是市场交易的前提，只有在产权制度建立以后，明确了人们可交易权利的边界、类型及归属问题，而且能够被有关交易者以至社会识别与承认，交易才能顺利进行，也只有这样市场才能正常运行。而在《议定书》和CDM这一大的框架下的林业碳汇的产权即属于项目认证下某个企业或部门，即该企业在认购期内即拥有林业碳汇的产权，从法律上看其他个体无权侵犯。也就是说，林业碳汇就是一种财产，有了林业碳汇就有了财产权利。由于产权的明确确定，使林业碳汇以私人物品的身份进入市场，使林业碳汇市场的形成具备了一个重要的条件，从而也为林业碳汇市场的进一步发展扫清了障碍。

（二）林业碳汇经济属性为减少交易成本奠定了基础

在参加碳汇造林项目中，非常重要的一个风险即是林业碳汇交易中较大的交易费用和繁琐的手续，而且在现实的交易中交易成本占有很大比重，因此"交易成本"这一问题成为林业碳汇市场形成的一个亟待解决的问题。但是在清晰地界定了林业碳汇的定义和经济属性以后，这个问题就不是非常困难了，因为有了明确的产权归属后，产权界定就将森林的外部性内在化了，也就是说林地的所有者必须对其行为决策承担后果，不仅可以得到正确决策

所产生的剩余，而且也要承担错误决策带来的损失，这样林地的所有者就会将其外在的收益通过各种方式内部化，这种明晰的产权关系可以提供激励机制，降低交易成本，提高经济效益。林业碳汇交易成本的降低扩大了企业的利润空间，这样就会为林业碳汇市场的进一步运行减轻压力增加动力。

四、林业碳汇市场的前景分析以及面临的挑战

通过林业碳汇交易，发展中国家可以获得发达国家的无偿援助资金、造林技术以及林业管理经验等，这样可以进一步提高发展中国家林业经营管理研究的整体水平。因此林业碳汇市场的开发与利用无疑为林业长足发展提供了一个非常难得的契机，但是能否顺利进入碳汇市场，并从中获利仍然面临着很多挑战。

（一）大力发展林业碳汇市场存在各种抵消效应

抵消效应主要有以下两个方面[4]：首先是对非碳汇林地的压力。这是因为，对一片森林加以保护，以增加森林碳汇存量，市场对林产品的需求并不会因林地的保护而减少。这种需求压力便会转移到未受保护的林地，毁林或碳流失便出现在其他地方，这即是碳泄漏，这种碳的异地流失抵消了碳汇效应，这种抵消效应不仅是压力的空间转移，还有时间的转移。对一片林地今年加以保护，那么数年后对该林地林产品的利用压力会越来越大。其次是市场反馈抵消效应。在《议定书》和 CDM 下造林至少有两种效益：碳汇和木材。大量增加碳汇林，而这些碳汇林最终还会用于木材生产。由于市场预期，未来用材林的价格由于供给的增加而下降，使得工业生产用材的私人投资大量减少，从而在客观上减少森林碳库。

（二）目前清除碳的方法主要为碳清除和汇吸收两种

林业碳汇作为一种汇吸收的手段必然要与其他手段在自然资源利用和经济上存在竞争，只有单位面积的固碳量高于其他选择，单位碳的减排成本低于其他选择时，才会在林业碳汇贸易中占有更大的优势。将林业碳汇这种汇集碳的手段与太阳能这种减排手段做比较，首先从地表的占用上来看，林业碳汇对林业用地具有排他性，这样便会存在机会成本，即放弃该林业用地用于其他减排手段如风能、太阳能而实现的减排。而太阳能的利用可以在建筑物顶，这样可以在一定程度上减少对土地面积的利用，也可以减少机会成本，这样林业碳汇与太阳能相比存在一定的弱势。但是，从经济上来比较，林业碳汇却一直占有很强的优势，因为太阳能的光化学电池的成本为 0.2～

0.4 $/kW·h,光热太阳能汇集器成本为 0.18~0.20 $/kW·h,而林业碳汇的运行成本为 0.04 $/kW·h,因而在成本方面仍然存在着一定的优势[4]。

(三)政府、企业和个人投资者对林业碳汇市场的认识有待提高

人们对林业碳汇这种事物的认识还处于肤浅状态,而对其深层次如概念和经济属性的认识更是有待于进一步的提高。而且一些决策者只是想从林业碳汇贸易中收取实惠,对碳汇的功能以及碳汇的经济效益、生态效益和社会效益的认识还不够准确。

(四)目前林业碳汇市场的相关法律和制度还不够完善

林业碳汇市场的形成离不开碳交易过程中的制度和法律,但是目前由于国际气候变化,政策仍具有较高的不确定性,相关市场制度和规则很不完善,市场交易双方都要承担巨大风险。因此一系列详细的制度和法律应该在《公约》和《议定书》的约束下进一步建立和完善。

参考文献

[1] 魏殿生. 造林绿化与气候变化:碳汇问题研究[M]. 北京:中国林业出版社,2003.
[2] 郭守前. 资源特性与制度安排:一个理论框架及其应用[M]. 北京:中国经济出版社,2004.
[3] 平狄克. 微观经济学[M]. 北京:中国人民大学出版社,1996.
[4] 潘家华. 减缓气候变化的经济与政治影响及其地区差异[J]. 世界经济与政治,2003(6):15–17.

中国造林再造林碳汇项目的优先发展区域选择与评价

李怒云[1] 徐泽鸿[2] 王春峰[1] 陈 健[2] 章升东[1] 张 爽[3] 侯瑞萍[2]

(1. 国家林业局碳汇管理办公室 北京 100714 2. 国家林业局调查规划设计院 北京 100714
3. 美国大自然保护协会北京办公室 北京 100031)

当前,气候变化正深刻影响着人类社会的生产和生活,对全球社会经济的可持续发展产生了巨大影响(魏殿生,2003)。为此,国际社会正积极寻找对策(刘慧等,2002)。2005年2月16日,《京都议定书》正式生效,成为全球范围内应对气候变化、减少温室气体排放的国际性法案。《京都议定书》下设3种灵活机制,其中规定:发达国家(即附件Ⅰ国家)可以到发展中国家(即非附件Ⅰ国家)合作实施CDM造林再造林碳汇项目,通过这类项目所获得的核证减排量,可用于抵减其在第一个承诺期(2008~2012年)内的部分减排量。这是一个双赢机制,既可以帮助发达国家以较低成本履行减排义务,又有利于促进发展中国家社会经济及林业的可持续发展。更重要的是可以通过碳汇交易,使森林固定的二氧化碳成了商品,可以通过市场实现森林固碳效益的价值化。

中国作为最大的发展中国家,近些年在造林绿化方面取得了举世瞩目的成绩(刘国华等,2010)。在《京都议定书》生效前后,一些附件Ⅰ国家的企业和国际组织陆续来到中国,积极了解在中国实施CDM林业碳汇项目的可行性、优先区域及发展潜力等。但是,多年来,中国对林业碳汇问题的研究主要集中在对森林的吸碳功能、贮碳量计量及森林在陆地碳循环方面的作用等领域,而对在什么地方造林能够符合《京都议定书》及其相关规则(简称京都规则)要求,进而达到额外增加对大气二氧化碳的吸收并不十分清楚,而这恰恰是目前实施林业碳汇项目的关键。按照《京都议定书》规则,不是所有的无林地都可以实施CDM林业碳汇项目。我们开展中国造林再造林碳汇项目优先发展区域选择与评价研究的主要目的在于:①提出中国CDM造林再造林碳汇项目优先发展区域,确保林业碳汇项目满足CDM项目对土地利用状况的基本要求;②分析区域森林资源状况,确保优先建设区具有较高的碳吸收潜力;③结合各地生物量数据、生物多样性评价指标及社会经济数据等,进行综合评价,确保CDM林业碳汇项目的实施具有多重效益;④依据所确定的CDM造林再造林碳汇项目优先区域研究结果,为相关管理和决策活动提供参考。

一、评价指标的选择和确定

与一般造林项目相比,《京都议定书》对实施CDM造林再造林碳汇项目有特定要求:①造林地方面一种是过去至少50年以来没有森林的土地,另一种是自1989年12月31日以来的无林地;②碳汇计量方面所选地块需要满足额外性要求,同时要考虑碳泄漏和非持久性等;③多重效益方面碳汇项目的实施应有助于促进社区经济发展、增加农民收入、改善生态环境及保护生物多样性等(Houghton et al.,1999)。由于本项工作属于首次研究,目前国内外尚无先例,没有可借鉴的经验和资料。为此,项目组邀请了国内外相关领域的著名专家,经过多次研讨和咨询,按照京都规则的特定要求和我国林业发展的实际,提出了选择评价指标的7项具体原则:①遵循国际规则。评价指标的选择应遵循国际规则,如造林地、基线及额外性等方面的要求;②充分利用现有森林资源清查资料和基础地理信息。应利用最新的森林资源清查资料中与项目相关的调查数据,基础地理信息数据采用权威部门最新的全国1:400万基础地理信息数据;③考虑国家林业发展战略和规划。全国98%的区域都在林业六大工程的覆盖下,因此要充分考虑各个工程自身的特点和衔接问题;④考虑成本效益。碳汇造林的投入产出比是投资者关注的重要问题,这主要涉及到造林全过程的投入、项目管理成本、交易成本及碳汇的价格等;⑤促进社区经济、环境的可持续发展。要以促进社区的可持续发展为项目实施的目标之一,包括对人均收入、就业状况及人居环境的改善等;⑥充分考虑保护生态环境的要求。应充分考虑项目对保护生态环境的贡献,如濒危物种和生物多样性的保护、水土流失的治理、水资源的保护、森林景观的恢复等(Ayers et al.,2000);⑦宜简不宜繁。项目中评价指标应简单易行、容易获取,同时计算简单快捷,具有可操作性。根据上述原则并考虑可收集数据情况,我们确定了如下评价指标:1990年以来无林地状况、林木生长率(单位面积林木年均蓄积生长量)、社会经济状况(包括造林成本、人均年收入等)及生物多样性状况。

表1 造林再造林碳汇项目优先发展区域选择调查表

Tab. 1 County-level investigation of preferential development area selection and assessment for afforestation and reforestation carbon sink project under CDM in China

评价指标 Assessment indicators	调查表数据项 Specific data investigated
1990年以来无林地面积 Non-forest land area since 1990	全县自1990年以来的无林地面积 Non-forestland area since 1990 in the county
生物多样性 Biodiversity	县内是否有国家级自然保护区 Nation-level natural conservation region in the county (Yes or No) 县内是否有省级自然保护区 Province-level natural conservation region in the county (Yes or No)
社会经济状况 Socio-economic condition	县人均年收入(2004年) Percapita annual income in the county in 2004 全县国民生产总值(2004年) GDP in the county in 2004 县(市)综合地价 Average land price in the county 县(市)统一年产值 The unified annual productivity in the county 是否属于国家或省级贫困县 National or provincial poverty county (Yes or No)
造林费用 Afforestation cost	主要造林树种名称 Name of main tree species 造林作业设计费 Design cost of afforestation 县(市)境内租地(造林)平均价格 Average land rent price for afforestation in the county 平均造林密度 Average afforestation density 整地和栽植费 Site preparation and planting cost 苗木费(包括运输) Seedling cost (including the cost of transportation) 幼林抚育费 Tending cost 抚育间伐费 Thinning cost 病虫害防治费 Forest pest and disease protection and controlcost 护林防火费 Forest fire protection and control cost 检查核查验收费 Afforestation supervision cost
林木生长率 Growth rate of tree	单位面积年均蓄积生长量 Annual average increment of forest per hectare
森林覆盖率 Forest cover rate	全县(市)现在的森林覆盖率 Current forest cover rate in the county

二、技术路线

依据《京都议定书》规则,结合我国林业发展的现状,以全国范围为背景,以地理信息系统和遥感技术为工具,充分利用1990年以来土地利用变化资料、森林资源监测与调查结果、国家基础地理信息数据及国内外相关研究成果,研究并确定了CDM造林再造林碳汇项目优先发展区域选择与评价的指标体系。同时,为获得指标所需的相关数据,设计了碳汇项目补充调查表(表1),并在全国范围内开展了碳汇项目相关数据的补充调查。

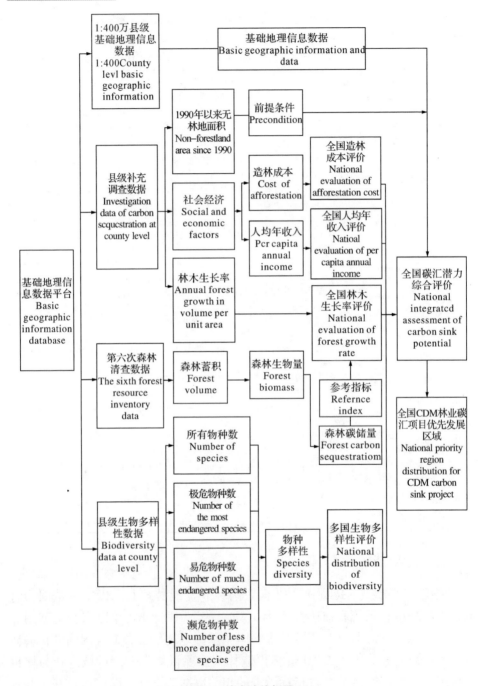

图 1 技术路线框图
Fig. 1 Technical route

在获得大量项目所需数据后,以县为单位,建立了 CDM 造林再造林碳汇项目优先发展区域选择与评价的地理空间数据库。由于以上各个指标量化单位千差万别,为统一量纲,经过数据的标准化处理,确立了生物多样性、林木生长率、造林成本、人均年收入等 4 项指标,在此基础上,运用综合评价方法,最后得出 CDM 造林再造林碳汇项目的优先发展区域。整个研究的技术路线见图 1。

三、综合评价

根据实施 CDM 林业碳汇项目的要求及原则,优先区域应该是那些林木生长速度快、生物多样性保护潜在价值大、造林成本低、人均年收入低的地区。在这些地区开展 CDM 造林再造林碳汇项目,既能较好地满足项目对基线和额外性的要求,又能促进社区的经济发展。为此,本文以林木生长率、生物多样性、造林成本、人均年收入 4 类指标为评价基础,并分别进行 5 级处理(表 2)。5 项主要评价指标取值范围的依据如下:

表 2 主要评价指标级别和取值范围
Tab. 2 Grade and value scope for main assessment indicators

级别 Grade	1990 年以来无林地 Non-forest land since 1990/hm²	生物多样性分数值 Value of biodiversity	林木生长率 Growth rate of tree/ (m³·hm⁻²a⁻¹)	造林成本 Cost of afforestation/ (m³·hm⁻²)	人均年收入 Per capita annual income/ (元)	综合评价取值范围 Comprehensive evaluation
5	> 206 667	469 ~ 2 097	4015 ~ 87	1 500 ~ 3 960	604 ~ 2 145	51 ~ 100
4	41 253 ~ 206 667	317 ~ 466	21 ~ 40.5	3 960 ~ 7 275	2 145 ~ 3 502	37 ~ 51
3	15 635 ~ 41 253	257 ~ 316	12 ~ 21	7 275 ~ 12 885	3 502 ~ 5 500	27 ~ 37
2	5 008 ~ 15 635	144 ~ 256	6 ~ 12	12 885 ~ 22 500	5 500 ~ 9 777	19 ~ 27
1	0 ~ 5 008	3 ~ 143	0 ~ 6	22 500 ~ 60 375	9 777 ~ 25 044	7 ~ 19

(1)"1990 年以来无林地"的 5 级划分依据是全国收集来的县级碳汇项目补充调查表中"1990 年以来的无林地面积"数据,通过录入计算机并使用 AmcGIS 8.3 地理信息系统软件自然分隔法进行数据处理,从而得到 5 级的数值范围。

(2)"生物多样性指标"的 5 级划分依据是构建生物多样性评价指标体系中科学性和可操作性的原则,并采用物种多样性的评价方法,综合考虑无脊椎动物、脊椎动物、裸子植物和被子植物 4 方面的因素(Tans et al, 1990)。根据中国科学院提供的数据,对补充调查表中既有物种记录,也有极危、濒危或者易危种的1951个县市，采用如下算法：物种多样性评分分数值(N)＝所有的物种数目(A)＋极危物种数目(CR)×10＋濒危物种数目(EN)×5＋易危物种数目(VU)×2，进行加权评分，计算各县物种多样性评分分数值，据此统计各县在物种多样性评分分数值区间内出现的频率(个数)，将全国整个县市划分为5个等级。

(3)林木生长率的5级划分依据是全国收集来的县级碳汇项目补充调查表中"林木生长率"(该数据使用补充调查表中"造林成本/林木生长率"最小的树种作为该县的最优树种，最优树种对应的"林木生长率"作为该县最终数据)数据和第六次森林清查数据(清查资料中"林分各优势树种各龄组面积蓄积统计表")。对于补充调查表中未上报"林木生长率"数据的，选取调查表中造林成本最小的树种作为该县最优树种，并根据"就近一致"的原则，选取该县附近几县上报的树种"林木生长率"数据作为该县的相应值。分别建立"各省单位面积森林碳储量"和"各县林木生长率"数据地理信息系统空间数据库，采用ArcGIS 8.3地理信息系统软件自然分隔法分为5个等级。

(4)对"造林成本"的5级范围量化划分，是通过补充调查的方式，从各地反馈的调查数据中提取全国各县主要造林树种的造林成本(即以下7项费用的合计：造林作业设计、整地和栽植、苗木及运输、幼林抚育、病虫害防治、护林防火、检查验收)，建立地理信息系统空间数据库，造林成本数据以县为单位，采用ArcGIS 8.3地理信息系统软件自然分隔法分为5个等级。

(5)对"人均年收入"的5级范围量化划分，是通过补充调查方式，从各地反馈的数据中提取全国各县"人均年收入"数据，建立地理信息系统空间数据库，采用ArcGIS 8.3地理信息系统软件自然分隔法分为5个等级。

对林木生产率、生物多样性、造林成本及人均年收入指标，按照专家评分法，确定相应的权重值(表3)。

表3 各个评价指标权重值
Tab. 3 Weight values of assessment indicators

评价指标 Evaluation indicators	权重值 Weight value/%
林木生长率 Growth rate of tree	40
生物多样性 Biodiversity	30
造林成本 Cost of afforestation	20
人均年收入 Per capita annual income	10

在上述 5 项指标、5 个等级及对应权重的基础上，通过综合计算，得到全国 CDM 造林再造林碳汇项目县级综合指标数值。综合指标分值 = 林木生长率标准化值 × 40% + 生物多样性标准化值 × 30% + 造林成本标准化值 × 20% + 人均年收入标准化值 × 10%。

四、结论

根据综合评价和计算，明确了在《京都议定书》第一个承诺期内，我国适合开展 CDM 造林再造林碳汇项目的优先发展区域主要分布在：我国中南亚热带常绿阔叶林带、南亚热带、热带季雨林、雨林带、青藏高山针叶林带及暖温带落叶阔叶林带。上述优先发展区域总面积约 67 万公顷，这个结果意味着如果在中国实施 CDM 林业碳汇项目，符合条件的无林地足以满足国内外专家预测的在第一个承诺期内，中国可能争取到全球碳汇额度 3 500 万 ~ 3 800 万吨的 20%，即约 700 万 ~ 760 万吨碳汇。按有关专家估算每公顷森林平均产 30 ~ 45 吨碳汇计算（徐德应，1996），需要约 16 万 ~ 25 万公顷的造林地即可满足。从研究结果来看，中国具有开展 CDM 林业碳汇项目的巨大潜力，不会影响中国将来的碳汇额度。

五、成果应用和政策建议

研究结果初步摸清了中国实施 CDM 造林再造林碳汇项目的本底资源情况，了解了中国 CDM 碳汇项目优先发展区域的潜力，有助于为碳汇项目选点提供科学指导，为碳汇买家参与项目提供多种选择，并在一定程度上降低了今后开展相关项目活动的交易成本，对促进碳汇项目的更好实施具有重要作用。

同时，该成果所初步确定的中国 CDM 造林再造林碳汇项目优先发展区域，为主管部门制定相应的管理规则和政策要求奠定了基础。由于种种原因，CDM 林业碳汇项目处于"有行无市"状况。目前全球第一个被批准的 CDM 林业碳汇项目正在中国广西实施。为了充分利用现有研究成果，科学有序地推进我国林业碳汇事业的发展，希望国家林业主管部门能够采纳该成果，指导全国林业碳汇管理的实践。特提出以下建议：

（1）中国发展 CDM 碳汇项目应首先在优先区域内进行。根据研究结果，对到中国实施 CDM 林业碳汇项目的附件 I 国家而言，无疑在优先区域内实施项目可以获得较高的回报，能够增强中国碳汇项目的竞争力。

(2) 创造条件支持我国西部生态脆弱地区实施碳汇项目。从全国林业生产力布局和六大工程实施情况考虑，特别是保障我国国土生态安全以及西部地区生态环境建设的需要，应积极采取措施，如提前进行信息收集、选择速生树种加快碳积累以及其他的优惠政策等，推荐和支持发达国家投资者到我国西部生态脆弱地区实施碳汇项目。

(3) 建立 CDM 林业碳汇项目库。国家碳汇管理部门可在上述优先发展区域基础上，组织专家遴选一批候选项目，建立碳汇项目储备库，以便逐步向外国碳汇购买方推荐。

(4)《京都议定书》规定碳汇交易需要获得国家行政许可。各地在和发达国家的企业及有关国际组织探讨开展 CDM 造林再造林碳汇项目时，应遵照《中国清洁发展机制项目管理办法》的相关要求，同时根据林业的具体特点，采取能够符合要求的项目实施和组织形式。对项目所涉及的可交易的碳汇额度和交易价格，需要获得国家气候变化主管部门的批准。各省（自治区、直辖市）作为项目参与方可以就上述问题与发达国家的企业及有关国际组织进行意向性探讨，但无权就项目实施形式、碳汇交易量、交易价格等做出最终决策。

(5) 制定中国林业碳汇项目的实施规则和标准。随着国际社会对气候变化的关注，林业碳汇项目和由此形成的碳贸易，将会不断发展，并且将对中国森林生态效益价值化产生深刻影响。因此，应依据国际规则要求和国家有关规定，制定相应的项目实施规则与国际接轨的建设标准和项目管理办法等，使中国林业碳汇管理工作尽快走上国际化、规范化、法制化轨道，推动中国碳汇交易的形成和发展，逐步实现森林生态效益外在价值的内部化。

参考文献

刘国华，傅伯杰，方精云. 中国森林碳动态及其对全球碳平衡的贡献. 生态学报，20(5)：733 – 740

刘慧，成升魁，张雷. 2002 人类经济活动影响碳排放的国际研究动态. 地理科学进展，21(5)：420 – 429

魏殿生. 2003. 造林绿化与气候变化——碳汇问题研究. 北京：中国林业出版社

徐德应. 1996. 中国大规模造林减少大气碳积累的潜力及其成本效益分析. 林业科学，32(6)：491 – 499

Ayres M P, Lombandero M J. 2000. Assessing the consences of global change for forest dsturbance from herbivones and pathogens. The Seience of the Total Environment，262：263 – 286

Houghton R A, Hackler J L, Lawrence K T. 1999. The U. S. Carbon budget: Contributions from land-use change. Science, 285: 574–578.

Tans P P, Fung I Y, Takahashi T. 1990. Observational constrains on the global atmospheric CO_2 budge. Seience, 247: 1431–1438

发展碳汇林业 应对气候变化

李怒云

(中国绿色碳汇基金会,北京 100714)

碳汇,是指从大气中清除二氧化碳的过程、活动或机制。森林碳汇是森林植被通过光合作用将大气中的二氧化碳吸收并固定在植被与土壤当中,从而减少或降低大气中二氧化碳浓度的过程、活动或机制。在全球气候变化成为国际社会广泛关注的热点和焦点的今天,通过森林植被的恢复和保护增加林业碳汇以减缓和适应气候变化,正成为越来越重要的发展议题。

应对气候变化的国际进程

20世纪70年代以来,气候变化问题日益受到国际社会高度关注,为对由人类活动引起的气候变化的潜在影响进行全面、客观、公开和透明的评估,世界气象组织和联合国环境规划署于1988年共同建立了政府间气候变化专门委员会(IPCC)。该委员会每5年发布一次评估报告,是国际社会应对气候变化决策和行动的科学依据。根据该委员会评估报告,国际社会制定了《联合国气候变化框架公约》和《京都议定书》。其中,《联合国气候变化框架公约》(以下简称《公约》)于1992年在联合国环境与发展大会上通过并于1994年3月21日生效。这是世界上第一个为应对全球气候变化给人类经济和社会带来不利影响而全面控制温室气体排放的国际公约。它基于"共同但有区别的责任"原则,要求发达国家采取具体措施限制温室气体的排放,并向发展中国家提供新的和额外的资金与技术援助以助其积极应对气候变化;发展中国家不承担有法律约束力的减限排义务,只需提交温室气体国家清单和制订并执行相关方案。为增强《公约》的可操作性,1997年12月在日本京都召开的《公约》第三次缔约方大会上,制定了《京都议定书》(简称《议定书》)。作为《公约》的重要补充,《议定书》对发达国家缔约方规定了量化减排指标、相关政策规定和技术措施,要求其在2008~2012年第一承诺期期间,通过减少工业排放和增加林业碳汇两种途径,实现本国温室气体排放总量在1990年基础上平均减少5.2%的减排目标。其中，允许发达国家利用林业碳汇，即通过造林、再造林和森林经营项目吸收的二氧化碳抵减部分工业、能源领域的碳排放。

林业碳汇在应对气候变化中的特殊作用

森林是陆地生态系统的主体，是最大的利用太阳能的载体，被公认为是最有效的生物固碳方式，又是最经济的吸碳器。与工业减排相比，森林固碳成本低、简单易行，综合效益大，具经济可行性和现实可操作性。据政府间气候变化专门委员会估计，全球陆地生态系统中储存了约2.48万亿吨碳，其中1.15万亿吨碳储存在森林生态系统中。联合国粮食与农业组织对全球森林资源的评估表明，全球森林生物量碳储量达2 827亿吨，平均每公顷森林的生物量碳储量为71.5吨，如果加上土壤、粗木质残体和枯落物中的碳，每公顷森林碳储量可达161.1吨。而森林的破坏和消失则造成大量碳排放。由于毁林导致森林覆盖的消失，大部分储存在森林中的生物碳将迅速释放进入大气。同时，毁林还导致森林土壤有机碳的大量排放。政府间气候变化专门委员会第四次评估报告显示，2004年，源自森林破坏和消失而排放的温室气体约占全球温室气体排放总量的17.4%，仅次于能源和工业部门，位列第三。因而，恢复和保护森林作为低成本减排的重要措施写入了《京都议定书》。目前，通过森林碳汇抵减碳排放已是发达国家通行做法。根据《京都议定书》规定，第一承诺期最终核算时，发达国家缔约方利用森林碳汇抵销的碳排放，有可能达到20%~40%，甚至更多。此外，美国、澳大利亚、加拿大等国家都将森林碳汇纳入了碳交易市场，而新西兰目前碳市场最大的配额交易量则来自森林碳汇。我国政府也已根据国际社会利用森林碳汇抵减碳排放的惯例，实施了林业碳汇项目、启动了碳交易市场，通过市场手段增汇减排。

基于森林碳汇的特殊作用和全世界对此议题达成的广泛共识，林业议题在应对气候变化国际进程中不断取得新进展。2013年11月的波兰华沙联合国气候大会，就"激励和支持发展中国家减少毁林及森林退化导致的排放、森林保育、森林可持续经营和增加碳储量行动议题"达成了共识，通过了一揽子决定，为发挥森林碳汇功能，应对气候变化提供了国际认同的制度保障。

我国林业应对气候变化的积极举措

2009年9月,我国政府在联合国气候变化峰会上向国际社会承诺"大力增加森林碳汇,到2020年森林面积比2005年增加4 000万公顷,森林蓄积量比2005年增加13亿立方米",这成为我国政府自主控制温室气体排放国际承诺的三项重要内容之一。作为全球森林面积增加最快、人工林最多的国家,林业是我国应对气候变化的战略选择之一,林业在生态、经济、社会等方面的多重效益,可为国家争取更大的经济发展排放空间。

2003年以来,国家林业局先后成立了林业碳汇管理办公室、林业生物质能源管理办公室、应对气候变化和节能减排工作领导小组及其办公室、亚太森林恢复与可持续管理网络等机构,贯彻落实国家应对气候变化的方针政策和战略部署。2009年国家林业局发布《应对气候变化林业行动计划》,统筹开展林业应对气候变化工作,加强林业碳管理工作。同年,国家林业局着手林业碳汇计量监测体系建设,为编制国家温室气体清单和碳排放权交易试点提供技术支撑,也为我国开展国际气候谈判提供权威的、有说服力的林业碳汇数据和决策依据。目前,全国林业碳汇计量监测体系已实现研建、试点到全国覆盖的跨越。国家林业局还组织专家编制了与国际接轨并适合中国实际的方法学和技术标准体系,其中,《碳汇造林项目方法学》《竹子造林碳汇项目方法学》和《森林经营碳汇项目方法学》已经国家发改委审查列入温室气体自愿减排方法学备案清单对外发布。

在林业碳汇交易方面,我国实施了全球首个清洁发展机制碳汇项目。目前全球已注册的清洁发展机制(CDM)林业碳汇项目有52个,我国有5个,其中"广西珠江流域再造林项目"是全球第一个获得注册的"京都规则"林业碳汇交易项目。该项目通过混交方式造林吸收的二氧化碳,由世界银行生物碳基金按照4.35美元/吨的价格购买,预计15年将购买48万吨二氧化碳当量(碳汇减排量)。目前已栽植马尾松、枫香、大叶栎、木荷、桉树等共4 000公顷,在保护生物多样性和控制项目区水土流失、为当地农民增加就业机会和增收途径等方面发挥了较大效益。该项目方法学也是全球首个被批准的退化土地再造林方法学,为全球开展CDM碳汇项目提供了示范,在国际上产生了积极影响。

单纯依靠政府的力量还远远不能满足中国林业应对气候变化和社会对生态产品的需求。需要构建一个平台,既能增加森林植被,巩固国家生态安全，又能以较低的成本帮助企业志愿参与应对气候变化的行动，树立良好的公众形象，为企业自身长远发展抢占先机。2010年7月，国务院批准设立了全国首家以应对气候变化、增汇减排为主要目的的全国性公募基金会——中国绿色碳汇基金会（其前身是2007年建立的中国绿色碳基金）。截至2013年底，中国绿色碳汇基金会已获社会各界捐资近7亿元，先后在全国20多个省（自治区、直辖市）实施碳汇造林8万多公顷，成为国内以造林增加碳汇、保护森林减少碳排放等措施开展碳补偿、碳中和的权威专业机构，为企业和公众搭建了一个通过林业实现"储存碳信用、履行社会责任、提高农民收入、改善生态环境"的重要公益平台。

由于《京都议定书》的生效和相关的应对气候变化国际制度和规则，使得温室气体排放权可以在国家和区域之间进行交易，形成了国际碳市场，其交易的内容主要是温室气体减排量和林业碳汇减排量。目前，国际碳市场中减排量碳交易占有巨大份额，林业碳汇减排量交易除上述52个清洁发展机制项目外，更多的是一些非"京都规则"或以体现企业社会责任为目的的自愿市场。2012年底，国内启动了北京、天津、上海、广州、深圳、湖北、重庆7省（直辖市）碳交易试点，目前已经开业的有北京、上海、广州、深圳等交易所，以工业减排量配额为主，尚未有林业碳汇进入交易。但是，这些交易所都考虑要将林业碳汇纳入其中。根据国家发改委《温室气体志愿减排交易管理暂行办法》，按照国家发改委公布备案的方法学实施项目、由国家发改委批准的审定核查机构审核通过，就可成为"中国核证减排量"进入国内碳交易市场。在此基础上，中国绿色碳汇基金会还建立了林业碳汇注册平台，研制了林业碳汇志愿减排交易系列标准和规则。并与华东林权交易所合作，分别于2011年和2013年，尝试交易了造林项目14.8万吨碳汇减排量（18元/吨）和6 000吨森林经营项目碳汇减排量（30元/吨）。志愿碳汇交易的试点，为推动我国以碳汇为主的生态产品市场奠定了基础。

林业碳汇与碳税制度设计之我见

李怒云[1]　陆霁[2]

（1. 国家林业局造林司，北京 100714；2. 北京林业大学经济管理学院，北京 100083）

一、前言

气候变化是当前全球最重大的环境问题，应对全球气候变化已成为当前国际上热点的环境问题；如何采取有效措施减少温室气体排放，保护人类赖以生存的地球家园，也成为各国政府高度关心的重要问题。

自20世纪末以来，碳税作为控制温室气体排放的重要政策工具，受到了世界各国的关注。碳税最早在瑞典、挪威、芬兰等北欧国家实施，并于1992年由欧盟推广。目前，已有芬兰、荷兰、瑞典、挪威、丹麦、瑞士、英国、德国、法国、意大利、美国、加拿大、日本、澳大利亚等国家开征碳税，并取得了较好的效果[1]。还有许多国家正在积极研究拟开征碳税。

中国作为全球第一大温室气体排放国，面临着十分严峻的碳减排压力。如何平衡和协调经济高速发展与碳排放之间的矛盾，是中国政府在探索可持续发展道路上面临的巨大挑战。此外，面对国际社会强大的减排压力，如何在积极转变经济发展方式，充分发挥各种措施减少碳排放的同时，利用碳税减少碳排放，已成为中国政府部门和学术界高度关注的焦点。其中，由国家发改委和财政部课题组（以下简称"课题组"）共同完成的"中国碳税税制框架设计"研究课题备受关注[2]。还有许多专家围绕碳税开征的必要性和可能性、我国碳税制度设计、征收碳税的时机、碳税对我国经济的影响等内容展开了广泛的研究。

本文将着重就通过我国碳税的制度设计来促进林业碳汇展开讨论，为国家将来如何通过碳税这种重要的政策手段提高企业参与林业碳汇的积极性提供一些思考和建议。

二、碳税的内涵和征收的原则

（一）碳税的内涵

环境税（Environmental Taxation），也称生态税（Ecological Taxation）或绿色税（Green Tax），是20世纪80年代兴起的概念。狭义的环境税指环境污染税。广义的环境税则不但包括污染排放税、自然资源税等常见税种，还包括为实现特定环境目的而筹集资金及政府为了控制某些与环境相关经济活动和规模而采用的税收手段。它是一种把环境污染和生态破坏的社会成本，内化到企业生产成本和市场价格中，间接通过市场机制对环境资源进行有效分配的经济手段。根据美国碳税委员会的官方定义：碳税是一种直接对化石燃料在其生产或消费环节、按照其含碳量征收的一种环境税，旨在降低二氧化碳排放量[3]。

碳税等环境税可溯源到由英国福利经济学家庇古所提出的庇古税（Pigouivain Tax）。其主要目的是为了纠正"外部性"①。以二氧化碳的排放为例，由于"外部性"的存在，使企业生产的私人生产成本低于由于其排放二氧化碳给社会造成的社会成本，追求利润最大化为原则的企业没有积极性为了全社会的福利而改变其生产行为。因此，从理论上而言，碳税的征收有助于纠正企业排放二氧化碳所造成的"负的外部性"，通过增加企业的单位生产成本，促使其尽可能地降低生产过程中排放的二氧化碳，从而有助于实现国家降低二氧化碳排放的政策调控目标。

相对应而言，根据"庇古税"的思想，政府可以通过"碳补贴"或者"抵扣"碳税，对那些积极参与碳汇造林的企业提供生产补贴或者抵扣其应承担的碳税，其目的是通过"碳补贴"或者"抵扣"碳税等手段降低企业的单位生产成本，从而内部化企业参与植树造林固碳所带来的"正的外部性"，提高其参与碳汇造林的积极性。

综上所述，碳税作为推动温室气体减排的一种重要政策工具，其主要功能在于增加企业排放二氧化碳的成本，促使企业在生产活动中考虑碳排放因素，从而将企业碳排放所造成的"负外部性"内部化。

---

① 外部效应（Externality）是一个经济学名词，指一个人的行为直接影响他人的福利，却没有承担相应的义务或获得回报，因此也称外部成本、外部效应、界外成本、界外效应或溢出效应。外部性包括正的外部性和负的外部性。企业植树造林吸收二氧化碳但没有得到相应的回报是正外部性的典型例子，而企业排放二氧化碳却没有承担相应的成本是负外部性的典型例子。

(二)碳税征收的一般原则

公平原则是征收碳税遵循的首要原则。税收的公平原则，又称公平税赋原则，指政府征税要使纳税人所承受的负担与其经济状况相适应，并且在纳税人之间保持均衡。对于空气这种准公共产品，在产权难以界定的情况下，应由政府负责提供。政府提供公共产品的资金来自征税，即用税收收入来生产或购买公共产品，包括空气污染的治理。因此，碳税可起到纠正市场失灵、降低碳排放、提高能效、保护环境、实现减缓气候变暖、促进可持续发展等作用。

三、我国碳税税制设计研究

我国开征碳税旨在推动企业降低二氧化碳及其他温室气体的排放，尤其是通过提高高耗能企业和高污染企业的单位生产成本，促使其在生产决策中考虑碳排放的因素，通过加快淘汰耗能高、排放高的落后工艺、研究和使用碳回收技术等节能减排活动以及研制和使用低能耗、低排放的技术。同时，由于碳税的征收提高了企业使用化石能源的成本，有利于鼓励和刺激企业使用可再生能源。由此可见，征收碳税既可以促进我国产业结构和能源结构的调整和优化，还有助于推动低能耗、低排放的节能减排技术的开发及应用。

(一)碳税的计税与课税对象

碳税的计税对象分两种，一种是直接对二氧化碳的排放量征税，一种是以燃料的含碳量和消耗的燃料总量计算二氧化碳排放量。根据国外碳税经验，大多数国家采用的是第二种方法。国内学者们也普遍认为我国征收碳税应以含碳量作为碳税计税依据。崔军(2010)认为，碳税开征之初，可以根据化石燃料的含碳量作为课税对象，技术成熟后再以二氧化碳的排放量作为课税对象。课题组(2010)对我国碳税的征收对象明确界定为向自然环境中直接排放二氧化碳的单位和个人，并指出，可以根据不同时期对受影响较大的能源密集型行业制定较为合理的税收减免和返还机制。因此，我国征收碳税时将对高排放企业以二氧化碳排放量作为计税依据，以定额税率的形式进行征收。

(二)税款的使用

对于税款的使用，课题组提出以下几种方式：一是用于重点行业的退税优惠和对低收入群体的补助等。二是建立国家专项基金，用于应对气候变化、提高能源效率、新能源和可再生能源技术开发与利用、植树造林增汇活动、促进国际交流与合作等。

本文重点关注的是如何提高碳税税款用于植树造林增汇活动的效率。

四、森林在减缓气候变暖中的功能和作用

(一) 森林的碳汇功能与碳减排国际规则

森林是陆地生态系统的主体。森林植物通过光合作用吸收二氧化碳，放出氧气，具有碳汇功能。森林的这种特殊功能以及保护森林，减少毁林和退化林地等造成的碳汇，可以在一定时期内稳定乃至降低大气中温室气体浓度。森林还以其巨大的生物量成为陆地生态系统中最大的碳库。政府间气候变化专门委员会(IPCC)的评估报告指出：林业具有多种效益，兼具减缓和适应气候变化双重功能，是未来30~50年增加碳汇、减少排放成本、经济可行的重要措施。

因此，在《联合国气候变化框架公约》和《京都议定书》的相关规定以及涉及减缓气候变化的国际谈判中，林业措施受到国际社会高度关注，成为应对气候变化国际谈判的必谈议题。而在《京都议定书》的土地利用、土地利用变化和林业(LULUCF)条款中，认可造林、再造林、森林管理、农业活动等获得的碳汇对减缓气候变化有重要作用，并允许附件Ⅰ国家在第一个承诺期内，使用清洁发展机制造林、再造林项目的碳汇(碳信用指标)抵减本国的部分温室气体排放量。随着应对气候变化国际谈判的逐步推进，"减少发展中国家毁林和退化林地造成的碳排放，以及加强森林经营和造林增加碳汇(REDD+)"，成为当前和今后一个时期国际气候谈判林业议题的重头戏，受到了国际社会前所未有的关注，目前已经达成了相当的共识。

(二) 中国森林面积增加居全球之首

中国政府采取各种措施加快森林植被恢复，成为全球增加森林面积最快、人工林最多的国家。全国第七次森林资源清查结果表明：我国每年新增森林面积400万公顷，现有森林面积1.95亿公顷，森林覆被率20.36%，森林活立木总蓄积量149.13亿立方米，森林植被总碳储量达到78.11亿吨，森林生态效益价值10.1万亿元[4]。中国植树造林的巨大成果，对减缓全球气候变暖做出了巨大贡献。为我国经济保持高速增长提供了吸收温室气体的空间，对维护我国生态安全也起到了重大作用。此外，森林还有为人类提供木材和其他林产品等巨大的经济、社会和生态价值，在帮助农民就业和增收致富、保护生物多样性以及防风固沙、保持水土、涵养水源、提供森林游憩

等方面都有重要意义。

(三)碳税设置中应考虑林业碳汇

根据前述碳税研究中税款的使用来看,有一部分税款通过转移支付用于植树造林等生态建设和环境保护目的,无疑将增加森林碳汇,是对我国生态建设的大力支持。但是,从目前所征收的与环境保护有关税费的转移支付情况看,并没有完全达到目的,如所征收的排污费。由于企业在采取防治污染措施之后就得到返还的排污费,而不必等达到排污标准之后,因此一些企业并没有将返还的税款全部用于治理污染。同样,从收取的碳税中通过转移支付用于支持营造林事业,需要经过各级财政或发改委系统及各级林业主管部门和项目实施地的地方政府等众多环节,程序复杂,透明度低,效率低下。

我国目前财政转移支付制度的根本目标是实现财力均等化,以使本国居民在国内任何地区都能享受到大致均等的公共服务。泰尔指数等分析指标是考察均等化水平的常用分析指标。其基本形式为:$T(y) = \frac{1}{n}\sum_{i=1}^{n}\ln(\frac{\mu}{y_i})$。通过泰尔指数的计算,吴胜泽(2008)[5]认为我国现阶段以公共服务为政策导向的专项支付还处于制度非效率状态,为了进一步提高制度效率仍需继续进行方案的优化设计。

考虑到我国经济的发展阶段、企业减排的成本和积极性以及林业应对气候变化工作现有的基础,可以在碳税征收设计中,把造林增汇、保林减排置于碳税征收环节之前。具体做法是企业出钱造林获取碳汇(信用),在科学计量基础上,根据企业出资造林实际获得的碳汇信用指标,给予减免相应的碳税税款。如此将林业碳汇前置于碳税征收环节之前,不仅可以保证有效地减少二氧化碳排放,还能更有效地增加森林面积,促进国家生态建设。

五、碳汇前置有利于激励企业自愿碳减排

根据我国目前林业建设的总任务和国家应对气候变化战略的要求,在当前国家尚未对企业设定温室气体排放总量控制的背景下,通过将林业碳汇前置于碳税税收之前,可以更有效地激励企业参与到林业应对气候变化行动中。

(一)造林增汇,成本低、易操作

企业先出钱造林或购买已经权威部门注册、认证的森林碳汇信用指标,除了促进完成"双增"目标外,还对加快国土绿化进程、农村扶贫解困、改

善生态等起到积极的推动作用。例如，企业捐款到中国绿色碳汇基金会（全国首家以增加森林植被、应对气候变化为主要目的的公募基金会）。基金会按照捐资企业的意愿实施项目，所造林木归农民。农民通过参与这些活动可以获得就业机会和经济收益；林木所吸收的碳汇，经有资质的单位科学计量和认证后记入企业社会责任账户（或称为碳汇帐户）。

这种造林增汇模式有两大特点。首先是对企业有吸引力。因为项目实施充分尊重捐资企业意愿，又很好的宣传了企业对减缓气候变暖的贡献，公开透明，操作简单；其次是捐款资金足额到位。不仅能确保营造林的质量，还能够对碳汇进行计量监测，运行成本低，可有效激励和调动企业积极出资造林和购买森林生态效益，对各利益相关者都有利，而从国家财政安排的造林资金则只有 100～200 元的种苗补助费，无法进行碳汇计量和监测，难以吸引社会资金有效参与国家应对气候变化的行动。

（二）林业碳汇政策和技术体系日趋完善

近十年，国家林业局高度重视利用林业应对气候变化。下发了若干加强林业碳汇以及应对气候变化工作的规范文件；组织制定了《应对气候变化林业行动计划》和《林业应对气候变化"十二五"行动要点》；成功实施了全球首个清洁发展机制（CDM）林业碳汇项目；制定了营造林碳汇生产、计量、监测、注册、核查、认证、交易等一整套碳汇管理制度和相关技术标准，其中《碳汇造林技术规定（试行）》《碳汇造林检查验收办法（试行）》和《造林项目碳汇计量与监测指南》已分别发布实施。此外，依托中国林科院编制了《中国林业碳汇项目审定核查指南（试行）》，并建立了中国林业碳汇注册平台，开展了碳汇交易试点。这些管理制度、技术标准的制定和使用，确保所获得碳汇的真实性、额外性和持久性，为碳税在林业领域的前期试点和实践奠定了基础。

（三）企业参与造林增汇减排受益良多

利用森林碳汇实现减排，实际是帮助企业未雨绸缪，超前储存碳信用，同时也给企业提供一个"减排缓冲期"，既为企业降低能耗和研究节能减排新技术赢取时间，更为国家在竞争日益激烈的经济全球化背景下实现可持续发展赢取发展空间和战略机遇。企业参与营造林所获得的碳信用指标，除了体现社会责任，部分抵减碳税外，将来还可以作为贷款贴息、企业参与清洁能源发展等补助的参考依据。同时，企业依据自身实力，选择合适的减排方式，操作起来简单易行，有利于实现国家确定的 2020 年减排目标，也使企业更容易接受碳税的开征。

六、结论

在未来的碳税制度框架中，有必要考虑减免参与林业碳汇造林企业的碳税，激励企业参与林业碳汇造林，推动我国降低温室气体排放的国家目标。事实上，通过减免税有效实现环境治理的例子在发达国家并不少见。以英国为例，英国于2001年开始征收气候变化税。但是英国政府力争不因开征气候变化税增加总税负。为此，在削减其他税负和对节能减排设备给予投资抵免的同时，英国政府还规定参与者可以与环境、食品和农村事务部签订协议，保证温室气体排放减少及提高生产效率，从而换取应征税率优惠80%的待遇。如果企业不能实现其承诺将补交全部气候变化税。通过这一系列减免税制度的设计，英国政府在基本达到减排目标的同时还把气候变化税给企业带来的影响降低到了较低水平。

根据国内外碳税税制设计和实践经验以及中国快速恢复森林植被的现状，将林业碳汇前置于碳税之前，不失为中国应对气候变化、促进企业自愿减排的有效途径。因此，在碳税征收机制的设计中应充分考虑林业在应对气候变化中的特殊作用和优势。本着成本低、效益高、易操作的原则把造林增汇、保林减排因素列入碳税的减免内容中，将林业碳汇信用作为减免碳税的重要内容，以更好地实现设立碳税的目标并以较低成本有效地实现对环境资源的合理配置，将对促进中国温室气体减排乃至减缓全球气候变化做出积极贡献。

参考文献

[1] 王涛，杨烨. 开征碳税纳入发改委等相关部门"核心议题"[N]. 经济参考报，2011-4-18. [Wang Tao, Yang Ye. Carbon Tax Levy Being Adopted as Core Subject by NDRC [N]. Economic Information Daily, 2011-4-18.]

[2] 戴芊，陈少智. 碳税方案正在制定中或在消费环节征收[J]. 财经国家周刊，2010. [Dai Qian, Chen Shaozhi. Project of Carbon Tax Being Made Maybe Levy at the Consumption Stage [J]. Economy & Nation Weekly, 2010.]

[3] 柳耀辉，刘文文. 碳税的理论与实践初探[J]. 经济师，2011，6，180. [Liu Yaohui, Liu Wenwen. Research on Theory and Practice of Carbon Tax[J]. China Economist, 2011, 6, 180.]

[4] 国家林业局. 中国森林资源报告[R]. 北京：中国林业出版社，2009，2-8. [State For-

estry Administration P. R. C. Report of Chinese Forest Resources[R]. Beijing: China Forestry Press, 2009, 2 – 8.]

[5] 吴胜泽. 我国政府间转移支付制度效率研究[J]. 经济研究参考, 2008, 71. [Wu Shenze. Study on the Transfer Payment Efficiency within Government in China[J]. Review of Economic Research, 2008, 71, 28 – 33.]

聚焦哥本哈根气候变化峰会：回顾与前瞻

吴水荣

(中国林业科学研究院林业科技信息研究所　北京　100091)

联合国气候变化会议于2009年12月7~19日在哥本哈根召开,来自政府、企业、非政府组织、政府间组织、媒体及其他联合国机构等4万多人申请参加会议。这次峰会标志着巴厘岛路线图以来加强国际气候变化合作的两年的谈判进程达到了最高潮,是在《京都议定书》2012年第一减排承诺期到期前制定出全球第二承诺期(2012~2020年)的温室气体减排新协议的希望所在。超过130位国家和国际组织领导人出席大会,这在联合国历史上是史无前例的,也是自第二次世界大战结束以来最重要的一次国际政府间会议,所有这些领导人都承诺应对气候变化,所有国家都表现出了要采取行动的意愿。然而,峰会远未取得预期的结论性成果。

一、哥本哈根气候变化峰会的背景

全球气候正在发生变化,特别是近百年来地球气候正经历一次以全球变暖为主要特征的显著变化。政府间气候变化专门委员会(IPCC)评估报告指出,90%以上可能性是由包括发电、毁林、交通、农业和工业等人类活动导致的大气温室气体浓度增加所致。这种气候变暖给人类社会带来的影响广泛而深远,如果不及时减少温室气体排放,气候变化的灾难性影响将不可逆转。这是有关气候变化的科学背景,如今气候变化已经不是单纯的经济或是技术问题,而是牵涉政治、经济、社会、技术等方方面面。为减缓全球气候变化,推进社会可持续发展,1979年第一次世界气候大会呼吁保护气候,20世纪90年代初以来联合国相继通过了《联合国气候变化框架公约》(1992年)、《京都议定书》(1997年)和《巴厘路线图》(2007年)等一系列公约和进程。其中,公约确立了发达国家与发展中国家"共同但有区别的责任"原则；议定书规定了三种灵活履约机制,并确定了发达国家2008~2012年的量化减排指标；巴厘岛路线图确定就加强公约和议定书的实施分头展开谈判,并于 2009 年 12 月在哥本哈根举行的公约第 15 次缔约方大会上取得成果。按照计划，2008 年在泰国曼谷、德国波恩、加纳阿克拉、波兰波兹南召开了 4 次会议，各方进行了摸底；2009 年进入了实质性谈判阶段，分别在 3~4 月于波恩、6 月于波恩、8 月于波恩、9~10 月于曼谷以及 11 月于巴塞罗纳开展了五次紧锣密鼓的谈判，以期在哥本哈根气候峰会上达成新协议。

二、谈判争夺的焦点

气候变化问题已经超出了气候或环境本身，涉及能源利用、农业生产等经济发展模式，是各国围绕经济利益、竞争力和未来能源与发展空间的争夺。美国《世界日报》2009 年 12 月 11 日刊发社论文章指出，哥本哈根峰会是一场新的全球化运动。回顾京都峰会，相隔十多年哥本哈根气候峰会无论在规模上，全球的认知上，以及具体行动的意愿上，都已经不可同日而语。

(一) 谈判利益集团

在谈判过程中，形成了基于共同利益的不同的政府谈判集团：①77 国集团加中国，代表了 130 个国家，其主要立场是，发达国家应该承认对气候变化的历史责任、大量减少排放并允许 77 国集团加中国继续发展。由于国家与区域间的多样性，该集团内部也时常存在着一些紧张局势。哥本哈根峰会中又出现了所谓的"基础四国"，即包括中国、印度、巴西与南非四个新兴的发展中大国，四国在哥本哈根谈判中表现出空前的团结。②非洲集团，由 50 个国家构成，强调的是他们对气候变化的脆弱性以及对贫困、获得资源等问题的关注。③小岛国联盟，由 43 个小岛国及地势低洼的沿海国家构成，他们关注的是海平面上升问题。④最不发达国家，代表着世界上最贫困的国家，大部分位于非洲。他们的排放极其微小，同时对气候变化最没有准备。尽管其大部分成员也是 77 国集团加中国的重要组成部分，最不发达国家和小岛国联盟希望发展中大国如中国和印度也应该减少排放并采取比集团内其他成员国更强硬的应对气候变化的行动。⑤雨林国家联盟，经常发表联合的声明，但并不是一个正式的谈判集团。⑥石油输出国组织，不是一个正式的谈判集团，但其 13 个成员国紧密地协调其立场。相比较之下，石油生产国似乎是在使谈判陷于停顿且不希望采取任何有抱负的行动，因为低碳经济将危害其经济利益。⑦欧盟，由 27 个成员国构成，作为一个联合体进行谈判。⑧伞形集团，由非欧盟的工业国构成，包括美国、加拿大、澳大利亚、冰岛、日本、新西兰、挪威、俄罗斯、乌克兰、哈萨克斯坦。⑨环境完整性集团，包括墨西哥、韩国、瑞士以及列支敦士登和摩纳哥，他们有时作为一个单独的谈判集团进行干预以确保将他们纳入到最后时刻的闭门谈判中。

(二)争论的焦点

争论的焦点与分歧由来已久，在哥本哈根峰会上表现得更为直白和激烈。首先是在京都议定书的189个缔约国与美国之间，前者在谈判议定书的延续问题，而后者想要一个完全不同的国际框架。其次是在发达国家与发展中国家之间。发达国家对气候变化负有最重要的历史责任，当前的人均排放量仍然是最高的，他们也有更多的资金和技术应对气候变化问题。但是一些发展中国家如中国和印度当前也有很高的排放总量，而且未来排放量还会继续增加，发达国家想要新兴发展中国家特别是中国一起分担减缓气候变化的责任。而发展中国家坚持认为自己首先要应对的是减少贫困和其他一些社会问题，而且应该得到资金与技术支持来采取应对气候变化的行动。许多发展中国家在与其发展优先性一致的情况下已经在单方面地实施减少排放量行动。哥本哈根峰会上，发达国家和发展中国家在减排责任、资金支持和监督机制等议题上分歧尤为严重。

基于上述这些复杂的利益争夺，哥本哈根峰会必须回答4个关键问题，即发达国家承诺减少多少排放量、主要发展中国家愿意采取哪些行动限制其排放量、谁将提供资金和技术支持帮助发展中国家减缓和适应气候变化以及如何管理这些资助资金。

三、哥本哈根气候变化谈判结果

(一)峰会前对最终结果的各种猜测

基于谈判过程中面临的困境、取得的进展以及各方激烈的利益争夺，哥本哈根峰会之前社会各界对谈判的最终结果已经有各种猜测：

(1)没有协议。峰会最终可能达不成任何协议，而是预期在2010年继续谈判。

(2)形成某个决定或一系列决定。这是一种较弱的结果，但可能与下面的某个更强的结果结合起来。

(3)形成某个强制执行的政治协议。这种结果在法律上没有约束力，每个国家决定自己的目标以及如何实现目标。这种结果受到美国的欢迎，但是反对者认为，除非各国所设定的目标具有国际约束力并有遵约机制促进目标的实现,否则这种政治协议将无法得以实施。发展中国家也担心这种基于国家的方法可能容许发达国家利用国内法律歧视发展中国家向其出口某些含有碳排放的产品。

(4)形成一个新的具有法律约束力的协议(即哥本哈根议定书)。这个新的协议取代京都议定书,并纳入一些诸如适应气候变化影响的额外的问题。这个协议可能包括美国的减缓承诺以及主要发展中国家的气候变化行动。

(5)形成两个议定书。一个是改进后的京都议定书,一个是上面所描述的具有法律约束力的新议定书。大多数发展中国家希望哥本哈根峰会能够取得这样的结果。

总体上看,几乎所有的发达国家都希望将两个谈判轨道合并起来,形成一个新的协议;而发展中国家则倾向于双轨谈判战略,从而产生一个改进的京都议定书并创造一个长期合作行动轨道下的新的协议,以便既确保京都议定书的关于环境方面的更严格的目标、又保留多边遵约机制。"双轨"亦或"单轨"的实质是减排责任的认定,根据《京都议定书》只有发达国家需要强制减排,而废除《京都议定书》意味着发达国家和发展中国家的责任界限将可能被重新定义。

(二)哥本哈根峰会的最终结果

经过为期13天的艰难谈判,峰会最终达成了一项不具法律约束力的《哥本哈根协议》。这份协议篇幅较短,共有12项内容,主要反应在以下几个方面:

(1)双轨制战略。该协议坚持了《联合国气候变化框架公约》(UNFCCC)及其《京都议定书》确立的"共同但有区别的责任"原则。

(2)全球变暖目标。协议指出,为了达成公约规定的控制大气温室气体浓度的最终目标,应将全球升温幅度控制在2℃以下,要加强长期合作行动应对气候变化。

(3)减排责任。附录Ⅰ各缔约方将在2010年1月31日之前向秘书处提交经济层面量化的2020年排放目标,并承诺单独或者联合执行这些目标。非附录Ⅰ缔约方将在可持续发展的背景下实行减缓气候变化措施,包括在2010年1月31日之前向秘书处递交的举措。最不发达国家及小岛屿发展中国家可以在得到扶持的情况下,自愿采取行动。

(4)REDD机制。协议强调,减少滥伐森林和森林退化引起的碳排放是至关重要的,有必要提高森林对温室气体的清除量,有必要通过立即建立包括 REDD+在内的机制，为森林减缓碳排放提供正向激励，促进发达国家提供的援助资金的流动。

（5）碳交易市场。协议决定采取各种方法，包括使用碳交易市场的机会，以提高减排措施的成本效益，促进减排措施的实行；应该给发展中国家提供激励，以促使发展中国家实行低排放发展战略。

（6）资金。协议规定，发达国家将向发展中国家提供新的额外资金，包括通过国际机构进行的林业保护和投资等，在2010年至2012年期间提供300亿美元协助那些最易受到影响的发展中国家应对气候变暖。在实际减缓气候变化举措和实行减排措施透明的前提下，发达国家在2020年以前每年筹集1000亿美元资金用于解决发展中国家的减排需求。这些资金将有多种来源，包括政府和民间、双边和多边等资金来源。应该建立哥本哈根绿色气候基金，并将该基金作为缔约方协议的金融机制的运作实体，以支持发展中国家包括 REDD+、适应行动、能力建设、技术研发和转让等用于减缓气候变化的计划、项目、政策及其他活动。

（7）技术。协议规定，应建立技术机制，以加快技术研发和转让，支持各国自主采取的适应和减缓气候变化的行动。

（8）监督。对发达国家的碳减排和资金援助要进行国际测量、报告与核查工作，以确保减排目标和融资的计算是严谨、健全和透明的。对发展中国家采取的和计划采取的减排措施，将提出全国减排承诺报告，在国内进行测量、报告与核查，其结果将在国家信息通报中反应。得到国际社会扶持的国家减排措施将需要进行国际测量、报告和核查。

综上所述，该协议就发达国家实行强制减排和发展中国家采取自主减缓行动作出了安排，并就全球长期目标、资金和技术支持、透明度等焦点问题达成广泛共识。但是，该协议没有确定减排目标，没有列出具体行动表，也没有法律基础。尽管哥本哈根峰会没有取得预期的结论性成果，但最终结果也没有出乎社会各界的意料之外，符合峰会前的某些猜测。

四、国际气候变化谈判的主要进展分析

气候变化谈判一直在两个平行的轨道上进行，一个是在"长期合作行动特设工作组（AWG-LCA）"下，重点讨论巴厘岛路线图确定的"共同愿景"、适应、减缓（包括减少发展中国家毁林排放－REDD）、融资和技术五个部分；另一个是在"京都议定书特设工作组（AWG-KP）"下，讨论重点则是附

录Ⅰ国家的总体与个别减排承诺、清洁发展机制(CDM)的变革以及土地利用、土地利用变化与林业问题(LULUCF)等。当前,两个工作组较为突出的进展分别为AWG-KP下的各国减排目标和AWG-LCA下的林业议题进展。

(一)各国减排目标进展

发达国家的减排目标是影响新协议谈判进展的关键因素,在最后关头还是取得了较大的进展,特别是在哥本哈根峰会前4周里取得了比过去4年甚至还多的进展,峰会期间也有一些新进展。主要发达国家与发展中国家都提出了相应的减排目标(见表1),尽管如此,减排指标依然不足。联合国草拟文本建议全球2050年前减排一半温室气体,但峰会未就长远减排目标达成共识。发展中国家认为制定长远目标的前提是发达国家提高短期即2020年减排目标。根据测算,目前发达国家目前承诺的无条件减排目标整体上相当

表1 当前主要温室气体排放国家的2020年减排目标

发达国家	宣布的目标	相当于1990年的
美国	在2005年基础上减少17%	在1990年基础上减少3.5%
欧盟	在1990年基础上减少20%~30%(有条件的减排)	在1990年基础上减少20%~30%
日本	在1990年基础上减少25%	在1990年基础上减少25%
加拿大	在2006年基础上减少20%	在1990年基础上减少2%
俄罗斯	在1990年基础上减少20%~25%	在1990年基础上减少20%~25%
澳大利亚	在2000年基础上减少5%~25%(有条件的减排)	在1990年基础上增加至13%[A]
新西兰	在1990年基础上减少10%~20%(有条件的减排)	在1990年基础上减少10%~20%
瑞士	在1990年基础上减少20%~30%(有条件的减排)	在1990年基础上减少20%~30%
挪威	在1990年基础上减少30%~40%[B]	在1990年基础上减少30%~40%
发展中国家	宣布的目标	
中国	到2020年在2005年基础上将单位GDP碳排放减少40%到45%	
印度	2020年在2005年基础上将单位GDP碳排放减少20%~25%	
巴西	2020年比正常水平减排36%~39%	
南非	2020年比正常水平减排34%	
韩国	2020年在2005年基础上减排30%	
新加坡	2020年比正常水平减排7%~11%[C]	
印度尼西亚	2020年比正常水平减排26%	

注:A:不包括采用土地利用与林业规则。B:包括通过LULUCF减排3%~6%。C:新加坡在峰会前承诺到2020年比正常水平减排7%~11%,峰会中则承诺将减排提高至16%,峰会后由于对峰会结果失望而宣布撤销峰会期间的"提高至16%"的承诺。

于到2020年在1990年的基础上减少14%,有条件的减排目标整体上则相当于到2020年在1990年的基础上减少18%。上述减排目标远远低于IPCC及科学家所要求的25%~40%的减排范围。发展中国家的减排目标整体上相当于到2020年时比正常情形减少5%~20%,也远低于IPCC对发展中国家要求的15%~30%的减排范围。有关分析指出,目前全球经济体所承诺做出的减排规模,只能把2050年时全球温度较工业化之前(1850年)水平的升幅控制在约3℃,即无法达到IPCC科学家所认定的2℃标准。

(二)林业议题进展

森林在全球应对气候变化中备受关注,林业议题成为近两年来谈判的热点,也是峰会期间谈判中的一个亮点。针对毁林、森林退化以及森林保护与可持续管理的新保护机制REDD+得到了各缔约国的广泛支持,取得了显著进展。峰会期间,公约长期合作行动工作组(LCA)起草了REDD+协议草案,解答了使得REDD+正常运作的大部分问题,包括REDD+的范围以及对土著人和当地森林社区权利的考虑等。但受整体气候协定谈判破裂的影响,该草案被搁置一旁。然而,《哥本哈根协议》呼吁立即建立包括REDD+在内的机制。哥本哈根绿色气候基金也有望能够尽快启动,以运作发达国家承诺的300亿美元资金,包括用于REDD+能力建设等。大会也采纳了一项关于REDD+的决议,要求发展中国家确定毁林与森林退化的驱动力、利用最新的IPCC指南估计碳排放并建立国家森林监测体系;鼓励各种可能的能力建设支持以便支持发展中国家的能力建设;鼓励开发土著人及当地社区参与的指南;承认森林参考排放水平应该考虑历史资料并根据国家情形进行调整;并敦促协调各种努力。

联合国也已经为REDD+机制的示范实施确定了截至到2012年的时间表,预期到2013年就可以作为新的全球气候协议的一部分开始实施。目前已经有11个国家参与到旨在进行能力建设的REDD+示范性项目中,包括刚果民主共和国、印度尼西亚、巴布亚新几内亚、坦桑尼亚、越南、巴拿马、阿根廷、厄瓜多尔、柬埔寨、尼泊尔和斯里兰卡。一旦REDD+机制更加牢靠以后,更多的国家将参与进来。但迄今为止巴西对REDD+仍然持保留态度,它希望以援助的方式由发达国家支持发展中国家的森林保护,而不是创建基于避免毁林的碳市场。然而最近巴西的立场有所软化,如果满足某些条件,例如将发达国家利用REDD+碳信用抵偿其国内排放目标的比例限制在10%以内,那么巴西将可能接受REDD+机制。

REDD+机制面临的重大挑战——资金目前取得了重要进展。联合国REDD+协议文本谈判工作组主席Tony La Via指出，如果从2010年起能够筹集到150亿美元至250亿美元资金，那么到2015年每年将全球毁林减少25%是可能的，其中130亿美元至230亿美元将用于对排放减少进行直接补偿，另外20亿美元则用于能力建设。现实情况是，哥本哈根峰会之前已经为REDD+准备阶段筹集了40亿美元资金，峰会期间又有6个发达国家包括美国、英国、法国、日本、澳大利亚和挪威承诺在2010～2012年期间总共提供35亿美元，用于REDD+的快速启动。REDD+实施阶段2012～2020期间将需要更多的资金，预计为200亿美元至350亿美元，这些资金还有待筹集。REDD+的另一个重大挑战——信用的可靠性问题也取得了重要进展，UNFCCC的一个重要技术机构在峰会期间也解答了关于REDD+碳计量与监测的方法学问题。

五、分析与展望

尽管哥本哈根峰会没有取得令所有人满意的结果，但各缔约方所"注意到[①]"的《哥本哈根协议》为今后的谈判奠定了很好的基础。该协议将交由各国立法机构审核签署，并预期在2010年11月29日至12月10日于墨西哥举行的第16次缔约方会议上得到批准，成为一项法律文件，于2013年开始实施。在未来一段时间，摆在国际社会面前的有三项任务：一是争取尽快在未来一年内实现签署一项具有法律约束力的新国际协定；二是必须尽快启动并运作哥本哈根绿色气候基金，为发展中国家提供资金；三是各缔约方尽快履行其承诺，并就更为雄心勃勃的减排目标达成一致。无论最终是否形成一项具有法律约束力的国际协定，都将在今后对各缔约方产生根本的深远的影响。应对全球变暖是国际社会当前和未来不可回避的一个重要挑战，也是发展低碳经济、促进可持续发展的重要机遇和必由之路。林业在应对气候变化中的重要作用已经得到了国际社会的广泛认同，并将在未来应对气候变化中占有重要地位。

---

① 《哥本哈根协议》被认为是由代表发达国家的美国和新兴发展中国家包括中国、巴西、印度和南非在内的"基础四国"所提出来的，没有得到广泛的讨论，因而遭到了一些缔约方的反对。最后，大会通过的决议中用词为"注意到"有这么一个协议。

参考文献

解振华. 国务院关于应对气候变化工作情况的报告. 中国人大网(www.npc.gov.cn), 2009-08-25

王春峰. 当前气候变化和林业议题谈判的国际进程. 林业经济, 2009(12): 20 – 24

吴水荣, 李智勇, 于天飞. 国际气候变化涉林议题进展及对案建议. 2009(10): 29 – 34

吴水荣. 聚焦哥本哈根气候变化峰会. 世界林业动态, 2009(35)

中国新闻网(北京). 美国世界日报－气候峰会是一场新的全球化运动. 2009-12-11

Ian Hamilton. Forests and Copenhagen-green light for REDD. Carbon Positive, 2009-12-2.

IISD. Summary of the Copenhagen Climate Change Conference. Source URL: http://www.iisd.ca/vol12/enb12459e.html

Mike Shanahan, 2009. COP15 for journalists: a guide to the UN climate change summit. The International Institute for Environment and Development (IIED). Source URL: www.iied.org/pubs/display.php?o = 17074IIED

UNFCCC, 2009. Copenhagen Accord. FCCC/CP/2009/L.7. Source URL: unfccc.int/resource/docs/2009/cop15/eng/l07.pdf

United Nations. Copenhagen Accord 'Essential Beginning' Towards First Truly Global Agreement to Reduce Greenhouse Gas Emissions, Secretary-General Tells General Assembly. http://www.un.org/News/Press/docs/2009/sgsm12684.doc.htm

林业在发展低碳经济中的地位与作用

李怒云　陈叙图　章升东

(国家林业局造林绿化管理司　北京　100714)

气候变化已成为当今世界面临的全球性挑战之一，引起了国际社会的空前重视。通过发展低碳经济控制和减少温室气体的排放，成为全球的热门话题。中国已成为温室气体第一大排放国，面临着国际社会要求中国减排的巨大压力。而中国作为《联合国气候变化框架公约》和《京都议定书》的发展中国家缔约方，恪守"共同但有区别的责任"的原则，依据国情，采取自主行动并以相对应的方式控制温室气体排放，同时加快低碳技术研发和推广，积极培育和有序发展新兴产业，为提升中国的经济竞争力和长远发展空间，积极应对气候变化，实现我国和平发展的构想具有重要意义。在2009年8月22日全国人大通过的《关于积极应对气候变化的决议》中提出：要紧紧抓住当今世界开始重视发展低碳经济的机遇，加快发展低碳产业，创造以低碳排放为特征的新的经济增长点，促进经济发展模式向高能效、低能耗、低排放模式转型，为实现我国经济社会可持续发展提供新的不竭动力。顺应世界经济发展潮流，发展低碳经济已成为中国节能减排，建设创新型国家的新平台。

一、低碳经济的概念

"低碳经济"概念是在全球气候变暖对人类生存和发展带来严峻挑战的背景下，由2003年英国《我们能源的未来——创建低碳经济》能源白皮书首次提出。所谓低碳经济就是以低能耗、低污染、低排放为基础的经济模式，是人类社会继农业文明、工业文明之后的又一次重大进步。在此背景下，低碳发展、低碳技术、低碳社会、低碳城市、低碳社区、低碳生活方式等一系列新概念、新政策应运而生。成为世界各国应对气候变化、谋划和争夺新的经济发展空间的新动力和新举措。

从国际低碳经济发展的理论和实践来看，对低碳经济有下列观点和认识：①低碳经济不是贫困经济；②低碳经济不一定是高成本；低碳经济的目标是低碳高增长；③低碳经济应要着眼未来：现在采取行动，会为将来减少更多的成本；④减少温室气体排放并不是需要成本高的技术，而是要转变高排放行为和克服政策障碍；⑤低碳经济区与生态城市、园林城市、森林城市、文明城市等生态文明建设是一致的，并与节能减排互为促进。国际上一致公认的具有发展低碳经济潜力的6大领域是：①提高能源效率和节能；②优化能源结构；③调整产业结构；④增加碳汇—林业、农业；⑤科技创新—碳收集；⑥生活和消费方式。

二、重视林业在低碳经济中的地位与作用

虽然发展低碳经济得到了中国政府和企业的认同。但是，根据目前中国经济发展的阶段来看，由于受制于能源结构、资金技术等，发展低碳经济存在着一些障碍：一是现阶段中国以煤为主要能源的局面很难迅速改变。实施低碳经济需要比较长的周期；二是需要大量资金和先进技术。需要技术的创新、技术进步和突破，才能改变以煤为主的能源结构；三是高排放的问题短期内难以解决。中国处于城镇化和工业化发展的阶段，尽管通过优化结构和节能，能够相应地减少碳的排放，但是总体低碳仍面临较大困难和挑战。因此，对于现在国内发展低碳经济的过热炒作和许多省（区）和城市提出建立低碳省（区）、低碳城市的构想，专家提出要防止"新瓶装旧酒""避免赶时髦、贴标签"等现象的出现。

目前对低碳经济的研究、试点和讨论大都集中在工业特别是能源领域，而最有潜力的林业（增汇固碳）却被忽略了。面对中国发展低碳经济的各种障碍和专家的告诫，根据中国的现实，充分发挥林业在应对气候变化中的特殊功能与作用，应是中国发展低碳经济的重要内容。通过林业措施发展低碳经济，不仅成本低、综合效益好，真实地吸收和减少了二氧化碳，而且不会像有些所谓低碳的工业项目，在设备生产过程中造成新的二氧化碳排放。林业措施是安全的，是实实在在吸碳和减排，是促进国家经济可持续发展、维护国家生态安全、保证人类福祉的"低碳"选择，不会被认为是"低碳标签"或"作秀"。因此，积极贯彻全国人大《关于积极应对气候变化的决议》提出的"实施重点生态建设工程，增强碳汇能力，继续推进植树造林，积极发展碳汇林业，增强森林碳汇功能"是发展低碳经济不可或缺的重要领域。

三、林业是发展低碳经济的有效途径

目前，许多地方在制定低碳经济发展的规划中，考虑最多的是工业部

门,而如果考虑林业,也只是把增加森林覆被率和蓄积量纳入其中。笔者认为,森林在应对气候变化特别是低碳经济中大有作为。林业纳入低碳经济的内容至少应该包括以下几个方面:①植树造林增加碳汇,改善人居环境,促进生态文明;②加强森林经营、提高森林质量,促进碳吸收和固碳;③保护和控制森林火灾和病虫害,减少林地征占用,减少碳排放;④大力发展经济林特别是木本粮油包括生物质能源林,其产品生产过程就是吸收二氧化碳的低碳过程;⑤森林作为生态游憩资源,其形成过程就是增汇、固碳的过程,为人们提供了低碳的休闲娱乐场所;⑥使用木质林产品、延长其使用寿命,可固定大量二氧化碳;⑦保护湿地和林地土壤,减少碳排放。此外,森林固碳具有工业减排不可比拟的低成本优势,能够增加绿色就业、促进新农村建设等;还有保护生物多样性、涵养水源、保持水土、改善农业生产条件等适应气候变化的功能。

(一)森林是陆地最大的储碳库和最经济的吸碳器

作为陆地生态系统的主体,森林通过光合作用吸收二氧化碳,放出氧气,并把大气中的二氧化碳固定在植被和土壤中。所以,森林具有碳汇功能。森林以其巨大的生物量储存了大量的碳。据政府间气候变化专门委员会(以下简称IPCC)估算:全球陆地生态系统中贮存了约2.48万亿吨碳,其中约1.15万亿吨碳贮存在森林生态系统中,占总量的46.37%。作为陆地生态系统中最大的碳库,森林被公认为最有效的生物固碳方式。森林同时又是最经济的吸碳器。与工业减排相比,森林固碳投资少、代价低、综合效益大、更具经济可行性和现实操作性。森林的碳汇功能和其他许多重要的生态功能一样,对维护全球生态安全和气候安全一直起着重要的杠杆作用。

(二)森林锐减造成大量温室气体排放

毁林和森林退化以及灾害导致森林遭受破坏后,储存在森林生态系统中的碳被重新释放到大气中。联合国《2000年全球生态展望》指出,全球森林已从人类文明初期的约76亿公顷减少到38亿公顷,减少了50%,难以支撑人类文明的大厦,对全球气候变暖造成了严重影响。联合国粮农组织(FAO)的数据,2000~2005年,全球年均毁林面积为730万公顷。IPCC第四次评估报告指出,2004年,源自森林排放的温室气体约占全球温室气体排放总量的17.4%,仅次于能源和工业部门,位列第三。而且,目前全球森林减少的趋势仍在继续。围绕哥本哈根乃至今后的国际谈判,许多国家和国际组织都在积极倡导通过恢复和保护森林生态系统,以推动"减少毁林和退化林地造成的碳排放(REDD+)"等政策的制定,以控制温室气体排放,减缓气候变暖。

(三)森林是适应气候变化的重要措施之一

所谓适应,是指针对气候变化引起的不良后果采取相应措施,趋利避害,旨在减轻气候变化的不利影响和损害。适应和减缓都是应对气候变化的措施。相对减缓,适应措施见效快,所需基本技术已存在,对经济增长的负面影响小甚至在某些情况下会拉动经济增长。森林是适应气候变化的重要措施,如大规模植树造林、治理荒漠化等,具有涵养水源、保持水土、防风固沙的作用;建设农田林网,起到了改善农业生产条件、提高粮食产量的作用;建设沿海防护林、恢复红树林生态系统,对抗御海洋灾害,保护沿海生态环境具有重要价值。而采用抗旱抗涝作物品种、加固海岸提防、减少森林火灾和病虫灾害、加快优良林木品种选育等,有助于提高森林本身适应气候变化的能力,森林适应气候变化能力的增强,反过来又会提高森林减缓气候变化的能力。

(四)木制林产品与林业生物质能源具有固碳减排作用

增加木质林产品使用、提高木材利用率、延长木材使用寿命等都可增强木制林产品储碳能力。中国林科院专家研究得出:用1立方米木材替代等量的水泥、砖材料,约可减排0.8吨二氧化碳。这既节约能源又减少污染。此外,利用灌木和林业"三剩物"发电以及种植油料能源林发展生物柴油,可以替代部分化石能源,既增加碳汇,又减少排放,为减缓气候变暖做出积极贡献。

(五)林业措施增加绿色就业岗位

与工业减排相比,林业措施减缓气候变化,短期和长期都不会对经济社会发展带来负面影响。IPCC评估报告指出,林业减缓方案具有经济潜力。植树造林、森林经营和管理不仅增加森林碳储量、增加森林碳汇,而且以营造林为主的林业活动,能够使广大农民特别是回乡农民工获得就业机会,并通过参加营造林活动获得收入。如2009年上半年,受国际金融危机影响,湖南、江西两省分别有120.5万、113万农民工返乡,通过营造林又获得就业机会,呈现了"城里下岗,山上创业"的可喜局面。中国社会科学院潘家华研究员在"林业部门应对气候变化的就业效应"研究中表明,到2020年,我国植树造林将新增短期就业岗位4 762万人。

四、林业促进低碳经济发展的政策建议

林业在应对气候变化、发展低碳经济中的独特作用已得到国际认可。我国政府十分重视林业在应对气候变化中的作用。2009年9月，胡锦涛总书记在联合国气候变化峰会上提出两大发展目标，即"到2020年，要在2005年基础上增加森林面积4 000万公顷和森林蓄积量13亿立方米"；2009年12月，这两项发展目标成为我国控制温室气体减排目标的三项承诺之一。面对我国经济高速发展、能耗高、温室气体排放量大的现实，要充分重视和发挥林业在发展低碳经济中的特殊作用。

（一）加快植树造林步伐，全面推进生态建设

围绕《应对气候变化国家方案》和《应对气候变化林业行动计划》，加大生态建设投入。继续实施天然林保护、退耕还林、"三北"及长江和沿海防护林体系、防沙治沙、湿地及野生动植物和自然保护区、商品林基地建设等林业重点工程；制定和实施《全国造林绿化规划纲要》，发展林业生物质能源、油茶等木本粮油等林业重点工程；健全生态效益补偿机制，开展湿地生态效益补偿试点，实行木材加工产品"下乡"补贴试点，推动低碳经济和劳动密集型产业发展。在增加森林面积的同时，增加森林碳汇。

（二）启动实施森林经营工程

目前，我国大多数森林属于生物量密度较低的人工林和次生林，森林蓄积很低，这是增加森林碳汇最大潜力之所在。在当前及今后一个时期，将森林经营作为我国林业建设的重中之重，这既符合国际林业发展趋势和要求，也是中国未来气候谈判增汇减排的重要筹码。因此，应尽快启动《全国森林经营工程》，并积极发展农林复合经营，提高森林蓄积，增加森林碳汇。

（三）开展碳汇造林试点及计量监测

在现有造林规划的基础上，开展碳汇造林试点。所谓碳汇造林，即在确定了基线的土地上，开展的对造林以及林木生长的全过程都进行碳汇计量和监测的造林活动。探索具有中国特色并与国际规则接轨的营造林模式，建立与"三可"（可测量、可报告、可核查）相匹配的碳汇计量监测技术体系为中国森林生态系统增汇固碳和中国温室气体减排开展"三可"奠定基础。

（四）加大科学研究，提供科技支撑

深入开展森林对气候变化响应的基础研究。加强林业减排增汇的技术潜力与成本效益分析；继续加强森林灾害发生机理和防控对策研究；加强气候

变化情景下森林、湿地、荒漠、城市绿地等生态系统的适应性问题研究并提出适应技术对策；加强森林作为重要可再生能源库的研究和开发利用。通过科研，推进实现科技兴林、科技富林、科技强林，为建设创新型林业大国作出积极贡献。

（五）加强宣传，引导全社会参与低碳发展

森林在维护气候安全、生态安全、物种安全、木材安全、淡水安全、粮食安全等方面的特殊作用，在全球高度关注气候变化的背景下，把林业提上了事关人类生存与发展、前途与命运的战略高度。联合国粮农组织前总干事萨乌马指出："森林即人类之前途，地球之平衡"。因此，应广泛宣传林业在发展低碳经济中的优势，充分调动企业、公众参加植树造林、保护森林等林业活动的积极性，通过林业措施，实践生产和低碳生活。正如世界观察研究所所长莱斯特·布朗说："谁在生态问题上主动采取行动，谁就能在今后的国际舞台上起到领导作用"。我国森林资源增长所发挥的碳汇功能，是我国对全球做出的重大贡献，得到了国际社会的广泛认可。突出宣传我国森林资源增长对应对全球气候变化做出的贡献，有利于树立我国高度负责任的形象，赢得国际社会对我国的理解和支持，在外交上占据主动权。

参考文献

国务院. 中国应对气候变化的政策与行动——2009年度报告. 国家发展改革委编制，2009
国务院. 中国应对气候变化国家方案. 国家发展改革委编制. 2007
李怒云. 中国林业碳汇. 北京：中国林业出版社，2007
王伟光，郑国光主编. 应对气候变化报告（2009）——通向哥本哈根. 北京：社会科学文献出版社，2007
IPCC. Climate Change 2007：Mitigation of Climate Change [M]. Working Group III Contribution to the Fourth Assessment Report of the IPCC；2007

发展碳汇林业正当时

袁金鸿　李怒云

"低碳经济"概念是在全球气候变暖对人类生存和发展带来严峻挑战的背景下，于2003年首次提出来的。2006年，英国政府气候变化特别顾问尼古拉斯·斯特恩的《气候变化的经济学报告》发布，指出"在应对气候变化的问题上，不作为将会带来沉重代价，越早采取应对行动所花费的代价就越低"。由此低碳经济引起了国际社会的广泛关注。2008年2月，在摩洛哥举办的联合国环境部长论坛上还就加快步入低碳社会的进程问题进行了讨论。发展低碳经济，引起世界各国的高度关注，可持续发展成为国际社会的广泛共识。无论是发达国家还是发展中国家，低碳经济的理念已深入人心，各国都在积极探索和实践，并对经济社会发展的方方面面有着深远影响。

一、碳汇林业是发展低碳经济的重要载体

我国是《联合国气候变化框架公约》（以下简称《公约》）及其《京都议定书》的缔约方，并积极采取措施履约。为确保国际社会应对气候变化决策和行动的科学性，联合国政府间气候变化专门委员会（以下简称 IPCC）定期发布评估报告，报告用专门章节论述了林业减缓气候变化的重要作用，指出林业具有多种效益，兼具减缓和适应气候变化双重功能，是未来 30~50 年经济可行、成本较低的重要减缓措施。

根据共同但有区别责任的原则，虽然我国目前不承担《京都议定书》规定的温室气体减排义务，但中国政府始终非常重视应对气候变化工作，特别是林业在适应和减缓气候变化中的作用。国务院于 2007 年和 2008 年分别发布了《中国应对气候变化国家方案》（以下简称国家方案）和《中国应对气候变化的政策与行动》（以下简称政策与行动）。在《国家方案》中，明确把林业纳入我国减缓气候变化的 6 个重点领域和适应气候变化的 4 个重点领域当中。在《政策与行动》中，明确指出林业是我国适应和减缓气候变化行动的重要内容。2009 年中央 1 号文件明确要求"建设现代林业，发展碳汇林业"。同

年8月，全国人大常委会作出《关于积极应对气候变化的决议》，将实施重点生态建设工程，继续推进植树造林，积极发展碳汇林业，增强森林碳汇功能纳入其中。胡锦涛主席在2009年9月，联合国气候变化峰会上向国际社会宣布中国"要大力增加森林碳汇，到2020年森林面积比2005年增加4 000万公顷，森林蓄积量比2005年增加13亿立方米"（以下称"双增目标"）。2个月后，"双增目标"成为中国政府自主控制温室气体排放承诺的重要内容，对外发布。国家林业局党组研究制定了《应对气候变化林业行动计划》并于2009年11月正式对外发布。林业已成为我国气候变化领域内政外交的重要举措，同时也是成为我国发展低碳经济的重要载体和产业。

二、低碳经济试点蓬勃发展

发展低碳经济，是应对气候变化和解决能源危机的必然选择，是世界各国或迟或早都将面临的严峻课题。2008年，上海市开始低碳城市建设试点，随后珠海、杭州、贵阳、吉林、南昌、赣州、无锡、保定和广元等城市也提出建设"低碳城市"的构想。特别是2009年11月国务院提出我国2020年控制温室气体排放行动目标后，各地纷纷主动采取行动落实中央决策部署。青海省还出台了全国首部应对气候变化的地方政府法规——《青海省应对气候变化办法》。

为统一规范和科学开展低碳经济试点工作，国家发改委于2010年8月10日发布《关于开展低碳省区和低碳城市试点工作的通知》，将在广东、辽宁、湖北、陕西、云南5省和天津、重庆、深圳、厦门、杭州、南昌、贵阳、保定8市开展试点工作。至此，全国有了开展低碳经济试点的纲领性文件，应对气候变化工作和低碳经济建设将在"十二五"规划中占据重要地位，在经济社会发展中发挥积极作用。

三、发展碳汇林业，推进低碳经济发展

当前，尽管各地在制订低碳经济试点方案时，都涉及植树造林、增加森林面积和蓄积的指标，但具体操作和实施项目时，仍主要集中于工业特别是能源领域的直接减排项目，而最有潜力的林业（增汇固碳）却被忽略，没有把森林的碳汇功能放到应有的位置。而国际社会对林业在应对气候变化和发展低碳经济中的特殊作用早就得到普遍认同和广泛接受。

伴随着应对气候变化国际进程的推进，森林在适应和减缓气候变化中的

特殊功能和地位不断得以强化，同时催生了国际森林碳汇交易市场，森林碳汇的交易量和交易价值量逐年增加。我们需要设立一项机制、开立一个接口、建立一本账簿、制定一系列规程、搭建一个平台、实施一系列项目。上述"六个一"相互配合、协调推进，才能迎来碳汇林业的蓬勃发展、实现林业在低碳经济发展和应对气候变化中应有的作用。

设立一项机制，即自愿减排和交易机制。清洁发展机制林业碳汇交易的兴起，源于应对气候变化国际谈判进程产生的《京都议定书》发达国家的强制减排量化指标，核定各国的排放总量（目标），超过排放总量限制部分以贸易方式解决，即总量限制和交易机制。我国可设立类似国际自愿交易机制下的碳汇市场，提倡企业自愿参与通过造林增汇减排的各类行动，为实现国家节能减排和应对气候变化目标作出贡献。

开立一个接口，即承认森林碳汇项目的固碳增汇功能，各企业购买森林碳汇项目产生的经核证的碳汇量与工业的碳减排以同等对待，享受同样的财税优惠和其他激励政策，促进林业碳汇项目的健康发展。

建立一本账簿，即企业的碳足迹账簿。碳足迹账簿将如企业会计成本账簿一样，根据生产经营活动能源消耗量计算出单位产品导致的直接碳排放量和应合理分摊的排放量，使企业能够分析和查找单位产品温室气体排放的升降趋势和降低排放的潜能，做到心中有数、随时关注，高度重视产品生产过程导致的碳排放。

制定一系列规章，国家林业局在碳汇造林、碳汇计量、碳汇核查等方面制定了方法学和相关标准，出台了一系列的规章制度，开展了试点工作。当前，一是急需制定森林经营增加森林固碳量的技术规程和碳汇计量与监测指南；二是需要对已经出台的规章制度，结合试点情况和国际通行规则进行修订。各项规程和标准的完善与严谨程度，将决定林业碳汇项目所增加固碳量的质量和价格。要不断建立和完善必要的制度和规定，实现森林项目固碳量的可测量、可报告和可核查。

搭建一个平台，即在国家应对气候变化主管部门和林业主管部门的授权下，搭建一个森林碳汇的交易平台。将那些按照上述系列标准实施碳汇造林、森林经营等获得的碳汇，经认证、注册后开展交易试点。

实施一系列项目，即根据已经制定的林业碳汇项目的技术标准，实施以增加森林碳汇为目的的碳汇造林、森林经营等项目，替代化石能源的能源林项目和以替代钢铁、塑料为目的的速生丰产林项目、工业原料林项目。森林碳汇项目在改善和提高森林固碳能力的同时，还净化空气、涵养水源、保护生物多样性、提供大量木质和非木质林产品、为林区贫困人群提供长期稳定的收入来源，符合可持续发展的要求。以法律、法规的形式肯定森林的碳汇功能，以市场机制实现森林碳汇价值的货币化，是森林生态效益补偿的一种科学实现形式，将对林农、林业企业经营者对培育森林和经营森林带来历史性的变革，它能极大地缩短林业投资回收期。

重视碳汇林业、发展低碳经济，对我国是一个全新而紧迫的课题。要把低碳经济、低碳生活落实到经济社会生活的方方面面，需要国家、社会和公众的协同努力。承载着国家生态安全和产业发展双重责任的林业，在发展低碳经济、应对气候变化的背景下，有着不可比拟的优势。我们应该促进上述"六个一"的协调配合，林业才能在低碳建设和应对全球气候变化的进程中，发挥应有的作用。

气候变化背景下的中国林业建设

李怒云　袁金鸿

(国家林业局造林绿化管理司，北京　100714)

以变暖为特征的全球气候变化已成为不争的事实，气候变化严重威胁着人类社会的生存和发展，成为当今国际政治、经济、环境和外交领域的热点。作为陆地生态系统的主体，森林通过光合作用吸收二氧化碳、放出氧气，并把大气中的二氧化碳固定在植被和土壤中，因此具有强大的碳汇功能。森林在一定时期内对稳定乃至降低大气中温室气体浓度发挥了重要作用，使得植树造林和森林保护等林业活动，成为国际社会公认的应对气候变化的重要措施。

一、林业是应对气候变化国际进程中取得广泛共识的重要议题

当前，应对气候变化最具里程碑意义的国际公约和技术文件主要是《联合国气候变化框架公约》（以下简称《气候公约》）、《京都议定书》以及政府间气候变化专门委员会（以下简称IPCC）的评估报告。

IPCC的评估报告是国际社会应对气候变化决策和行动的科学依据。2007年发布的第四次评估报告认为：全球气候变化是不争的事实。未来100年，全球气候还将持续变暖，并对自然生态系统和人类生存产生巨大影响。报告指出：导致全球气候变暖的因素，主要是工业革命以来，人类大量使用化石能源、毁林开荒等，向大气中过量排放二氧化碳等温室气体，造成大气中二氧化碳等温室气体浓度不断增加、温室效应不断加剧的结果。报告特别指出：林业具有多种效益，兼具减缓和适应气候变化双重功能，是未来30～50年经济可行、成本较低的重要减缓措施。

在IPCC评估报告的基础上，1992年联合国制定了《气候公约》。为履行《气候公约》，1997年又制定了《京都议定书》。《气候公约》和《京都议定书》共同构成国际社会应对气候变化的法律基础。《气候公约》明确规定：各缔约方都有义务采取行动应对气候变化。发达国家对气候变化负有历史责任，

应率先减排；发展中国家首要任务是发展经济和消除贫困。为积极应对气候变化，《京都议定书》规定，发达国家（附件Ⅰ国家）在 2008～2012 年的第一承诺期内，可以通过减少工业排放和增加森林碳汇两种途径，实现本国温室气体排放总量在 1990 年排放量的基础上平均减少 5.2% 的减排目标。将森林碳汇作为发达国家抵消工业、能源领域排放量的手段，大大减轻了发达国家完成《京都议定书》为其规定的量化减排目标的压力。

2007 年在印尼巴厘岛召开的《气候公约》第 13 次缔约方大会上，各国达成了《巴厘路线图》，同意将发展中国家减少毁林和森林退化减少的碳排放，以及通过森林保护、森林可持续管理、增加森林面积而增加碳汇的行动（简称 REDD+）作为重要的减缓措施，并要求发达国家要对发展中国家在林业方面采取的上述减缓行动给予政策和资金支持。尽管 2009 年 12 月的哥本哈根气候变化大会形成的《哥本哈根协议》不具法律约束力，但国际社会对林业议题的共识不变，都认识到"减少滥伐森林和森林退化引起的碳排放至关重要，需要提高森林碳汇能力以及立即建立包括 REDD+ 在内的正面激励机制"。当前，国际社会建立了"森林碳伙伴基金（FCPF）""联合国 REDD+ 项目"等许多相关的国际合作机制，并开展了相关项目，实施了相关政策行动，涉林议题已经成为国际气候变化谈判领域中进展较顺利、最能达成共识的议题。林业在减缓和适应气候变化中的重要作用得到了国际社会的愈来愈多的关注，也使林业面临着更多的机遇和挑战。

二、我国林业建设成就举世瞩目，应对气候变化成效卓著

根据《气候公约》和《议定书》确立的"共同但有区别的责任"原则，虽然我国目前不承担强制性的温室气体减排义务，但作为一个负责任的大国，高度重视应对气候变化工作。特别对林业在应对气候变化中的独特作用和战略地位给予了高度关注。国务院于 2007 年、2008 年分别发布了《中国应对气候变化国家方案》（简称《国家方案》）和《中国应对气候变化的政策与行动》（简称《政策与行动》）。在《国家方案》中，明确把林业纳入我国减缓气候变化的 6 个重点领域和适应气候变化的 4 个重点领域当中。在《政策与行动》中，明确指出林业是我国适应和减缓气候变化行动的重要内容。特别是进入 2009 年以来，林业在国家应对气候变化全局中的作用显著提升。2009 年中央 1 号文件明确要求"建设现代林业，发展碳汇林业"。2009 年 6 月，在首次召开的中央林业工作会议上，明确提出"在应对气候变化中林业具有特殊

地位""应对气候变化，必须把发展林业作为战略选择"。2009年8月，全国人大常委会做出《关于积极应对气候变化的决议》，将实施重点生态建设工程、继续推进植树造林、积极发展碳汇林业、增强森林碳汇功能纳入其中。2009年9月，胡锦涛主席在联合国气候变化峰会上向国际社会宣布"要大力增加森林碳汇，到2020年森林面积比2005年增加4 000万公顷，森林蓄积量比2005年增加13亿立方米"（以下简称"双增目标"）。2009年11月，林业"双增目标"成为中国政府自主控制温室气体排放国际承诺的重要内容对外发布。2010年10月，党的十七届五中全会审议通过的《中共中央关于制定国民经济和社会发展第十二个五年规划的建议》明确提出"提高森林覆盖率，增加蓄积量，增强固碳能力"，"实施重大生态修复工程，巩固天然林保护、退耕还林还草、退牧还草等成果，推进荒漠化、石漠化综合治理，保护好草原和湿地"等积极的林业应对气候变化措施。

新中国成立以来，特别是20世纪90年代末开始实施六大林业重点生态工程以来，我国林业建设取得了令人瞩目的成绩，受到国际社会高度评价，为我国气候外交赢得了主动权和话语权。第七次全国森林资源清查（2004~2008年）显示，目前全国森林面积1.95亿公顷，森林覆盖率达20.36%，提前2年实现2010年森林覆盖率20%的目标。活立木总蓄积149.13亿立方米，森林蓄积137.21亿立方米。人工林保存面积0.62亿公顷，蓄积19.61亿立方米；相比第六次全国森林资源清查结果，人工林面积净增843.11万公顷，蓄积净增4.47亿立方米。人工林面积继续保持世界首位。联合国粮农组织发布的全球森林评估报告指出，在全球森林资源继续呈减少趋势的情况下，亚太地区森林面积出现了净增长，其中中国森林资源增长在很大程度上抵消了其他地区的森林高采伐率。根据国务院2007公布的《国家方案》，2004年中国森林净吸收了约5亿吨二氧化碳当量，约占当年全国温室气体排放总量的8%。北京大学方精云院士研究的结果，相当于同期我国温室气体排放总量的11.9%。根据第七次全国森林资源清查，目前我国森林植被总碳储量达到了78.11亿吨。自1999开始，我国成为世界上森林资源增长最快的国家，吸收了大量二氧化碳，以实际行动为应对全球气候变化做出了突出的贡献，受到国际社会的充分肯定和高度评价。

三、充分发挥森林碳汇潜力，科学应对气候变化

虽然我国林业建设取得了巨大成就，受到了国际社会的广泛赞誉，但是，目前我国人均森林面积0.145公顷，不足世界人均占有量的1/4；森林覆盖率只有全球平均水平的2/3；人均森林蓄积10.151立方米，只有世界人均占有量的1/7。森林资源保护发展也面临诸如森林资源总量不足、质量不高，木材供需矛盾加剧，林地保护压力增加等突出问题。必需突出抓好抓实植树造林和森林经营，继续增加森林面积，持续提高森林质量，增强森林生态系统碳汇能力。根据2010年国家林业局发布的《应对气候变化林业行动计划》，当前和今后一个时期，特别是"十二五"时期，林业建设将从以下六大方面着手：

（一）积极扩大森林面积，提高森林碳汇能力

我国尚有4 000多万公顷宜林荒山荒地以及相当数量的边际性土地等可用于植树造林。虽然大部分林地造林难度越来越大，造林成本越来越高，但继续坚持"全社会办林业、全民搞绿化"的具有中国特色的恢复森林植被的路子，多渠道筹集资金，全党动员，全民动手，加快造林步伐。按照《中共中央国务院关于加快林业发展的决定》中所确定的林业中长期发展目标，经过努力，到2020年，实现"林业两增"目标，我国森林覆盖率由现在的20.36%提高到23%，到2050年提高到26%以上。届时，森林生态系统碳储量将会得到较大提高。

（二）大力提高森林质量，增强森林碳汇功能

我国森林资源质量总体偏低，乔木林蓄积量仅85.88立方米/公顷，只有世界平均水平的78%，人工乔木林蓄积量仅49.01立方米/公顷，人均森林蓄积量只有世界人均占有量的1/7。大多数森林属于生物量密度较低的人工林和次生林，现有森林植被资源的碳储量只相当于其潜在碳储量的44.3%。因此，通过合理调整林分结构，强化森林经营管理，在现有基础上，单位面积林分生长量将有可能得到大幅度提高，从而大大增加现有森林植被的碳汇能力。

（三）突出加强森林保护，减少森林碳排放

一是通过严格控制森林火灾、乱征乱占林地以及乱砍滥伐等毁林活动，减少源自森林的碳排放。历次森林资源清查表明，我国每年因乱征乱占林地而丧失的有林地面积约100万公顷。二是在森林采伐作业过程中，通过采取科学规划、低强度的作业措施，保护林地植被和土壤，可减少因采伐对地被物和森林土壤的破坏而导致的碳排放。三是土壤储存了大量有机碳，水土流失会导致土壤有机碳的排放。科学研究表明，将非森林土壤转化为森林土壤

年均可增加土壤中有机碳50%以上。实行以生物措施为主的治理模式，将大大减少水土流失造成的碳排放，提高森林土壤固碳能力。四是通过强化对森林中可燃物的有效管理，建立森林火灾、病虫害预警系统等措施，有效控制森林火灾和病虫害发生频率和影响范围，将会减少森林碳排放。

（四）大力发展生物质能源，积极促进节能减排

联合国粮农组织研究显示，到本世纪中叶，生物质能源将占全球总能耗的50%以上。据统计，我国每年有可以能源化利用的森林采伐和木材加工废弃物3亿多吨，如果全部利用，约可替代2亿吨标准煤。利用现有宜林荒山荒地，如果培育能源林1 300万公顷，每年可提供生物能源折合标准煤2.7亿吨。国家发改委公布的《中国应对气候变化的政策与行动——2009年度报告》显示："十一五"前3年，利用林木"三剩物"233万吨，节约木材资源373万立方米。

（五）提倡多使用木材，增加木质林产品碳储量

木材在生产和加工过程中所耗能源，大大低于制造铁、铝等材料导致的温室气体排放。用木材部分替代能源密集型材料，不但可以增加碳贮存，还可以减少使用化石能源生产原材料所产生的碳排放。森林树木在其生长周期内一直在吸收固定二氧化碳，做成木制品后只要不腐烂不燃烧，就能长期固定所吸收的二氧化碳，很多木制品固碳时间甚至可达数十至上百年。同时，推进木制废品的回收利用，如废纸回收利用等，既节约了木材资源，又可增加碳储存。

（六）建立中国绿色碳汇基金会，促进企业自愿减排

单纯依靠政府的力量还远远不能满足中国应对气候变化和社会对生态产品的需求。需要构建一个平台，既能增加森林植被，巩固国家生态安全，又能以较低的成本帮助企业自愿参与应对气候变化的行动，树立良好的公众形象，为企业自身长远发展抢占先机。2010年5月，国务院批准设立了全国首家以应对气候变化为主要目标的公募基金会——中国绿色碳汇基金会。该基金会的前身是2007年7月由国家林业局、中国石油天然气集团公司、中国绿化基金会等共同发起建立的中国绿色碳基金。截至2010年10月，从中国绿色碳基金到中国绿色碳汇基金会已获社会各界捐资近4亿元，先后在全国10多个省（区）实施碳汇造林逾6.67万公顷。当地农户通过造林获得了就业机会并增加了收入，而捐资企业获得通过规范计量的碳汇（信用指标），记于企业的社会责任账户，在中国碳汇网和中国绿色碳汇基金会网上进行公

示。此外,许多个人也积极参与造林增汇减缓气候变暖的行动,纷纷捐资到中国绿色碳汇基金会"购买碳汇",以吸收自己日常生活所排放的二氧化碳,"参与碳补偿,消除碳足迹"。所有捐资造林都进行碳汇计量和监测,并登记在各自的"碳信用"账户,公布于"中国碳汇网"上。目前,个人捐资在北京建立了"八达岭碳汇造林基地"和"建院附中碳汇科普林"。

参考文献

[1]李怒云. 中国林业碳汇[M]. 北京:中国林业出版社,2007.
[2]李怒云. 林业碳汇计量[M]. 北京:中国林业出版社,2009.
[3]李怒云. 解读/碳汇林业[J]. 中国发展,2009(4):15-16.
[4]IPCC 第四次评估报告[R]. 2007.
[5]国务院. 中国应对气候变化国家方案,2007.
[6]国务院. 中国应对气候变化的政策与行动,2008.

关于发展碳汇林业的理性思考

苏宗海[1]　于天飞[2]

（1. 中国绿色碳汇基金会，北京　100714；
2. 中国林业科学研究院林业科技信息研究所，北京　100091）

当前，全球气候变暖所引发的一系列生态环境和经济社会问题日益引起国际社会的广泛关注，并成为国际政治、经济、外交和国家安全领域的一个热点问题。在应对全球金融危机中，国际社会在应对策略上都更加突出"绿色"的理念和内涵，通过实施"绿色新政"来谋划后危机时代的发展方向。

推动绿色转型发展是"十二五"乃至今后较长一段时期内我国经济社会可持续发展的重要方向。党的十七大在深入分析我国基本国情、战略需求和我国现代化发展路径的基础上，提出建设生态文明的发展目标。十七大报告强调，要建设生态文明，基本形成节约能源资源和保护环境的产业结构、增长方式、消费模式，循环经济形成较大规模，可再生能源比重显著上升，主要污染物排放得到有效控制，生态环境质量明显改善，生态文明观念在全社会牢固树立。大力发展碳汇林业，积极应对气候变化，将成为中国推进绿色转型发展，建设生态文明的重要突破口。

一、碳汇概念与碳汇林业的概念解析

由于碳汇发展处于起步阶段，不少人对什么是碳汇、森林碳汇、林业碳汇不能很好的区分，本文从三个概念入手，对三者进行比较，并对碳汇林业进行分析。

（一）有关碳汇的三个概念

碳汇，是指从大气中清除二氧化碳的过程、活动或机制。与之相应，森林碳汇则是指森林生态系统吸收大气中的二氧化碳并将其固定在植被和土壤中，从而减少大气中二氧化碳浓度的过程，属自然科学范畴（李怒云，2007）。

林业碳汇是指通过实施造林再造林和森林管理，减少毁林等活动，吸收大气中的二氧化碳并与管理政策包括碳汇交易结合的过程、活动或机制。属自然科学社会科学和经济学范畴(李怒云,2007)。

(二)碳汇林业概念

《中共中央国务院关于2009年促进农业稳定发展农民持续增收的若干意见》中,要求"建设现代林业,发展山区林特产品、生态旅游业和碳汇林业"。所谓碳汇林业,就是指以吸收固定二氧化碳,充分发挥森林的碳汇功能,降低大气中二氧化碳浓度,减缓气候变化为主要目的的林业活动。根据国际林业碳汇项目的相关规则,碳汇林业至少应该包括以下5个方面:①符合国家经济社会可持续发展要求和应对气候变化的国家战略;②除了积累碳汇外,要提高森林生态系统的稳定性、适应性和整体服务功能,推进生物多样性和生态保护,促进社区发展等森林多种效益;③建立符合国际规则与中国实际的技术支撑体系;④促进公众应对气候变化和保护气候意识的提高;⑤借助市场机制和法律手段,通过碳汇交易获取收益,推动森林生态服务市场的发育。

二、中国碳汇林业发展的战略取向

2009年9月22日,胡锦涛主席在联合国气候论坛上宣布了中国应对气候变化的四项措施之一,要"大力增加森林碳汇,争取到2020年森林面积比2005年增加4 000万公顷,森林蓄积量比2005年增加13亿立方米"。中国林业的这一"双增长"目标,是中国林业应对全球气候变化、维护国土生态安全、缓解"三农"问题的低碳绿色战略新取向。

森林是陆地生态系统的主体,森林以其巨大的生物量成为陆地生态系统中最大的碳库。联合国政府间气候变化专门委员会(IPCC)的评估报告指出:林业具有多种效益,兼具减缓和适应气候变化双重功能,是未来30~50年增加碳汇、减少排放成本较低、经济可行的重要措施。因此,在《联合国气候变化框架公约》和《京都议定书》的相关规定以及各类涉及减缓气候变化的国际谈判中,林业措施受到国际社会高度关注,成为气候公约谈判的必谈议题。森林和森林管理必须纳入应对气候变化的战略,这种全球共识正在形成。

中国作为一个负责任的发展中大国,发展起点和发展阶段都落后于欧美发达国家。我们要在应对气候变化方面抢占制高点,必须加快林业发展,增加"森林碳汇"。大力发展绿色经济,积极发展低碳经济和循环经济,研发和推广气候友好技术"。从我国的现实情况看，加快林业发展，增加森林碳汇，对于进一步提升我国在气候变化外交舞台的话语权，具有战略意义。

2009年6月22日~23日，中央林业工作会议在北京召开，这是新中国成立60年来中央召开的首次林业工作会议。在这次会议上，温家宝总理对林业作出了"四个地位"的精辟概括，明确指出，林业在贯彻可持续发展战略中具有重要地位，在生态建设中具有首要地位，在西部大开发中具有基础地位，在应对气候变化中具有特殊地位。回良玉副总理对新时期林业的"四大使命"进行了科学分析，明确指出，实现科学发展必须把发展林业作为重大举措，建设生态文明必须把发展林业作为首要任务，应对气候变化必须把发展林业作为战略选择，解决"三农"问题必须把发展林业作为重要途径。这"四个地位"和"四大使命"，是我们党对林业认识的最新成果，是新形势下中央对林业工作提出的最新要求。全国人大《关于积极应对气候变化的决议》中提出了"实施重点生态建设工程，增强碳汇能力。继续推进植树造林，积极发展碳汇林业，增强森林碳汇功能"的明确要求，指明了我国碳汇林业的发展方向。

2009年11月6日，国家林业局发布了《应对气候变化林业行动计划》。该计划的颁布正是贯彻落实党中央、国务院确立的以生态建设为主的林业发展战略，建设生态文明，充分发挥林业多种功能，切实推进碳汇林业发展的具体落实。

《林业行动计划》确定了五项基本原则、三个阶段性目标以及将要实施的22项主要行动。五项基本原则概括起来就是"五个结合"：坚持林业发展目标和国家应对气候变化战略相结合，坚持扩大森林面积和提高森林质量相结合，坚持增加碳汇和控制排放相结合，坚持政府主导和社会参与相结合，坚持减缓与适应相结合。三个阶段性目标：一是到2010年，年均造林育林面积400万公顷以上，全国森林覆盖率达到20%，森林蓄积量达到132亿立方米，全国森林碳汇能力得到较大增长；二是到2020年，年均造林育林面积500万公顷以上，全国森林覆盖率增加到23%，森林蓄积量达到140亿立方米，森林碳汇能力得到进一步提高；三是到2050年，比2020年净增森林面积4 700万公顷，森林覆盖率达到并稳定在26%以上，森林碳汇能力保持相对稳定。

围绕这三个目标，国家林业局将实施22项主要行动：其中林业减缓气候变化的有15项，包括大力推进全民义务植树，实施重点工程造林，加快珍贵树种用材林培育，实施能源林培育和加工利用一体化项目，实施全国森林可持续经营，扩大封山育林面积，加强森林资源采伐管理，加强林地征占用管理，提高林业执法能力，提高森林火灾防控能力，提高森林病虫鼠兔危害的防控能力，合理开发和利用生物质材料，加强木材高效循环利用，开展重要湿地的抢救性保护与恢复，开展农牧渔业可持续利用示范；林业适应气候变化的有7项，包括提高人工林生态系统的适应性，建立典型森林物种自然保护区，加大重点物种保护力度，提高野生动物疫源疫病监测预警能力，加强荒漠化地区的植被保护，加强湿地保护的基础工作，建立和完善湿地自然保护区网络。

三、中国林业在应对气候变化中的贡献

在减缓气候变暖的各种努力中，林业活动具有十分重要的和不可替代的地位和作用。改革开放以来，随着中国重点林业生态工程的实施，植树造林取得了巨大成绩，《中国应对气候变化国家方案》指出，1980～2005年中国造林活动累计净吸收约30.6亿吨二氧化碳，森林管理累计净吸收16.2亿吨二氧化碳，通过减少毁林少排放4.3亿吨二氧化碳，共计51吨二氧化碳。特别是中国实施的天然林保护、退耕还林还草、自然保护区建设等生态工程，增加了大量森林碳汇，为应对全球气候变化作出了巨大贡献。

据第七次全国森林资源清查，全国森林面积19 545.22万公顷，森林覆盖率20.36%。活立木总蓄积149.13亿立方米，森林蓄积137.21亿立方米。全国森林面积19 333.00万公顷，森林蓄积133.63亿立方米。人工林保存面积6 168.84万公顷，居世界首位。中国林科院依据第七次全国森林资源清查结果和森林生态定位监测结果评估，全国森林植被总碳储量78.11亿吨。我国森林生态系统每年涵养水源量4 947.66亿立方米，年固土量70.35亿吨，年保肥量3.64亿吨，年吸收大气污染物量0.32亿吨，年滞尘量50.01亿吨。仅固碳释氧、涵养水源、保育土壤、净化大气环境、积累营养物质及生物多样性保护等6项生态服务功能年价值达10.01万亿元。

四、中国碳汇林业的探索与实践

国家林业局作为林业主管部门，在加快森林保护和植被恢复的同时，通过改善森林经营，提高森林质量，增加森林的固碳能力。在广西实施了世界银行生物碳基金林业碳汇项目，成为全球首个CDM林业碳汇项目，为利用

市场机制对森林生态服务进行补偿打开了一道大门。

2010年8月31日，中国首个以增加森林碳汇、应对气候变化、帮助企业自愿减排为目标的全国性公募基金会——中国绿色碳汇基金会在北京成立。该基金会的宗旨是致力于推进以应对气候变化为目的的植树造林、森林经营、减少毁林和其他相关的增汇减排活动，普及有关知识，支持和完善我国生态效益补偿机制。中国绿色碳汇基金会的成立，标志着我国碳汇林业发展迈出了开创性的步伐。截至目前，中国绿色碳汇基金会已获得中国石油天然气集团公司等上百家企业、社会团体和个人捐赠4亿多元人民币，先后在全国十多个省(自治区、直辖市)实施碳汇造林120多万亩。同时，将企业、个人捐资造林所产生的碳汇，经过严格的计量、监测，计入企业和个人专门账户，在碳汇基金会官方网站上予以公示，以展示企业的社会责任和其参与应对气候变化的实际行动；此外，企业和个人捐资均可获得免税优惠、表彰证书和碳汇林命名等。

中国绿色碳汇基金会组织专家编制了中国林业碳汇的方法学，建立了一套与国际规则接轨并结合中国国情的包括碳汇生产、计量、监测、核证、注册等内容的技术标准体系，成立国内首家"碳汇研究院"，并与国际竹藤组织、美国大自然保护协会、保护国际等国际组织开展了富有成效的合作与交流。

2011年11月1日，经国家林业局同意，中国绿色碳汇基金会与华东林业产权交易所先行开展林业碳汇交易试点。阿里巴巴、歌山建设等10家企业签约认购了14.8万吨二氧化碳当量。实现了中国林业碳汇自愿交易的历史性的突破，使"无形的碳汇，存于有形的林，成为再造林的钱"。国家林业局党组副书记、副局长赵树丛在启动仪式上指出，这是我国林业碳汇交易的创新和尝试，是森林生态服务价值的具体体现。

五、中国发展碳汇林业的几点思考

发展碳汇造林是应对气候变化工作的重要举措，增加森林碳汇、保护森林减少碳排放已成为国际公认的减缓和适应气候变化的重要途径。因此，积极发展碳汇林业是现代林业建设的重要内容。根据国家林业局《林业发展"十二五"规划》，5年内我国将完成新造林3 000万公顷、森林抚育经营3 500万公顷，全民义务植树120亿株。到2015年，我国森林覆盖率将达21.66%，森林蓄积量达143亿立方米，森林植被总碳储量力争达到84亿吨，重点区域生态治理取得显著成效，国土生态安全屏障初步形成；林业产业总产值达 3.5 万亿元，特色产业和新兴产业在林业产业中的比重大幅度提高，产业结构和生产力布局更趋合理。

（一）加快造林增汇步伐，保护森林资源，促进节能减排

（1）加快植树造林步伐，不断扩大森林面积。围绕《应对气候变化国家方案》和《应对气候变化林业行动计划》，加大生态建设投入。继续实施天然林保护、退耕还林、"三北"及长江和沿海防护林体系、防沙治沙、湿地及野生动植物和自然保护区、商品林基地建设等林业重点工程；发展林业生物质能源、油茶等木本粮油等林业重点工程；深入开展全民义务植树活动，创新全民义务植树的实现形式；大力推进"身边增绿"活动，健全生态效益补偿机制，开展湿地生态效益补偿试点，实行木材加工产品"下乡"补贴试点，推动低碳经济和劳动密集型产业发展。在增加森林面积的同时，增加森林碳汇。

（2）加大森林经营力度，逐步提高森林质量。目前，我国大多数森林属于生物量密度较低的人工林和次生林，森林蓄积很低，这是增加森林碳汇最大潜力之所在。在当前及今后一个时期，将森林经营作为我国林业建设的重中之重，这既符合国际林业发展趋势和要求，也是中国未来气候谈判增汇减排的重要筹码。因此，加大森林经营力度，推进森林可持续经营，积极发展农林复合经营，提高森林质量，促进碳吸收和固碳，增加森林碳汇。

（3）加强林业资源保护，减少碳排放。建设和保护森林生态系统、管理和恢复湿地生态系统、改善和治理荒漠生态系统、维护和发展生物多样性是林业资源保护的重要内容。控制森林火灾和病虫害，减少林地征占用，保护湿地和生物多样性，使荒漠变绿洲都是增加碳汇、减少碳排放的重要措施。

（4）发展生物质能源，促进节能减排。森林生物质能源主要是用林木的果实或籽提炼柴油，用木质纤维燃烧而形成的能源，是各国能源替代战略的重要选择。大力发展经济林特别是木本粮油包括生物质能源林，其产品生产过程就是吸收二氧化碳的过程，不仅增加碳汇，还可以促进节能减排。

（5）增加木制林产品碳储量，提倡"以木代塑、以木代钢"。增加木质林产品使用、提高木材利用率、延长木材使用寿命等都可增强木制林产品储碳能力。木材生产和加工过程是低碳排放过程，而制造钢铁、塑料过程则是高碳排放过程。用木材部分替代能源密集型材料，不仅碳贮存、减少碳排放。做成木制品又能长期固碳，很多木制品固碳时间可达数十年甚至上百年，如红木家具使用时间长达数百年；推进木制废品的回收利用，如废纸、旧家具回收利用等，既节约了木材资源，又可增加碳储存。

（二）推进碳汇造林试点，规范碳汇林业健康发展

碳汇造林是指在确定了基线的土地上，以增加森林碳汇为主要目的，对造林以及林分（木）生长的过程实施碳汇计量和监测而开展的有特殊要求的营造林活动。目前，国家林业局依托碳汇基金会的捐资，在全国实施了100多万亩的碳汇造林试点。

（1）扩大碳汇造林试点范围。在国家林业重点工程规划区域范围内，采取企业、社会和个人捐资与林业重点工程国家补助相结合的投入方式，按照自愿的原则，扩大碳汇造林试点范围。

（2）加强碳汇造林项目管理。严格按照国家林业局出台的《碳汇造林技术规定（试行）》《碳汇造林检查验收办法（试行）》《造林项目碳汇计量与监测指南》的规定，在造林地选择、基线调查、碳汇计量与监测、树种配置与模式、检查验收、档案管理等方面加强管理。

（3）探索碳汇造林相关技术。碳汇造林在我国还是一个新生事物，需要学习借鉴国际成功经验，探索具有中国特色并与国际规则接轨的营造林模式，建立与"三可"（可测量、可报告、可核查）相匹配的碳汇计量监测技术体系，为中国森林生态系统增汇固碳和中国温室气体减排开展"三可"奠定基础。

（三）加强科学研究，强化碳汇林业科技支撑

深入开展森林对气候变化响应的基础研究，针对碳汇林业与应对气候变化领域的前沿科学和技术问题开展研究，并积极参与国际交流与合作，为碳汇林业发展和国家主管部门决策提供科技支撑。

（1）加大林业碳汇科技研究。在提升林业建设科技水平的同时，重视林业应对气候变化的基础理论研究和实践探索，吸收国外林业碳管理和应对气候变化的先进技术成果，为中国碳汇林业的可持续发展服务。

（2）加大林业碳汇人才培训力度。培养林业碳汇科技人才和专家队伍，完善国家林业碳汇计量监测体系，推进碳汇林业工作深入有序地开展。

（四）加强宣传，引导全社会参与碳汇林业建设

森林在维护气候安全、生态安全、物种安全、木材安全、淡水安全、粮食安全等方面具有重要作用。在全球高度关注气候变化的背景下，林业碳汇已经成为国家的战略资源，受到了前所未有的关注。

（1）加强对外宣传，树立良好形象。我国森林资源快速增长所发挥的增汇固碳功能，是我国对全球做出的重大贡献，得到了国际社会的广泛赞誉和认可。应加强宣传，以扩大我国林业的国际影响力和话语权，进一步提升我国林业在应对气候变化领域的地位和作用。有利于树立我国负责任的大国形象，有利于我国外交上占据主动权，赢得国际社会对我国的理解和支持，为拓展我国经济发展空间做出积极贡献。

（2）加强社会宣传，提高公众应对气候变化的意识。大力宣传国家应对气候变化的政策措施，普及林业碳汇、碳汇交易等相关知识。

（3）树立绿色价值观，践行低碳生产和生活。广泛宣传碳汇林业在应对气候变化中的作用，充分调动企业、公众参加植树造林、保护森林等林业活动的积极性。大力倡导"低碳"的生产与生活理念，正确引导企业和个人通过林业措施中和碳排放，实现"低碳"乃至"零碳"的目标。

（4）正确认识碳汇，警惕利用林业碳汇非法集资。充分认识碳汇的实质，正确引导社会公众对林业应对气候变化、碳汇交易等相关知识的理解，特别注意一些媒体、公司在具体经济活动上对林业碳汇、碳汇交易等方面的不实宣传，误导社会公众盲目投资碳汇等行为，防止出现利用"林业碳汇"非法集资现象，维护广大人民群众的利益。

参考文献

[1] 联合国. 联合国气候变化框架公约（UNFCCC）. United Nations Framework Convention on Climate Change. 1992. http：//unfccc. int/resource/docs/convkp/conveng. pdf.

[2] 李怒云，杨炎朝，陈叙图. 发展碳汇林业 应对气候变化——中国碳汇林业的实践与管理[J]. 中国水土保持科学，2010，（08）：13 – 16

[3] 胡锦涛. 携手应对气候变化挑战：在联合国气候变化峰会开幕式上的讲话[EB/OL].（2009-09-22）http：//news. xinhuanet. com/world/2009-09/23/content_ 12098887. htm.

[4] IPCC. IPCC 第四次评估报告[EB/OL].［2009-06-12］. http：//www. ipcc. ch

[5] UNFCCC. Kyoto Protocol to the United Nations Framework Convention on Climate Change. 1997. FCCC/CP/1997/7/Add. 1. http：//unfccc. int/resource/docs/convkp/kpeng. pdf.

[6] 国家林业局. 应对气候变化林业行动计划[R]. 国家林业局，2009

[7] 中国国家发展和改革委员会. 中国应对气候变化国家方案[EB/OL].（2007-06-04）http：//www. ccchina. gov. cn/WebSite/CCChina/UpFile/File189. pdf.

[8] 李怒云. 林业碳汇计量[M]. 北京：中国林业出版社，2009：316 – 317

凝聚全球共识　见证中国担当

——联合国气候变化大会20周年回眸(上、下)

（吴小雁　中国改革报）

13天的谈判磋商，190多个发展阶段各异、国情千差万别的国家诉求，连续40多个小时的争锋博弈，一个相对平衡的结果，终于在当地时间2014年12月14日凌晨落地。联合国气候变化框架公约第二十次缔约方会议及京都议定书第十次缔约方会议在延期33个小时后闭幕。当大会主席、秘鲁环境部部长普尔加落下最后一槌，宣布利马气候大会闭幕时，人们才忽然发现，利马这座世界著名的"无雨之都"不知何时竟飘下缠缠绵绵的雨丝。

如果把20年作为一个时间节点，我们怅然回首，几乎不敢相信自己的眼睛。一个重复了十多次的场景，竟又出现在眼前。在这场艰苦的博弈中，每年发生变化的是不同的国家轮流坐庄，不变的却是重复的争吵、艰难的平衡。参会者岁岁年年人不同，争论不休的主题却年年岁岁花相似。

如果把20年作为一个历史舞台，大幕开启，我们豪情万丈，尽可以当之无愧地向世人宣称：20年联合国气候大会收获的绝不是一声叹息，更不是零和博弈。最为深入人心的评价应该是——20年斗转星移凝聚的是全球共识，20年日光月华见证的是中国担当。

全球共识

【诺亚方舟】圣经中记述了诺亚方舟的故事。那是一艘根据上帝的旨意而建造的大船，建造的目的是为了让诺亚与他的家人，以及带上方舟的各种生物能够躲避一场大洪水灾难。当方舟建造完成时，洪水如期而至，地球遭到灭顶之灾，唯有方舟里的生命得以幸存。

进入21世纪，有位法国建筑师设计了一艘"海上诺亚方舟"，它犹如一朵巨大的百合花盛开在海面上，可同时供5万人居住避险。或许当初旁观者会认为此举荒唐，但英国《卫报》的资深记者保罗·布朗的观点却暗合法国建筑师的未雨绸缪。布朗是一位关注气候变化多年的环境记者，积累了大量关于气候变化的信息。他在中国的一次研讨会上发言说："如果平均气温再上升2摄氏度,那么上海这样的沿海城市将被海水淹没。"布朗的话并非耸人听闻,按照目前多数科学家认可的推算方法,全球平均温度将在2050年上升2摄氏度。也就是说,再过30多年,世界或面临着"泡汤"。

如果说学者的数据推演令人将信将疑,那么实践家眼见为实的例证却足以令人触目惊心。海明威1936年发表了小说《乞力马扎罗的雪》。地产商王石受山与雪的诱惑,2002年费尽千辛万苦攀上乞力马扎罗之巅。结果大失所望,眼前是一片寸雪皆无的光秃秃的岩石。王石最近几年连续参加联合国气候变化大会。他要在中国代表团所设的"中国角"不厌其烦地向来自各国的代表讲述那次令人失望的攀登。

"全球变暖"似乎成为气候变化的代名词,温室气体排放成为万恶之源。但事实上,全球变暖只是第一步,气候变化带来的后果,绝不是冬天暖、夏天热这样简单。当世界上的一些地方被风暴和泛滥的洪水、恐怖的海啸袭击时,另一些地方却遭受着严重干旱的威胁。旱情的加剧,供水量的萎缩,将致使全球的粮食生产和供给告急。全球气温的上升必然导致荒漠化、森林退化、海洋变暖,物种无法适应气候而加速灭绝的步伐。二氧化碳的过度排放,把天捅出了个大窟窿,导致紫外线与人们过分亲近,于是罹患皮肤癌几率大大提高。当这一连串令人恐怖的画面一一呈现在人类面前,随之而来的必将是政治动荡、生态系统崩溃,或许一场水危机将会导致一场世界大战。

几年前,谈论气候变化的是科学家,再后来,好莱坞的艺术工作者也加入其中,气候灾难片成了热门题材。巧合的是,当时光走进2014年的冬季,前来参加气候大会的代表们行走在利马街头,不时可以看见美国电影《星际穿越》的海报。这部预言人类"坏未来"的科幻影片,讲述了气候变化导致人类不得不放弃地球的故事。

为了让决策者和一般公众更好地理解气候问题,分享相关科研成果,联合国环境规划署和世界气象组织于1988年成立了政府间气候变化专门委员会(IPCC)。IPCC在1990年发布了第一份评估报告。经过数百名顶尖科学家的评议,该报告确定了气候变化的科学依据,它对政策制定者和广大公众都产生了深远的影响。中国气象局国家气候中心副主任巢清尘在解读IPCC第五次评估报告时说,这份五六千页的报告,给出了几条最重要的信息:从总体上来讲强化了气候变化的紧迫性;从科学上进一步确认了人为造成近期的气候变化的确定性;从结论来讲,把路径也说的比以前更加清楚了。

忧心忡忡的人类逐渐认识到,用政治手段遏制碳排放,从而解决气候问题，恐怕是目前最有效的措施。终于在1992年5月22日，联合国政府间谈判委员会就气候变化问题达成公约———《联合国气候变化框架公约》（以下简称《公约》）。这是世界上第一个为全面控制二氧化碳等温室气体排放以应对气候变化的国际公约，也是国际社会在对付气候变化问题上进行国际合作的一个基本框架。

《公约》的目标是减少温室气体排放，减少人为活动对气候系统的危害，减缓气候变化，增强生态系统对气候变化的适应性，确保粮食生产和经济可持续发展。为实现上述目标，《公约》确立了五项基本原则：一是"共同但有区别"的原则，要求发达国家应率先采取措施，应对气候变化；二是要考虑发展中国家的具体需要和国情；三是各缔约方应当采取必要措施，预测、防止和减少引起气候变化的因素；四是尊重各缔约方的可持续发展权；五是加强国际合作，应对气候变化的措施不能成为国际贸易的壁垒。

如今已有190多个国家批准了《公约》，这些国家被称为《公约》缔约方。《公约》于1994年3月生效。每年将举行一次联合国气候变化框架公约缔约方会议（COP），简称为联合国气候大会。第一次缔约方会议于1995年在德国柏林召开。

1997年12月，第3次缔约方大会在日本京都召开。本次会议具有里程碑意义。149个国家和地区的代表通过了《京都议定书》，它规定从2008～2012年，主要工业发达国家的温室气体排放量要在1990年的基础上平均减少5.2%，其中欧盟将6种温室气体的排放削减8%，美国削减7%，日本削减6%。

2007年12月在印度尼西亚旅游胜地巴厘岛召开第13次缔约方大会。中华人民共和国国家发展与改革委副主任解振华告诉记者，在这次大会上，他首次担任中国代表团团长。"这次大会取得了里程碑式的突破，确立了'巴厘路线图'，为气候变化谈判的关键议题确立了明确议程。"他说，"巴厘路线图"建立了双轨谈判机制，即以《京都议定书》特设工作组和《联合国气候变化框架公约》长期合作特设工作组为主进行气候变化国际谈判。按照"双轨制"要求，一方面，签署《京都议定书》的发达国家要执行其规定，承诺2012年以后大幅度量化减排指标。另一方面，发展中国家和未签署《京都议定书》的发达国家则要在《联合国气候变化框架公约》下采取进一步应对气候变化措施。

缔约方第15次会议于2009年12月7日在丹麦首都哥本哈根召开。时任国务院总理温家宝和许多国家首脑一起参加会议。这是一次被喻为"拯救人类的最后一次机会"的会议。192个国家的环境部长和相关官员参与商讨《京都议定书》一期承诺到期后的后续方案。如果说哥本哈根大会是一次里程碑式的会议，主要是由《哥本哈根协议》体现出来的。根据《京都议定书》，只有发达国家执行具体的温室气体减排指标。而根据"巴厘路线图"和《哥本哈根协议》，国际社会将按照"共同但有区别的责任"原则谈判制定一个全球各国共同采取行动的全新的体制。

2011年在南非德班举行了缔约方第17次会议，"德班平台"的建立使这次大会同样具有特别意义。大会通过决议，建立德班增强行动平台特设工作组，决定实施《京都议定书》第二承诺期并启动绿色气候基金。对于绿色气候基金，大会确定基金为《联合国气候变化框架公约》下金融机制的操作实体，成立基金董事会，并要求董事会尽快使基金可操作化。

2015年12月将在法国巴黎举行缔约方第21次会议，这又将是一次承前启后的里程碑式的会议。但愿这个浪漫之都真的能为以往的缔约方会议画一个浪漫的句号，进而开创一个光明的未来。

天堂潮起潮落，人间舟来舟往，我们实在无暇顾及诺亚的前世今生，因为现代版的灭顶之灾或许就在眼前，现代版的方舟故事已让我们每个人都置身其中。

责任博弈

【第十二夜】《第十二夜》是莎士比亚早期喜剧创作的代表作。作品以抒情的笔调，浪漫喜剧的形式，讴歌了对爱情和友谊的美好理想，表现了生活之美、爱情之美。莎翁的这出喜剧调和了冲突，瓦解了悖论，有效填充了命运的缺憾，使每个剧中人都幸福圆满，上演了皆大欢喜的结局，让人们心中对"善与美"的向往变成现实。

联合国气候大会一般会期12天，可惜，第12天的夜晚却从没有像莎翁喜剧那样美妙。媒体报道曾有过这样的标题：没有不"拖堂"的气候大会。最近一次的利马会议，原定于2014年12月12日结束，而"拖堂"了16个小时之后，在近200个国家代表团中，仍有超过80个国家代表团不同意协议方案。待13日凌晨大会主席一锤定音时，已拖堂33个小时。

"今年你们记者如果采访利马会议，订返程机票要留有余地。会议通知是12月12日结束，一定要订13日甚至14日返程机票才行。"中国代表团团长解振华在利马大会前就给参会记者敲了警钟。这绝对是经验之谈。记者查阅资料发现，巴厘、哥本哈根、坎昆、德班、多哈、华沙……最近这些年的气候大会果真从未准点结束过。每次"第12夜"现场记者都仿佛度日如年。其辛苦不在话下，其郁闷更是实难忍受。其中最不给气候大会长脸的莫过于2009年的哥本哈根会议。大会主席说，本次大会所动员的政治意愿可能是空前绝后的，以后可能再也不会有这么多国家领导人参会了。大会主席没好意思说的是，本次大会是争论第一的典范，同样空前绝后。

说起哥本哈根，中国代表团团长、国家发展改革委副主任解振华2015年元旦假日过后，在办公室讲起5年前这段往事，恍如昨日：那是2009年12月15日，按照当天的预定会议日程，要在晚上9点召开履行公约义务谈判小组的谈判会议，听取履行公约义务谈判小组主席关于公约下各议题一揽子协议草案的报告。但就在会议将要开始的时候，美国代表走到主席台上，拍桌子指责谈判主席，表达其对主席文件草案的强烈不满。之后，谈判组主席与主要集团和国家代表紧急磋商。这一磋商，就持续了8个多小时。一直到凌晨5点，会议才重新开始。

有报道如实记录下气候大会"第12夜"的场景。会议进行到18日晚上7点，大会主席、丹麦首相拉斯穆森宣布召开本次缔约方会议最后一次全体会议，通过相关决定草案。这个协议明显偏向于发达国家的诉求。大会主席意欲强行通过协议的做法触犯了众怒，台下很多国家代表马上大力敲桌子表示抗议。一时间，偌大的会场，"嘭嘭嘭"的声音响成一片。

在安徒生的故里，这座童话之都如今没有童话。哥本哈根会议留给人们的不仅仅是喧哗和躁动，更是一场利益与责任博弈的真实写照。哥本哈根会议并不是孤例。解振华讲起2011年德班会议的故事，你依然会感到鲜活依旧，历历在目。

中新社2011年12月11日发了一篇题为《解振华德班质问"搅局者"：无资格给我讲道理》的报道，至今在网上都可以查阅到。报道的第一句话就是，中国代表团团长发火了！在德班气候变化大会最后一刻，面对发达国家的不断"搅局"，解振华质问道，"我们不是看你说什么，我们要看你做什么。到现在为止，有一些国家已经作出了承诺，但并没有兑现承诺，并没有采取真正的行动，讲大幅度率先减排，减了吗？要对发展中国家提供资金和技术，你提供了吗？"解振华挥动着手，提高了声音，"我们是发展中国家，我们要发展，我们要消除贫困，我们要保护环境，该做的我们都做了，我们已经做了，你们还没有做到，你有什么资格在这里给我讲道理?"解振华话音未落，午夜时分的德班国际会议中心，掌声雷动。几个小时后，德班气候大会宣布闭幕。在《京都议定书》第二承诺期、绿色气候基金等发展中国家最为关切的议题上，解振华说，"取得了我们满意的结果。"

气候谈判难谈拢，说到底是四个字：国家利益。减少碳排放量势必影响经济发展，在全球经济不景气的今天，减排意味着不仅给气候降温而且会给本国经济降温。每个国家都要锱铢必较，无非是为争取最大利益。一些发达国家强调发展中国家特别是新兴经济体承担更多减排承诺。发展中国家则要求平衡反映减排、适应、资金技术转让、能力建设等要素。各方贡献也应包括这些内容，毕竟经济社会发展和消除贫困仍然是发展中国家面临的最紧迫任务。印度、巴西等新兴国家代表每次都会一如既往地撂下一句意思相近的狠话："不会牺牲经济增长和与贫困作斗争的努力，去争取达成联合国气候谈判的成功。"

我们不难发现，20年来在联合国气候变化框架公约下，发达国家强压发展中国家承担不合理国际义务的图谋，从来就没有停止过。在谈判桌上，面对强权政治，发展中国家只用真诚和善良去参与，可能永远不会获得所期待的结果。"自从2009年哥本哈根会议以来，在国际气候谈判中，美国显然是发达国家的首脑；而中国在发展中国家中，有着类似地位。"日本著名时事杂志《外交家》如是称。利马会议的最后两天，争论的焦点并不新鲜。中国坚决地站在发展中国家一边，谴责发达国家未能兑现承诺并坚持认为，在减排上，发展中国家与发达国家"能力不同，责任也不同"。美国人则挑头叫板："到底哪个国家应该承担减排的最大责任?"

欧美等国家认为，中国的排放量在2013年就已经是全球第一，甚至超过欧美排放量的总和，最应该加大减排力度；中方则坚持"历史总量"的观点，认为这么多年来整体"累积排放量"中，以美国为首的发达国家占了70%，应该承担最大的减排义务。

中国代表团副团长、国家发展改革委气候司司长苏伟说，现在有些发达国家要求中国从发展中国家分出来，说中国已是第二大经济体，应承担和发达国家一样的责任。这是一个无理要求。我们现在还有两亿人生活在贫困线以下，就是一天仅1.5个美金的实际水平。

国家发展改革委气候司副司长李高说，美国前国务卿希拉里曾说过一句话，中国不是乍得，暗示中国不是发展中国家。事实上中国确实不是乍得，但是中国也不是美国和欧盟。从人均历史累积的排放，从经济社会发展的水平看，发达国家的历史责任及对目前气候变化的贡献，远远大于发展中国家的事实并没有改变。

"共同但有区别的责任"的原则认同，是谈判中最为艰苦的部分。国家应对气候变化战略研究和国际合作中心副主任邹骥透露。美方认为所谓"共同但有区别的责任"应该"与时俱进"，这条20年前订下的规矩，已经不符合现实。而中方坚定认为，中国仍然是发展中国家，在减排问题上，发展中国家的能力与发达国家不同，减排责任应有区分。另一个计算方式的分歧体现在"人均"。中国目前的人均排放量大约在六七吨左右，而欧洲国家，人均排放量最高时曾达到十几吨。欧美等国家理当承担更大的减排责任。

所有的争论本不该是为了论个高低，而是为了我们赖以生存的地球，为了全人类。这本来是个再浅显不过的道理。然而大道理却常常被小道理搅局，令人"一叶障目不见泰山"。马拉松式的谈判总在人类所面临的共同挑战与国家或者国家集团的利益之间角逐，这让联合国秘书长潘基文也万般无奈。他只能再一次呼吁各国政府致力于2015年巴黎气候变化大会上，达成一项具有普遍意义的气候协议，为在本世纪末将地球的升温幅度控制在2摄氏度以内贡献应尽的力量。

然而，令人遗憾的是：只有期盼，没有答案。

期待共赢

【马太效应】"马太效应"的概念源于圣经《新约·马太福音》中的一则寓言。"凡有的，还要加给他叫他多余；没有的，连他所有的也要夺过来"。泛指强者愈强、弱者愈弱的法则。此术语后为经济学界所借用，反映赢家通吃的两极分化现象。

在气候谈判的博弈中，马太效应的阴影似乎总是若隐若现。

在哥本哈根气候大会上，面对美国谈判代表的无理要求，解振华曾拍了桌子。解振华说，发达国家人均GDP是发展中国家的很多倍，他们的温室气体排放量还在增长，而发展中国家面临消除贫困、发展经济的艰巨任务，为什么非要强加给发展中国家不合理的减排指标？他说，有些国家的排放是奢侈性排放，是锦上添花，有些国家的排放是发展排放，有些国家的排放则是生存排放。中国既有发展排放，也有生存排放，另外还有24%是为了别人，主要是为发达国家的消费而排放。"如果要讲公平，就应该按人均历史累积排放来规定各国的减排义务，而不是光看排放总量。"

据巢清尘介绍，最早的气候观测是从 1850 年开始，当时国际上只有一个研究机构做出了研究结果，但可信度还存在一定的局限性。所以 IPCC 报告里主要用的是过去 130 年的数据，因为它强调采用多种研究结果共同给出的一致数据，我们正确理解观测到的气候变化的基本时间点，应从 1880 年开始。

不争的事实是，这一气候观测的起始点，正是西方国家工业化如火如荼的时候。西方工业革命进程已经几百年了，现在世界上累积的碳排放八成都是发达国家"贡献的"，为何就不能贡献资金和技术支持发展中国家？数据显示，从工业革命到 1950 年，发达国家排放的二氧化碳量，占全球累计排放量的 95%；从 1950 年到 2000 年，发达国家碳排放量占到全球的 77%。英国一家风险评估公司 2009 年年底公布的能源使用二氧化碳排放指数显示，从年人均排放二氧化碳看，美国为 19.58 吨，澳大利亚为 20.58 吨，而中国为 4.6 吨，不及他们 1/4；从人均历史累计碳排放量看，英美人均 1100 吨，而中国人均 66 吨，只是英美等国的 1/20。

此外，对于目前新兴经济体的温室气体排放，发达国家也应承担一定的"转移排放"责任。当西方工业文明用坚船利炮征服世界的时候，农业文明国家还在刀耕火种，发达国家不能不认账，更不能不负责任。拿工业发展的红利来帮助发展中国家，既是救赎自己，也是救赎地球。难道真的要如马太福音所言"凡有的，还要加给他叫他多余；没有的，连他所有的也要夺过来"？

时至今日，联合国气候谈判大会已经持续了整整 20 年，《京都议定书》缔约方会议也已持续了 10 年。令各方都满意的一致意见越来越难达成，谈判进程越发艰辛。联合国早已意识到了这是一场永难调和的持久战，于是气候大会上"妥协"这个词越来越被人关注。

有一句古老的格言展示了中国人的智慧："退一步海阔天空"。中国政府代表团团长解振华在秘鲁利马气候大会上的发言，是这句格言的最好注脚，为许多国家的代表所认同。在中国代表团"气候传播与公众意识"主题边会上，解振华一番话切中要害：气候谈判要在"全人类的共同利益和各国的核心利益之间找到平衡"，实现合作共赢。如果追求零和博弈，一方或一个集团完全胜利，另一方或另一个集团完全不满意，这个多边机制就是失败的。

在利马会议前的一次记者培训会上,有位专家说得好,如果只是各国自己干自己的,那么我们也不需要什么国际协议。国际合作的概念非常重要,我们要通过这样一个国际协议,不仅促进各国要比原来做得更好,而且通过这样一种国际机制的安排,来提供一种支持和鼓励。特别是发达国家提供资金技术转让支持发展中国家做得越多,对于全球应对气候变化的整体效果的贡献就会越大。

事实上,越来越多数据显示,减排与经济增长并不冲突。全球清洁能源产业近几年一直在加速发展。丹麦已提出要在 2050 年实现全国 100% 使用清洁能源,预计成本仅为每人每年 20 欧元。中国开发清洁能源的速度超越了许多发达国家,相关中国企业通过风力发电设备、光伏面板出口以及在其他国家修建清洁能源设施,创造了大量经济效益。在美国,虽然政府在减排方面动作迟缓,但私营企业的相关投资却在增长。引领全球电动汽车产业的特斯拉汽车公司近期就宣布,将兴建一个完全使用清洁能源运行的超级电池工厂,有望创造 6 500 个工作职位。这些都说明,推动节能减排与经济发展并不矛盾。

发展中国家基础设施大多还不够完善,这对发达国家来说其实意味着很好的投资机会,比如电力设施,如果能获得更多的资金和新技术进行能效升级,不但可减少温室气体排放,发达国家的相关企业也能从庞大的电力需求中获得不错的投资回报。但前提仍然是政府间能否抛开短期利益冲突,达成共识,创造一个有利的政策环境,才能实现真正双赢的局面。

零和博弈是指在竞争中,一方的收益必然意味着另一方的损失,参与博弈各方的收益和损失相加总和永远为"零",不存在合作的可能。气候变化影响着人类,应对气候变化,各国必须抛弃相互制约的零和博弈心态,在可持续发展目标下共同推动减排行动才会收到实效。缔约方任何单方面的努力,对整个气候变化正能量的影响都是徒劳的。而赢家通吃的博弈,也注定只能收获没有赢家的结局。越来越多的人持有这样的共识,也许是联合国气候大会坚持年年一聚,虽然吵吵闹闹而又棒打不散的内生动力。

新闻正文

每天早晨 8 点,晨会准时召开,听取头一天的工作总结、安排调整当天的工作计划。这是联合国气候变化大会利马会议期间中国代表团的必修课。尽管会议室有几十把椅子,却仍然常常有人只能站立听会。尤其是没有空调的简易大棚内，闷热程度与交流谈判细节的热烈程度绝对是相映成趣。外交部气候变化谈判特别代表高风，是多年参与气候谈判的元老。他在接受记者采访时不禁感慨：20年前中国参与国际气候大会和谈判的人，不过三五个，一间办公室、几张办公桌。现在的中国代表团已有百十号人了。当时的年轻人如今已是满头青丝熬成白发，后来者也已从年轻走向成熟。

有此感慨的不止高风一人。在参与气候大会谈判的中国代表团成员中，无论是年长者还是年轻后生，每个代表团成员心中都有一本沉甸甸的账：这20年增长的不仅仅是代表团规模和个人的年龄，还有高速增长的中国经济，以及高增长带来的高排放。

20年征程风风雨雨，20年博弈坎坎坷坷，20年改革如诗如歌，20年发展如画如卷，20次气候大会一路走来，不仅见证了中国代表团的铁肩担当，更见证了一个负责任的发展中大国为实现艰苦卓绝的经济转型和应对气候变化而付出的努力与牺牲。

转型之路

【女娲补天】传说盘古开天辟地，女娲用黄泥造人，日月星辰各司其职，子民安居乐业。后来共工与颛顼争帝位，不胜而头触不周山，导致天柱折，九州裂，洪水泛滥，大火蔓延，人民流离失所。女娲取五色土为料，又借来太阳神火，历时九天九夜，炼就了五色巨石将天补好。女娲补天之后，天地定位，洪水归道，烈火熄灭，四海宁静。

【镜头一】2014年12月5日下午，在秘鲁首都利马举办的联合国世界气候变化大会第20次缔约方会议上，"中国角"系列边会正式拉开帷幕。中国低碳旅游推介委员会、中国低碳旅游基金会秘书长刘霞在"中国角"系列边会作"中国低碳旅游的倡导与实践"主题演讲。她的演讲以中国低碳旅游的实体项目"生态景区中国行活动"、中国首家低碳旅游体验馆———零碳创意馆等作为实例，从政策、行业、环保、公益、实践等方面介绍了中国在生态景区建设、低碳旅游方面的努力和行动。

在中国30多年的改革开放历史上，"倒逼"这一招似乎屡试不爽。从一开始的对外开放，到后来的加入WTO。

"只有通过绿色、低碳发展的途径，实现可持续发展，既发展了经济、改善了民生，又保护了环境，还要应对气候变化，这才是我们的目标。"国家发展改革委副主任解振华在接受采访时表示，实现减排目标的过程，会对全国的生产、生活、工业等所有领域带来相当大的变化。到2030年，中国的雾霾天气会大大减少，环境质量、经济增长质量、人们可持续发展的观念都会发生很大改变。正如国家主席习近平所说的，应对气候变化是中国可持续发展的内在要求，也是负责任大国应尽的国际义务，"这不是别人要我们做，而是我们自己要做。"

就像女娲补天，这是一种自我补天。解振华称，减排目标是我们对国际社会作出的承诺，是经过全国人大批准的，具有法律约束力，无论遇到什么样的困难都要实现。

1994年第一次联合国气候大会时，中国经济正以年平均10%的增长速度奔驰在高速发展的快车道上。这样的速度曾令国人自豪，令世界瞩目。这种速度的后果也必然造成高排放。减排意味着关停并转、意味着就业率萎缩，意味着GDP下降。这笔账不用细算，一目了然。能否勇于面对减排给中国经济发展和繁荣造成的伤害，一个在工业化、城镇化和农业现代化齐头并进的发展中大国，必然面临发展经济、改善民生、保护环境、应对气候变化等多重压力与选择。本着高度负责的精神，中国政府痛下决心调整结构实现转型升级，毅然决然选择了走符合中国国情的发展经济与保护环境、应对气候变化多赢的可持续发展之路。

2014年联合国气候变化大会第20次缔约方大会召开前夕，国家发展改革委发布了《中国应对气候变化的政策与行动2014年度报告》，报告共分七个部分，包括减缓气候变化、适应气候变化、低碳发展试点与示范、能力建设、全社会广泛参与、国际交流与合作、积极推进应对气候变化多边进程等，全面介绍了中国在应对气候变化方面采取的一系列政策措施和取得的成效。中国经济转型的含金量尽在其中。

中国代表团团长解振华在利马气候大会上的讲话就是一张中国经济发展转型的成绩单，各科成绩一目了然。

一是明确行动目标。中国于2009年提出了到2020年单位GDP二氧化碳排放比2005年下降40%~45%、非化石能源占一次能源比重达到15%、森林蓄积量增加13亿立方米的目标。展现中国为应对全球气候变化作出更大贡献的态度和决心。

二是加强战略规划。先后制定并实施《"十二五"控制温室气体排放工作方案》《国家适应气候变化战略》《2014~2015年节能减排低碳发展行动方案》《国家应对气候变化规划(2014~2020年)》等一系列重要文件，明确到

2020年、2030年、2050年低碳发展的路线图，加快推进应对气候变化立法进程。

三是建立健全工作机制。成立了以国务院总理为组长的国家应对气候变化领导小组，建立国家气候变化专家委员会。健全地方应对气候变化机构和工作机制。同时，将碳强度、能源消耗下降指标纳入经济社会发展规划，分解落实到各级地方政府，建立目标责任制度，形成转变发展方式的倒逼机制。

四是开展试点示范。在6个省和36个城市开展低碳省区和城市试点，探索在不同地区尽快达到碳排放峰值的有效路径。选择55个园区开展低碳工业园区试点，在地级以上城市开展低碳社区试点，积累中国特色新型工业化和新型城镇化经验。在北京、上海等7省市开展碳排放权交易试点，目前已全部实现上线交易。

五是加强基础能力建设。发布国家重点推广的低碳技术目录，加强温室气体统计核算与考核体系建设，开展气候变化国家信息通报和温室气体清单编制工作。设立"全国低碳日"，加强应对气候变化和低碳发展的宣传教育。

此外，节水、节电、节纸，少产生垃圾，旧物利用，多用非一次性、非塑料的购物袋，倡导步行、骑车，多乘公交少开车等等绿色低碳生活方式，在社区、在学校、在企业、在机关，在中华大地得到越来越多的回应。"我来自中国温州，我想发动更多的人一起参与环保事业。"受邀参加利马气候大会的温州民间"环保达人"白琼璟，在参加"世界民间力量高峰论坛"时作主题发言。本次大会上，他获得"世界环保形象大使"荣誉称号。而同样来自温州的浙江省亚热带作物研究所博士雷海清，也在边会上介绍了温州碳汇林业的实践经验，包括温州设立了全国第一个地市级碳汇专项基金，共募集资金7 430万元；温州发展碳汇林业5年间共实施32个碳汇项目，碳汇效益显著。

实质上，自2009年哥本哈根大会开始，一直到今天，全球气候变化应对的治理结构已开始逐步调整，向"大国治理"的模式过度，而开花结果的一刻就是在5年后的今天，中美借由APEC会议达成减排上的共识，也只有这样的共识才足以真正实现巴黎气候变化大会的全球框架目标。

中国担当

【铁肩道义】杨继盛，明嘉靖年间出任南京兵部员外郎。为人笃实刚正，不畏权势，因弹劾大奸臣严嵩未果，被处死。他在临刑前写下名联："铁肩担道义，辣手著文章。"1916 年 9 月，李大钊的一位朋友请他题写一副对联。他奋笔疾书了"铁肩担道义，妙手著文章"十个大字，与朋友共勉。将"辣"字改成"妙"字，一字之差，意境不同。

【镜头二】2014 年 9 月 4 日，应对气候变化南南合作赠送巴巴多斯物资开标评审活动在中央国家机关政府采购中心举行，国家发展改革委气候司对外合作处相关同志作为采购人代表旁听了开标环节，并在闭路电视室观看了评标专家会议。按照双方协议，国家发展改革委向巴巴多斯政府赠送 25,000 只半导体发光二极管（LED）灯管和 1 000 套节能空调。根据《政府采购法》，国家发展改革委委托中央国家机关政府采购中心组织相关产品的招标采购活动。

据了解，2011 年以来，我国政府在南南合作框架下向 12 个发展中国家赠送了气候变化相关物资。

在利马气候大会进入关键的部长级会议之际，台风"黑格比"正肆虐菲律宾。发展中国家应对极端天气的软肋再次显露。而与部分发达国家在应对气候变化问题上"口惠而实不至"的做法形成鲜明对比的是，身为发展中国家的中国，却在积极地贡献资金、传授技术、分享经验。

"自从 2009 年哥本哈根会议以来，在国际气候谈判中，美国显然是发达国家的首脑；而中国在发展中国家中，有着类似地位。"日本著名时事杂志《外交家》如是称。在联合国气候大会上，中国代表团既要有与自己的责任能力相匹配的担当，又表现出巧妙斡旋的领导力。"铁肩"与"妙手"说来容易实则艰辛。

在利马会议期间，记者与中国代表团新闻组联系，计划采写一篇"中国代表团团长的一天"。因为解振华团长每天连轴转地接见、会晤、谈判、磋商等无暇接受采访而一推再推，终未如愿，但新闻组提供的两张日程表，一直存在记者的电脑里。由于篇幅所限，记者只抽取解振华在利马会议期间一天的日程安排。

12 月 9 日，9:05～9:15，中国应对气候变化纵向一体化战略主题边会致辞；9:45，高级别会议开幕式；10:50～11:30，会见巴西 Ambassador Marcondes；11:30～11:50，会见澳大利亚外长 Julie Bishop 和贸易部长 Andrew Robb；11:55～12:10，与 Nick Stern 教授等寒暄；12:10～2:20，"国际合作：迈向 2015 年气候协议———国际智库的视角"致辞；12:45～13:15，会见孟

加拉部长 Anwar Hossain；15:45~16:15，会见坦桑尼亚副总统 Dr. Mohammed Gharib Bilal；16:25，高级别会议国别发言；16:50，资金高级别会议发言；17:10~17:30，会见国际能源署署长 Maria van der Hoeven，议题：大气污染与气候变化的联系、CCS、提高能源行业灾害抵御能力；18:10~18:50，会见潘基文；18:30~18:40，中国碳市场展望主题边会致辞。

当65岁的解振华在会议室面向墙壁迅速地吃着盒饭时，他的背影让很多工作人员眼眶湿润。这样的工作状态只是中国代表团工作的一个缩影。在日程安排之外，解振华在短短的几天内，还分别同8个发展中国家、8位联合国机构的专家学者一起讨论了相关问题。记者在会场内外见到的解振华永远都是步履匆匆，在利马火球似的太阳照耀下，连长长的背影都在迅速地移动。这位被称为"气候先生"的团长以"铁肩担道义""从容战群雄"的气魄与谋略，赢得了世界的认可与推崇，他的担当与情怀同样是中国应对气候变化的缩影。正如美国前任副总统、气候现实项目主席阿尔·戈尔在"中国角"发表演说时表示，"我非常享受解主任的讲话，我也很想感谢他的领导力。"这绝不是客气和恭维，这是中国在联合国气候大会上的地位和作用的真实写照。

联合国副秘书长、环境规划署执行主任阿希姆·施泰纳盛赞解振华在气候领域的影响力。他说，"在过去的15年里，您的努力会被写进教科书，世界都会记得您的语言和足迹。"

利马会议期间，中国代表团全面、广泛、深入地参加了各个议题的磋商，以理性、务实、建设性的姿态与各方对话沟通协调，全力支持东道国秘鲁的工作，为会议取得成功做出了重要贡献。其实中国的建设性作用不仅仅体现在短短的12天会议之中，中国的担当在与世界各国一道携手努力，共同构建公平合理、合作共赢的全球气候治理体制上，体现得更为充分。正如解振华所言，气候变化是全球面临的共同严峻挑战，关系到全人类可持续发展的未来和子孙后代的福祉。作为一个发展中国家，中国积极应对气候变化是建设美丽中国，实现可持续发展的内在要求，也是对全世界的责任担当。中方将继续与各方凝聚共识，同舟共济，按照"共同但有区别的责任"原则，携手推动气候变化国际谈判如期达成协议，构建合作共赢的全球气候治理体系。

绿色气候基金是发达国家向发展中国家提供资金支持的重要平台，发达国家此前承诺到2020年每年提供1 000亿美元，但迟迟未能兑现。解振华表示，自 2011 年以来，中国政府累计安排了 2.7 亿元人民币用于帮助发展中国家提高应对能力，培训了来自 120 多个发展中国家的 2 000 多名官员和气候人员。国务院副总理张高丽在去年的联合国气候峰会上表示，中国大力推进应对气候变化方面的南南合作，从 2015 年起，将在现有基础上把每年的南南合作资金支持再翻一番，建立气候变化南南合作基金。中国还将提供 600 万美元用于支持联合国推动应对气候变化南南合作。

联合国开发计划署署长海伦·克拉克称赞"中国加大了气候变化南南合作基金的注资，在南南合作方面做出了非常大的贡献。中国的做法值得国际社会学习。中国发展的方式、技术和模式对其他发展中国家也大有裨益"。阿希姆·施泰纳则表示，中国在推动南南合作中的作用"积极、重要、有效"。全球在南南合作方面的兴趣加大，经验分享加速。气候变化是各国合作的平台，感谢中国为南南合作做出的努力，让这个平台更加具有凝聚力。

近年来，中国政府先后向小岛屿国家、欠发达国家、最不发达国家和地区以及非洲国家提供了用于应对气候变化的资金。中国还与乌干达、布隆迪等 12 个国家签署了应对气候变化物资赠送的谅解备忘录。埃及环境部长哈立德·法赫米表示，地球上的南方国家大多脆弱，只有展开务实合作才能面对气候变化做出适当决策。埃及赞赏中国政府向有需要的国家伸出援手。

中国担当不仅体现在政府层面。中国企业以及中国投资在"走出去"的过程中积极配合当地的环保标准，为世界环境保护的可持续发展做出了贡献。厄瓜多尔非政府组织经济和社会权利研究所国际金融协调员宝琳娜·加尔松表示，目前承担拉美地区水利水电工程建设的主要是中资企业。中资企业用先进的技术帮助许多拉美国家用上了可持续能源，具有重要的环保意义。

"今后 5 年~10 年基础设施建设和能源会达到 97 亿美元的市场，希望企业们积极利用这个市场。"解振华表示。阿希姆·施泰纳认为，中国着力发展低碳经济，走绿色发展道路。中国企业在可再生能源方面所做的努力，不但对中国自身发展清洁能源非常关键，同时也为国际市场特别是非洲等发展中国家获得经济的清洁能源做出了杰出贡献。

"授人以鱼，不如授人以渔"。有效的合作不仅限于资金、技术和物资支持。越来越多的发展中国家正在为解决本国的社会、经济、环境问题寻求全方位解决方案。帮助这些发展中国家培训人员，进行能力建设，设计符合其本土发展特点的解决方案，对这些发展中国家无疑更有帮助。

在利马会议最艰难的时刻，又是中国代表团的斡旋打破了僵局。在延期33个小时后，利马大会终于在凌晨时刻结束了。解振华随即对媒体表示，在大会主席的主持下，经过各方积极努力，最终达成了相对平衡的结果，基本满足了发展中国家的要求。190多个国家计划在2015年巴黎气候大会上签署一份新的全球协议，对2020年以后全球气候治理做出规划。

短短几句话，听上去轻描淡写，在这样一个各方都能接受的结果背后，或许天知道一个负责任的大国为此付出的艰辛与努力，否则利马这个世界著名的"无雨之都"，为何在此时此刻飘下无声的雨滴？

希望之光

【第八奇迹】人们如果乘飞机经过秘鲁南部的纳斯卡荒原，会俯瞰到前所未见的奇景：荒原上镶刻着一幅幅绵亘无垠的奇异巨型图画。这些巨型图画又分别组成蜥蜴、蜘蛛、孔雀以及巨鹰等动物的轮廓图。当旭日东升之时，一幅幅美丽奇异的图画便会呈现，当太阳升高之后，这些巨画便杳然消失。"纳斯卡谷地巨画"因此被称为"世界第八奇迹"。

【镜头三】中国低碳联盟主办的"中国企业低碳论坛"及"今日变革进步奖"颁奖典礼于12月8日在秘鲁首都利马举行。作为利马联合国气候大会"中国角"边会的重要一场，在低碳创新方面颇有心得的中国企业向与会代表们讲述了中国的低碳故事。

"我们原来一直局限在建筑本身是不是节能，建筑本身是不是绿色，但对于景观和环境没有统一的指标要求和完整的技术体系，现在万科逐渐将微环境等因素纳入其中，着力打造'会呼吸'的绿色社区。"万科集团建筑研究中心总经理王蕴娓娓道来。万科绿色建筑理念引起了不少与会嘉宾的共鸣。

万科的做法是在前期调研时将环境最好的地方打造成公共活动空间，在种植绿植时考虑到通风、遮阳、防蚊等功效。这样可以最大限度地延长居民的户外活动时间，达到省电环保的效果。数据显示，居民户外活动增加1小时，每平方米每年就可以省电1度，目前万科绿色三星和幸福系项目每年大约节约4 000万度电。

"技术创新需要企业做大量的实践工作。"国家发展改革委能源研究所研究员周大地表示，绿色建筑的发展不仅从节能标准的控制上解决问题，在建筑的实际运行使用过程中，包括绿色社区等理念的推广都具有更加重要的意义。

"我们必须以当年建造纳斯卡巨画的人为榜样，效仿刻下这些巨画的人的韧性，并且创造如同这些巨画一样具有可持续发展特征的全球气候和发展日程。"联合国气候变化框架公约秘书处执行秘书克里斯蒂娜·菲格雷斯，在利马会议的演讲中呼吁与会代表，她表示，从秘鲁当地人在几个世纪之前建造的纳斯卡巨画中得到鼓励。我们现在需要"如同纳斯卡巨画一样不会被时间磨灭的"气候变化的行动路线。

　　2014年9月召开的联合国气候峰会尽管时间只有短短一天，但开幕式结束后，各国领导人分3个会场举行会议，各自讲述应对气候变化的行动，发表了"雄心宣言"。联大第69届会议主席库泰萨在峰会上表示："我们今天汇聚在这里有两个目标：调动政治意愿，以便最终于2015年12月在巴黎达成一项有意义的、普遍性的气候变化协议；同时在现实生活中采取行之有效的行动，增强我们面对气候变化的应对能力、减少温室气体排放量、促进世界经济朝着一个更为清洁和更为绿色的方向发展。"

　　听罢许多国家元首的纷纷表态，不由得令人心生希望之光。作为第21届缔约国会议的东道国元首、法国总统奥朗德在峰会上指出，气候变化是人类面临的艰巨挑战，世界不能忘记2009年的哥本哈根气候变化会议未能达成协议的失败教训，并有责任促成巴黎会议取得成功，达成一项全球性的雄心勃勃的协议。美国总统奥巴马宣布，他已于当天发出行政命令，要求联邦各部门在国际发展项目和投资中将增强气候复原力因素纳入其中。韩国总统朴槿惠表示，人们应当把针对气候变化采取行动当成一种机遇，而不是负担，应当将技术和以市场为基础的解决方案置于中心位置，所有国家都应当共同努力、采取行动。

　　联合国气候变化框架公约秘书处可持续发展部主任约翰·吉拉尼表示，中国在应对气候变化方面的确是先锋，中国一直致力于进行产业更新换代，摒弃一些不必要的生产能耗；发展非化石能源，诸如风电、太阳能等；发起一系列能源可持续发展项目。据悉，中国是清洁发展机制项目的最大参与方，中国已有清洁发展机制注册项目3 762项。

　　针对2014年11月12日中美双方在北京共同发表《中美气候变化联合声明》，联合国秘书长潘基文颇为赞赏地称，此举为2015年巴黎气候大会达成新协议做出了重要贡献，中美两国展现了世界所期待的领导力。他敦促所有国家，尤其是主要经济体在不迟于2015年第一季度公布2020年后应对气候变化目标。时任欧洲理事会主席范龙佩和欧盟委员会主席容克发表联合声明，欢迎中美 2020 年后各自应对气候变化行动，并重申欧洲理事会通过的《2030 年气候与能源政策框架》，该文件对欧盟的温室气体减排、增加可再生能源、提高能源效率等做出了安排。在当前形势下，各方保持应对气候变化的雄心，为巴黎气候大会达成可靠、持久的气候变化新协议而努力，无疑具有重要意义。有专家称，中美两国的联合声明基本上已给世界发出一个极为明显的信号：全球在气候变化应对上迎来"新常态"。显然，这也是中国经济新常态在气候变化领域的一个重要延伸。这表明未来随着中美两国各自围绕减排目标而展开相应的工作，气候变化应对也将吸收过去数十年以来形成的全球化成果，那就是在全球范围内配置减排资源，包括减排的配额、技术、资金、市场以及人才等等，也就是在新的全球国际经济贸易金融的体系内，开展更加有成效的减排工作，以极大地降低全球气候变化应对和减排的成本。就此而言，全球气候变化应对有望在不远的未来进入体现为"要素整合"的"全球化"阶段，从而避免在之前走过的"单边应对"或"孤军奋战"的格局。

布尔歇是位于法国首都巴黎东北郊的一个美丽小镇。2015 年年底，这个小镇将成为全球瞩目的焦点，第 21 次缔约方大会将在此举行，国际社会多年来气候谈判的努力将在此接受检验。如果说历次联合国气候变化大会都在努力打开"机会之窗"的话，那么巴黎的这次大会将决定这一"机会之窗"的开合。潘基文强调，目前仍有机会实现"升温 2℃ 以下"，但机会之窗正在闭合，所有国家必须成为解决方案的一部分，社会各个层面都应积极介入。

解振华在谈及对今后气候变化国际谈判的期待时指出，2015 年还有很多场谈判。除了所有国家参加的谈判外，还有多场双边、区域、集团的谈判。而且谈判都是实质性的，会更艰苦，需要各国展现更大的雄心、信心和决心，展现最大灵活性。巴黎会议是多边进程的重要节点，目标是达成 2020 年后加强应对气候变化行动的国际协议。我们希望各方遵循联合国气候变化框架公约确立的"共同但有区别的责任"原则、公平原则和各自能力原则，集中精力围绕减缓、适应、资金、技术、能力建设、透明度等要素展开谈判，精诚合作，聚同化异，尽早就协议案文达成共识，确保巴黎会议如期达成协议，不断加强公约的全面、有效和持续实施。我们也期待发达国家进一步展现领导力，在切实落实公约下率先减排和向发展中国家提供资金和技术支持的义务，不断提高行动力度，帮助发展中国家提高应对气候变化的能力，提振国际社会携手应对气候变化的信心和雄心。

美国前任副总统阿尔·戈尔，在利马气候大会的"中国角"致辞中表示："中国有位鲁迅先生曾经说过，世上本没有路，走的人多了也便成了路。在利马我们看到，正是由于踏上应对气候变化这条路的人越来越多，我们才能共同实现我们的梦想。"这或许也是全人类的心声。

回首20年气候变化大会，可谓道路曲折前途光明；翘首巴黎会议，"那么问题来了。"显然争论仍会继续，但对190多个缔约国的第21次争论，我们依旧满怀希望。预期的目标离我们越来越近。巴黎，是值得期待的。下一个20年，更值得期待。

气候变化谈判,走过风云变幻20年

——气候变化谈判历程和南非德班气候大会展望

金普春 王春峰 张忠田 王国胜

气候变化是人类面临的严峻挑战,必须各国共同应对。自1992年《联合国气候变化框架公约》诞生以来,各国围绕应对气候变化进行了一系列谈判,这些谈判表面上是为了应对气候变暖,本质上还是各国经济利益和发展空间的角逐。

政府间气候变化专门委员会(IPCC)评估结果表明:全球气候正在变暖,而导致变暖的原因主要是人类燃烧化石能源和毁林开荒等行为向大气排放大量温室气体,导致大气温室气体浓度升高,加剧温室效应的结果。据美国国家大气和海洋管理局(NOAA)最新报告,全球大气中二氧化碳平均浓度已由工业革命前的280ppm(ppm:百万分之一)左右升高到了2010年的389ppm。

政府间气候变化专门委员会历次评估报告还在不断地警醒国际社会,应当尽快大幅减少温室气体排放。否则,全球气温升高将导致海平面上升、粮食减产、传染病增加、水资源短缺、濒危物种灭绝等严重后果,对自然生态系统和人类社会产生相当不利的影响。因此,世界各国必须积极行动起来,应对气候变暖。

气候谈判——走过风云变幻20年

从1992年启动气候谈判以来,气候谈判总体呈现发达国家和发展中国家两大阵营对立的格局,这种格局目前尚未发生重大变化。但与此同时,全球温室气体排放格局却发生了相当大的变化。根据国际能源署的相关报告,1990年全球化石能源总排放约为201亿吨二氧化碳当量,其中,发达国家占68%,发展中国家占32%;2008年全球化石能源总排放为284亿吨二氧化碳当量,其中,发达国家占51%,发展中国家占49%。从国别看,到2000年,25个主要排放国排放量约占全球总排放量的83%,其中,美国、中国、欧盟、印度、俄罗斯合计约占全球总排放量的60%。中国在1992年的排放量约占全球的11%，2008年则占全球的23%，位居世界第一。从排放趋势看，发达国家历史排放量多，当前和未来排放量总体呈下降趋势；发展中国家历史排放量少、当前和未来呈增加趋势。全球温室气体排放格局的变化，在很大程度上导致了发达国家和发展中国家在谁先减排、减多少、怎样减，以及如何提供资金、提供气候友好型技术支持发展中国家减缓等问题上，展开了激烈争论，短期内很难达成一致，并进一步导致了发达国家和发展中国家两大阵营内部谈判力量的分化组合。

1992年《联合国气候变化框架公约》诞生

为了促使各国共同应对气候变暖，在1990年IPCC发布了第一次气候变化评估报告后不久，1990年12月21日，第45届联合国大会通过第212号决议，决定设立气候变化框架公约政府间谈判委员会。这个委员会成立后共举行了6次谈判，1992年5月9日在纽约通过了《联合国气候变化框架公约》（简称《公约》），同年6月在巴西里约热内卢召开的首届联合国环境与发展大会上，提交参会各国签署。1994年3月21日《公约》正式生效。

《公约》的主要目标是控制大气温室气体浓度升高，防止由此导致的对自然和人类生态系统带来的不利影响。《公约》还根据大气中温室气体浓度升高主要是发达国家早先排放的结果这一事实，明确规定了发达国家和发展中国家之间负有"共同但有区别的责任"，即各缔约方都有义务采取行动应对气候变暖，但发达国家对此负有历史和现实责任，应承担更多义务；而发展中国家首要任务是发展经济、消除贫困。

1997年通过了《京都议定书》

《公约》虽确定了控制温室气体排放的目标，但没有确定发达国家温室气体量化减排指标。为确保《公约》得到有效实施，1995年在德国柏林召开的《公约》第1次缔约方大会通过了"柏林授权"，决定通过谈判制定一项议定书，主要是确定发达国家2000年后的减排义务和时间表。经过多次谈判，1997年底在日本京都通过了《京都议定书》，首次为39个发达国家规定了一期（2008~2012年）减排目标，即在他们1990年排放量的基础上平均减少5.2%。同时，为了促使发达国家完成减排目标，还允许发达国家借助三种灵活机制来降低减排成本。此后，各方围绕如何执行《京都议定书》，又展开了一系列谈判，在2001年通过了执行《京都议定书》的一揽子协议，即

《马拉喀什协定》。2005年2月16日《京都议定书》(以下简称"议定书")正式生效。但美国等极少数发达国家以种种理由拒签议定书。

2005年启动了议定书二期谈判

由于议定书只规定了发达国家在2008~2012年期间的减排任务,2012年后如何减排则需要继续谈判。在发展中国家推动下,2005年底在加拿大蒙特利尔召开的《公约》第11次缔约方大会暨议定书生效后的第1次缔约方会议上,正式启动了2012年后的议定书二期减排谈判,主要是确定2012年后发达国家减排指标和时间表,并建立了议定书二期谈判工作组。但欧洲发达国家以美国、中国等主要排放大国未加入议定书减排为由,对议定书二期减排谈判态度消极,此后的议定书二期减排谈判一直进展缓慢。

2007年确立了"巴厘路线图"谈判

在发展中国家与发达国家就议定书二期减排谈判积极展开的同时,发达国家则积极推动发展中国家参与2012年后的减排。经过艰难谈判,2007年底在印尼巴厘岛召开的《公约》第13次缔约方大会上通过了"巴厘路线图",各方同意所有发达国家(包括美国)和所有发展中国家应当根据《公约》的规定,共同开展长期合作,应对气候变化,重点就减缓、适应、资金、技术转让等主要方面进行谈判,在2009年底达成一揽子协议,并就此建立了公约长期合作行动谈判工作组。自此,气候谈判进入了议定书二期减排谈判和公约长期合作行动谈判并行的"双轨制"阶段。

2009年底产生了《哥本哈根协议》

2008~2009年间,各方在议定书二期减排谈判工作组和公约长期合作行动谈判工作组下,按照"双轨制"的谈判方式进行了多次艰难谈判,但进展缓慢。到2009年底,当100多个国家首脑史无前例地聚集到丹麦哥本哈根参加《公约》第15次缔约方大会,期待着签署一揽子协议时,终因各方在谁先减排、怎么减、减多少、如何提供资金、转让技术等问题上分歧太大,各方没能就议定书二期减排和"巴厘路线图"中的主要方面达成一揽子协议,只产生了一个没有被缔约方大会通过的《哥本哈根协议》。《协议》虽然没有被缔约方大会通过、也不具有法律效力,但却对2010年后的气候谈判进程产生了重要影响,主要体现在发达国家借此加快了此前由议定书二期减排谈判和公约长期合作行动谈判并行的"双轨制"模式合并为一,即"并轨"的步伐。哥本哈根气候大会虽以失败告终,但各方仍同意 2010 年继续就议定书二期和巴厘路线图涉及的要素进行谈判。

2010 年底通过了《坎昆协议》

《哥本哈根协议》虽然没有被缔约方大会通过,但欧美等发达国家在 2010 年谈判中,则借此公开提出对发展中国家重新分类,重新解释"共同但有区别责任"原则,目的是加快推进议定书二期减排谈判和公约长期合作行动谈判的"并轨",但遭到发展中国家强烈反对。经过多次谈判,在 2010 年底墨西哥坎昆召开的气候公约第 16 次缔约方大会上,在玻利维亚强烈反对下,缔约方大会最终强行通过了《坎昆协议》。《坎昆协议》汇集了进入"双轨制"谈判以来的主要共识,总体上还是维护了议定书二期减排谈判和公约长期合作行动谈判并行的"双轨制"谈判方式,增强国际社会对联合国多边谈判机制的信心,同意 2011 年就议定书二期和巴厘路线图所涉要素中未达成共识的部分继续谈判,但《坎昆协议》针对议定书二期减排谈判和公约长期合作行动谈判所做决定的内容明显不平衡。发展中国家推进议定书二期减排谈判的难度明显加大,发达国家推进"并轨"的步伐明显加快。

林业议题——人心所向众望所归

近年来,气候谈判中的林业议题备受国际社会关注。这是因为各国普遍认识到,林业不仅是减缓气候变暖的重要手段,也是适应气候变化的重要措施。各国都希望充分发挥林业在减缓气候变化中的作用,拓展发展空间,降低工业减排压力,推进林业可持续发展,这有利于各方就林业议题达成共识。林业议题谈判是气候谈判总体进程中的重要组成部分,但因各方在气候谈判中追求的总体目标存在差异,各国国情、林情差别大,林业牵涉的社会问题多,监测森林碳储量变化等技术方法存在难点,林业议题谈判也并不容易达成一致。

气候谈判中目前涉及的林业议题主要有:土地利用、土地利用变化和林业议题,减少发展中国家毁林排放等行动的激励政策和机制,以及相关的技术方法议题。

土地利用、土地利用变化和林业议题

这个议题是议定书二期减排谈判中的一个技术性很强的谈判议题,是发达国家要求谈判的议题。发达国家认为，现行核算土地利用、土地利用变化和林业活动碳源/碳汇的技术规则不合理，限制了他们利用"土地利用、土地利用变化和林业活动"的减排潜力，主张大幅度修改现行核算规则。发达国家和发展中国家围绕是否需要修改、如何修改这些核算规则进行了多次谈判。2010年底坎昆气候大会期间，该议题谈判取得了一定进展，发达国家和发展中国家同意，在议定书二期减排中，应继续核算造林、再造林、毁林、森林管理、农田管理、草地管理活动的碳源/碳汇变化，与这些活动相关的定义、核算原则应该和现行规则中的规定保持一致；同时，要求发达国家对其提出的森林管理等活动相关的新的核算方法做出详细说明后，在2011年继续就相关问题进行谈判。

减少发展中国家毁林排放等行动的激励政策和机制议题

这是在气候公约第11次缔约方大会期间，根据巴布亚新几内亚和哥斯达黎加提议而确立的谈判议题，但最初谈判时主要涉及如何采取行动，以减少发展中国家毁林活动导致的碳排放。经过2006~2007年的谈判，在2007年底印度尼西亚巴厘岛召开的气候公约第13次缔约方大会期间，在非洲集团、中国和印度的强烈要求下，该议题讨论的林业活动范围由早先仅关注减少发展中国家毁林活动导致的碳排放，开始被扩展到包括减少发展中国家森林退化导致的碳排放，以及保护森林、可持续经营森林、增加森林碳汇的活动。同时，该议题也被纳入"巴厘路线图"，成为"巴厘路线图"谈判的重要内容之一，谈判重点是讨论如何建立有效的激励机制，支持发展中国家采取行动，减少森林碳排放和增加森林碳吸收。

2010年底通过的《坎昆协议》就该议题形成了决定，明确了减少发展中国家毁林排放等行动的具体范围、行动原则，发达国家同意为发展中国家制定减少发展中国家毁林排放等行动的国家战略或行动计划、开展相关能力建设和实施试点项目等提供资金支持。但各方没有就如何为发展中国家全面、有效实施减少发展中国家毁林排放等行动提供长期资金支持，以及相关的技术方法达成一致，同意在2011年就长期资金和相关的技术方法问题继续谈判，期望在2011底南非德班召开的气候公约第17次缔约方大会上达成共识。

减少发展中国家毁林排放等行动相关的技术方法议题

根据2010年底通过的《坎昆协议》的决定，2011年各方要就实施减少发展中国家毁林排放等行动相关的技术方法问题进行讨论，具体包括如何评估、监测发展中国家实施减少森林碳排放和增加森林碳吸收行动的实际效果，以及在发展中国家实施减少森林碳排放和增加森林碳吸收行动过程中，如何保障林区当地人公平参与行动和从中获益的权利，如何促进生物多样性保护等。

德班气候大会——激烈的角逐即将上演

目前，气候谈判总体已陷入僵局。然而，气候变暖的不利影响又迫使国际社会不得不采取行动，这些行动实质关系到各国当前和未来的经济竞争力以及发展空间。南非德班会议是否会在一定程度上改变目前谈判局面、推进谈判向前进展，尚需拭目以待。但可以肯定的是，由于发达国家和发展中国家的经济、社会发展水平、发展阶段和温室气体排放量不同，各国在如何采取应对气候变化的行动上也必然存在差异，各方在谈判中都不会轻易妥协让步。因此，我们相信，南非德班气候大会即将上演的一定又会是一场激烈的艰难角逐。

2010年底通过的《坎昆协议》基本汇集了各方自议定书二期减排谈判和公约长期合作行动谈判以来的主要共识，而未达成共识的内容也属于多年以来的谈判难点，这些难点很难在2011年谈判中加以解决。

2011年以来，各方已分别在泰国、德国和巴拿马进行了3次谈判，发达国家和发展中国家仍然在谁先减排、减多少、如何减，如何提供资金和气候友好型技术支持发展中国家应对气候变化等事关各国当前和未来经济竞争力以及发展空间的核心问题上，难以达成共识。因此在南非德班有限的会议时间内，也很难期望这些方面取得突破性进展。

但议定书一期减排将在2012年底到期，2012年后发达国家能不能继续按议定书减排模式承担减排义务，则是德班会议的关键。同时，发达国家和发展中国家如何共同合作应对气候变化，其中，包括发展中国家如何根据国情开展适当的减缓行动；发展中国家的减缓行动如何能够做到公开、透明；发达国家如何为发展中国家开展减缓和适应气候变化等行动提供资金和气候友好型技术支持等，也将是南非德班会议备受关注的热点。

谈判艰难　德班气候大会终获新成果
——气候变化谈判历程和南非德班气候大会观察

金普春　王春峰　张忠田　王国胜

2011年12月5日，德班气候大会进入第二周。谈判主要围绕议定书二期和公约长期合作行动工作组的各议题深度展开，工作层谈判和部长磋商并行，谈判难点进一步聚焦。各方根据各自底线，努力寻求最终妥协方案。

部长级磋商直击难点

12月6日下午，各国部长和政要参加了大会期间的高级别会议开幕式。在开幕式上，联合国秘书长潘基文希望各方在德班会议上，应致力于实施2010年的坎昆协议、落实短期和长期资金、就议定书二期作出决定、努力达成对各方都有效的协议。南非总统祖玛强调必须就议定书二期、绿色气候基金、能力建设、技术转让、未来行动的法律性质等达成一致。公约执行秘书长菲格雷斯介绍了大会以来各项议题谈判进展情况，对会议最终取得成果充满信心，同时也希望部长们能为议定书二期、全球长期应对气候变化行动、扩大对发展中国家资金支持规模等问题提供有力指导。

各国部长们在发言中表达了各自关切。发展中国家集团"77加中国"总体强调必须延续议定书二期、落实减缓和适应资金、对适应作出妥当安排。欧盟强调已做好了接受议定书二期的准备，但前提条件是必须就建立一个2020年后、对所有缔约方都具有单一法律约束力的新协议制定路线图。美、澳、日等伞形集团国家指出已基本落实了在2009年哥本哈根气候大会上作出的每年提供100亿美元作为快速启动资金的承诺，这些资金很大一部分已用于支持非洲国家，同时表示还将帮助发展中国家建立适应和低碳技术机制，对启动绿色气候基金表达了积极意愿，并强调必须有效地解决发展中国家减缓行动透明度问题。小岛屿国家集团强调他们需要议定书二期，希望将更多排放大国纳入强制减排协议，还要求进一步评审目前减排措施的充分性。最不发达国家集团强调必须确保2012~2020年间的资金支持没有空档，呼吁发达国家帮助他们开展适应行动。

12月7日，公约长期合作行动谈判工作组主席和议定书二期谈判工作组主席分别向各国部长们通报了谈判中遇到的难点，主要包括：全球长期减排目标与达到全球排放峰值的时间表；发达国家减排承诺目标及其遵约要求；发展中国家减缓行动的目标及报告方式；农业等行业的减排框架和工作方案；适应委员会成员组成和报告渠道；现行减排措施充分性的评审；支持发展中国家减少毁林排放等行动的资金机制；未来包括所有缔约方在内的单一减排协议的法律性质；如何将发达国家已宣布的温室气体减排幅度转化为量化的减排承诺；议定书下土地利用、土地利用变化活动的碳源/碳汇核算方法等。在会议主办国南非的推动下，大会针对减缓、适应委员会、资金、审评等难点建立了8个部长级磋商小组。

12月9日，随着工作组谈判逐步被部长级磋商取代后，谈判最终聚焦到发达国家和发展中国家各自普遍关注的重点问题上。发展中国家重点关注的问题是，必须延续议定书二期、启动绿色气候基金、落实适应、技术转让、能力建设等相关方面的制度安排。以欧盟为代表的发达国家重点关注的问题是，必须就建立由所有缔约方参与的未来全球减排体制的时间表、法律性质等达成共识，形成一个新的路线图。因此，德班大会后期谈判中，发达国家和发展中国家重点关注的问题形成了相互挂钩局面。

妥协让步促成会议终获诸项成果

德班大会原定于12月9日结束，但因各方在重点关注的问题上难以达成共识，会期不得不延长。经过各方通宵达旦地艰苦谈判，最终妥协让步促成了会议的成果。大会主席、南非国际关系与合作部部长马沙巴内女士在玻利维亚、尼加拉瓜、委内瑞拉等少数国家对决定内容明确表示不满的情况下，仍于当地时间11日凌晨通过了一系列决定，从而促成德班会议最终获得成功，并取得了以下几项主要成果：

一是同意35个发达国家从2013年1月1日起，实施议定书二期减排；通过了土地利用、土地利用变化和林业、排放交易和清洁发展机制等技术规则；要求35个发达国家在2012年5月1日前，根据已作出的减排承诺幅度，提交各自的温室气体量化减排数量并对其进行评审。这标志着议定书二期得以延续，但关于议定书二期的实施年限是5年还是8年还有待下次会议决定。

二是决定建立"德班增强行动平台特设工作组",启动一个新的谈判进程,于2012年上半年开展工作,在2015年前制定一份包括公约所有缔约方在内的具有法律效力的议定书或者是法律文书,提交第21次缔约方大会通过并经各国批准后,从2020年起全面实施。

三是决定绿色气候基金作为公约资金机制的实施主体,同意其基金治理结构,要求尽快启动该基金下的相关管理工作。

四是同意在缔约方大会下建立适应委员会,协调全球适应行动,帮助发展中国家尤其是最不发达国家提高适应能力。启动技术转让相关工作机构、运行模式和程序等。同意就支持发展中国家实施的减缓行动,建立一个寻求资金支持的注册系统等。

同时,在大会决定中还要求议定书二期谈判工作组和公约长期合作行动谈判工作组在明年底正式结束工作,这标志着"双轨"谈判机制将于2012年底全部结束。

林业议题通过三项重要决定

林业议题在德班会议期间深受各方关注。在第一周各方就发展中国家实施减少毁林排放等行动的相关技术方法议题达成共识后,在第二周谈判中,各方集中主要精力,针对减少发展中国家毁林排放等行动的激励政策机制以及土地利用、土地利用变化两项议题进行了密集而艰苦的谈判。虽然各方在谈判中都表现了较大灵活性,但在减少发展中国家毁林排放等行动的激励政策机制议题上,各方在是否应通过市场机制为发展中国家实施减少毁林排放等行动提供资金支持问题上难以达成一致;在土地利用、土地利用变化和林业议题上,各方在如何核算森林管理活动碳源/碳汇变化,如何核算人工林采伐导致的碳排放,如何剔除不可控制的自然因素引起森林火灾、病虫害导致的碳排放等问题上难以达成一致,最终只能将包含多种选择、未达成一致的案文提交部长们去磋商。经过妥协让步,各方最终就减少发展中国家毁林排放等行动的激励政策机制以及土地利用、土地利用变化和林业议题达成了一致。至此,德班气候大会通过了3项和林业相关的决定:

一是关于土地利用、土地利用变化和林业议题的决定。根据该决定,议定书下的发达国家在2012年后的二期减排中,造林、再造林、毁林、森林管理活动产生的碳源/碳汇变化情况必须强制纳入核算,而植被恢复、牧地管理、农田管理和湿地管理活动产生的碳源/碳汇变化可自行选择是否纳入核算。发达国家在核算森林管理活动产生的碳源/碳汇变化情况时，必须按照决定中所附的参考值或基数，在综合考虑各自木质林产品碳排放、剔除由不可控制自然因素引起的森林火灾、病虫害导致的碳排放后，按照决定中相关条款规定核算出各国在议定书二期中，森林管理活动碳源/碳汇的净变化量，并据此以不超过每个发达国家1990年工业、能源领域排放量的3.5%为限，确定各国实际可用于抵消工业、能源活动排放的碳汇量。同时，在符合规定的条件下，允许将采伐1960年至1990年间人工林或改变该期间人工林地的用途导致的碳排放纳入森林管理活动碳源/碳汇变化核算。

二是关于减少发展中国家毁林排放等行动激励政策机制议题的决定。根据该决定，发达国家将根据实施结果，通过多边、双边、公共和私营等多种渠道，为发展中国家实施减少毁林排放等行动提供新的、额外的、可预见的资金支持。同时，也将以适当方式，建立基于市场的资金机制，并综合减缓和适应在内的非市场手段，为发展中国家开展减少毁林排放等行动以及森林可持续经营等提供资金支持。决定还敦促绿色气候基金等公约下的资金机制尽快为发展中国家开展减少毁林排放等行动提供资金支持，同意就制定资金支持具体方式和程序等问题进一步谈判。

三是关于减少发展中国家毁林排放等行动相关技术方法议题的决定。根据该决定，各方同意就发展中国家实施毁林排放等行动过程中如何遵守保护生物多样性、社区参与等原则，通过发展中国家信息通报等方式定期提供信息。同意根据IPCC相关技术指南，以建立参考值或基数的方式，评估发展中国家实施减少毁林排放等行动的效果，要求各方根据此决定所附技术指南的要求，提交建立参考值或基数的相关信息，对提出的参考值或基数说明理由，不断改进确定参考值或基数的技术方法等。

未来气候谈判展望

德班气候大会通过的一系列决定表明此次会议取得了成功。虽然通过的各项决定并不能让各方都满意，但对推进减缓全球气候变暖行动将起到积极作用。正如马沙巴内女士所说的那样，德班会议所达成的诸项成果具有历史性意义，它标志着在未来10年内，全球将逐步按照统一的模式采取减缓气候变暖的行动。

根据大会决定，2012年上半年将启动"德班增强行动平台特设工作组"的工作，发达国家和发展中国家将在该工作组下，就如何减排以及减排多少等问题继续展开新的角逐。在即将展开的新角逐中，发展中国家在过去20多年气候谈判中一直坚持的共同但有区别的责任和各自能力原则、公平原则等会不会被重新解读，或以何种方式重新解读，能否在有效维护发展中国家发展权的同时，通过气候谈判进一步促进本国可持续发展、减贫等，都给发展中国家带来了许多疑问和新的挑战。由于大会决定中，对下一步谈判究竟应达成何种性质的全球减排协议表述含糊，因此可以预见，未来几年内的气候谈判一定会更加激烈而艰辛。

多年的气候谈判实践一再证明：无论是发达国家还是发展中国家都已充分认识到林业对减缓气候变化、拓展各自发展空间的重要作用。德班气候会议已基本确定了发达国家在执行议定书二期中，利用森林碳汇帮助其完成减排承诺目标的相关技术规则。在新的谈判进程中，林业议题谈判仍将是一个重要方面，谈判重点将很可能转向如何为发展中国家林业减缓气候变化制定相应技术规则。将制定的规则究竟是促进还是限制发展中国家林业减缓气候变暖的作用，还有待进一步观察和在谈判中把握。但是，面对新的谈判进程，发展中国家林业部门必须未雨绸缪，积极推进森林可持续经营，改进国内林业政策，加强相关制度建设，加紧研究相关技术规则，做好充分的技术储备，以便在新的谈判进程中争得主动。

多哈气候大会开启通向希望之门

金普春　王春峰　张忠田　王国胜　姜春前

2012 年 12 月 8 日，气候变化公约第十八次缔约方大会在卡塔尔首都多哈戏剧般地落下帷幕。在各国代表焦急等待了 10 多个小时后，此次大会主席卡塔尔副首相阿提亚以急促语速、几乎不抬眼皮地在 2 分钟内宣读完会议决定，果断地一锤定音，会场立刻响起了热烈掌声。虽然俄罗斯代表随即表示强烈抗议，但会场热烈的掌声已明确地回答了俄方代表：就这么定了。正如笔者会前预测的那样，多哈气候大会在平静中开幕，但过程并不平静，一度甚至到了难以达成一致的边缘，但妥协最终战胜了对完美协议的追求，艰难中仍取得了成功。虽然大会成果也遭到了"作为不大"等诸多指责，但正如阿提亚所说：多哈毕竟已为全球采取更大程度的应对气候变化行动打开了大门。

多哈气候大会完成了德班气候会议确定的主要任务。会议通过了被称之为"多哈气候之门"的一揽子决定。首先，确保了《京都议定书》第二承诺期从 2013 年 1 月 1 日起正式实施，并延续到 2020 年 12 月 31 日结束。虽然只有欧盟成员国和挪威、瑞士、澳大利亚等 37 个发达国家在第二承诺期承担了量化减排指标，减排总量也就相当于其 1990 年基准年排放量的 18% 左右，但使得气候公约和议定书的基本法律框架得到了维护，议定书相关的机制和技术规则也得到延续，维护了"共同但有区别责任"原则下发达国家率先承担量化减排的应对气候变化多边体制，对于未来气候变化谈判也将产生重要影响；其次，会议就发达国家如何落实 2009 年在哥本哈根气候变化大会上做出的资金承诺、进一步解决 2013～2020 年支持发展中国家应对气候变化行动的资金缺口及到 2020 年使支持发展中国家的资金额度达到每年 1000 亿美元的目标，制定了具体的工作计划；启动了应对发展中国家受气候变化影响造成的损失和破坏的国际机制，对发展中国家关注的技术转让、适应、减少毁林和森林退化排放等行动的资金和技术方法、能力建设等方面的未决问题也制定了进一步的工作计划。在此前提下，大会决定结束为期 5 年的"巴厘岛路线图"谈判进程，制定了今后 3 年开展"德班平台"谈判的大致时间表和分阶段谈判目标，对推进全球应对气候变化行动起到了积极作用。

此次大会期间，林业相关议题也是各方关注的重点。虽然会议未就林业相关议题达成具体、实质性成果，但各方同意在 2013 年继续就发达国家如何为发展中国家实施减少森林碳排放和稳定并增加森林碳储量行动提供长期资金以及与如何测量、报告、核实发展中国家实施减少森林碳排放和稳定并增加森林碳储量行动的相关技术问题进行谈判，确保在发达国家此前关于提供"充足和可预见"的资金支持的承诺得到切实落实，使发展中国家在得到平等、有效资金支持的情况下，进一步建立健全森林碳监测体系，开展相关的测量、报告和核实，以保障资金支持下的行动取得实效。

会议期间，很多发展中国家还进一步要求：评价发展中国家实施减少森林碳排放和稳定并增加森林碳储量行动的成效，不仅要关注减少的碳排放或增加的碳储量，还要对实施减少森林碳排放和增加森林碳汇行动所带来的保护生物多样性等多种"非碳效益"予以评估，并给予一定补偿；森林减缓和适应气候变化也需要协同进行，要求发达国家除了通过碳交易等市场机制之外，还应通过采取非市场手段来进一步激励发展中国家实施森林减缓和适应气候变化的协同行动。各方最终接受了这些新要求，并决定从明年开始对这些问题展开讨论。虽然发展中国家提出的这些新要求无疑加大了谈判达成共识的难度，也给发展中国家发展和保护森林、应对气候变化相关工作带来了一定挑战，但却切实反映出各国对森林多种功能以及林业在应对气候变化中的独特作用的认识正在进一步深化，将有助于进一步全面推进各国的森林可持续经营。

展望 2013 年以后的气候变化谈判，虽然多哈气候会议结束了《京都议定书》第二承诺期和"巴厘路线图"的谈判进程，但"德班平台"谈判正式迈上了征程。国际社会正在为 2015 年达成一项在 2020 年即可进入实施的全球应对气候变化协议做着多种准备，未来 3 年中的气候变化谈判将紧张而曲折，气候变化林业议题谈判也将从资金支持和技术方法两个层面深入推进，并将成为"德班平台"谈判中的重要组成部分，森林在 2020 年后全球应对气候变化中究竟如何发挥更大作用将继续成为各国共同关注的问题。毫无疑问，通向达成新的全球应对气候变化协议的大门已经打开，我们必须做好充分准备，以迎接新谈判进程中的各种挑战。

华沙气候大会通过有关林业一揽子决定

王春峰　张忠田　王国胜

经过各国代表不分昼夜的紧张谈判，当地时间 11 月 22 日晚，华沙气候大会就激励和支持发展中国家减少毁林及森林退化导致的排放、森林保育、森林可持续经营和增加碳储量行动(简称 REDD + 行动)议题通过了一揽子决定，表明该议题谈判在此次华沙气候大会期间取得了重要进展。

大会主席克罗莱柯说，我们都意识到森林作为碳汇、气候稳定器和生物多样性庇护所的重要作用，通过谈判，为保护和可持续利用森林作出重要贡献，这将为依靠森林为生和居住在森林周围的人们以及整个星球带来利益。因此，我自豪地宣布将此项重要成果命名为"华沙 REDD + 框架"。这个一揽子决定的通过，标志着在发达国家支持下，发展中国家将开始全面实施减少森林碳排放和增加森林碳汇行动。美国、挪威和英国政府在会议期间宣布出资 2.8 亿美元支持"华沙 REDD + 框架"。

"华沙 REDD + 框架"共由 7 项决定组成，主要明确了发达国家通过公约下的"绿色气候基金"和其他多种渠道为支持发展中国家实施 REDD + 行动提供新的、额外的、充足的和可预见的资金支持，"绿色气候基金"等资金实体将依据各方在公约下谈判制定的技术指南为 REDD + 行动提供资金支持，各国实施各阶段的 REDD + 行动都有平等获取资金支持的权力。

为确保实施 REDD + 行动取得实效，在发达国家支持下，发展中国家可根据国情明确 REDD + 行动的联络机构，组织制定实施 REDD + 行动的国家战略，分析导致本国毁林和森林退化的原因，提出相应对策。要建立森林监测体系，监测所有森林、特别是天然林碳储量变化。针对实施 REDD + 行动，发展中国家要向联合国气候公约秘书处提交实施 REDD + 行动前的碳排放或碳汇的数量和确定这些数量的技术方法，以及计算实施 REDD + 行动后所减少的碳排放和增加的碳汇的估算方法和数量，这些都需要接受国际层面的专家评估、分析和磋商，其结果将是发展中国家获得相应资金的依据。发展中国家要不断提高实施 REDD + 行动的技术能力，确保提交信息的真实性和可靠性。在实施 REDD+ 过程中，发展中国家要切实采取有效措施，保护好生物多样性、尊重当地人有效参与 REDD+ 行动，保障当地人对森林的用益权，等等。

根据此次会议通过的这些决定，再结合 2010 年坎昆会议和 2011 年德班会议已通过的相关决定，发展中国家可在制定实施 REDD+ 行动的国家战略、开展 REDD+ 行动试点、建立森林监测体系等工作基础上，全面开展实施 REDD+ 行动。这将为发挥发展中国家林业在 2020 年全球减缓气候变化行动中的重要作用提供重要的推动力。

2005 年，在巴布亚新几内亚和哥斯达黎加的积极倡议下，气候公约缔约方大会同意将"为发展中国家减少毁林排放行动提供激励政策的议题"纳入到气候变化公约谈判中。2007 年在中国和印度积极主张下，"为发展中国家减少毁林排放行动提供激励政策的议题"的讨论范围扩大到了包括森林保育、可持续经营森林和增加碳汇的行动。经过 8 年的艰苦谈判，终于在此次华沙气候大会上取得了突破性进展。

此次华沙气候大会，还专门就林业在 2020 年后全球应对气候变化新协议中应当发挥何种作用召开了高级别讨论会，各国政府一致认为林业应成为 2020 年后全球应对气候变化行动不可或缺的重要组成部分，国际社会应当采取更为积极有效的措施，激励各国在林业领域积极、持续地开展行动，以充分挖掘森林减缓气候变化的潜力，提高森林适应气候变化的能力。

利马气候大会就新协议谈判达成相关决定 林业议题继续受到普遍关注

王春峰　张忠田　王国胜

在预定闭幕时间延长了30多小时后,《联合国气候变化框架公约》第二十次缔约国大会于当地时间12月14日凌晨在秘鲁首都利马闭幕。在会议期间,各缔约国围绕将于2015年底在法国巴黎达成的2020年后全球应对气候变化协议(新协议)中应当包括哪些要素、是否要体现"共同但有区别和各自能力"以及公平等原则、2015年各缔约国如何向国际社会提交2020年后应对气候变化行动及其相关说明信息等关键问题,进行了艰苦激烈的谈判,最终就推进新协议谈判达成共识并通过了大会决定,为2015年底如期达成新协议提供了重要保障。

根据此次大会的决定,新协议应平衡关注减缓、适应、资金、技术开发和转让、能力建设、行动与支持的透明度问题,各缔约国最好在明年第一季度提出2020年后应对气候变化行动及有助于别国理解所提行动的相关技术信息。大会再次确认本着"共同但有区别责任和各自能力原则"以及考虑不同国情的前提下,将加紧新协议的谈判进程,确保在2015年底前如期达成一份有力度的、适用于所有缔约国的、具法律约束力的新协议。各缔约国2020年后采取的应对气候变化行动力度应当比2020年前的行动力度更为有力。会议要求各方要加紧谈判并在2015年5月前提出一份谈判文本送交各国考虑。因此,此次会议决定确定了新协议应当遵循的基本原则和主要内容,确保了新协议谈判将按照2011年底在南非德班召开的第十七次缔约国大会确定的时间表继续向前推进。

此次利马会议期间,林业议题继续受到普遍关注。各方就发达国家在支持发展中国家实施减少毁林和森林退化导致的排放和通过森林保育、森林经营等增加碳汇行动(REDD+行动)时,如何进一步尊重保护生物多样性等原则以及增强涵养水源、保持水土等"非碳效益"以及如何用碳交易之外的手段促进森林减缓和适应气候变化的综合效益问题,进行了多次磋商,终因立场分歧过大而未能达成一致。但会议通过了一项决定，原则同意2020年底前，发展中国家可将其国内开展植被恢复项目（即人工种植乔木或灌木所形成的不能达到一国森林定义中确定的树高、起算面积、郁闭度阈值的项目）产生的碳汇出售给在京都议定书第二承诺期（2013~2020年）中承担了减排义务的发达国家，以帮助这些发达国家完成议定书第二承诺的减排承诺；为此，还要求公约秘书处相关机构，评估京都议定书下现行造林再造林碳汇项目的模式和程序能否用于植被恢复项目。此项决定将有助于促进发展中国家开展植被恢复，特别是对于促进我国干旱区植被恢复具有积极意义。

此外，各缔约国还普遍关注林业在新协议中的地位和作用。根据此次大会就新协议谈判达成的决定，各缔约国对于将林业纳入新协议、继续发挥林业在2020年后全球应对气候变化中的独特作用有较多共识。鉴于目前发达国家和发展中国家在估算和报告各自林业行动的减排和增汇效果时，采用的技术方法和规则存在较大区别，2020年后发达国家和发展中国家是否将采用统一的技术方法、规则估算和报告林业行动的减排和增汇效果，将是未来谈判的重点。

部分国家 REDD + 国家战略文件背景分析

曾以禹 吴柏海

(国家林业局经济发展研究中心北京 100714)

一、发展中国家制定 REDD + 国家战略的背景

(一) 发展中国家制定 REDD + 国家战略的背景

发展中国家制定实施 REDD + 国家战略,是在国际气候谈判中发展中国家和发达国家博弈而出现的结果,对发展中国家而言是以外交促进内政的行为。促进发展中国家制定 REDD + 战略的背景主要是两方面:一方面,发展中国家制定和实施 REDD + 国家战略成为落实气候公约决议的应有要求。2007 年的"巴厘路线图",纳入了"减少发展中国家毁林、森林退化排放,以及森林保护、森林可持续经营和增加碳储量行动的激励机制和政策"(REDD+),其核心是发达国家如何为发展中国家开展 REDD + 提供资金激励,为减缓全球气候变暖做贡献。自该议题提出后,资金机制、减排成果计量监测以及利益分享等问题成为焦点,发达国家认为,向发展中国家提供资金,必须保证资金不挪作他用,如支持恐怖主义,影响发达国家安全,主张发展中国家制定和实施 REDD + 国家战略逐步建立起基于绩效的支付机制。为推进 REDD + 帮助发展中国家应对气候变化,2010 年底气候公约第 16 次缔约方大会通过《坎昆决议》,要求在发达国家提供资金和技术支持下,发展中国家适时组织制定和实施 REDD + 国家战略。以国家战略为抓手,既促进发展中国家落实 REDD + 政策行动,获取资金抓住发展机遇,也为发达国家提供经核证的减排量促进发达国家提供资金。

另一方面,发展中国家制定和实施 REDD + 国家战略成为实现全球可持续发展的应有之义。从国际共识看,2012 年的联合国可持续发展大会成果文件《我们希望的未来》指出,为了可持续发展,发展中国家的 REDD + 活动很重要。这份文件以及千年发展目标的有关进展和评估都表明,全球意识到,必须扭转原有的以不断毁林为特征的、不可持续的发展逻辑,帮助发展

中国家实施REDD+战略，实现可持续发展。

从科学研究看，加快实施REDD+成为实现可持续发展的一个重要条件。世界自然基金会的研究表明，人类发展人口不断增加，要满足全球对食品、材料、生物能源的需求，毁林必将增加，2050年控制全球升温在2℃以内的气候治理目标难以实现。为了避免这种情况，实现人类可持续发展，必须确保森林零净砍伐和零净退化的目标。而加快发展中国家制定和实施REDD+国家战略，正是实现这一目标的保证。

(二)发展中国家制定REDD+国家战略的两个推进机制

国际社会已形成两个机制推动发展中国家制定REDD+战略。一个是联合国REDD计划。它是联合国粮农组织、开发计划署、环境规划署三方的联合行动，在REDD早期，三机构集合其力量，帮助发展中国家筹备和实施REDD+战略。截至2012年11月，已在40多个国家开展REDD+试点。另一个是世界银行森林碳伙伴基金。它规定，要想获得REDD+基金，一国必须制定减少毁林战略。该基金目前召集了54个国家和机构，包括36个涉林国家和18个捐资国。其中，该基金下的"准备基金"，主要目标是为各国提供资助制定REDD+战略，建立落实战略的制度和机构准备基金。

二、发展中国家制定REDD+国家战略的基本情况

从制定REDD+战略文本的进度看，根据目前掌握的情况，共有7个国家(其中6国为热带雨林国家)制定或设计了文本。其中菲律宾、越南、斐济、尼泊尔制定正式文本，坦桑尼亚、印尼制定草案文本，巴西制定咨询报告。

从制定文本的动机看，部分国家为了获得国际社会向其提供资金、技术和能力建设支持，积极开发REDD+战略促进有关行动，向联合国有关机构递交战略文本。这些国家有菲律宾、印尼、越南、坦桑尼亚等。另一些国家，如巴西，出于探索林业应对气候变化实现国家经济、社会效益最大化的目的，一方面邀请国际咨询机构设计REDD+战略，另一方面自己出资建立REDD+专门基金以及监测技术储备，尝试有关政策行动。

从机构建设进展看，五个国家已经建立了专门针对REDD+的国家协调机构，它们是柬埔寨、印尼、老挝、马来西亚和菲律宾。泰国和越南在林业部下面设置了专门负责REDD+的协调机构。

从立法和政策行动看，仅有马来西亚和越南针对REDD+制定了专门法

律。部分国家虽然没有制定法律，但为推进 REDD+，制定了分权化的政策，如菲律宾赋予部分社区自主参与 REDD+项目的权利。

三、部分发展中国家 REDD+国家战略的核心内容及背景分析

(一) 菲律宾

菲律宾 REDD+国家战略有 6 个基本内容：创建有利的政策执行环境、加强森林治理、强化资源利用和管理、加强能力建设、建立"三可"体系、可持续融资。菲律宾之所以确定这 6 个方面内容，主要背景是国家经济形势和灾害多发、森林资源分布等国情和林情情况，以及已经形成的应对气候变化政策和法律基础。以下，逐条分析菲律宾制定上述内容的背景、目的和政策基础。

1. 创建有利的政策执行环境

具体内容如：建立关于 REDD+的国家立法，为实施 REDD+构建有利和稳定的环境；把 REDD+战略纳入气候变化委员会工作，上升为国家行动等。

从国情和林情背景看，这一内容产生的背景是，菲律宾贫困严重，以及其他产业竞争，实施 REDD+战略的机会成本高、难度大，需要政策保障。菲律宾人口多、森林少，3 000 万公顷的土地上承载 9 400 万人口，森林总面积 652.2 万公顷，森林覆盖率 22.08%，人口压力导致农业、工业活动扩张占有林地的趋势显著。目前，很多森林集中在高地或坡地上，这些地区承载大量的人口，约占总人口的 14%（约 1 320 万人），这些人口是全国最贫困的群体，这些地区采矿、非法采伐和农业活动仍在不断扩张，国家实施 REDD+战略的一大制约因素就是保护森林、阻止砍伐的机会成本较高。为此，强调以有力的政策保障促进实施 REDD+战略。

从政策法律基础看，制定这一内容是落实国家气候立法的具体行动。2010 年 8 月通过的《气候变化国家框架战略》，指出要从两方面抓紧实施 REDD+国家战略，其中之一就是创建有利的政策环境，帮助林业部门增强减少毁林和森林退化的执行能力。

2. 加强森林治理

具体内容如：建立和加强地方森林经营单位；探索社区治理森林制度安排的做法等。此外，还包括加强机构建设、加强宣传等内容。菲律宾特别强调加强社区参与森林治理，既有缓解社区贫困的动因。还有以下两个角度的

考虑。从国情和林情背景看,国家林地权属的42%属于社区,居住约1 300万以森林为生的原住民,REDD+国家战略必须做好两项工作,提高原住民参与,维护稳定。一项工作是要尊重社区的森林管理主权;另一项工作是加强社区原住民的能力建设。

从政策法律基础看,这一内容是落实有关政府行政命令的行动。2004年促进菲律宾森林可持续经营的《318号行政命令》(Executive Order 318),确立了以社区为基础的森林可持续经营,授予社区主动性,减少其他主体对森林的盗伐。也就确立了以社区为主体参与REDD+的经营和管理模式。

3. 强化资源利用和管理

具体内容如:采用流域、自然生态系统和景观管理办法,更好地为多方面的利益相关者提供多重效益;扩大保护区网络等。

从国情角度看,制定这一内容主要基于两点:第一,加强资源管理,防止因贫困这一主要的毁林动因导致更多的毁林。菲律宾毁林和森林退化动因复杂,贫困是一个主要根源。据联合国粮农组织估计,菲律宾森林退化由薪材采伐引起。目前,国内大约8万个家庭无法承受替代燃料消费,仍以木材为燃料。同时,城市人口增长,政府推进城市化把大量林地转换为工业区。上述因素再加上缺乏国家林业立法,导致毁林和森林退化仍在继续(FAO,2010)。为改变这种状况,REDD+战略提出加强保护区、定义并划定林地内保护型和生产型森林等资源管理措施。第二,改变国家资源管理虚弱的现状。国家缺乏对林地资源有效管理和执行控制的规则(菲律宾国家森林管理局,2010)。国家资源管理存在较多不足,如虚弱的森林执法和省际之间林地边界不清。为此,实施REDD+战略应加强保护、合理利用和优化管理森林资源。

从政策法律基础看,制定这一内容主要基于三点:第一,20世纪90年代的《国家综合保护区体系法案》,确定200多个自然保护区、国家森林公园以及野生动物保护区,建立了保护区管理委员会,提出了一些减少毁林动因的措施。第二,《国家应对气候变化行动计划2011~2028》为实施REDD+国家战略提出增强生态系统稳定性的行动目标,以及落实目标的生态系统保护、修复和生态服务恢复的支撑行动。第三,2011年的打击非法采伐的《第23号行政命令》(Executive Order No. 23),提出构建一个国家任务小组(在省级配备分支机构)打击非法采伐,并且宣布暂停砍伐天然林。这些法律政策基础为加强REDD+资源管理奠定了实施基础,同时,REDD+战略的资源管理措施，也成为落实这些法律政策的行动。

4. 加强能力建设

制定这一内容，一方面提高自身的实施能力，另一方面也符合国际要求。

5. 建立"三可"体系

具体内容如：各地应根据 REDD+活动调整使用可测量、可报告、可核查（三可）方法和工具、提高监测排放因子的能力。

建立"三可"体系是国家提高森林管理水平的需要。菲律宾拥有 7 107 个岛屿，土地呈破碎状，毁林导致环境破坏严重，又是全球第四个受威胁最大的森林生物多样性热点地区（IUCN，2011），根据这些林情现状，菲律宾分析认为现有的技术和监测水平还达不到实施 REDD+、提高森林碳储存的经营水平。

建立"三可"体系是完成联合国 REDD 计划要求的 REDD+准备工作的需要。菲律宾是联合国 REDD 计划伙伴国，其目前的工作是完成 REDD+准备。具体工作包括建立清查系统、建设可测量、可报告、可核查系统等。

6. 可持续融资

具体内容如：寻求捐助资金支持 REDD+准备；寻求多元化的长期融资机制，如 REDD+基金，通过它直接将 REDD+国际捐助资金引向发展和项目上等。

与许多发展中国家一致，菲律宾希望通过 REDD+获取国际资金支持，用以解决国内的贫困、环境问题。与许多发展中国家不同的是，其重视 REDD+获得可持续的资金支持，是经过分析论证的。政府比较权衡了森林特许权收费和 REDD+碳收入两个方面。发现，适度推进 REDD+国家战略是有益的。二战以后，由于重振美国经济的思路，菲律宾大规模开发森林资源，特别是 1946 年的贝尔贸易法案（Bell Trade Act），偏向美国过度使用菲律宾森林资源。接下来的 40 多年，多数公有森林被授予了特许开发权，但是，特许权模式下，林业收费和出口税收入较低。此外，加之非法采伐的原因，森林面积下降较快。菲律宾意识到，这种通过授予特许权开发的毁林模式，一方面，林业收费低，国家收入少；另一方面，国内环境破坏严重。在此背景下，实施 REDD+战略保护森林获取碳收益，既有利于恢复环境也有利于获得一定的收入。

（二）巴西

巴西 REDD+国家战略包含 7 个方面基本内容：制定战略目标、对毁林采取综合行动、建立专门基金、改善森林监测系统、加强环境执法、加强国土规划、构建公共森林资源利用的法律框架。巴西制定以上内容，主要背景是国家农业畜牧业快速发展等经济形势和森林资源形势严峻等林业情况，还有本国气候变化政策和法律基础。以下，逐条分析巴西制定上述内容的背景、目的和政策基础。

1. 制定战略目标

制定这一内容，主要是响应国家应对气候变化计划。2008年12月，巴西出台了气候变化国家计划（National Plan on Climate Change），概述了应对气候变化所需的国家层面的实施工具，规定2020年亚马孙地区森林砍伐率减少80%，塞拉多地区减少40%。REDD+战略对落实这一目标作出响应。

2. 对毁林采取综合行动

具体内容如制定阻止和控制毁林行动计划、实施国家公有林登记注册制度等。

从国际压力和国情和林情背景看，制定这一内容主要基于三点：一是解决因毁林造成的环境破坏。美国国务院的报告，1970年以来，巴西超过60万平方千米的雨林被毁，占全部热带雨林的20%，比法国、德国和意大利面积的总和还大。2000~2006年，巴西失去了15万平方千米的森林，面积比希腊大。较快的毁林使国内环境恶化，如2005年和2010年巴西分别经历了两次百年一遇的严重干旱，巴西政府开始重视减少毁林。

二是为了减轻国际社会对亚马孙毁林问题施加的压力。第一，巴西因毁林排放面临着巨大的国际压力。毁林占巴西温室气体排放量的3/4和世界碳排放量的17%。第二，政府担心进一步毁林，可能会使亚马孙地区被国际托管。如1992年联合国环发大会提出了拯救"地球之肺"（亚马孙森林）的呼声，引起了政府的担忧。第三，毁林问题引起大量非政府组织在亚马孙地区的活动，巴西对国家安全有担忧。2008年4月，巴西政府向国会提交了一个法案，要求进入亚马孙地区的外国非政府组织必须注册并得到授权才允许在该地区活动。

三是探索将减少毁林作为温室气体排放的抵偿，缓解巴西在工农业方面的减排压力，降低对本国经济增长造成的影响。

从政策法律基础看，制定这一内容主要基于两点：一是落实2004年的亚马孙地区阻止和控制毁林行动计划（PPCDAm）。另一是2008~2011州级层面控制毁林和森林退化的国家计划。如部分州加强对毁林区进行可持续经营活动激励、评估森林保护生物多样性的价值、以及创建 2 000 万公顷的保护单元(Conservation Unit)①。这些政策为实施 REDD+战略进行了尝试，为把 REDD+国家战略纳入国家层面行动进行了探索，形成了实施 REDD+的基础。

3. 建立专门基金

具体内容如利用国家和国际捐助以补充国家减少毁林和森林退化的努力。提出这一内容的目的是由国家基金主导 REDD+。

从国情角度看，主要是担心 REDD+市场化，影响国内对森林资源的利用，进而影响到国家发展，因此倡议以国家基金的模式管理 REDD+，获得碳权和主动权。

从实践基础看，主要是充分利用 2008 年 8 月成立的亚马孙基金积累的管理经验，加强国家对 REDD+碳权和碳收益的控制。

4. 改善森林监测系统

制定该内容，目的是切实提高对土地用途和非法采伐的监测能力。具体表现在三点：第一，缩短对毁林犯罪的反应时间，增强打击能力。如开发了毁林区实时监测系统(Deter)，提供预测毁林控制行动。第二，加强控制非法采伐者把退化的公有土地转化为私有地。如退化监测系统(The Degrad System)，能测算森林退化进程，根据已退化地区制图信息，展示森林退化的不同程度，建立中等退化强度、高强度退化区和轻度退化区三种监测区，控制公有地被转换。第三，监测获得特许权开展可持续森林经营的国内外企业采伐森林，占用土地的情况。如建立选择性采伐监测系统(Detex)，监测企业木材采伐活动的证据，包括林道开口和储木场变化情况，协助环保机构，检查这些企业管理计划的遵约情况，控制非法采伐，控制土地用途转换。

5. 加强环境执法

具体内容如：在 2004 年环境监测机构(IB AMA)的总部建立环境违法监测中心(CEMAM)、对登记为每年毁林率最高的地区重组执法网络、加强环境核查员和检验队伍的培训等。

巴西分析认为该国毁林与其他犯罪活动交织在一起，如侵占公共用地、保护区侵入、腐败、贩毒等。实施 REDD+国家战略，处理好毁林动因，必

---

① 巴西的保护区由名为国家保护单元系统(National System of Conservation Units，NSCU)的机构管理。

须把森林覆盖监测与对环境犯罪永久性的检查和执法结合在一起,改变过去临时性执法和检查的做法,加强环境执法频度和力度。

6. 加强国土规划

具体内容如:建立农村房地产国家登记注册系统;实施国家土地登记注册,规定亚马孙地区土地超过100公顷的、被认为是关键地块的土地的持有人,应重新注册土地;想取得联邦土地1 500公顷的所有权,利害关系人必须提供持有证明,同时能证明在该片土地上生产和生活的证明等。

巴西为制定REDD+国家战略,进行了前期研究,发现几十年来,亚马孙广袤土地上,土地占用和使用管理的政策较为薄弱,私有方特别是外来移民通过采伐森林逐步非法占有公共地,逐渐把土地改作其他用途,这一模式成为私有方未来合法化登记占有土地采用的重要策略,结果导致严重毁林。为此,REDD+战略要求这种占有公共地的欺诈行为,建立土地注册系统,改变以前土地在不同机构分散登记的混乱状况。

7. 构建公共森林资源利用的法律框架

具体内容如在非法采伐较高的地区建立国有林区开展特许的森林可持续经营。

这一内容产生的林情背景有两个:一个是促进可持续林业活动的发展,打击非法采伐。巴西认为,设置亚马孙公有森林的可持续利用规则,有助于促进林业可持续生产,抑制非法采伐。为此,2007年9月,政府通过公开招标和付费的方法,在非法采伐率较高的Jamari国有林区授予了第一个开展特许经营的区域,提供可持续经营、减少非法采伐的一个示范区。另一个是加强公有森林管理,产生更多的社会经济效益。巴西林务局(SFB)指出,亚马孙地区的公共森林面积约17 850万公顷,其中85%已指定为保护区,15%尚未指定使用类型。林务局预计目前亚马孙地区约有1 350公顷(大于三个丹麦)的森林可用于特许经营。通过加强公有林的法律制度建设,使公有林通过特许实施可持续经营,在当地社区实现保护人权、产生社会和环境效益的目标。

这一内容产生的政策法律背景有两个:一个是2006年通过的公有森林管理法案(Public Forest Management Act),要求规范公有林的获取和经济利用,法案创设了巴西林务局,授权管理和检查森林特许权经营过程,并管理国家林业发展基金(FNDF),促进可持续林业活动。另一个是联邦政府建立的亚马孙可持续计划(Sustainable Amazon Plan)以及亚马孙基金帮助从项目操作层面探索构建国家级的REDD+战略。这些法案和计划支持的活动还需要进一步建立机构、拨付基金开展执行工作，这些工作都可以依靠制定和实施REDD+国家战略来实现。

此外，巴西的国家战略还反映出扶持林业的做法，主要是从国家产业发展的形势分析，发现实施国家战略的机会成本较高。巴西认为，目前实施REDD+国家战略，导致国内一些主导产业发展受限。生物燃料和大豆产业是巴西政府目前的支柱产业之一。近10年来，巴西是世界主要的大豆生产国，产量位居前两位。生物燃料开发也是巴西的支柱产业，巴西政府宣布，从2008年开始在柴油中强制性地添加2%的生物燃料，到2013年，这一比例将提高到8%。该政策鼓励扩大大豆的种植面积。大豆和生物燃料需求增长，扩大它们的生产对森林造成破坏。目前，全球大豆价格和需求上涨，巴西的农场种植面积将扩大，为此巴西在制定REDD+战略过程中，为促进森林可持续经营，采取如推行7种林产品生产最低价扶持政策的做法。

（三）印尼

印尼REDD+国家战略有4个方面基本内容：构建实施REDD+战略的合规条件；促进建设有利的执行环境；制定部门发展改革战略；建立可测量、可报告和可核查系统。印尼制定以上内容，主要背景是国家经济、人口形势和森林资源及林业管理状况，还有国家已经形成的政策和法律基础。以下，逐条分析印尼制定上述内容的背景和目的。

1. 构建实施REDD+战略的合规条件

具体内容如：在国家和次国家层面建立REDD+机构，提供"三可"、注册和基金管理等服务；建立"制定国家和次国家层面参考水平的"实施机构和技术指导原则；利益和责任分配发展计划等。

制定这一内容，主要目的是两个：一个是根据国际规则，建立实施REDD+的机构和方法学。另一个是，向国际社会树立形象，吸引更多的资金支持。印尼是世界第三大温室气体排放国，是世界物种最多样化的五个国家之一，热带泥炭地面积占世界一半多，其REDD+战略受国际重视，如得到挪威政府承诺提供10亿美元的REDD+资金资助。但是，土地权属混乱、腐败严重等特征决定，印尼需要建立实施REDD+的合规条件，提升林业管理水平，提高许可证发放、审计和投资的透明度，为REDD+引资树立良好形象。

2. 促进建设有利的执行环境

具体内容如加强土地利用规划改革、改革与森林资源有关的执法等。

从国情和林情背景看，制定这一内容主要基于三点：一是印尼认为，该国毁林的现象之一是无计划采伐，主要原因是由于收入替代品稀缺、薄弱的生产力以及社区较难进入市场，导致农民随意性采伐获取木材收入。为此，战略中提出要制定地方经济赋权强化方案，加强地方林业发展，促进农民增收减少滥采，为实施 REDD + 创建良好环境。二是为了打击非法采伐。如战略提出要对林业执法机构实施改革。三是减少竞争性行业对实施 REDD + 的压力。印尼实施 REDD + 的一个重要压力是棕榈油产业、纸和纸浆业的发展。印尼是世界最大的棕榈油生产国。2011 年，印尼纸浆和纸张出口量同比增长 1.27%，出口额为 57.3 亿美元。为了减轻这些产业发展对实施 REDD + 带来的压力，REDD + 战略中重视土地规划加强森林保护，如提出制定关于泥炭地保护和管理的一个精确、明确且和谐的法律框架；规划、确定并实施某些保护区转向高价值生态保护区、停止对泥炭地和天然林地区的开发行为发放许可等。

3. 制定部门发展改革战略

具体内容如：制定农业部门发展改革方案，避免农业利用土地延伸到"具有平均森林覆盖率水平上的"森林（碳储存能力达到 100 吨/公顷）中；进行立法修正或者制定新法规，禁止采矿部门延伸采矿许可证到厚度超过 3 米的泥炭地，同时保护矿区中的泥炭地等。

从国情和林情角度看，制定这一内容的背景主要有三点：一是实施 REDD + 涉及土地利用，需要多部门联合解决毁林动因。印尼解决森林砍伐和土地利用变化涉及各级政府和各个部门。这些部门受林业、农业、能源、矿产等有关部委和各级政府的控制。在有些情况下，地区一级的空间和土地利用规划与省级或国家级的规划是不同的或者是矛盾的，导致空间规划过程中林地界定不清，管理权限和责任不明确。为此，必须由政府拿出一个明确的法规草案，推动林业、农业和采矿业等部门的土地利用和发展规划改革，彻底解决土地利用、规划和协调工作中的不确定问题。

二是印尼是世界第四人口大国，农业、矿业等部门支撑经济发展的压力大，制定国家战略的立足点是，在不影响部门发展的前提下，保护有重要生态价值的生态系统，力求实施 REDD + 与农业、矿业发展的平衡。为此，战略中提出，支持实施 REDD + 的法律框架，优先考虑天然林、泥炭地和其他富碳以及有重要生态价值和社会价值的陆地生态系统的转化，但同时必须确保制止毁林不妨碍其他部门的发展。

三是印尼目前所处的经济贸易阶段决定其实施REDD+需要多部门平衡发展才能可持续进行下去。印尼的显著特征是资源丰富但经济落后，其出口货物主要是原材料，每年从棕榈油收入约100亿美元，纸浆和纸张50多亿美元。木材外运、镍矿开采等，雨林被毁。而雨林周围的居民，过去是护林者，但迫于生计，往往也沦为伐木工人、盗猎者或棕榈种植园的工人。有的居民则烧掉林地转为耕地来种庄稼。为了改变这种生产模式，只有帮助多部门制定可持续发展战略，才能为实施REDD+提供良好环境。

4. 建立可测量、可报告和可核查系统

制定这一内容，一方面既是衡量REDD+活动减排绩效的国际规则要求。另一方面，印尼在前期REDD+项目基础上，为建立可测量、可报告和可核查系统奠定了机构和制度基础。如设定了森林可持续管理的相关基本政策和法规（如2009年林业部条例第38条），也建立了木材合法性鉴定体系，包括政府背景的全国认证委员会，以及独立认证团体、独立审验团体和独立监测团体。

四、部分国家制定REDD+战略有关内容比较的结论

从上述国家制定REDD+战略内容分析来看，各国在接受气候变化谈判决议和相关规则方面基本一致，但各国主要根据本国情况、经济发展目标、不同毁林原因，明确本国推进REDD+战略的基本内容和主要手段，各有侧重地落实相关决议和规则。

一是表达形式不同，某些核心内容相同。上述国家根据国情和林情，制定了实施REDD+的内容，表达形式不同，但是涉及到国际关注的焦点和国际规则要求的部分，都是这些国家战略文本中必须处理的内容，如必须构建"三可"体系、开展能力建设、可持续融资等。

二是开展毁林动因分析，研究实施REDD+对其他产业的经济影响，是提出REDD+战略相关内容的基础性工作。如菲律宾认为，国家贫困、森林承载的民生任务较重，并且采矿、非法采伐和农业活动发展，保护森林、阻止砍伐的机会成本较高，为此，建议REDD+战略应当针对REDD+立法、创建实施REDD+的有利政策环境。又如印尼认为，棕榈油产业发展，实施REDD+的机会成本较高，为此，建议制定部门发展改革战略，在多部门平衡发展基础上，既减轻实施REDD+的经济压力，也为其实施创建优良社会环境。

三是制定战略的背景不同。第一,菲律宾人口多、森林少、灾害和土地破碎化问题突出,REDD+的根本问题是毁林、贫困和社区治理,加强资源管理、治理和融资,是REDD+政策行动的重要内容。第二,巴西人口多、森林也多,但毁林严重、权属关系混乱并且亚马孙地区成为国际关注焦点,REDD+的根本问题是非法采伐、大豆等产业竞争以及森林权属关系治理,加强土地规划和登记注册管理、加强毁林监测以及加强执法,是REDD+政策行动的重要内容。第三,印尼人口多、森林少、森林权属混乱和非法采伐问题突出,REDD+的根本问题是毁林、棕榈油等产业竞争以及森林权属关系治理和打击盗伐,加强资源治理、加大资金支持、搞好部门平衡发展,是REDD+政策行动的重要内容。

四是各国基于自身的国家发展目标,REDD+战略的主要目标有所不同。第一,菲律宾制定REDD+战略的主要目标是解决贫困问题,表现在其战略核心内容的六个方面有两个直接与缓解贫困有关,一个是加强社区参与森林治理,另一个是可持续融资。此外,加强能力的战略内容,也与缓解贫困间接相关。第二,巴西制定REDD+战略的主要目标是打击非法采伐,表现在其战略核心内容的七个方面有四个与打击非法采伐直接有关,分别是对毁林采取综合行动、改善森林监测系统、加强环境执法、以及构建公共森林资源利用的法律框架。第三,印尼战略文本四条核心内容的综合性较强,还不能看出其某条内容单独与某个目标相关,初步分析认为,印尼REDD+战略的主要目标是部门平衡发展促进经济增长以及打击非法采伐等。

参考文献

[1] The Philippine National REDD-plus Strategy [J/OL], http：//ntfp. org/ coderedd/the-philippine-national-redd-plus-strategy/. The Brazilian REDD strategy [J/OL], http：//www. mma. gov. br/estrutur? as/182/_ arquivos/reddcop15_ ingles_ 182. pdf.

[2] Draft National Strategy REDD + OF Indonesia [J/OL], http：//ccmin. aippnet. org/pdfs/Analysis% 20of% 20Indonesia% 20(draft)% 20REDD+% 20National% 20Strategy. pdf.

[3] United Republic of Tanzania National Strategy for Reduced Emis? sions from Deforestation and Forest Degradation (REDD +) [J/OL], http：//www. unredd. net/index. php? option = com_ docman&task = doc_ download&gid = 5303&Itemid = 53.

[4] Realising REDD + National strategy and policy options [J/OL], http：// www. cifor. org/online-library/browse/view-publication/publica? tion/2871. html

LULUCF 报告和核算规则现状、问题及趋势

王春峰

一、LULUCF 在减缓气候变化中的作用及其碳排放或碳吸收特点

土地利用、土地利用变化和林业活动(以下简称 LULUCF)通过改变森林植被光合和分解过程,最终导致陆地生态系统碳储量变化,对大气二氧化碳浓度产生影响。LULUCF 导致的温室气体排放量占全球总排放量的 25% 左右,对实现全球温升幅度不超过 2℃ 的目标有着重要影响。研究表明,《京都议定书》(以下简称"议定书")下发达国家在第一承诺期利用 LULUCF 碳汇使其 AUU 平均增加了 45%,大大减轻了发达国家的减排压力[1]。因此,LULUCF 减排和增汇是当前和未来减缓气候变暖、实现全球温升控制目标的重要选择。

和工业、能源等活动相比,LULUCF 减排和增汇有以下特点[2]。一是碳吸收和碳排放并存,碳吸收往往慢于碳排放。二是滞后效应。如过去形成的森林结构对未来森林碳排放或碳吸收能力会产生重要影响。三是非永久性。即火灾、病虫害等干扰会导致森林等吸收储存的碳被重新释放到大气中。四是年际变化大。火灾、病虫害等自然干扰或采伐等人为活动会导致碳排放或碳吸收在年际发生很大变化。五是易受非人为因素影响。温度、降雨、风暴、二氧化碳浓度增高、自然氮沉降等非人为因素影响都会导致 LULUCF 碳排放或碳吸收发生变化,且有可能超过人为因素影响。六是饱和问题。二氧化碳浓度升高到一定程度或森林老化后,森林等碳吸收能力会达到饱和。七是存在较大泄漏风险。某地保护森林可能会导致采伐转移到其他地方。八是减缓和适应可协同增效。LULUCF 减排和增汇同时可促进保护生物多样性、保持水土、净化水质、净化空气、防风固沙、促进社区发展等。鉴于《联合

---

[1] 张小全:《LULUCF 在京都议定书履约中的作用》,《气候变化研究进展》2011 年第 5 期。
[2] IversenP., LeeD. andRochaM., "UnderstandingLandUseintheUNFCCC", 2014.

国气候变化框架公约》(以下简称"公约")旨在应对"直接或间接人类活动改变了地球大气组成而造成的气候变化",在报告和核算LULUCF碳排放或碳吸收情况时,须考虑这些特点,尽可能客观地反映直接人为因素引起LULUCF碳排放或碳吸收的状况。

二、报告和核算的主要区别

为展示LULUCF对减排承诺或行动的贡献,需对LULUCF碳排放或碳吸收情况进行报告和核算。报告是依据《IPCC国家温室气体清单指南》收集、整理、加工相关数据,测算现有LULUCF碳排放或碳吸收情况,用通用报告表格(简称CRF)报送到气候公约秘书处的过程。核算[①]是依据缔约方会议通过的特定规则,按特定要求报告某个时段内特定LULUCF活动引起的碳排放或碳吸收净变化量,并将报告结果和承诺目标相比较,以确定缔约方是否实现了其减排承诺的过程。为确保核算的LULUCF活动的真实性,对纳入核算的LULUCF活动应建立追踪体系。报告是核算的基础,但不能取代核算,二者都应尽可能做到完整、准确、保守、相关、连续、可比和透明。目前只在议定书下建立了较完整的核算体系。议定书下LULUCF核算规则和公约下LULUCF报告规则有较大差别,公约下LULUCF报告主要采用基于土地利用的方法,议定书下LULUCF核算主要采用基于活动的方法。公约下报告的LULUCF碳排放更全面,议定书下核算的LULUCF活动主要针对议定书下涉及的特定LULUCF活动,是公约下报告的LULUCF碳排放或碳吸收的一部分。目前,议定书下发达国家既要按公约要求,在其年度温室气体清单中报告LULUCF碳排放或碳吸收情况,还要按议定书下特定规则要求报告纳入核算的特定土地利用活动所导致的碳排放或碳吸收情况,以便就其纳入核算的特定土地利用活动对其减排承诺的贡献进行核算。

三、现行LULUCF报告和核算规则

(一)公约和议定书下的LULUCF

公约和议定书都有相关条款涉及LULUCF。公约4.1条和12.1条规定:所有缔约国都应采取措施减少土地利用等部门碳排放或增加LULUCF碳吸收,并依据缔约方会议通过的可比方法,编制、更新、报告、公布包括LU-

---

[①] 核算又被称为"计量",本文统称为"核算"。

LUCF 在内的、人为引起的国家温室气体排放或吸收情况的清单,通过公约秘书处提交缔约方大会。根据公约确立的"共同但有区别的责任"原则,对公约附件Ⅰ国家(以下简称发达国家)和非附件Ⅰ国家(以下简称发展中国家)编制、更新、公布国家温室气体清单应遵循的 IPCC 指南、报告频率和内容等要求存在区别。议定书第 3.3 条、3.4 条、3.7 条、12 条等规定,发达国家应通过其国家温室气体清单单独报告造林、再造林、毁林、森林经营、农田管理、草地管理等活动引起的碳排放或碳吸收情况,以核算这些活动可增加或减少发达国家分配数量单位(简称 AAU)的量。此外,在公约背景下,发展中国家在其国内实施减少毁林、森林退化排放以及森林保育、森林可持续经营和增加碳汇行动①(简称 REDD+②)或将保护和发展森林纳入"国家适当减缓行动"(简称 NAMAs)都可视为发展中国家实施的 LULUCF 活动。目前,各国报告和核算 LULUCF 碳排放或碳吸收情况需遵循的 IPCC 指南包括《1996 年 IPCC 国家温室气体清单指南修订本》《2000 年 IPCC 国家温室气体清单优良做法指南和不确定性管理》《2003 年土地利用、土地利用变化和林业优良做法指南》《2006 年 IPCC 国家温室气体清单指南》③《2006 年 IPCC 国家温室气体清单指南 2013 湿地补充指南》《2013 年京都议定书中经修订的补充方法和良好做法指南》。

(二)LULUCF 报告和核算现行规则的要点

发达国家和发展中国家在公约下报告 LULUCF 碳排放或碳吸收清单的要求见表 1。

议定书下发达国家需遵循谈判制定的 LULUCF 核算规则报告特定的 LULUCF 活动引起的碳排放或碳吸收变化情况,核算可用于增加或减少其 AAU 的量。议定书第一、第二承诺期 LULUCF 核算规则要点见表 2。

---

① 目前是否实施 REDD+ 由发展中国家自愿决定。

② 2005 年,在巴布亚新几内亚和哥斯达黎加的积极倡议下,气候公约缔约方大会同意将"为发展中国家减少毁林排放行动提供激励政策的议题"纳入气候变化公约谈判中。2007 年,"为发展中国家减少毁林排放行动提供激励政策的议题"的讨论范围扩大到了包括森林保育、可持续经营森林和增加碳汇的行动(简称 REDD+),并被纳入"巴厘路线图"中。2013 年底,各方就 REDD+ 议题达成了"华沙 REDD+ 行动框架"。有关 REDD+ 议题情况,可参阅 2010 年"气候变化绿皮书"中笔者的文章。

③ 此处是指《2006 年 IPCC 国家温室气体清单指南》和《2006 年 IPCC 国家温室气体清单指南》第四卷"农业、林业和其他土地利用"。

表1 公约下报告 LULUCF 碳排放或碳吸收清单要求

要求	公约下 LULUCF 报告	
	发达国家	发展中国家
频率	①2014年前,每4~5年提交1次包括 LULUCF 的国家信息通报,每年提交1次包括 LULUCF 的国家温室气体清单; ②2014年后,每2年提交一次国家信息通报,每年提交1次包括 LULUCF 的国家温室气体清单; ③议定书缔约方还需按特定规则,每年补充报告承诺期内特定 LULUCF 活动引起的碳吸收或碳排放情况	①2014年前无要求,但需报告1994年包括 LULUCF 的国家信息通报,其中包括纳入 LULUCF 的国家温室气体清单; ②2014年后,需每4年提交一次包括 LULUCF 的国家信息通报,每2年提交一次包括 LULUCF 的国家温室气体清单更新报告
指南	①2015年前,主要遵循《1996年 IPCC 国家温室气体清单指南修订本》《2000年 IPCC 国家温室气体清单优良做法指南和不确定性管理》《2003年土地利用、土地利用变化和林业优良做法指南》; ②2015年后,遵循《2006年 IPCC 国家温室气体清单指南》; ③议定书缔约方需遵循《2013年京都议定书中经修订的补充方法和良好做法指南》《2006年 IPCC 国家温室气体清单指南2013湿地补充指南》第二承诺期内特定土地利用活动引起的碳吸收或碳排放情况	遵循《1996年 IPCC 国家温室气体清单指南修订本》,鼓励使用《2000年 IPCC 国家温室气体清单优良做法指南和不确定性管理》《2003年土地利用、土地利用变化和林业优良做法指南》《2006年 IPCC 国家温室气体清单指南2013湿地补充指南》
气体	CO_2、CH_4、NO_2	CO_2、CH_4、NO_2
结果	①信息通报和年度清单要接受专家审评; ②2014年后提交的"双年报"要接受国际评估和审评	①信息通报和年度清单不接受专家审评; ②2014年后提交的"双年更新报"要接受国际磋商和分析

表2 议定书下 LULUCF 核算规则要点

活动	第一承诺期(2008~2012年)	第二承诺期(2013~2020年)	共同规则
造林	强制,总净核算	强制,总净核算	①要有科学基础,遵循 IPCC 指南,采用一致方法核算净变化量,尽可能剔除非人为因素影响 ②自愿纳入核算的活动一旦纳入即不可退出核算[②]
再造林	强制,总净核算	强制,总净核算	
毁林	强制,总净核算	强制,总净核算	
森林管理	自愿,若造林、再造林、毁林3个活动结果是排放,则按每年不超900万吨碳的限额先抵消,再按国别上限确定可用于增加或减少 AAU 的数量	强制,用参考水平核算,核算结果按不超过各国基年源排放量的3.5%统一设置抵消上限	
农田管理	自愿,净净核算	自愿,净净核算	
牧地管理	自愿,净净核算	自愿,净净核算	
植被恢复	自愿,净净核算	自愿,净净核算	

（续）

活动	第一承诺期(2008~2012年)	第二承诺期(2013~2020年)	共同规则
湿地排干与还湿	未包括	自愿，净净核算	
采伐木质林产品	未包括	自愿，瞬时氧化或一阶衰减函数法核算	③忽略不计的碳库不应是排放源
自然干扰	未包括	针对造林、再造林、森林管理活动，大于背景值加2倍差值时剔除或用国家特定方法	
人工林采伐	未包括	采伐1960年1月1日至1989年12月31日间人工林，并建立对等林时，可纳入森林管理活动	
清洁发展机制项目	造林、再造林。碳汇使用量最多不超过基年排放量的1%乘以5	造林、再造林①。碳汇使用量最多不超过基年排放量的1%乘以7	

注：①目前各方在议定书下还在就第二承诺期是否还应包括新的活动进行谈判。
②此时就成为强制核算。

2013年底的缔约方大会就REDD+达成了"华沙REDD+框架"，在发达国家的支持下，发展中国家实施REDD+中需估算和报告REDD+的实施成效，作为获取资金支持的依据。REDD+成效估算和报告规则要点见表3。

表3 REDD+成效估算和报告规则要点

项目	规则要点
活动	减少毁林排放、减少森林退化排放、保护森林碳储量、森林可持续经营、提高森林碳储量
估算	与森林相关的人为源排放和汇清除、森林碳储量以及森林面积变化
报告	国家森林监测体系情况、以吨/年二氧化碳当量表示的评估后的森林参考水平、具体实施的REDD+活动、涵盖的森林面积、以吨/年二氧化碳当量表示的REDD+行动结果、与国家信息通报同时报告如何尊重保护生物多样性等保障原则的总结信息

四、现行LULUCF报告和核算规则中的问题分析

现行LULUCF报告和核算规则是谈判的结果。因发达国家和发展中国家在公约和议定书下的责任和义务不同，遵循的规则不同，因此，对现行LULUCF报告和核算规则存在问题的看法也有所不同。现行LULUCF相关规则主要存在以下问题。

（一）比较零散、很不统一。公约下LULUCF报告规则更多基于土地利用方式，未特别强调直接人为因素引起的变化，而议定书下LULUCF核算规

则基于活动方式,特别强调了直接人为因素引起的变化。发达国家在报告年度温室气体清单时,要单独报告议定书下 LULUCF 碳排放或碳吸收变化情况,发达国家一直主张统一规则,以减轻报告负担。

(二)虽然 LULUCF 对全球应对气候变化具有重要意义,但目前的核算规则未将其与工业、能源同等对待,特别是对森林管理活动产生的碳汇可用于增加发达国家 AAU 的量设置了上限(即 Cap),这在很大程度上限制了 LULUCF 减缓潜力。

(三)现行核算规则仍不全面,存在一定漏洞,致使一些国家仍可选择核算对其有利的活动,而避免核算对其不利的活动,扭曲了规则的激励效果。例如,将生物能源利用导致的二氧化碳排放算为零,可能会使采伐未纳入核算的森林用于生物能源时所致碳排放未纳入核算;第二承诺期森林管理碳汇抵消上限的设定方式,在某种程度上是奖励了 1990 年排放量大的国家;对清洁发展机制下造林再造林活动签发临时碳信用以解决非永久性问题致使买家稀少,而发达国家在核算造林再造林时却未考虑非永久性问题;等等。

(四)农林业都和土地利用密切相关,但目前农业和 LULUCF 未在核算规则上得到统一,易产生重复计算。

(五)土地利用涉及粮食安全、生物能源、木材利用、碳汇等多种目标,存在土地利用竞争性需求,建立更全面的报告和核算制度,可促进土地利用、生产方式的合理配置,减少市场对农林产品需求上升导致的土地利用压力和政策之间发生冲突,也可减少碳排放。

五、德班平台谈判中建立 LULUCF 共同报告和 核算规则问题

(一)问题由来

鉴于 LULUCF 是 2020 年后减缓的重要选择,采用何种核算规则将对各国提出 LULUCF 相关贡献及实现 2020 年后减缓目标产生重要影响,若 LULUCF 规则不明确,则很难提出各自的 LULUCF 贡献和明确的减缓路径。因此,在德班平台谈判中,发达国家积极主张建立包括 LULUCF 在内的、适于所有国家的共同规则,促使各国相互理解各自的承诺情况,确保可比性、透明度、环境完整性和增进互信。

(二)建立 LULUCF 共同报告和核算规则的难点分析

由于 LULUCF 碳排放和碳吸收的特点,建立 LULUCF 共同规则还存在以下难点。

一是因各国 LULUCF 情况差异很大，发达国家和发展中国家能力差别大，制定一套适于所有国家的 LULUCF 共同规则相当困难。统一 LULUCF 规则意味着在技术层面忽略发达国家和发展中国家的差别，发展中国家难以支持。

二是建立 LULUCF 共同规则意味着要在现有不同规则中寻求一致性，但兼顾各国国情和能力意味着规则要有较大的灵活性，以激励更多国家参与。一致性和灵活性之间存在一定矛盾，如何平衡二者将成为各方争论的焦点。

三是一些发展中国家如玻利维亚在谈判中强烈要求建立针对森林的减缓和适应综合机制，如何建立 LULUCF 共同规则促进减缓和适应的协同也会被提出来，将进一步加大达成共识的难度。

四是很多发达国家主张用基于土地利用方法建立 LULUCF 共同规则，这将需要更多的活动数据和技术参数作为支持。因各国土地管理往往涉及多部门，需统一协调，这对许多发展中国家是个难题。此外，基于土地利用方法是假设所有发生在"有管理土地"上的碳排放或碳吸收都由直接人为引起，就不应剔除自然干扰排放。这将难以得到火灾、病虫害干扰严重国家的支持。

五是先建立规则还是后建立规则。由于 LULUCF 规则和各国提出"贡献"密切相关，2015 年第一季度各方就应提出各自的"贡献"，在 LULUCF 规则不明朗的情况下，谈判中很可能又会出现类似议定书第二承诺期谈判中的"是先有规则再提出贡献，还是先有贡献再设计规则"的争论。

（三）建立 LULUCF 共同报告和核算规则的可能性分析

尽管针对 2020 年后的新协议建立 LULUCF 共同规则存在难度，但从以下几个角度看，也存在很大的可能性。

一是目前的 LULUCF 规则确实复杂难懂，各方一直希望制定更简化、更完整的 LULUCF 规则，特别是 2011 年底启动德班平台谈判决定中提出要制定一项 2020 年后适于所有国家、具有某种法律约束力的新协议，这为建立适于所有国家的 LULUCF 共同规则提供了依据，发达国家据此正在积极推进。

二是目前发达国家和发展中国家在公约下报告国家温室气体清单的 LULUCF 碳排放或碳吸收时，虽内容有所区别，但已采用了统一的 CRF 表格，存在可比性。若将 LULUCF 纳入全经济范围承诺，可直接利用国家温室气体清单规则报告 LULUCF 碳排放或碳吸收情况，并抵消工业、能源排放 LU-

LUCF 规则将较为简单。从发达国家和发展中国家遵循的 IPCC 指南看，差别正在缩小。发达国家在议定书下核算森林管理活动引起的碳排放或碳吸收与发展中国家估算和报告 REDD+ 成效都使用了参考水平方法。

三是过去 LULUCF 谈判、各国相关实践和现行 LULUCF 规则为 2020 年后统一 LULUCF 规则提供了借鉴和基础，许多规则不需从头再谈。此外，虽然 LULUCF 报告和核算的不确定性比较大，但持续报告下去，不确定性影响会逐步减小，以不确定性大为由排除一些活动纳入 LULUCF 核算越来越难以得到支持。参考水平方法的普遍应用在很大程度上减少了年龄结构的影响，剔除自然干扰方法也得到各国的接受。特别是随着发展中国家能力的不断提高，遥感等新观测手段应用范围不断扩展，为建立 LULUCF 共同规则提供了有利条件。

六、德班平台谈判中建立 LULUCF 共同报告和核算规则的发展趋势

将 LULUCF 作为重要减排手段纳入新协议已成普遍共识，关于统一 LULUCF 报告和核算规则的讨论将不可避免，但如何统一 LULUCF 报告和核算规则取决于 LULUCF 在新协议中的作用以及新协议将如何体现"共同但有区别责任"原则、发达国家和发展中国家的区别。从技术层面看，德班平台谈判中的 LULUCF 报告和核算规则的发展趋势有以下几种可能性。

(一)议定书 LULUCF 核算模式

欧盟、挪威等主张按议定书核算模式统一 2020 年后 LULUCF 报告和核算规则。按此模式，LULUCF 和工业、能源部门仍将独立对待，有可能将针对议定书 3.3 条和 3.4 条的相关规则进行合并。由于数据和方法仍不完善，仍会强制核算某些活动，而对某些活动自愿核算以兼顾国情和能力。该模式易于被议定书下发达国家接受，但非议定书发达国家和发展中国家都难以接受。

(二)公约下 LULUCF 报告模式

非议定书发达国家现已采用了公约下温室气体清单报告方式报告 2020 年前减缓行动，故此模式易于被非议定书下发达国家缔约方接受，这在某种程度上降低了对议定书下发达国家缔约方的要求。按此模式统一 2020 年后 LULUCF 报告和核算规则，通过清单报告，在评估各国是否实现减缓目标时，对 LULUCF 结果进行审评，以确定增加或减少源排放的量。该模式将主要依据基于土地利用的方式，发展中国家采用该模式仍然存在一定的技术障

碍。在该模式下，需考虑如何剔除自然干扰和年龄结构影响等问题。

(三) REDD+行动的技术模式

估算和报告 REDD+成效应与公约下清单保持一致。REDD+行动、议定书下 LULUCF 活动都可与公约下基于土地利用的方法形成对应。因此，以 REDD+行动为出发点，结合议定书下 LULUCF 活动，采用基于土地利用方法可统一 2020 年后 LULUCF 报告和核算规则。议定书下 LULUCF 核算方法中剔除自然干扰等方法可继续应用。按此模式，在某种程度上降低了对发达国家的要求，提高了对发展中国家的要求。

(四) 参考水平方法模式

目前发展中国家估算和报告 REDD+成效以及议定书下发达国家报告和核算森林管理活动碳排放和碳吸收都采用了参考水平方法。参考水平方法可拓展到所有 LULUCF 活动。虽然发达国家和发展中国家设置参考水平方法有所不同，但参考水平方法已基本成为各国共识。该模式既可用于基于活动的方法，也可用于基于土地利用的方法，还能兼顾各国国情和能力，很可能在 2020 年后统一 LULUCF 规则中得到延续。但各方需就参考水平设置应包含的要素及应用方式达成共识。

(五) 先易后难模式

本着先易后难原则，各方也可能就 2020 年后统一 LULUCF 报告和核算规则先形成最低标准，比如就 LULUCF 报告和核算原则达成共识，具体报告和核算方法则允许各国基于现有规则做出自由选择，随着 2020 年后新协议进入实施阶段，再逐步提高对 LULUCF 报告和核算的要求。

虽然从技术层面看，统一 2020 年后 LULUCF 报告和核算规则是一种趋势，但最终能否被各方接受或采取何种方式统一 2020 年后 LULUCF 报告和核算规则，将取决于各方在德班平台谈判中的博弈结果。由于统一 2020 年后 LULUCF 报告和核算规则存在诸多难点，在 2015 年底前就此达成共识几乎不太可能。

七、建立 LULUCF 共同报告和核算规则对我国的影响

发达国家在德班平台谈判中积极推进建立共同的 LULUCF 报告和核算规则，这将从两方面对我国产生影响。一是从政治层面看，这将弱化甚至抹杀"共同但有区别责任"原则，淡化发达国家和发展中国家的差别，对我国参与 2020 年后全球应对气候变化新协议和实施 2020 年后应对气候变化行动产

生负面影响。二是从技术层面看，建立 LULUCF 共同报告和核算规则，总体趋势将是逐渐强化适用于发展中国家的现行规则而弱化适用于发达国家的现行规则，加大发展中国家报告和核算 LULUCF 碳排放和碳吸收的难度，减轻发达国家报告和核算 LULUCF 碳排放和碳吸收的负担，对发展中国家总体不利，而对我国的影响则利弊兼有，这取决于 2015 年底达成的新协议将如何体现"共同但有区别责任"原则，以及我国在 2020 年后将采取何种应对气候变化行动。是否接受建立 LULUCF 共同报告和核算规则目前应重点考虑政治层面的影响。在此基础上，技术层面尽可能考虑我国国情以及土地利用、土地利用变化和林业活动的特点，积极推动建立对我国相对有利的技术规则。

澳大利亚森林可持续经营与应对气候变化

王春能[1]　姚建林[2]　郭瑜富[3]

(1. 北京市林业碳汇工作办公室　北京　100013；2. 安徽省林业厅　合肥　230001；
3. 国家林业局对外合作项目中心　北京　100714)

一、澳大利亚林业基本情况

澳大利亚国土面积770万平方千米，人口2 277万(澳大利亚统计局网站，2011)，森林面积1.49亿公顷，森林覆盖率19%，其中天然林面积1.47亿公顷，人工林面积182万公顷。天然林中98%为阔叶树，其中79%为桉树。按权属，澳大利亚天然林共分为4类：①多用途林，主要用于木材生产的公有林面积为940万公顷，约占6%；②自然保护区，指受到严格保护的公有森林，包括国家森林公园和植物保护区面积为2 300万公顷，约占16%；③其他皇家林地约占7%；④私有林，其中包括个人拥有、土著人所有以及个人租用的林地占70%，另有1%为权属不清的森林。

澳大利亚在1998年撤销了初级产品工业和能源部，成立了由农业司、渔业司、动植物检疫司、林业司、环境和温室效应司、农村事务司及研究和开发司7个业务部门组成的联邦农业、渔业和林业部，在林业方面主要负责全国林业信息网络建设、信息资料管理、全国性林业法规制定、林业中长期发展规划编制，并对政策法规和林业规划的执行情况进行监督监测。由联邦政府和各州政府部长组成的农林部长会议是制定和协调林业政策的主要机构。州基础产业部下设林业局，负责监督生产经营单位。州以下林业的管理由林业协会(纯民间组织)负责，由州政府每年拨给部分核心经费。

二、澳大利亚主要做法

(一)加快立法进程，推动低碳减排工作

在林业应对气候变化方面，政府在强制减排方面的立法工作对碳汇林业起着巨大的推动作用。在澳大利亚，在州政府的层面，新南威尔士州政府制

订了相关的减少碳排放的行动方案。根据该行动方案，有关碳排放企业可通过碳汇造林开展志愿减排行动，以抵消其排放的二氧化碳。在联邦政府层面，目前澳大利亚联邦政府正在大力推进有关碳税方面的法律提案，有待议会表决通过。虽然目前澳大利亚国内对碳税立法有不少反对意见，但由于较早参与推进节能减排，同时受《京都议定书》的限制，在联邦政府层面上，碳税立法通过的可能性很大。预计到2015年，全澳可能会形成一个统一的碳交易市场，届时林业碳汇体系在澳大利亚的建立和发展大有可为。

（二）探索碳汇林业运作模式，先行开展碳汇造林项目

澳大利亚各界普遍认为林业是应对气候变化的重要手段，由于其潜在的经济、生态和社会效益，开展碳汇林业有着较为广阔的前景。根据考察团考察的澳大利亚CO_2公司的预测，澳大利亚目前已经形成了约1.5亿澳元的志愿碳市场。澳大利亚CO_2公司是一家在A5X上市的公司，在林业碳汇方面有着丰富的经验，在造林项目地块选择，碳汇模型模拟和测量方面有着独特的技术优势。该公司目前已拥有

1.65万公顷的碳汇林面积，在全澳有5家分公司，并拥有包括州政府和大型能源公司在内的客户。其运作模式为首先与客户签订碳汇造林合同，代客户进行造林和森林经营工作，并收取一定的费用，然后与土地所有者签订长期土地租用合同，利用租用的土地进行碳汇造林和管理工作。在碳汇林建成后形成的碳信用归客户所有。目前该公司主要在农田的周围以防护林带的形式种植桉树矮林，桉树矮林具有速生、根系深、寿命长和碳储存时间长的特点，并且较少受到干旱和病虫害的威胁。西澳州林产品委员会也以同样的运作模式为英国石油公司（BP）及澳大利亚发电厂营造了5000公顷的碳汇造林，目前长势良好。通过以上造林项目，可以有效缓解土壤的盐碱化程度、对农田起到防风固沙的作用，产生了很好的生态效益；通过项目的实施，农民得到了租金收入，增加了其维护农田生态系统安全、进行可持续经营的积极性，有显著的社会效益；同时碳汇林所产生的碳信用也有着潜在的交易前景，有可能产生可观的经济效益。

（三）通过科学规划，合理保护、经营天然林

澳大利亚非常重视对生态环境的保护和对天然林的保护，将水库的水源涵养林、森林野生动植物栖息地、自然历史文化遗产、典型气候带和奇异地质地貌的天然风景林划为保护区或国家公园，以法律形式加以保护。澳大利亚森林经营部门很重视森林经营规划的制定工作，在森林经营规划的过程

中，注重森林所在地各利益相关方的广泛参与，在充分听取各方意见后由森林经营部门形成森林经营规划方案。该规划方案需获得各级主管部门的批准，在批准后须按期执行，并由专家根据实施情况定期进行审查。通过科学的整体规划，明确了森林经营的长期目标和中期目标，确保了森林资源的可持续经营管理。

(四) 政策引导和产业链建设，促进人工林和经济林建设

一方面，政府强制规定煤矿等能源、资源型企业在采矿后必须将破坏的植被和地貌恢复原样，同时积极鼓励能源生产企业利用缓冲区进行人工造林，改善生态环境。如位于新南威尔士州猎人谷的澳大利亚联合煤矿公司，2005年以来大力开展矿区缓冲区人工造林，造林面积达80公顷，主要造林树种是灰桉和斑点桉。另一方面，在澳大利亚人工林种植和林产品的加工形成了高效产业链，有力促进了人工林和经济林的发展。如在西澳州，在人工林的种植、管理、砍伐过程中都有专业公司为人工林的所有者提供服务。如西澳州林产品委员会就专业致力于种植、采伐和运送林产品，监督二级承包商来承担林产品的采运工作，并帮助人工林的所有者与木材和剩余物的加工购买企业建立联系。西澳州林产品委员会每年采伐大约1 600万吨（鲜重）林产品，包括大约75万吨的锯材。其余的产量包括其他的林产品如切片用材和木片等人造板及纸张的原料。FPC还积极发展旋切贴面板处理、颗粒燃料及用于生产可更新能源的木材废弃物的市场。

(五) 为林产品开发和应对气候变化提供科技支撑

澳大利亚的科研机构与政府和生产经营部门有着紧密的联系，通过科研机构的研究项目解决在森林经营、林产品利用等方面的实际问题，同时将研究成果应用于实践。一个典型的例子为通过生物质能源利用与控制土壤盐碱化相结合来进行碳汇林业生产。澳大利亚农业和林业面临的一个巨大挑战为土壤的盐碱化，土壤盐碱化形成的原因为由毁林造成的地下水位上升。在西澳州，减缓地下水位上升的一个有效办法为进行桉树矮林的种植。桉树矮林生长迅速，但是如果没有利用价值，那么农民种植桉树矮林的积极性将大大下降。西澳州林产品委员会，通过与有关公司合作投资碳汇林的方式，向农民租用土地进行桉树矮林的种植，并与科研机构合作研究桉树矮林作为生物质能源的利用途径。澳大利亚科亭大学高级能源科学与工程中心研发了将木材转化为生物燃油和焦炭的高新技术，可将桉树矮林的木材充分利用，并对减少温室气体排放起到积极作用。通过以上方式，解决了桉树矮林种植的经

费问题和桉树林木材的利用问题，对于促进林业的可持续发展打下了基础。

西悉尼大学也就林业如何适应变化后的气候等开展了科学实验，实验通过建造人工温室，增加 CO_2 浓度和温度，以检测树木的生长情况，目前该项试验已经实行了两季，取得了一批重要的试验数据。新南威尔士州 FCPI 研究所重点就林产品固碳"生命周期"评估开展了一系列的研究，在林木采伐和加工过程中碳的排放量的综合计量，模型的建立及林产品碳储存时间与储存量的方法等方面取得了一系列的成果。

（六）推动森林生态教育和体验，提高公众生态意识

澳大利亚政府非常重视森林生态教育和体验，通过森林休闲、旅游和教育增强公众对于森林生态的了解，提高其环保意识。在考察过程中，考察了沃伦国家公园、香农国家公园和堪培拉植物园和国家树木园，其共同特点就是通过有趣的设计，增加游人与森林和植物的"互动"，并通过实物和宣传资料的展示，激发游人探索森林奥秘的愿望，进而更好了解森林与人类活动的关系，了解保护森林、发展林业的重要性。

三、建议

在森林资源人均占有量比较丰富的国家，能够较好地处理好发展商品林（人工林集约经营与持续利用）与维护国土生态环境（天然林保护）的关系，并从政策法规、科学研究、管理模式与运行机制等方面，充分体现了可持续发展的思想，特别是针对当前地球气候变化这个国际广泛讨论的热点和焦点领域，积极发展碳汇林业，增强森林碳汇，值得我国林业工作者借鉴。

总结澳大利亚相关经验，结合我国实际情况，提出以下5方面建议。

（1）大力加强与国际组织和有关国家在森林可持续经营、林业应对气候变化领域的合作和交流。林业应对气候变化是一个比较新的课题，也是一个国际热点问题，需要各个国家的协同合作，通过国际合作可以有力促进我国林业应对气候变化的能力。

（2）积极探索碳汇造林的运作模式，搭建企业和公众参与林业应对气候变化的平台，探索建立林业碳汇抵减工业排放的政策机制和企业、个人参与碳汇造林的激励机制。

（3）与实际生产经营紧密结合，加大森林可持续经营和林业应对气候变化方面的研究力度。有关研究应注重持续性，尤其在森林经营研究方面，持续研究所获得的数据，对于科学经营有极大的指导意义。在林业碳汇方面，

应继续加强碳汇林业的有关方法学研究，为碳交易和政策制定提供技术支撑。

（4）与森林经营和人工林建设相结合，推动生物质能源林的试点示范建设。一方面，森林经营、砍伐所产生的剩余物在科学利用后，可以转化为生物质能源；另一方面，可以通过合理选择树种，进行用于生物质能源的人工林建设。结合工程，推动试点示范建设，将有力推动林业应对气候变化的能力。

（5）加大森林体验、林业应对气候变化方面的宣传教育。充分发挥森林的社会效益，开展以提高公众关爱森林、保护环境为主要目的的宣传教育活动，并为游人提供丰富多样的森林体验活动，增加公众对中国和世界林业发展现状的了解，加强林业在公众生活中的作用。

参考文献

[1]澳大利亚统计局网站，http：//www.abs.gov.au/
[2]澳大利亚农业和资源经济局网站，http：//adl.brs.gov.au/forestsaustralia/facts/type.html

中 篇
森林碳汇的基础研究

中国森林植被碳库的动态变化及其意义

方精云　陈安平

（北京大学城市与环境学系、北京大学地表过程分析与模拟教育部重点实验室，北京　100871）

人类使用化石燃料、进行工业生产以及毁林开荒等活动导致大量的 CO_2 向大气排放，使大气 CO_2 浓度显著增加。陆地生态系统和海洋吸收其中的一部分排放，但全球排放量与吸收量之间仍存在 1.6~2.0PgC($Pg=10^{15}g$) 的不平衡[1,2]。来自北美和欧洲的实测和模型研究均表明，北半球中高纬森林植被是一个重要的汇，它在减小碳收支不平衡中起着关键作用[3-10]。中国作为最大的亚洲国家，阐明其森林的 CO_2 源汇功能不仅对研究本地区碳循环至关重要，对研究全球碳循环也必不可少。

另一方面，由于研究方法、使用资料或者假设条件等的不同导致以往关于森林源汇作用的研究结果差异甚大。关于北美陆地碳汇的研究和争议便是一例[10-12]。Fan 等[7]利用大气传输模型以及大气和海洋 CO_2 资料，得出北美北纬 51bN 以南地区的碳汇达(1.7 ± 0.5)PgC/a，而利用土地利用变化[13]、森林资源清查资料[8,14]和过程模型[10]的研究结果，都在 0.08~0.35PgC 之间，远小于 Fan 等[7]的结果。为了减少这种评价陆地生态系统的 CO_2 源汇功能的不确定性，提供准确的碳收支信息，基于长期碳量变化的实测资料的研究就显得极为重要[11]。中国连续 50 年且较为系统地进行的森林资源清查资料为这种实证研究提供了有效的数据。本文将利用这些数据和大量的生物量实测数据，基于改良的生物量换算因子法[15-18]，研究中国森林碳库及其时空变化，分析大面积的人工造林在碳循环中的作用。

一、数据来源及研究方法

本研究所使用的数据来源有两类：森林资源清查资料和文献发表的生物量实测资料。详细过程见方精云等[19]和 Fang 等[17]。

（一）森林资源清查资料

该系列资料为 1949、1950~1962、1973~1976、1977~1981、1984~

1988、1989~1993 和 1994~1998 年等 7 个时段,其中,1949 年的资料为林业部在 80 年代组织林业部门分析整理的估算结果。1964 发表的 1950~1962 年的资料后来也进行了核定和补充[15]。

这些资料记录了按地区分树种和龄级的面积和蓄积,但没有提供森林生物量信息。因此,如果由森林资源清查资料来推算森林生物量,必须建立生物量与蓄积量之间的换算关系,即换算系数,称生物量换算因子(biomass expansion factor, BEF)。为此,生物量实测资料必不可少。

(二)生物量实测资料

为提供森林资源清查资料中所对应的各类型森林的生物量换算因子,方精云等[20]曾利用 1992 年以前各种文献上发表的生物量资料,建立了相应的数据库。最近,对该数据库进行了充实和完善,增加了 1992 年以来发表的各森林类型的生物量。各主要森林类型的生物量参见文献[15]。

(三)生物量换算因子(BEF)

研究表明,一种森林类型的 BEF 随着林龄、立地、林分密度、林分状况不同而异;林分蓄积可以综合反映这些因素的变化,因此可以作为 BEF 的函数,以反映 BEF 的连续变化[8,16,17,19,21,22]。方精云等[19]、Fang 等[17]、Fang 和 Wang[18]用倒数方程来表示 BEF 与林分蓄积(x)之间的关系,即:

$$BEF = a + \frac{b}{x} \qquad (1)$$

式中,a、b 为常数。成熟林的 a 值趋于恒定,幼龄林的 a 值较大[15]。表 1 给出了中国主要森林类型的 a 和 b 参数。利用(1)式,估算森林生物量的方法被称为 BEF 法[17,18]。

(四)生物量的计算

利用森林资源清查资料的面积和蓄积量数据以及方程(1)的参数[15],计算各森林类型的生物量,其计算公式如下:

某森林类型的全国总生物量

$$Y = \sum_{i=1}^{30}\left[a\left(\frac{蓄积量}{面积}\right) + b\right] \times 面积 \qquad (2)$$

或,

$$Y = \sum_{i=1}^{30} BEF \times xi \times si = a\sum_{i=1}^{30} sixi + bS \qquad (3)$$

式中,Y 和 S 分别是某森林类型的全国总生物量和总面积,si 和 xi 分别是第 i 省的某一森林类型的面积和平均林分蓄积量。

这一过程可以得到证明：

方程(1)可以改写成(4)式，即

$$y = ax + b \tag{4}$$

在野外生物量实测资料中，如果某一森林类型是由 n 个林分组成，其面积、林分平均蓄积和平均生物量分别为 s_i，x_i 和 y_i，那么该类型森林的总生物量(Y)可以写成：

$$\begin{aligned}Y &= s_1 y_1 + s_2 y_2 +, + s_n y_n \\ &= s_1(ax_1 + b) + s_2(ax_2 + b) +, + sn(ax_n + b) \\ &= aEs_i x_i + bS\end{aligned} \tag{5}$$

式中，S 是该类型森林的总面积。

另一方面，在森林资源清查资料中，某一森林类型的总面积和总蓄积量分别为 S 和 X，则有：

$$x = X/S = (1/S)Es_i x_i$$

$$Y = Sy = S(ax + b) = S[a(1/S)Es_i x_i + b] = aEs_i x_i + bS \tag{6}$$

式中，x 和 y 分别为总平均蓄积量和总平均生物量。

这就是说，式(5)和(6)同式(3)是相等的。这就证明了生物量换算因子法的合理性。

因 1949 年和 1950~1962 年，没有按省区分树种的统计资料，森林清查资料只给出了各省区的总面积和总蓄积量数据。为此，我们采用了如下方法进行估算。

分析表明，利用表 1 参数，按森林类型计算的 4 个时段各省区的总平均生物量(y，t/hm^{-2})与总平均林分蓄积量(x，m^2/hm^{-2})之间呈良好的线性关系，并且此关系不随时段不同而发生变化(图 1)。各时段的回归结果如下：

1977~1981 年：$y = 0.6009x + 37.853 \ (r^2 = 0.81)$ (7)

1984~1988 年：$y = 0.5704x + 40.533 \ (r^2 = 0.83)$ (8)

1989~1993 年：$y = 0.5790x + 36.478 \ (r^2 = 0.83)$ (9)

1994~1998 年：$y = 0.5607x + 39.474 \ (r^2 = 0.83)$ (10)

求得的上述 4 个时段总回归方程为：

$$y = 0.5751x + 38.706 \ (n = 120, r^2 = 0.83) \tag{11}$$

利用(11)式，分别求算了 1949 年和 1950~1962 年各省区的总生物量。尽管这种处理为各省区的总生物量带来一定的误差，但对于全国来说，误差很小。利用(11)式计算上述 4 个时段各省区的生物量的结果表明，全国总生

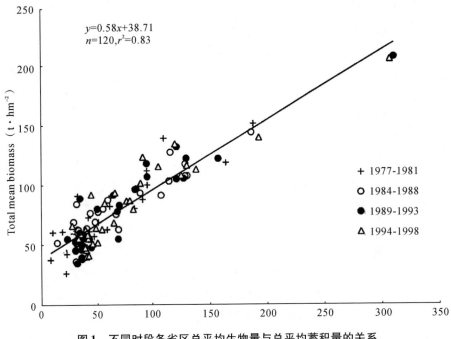

图1 不同时段各省区总平均生物量与总平均蓄积量的关系

物量的误差小于3.0%。

另外,在人工林统计中,森林资源清查资料也只给出了各省区的总面积和总蓄积量,因此,用(11)式计算了各省区人工林的总生物量。

二、实验结果

附表1~3列出7个时段中国各省区森林总面积、总生物量和平均生物量碳密度的计算结果。表1给出归纳的全国统计值。中国森林碳库由新中国成立初期的5.06PgC减少到20世纪70年代末期的4.38PgC,之后又开始增加到90年代末的4.75PgC(表1)。这种变化趋势与中国的土地利用方式、人口压力以及经济政策的变化密切相关。解放以来,中国的人口急剧增加,造成对森林植被的压力逐渐增加。在解放初期,由于人口压力不大,对自然的开垦程度较小,保存着较大面积高生物量的原始林。这体现在那时中国森林的总面积虽然不是最大,但碳密度较高(49.45Mg/公顷),使总碳储量达到最大(表1)。之后,原始林资源快速减少。这种状况持续到70年代末期。自70年代初开始,人工造林的面积逐渐增加,森林面积和森林生物量都得到逐渐提高。在最近的 20 年中,森林碳储量增加了约 0.4PgC,年增加 0.011~0.035PgC,平均增加 0.022PgC/a。中国森林碳储量的增加主要是由于人工造林生长的结果(表2)。造林成林面积由 70~80 年代初的 1 274~1 739×10⁴ 公顷增加到 20 世纪末的 2 311×10⁴ 公顷。碳储量由 0.27PgC 增加到 0.72PgC,净增加 0.45PgC,年增加 0.012~0.027PgC 不等,平均增加 0.021PgC/a(表2)。值得一提的是,20 多年来,中国人工林的碳密度显著增加,由 70 年代中期的 15.32MgC/公顷增加到 1998 年的 31.11MgC/公顷,增加了一倍。这主要与人工林中成熟林的比例增加有关。另外,也可能与全球温度增加和 CO_2 施肥导致生长加速有关。最近 20 多年来,中国非人工林(天然林和次生林,由森林总量减去人工林部分)的面积和碳储量均变化不大,总面积在 8 270×10⁴ 公顷到 8 730×10⁴ 公顷之间,碳储量在 3.9~4.2PgC 之间(表3)。

表1 中国森林面积、碳储量及其变化

Time	Total forest area ($10^4 hm^2$)	Total carbon (Pg C)	Carbon density (Mg/hm²)	Carbon change (Pg C/a)
1949	10 234	5.06	49.45	
1950~1962	9 808	4.58	46.67	-0.040
1973~1976	10 126	4.44	43.83	-0.010
1977~1981	9 562	4.38	45.75	-0.013
1984~1988	10 219	4.45	43.53	0.011
1989~1993	10 863	4.63	42.58	0.035
1994~1998	10 582	4.75	44.91	0.026

Carbon content is converted from biomass using a factor of 0.5.

表2 中国人工林面积、碳储量及其变化

Time	Total forest area ($10^4 hm^2$)	Total carbon (Pg C)	Carbon density (Mg/hm²)	Carbon change (Pg C/a)
1973~1976	1 739	0.27	15.32	
1977~1981	1 274	0.33	25.55	0.012
1984~1988	1 874	0.52	27.48	0.027
1989~1993	2 137	0.61	28.69	0.020
1994~1998	2 311	0.72	31.11	0.021

Carbon content is converted from biomass using a factor of 0.5.

表3 中国天然林和次生林的面积、碳储量及其变化

Time	Total forest area ($10^4 hm^2$)	Total carbon (Pg C)	Carbon density (Mg/hm^2)	Carbon change (Pg C/a)
1949	10	234	5.06	49.45
1950~1962	9 808	4.58	46.67	-0.040
1973~1976	8 387	4.17	49.70	-0.029
1977~1981	8 288	4.05	48.81	-0.025
1984~1988	8 345	3.93	47.08	-0.017
1989~1993	8 726	4.02	46.01	0.017
1994~1998	8 271	4.03	48.75	0.004

Carbon content is converted from biomass using a factor of 0.5.

另一方面,中国森林碳库和碳密度存在着相当大的区域差异(附表1~3)。森林碳库主要集中分布在东北和西南地区,占全国碳库的一半以上,那里主要分布着以云杉、冷杉等为主的暗针叶林。中国人口密度大的东部和东南部平原丘陵以及华北和西北干旱的森林碳库都相对较小。森林的平均碳密度以西南、东北以及西北地区为大,因为在这些地区,森林大多以生物量高的亚高山针叶林存在,而中部和东部地区多为人工林,森林的碳密度较低,多在23~35MgC/公顷之间(附表1~3)。

三、讨论

关于北半球中高纬度的森林起着大气 CO_2 汇的作用已由大气模型[5,7]、过程模型[10]、森林资源清查资料[8,13,14,23]以及野外观测[4,9]等研究得到证实,但所得的结果相差很大,如对北美陆地碳库的研究表明,年吸收量从0.05~0.17PgC/a[24]或0.08PgC/a[10]到(1.7±0.5)PgC/a[7],相差20~34倍。模型参数和气候变量的选择以及森林分布的区域差异是引起这种差异的主要原因之一。基于土地资源清查资料的推算是验证估算和模拟结果是否准确的有效方法。利用资源清查资料对北美森林碳汇的估计值变动于较小的范围之间就是说明。Brown 和 Schroeder[8]推算美国东部的森林碳汇为0.17PgC/a,Turner 等[14]的推算值为0.079PgC/a,Birdsey 和 Heath[23]为0.3PgC/a,而 Houghton 等[13]的结果为0.15~0.35PgC/a。

中国50年的森林清查资料为验证森林的源汇功能和模型的预测精度提供了有效数据。研究结果表明,最近20多年来,中国森林起着 CO_2 汇的作

用，平均每年吸收0.022PgC的CO_2。这个数值与北美的结果是可比较的。例如，Schimel等[10]和Tian等[25]分别用生态系统模型得出北美陆地的碳吸收为0.08PgC/a和0.078PgC/a，而Turner等[14]和Houghton等[26]利用森林资源清查资料，计算得出美国大陆的陆地碳汇分别为0.079PgC/a和0.067~0.119PgC/a。美国的森林面积是中国的2倍，总碳库是中国的3倍[17]。如果按单位面积或单位碳储量来比较，中国的森林碳汇与美国大致相同。

必须指出的是，中国森林碳汇主要来自人工林的贡献（表2），因此，这从某些侧面支持了国际社会于1997年在日本京都签署的《京都议定书》所提出的用植树造林来缓解大气CO_2浓度增加的方案的合理性，尽管这只是一个暂时的应急对策[1]。中国目前正在实施的"天然林保护工程"也可望对减缓大气CO_2浓度上升有一定的贡献。

参考文献

[1] IGBP Terrestrial Carbon Working Group. The terrestrial car2 bon cycle: implications for the Kyoto protocol. Science, 1998, 280: 1393-1394.

[2] Schimel D S. Terrestrial ecosystems and the carbon cycle. Glob Change Biol, 1995, 1: 77-91.

[3] Kauppi P E, Mielikainen K, Kuusela K. Biomass and car2 bon budget of European forests, 1971 to 1990. Science, 1992, 256: 70-74.

[4] Wofsy S C, Goulden ML, Munger JM, Fan S M, Bakwin P S. Next exchange of CO_2 in a mid _ latitude forest. Sci2 ence, 1993, 260: 1314-1317.

[5] Keeling R F, Piper S C, Heimann M. Global and hemi2 spheric CO_2 sinks deduced from changes in atmospheric CO_2 concentration. Nature, 1996, 381: 218-221.

[6] Myneni R B, Keelinbg C D, Tucker C J, Asrar G, Nemani R R. Increased plant growth in the northern high latitudes from 1981-1991. Nature, 1997, 386: 698-702.

[7] Fan S, Gloor M, Pacala S, Sarmiento J, Takahashi T, Tans P. A large terrestrial carbon sink in North America im2 plied by atmospheric and oceanic carbon dioxide data and models. Science, 1998, 282: 442-445.

[8] Brown S L, Schroeder P E. Spatial patterns of aboveground production and mortality of woody biomass for eastern U. S. forests. Ecol Appl, 1999, 9: 968-980.

[9] Valentini R, Matteuccl G, Dolman A J, Schulze E D, Reb2 mann C, Moors E J. Respiration as the main determinant of carbon balance in European forests. Nature, 2000, 404: 861-865.

[10] Schimel D, Melillo J, Tian H Q, McGuire A D, Kick2 leghter D, Kittel T, Rosenbloom N, Running S, Thornton P, Ojima D, Parton W, Kelly R, Sykes M, Neilson R, Rizzo B. Contribution of increasing CO_2 and climate to car2 bon storage by ecosystems in the United States. Science, 2000, 287: 2004-2006.

[11] Holland E A, Brown S, Potter C S, Lkooster S A, Fan S, Gloor M, Mahlman J, Pacala S, Sarmiento J, Takahashi T, Tans P. North American carbon sink. Science, 1999, 283: 1815a.

[12] Field C B, Fung I Y. The not_ so_ big U. S. carbon sink. Science, 1999, 285: 544 – 545.

[13] Houghton R A, Haeckler J L, Lawrence K T. The US car2 bon budget: contributions from land _ use change. Science, 1999, 285: 574 – 578.

[14] Turner D P, Koepper G J, HarmonM E, Lee J J. A carbon budget for forests of the conterminous United States. Ecol Appl, 1995, 5: 421 – 436.

[15] Fang J_ Y, Chen A_ P, Peng C_ H, Zhao S_ Q, Ci L_ J. Changes in forest biomass carbon storage in China between 1949 and 1998. Science, 2001, 292: 2320 – 2323.

[16] Fang J_ Y (方精云). Forest biomass carbon pool of the middle and high latitudes in North Hemisphere is probably much smaller than present estimates. Acta Phytoecol Sin(植物生态学报), 2000, 24: 635 – 638. (in Chinese with English abstract)

[17] Fang J_ Y, Wang G_ G, Liu G_ H, Xu S_ L. Forest biomass of China: an estimation based on the biomass_ volume relation2 ship. Ecol Appl, 1998, 8: 1084 – 1091.

[18] Fang J_ Y, Wang Z_ M. Forest biomass estimation for region2 al and global levels, with special reference to China′s forest biomass. Ecol Res, 2001, 12: (in press)

[19] Fang J_ Y (方精云), Liu G_ H (刘国华), Xu S_ L (徐嵩龄). Biomass and net production of forest vegetation in Chi2 na. Acta Ecol Sin(生态学报), 1996, 16: 497 – 508. (in Chinese with English abstract)

[20] Fang J_ Y (方精云), Liu G_ H (刘国华), Xu S_ L (徐嵩龄). Carbon pools in terrestrial ecosystems in China. Wang R_ S (王如松), Fang J_ Y (方精云), Gao L (高林), and Feng Z_ W (冯宗炜). Advance in Ecology: Report of Na2 tional Laboratory of Systems Ecology of the Chinese Acade2 my of Sciences 1992 – 1995. Beijing: China Science and Technology Publishers, 1996. 251 – 277. (in Chinese)

[21] Brown S, Lugo A E. Aboveground biomass estimates for tropical moist forests of Brazilian Amazon. Intersciencia, 1992, 17: 8 – 18.

[22] Schroeder P, Brown S, Mo J, Birdsey R, Cieszewski C. Biomass estimation for temperate broadleaf forests of the United States using inventory data. For Sci, 1997, 43: 424 – 434.

[23] Birdsey R A, Heath L S. Carbon changes in US forests. Joyce L A. Climate Change and the Productivity of Ameri2 ca.s Forests. Fort Collins: USDA Forest Services General Technical Report RM_ 228, 1995. 164.

[24] Holland E A, Brown S, Potter C S, Lkooster S A, Fan S, Gloor M, Mahlman J, Pacala S, Sarmiento J, Takahashi T, Tans P. North American carbon sink. Science, 1999, 283: 1815 – 1816.

[25] Tian H, Melillo J M, Kicklighter D W, McGuire A D, Hel2 frich J V K. The sensitivity of terrestrial carbon storage to historical climate variability and atmospheric CO_2 in the United

States. Tellus, 1999, 51B: 414 – 452.

[26] Houghton R A, Hackler J L. Changes in terrestrial carbon storage in the United States...: The roles of agriculture and forestry. Glob Ecol Biogeogr, 2000, 9: 125 – 144.

[27] Brown S, Lugo A E. Biomass of tropical forests: a new esti2 mate based on forest volumes. Science, 1984, 223: 1290 – 1293.

[28] Brown S, Gillespie A J R, Lugo A E. Biomass estimation methods for tropical forests with applications to forest inven2 tory data. For Sci, 1989, 35: 881 – 902.

[29] Cao M, Woodward F I. Dynamic responses of terrestrial ecosystem carbon cycling to global climate change. Nature, 1998, 393: 249 – 252.

[30] Ciais P, Tans P P, Trolier M, White J W C, Francey R J. A large northern hemisphere terrestrial CO_2 sinks indicated by the 13C/ 12C ration of atmospheric CO_2. Science, 1995, 269: 1098 – 1102.

[31] Dixon R K, Brown S, Houghton R A, Solomon A M, Trexler M C, Wisniewski J. Carbon pools and flux of global forest ecosystems. Science, 1994, 263: 185 – 190.

[32] Goulden M L, Munger J W, Fan S, Daube B C, Wofsy S C. Exchange of carbon dioxide by a deciduous forest: re2 sponse to interannual climate variability. Science, 1996, 271: 1576 – 1578.

[33] Grace J, Rayment M. Respiration in the balance. Nature, 2000, 404: 819 – 820.

[34] Kurz W A, Apps M J. A 70_ year retrospective analysis of carbon fluxes in the Canadian forest sector. Ecol Appl, 1999, 9: 526 – 547.

[35] Lieth H, Whittaker R H. Primary Productivity of the Bio2 sphere. New York: Springer_ Verlag, 1975.

[36] Nadelhoffer K J, Emmett BA, Gundersen P, Kjonaas O J, Koopmans C J, Schleppi P, Tietema A, Wright R F. Nitro2 gen deposition makes a minor contribution to carbon seques2 tration in temperate forests. Nature, 1999, 398: 145 – 148.

[37] Prentice K C, Fung I Y. The sensitivity of terrestrial carbon storage to climate change. Nature, 1990, 346: 48 – 51.

[38] Sedjo R A. Temperate forest ecosystems in the global carbon cycle. Ambio, 1992, 21: 274 – 277.

[39] Tans P P, Fung I Y, Takahashi T. Observational constraints on the global atmospheric CO_2 budget. Science, 1990, 247: 1431 – 1438.

[40] White A, Cannell M G R, Friend A D. The high_ latitude terrestrial carbon sinks: a model analysis. Glob Change Biol, 2000, 6: 227 – 245.

附表1　中国各省区的森林面积

Appendix 1　Total forest area in every province in China

Region	Total forest area (10^4 hm^2)						
	1949	1950~1962	1973~1976	1977~1981	1984~1988	1989~1993	1994~1998
Beijing	4.3	3.5	11.6	6.5	13.1	14.6	14.4
Tianjin	1.1	0.5	2.7	0.9	3.6	4.6	3.5
Hebei	51.8	79.8	93.2	116.1	123.5	152.5	164.6
Shanxi	36.7	57.2	101.6	71.0	88.8	109.7	104.6
Nei Mongol	913.9	1 071.0	1 038.4	1 288.6	1 294.3	1 320.0	1 219.2
Subtotal	1 007.9	1 211.9	1 247.4	1 483.0	1 523.4	1 601.3	1 506.2
Liaoning	300.0	186.0	243.8	241.0	277.0	271.3	276.1
Jilin	444.3	599.9	648.0	603.0	618.8	630.5	651.7
Heilongjiang	1 670.7	1 807.7	1 641.1	1 526.3	1 555.2	1 610.9	1 503.1
Subtotal	2 415.0	2 593.6	2 532.9	2 370.3	2 451.0	2 512.6	2 430.8
Shanghai			0.2	0.2	0.2	0.3	0.4
Jiangsu	12.1	12.1	20.0	16.9	21.8	22.9	17.7
Zhejiang	393.0	329.1	305.8	232.0	284.4	296.0	242.1
Anhui	168.0	113.5	166.8	150.6	176.5	164.2	181.6
Fujian	335.5	359.7	359.7	357.4	382.8	467.6	415.7
Jiangxi	673.6	500.3	467.7	402.3	435.7	504.6	520.4
Shandong	30.0	49.0	94.7	57.0	73.0	64.2	49.6
Subtotal	1 612.2	1 363.7	1 414.8	1 216.5	1 374.4	1 519.8	1 427.5
Henan	130.5	110.2	117.5	110.2	123.6	131.1	123.5
Hubei	548.7	464.2	377.2	317.0	321.8	333.0	316.5
Hunan	611.4	431.7	464.0	395.5	381.1	417.6	423.0
Guangdong	391.1	417.6	508.7	478.4	402.5	532.0	527.2
Guangxi	379.0	479.9	497.4	434.4	426.2	479.2	531.3
Hainan					54.5	60.6	71.4
Subtotal	2 060.7	1 903.6	1 964.9	1 735.5	1 709.7	1 953.5	1 992.8
Sichuan	945.2	686.3	720.7	642.9	983.9	1034.6	988.7
Guizhou	211.4	206.4	229.0	206.7	195.5	219.5	234.4
Yunnan	1 086.2	873.4	921.4	871.8	859.3	860.3	861.7
Tibet	311.4	311.4	311.4	311.4	311.4	396.3	408.1
Subtotal	2 554.2	2 077.5	2 182.5	2 032.9	2 350.1	2 510.7	2 492.9
Shanxi	274.2	358.2	433.5	416.1	434.7	433.7	446.8
Gansu	150.2	141.8	186.9	173.5	195.0	174.4	150.5
Qinghai	21.3	20.5	19.0	19.0	26.0	24.7	22.9
Ningxia	2.9	4.0	5.5	8.5	10.7	8.3	6.2
Xinjiang	135.3	133.0	139.0	107.1	143.8	124.9	105.5
Subtotal	583.8	657.5	783.9	724.1	810.2	766.0	731.9
Total Area	10 233.7	9 807.8	10 126.4	9 562.2	10 218.7	10 863.8	10 582.1

附表2 中国各省区的森林生物量
Appendix 2　Total forest biomass in every province in China

Region	Total biomass (10^{12} g)						
	1949	1950~1962	1973~1976	1977~1981	1984~1988	1989~1993	1994~1998
Beijing	1.8	1.5	3.1	2.9	9.1	6.6	8.0
Tianjin	0.7	0.2	1.1	0.2	3.0	4.1	3.2
Hebei	26.4	40.2	41.6	52.0	73.5	84.6	92.4
Shanxi	20.0	32.0	48.5	41.2	49.2	63.5	66.8
Nei Mongol	834.0	877.9	1 009.9	989.9	973.0	1 013.2	1 025.0
Subtotal	882.9	951.8	1 104.3	1 086.2	1 107.8	1 171.9	1 195.3
Liaoning	157.2	105.3	117.6	175.1	211.3	216.7	233.9
Jilin	532.2	600.2	880.2	839.0	780.9	881.0	867.3
Heilongjiang	1 744.5	1 691.2	1 692.7	1 706.7	1 501.7	1 544.8	1 516.0
Subtotal	2 433.8	2 396.7	2 690.6	2 720.9	2 493.9	2 642.5	2 617.2
Shanghai			0.1	0.1	0.1	0.2	0.3
Jiangsu	5.0	4.9	12.1	10.3	11.1	11.7	9.0
Zhejiang	219.1	187.4	157.3	86.9	101.1	100.4	96.4
Anhui	115.3	65.1	113.9	76.6	112.1	91.2	105.4
Fujian	409.0	354.9	270.1	286.5	239.3	255.2	330.0
Jiangxi	566.1	401.1	306.6	251.5	208.6	230.5	237.1
Shandong	13.4	19.0	40.2	21.1	37.6	35.0	32.6
Subtotal	1 328.0	1 032.3	900.2	733.0	710.0	724.2	810.8
Henan	84.8	54.9	88.8	65.3	74.0	63.5	76.8
Hubei	372.6	286.9	173.0	186.4	199.9	130.1	149.3
Hunan	412.4	313.9	166.9	188.3	183.7	157.6	171.6
Guangdong	271.5	282.8	320.4	291.7	217.1	277.7	310.0
Guangxi	241.5	257.9	138.0	298.4	294.0	228.5	274.0
Hainan					47.8	71.4	88.1
Subtotal	1 382.8	1 196.4	887.1	1 030.7	1 016.5	928.8	1 069.9
Sichuan	1 291.0	1 039.9	886.6	755.2	1 052.0	1 086.2	1 109.9
Guizhou	189.3	172.3	168.0	169.4	156.5	120.6	147.8
Yunnan	1 471.2	1 192.0	950.2	920.5	1 007.8	1 041.8	995.3
Tibet	605.7	605.7	605.7	605.7	605.7	770.7	793.9
Subtotal	3 557.2	3 009.9	2 610.5	2 450.7	2 822.0	3 019.2	3 046.8
Shanxi	202.5	236.3	301.5	368.2	376.5	393.1	414.5
Gansu	127.0	131.0	182.3	173.7	180.9	185.6	172.9
Qinghai	22.2	21.2	19.4	16.7	26.7	25.9	24.7
Ningxia	1.8	2.4	3.4	7.8	8.4	6.9	5.4
Xinjiang	184.0	175.6	176.8	162.1	153.8	152.0	147.1
Subtotal	537.5	566.5	683.4	728.6	746.3	763.6	764.5
Total biomass	10 122.2	9 153.5	8 876.2	8 750.0	8 896.5	9 250.1	9 504.5

附表3 中国各省区的森林生物量密度
Appendix 3 Total forest biomass carbon density in every province in China

Region	Biomass carbon density ($t \cdot hm^{-2}$)						
	1949	1950~1962	1973~1976	1977~1981	1984~1988	1989~1993	1994~1998
Beijing	21.4	22.0	13.5	21.9	34.7	22.6	27.6
Tianjin	30.5	25.3	20.4	12.7	42.0	44.4	46.0
Hebei	25.5	25.2	22.3	22.4	29.8	27.7	28.1
Shanxi	27.2	28.0	23.9	29.1	27.7	28.9	31.9
Nei Mongol	45.6	41.0	48.6	38.4	37.6	38.4	42.0
Subtotal	43.8	39.3	44.3	36.6	36.4	36.6	39.7
Liaoning	26.2	28.3	24.1	36.3	38.1	39.9	42.4
Jilin	59.9	50.0	67.9	69.6	63.1	69.9	66.5
Heilongjiang	52.2	46.8	51.6	55.9	48.3	47.9	50.4
Subtotal	50.4	46.2	53.1	57.4	50.9	52.6	53.8
Shanghai			21.8	30.1	31.3	30.0	34.1
Jiangsu	20.8	20.2	30.4	30.4	25.5	25.4	25.3
Zhejiang	27.9	28.5	25.7	18.7	17.8	17.0	19.9
Anhui	34.3	28.7	34.1	25.4	31.8	27.8	29.0
Fujian	61.0	49.3	37.5	40.1	31.3	27.3	39.7
Jiangxi	42.0	40.1	32.8	31.3	23.9	22.8	22.8
Shandong	22.4	19.4	21.2	18.5	25.7	27.3	32.9
Subtotal	41.2	37.8	31.8	30.1	25.8	23.8	28.4
Henan	32.5	24.9	37.8	29.6	29.9	24.2	31.1
Hubei	34.0	30.9	22.9	29.4	31.1	19.5	23.6
Hunan	33.7	36.4	18.0	23.9	24.1	18.9	20.3
Guangdong	34.7	33.9	31.5	30.5	27.0	26.1	29.4
Guangxi	31.9	26.9	13.9	34.4	34.5	23.8	25.8
Hainan					43.8	59.0	61.7
Subtotal	33.6	31.4	22.6	29.7	29.7	23.8	26.8
Sichuan	68.3	75.8	61.5	58.7	53.5	52.5	56.1
Guizhou	44.8	41.7	36.7	41.0	40.0	27.5	31.5
Yunnan	67.7	68.2	51.6	52.8	58.6	60.5	57.7
Tibet	97.2	97.2	97.2	97.2	97.2	97.2	97.3
Subtotal	69.6	72.4	59.8	60.3	60.0	60.1	61.1
Shanxi	36.9	33.0	34.8	44.2	43.3	45.3	46.4
Gansu	42.3	46.2	48.8	50.1	46.4	53.2	57.4
Qinghai	52.1	51.7	51.1	44.0	51.3	52.6	53.9
Ningxia	31.6	30.1	30.8	45.5	39.0	41.4	43.4
Xinjiang	68.0	66.0	63.6	75.8	53.5	60.8	69.7
Subtotal	46.0	43.1	43.6	50.3	46.1	49.8	52.2
Total mean carbon density	49.5	46.7	43.8	45.8	43.5	42.6	44.9

中国陆地生态系统碳收支

朴世龙[1] 方精云[1] 黄 耀[2]

(1. 北京大学城市与环境学院，北京 100871；
2. 中国科学院大气物理研究所，北京 100029)

生物地球化学循环指元素的各种化合物在生物圈、水圈、大气圈和岩石圈(包括土壤圈)各圈层之间的迁移和转化，是全球变化研究的核心内容。碳循环是地球上最大的物质和能量循环，它通过植被的作用，将大气中的CO_2固定为有机物质，将太阳能固定成化学能，成为今天人类生产和生活的最基本的物质和能量来源。人类介入全球碳循环已有几千年的历史，但直至19世纪的工业革命，人类活动引起的碳通量才在数量上达到全球碳循环主要碳通量的规模。最近100年以来，化石燃料的燃烧以及土地利用方式的改变等人类活动使得大气中温室气体，特别是CO_2气体含量剧增。研究表明，目前大气中CO_2浓度增加的速率高于过去42万年前任何时候的CO_2浓度增加速率，其浓度达到过去100万年间从未有过的水平[1]。

20世纪末期，人类活动所导致的大气CO_2浓度上升所带来的后果得到了广泛的认识。根据第四次政府间气候变化专门委员会(IPCC)的评估(IPCC2007)，在过去的100年间全球地表温度平均上升了0.6 ± 0.2℃，最近10年是1860年以来全球平均温度最高的10年，气温增加速率比任何时候都高；在20世纪，北半球中高纬地区的降水每10年增加了0.5%~1%，且其大部分发生在秋季和冬季。全球气候变暖与人类活动导致的大气中温室气体含量的大幅度上升密切相关。如果我们不能有效地控制人类活动所导致的温室气体排放，全球气温到21世纪末可能增加2~6℃。如何制定减缓大气中CO_2浓度上升的策略，保证地球这一生命支持系统朝着有利于人类生存与持续发展的方向发展，已经成为科学界面临的一个最大挑战。这需要我们不断提高对全球碳循环和全球气候变化的相互作用机制以及过程的认识。全球碳循环也因此成为国际学术界关注的研究热点和学术前沿。

全球碳循环中，陆地生态系统碳循环及碳收支的动态变化研究之所以成为研究的核心内容之一,是因为它不仅是陆地生态系统对全球气候变化响应的综合表现,而且它在全球碳平衡中扮演着重要作用,它的微小变化就能导致大气 CO_2 浓度的明显波动,从而进一步影响全球气候的稳定。最近的研究表明,2000~2007 年间大气中 CO_2 浓度上升量只相当于这期间人类活动(主要是化石燃料燃烧和热带林破坏)所致 CO_2 释放量的 45%,其剩余部分被陆地生态系统和海洋所吸收,分别占 30% 和 25%。然而,陆地生物圈是由无数个各类生态系统组成的巨大而极其复杂的系统,因此要确定上述陆地生态系统碳汇(carbon sink)分布的具体位置是非常困难的。来自地面植被观测、大气 CO_2 浓度监测、息、生态和大气模型的模拟等方面的研究均得出一个比较一致的结论:在过去的 20 年里,北半球中高纬度的陆地生态系统是一个巨大的碳汇,固定了大部分全球碳循环中"去向不明"的 CO_2[2]此,科学家对各个国家和地区碳平衡的大小仍存在很大分歧。例如,Fan 等[3]提出北半球碳汇大小为 $17 \times 10^8 tC/y$,主要分布在北美。但是,Bousquet 等的研究显示,北美的碳汇大小只有 5 亿吨气浓度观测资料的稀少、碳循环模型的不完善以及使用不同的资料和模型进行计算是造成这种差异的主要原因。

  作为一个有特殊意义的区域,针对中国陆地生态系统碳平衡的研究,从现实和科学的角度看都具有重要的意义。中国位于欧亚大陆的东部,是全球气候变化最为剧烈的地区之一,经历着较显著的气候变化;而迅速扩展的城市化和工业化过程、过度放牧等人类活动异常突出,土地利用/土地覆盖发生了很大的改变,这些变化必将对我国陆地生态系统碳循环产生较大的影响。另一方面,1997 年 12 月,联合国气候变化框架条约缔约国制定了《京都议定书》,要求发达国家执行削减 CO_2 排放量的责任,并建议发达国家可以通过在本国或第三国进行植树造林,增加陆地生态系统中的碳固定量来抵消部分 CO_2 排放。我国是当今最大的工业 CO_2 排放源之一。那么,我国陆地生态系统在全球碳循环中是碳汇还是碳源?如果是碳汇,它能在多大程度上抵消我国工业排放的 CO_2?这是包括中国在内的各国科学家和国际社会普遍关注的重大环境问题。对中国陆地生态系统碳平衡进行准确的估算,不仅可以增加对我国生态系统结构功能的理解和认识,而且可为碳循环的合理调控以及制定工业 CO_2 的减排政策提供科学依据。围绕这一科学问题,国内不少学者都进行了相关研究[5,6]。然而以往的研究主要限于碳库存量估算方面,而对其时间变化方面的认识和积累是相当缺乏的,只局限于森林植被部分;对陆地生物圈的另两个重要部分,即地下(土壤)碳库部分和其他陆地植被部分(草地、灌木、农田、荒漠等)所吸收的净碳量,我们也不得而知。也就是说,对于中国陆地生态系统是碳汇还是碳源的问题,我们还无法准确回答,仍需要进一步深入、系统的研究。

近年来,我们利用已有的大量野外实测资料和过去30年的森林资源清查资料、大气CO_2浓度观测数据、遥感数据以及气象数据,借助遥感、GIS和数据耦合(data assimilation)等新技术,并结合大气反演模型(atmospheric inverse model)和基于过程的生态系统碳循环模型,试图综合研究中国陆地生态系统碳汇/源的时空格局及其历史演变过程;探讨形成中国陆地生态系统碳功能时空格局的驱动力;分析评估不同方法所估算的中国陆地生态系统碳平衡的不确定性。

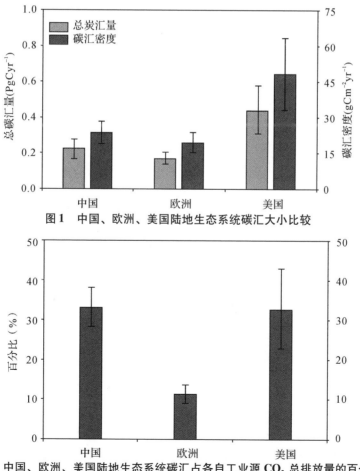

图1 中国、欧洲、美国陆地生态系统碳汇大小比较

图2 中国、欧洲、美国陆地生态系统碳汇占各自工业源CO_2总排放量的百分比

林业碳汇论文精选

研究结果表明，中国陆地生态系统正在起着大气 CO_2 汇的作用，3 种不同的方法（基于地面观测和遥感数据的方法、大气 CO_2 浓度观测数据的大气反演模型和生态系统过程模型）所估算的中国陆地生态系统碳汇大小也比较接近。20 世纪 80~90 年代，中国陆地生态系统平均每年净吸收 1.9~2.6 亿 tC/y[2]，稍大于欧洲大陆的 1.4~2.1 亿 tC/y[7]，但小于美国的 3~5.8 亿 tC/y[8]（图 1）。不同生态系统类型中，森林生态系统的碳汇最大，占 50% 左右，其次为灌木生态系统，占我国陆地生态系统碳汇大小的 30% 左右。从空间分布来看，我国陆地生态系统的碳汇主要分布在东南和西南地区，而土地利用变化导致过去 20 年东北地区的陆地碳储量呈减少趋势，青藏高原、华中以及华南地区也表现出一定的碳汇功能。20 世纪 80~90 年代，我国工业平均每年排放 6.7 亿 C/y。因此，中国陆地生态系统碳汇大小相当于抵消此间中国工业源 CO_2 总排放量的 28%~37%，显著地高于欧洲（7%~12%），与美国相近（20%~40%），如图 2 所示。中国陆地生态系统的碳汇主要与我国人工林的增加、区域气候变化、CO_2 浓度施肥效应促进植被生长以及植被恢复尤其是灌丛的恢复有关。此外，农作物产量提高和秸秆还田增加等农业管理措施也增加了我国农田生态系统土壤碳储量的积累。

本项研究不仅首次采用自上而下的大气反演模型和自下而上的过程模型以及地面资料有机结合的途径，系统地分析了我国不同陆地生态系统类型的碳汇大小及其机制，提供了关于我国陆地生态系统碳汇功能的可信的、翔实的和正确的估算结果，提高了我们对陆地生态系统在全球碳循环中作用的认识，而且阐明了中国陆地生态系统净吸收的 CO_2 量可以部分抵消其工业源排放量，为我国开展相关的气候谈判和制定温室气体减排对策提供了不可多得的、有重要价值的依据。

2009 年 4 月，国际著名学术期刊《自然》(Nature) 第 458 卷第 7241 期发表了我们以上研究成果。论文得到了国内外同行的高度评价。Nature 杂志在当天主页的 This week's news 栏目中以头条新闻 "China's plants absorb a third of its carbon emissions" 方式报道，并在同一期发表了一篇来自著名碳循环专家 Gurney 博士的评述[9]，专门介绍和分析了我们的研究成果，展望了此项研究的重要性及其意义。Nature 杂志编辑认为 "这份中国陆地碳循环的综合评估论文的发表填补了全球碳平衡中一个重要的空白地区"，而著名的全球变化专家 Dr. Marland 在 Nature 杂志的 Thisweek's news 栏目中评论 "这是一篇令人印象深刻(impressive) 的文章"。

参考文献

[1] Falkowski P, Scholes R J, Boyle E, et al. The global carbon cycle: A test of our knowledge of earth as a system. Science, 2000, 290: 291-296

[2] Piao S L, Fang J, Ciais P, et al. The carbon balance of terrestrial e2cosystems in China. Nature, 2009, 458: 1009-1013

[3] Fan S, GloorM, Mahlman J, et al. A large terrestrial carbon sink inNorth America imp lied by atmospheric and oceanic carbon dioxide da2ta and models. Science, 1998, 282: 442-446

[4] Bousquet P, Peylin P, Ciais P, et al. Regional changes in carbon di2oxide fluxes of land and oceans since 1980. Science, 2000, 290: 1342-1346

[5] CaoM K, Prince S D, Li K R, et al. Response of terrestrial carbonup take to climate interannual variability in China. Global Change Bi2ology, 2003, 9: 536-546

[6] Fang J Y, Guo Z D, Piao S L, et al. Terrestrial vegetation carbonsinks in China, 1981~2000. Science in China (D2Earth Science), 2007, 50: 1341-1350

[7] Janssens I, FreibauerA, Ciais P, et al. Europe's terrestrial biosphereabsorbs 7 to 12% of European anthropogenic CO_2 emissions. Sci2ence, 2003, 300: 1538

[8] Pacala S, Hurtt G, BakerD, et al. Consistent land2and atmosphere2based US carbon sink estimates. Science, 2001, 292: 2316

[9] Gurney K. Global change: China at the carbon crossroads. Nature, 2009, 458: 977-979

1977~2008年中国森林生物量碳汇的时空变化

郭兆迪[1]　胡会峰[2]　李品[1]　李怒云[3]　方精云[1,4]

(1. 北京大学城市与环境学院生态学系，北京大学地表过程分析与模拟教育部重点实验室，北京　100871；2. 中国科学院植物研究所，植被与环境变化国家重点实验室，北京　100093；3. 中国绿色碳汇基金会，北京　100714；4. 中国科学院学部—北京大学气候变化研究中心，北京　100871)

森林生物量占全球陆地植被总生物量的85%~90%，且每年森林通过光合作用和呼吸作用与大气进行的碳交换量占整个陆地生态系统碳交换量的90%，因此，森林在区域碳和全球碳循环中发挥着关键作用[1-12]。当森林受到干扰时可能成为碳源，但干扰过后，森林的再生长可以固定和储存大量的碳从而成为碳汇[11,13-16]。因此，"京都议定书"明确指出了造林和再造林在抵消温室气体排放方面的作用[14]。

生物量碳库及其变化是陆地碳循环研究的核心问题之一。近年来，很多国家采取大规模、统计上有效布设的抽样方法进行了区域或国家范围的森林清查，为计算区域或国家尺度的森林生物量提供了宝贵的实测数据[3,5,7,15,17,18]。例如，Brown和Schroe-der[15]基于美国森林清查数据，估算得到美国东部森林生物量在20世纪80年代末~90年代初年均累积约174TgC（$1Tg = 10^{12}g$），而90年代初美国工业碳排放量为1.3PgC/a（$1Pg = 10^{15}g$）[19]，因此，美国东部森林生物量碳汇相当于抵消同期美国工业碳排放的13%。同样，欧洲陆地生态系统吸收了人为源CO_2排放量的7%~12%[7]。

中国森林面积广阔，位列世界第5[20]，森林类型丰富，从南到北分布着热带亚热带常绿阔叶林、温带阔叶林、温带针阔混交林和寒温带针叶林，为研究森林碳循环提供了不可多得的研究素材[21]。此外，自20世纪70年代以来，中国实施了大规模的人工造林、护林项目（如三北和长江等重点防护林体系建设工程、天然林资源保护工程、退耕还林工程），使中国森林近几十年来发挥着重要的碳汇作用[3,11,18,22-32]。2001年，Fang等人[3]基于森林资源清查数据估算了中国森林生物量碳库在1949~1998年间的变化，得出年均碳汇为0.021PgC/a。10年后，在Pan等人[11]的研究中，1990～1999年和2000～2007年两个时期中国森林生物量年均碳汇分别为0.060和0.115PgC/a。这些研究均显示了中国森林生物量在区域和全球碳收支中的重要性，但对于各森林类型、各龄级的生物量碳库的贡献以及在各省区的分布还缺少系统的、详细的研究。因此，本研究基于最新的森林资源清查数据，在估算1977～2008年间中国整体森林生物量碳库及其变化的基础上，分别估算了林分、经济林和竹林的生物量碳库，并分析不同起源、不同地带性和不同龄级的林分对森林总碳库和总碳汇的贡献。

一、数据与方法

采用6期全国森林资源清查数据，即1977～1981、1984～1988、1989～1993、1994～1998、1999～2003和2004～2008年。该数据将中国森林划分为林分、经济林和竹林三大类别。其中，林分按各省区，分别给出了各优势树种及林分起源（天然林和人工林）按龄级统计的面积和蓄积数据；而经济林和竹林则分别给出了各省区的面积数据。需要说明的是，由于清查数据中缺少台湾、香港、澳门的详细数据，因此本研究计算结果不包含这些地区。

森林生物量的估算方法随着野外实测数据的不断完善和研究的不断深入，由早期的平均生物量密度法发展到平均生物量转换因子法，再到连续生物量转换因子法（生物量转换因子：biomass expansion factor，BEF，指生物量与蓄积量的比值）[33,34]。依据森林资源清查数据特点，本研究采用连续BEF函数法计算林分生物量，采用平均生物量密度法计算经济林和竹林生物量，并以0.5作为生物量的碳转换系数。

（一）林分

早期研究表明，BEF可以表达为蓄积量密度的函数[3,14,15,17,23,35,36]，其中形如公式（1）的倒数函数方法被证明可以实现由样地实测到区域推算的尺度转换[37]，因此，采用公式（1）的方法计算中国林分的生物量。BEF函数参数详见网络版附表1，方法的具体介绍参见早期研究[3,18,34]。

$$BEF = a + b/x \qquad (1)$$

式中，x是蓄积量密度，a、b为某一种森林类型的常数，BEF为生物量转换因子。

中国森林资源清查数据中林分的划分标准在1994年由郁闭度大于0.3改为郁闭度大于等于0.2。因此，为了统一标准以便进行各时期的比较，早期研究利用1994~1998年调查期的双重标准数据，建立了在省区水平上两种标准的面积以及总碳库之间的线性换算关系[18]。为实现更精确的转换，采用幂函数转换关系将标准统一转换为郁闭度大于等于0.2，即：

$$AREA_{0.2} = 1.290 \times AREA_{0.3}^{0.995} (R^2 = 0.996, n = 30), \quad (2)$$

$$CARBON_{0.2} = 1.147 \times CARBON_{0.3}^{0.996} (R^2 = 0.999, n = 30), \quad (3)$$

式中，AREA 和 CARBON 分别为省级林分面积(单位：10^4 ha)和生物量碳库(TgC)，下脚标0.3和0.2分别表示郁闭度大于0.3和郁闭度大于等于0.2的林分标准。

此外，由于早期的森林资源清查数据没有给出人工林分和天然林分按优势树种统计的数据，仅提供了这两种起源林分各自在各省区的总面积和总蓄积，所以不能采用网络版附表1中按树种的BEF函数计算人工林分和天然林分各自的生物量。不过，依据早期研究的方法可以建立区域水平的生物量转换因子函数[38]。本研究首先采用网络版附表1中按树种的BEF函数计算得到各省区总林分的生物量，然后由计算结果建立了省区水平上总林分生物量密度与蓄积量密度的关系(公式4，图1)。这样，依据公式4可以分别计算各省区人工林分和天然林分的生物量，从而得到各省区这两种起源林分的生物量比例，再将总林分生物量按比例分配给人工林分和天然林分。

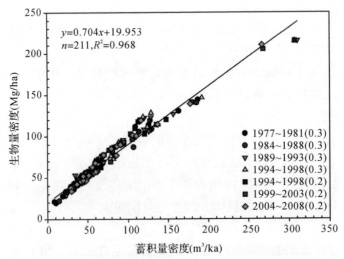

图1 省区水平上林分生物量密度与蓄积量密度的关系

图例括号中的0.3表示林分标准为郁闭度大于0.3的数据，
0.2表示郁闭度大于等于0.2的数据

$$BD = 0.704 \times VD + 19.953 (R^2 = 0.968, n = 211), \quad (4)$$

式中，BD 和 VD 分别是省区水平的林分生物量密度（Mg/ha，$1Mg = 10^6 g$）和蓄积量密度（m^3/ha）。

（二）经济林与竹林

以往计算经济林生物量是采用平均生物量密度为 23.7Mg/ha 的方法[22]，由于森林资源清查数据仅提供了经济林的面积数据，因此，本研究沿用此方法。

森林资源清查数据提供了毛竹和杂竹的面积数据。为了估算中国竹林生物量碳库及其变化，本研究广泛收集相关文献，分别建立了毛竹和杂竹生物量数据库，包含 37 组毛竹生物量数据和 43 组杂竹生物量数据，得到毛竹和杂竹的平均生物量密度分别为 81.9 和 53.1Mg/ha，据此估算竹林的生物量。

二、结果

（一）中国森林总生物量碳库和碳汇

中国森林总生物量碳库由 1977～1981 年调查期的 4 972TgC（即 4.972PgC）增加到 2004～2008 年调查期的 6 868TgC，净增加 1 896TgC，年均增加速率为 70.2TgC/a（表1）。由表1可见，不同时期的碳汇大小差异较大：最小碳汇（10.1TgC/a）出现在 1994～1998 年调查期，最大碳汇（114.9TgC/a）出现在最近一期（2004～2008 年）。这表明中国森林植被的碳汇功能在显著增加。

表1 中国森林生物量碳库和碳汇

调查期（年）	全部森林			林分				经济林			竹林		
	面积 10^4ha	碳库 TgC	碳汇 TgC/a	面积 10^4ha	碳库 TgC	碳密度 MgC/ha	碳汇 TgC/a	面积 10^4ha	碳库 TgC	碳汇 TgC/a	面积 10^4ha	碳库 TgC	碳汇 TgC/a
1977～1981	13 798	4 972		12 350	4 717	38.2		1 128	134		320	121	
1984～1988	14 898	5 178	29.5	13 169	4 885	37.1	23.9	1 374	163	4.2	355	131	1.4
1989～1993	15 960	5 731	110.6	13 971	5 402	38.7	103.5	1610	191	5.6	379	138	1.5
1994～1998	15 684	5 781	10.1	13 241	5 388	40.7	-2.9	2 022	240	9.8	421	154	3.1
1999～2003	16 902	6 293	102.3	14 279	5 862	41.1	94.9	2 139	253	2.8	484	177	4.7
2004～2008	18 138	6 868	114.9	15 559	6 427	41.3	112.9	2 041	242	-2.3	538	199	4.3
1977～2008			70.2				63.3			4.0			2.9

作为森林的主体，中国林分面积占森林总面积的 84.4%～89.5%，贮存了森林总生物量碳库的 93.2%～94.9%，在 1977～2008 年间林分生物量碳

库累计增加1710TgC，年均碳汇为63.3TgC/a，占森林总碳汇的90.2%。林分生物量碳库仅在1994~1998年间略有减少（主要是由于森林面积的统计误差所致），其他时期均为增加，特别是在最近一期（2004~2008年），年均碳汇高达112.9TgC/a。单位面积的林分生物量碳密度也有所增加，由研究初期（1977~1981年）的38.2MgC/ha，增加到研究末期（2004~2008年）的41.3MgC/ha。

此外，经济林和竹林的面积分别占中国森林总面积的8.2%~12.9%和2.3%~3.0%，生物量碳库分别占2.7%~4.1%和2.4%~2.9%。在1977~2008年间，经济林和竹林生物量碳库分别增加108和78TgC，年均碳汇为4.0和2.9TgC/a，分别为中国森林生物量碳汇贡献了5.7%和4.1%。

（二）林分生物量碳库的时空分布

图2分别显示研究初期（1977~1981年）和末期（2004~2008年）中国各省区林分生物量碳库和碳密度，以及在1977~2008年间各省区林分碳汇和林分面积的绝对变化。在1977~1981年调查期，林分生物量碳库最大的省区是黑龙江（801.8TgC），占全国总碳库的17.0%，其次是西藏（621.9TgC）、云南（556.6TgC）、内蒙古（510.7TgC）和四川（469.6TgC），分别占全国总林分生物量碳库的13.2%、11.8%、10.8%和10.0%；各省区林分生物量碳密度范围是8.8MgC/ha（上海）~78.8MgC/ha（西藏），其中有8个省区高地同期全国林分平均生物量碳密度（38.2MgC/ha）；在2004~2008年调查期，林分生物量碳库最大的省区变成了西藏（884.7TgC），占全国总碳库的13.8%，其次是黑龙江（815.5TgC）、云南（747.8TgC）、四川（719.4TgC）和内蒙古（652.8TgC），分别占全国总林分生物量碳库的12.7%、11.6%、11.2%和10.2%；林分生物量碳密度范围是16.9MgC/ha（上海）~105.2MgC/ha（西藏），其中有9个省区高于同期全国林分平均生物量碳密度（41.3MgC/ha）。

由图2可知，1977~2008年间，所有省区的林分生物量都在增加，即起着碳汇作用。其中，最大的碳汇出现在西藏，净吸收262.8TgC（占全国林分总碳汇的15.4%），其次分别为四川（249.7TgC）、云南（191.2TgC）和内蒙古（142.1TgC），分别占全国林分总碳汇的14.6%，11.2%和8.3%。此外，除吉林和甘肃两省的林分面积分别减少26.6×10^4ha和4.7×10^4ha外，其他省区的林分面积均有所增加。

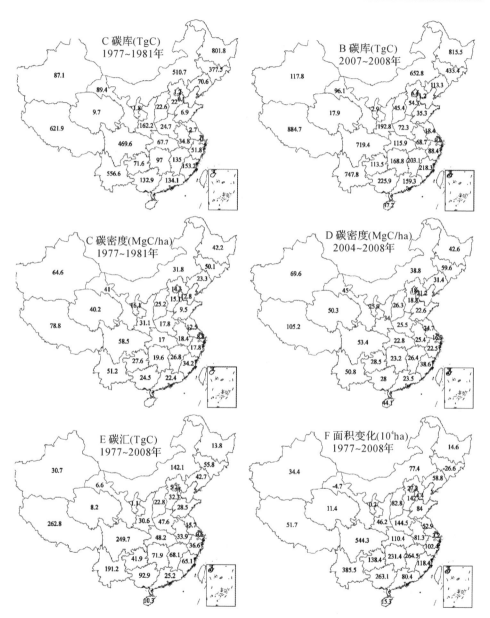

图 2 中国各省区 1977～2008 年前后两期林分生物量碳库和碳密度对比及碳汇和面积变化

A：1977～1981 年碳库分布；B：2004～2008 年碳库分布；C：1977～1981 年碳密度分布；
D：2004～2008 年碳密度分布；E：1977～2008 年碳汇分布；F：1977～2008 年面积变化分布

(三) 人工林和天然林的碳库及其变化

表 2 列出了中国人工林分和天然林分在 1977~2008 年间生物量碳库及其变化。自 20 世纪 70 年代末以来，由于中国实施了大规模的造林、再造林工程，人工林分的面积净增加 24.05×10^6 ha，占林分面积净增量的 74.9%，占森林面积净增量的 55.4%。同时，人工林分的生物量碳库由研究初期 (1977~1981 年) 的 250TgC 增加到研究末期 (2004~2008 年) 的 1 067TgC，净增加 3 倍多，其占林分总碳库的比例也由研究初期的 5.3% 增加到研究末期的 16.6%。

表 2 中国人工林分和天然林分生物量碳库和碳汇

调查期(年)	人工林分				天然林分			
	面积 10^4ha	碳库 TgC	碳密度 MgC/ha	碳汇 TgC/a	面积 10^4ha	碳库 TgC	碳密度 MgC/ha	碳汇 TgC/a
1977~1981	1 595	250	15.6	10 755	4 468	41.5		
1984~1988	2 347	418	17.8	24.1	10 822	4 467	41.3	-0.1
1989~1993	2 675	526	19.7	21.6	11 296	4 876	43.2	81.9
1994~1998	2 914	642	22.0	23.3	10 326	4 746	46.0	-26.2
1999~2003	3 229	836	25.9	38.7	11 049	5 026	45.5	56.2
2004~2008	4 000	1 067	26.7	46.2	11 559	5 360	46.4	66.7
1977~2008				30.3				33.0

在 1977~2008 年间，人工林分生物量持续表现为碳汇，共吸收 818TgC，年均碳汇为 30.3TgC/a，分别占中国林分和森林总碳汇的 47.8% 和 43.1%。同时期的天然林分并不是一直保持碳汇功能，其中有两个时期 (1984~1988 和 1994~1998 年) 天然林分生物量碳库略有减少，共减少 132TgC，但在其他时期碳库都有所增加，共增加 1 024TgC。因此，在整个调查期，天然林分生物量碳库净增加 892TgC，年均碳汇为 33.0TgC/a。值得注意的是，自 20 世纪 90 年代后期以来，天然林分生物量碳库持续增加。由表 2 还可见，调查期人工林分的生物量碳密度显著增加，由研究初期的 15.6MgC/ha 增加到研究末期的 26.7MgC/ha，但仅相当于同期天然林分生物量碳密度的 37.7%~57.5%。这说明未来即使人工林分不再增加种植面积，仅凭现有人工林分的生长，仍然可以吸收大量的碳。

人工林分和天然林分生物量碳汇在空间分布上有明显差异 (图 3)。所有省区的人工林分均表现为碳汇。其中，最大的是四川 (81.1TgC)，其次是福建 (68.9TgC)、黑龙江 (60.9TgC) 和湖南 (58.6TgC)。而天然林分在 25 个省区中表现为碳汇，最大的几个省区分别为西藏（262.1TgC）、四川（168.6TgC）、云南（152.4TgC）和内蒙古（95.8TgC）。天然林分生物量碳库表现为碳源的省区为黑龙江（-47.2TgC）、广东（-13.3TgC）、甘肃（-4.5TgC）、福建（-3.8TgC）和上海（-0.02TgC）。

图3　1977～2008年间中国各省区人工林分和天然林分生物量碳汇
A：人工林分碳汇分布；B：天然林分碳汇分布

（四）不同地带性森林类型的碳库及其变化

中国拥有从南方的热带雨林到北方的寒温带针叶林，近乎北半球的所有主要森林类型。为了研究不同地带性森林类型的生物量碳库及其碳汇的贡献，通过森林资源清查数据中优势树种信息将林分划分为5个地带性森林类型，即寒温带针叶林、温带针叶林、温带落叶阔叶林、温带/亚热带混交林和常绿阔叶林[39]。

表3显示了1977～2008年间中国各地带性森林类型的生物量碳库和碳汇。在1977～1981年调查期，最大的碳库是寒温带针叶林，占林分总碳库的31.0%，其他森林类型依次为常绿阔叶林、温带落叶阔叶林、温带/亚热带混交林和温带针叶林，分别占林分总碳库的27.2%、18.5%、17.3%和6.0%。经过近30年的变化，各森林类型的碳库比例也发生了变化，研究末期最大的碳库存储在常绿阔叶林中，占林分总碳库的29.6%，其次分别为温带落叶阔叶林（24.5%）、寒温带针叶林（19.3%）、温带/亚热带混交林（18.0%）和温带针叶林（8.6%）。除了寒温带针叶林的生物量碳库减少外，其他4种森林类型生物量碳库均在增加：增加最多的是温带落叶阔叶林，净增加706TgC，年均碳汇为26.2TgC/a；其次是常绿阔叶林、温带/亚热带混交林和温带针叶林。对寒温带针叶林而言，在1977～1993年间碳库保持增

加，共增加 220TgC，但在 1994～2008 年间，碳库开始减少，共减少 441TgC，所以，在整个调查期，净减少 221TgC，年均碳释放为 8.2TgC/a。各地带性森林类型生物量碳库的变化与其面积的变化密切相关：除了寒温带森林面积减少了 3.69×10^6 ha 外，其他 4 种森林类型的面积均有所增加。

表3 中国不同地带性森林类型的生物量碳库及其变化

森林类型	调查期(年)	面积 10^4ha	碳库 TgC	碳密度 MgC/ha	碳汇 TgC/a
寒温带针叶林	1977～1981	2 174	1 463	67.3	
	1984～1988	2 196	1 481	67.4	2.6
	1989～1993	2 350	1 683	71.6	40.4
	1994～1998	2 131	1 637	76.8	-9.3
	1999～2003	1 826	1 263	69.2	-74.7
	2004～2008	1 805	1 242	68.8	-4.3
	1977～2008				-8.2
温带针叶林	1977～1981	837	284	33.9	
	1984～1988	1 055	319	30.3	5.0
	1989～1993	1 114	386	34.6	13.3
	1994～1998	1 025	335	32.7	-10.2
	1999～2003	1 144	410	35.8	15.0
	2004～2008	1 573	552	35.1	28.4
	1977～2008				9.9
温带落叶阔叶林	1977～1981	2 425	870	35.9	
	1984～1988	3 793	1 400	36.9	75.7
	1989～1993	4 129	1 539	37.3	27.8
	1994～1998	3 694	1 566	42.4	5.4
	1999～2003	3 824	1 626	42.5	11.8
	2004～2008	3 820	1 577	41.3	-9.7
	1977～2008				26.2
温带/亚热带混交林	1977～1981	3 697	816	22.1	
	1984～1988	3 459	703	20.3	-16.2
	1989～1993	4 158	901	21.7	39.7
	1994～1998	4 239	1 016	24.0	23.1
	1999～2003	4 528	1 256	27.7	47.9
	2004～2008	3 855	1 156	30.0	-20.0
	1977～2008				12.6
常绿阔叶林	1977～1981	3 217	1 284	39.9	
	1984～1988	2 666	982	36.8	-43.2
	1989～1993	2 221	893	40.2	-17.8
	1994～1998	2 151	834	38.8	-11.9
	1999～2003	2 956	1 308	44.3	94.9
	2004～2008	4 506	1 901	42.2	118.6
	1977～2008				22.8

由表3还可知，1977～2008年间，5种地带性森林类型的生物量碳密度均在增加，增加的相对比例最大的是温带/亚热带混交林，碳密度增加了35.9%。整个研究期间碳密度最大的森林类型是寒温带针叶林，如2004～2008年调查期的碳密度高达68.8MgC/ha。

（五）不同龄级的林分生物量碳库及其变化

森林资源清查数据中，1977～1981年调查期的龄级划分为3个，即幼龄林、中龄林和成熟林；之后各调查期划分为5个龄级，即幼龄林、中龄林、近熟林、成熟林和过熟林。为便于各个时期的比较，将近熟林、成熟林和过熟林归为一个林龄组——老龄林。图4显示中国林分3个龄组的面积、生物量碳库和碳密度的变化。老龄林占林分总面积的54.4%～55.0%；在1977～2008年间，生物量碳库净增加930TgC，年均碳汇为34.5TgC/a，对林分总碳汇的贡献为54.4%。中龄林和幼龄林的面积分别占22.9%～32.6%和12.8%～17.0%；二者生物量碳汇十分接近，分别为391TgC（年均碳汇为14.5TgC/a）和388TgC（年均碳汇为14.4TgC/a），分别占林分总碳汇的22.9%和22.7%。

森林面积的增加是碳库增加的重要原因之一。面积增量由多到少依次为老龄林、幼龄林和中龄林，分别增加12.73×10^6ha、10.76×10^6ha和8.60×10^6ha，分别占林分面积总增量的39.7%、33.5%和26.8%。另外，森林生长也是各个龄级生物量碳库增加的一个重要原因。研究初期（1977～1981年），幼龄林、中龄林和老龄林的生物量碳密度依次为14.4MgC/ha、35.4MgC/ha和67.4MgC/ha；到研究末期（2004～2008年），碳密度依次增加到18.9MgC/ha、37.1MgC/ha和68.8MgC/ha。值得注意的是，老龄林的生物量碳密度分别是中龄林和幼龄林的1.9和3.7倍，表明如果中龄林和幼龄林继续生长，将会具有很大的碳汇潜力。

三、讨论

（一）中国森林生物量碳汇

本研究得到1977～2008年间中国森林生物量的年均碳汇为70.2TgC/a；其中，林分碳汇为63.3TgC/a，经济林碳汇为4.0TgC/a，竹林碳汇为2.9TgC/a。早期研究采用线性森林标准转换关系得到1977～2003年间中国林分生物量碳汇为75.2TgC/a[18]，高于本研究结果，其可能的主要原因是林分

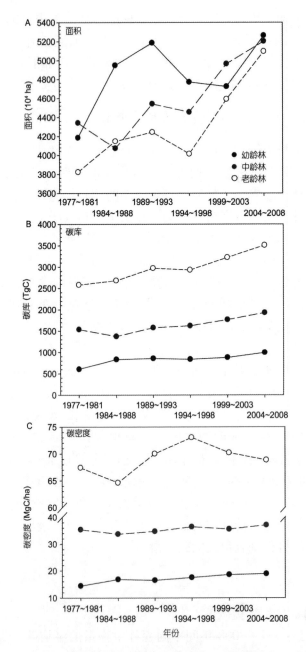

图4　1977～2008年间中国林分各龄级组的面积、生物量碳库及碳密度变化
A：面积变化；B：碳库变化；C：碳密度变化

标准由郁闭度大于0.3向郁闭度大于等于0.2转换过程中采用线性关系低估了前几期的林分生物量碳库。另有研究显示,在1990~1999年和2000~2007年两个时期中国森林生物量碳汇分别为60和115TgC/a[11],与本研究中相近时期的碳汇结果十分接近:本研究中1989~1998年间森林平均碳汇为60TgC/a(1989~1993和1994~1998年两期碳汇的平均值,见表1)和1999~2008年间森林平均碳汇为109TgC/a(1999~2003和2004~2008年两期碳汇的平均值,表1)。

Pan等人[26]采用植株密度方程估算竹林的生物量碳库,在1977~1993年间,竹林生物量碳库由65TgC增加到80TgC;而本研究将竹林分成毛竹和杂竹两部分,依据大量文献中毛竹和杂竹的生物量密度分别进行生物量估算,结果显示竹林生物量碳库在1977~1993年间由121TgC增加到138TgC。可见,在竹林生物量碳库估算方面,本研究结果显著高于Pan等人[26]的结果,但估算的竹林生物量碳汇结果十分接近。

为了与其他国家和地区的森林碳汇进行比较,依据1977~2008年间6期的森林面积平均值159.0×10^6ha,计算得出该期间中国森林单位面积的碳汇为0.44MgC/ha/a。同样,可以计算出各相邻两期的碳汇:0.21MgC/ha/a(1977~1988年)、0.72MgC/ha/a(1984~1993年)、0.06MgC/ha/a(1989~1998年)、0.63MgC/ha/a(1994~2003年)和0.66MgC/ha/a(1999~2008年)。依据Pan等人[11]结果,列出了同样基于森林资源清查数据得到的北半球主要国家和地区的森林生物量碳汇(表4)。可见,不论是本研究还是其他研究得到的各个国家和地区的森林碳汇在不同时期都存在显著差异;若按中国整个研究期(1977~2008年)的平均碳汇(0.44MgC/ha/a)进行比较,中国处于较低水平,但自20世纪90年代中期以来,中国森林的碳汇有所增加(0.63~0.66MgC/ha/a),与美国和俄罗斯水平相当,但仍低于欧洲和日本。

表4 北半球主要国家和地区森林生物量碳汇能力(根据文献[11]整理得到)

国家/地区	碳汇能力(MgC/ha/a)	
	1990~1999年	2000~2007年
中国[a]	0.43	0.77
加拿大	0.03	-0.21
美国[b]	0.47	0.58
欧洲	1.09	1.31
日本	1.01	0.99
俄罗斯	0.33	0.61

a)不含台湾、香港和澳门地区;b)仅包含美国本土和阿拉斯加东南部

(二)人工林分和天然林分的碳汇贡献

中国拥有世界上最大的人工林面积,它们在固碳和改善区域环境方面发挥着重要作用。本研究结果显示,中国人工林分在1977~2008年间持续发挥碳汇作用,约一半的林分碳汇来自人工林分(表2)。这归因于人工林分面积和生物量碳密度的持续增加。

尽管天然林分的面积是人工林分的4倍多,但其生物量碳汇大小仅相当于人工林分。影响天然林分碳汇大小也主要取决于面积和生物量碳密度的变化。自1998年起,中国开展天然林资源保护工程,天然林分的面积得以持续增加,生物量碳密度也略有增加,因而使得天然林分生物量碳库也增长显著。

(三)中国森林碳汇的减排作用

依据《中国统计年鉴》中的能源消耗和水泥生产数据,采用早期计算方法[40]得到1977~2008年间中国化石燃料CO_2排放量为27.7PgC,年均排放速率为895TgC/a。因此,同时期中国森林生物量碳汇(70.2TgC/a)可以抵消掉7.8%的中国化石燃料CO_2排放,其中林分可以抵消7.1%的化石燃料CO_2排放。Pan等人[11]的研究显示,在1990~1999年和2000~2007年两个时期,中国森林生物量碳汇占森林(包含枯死木、收获的木材产品、生物量、凋落物和土壤)碳汇的44.4%~63.2%,依据该比例和本研究得出的森林生物量碳汇,可以粗略估算1977~2008年间中国整个森林的碳汇为111.1~158.1TgC/a。因此,中国森林碳汇可以抵消中国同期化石燃料CO_2排放的12.4%~17.7%。

(四)未来中国森林生物量碳汇

如果中国继续开展造林再造林工程、天然林保护工程,以及有效的森林管理,未来中国森林生物量碳库会继续增加,碳汇潜力巨大,体现在两个方面:面积增加和森林生长。

(1)增加森林面积。在2004~2008年调查期,中国森林覆盖率为20.4%,其中林分覆盖率为16.2%(155.6×10^6ha),生物量碳密度为41.3MgC/ha。根据中国林业中长期规划,到2030年森林覆盖率将达到24%[41]如果假定林分占森林面积的比例不变,那么林分到2030年将达到183.1×10^6ha,若碳密度保持2004~2008年期的水平不变(41.3MgC/ha),其生物量碳库将达到7 562TgC,则未来20年林分生物量碳汇可达1 135TgC。

(2)森林生长。在2004~2008年调查期,人工林分面积(40.0×10^6ha)

仅占林分总面积的25.7%，生物量碳密度仅为26.7MgC/ha，而同期天然林分的生物量碳密度高达46.4MgC/ha。如果人工林分能够生长达到天然林分的生物量碳密度，那么可增加固定788TgC。此外，林分的幼龄林和中龄林占了林分总面积的67.2%（幼龄林面积为$52.6×10^6$ha，中龄林面积为$52.0×10^6$ha），其生物量碳密度仅为18.9和37.1MgC/ha，远低于老龄林的碳密度（68.8MgC/ha）。如果现有的幼龄林和中龄林能够生长至成熟期，达到老龄林的生物量碳密度，那么这些森林将能增加固定4 273TgC。也就是说，即便不增加森林面积，仅凭森林的生长，中国森林生物量仍具有很大的碳汇潜力。

（五）误差估计

有关基于国家尺度森林清查数据估算森林生物量碳库及其变化的误差分析少见报道。Phillips等人[42]分析了美国东南5省的森林蓄积及其变化的估算误差，其误差来源包括采样误差、测量误差和回归误差，其结果显示，区域森林蓄积及其变化的估算误差主要是由采样误差产生的（占总变异的90%~99%），然而，蓄积误差只是森林生物量碳库误差分析的第一步，还需要进一步分析由蓄积向生物量转换过程中的回归误差。本研究采用的森林清查数据，其森林面积和蓄积的调查精度在90%以上（其中，北京、天津、上海的蓄积精度在85%以上）[43]。本研究采用连续BEF法将林分蓄积量转换为生物量，大多数优势树种BEF函数的R2在0.8以上。因此，数据和方法上具有相对较高的精度，以往研究显示对于全国尺度森林生物量的估算误差不超过3%[22]。经济林和竹林生物量碳库的估算误差可能主要来源于平均生物量密度的估算方法。一般生物量密度方法往往会因野外样地测量选择生长条件较好的森林，而获得较高的生物量密度，从而高估了区域森林生物量[34]。

此外，本研究未包含森林外树木的生物量，如疏林、四旁树和散生木，而这一部分树木对于固定CO_2也起了重要作用[44]，今后有待定量化研究。

感谢美国普林斯顿大学博士后陈安平、中国科学院生态环境研究中心刘国华和其他相关人员在早期建立野外样地生物量数据库做出的贡献。

参考文献

[1] Kauppi P E, Mielikainen K, Kusela K. 1992. Biomass and carbon budget of European forests, 1971 to 1990. Science, 1992, 256: 70-74

[2] Dixon R K, Brown S, Houghton R A, et al. Carbon pools and flux of global forest ecosystems. Science, 1994, 263: 185-190

[3] Fang J Y, Chen A P, Peng C H, et al. Changes in forest biomass carbon storage in China between 1949 and 1998. Science, 2001, 292: 2320-2322

[4] Fang J Y, Brown S, Tang Y H, et al. Overestimated biomass carbon pools of the northern mid- and high latitude forests. Climatic Change, 2006, 74: 355-368

[5] Pacala S W, Hurtt G C, Baker D, et al. Consistent land- and atmosphere- based US carbon sink estimates. Science, 2001, 292: 2316-2320

[6] Goodale C L, Apps M J, Birdsey R A, et al. Forest carbon sinks in the northern Hemisphere. Ecol Appl, 2002, 12: 891-899

[7] Janssens I A, Freibauer A, Ciais P, et al. Europe's terrestrial biosphere absorbs 7 to 12% of European anthropogenic CO_2 emissions. Science, 2003, 300: 1538-1542

[8] Bonan G B. Forests and climate change: forcings, feedbacks, and the climate benefits of forests. Science, 2008, 320: 1444-1449

[9] 杨同辉, 宋坤, 达良俊, 等. 中国东部木荷—米槠林的生物量和地上净初级生产力. 中国科学: 生命科学, 2010, 40: 610-619

[10] 张全智, 王传宽. 6种温带森林碳密度与碳分配. 中国科学: 生命科学, 2010, 40: 621-631

[11] Pan Y, Birdsey R A, Fang J Y, et al. A large and persistent carbon sink in the world's forests. Science, 2011, 333: 988-993

[12] 贺金生. 中国森林生态系统的碳循环: 从储量、动态到模式. 中国科学: 生命科学, 2012, 42: 252-254

[13] Brown S, Sathaye J, Cannell M, et al. Mitigation of carbon emission to the atmosphere by forest management. Commonwealth Forest Rev, 1996, 75: 80-91

[14] Brown S L, Schroeder P, Kern J S. Spatial distribution of biomass in forests of the eastern USA. Forest Ecol Manage, 1999, 123: 81-90

[15] Brown S L, Schroeder P E. Spatial patterns of aboveground production and mortality of woody biomass for eastern U.S. forests. Ecol Appl, 1999, 9: 968-980

[16] Hu H F, Wang G G. Changes in forest biomass carbon storage in the South Carolina Piedmont between 1936 and 2005. Forest Ecol Manage, 2008, 255: 1400-1408

[17] Fang J Y, Oikawa T, Kato T, et al. Biomass carbon accumulation by Japan's forests from 1947 to 1995. Global Biogeochem Cycles, 2005, 19, GB2004, doi: 10.1029/2004GB002353

[18] 方精云, 郭兆迪, 朴世龙, 等. 1981~2000年中国陆地植被碳汇的估算. 中国科学 D辑: 地球科学, 2007, 37: 804-812

[19] Marland G, Andres R J, Boden T A. Global, regional, and national CO_2 emissions. In: Boden T A, Kaiser D P, Sepanski R J, eds. Trends '93: a compendium of data on global change. ORNL/CDIAC-65. Oak Ridge: Carbon Dioxide Information Analysis Center, Oak

Ridge National Laboratory, 1994. 505-584

[20] 国家林业局. 中国森林资源报告——第七次全国森林资源清查. 北京：中国林业出版社, 2009. 2

[21] 方艳鸿, 唐艳鸿, Son Y. 碳循环研究：东亚生态系统为什么重要？中国科学：生命科学, 2010, 40: 561-565

[22] 方精云, 刘国华, 徐嵩龄. 中国森林植被的生物量和净生产量. 生态学报, 1996, 16: 497-508

[23] Fang J Y, Wang G G, Liu G H, et al. Forest biomass of China: an estimation based on the biomass-volume relationship. Ecol Appl, 1998, 8: 1084-1091

[24] 刘国华, 傅伯杰, 方精云. 中国森林碳动态及其对全球碳平衡的贡献. 生态学报, 2000, 20: 733-740

[25] Wang X K, Feng Z W, Ouyang Z Y. The impact of human disturbance on vegetative carbon storage in forest ecosystems in China. Forest Ecol Manage, 2001, 148: 117-123

[26] Pan Y D, Luo T X, Birdsey R, et al. New estimates of carbon storage and sequestration in China's forests: effects of age-class and method on inventory-based carbon estimation. Climatic Change, 2004, 67: 211-236

[27] Piao S L, Fang J Y, Zhu B, et al. Forest biomass carbon stocks in China over the past 2 decades: estimation based on integrated inventory and satellite data. J. Geophys Res, 2005, 110, G01006, doi: 10.1029/2005JG000014

[28] Piao S L, Fang J Y, Ciais P, et al. The carbon balance of terrestrial ecosystems in China. Nature, 2009, 458: 1009-1013

[29] Piao S L, Ito A, Li S G, et al. The carbon budget of terrestrial ecosystems in East Asia over the last two decades. Biogeosciences, 2012, 9: 3571-3586

[30] 徐新良, 曹明奎, 李克让. 中国森林生态系统植被碳储量时空动态变化研究. 地理科学进展, 2007, 26: 1-10

[31] 吴庆标, 王效科, 段晓男, 等. 中国森林生态系统植被固碳现状和潜力. 生态学报, 2008, 28: 517-524

[32] 刘双娜, 周涛, 魏林艳, 等. 中国森林植被的碳汇/源空间分布格局. 科学通报, 2012, 57: 943-950

[33] Fang J Y, Wang Z M. Forest biomass estimation at regional and global levels, with special reference to China's forest biomass. Ecol Res, 2001, 16: 587-592

[34] Guo Z D, Fang J Y, Pan Y D, et al. Inventory-based estimates of forest biomass carbon stocks in China: a comparison of three methods. Forest Ecol Manage, 2010, 259: 1225-1231

[35] Brown S, Lugo A E. Aboveground biomass estimates for tropical moist forests of Brazilian Amazon. Interciencia, 1992, 17: 8-18

[36] Schroeder P, Brown S, Mo J, et al. Biomass estimation for temperate broadleaf forests of the United States using inventory data. Forest Sci, 1997, 43: 424-434

[37] 方精云, 陈安平, 赵淑清, 等. 中国森林生物量的估算: 对 Fang 等 Science 一文 (Science, 2001, 291: 2320-2322) 的若干说明. 植物生态学报, 2002, 26: 243-249

[38] 方精云, 陈安平. 中国森林植被碳库的动态变化及其意义. 植物学报, 2001, 43: 967-973

[39] Fang J Y. Forest productivity in China and its responses to global climate change. Acta Phytoecol Sin, 2000, 24: 513-517

[40] 方精云, 刘国华, 徐嵩龄. 中国陆地生态系统的碳循环及其全球意义. 见: 王庚辰, 温玉璞, 主编. 温室气体浓度和排放检测及相关过程. 北京: 中国环境科学出版社, 1996. 81-149

[41] 徐冰, 郭兆迪, 朴世龙, 等. 2000~2050 年中国森林生物量碳库: 基于生物量密度与林龄关系的预测. 中国科学: 生命科学, 2010, 40: 587-594

[42] Phillips D L, Brown S, Schroeder P E, et al. Towards error analysis of large-scale forest carbon budgets. Global Ecol Biogeogr, 2000, 9: 305-313

[43] 肖兴威. 中国森林资源清查. 北京: 中国林业出版社, 2005 44 郭兆迪. 中国森林生物量碳库及生态系统碳收支的研究. 博士学位论文. 北京: 北京大学, 2011

1981~2000年中国陆地植被碳汇的估算

方精云 郭兆迪 朴世龙 陈安平

(北京大学环境学院生态学系,北京大学地表过程与分析模拟教育部重点实验室,北京 100871)

全球和区域碳循环已成为全球变化研究和宏观生态学的核心研究内容之一。在碳循环研究中,一个重要的科学问题是回答区域或全球的碳源和碳汇的大小、分布及其变化。因为它与限制一个国家化石燃料使用的国际公约——"京都议定书"紧密联系,所以不仅是一个科学命题,也成为国际社会广泛关注的焦点。

通俗地说,当生态系统固定的碳量大于排放的碳量,该系统就成为大气CO_2的汇,简称碳汇(Carbon sink),反之,则为碳源(Carbon source)。西方主要发达国家对本国生态系统的碳汇进行了较为全面的估算。例如,Pacala等[1]发现,在1980年代美国本土的陆地生态系统吸收了其工业CO_2排放量的30%~50%。欧洲大陆吸收了其工业源CO_2的7%~12%[2]。相对于这些国家,中国仅对某些植被和土壤类型的区域碳汇进行了估算,而缺乏对整个生态系统的全面评估。例如,在植被方面,刘国华等[3],Fang等[4],Piao等[5,6]评估了中国森林植被和中国草地的生物量碳汇。在土壤方面,Pan等[7]分析了中国水稻土的碳汇和固碳潜力;黄耀和孙文娟[8]分析了中国耕作土壤有机碳储量的变化。另外,Cao等[9]利用生态过程模型估算了中国陆地生态系统的净生产力(NEP),尽管在区域尺度上NEP不等于碳汇,但常常作为碳汇大小的量度。本研究利用最新的资料和有关参数,参考国内外最新的研究结果,对1981~2000年间中国森林、灌丛、草地和农作物等4种主要植被类型的生物量碳汇进行较为详细的评估,并讨论整个生态系统(植被和土壤)的碳汇大小及其变化。

一、主要原理和方法

(一)森林

目前国家或区域尺度森林生物量的推算大多使用森林资源清查资料。由该资料来推算森林生物量,首先要建立生物量与木材蓄积量之间的换算关系,即生物量换算因子(Biomass Expansion Factor,BEF)。研究表明,BEF值随着林龄、立地、林分密度、林分状况不同而异,而林分蓄积量综合反映了这些因素的变化,因此,可以作为 BEF 的函数,以反映 BEF 的连续变化。基于这一思想,作者建立了"换算因子连续函数法"[4,10~13],即

$$BEF = a + \frac{b}{x}, \tag{1}$$

$$Y = \sum_{i=1}^{m}\sum_{j=1}^{n}\sum_{l=1}^{k} \cdot BEF_{ijl} \cdot x_{ijl}(样地尺度), \tag{2}$$

$$Y = \sum_{i=1}^{30} BEF \times x_i \times A_i = a\sum_{i=1}^{30} A_i x_i + bA,(区域或省区尺度), \tag{3a}$$

$$Y = A \cdot x \cdot BEF,(全国尺度), \tag{3b}$$

式中,a 和 b 为常数。

在(1)式中,当蓄积量很大时(成熟林),BEF 趋向恒定值 a;蓄积量很小时(幼龄林),BEF 很大。这一简单的数学关系符合生物的相关生长(Allometry)理论,可以适合于几乎所有的森林类型,并且由该式可以非常简单地实现由样地调查向区域推算的尺度转换,从而为推算区域尺度的森林生物量提供了简捷的方法。在(2)和(3)式中,Y、A、x 和 BEF 分别是全国的总生物量、总面积、全国平均蓄积量和所对应的换算因子;A_i、V_i、x_i 和 BEF_i 分别是某一森林类型在第 i 省份的总面积、总蓄积量、平均蓄积量及所对应的换算因子。i、j 和 l 分别为省区、地位级和龄级;A_{ijl}、x_{ijl} 和 BEF_{ijl} 分别为第 i 省区、第 j 地位级和第 l 龄级林分的面积、平均蓄积量和换算因子,m、n 和 k 分别为省区、地位级和龄级的数量。其推导过程,详见方精云等[11]。

作者利用各地不同森林类型样地的材积和生物量实测资料,基于连续生物量换算因子法,建立了各类型森林的换算因子等参数[10~13](附表1)。利用这些参数和 1977~1981、1984~1988、1989~1993、1994~1998 和 1999~2003 年等时期的森林资源清查资料,可以相当方便地计算 1981~2000 年间中国森林生物量碳库及其变化。

需要说明的是,作者早期报道的中国森林碳库及其变化的结果[4,5,12,14,15]是基于郁闭度为 30% 的森林标准估算的。但自 1994 年以后,中国在森林资源清查中,对森林的定义有所改变,即由郁闭度为 30% 改为 20%。尽管这种改变对估算森林碳库带来很大困难,但便于与国际同类工作的比较,因为世界上多数国家采用 20%,甚至 10% 的郁闭度作为森林标准[16]。由于森林

标准的改变，森林的面积、单位面积的森林碳密度以及相伴随的森林碳汇都会发生较大的变化。为了采用新的标准估算森林碳汇，需要得到不同时期郁闭度为20%时的森林面积和碳密度等参数，但早期的森林统计资料（1977～1981和1984～1988年）缺乏此类信息。分析同时具有两种森林标准的1993～1998年的统计数据发现，在各省区水平，两种森林标准的森林总面积之间和森林总碳库之间都具有极好的线性关系，即：

面积之间的关系：

$$AREA_{0.2} = 1.183 AREA_{0.3} + 12.137 \ (R^2 = 0.990, n = 30), \quad (4)$$

总碳量之间的关系：

$$TC_{0.2} = 1.122 TC_{0.3} + 1.157 \ (R^2 = 0.995, n = 30), \quad (5)$$

式中，$AREA_{0.2}$和$AREA_{0.3}$分别为郁闭度为20%和30%时某省区的森林面积（10^4ha）；$TC_{0.2}$和$TC_{0.3}$分别为郁闭度为20%和30%时某省区的森林总碳量（TgC；1TgC = 0.001PgC = 10^{12}gC）。

利用上式，我们获得了1977～1981和1984～1988两个时期郁闭度为20%时各省区的森林总面积和总碳量，并由此得到单位面积的碳密度（表1）。

表1 基于森林资源清查资料计算的1980～1990年代中国森林植被碳库及其变化 a)

时期	面积（10^6ha）	碳量（TgC）	碳密度（MgC/ha）	碳汇量（TgC/a）
1977～1981	116.5	4 302.6	36.9	—
1984～1988	124.2	4 458.0	35.9	22.2
1989～1993	131.8	4 930.7	37.4	94.5
1994～1998	132.2	5 011.6	37.9	16.2
1999～2003	142.8	5 851.9	41.0	168.1
总平均				75.2

a) 森林郁闭度为20%。生物量与C量之间的转换系数为0.5

（二）草地

（1）草地资源清查数据

中国从1979年开始，分3个阶段实施了全国草地资源的统一调查，其中1981～1988年为草地资源的调查阶段，调查范围覆盖了全国2000多个县[17]。本文地上生物量的基础数据主要来源于基于此次调查出版的《中国草地资源数据》[18]。该数据记载了各省的每一草地类型平均单位面积产草量。利用该数据和方精云等提出的方法[19]，计算获得了中国各省区各类型草地的地上生物量，并用0.45的转换系数将生物量转换成碳量。

(2) NDVI 与地上生物量的关系

遥感数据(均一化植被指数, NDVI)为研究大尺度的植被动态及其空间分布提供了有效信息。它与植被生物量或生产力之间常呈良好的正相关关系,因此常作为其指标[20,21]。本文通过建立 NDVI 和地上生物量之间的关系来计算中国草地地上生物量及其时空变化。所使用的 NDVI 来自 GIMMS 的 1982~1999 年 8km 分辨率、每 15 天的数据。该数据广泛应用于全球[22~24]和中国植被生产力[21,25,26]的研究。该数据的校正和处理,详见 Piao 等[26]。

为了建立 NDVI 与地上生物量的关系,我们先计算每一空间位置上各年的最大 NDVI,记为 $NDVI_{max}$,然后计算得出 1982~1999 年间每一省份对应草地类型的平均 $NDVI_{max}$。最后建立以 $NDVI_{max}$ 为自变量、生物量密度为因变量的回归模型[(6)式]。利用该模型和 1982~1999 年间每年的 $NDVI_{max}$,分别计算了 1982~1999 年间中国草地地上生物量及其时空变化。详细的数据处理过程等,见 Piao 等[27]。

$$Y = 179.71 \times NDVI_{max}^{1.6228} (R^2 = 0.71, p < 0.0001)。 \quad (6)$$

(3) 地下生物量的估算

在草地生态系统中,地下生物量在全部生物量中占很大比重。在我们的估算中,利用地下和地上生物量的比值来估算地下和总生物量[19],并假定同一草地类型的该比值不变来估算期初和期末的地下生物量。中国 17 种主要草地类型的该比值见朴世龙等[6]。

(三) 农作物

中国是一个农业大国。农业植被在生态系统碳循环中起着十分重要的作用。估算作物生物量碳库及其变化的方法是利用作物产量的统计数据及各主要作物的相关参数来进行,即下式[19]:

$$B = (1 - W) \times P/E, \quad (7)$$

其中,B 为作物生物量,W 为作物经济产量的含水率,P 为作物经济产量,E 是收获系数(harvest index),即为经济产量与生物产量之比。附表 2 列出各主要作物的收获系数和经济产量的含水率。

为了获得作物生物量碳库的空间分布及其变化,与推算草地生物量碳库的方法相似,我们利用各省区各作物的平均生物量密度与相对应的平均 NDVI 进行统计回归,获得如下回归方程:

$$B_m = 8.5582 \times NDVI^{2.4201} (R^2 = 0.62), \quad (8)$$

式中,B_m 为生物量密度(t/平方千米或 g/m^2),NDVI 为各像元的年均

NDVI 值。

利用该方程以及农业统计数据和各年份的 NDVI 数据，就可以估算不同年份中国农业植被生物量碳密度的空间分布及其时间变化。本研究中，生物量与 C 量之间的转换因子为 0.45。

考虑到作物的收获期短，作物生物量作为碳汇的效果不明显，因此，常设定作物生物量的碳汇为零[1]。本文也采用同样处理。

(四) 灌草丛

灌草丛是中国分布广泛的另一种植被类型，面积约为 178×10^4 平方千米，但其生产力和碳汇的研究十分稀少。我们试图用两种方法来计算。

首先，通过建立跨植被类型的植被生产力(NPP)和碳汇之间的关系，来估算灌草丛的碳汇。研究表明，不同类型的森林和草地的碳汇(y，MgC·ha^{-2}·a^{-1})与其 NPP(x，gC·ha^{-2}·a^{-1})之间呈如下关系：

$$y = -4.0 \times 10^{-6}x^2 + 0.0026x - 0.243 (R^2 = 0.64), \quad (9)$$

式中，NPP 是基于 CASA 模型计算得到的[21,25]。不同类型森林和草地的碳汇数据来自 Piao 等[5]和 Fang 等[27]。

(9)式表示碳汇随着 NPP 的增加逐渐增加；当 NPP 增加到某一值时，碳汇达到极大。这种变化过程可以从植物生理学上得到一些解释。如，热带雨林的 NPP 很大，但由于其呼吸分解迅速，净积累的干物质并不多，即碳汇量不大；干旱—半干旱区的草原其本身的 NPP 较低，积累的干物质也较低；而温带森林的碳汇量较大。

第二种方法是利用"碳汇效率"来估算。我们把某一类型的植被每单位 NPP 所产生的碳汇量定义为该植被的碳汇效率(carbon sink efficiency, CSE)，记为

$$CSE = 碳汇量/NPP, \quad (10)$$

一般来说，热带林的 CSE 较低，而温带林的 CSE 较高，因为热带林虽然 NPP 较大，但消耗和周转的光合产物也较快，所以净积累的干物质(碳汇量)较小，温带林则不然。例如，利用已经发表的 NPP 和碳汇数据[5,23,27]计算可知，中国常绿阔叶林的 CSE 较小，为 0.026；落叶阔叶林最大，为 0.078。中国森林的面积加权平均 CSE 为 0.057，草地的面积加权平均 CSE 为 0.015。

灌草丛植被可以看成是介于森林和草丛植被的中间类型，因为较为密集、高大的灌丛进一步生长可以形成森林(次生林)，从而具有森林的性质；而草丛则具有草地的性质。所以，取森林和草地的平均 CSE(0.036)作为中国灌草丛的 CSE。这样，就可以由灌草丛的 NPP 和 CSE 值，求算其碳汇量。

二、主要结果与分析

(一)森林

如前所述,作者曾对中国过去50年森林植被的碳库及其变化进行了研究,发现中国森林在最近的20年里是一个显著的碳汇[4,5]。但这些分析是基于郁闭度为30%的森林标准进行的,并且使用的数据截至到1998年。本文报告郁闭度为20%、森林调查期限为1977~2003年间的重新估算结果。结果显示,中国森林碳库由1980年代初(1977~1981)的4.30PgC增加到21世纪初(1999~2003)的5.85PgC,年平均增加0.075PgC/a(表1)。单位面积的森林碳密度也显著增加,由初期的36.9MgC/ha增加到研究期末的41.0MgC/ha。

从表1还可以看出,不同时期的碳汇大小差异较大;前10年的平均碳汇为0.058PgC/a,后10年的均值为0.092PgC/a(表1)。这表明,中国森林植被的碳汇功能在显著增加,尤其是最近一个调查期(1999~2003),碳汇达到0.17PgC/a。该值已超过美国森林植被的碳汇值(0.11~0.15PgC/a)[1]。中国森林碳汇显著增加主要是由于人工造林生长的结果。据估计,中国人工林对中国森林总碳汇的贡献率超过80%[4]。

(二)草地

基于前述计算方法,获得了中国草地碳汇等参数(表2)。过去的20年,中国草地的年平均碳汇为7TgC,约为森林植被的十分之一。因为草地面积约是森林面积的3倍,所以,中国草地单位面积的碳汇能力实际上仅相当于森林的1/30。

尽管中国草地总体上起着碳汇的作用,但存在着巨大的空间异质性[6]。内蒙古东部、大兴安岭东侧、天山、阿尔泰山、藏南等草地起着明显的碳汇作用,青藏高原的腹部则起着碳源的作用。

表2 中国草地碳库及碳汇的有关参数

项目	数值
总面积(10^6ha)	331.4
地上碳密度(MgC/ha)	0.45
总碳密度(MgC/ha)	3.46
地上生物量碳(PgC)	0.15
总生物量碳(PgC)	1.15
总碳汇(1982~1999)(PgC)	0.127
年均碳汇(TgC/a)	7.04

(三) 农作物

在过去的 20 年里，中国农作物的生物量按每年 0.0125～0.0143PgC 的速率增加；1982～1999 年间，生物量碳库增加 0.19PgC。但如前所述，这些增加的生物量绝大部分在短期内经分解又释放到了大气中。因此，设定农作物生物量的碳汇为零。

(四) 灌草丛

基于碳汇与 NPP 关系[式(9)]，我们可以估算中国灌草丛的碳汇量。中国灌草丛的面积加权平均 NPP 为 218.9gC/m^2·a[25]。那么，中国单位面积灌草丛的碳汇为 0.134MgC/ha·a。按灌草丛的总面积为 178×10^4 平方千米计算，中国灌草丛的年碳汇量为 23.9TgC/a。

基于碳汇效率(CSE)得到的中国灌草丛单位面积的碳汇为 0.079MgC/ha·a，总碳汇为 13.9TgC/a。该值比基于碳汇 NPP 关系计算的要小 41.8%。如果把前一种方法估算的结果视为极大值，后一种方法得到的为极小值的话，中国灌草丛的总碳汇则在 13.9 与 23.9TgC/a 之间，其均值为 18.9TgC/a。

(五) 中国陆地生态系统(植被和土壤)的碳汇

归纳上述各植被类型的估算结果，得到中国陆地植被生物量的总碳汇为 96.1～106.1TgC/a(表3)。那么，过去 20 年中国植被的总碳汇为 1.92～2.12PgC。该值并不是整个生态系统的碳汇。生态系统的总碳汇应该包括植被和土壤两部分。因为中国土壤(尤其是自然土壤)碳汇的测定数据极少，目前很难对中国土壤的碳汇作出较为准确的评估。但鉴于其重要性，本文对其稍作讨论。

由于数据积累极少，目前土壤的碳源和碳汇大小是最不确定的。Pacala 等[1]估算美国森林土壤的碳汇上限值与森林植被的碳汇值相当(土壤 0.03～0.15PgC/avs. 植被 0.11～0.15PgC/a)；农业土壤基本持平或是一个极弱的汇(0.0～0.04PgC/a)；其他生态系统的土壤碳汇不明。总体来说，美国的土壤碳汇是植被碳汇的 2/3 左右[1]。在欧洲，土壤碳汇约占生态系统总碳汇的 30%[2]。

在中国，土壤固碳的研究奇缺，目前仅见于农业土壤的报道。例如，Pan 等[7]报道 1990 年代中国水稻土的碳汇为 12TgC/a；俞海等[28]认为在 1980～1990 年代的 20 年里，中国东部地区耕地土壤的有机碳量增加了 10.4%。徐艳等[29]对过去 20 年来中国潮土区与黑土区土壤有机质变化进行了对比分析，发现潮土区的土壤有机质呈增加趋势，而黑土区则呈降低趋势。实验研究表明，肥料的长期施用有利于中国耕作土壤的有机碳积累[30]。Lal[31]和潘根兴等[32,33]认为中国耕作土壤具有很大的固碳潜力。最近，黄耀和孙文娟[8]对近20年中国耕作土壤有机碳储量的变化作了详细分析，认为中国耕作土壤的平均碳汇为 15～20TgC/a。该值相当于中国年作物总生物量碳库的 2.8%～3.7%[利用(8)式计算得出 1980～1990 年代中国年平均生物量碳库为 0.545PgC]。由此看来他们的估计是可以接受的数值。总之，中国耕作土壤起着碳汇的作用，尽管李长生[34]用模型模拟认为自 1950 年代以来中国耕作土壤的有机碳是丢失的。中国耕作土壤碳储量的增加是由于秸秆还田、浅耕和免耕的推广以及化肥的合理施用等因素导致的[8,28,30]。

对于其他植被类型的土壤，虽然我们没有见到碳汇的测定报道，但仍可以作出一些定性的分析。

过去的 20 多年里，中国的森林面积和生物量都在显著增加，这意味着中国森林的土壤碳库也是在增加的，因为一般认为由非森林土壤转变成森林土壤，以及地上生物量的增加都会增加其土壤的有机碳[35]。中国草地的生物量碳库在增加，可以推测其土壤的碳储量也应该在增加。另一个分布广泛的植被类型——灌草丛植被在过去的 20 多年里，得到较快的恢复，表明其土壤碳储量在增加。

另外，尽管风蚀能造成土壤有机碳的流失和 CO_2 的排放[36]，但这种作用主要由风力搬运所导致，主要对产生地区(源)和接受地区(汇)的碳平衡产生影响。就国家尺度来说，这种影响应该很小，所以，本文不予考虑。

也就是说，中国主要植被类型的土壤都发挥着碳汇的功能，但其数值有多大，除耕作土壤外，我们不得而知。因此，为参考起见，本文利用国外的结果进行估算。Pacala 等[1]估算美国的土壤碳汇是植被碳汇的 2/3 左右。欧洲土壤碳汇约占生态系统总碳汇的 30%[2]。作为保守的估计，我们采用欧洲(土壤碳汇约占总碳汇的 30%)和北美的数值(植被碳汇的 2/3)来概算中国土壤碳汇的可能范围。因为中国植被碳汇为 96.1～106.1TgC/a(表1)，那么，土壤碳汇的低值范围为 41～64TgC/a，高值范围为 46～71TgC/a，总范围为 41～71TgC/a(表3)。如果以黄耀和孙文娟[8]的估计作为基数的话，该值是耕作土壤碳汇的 3～4 倍。中国农作物的面积约占森林、草地、灌草丛等面积的 1/7(表3)。考虑到农作物的高生产力、秸秆还田、较为精细的生产技术等因素，可以认为中国土壤的总碳汇为 41～71TgC/a 是可以接受的估计值。那么，在 1981～2000 年间，中国陆地生态系统(植被 + 土壤)的总碳汇将达到 2.7～3.5PgC。

为了评估中国陆地生态系统的碳固定在抵消中国工业源释放 CO_2 中的作用，我们根据中国化石燃料的使用量和化石燃料释放碳的计算方法[19,37]，得到中国于 1981～2000 年间排放的工业 CO_2 总量为 13.2PgC。那么，在过去的 20 年里(1981～2000 年)，中国陆地植被碳汇抵消了同期中国工业 CO_2 排放量的 14.6%～16.1%。该值大于欧洲的相对吸收量(1995 年的值为 7%～12%)，而小于美国的值。在 1980 年代，美国陆地碳汇(不包括在木材和泥沙中的碳存积)为 1PgC[1]，相当于美国同期工业排放量的 20%～40%[38]。但如果考虑中国整个陆地生态系统，则中国的总碳汇相当于同期中国工业 CO_2 排放量的 28%～26.8%。该值显著大于欧洲的相对吸收量，略小于美国的值。考虑到中国森林面积的快速增加导致中国森林碳汇，尤其是人工林碳汇强劲增加的势头，中国陆地的碳汇能力完全可以与美国相当，甚至超过美国的水平。

表3　1981～2000 年中国主要陆地生态系统的碳汇

项目	面积/10^6 ha	低值/$TgC \cdot a^{-1}$	高值/$TgC \cdot a^{-1}$
森林植被	116.5～142.8	75.2	75.2
草地植被	334.1	7.04	7.04
灌草丛植被	178	13.9	23.9
耕作植被	108	0.0	0.0
植被合计	725.6～748.0	96.1	106.1
土壤合计	725.6～748.0	41.2～64.1	45.5～70.8
生态系统合计	725.6～748.0	137.3～160.2	151.6～176.9

(六) 误差来源分析

上文对中国主要植被类型和土壤的碳汇进行了估算，但其结果具有很大的不确定性。

(1) 森林：森林碳汇估算的主要误差源有森林清查时的误差、生物量测定误差以及利用 BEF 值估算区域碳库所带来的误差等。一般来说，清查时的误差较小，在中国应小于 5%[4]；生物量的野外测定可能带来一定的误差，但目前无法进行评估；利用 BEF 值估算省区生物量时可能产生较大误差，但全国的总误差小于 3%[15]。总的来说，不同来源的误差很复杂，难以给出准确的估计[39]，但与研究的尺度有密切的关系。如在美国的一些州，森林蓄积量的误差仅为1%~2%，但到了县级水平，却增加了8倍以上[39]。在中国，全国总蓄积量的估算误差小于3%[15]。

在本文的估算中，一个重要的缺陷是没有估算经济林、竹林、农田防护林以及四旁绿化树种等的碳库及其变化。在过去的几十年里，中国农田防护林以及四旁绿化造林呈增加趋势，因此，这部分的碳库应该是增加的。估算这部分的碳汇是今后的一个重要工作。

(2) 草地：草地碳汇估算值的主要误差来源有：草场资源清查、遥感数据和地下生物量的估算。草场清查的误差要求在10%以下[17]。由遥感数据估算地上生物量(6)式的误差在全国水平为35.9%[6]。由地上地下生物量比来估算地下生物量是草地碳汇估算的最大误差，但目前不能给出误差范围。

(3) 灌草丛：本文基于碳汇与NPP关系和基于碳汇效率(CSE)对中国灌草丛的碳汇进行了估算，得出的估算值差异较大，这反映了不同方法所带来的误差。中国几乎没有灌草丛碳汇的测定数据，因此无法检验本文的估算精度。美国灌草丛的碳汇为$0.12~0.13 PgC/a$[1]，占美国总碳汇量的约30%，而中国草灌丛的碳汇仅是美国的15%~16%。这说明本文所得出的估算值可能偏小。

(4) 农作物：本文假定中国农作物生物量的碳汇为零，因为它们中的绝大部分在较短的时间里分解释放到大气中。这种假定基本上是成立的。虽然农作物生物量的一部分以秸秆还田的形式进入土壤中，成为土壤有机碳的一部分，但它们已经计算在土壤碳汇中。

(5) 土壤：中国土壤(尤其是自然土壤)碳汇的测定数据极少，因此目前很难对其碳汇进行较为准确的评估，成为中国碳汇估算中最不确定的部分。这也是未来中国碳汇研究的重点。

三、展望

(一) 中国陆地碳汇的未来趋势

随着中国人工造林和天然林保护力度的加强，以及水土保持和土地有效管理等事业的推进，可以期待中国陆地生态系统的固碳潜力会得到进一步的增强。本文仅对中国森林未来的固碳潜力作一展望。

如前所述，中国森林的固碳能力在过去20年里显著增加。有理由相信，在未来的几十年里，这种趋势仍会保持下去。具体表现在两方面：森林面积的增加和森林生长的加速。

(1) 森林面积的增加：中国现在的森林覆盖率为 16.5%（郁闭度为 20% 的森林面积为 142.8×10^6 ha），平均碳密度为 41MgC/ha。按照中国林业的中长期发展规划，到 2030 年，中国的森林覆盖率将达到 24% 以上。也就是说，在未来的 20 多年里，中国成林的总面积将增加到约 210×10^6 ha。假定森林植被的平均碳密度不变，中国森林（成林）植被的碳储量则由现在的 5.85PgC，增加到 8.61PgC，净增加 2.76PgC。显然，如果再考虑森林地表和土壤中的碳积累，这个数值将更大。

(2) 森林生长的加速：目前中国的森林多为生物量密度（或碳密度）较低的人工林和次生林。在华南、华中和华东等广大地区，森林的平均碳密度大多低于 25MgC/ha，远低于全国平均水平的 41MgC/ha 和全球中高纬度地区 43MgC/ha 的平均值[40]。据估算，解放初期，中国森林的平均碳密度约为 50MgC/ha[4]。那时的森林可以理解是以成熟林为主。从这种意义上讲，中国目前的森林离成熟状态还相差很远。如果这些人工林和次生林都恢复到成熟林的水平，那么，中国森林将吸收大量的 CO_2。据分析，中国目前平均碳密度低于 50MgC/ha 的面积占森林总面积的 66%。如果用 50MgC/ha 作为中国成熟林的平均碳密度，那么，这些森林恢复到 50MgC/ha 的水平，将增加吸收 2.1PgC 的 CO_2。换言之，即便是中国森林的面积不再增加，通过森林再生长，也将吸收大量的 CO_2。如果考虑在未来的 20~30 年里，中国的森林覆盖率将增加到 24% 的话，中国森林的固碳能力将会更大。

(二) 未来研究的重要方面

如上所述，本文的估算，尤其对土壤碳汇和灌草丛碳汇的估算是相当粗放的，存在很大的不确定性。为减少不确定性和提供完整的中国陆地生态系统碳汇的数据，急需开展如下工作：

(1) 土壤碳汇的研究：虽然有理由相信中国主要生态系统的土壤起着碳汇的作用，但中国几乎没有确切的土壤碳汇的测定数据。因此，这部分的估算是最不确定的。我们需要尽快开展土壤碳库变化的研究。中国已经开展了两次全国性的土壤普查工作，为开展此项估算提供了一定的资料储备。

(2) 灌草丛碳汇的测定：中国灌草丛的面积大、分布广、恢复快，是一个重要的潜在碳汇，但其生产力和碳汇的研究十分稀少。

(3) 非森林树木（TOFs）的碳汇估算：本文在对森林碳汇的估算中，未考虑经济林、竹林、农田防护林以及四旁绿化树种等，即所谓的非森林树木（treesoutside forests，TOFs）的碳库及其变化。在过去的几十年里，中国农田防护林以及四旁绿化造林都呈增加趋势,因此,TOFs 碳库应该是增加的。如果增加这部分的碳汇,中国森林的碳汇会比现在的估算值还要大。

(4)木材制品及沉积物中碳储存的估算:最近 20 多年来,中国家具业和建筑业十分兴旺。较长时间固存在这部分木材中的碳量对区域碳平衡的估算是不可忽视的量。另外,中国水土流失严重,经地表径流将系统中的部分有机碳输运到下游的河流、湖泊中,成为沉积物中的固存碳。在美国,这两部分的碳汇可达 $0.04\sim0.11\mathrm{PgC/a}$[1]。中国这部分的碳汇也可能相当可观。

(5)反演模型的开发:开发适合中国实际情况的大气反演模型(inverse model),对中国的碳汇大小进行估算和预测是十分重要的。国外已有不少成功的模型[41,42]。可以借鉴这些模型,对其改良,并进行参数调整,使其适合于中国。此类模型不仅可以模拟现实的碳汇大小和分布,也可以用于未来的预测。

致谢 在数据采集和分析过程中得到北京大学生态学系老师和同学们的帮助;部分工作曾在 2005 年中国科学院院士大会上报告过,得到众多先生的指教;潘兴根教授和另一位审稿人提出过宝贵的修改意见。在此一并致谢。

参考文献

[1] Pacala S W, Hurtt G C, Baker D, et al. Consistent land-and at-mosphere-based US carbon sink estimates. Science, 2001, 292: 2316－2320

[2] Janssens I A, Freibauer A, Ciais P, et al. Europe's terrestrial bio-sphere absorbs 7 to 12% of European anthropgenic CO_2 emission. Science, 2003, 300: 1538－1542

[3] 刘国华, 傅伯杰, 方精云. 中国森林碳动态及其对全球碳平衡的贡献. 生态学报, 2000, 20: 733－740

[4] Fang J Y, Chen A P, Peng C H, et al. Changes in forest biomass carbon storage in China between 1949 and 1998. Science, 2001, 292: 2320－2322

[5] Piao S L, Fang J Y, Zhu B, et al. Forest biomass carbon stocks in China over the past 2 decades: estimation based on integrated in-ventory and satellite data. J Geophys Res, 2005, 110, G01006, doi: 10.1029/2005JG00001

[6] 朴世龙, 方精云, 贺金生, 等. 中国草地植被生物量及其空间分布格局. 植物生态学报, 2004, 28: 491－498

[7] Pan G X, Li L, Wu L, et al. Storage and sequestration potential of topsoil organic carbon in China's paddy soils. Glob Change Biol, 2003, 10: 79－92

[8] 黄耀, 孙文娟. 近 20 年来中国大陆农田表土有机碳含量的变化趋势. 科学通报, 2006, 51(7): 750－763

[9] Cao M K, Tao B, Li K R, et al. Interannual Variation in Terrestrial Ecosystem Carbon Fluxes in China from 1981 to 1998. Acta Botan Sin, 2003, 45: 552-560

[10] Fang J Y, Wang Z M. Forest biomass estimation at regional and global levels, with special reference to China's forest biomass. Ecol Res, 2001, 16: 587-592

[11] 方精云, 陈安平, 赵淑清, 等. 中国森林生物量的估算: 对 Fang 等 Science 一文(Science, 2001, 292: 2320-2322)的若干说明. 植物生态学报, 2002, 26: 243-249

[12] Fang J Y, Wang G G, Liu G H, et al. Forest biomass of China: an estimation based on the biomass-volume relationship. Ecol Appl, 1998, 8: 1084-1091

[13] Fang J Y, Oikawa T, Kato T, et al. Biomass carbon accumulation by Japan's forests from 1947-1995. Glob Biogeochem Cycles, 2005, 19, GB2004, doi: 10.1029/2004GB002253

[14] 方精云, 刘国华, 徐嵩龄. 中国森林植被的生物量和净生产量. 生态学报, 1996, 16: 497-508

[15] 方精云, 陈安平. 中国森林植被碳库的动态变化及其意义. 植物学报, 2001, 43: 967-973

[16] UNECE/FAO (United Nations Economic Commission for Europe/Food and Agriculture Organization of the United Nations), 'Forest resources of Europe, CIS, North America, Japan, New Zealand: UNECE/FAO contribution to the global forest resources assessment 2000', ECE/TIM/SP/17, United Nations, Geneva, Switzerland, 2000

[17] 中华人民共和国农业部畜牧兽医司. 中国草地资源. 北京: 中国农业科技出版社, 1996

[18] 中华人民共和国农业部畜牧兽医司. 中国草地资源数据. 北京: 中国农业科技出版社, 1994: 10-75

[19] 方精云, 刘国华, 徐嵩龄. 中国陆地生态系统的碳循环及其全球意义. 温室气候浓度和排放监测及相关过程. 见: 王庚辰, 温玉璞, 主编. 北京: 中国环境科学出版社, 1996: 81-149

[20] Paruelo J M, Epstein H E, Lauenroth W K, et al. ANPP estimates from NDVI for the Central Grassland region of the United States. Ecology, 1997, 78: 953-958

[21] Piao S L, Fang J Y, Zhou L M, et al. Changes in vegetation net primary productivity from 1982 to 1999 in China. Glob Biogeochem Cycles, 2005, 19, GB2027, doi: 10.1029/2004GB002274

[22] Zhou L, Tucker C J, Kaufmann R K, et al. Variations in northern vegetation activity inferred from satellite data of vegetation index during 1981 to 1999. J Geophys Res, 2001, 106: 20069-20083

[23] Nemani R R, Keeling C D, Hashimoto H, et al. Climate-driven increases in global terrestrial net primary production from 1982 to 1999. Science, 2003, 300: 1560-1563

[24] Slayback D, Pinzon J, Los S, et al. Northern hemisphere photosynthetic trends 1982-99. Glob Change Biol, 2003, 9: 1-15

[25] Fang J Y, Piao S L, Field C B, et al. Increasing net primary production in China from 1982 to 1999. Front Ecol Environ, 2003, 1: 293-297

[26] Piao S L, Fang J Y, Zhou L M, et al. Interannual variations of monthly and seasonal normalized difference vegetation index (NDVI) in China from 1982 to 1999. J Geophys Re, 2003, 108(D14), 4401, doi: 10. 1029/2002JD002848

[27] Piao S L, Fang J Y, Zhou L M, et al. Biomass carbon accumulation by China's grasslands. Glob Biogeochem Cycle, 2007, 21 GB 2002, doi: 1029/2005GB002634

[28] 俞海, 黄季焜, Rozelle S, 等. 中国东部地区耕地土壤肥力变化趋势研究. 地理研究, 2003, 22: 380-388

[29] 徐艳, 张凤荣, 汪景宽, 等. 20年来中国潮土区与黑土区土壤有机质变化的对比研究. 土壤通报, 2004, 35: 102-105

[30] 孟磊, 丁维新, 蔡祖聪, 等. 长期定量施肥对土壤有机碳储量和土壤呼吸影响. 地球科学进展, 2005, 20: 687-692

[31] Lal R. Soil C sequestration in China through agricultural intensification and restoration of degraded and desertified soils. Land Degrad Dev, 2002, 13: 469-478

[32] 潘根兴, 赵其国. 中国农田土壤碳库演变研究: 全球变化和国家粮食安全. 地球科学进展, 2005, 20: 384-393

[33] 潘根兴, 赵其国, 蔡祖聪.《京都议定书》生效后中国耕地土壤碳循环研究若干问题. 中国基础科学, 2005, 2: 12-18

[34] 李长生. 土壤碳储量减少: 中国农业之隐患: 中美农业生态系统碳循环对比研究. 第四纪研究, 2000, 20: 345-350

[35] Schlesinger W H. Carbon sequestration in soils. Science, 1999, 284: 2095

[36] 胡云锋, 王绍强, 杨风亭. 风蚀作用下的土壤碳库变化及在中国的初步估算. 地理研究, 2004, 23: 760-768

[37] ORNL (Oak Rudge National Laboratory). Estimates of CO_2 emission from fossil fuel burning and cement manufacturing. ORNL/CDIAC-25. Carbon Dioxide Information Analysis Center, Oak Rudge National Laboratory, Oak Rudge, Tennessee, USA, 1990

[38] Field C B, Fung I Y. The not-so-big US. carbon sink. Science, 1999, 285: 544-545

[39] Brown S, Schroeder P E. Spatial patterns of aboveground production and mortality of woody biomass for eastern US forests. Ecol Appl, 9: 968-980

[40] Myneni R B, Dong J, Tucker C J, et al. A large carbon sink in the woody biomass of northern forests. Proc Natl Acad Sci USA, 2001, 98: 14784-14789

[41] Bousquet P, Peylin P, Ciais P, et al. Regional changes in carbon dioxide fluxes of land and oceans since 1980. Science, 2000, 290: 1342-1346

[42] Gurney K R, Law R M, Denning A S, et al. Towards robust regional estimates of CO_2 sources and sinks using atmospheric transport models. Nature, 2002, 415: 626-630

附表1 中国主要森林类型的平均生物量、平均生物量转换因子以及"换算因子连续函数法"中用于计算转换因子的各参数[a]

森林类型	平均生物量			平均生物量转换因子		(1)式中的参数			
	N	均值	SD	均值	SD	a	b	N	r^2
Abies, Picea	36	215.8	260.5	0.89	0.28	0.5519	48.861	24	0.78
Cunninghamia lanceolata	106	90.2	57.8	0.75	0.18	0.4652	19.141	90	0.94
Cypress	29	85.4	66.6	1.05	0.29	0.8893	7.3965	19	0.87
Larix	34	127.2	68.3	0.9	0.22	0.6096	33.806	34	0.82
Pinus koraiensis	28	120.5	74.5	0.98	0.77	0.5723	16.489	22	0.93
P. armandii	10	71.8	25.0	0.86	0.19	0.5856	18.744	9	0.91
P. massoniana, P. yunnanensis	61	101	53.2	0.69	0.21	0.5034	20.547	52	0.87
P. sylyestris var. mongolica	25	51.8	41.0	1.22	0.29	1.112	2.6951	15	0.85
P. tabulaefomis	127	98.1	58.4	1	0.25	0.869	9.1212	112	0.91
Other pines and conifer forests	39	112.4	68.1	0.89	0.34	0.5292	25.087	19	0.86
Tsuga, Cryptomeria, Keteleeria	10	98.7	54.5	0.69	0.36	0.3491	39.816	30	0.79
Mixed conifer and deciduous	11	91.6	84.5	1.31	0.66	0.8136	18.466	10	0.99
Betula	11	108.4	55.1	1.26	0.27	1.0687	10.237	9	0.70
Casuarina	11	73.9	60.0	0.93	0.24	0.7441	3.2377	10	0.95
Deciduous oaks	14	122.2	89.1	1.47	0.35	1.1453	8.5473	12	0.98
Eucalyptus	20	127.8	88.3	0.9	0.26	0.8873	4.5539	20	0.80
Lucidophyllous forests	32	185.4	137.4	0.95	0.26	0.9292	6.494	24	0.83
Mixed deciduous and Sassafras	44	101	76.2	1.12	0.36	0.9788	5.3764	35	0.93
Nonmerchantable woods	20	48.8	29.2	1.31	0.32	1.1783	2.5585	17	0.95
Populus	29	87.7	52.4	0.9	0.58	0.4969	26.973	13	0.92
热带森林	26	88.3	54.9	0.87	0.22	0.7975	0.4204	18	0.87

a) $(1)式, BEF = a + \dfrac{b}{x}$. N: 样本数; SD: 标准差

附表2 中国主要农作物的收获系数和含水率

作物种类	经济系数	含水率	文献来源
小麦	0.28~0.46	0.125	[1]
玉米	0.45~0.53	0.13~0.14	[2]
高粱	0.33~0.45	0.14~0.15	[3]
谷类	0.35~0.45	0.125~0.15	[4, 5]
豆类	0.2~0.3	0.12~0.13	[5]
薯类	0.6~0.75	0.133	[5]
棉花	0.3~0.4	0.083	[5]
烟叶	0.5	0.082	[5]
油料	0.33~0.45	0.08~0.10	[5]
麻类	0.33~0.45	0.133	[5]
糖料	0.33~0.45	0.133	[5]
其他杂粮	0.33~0.45	0.133	[6]

参考文献

1. 黄祥辉，主编. 小麦栽培生理. 上海：上海科技出版社，1984
2. 山东农业科学院，主编. 中国玉米栽培学. 上海：上海科技出版社，1986
3. 辽宁农业科学院，主编. 中国高粱栽培学. 北京：农业出版社，1988
4. 山西农业科学院，主编. 中国谷子栽培学. 北京：农业出版社，1987
5. 中国农业百科全书总编辑委员会. 中国农业百科全书——农作物卷. 北京：农业出版社，1991
6. 方精云，刘国华，徐嵩龄. 中国陆地生态系统的碳库. 温室气候浓度和排放监测及相关过程. 见：王庚辰等，主编. 北京：中国环境科学出版社，1996. 109－128

1850~2008年中国及世界主要国家的碳排放
——碳排放与社会发展 I

朱江玲[1]　岳　超[1]　王少鹏[1]　方精云[1,2,4]

(1. 北京大学城市与环境学院生态学系，北京大学地表过程分析与模拟教育部重点实验室，北京 100871；2. 北京大学气候变化研究中心，北京 100871)

2009年12月7~18日，联合国气候变化框架公约(UNFCCC)第15次缔约方大会在丹麦哥本哈根召开，约有60多个国家的首脑出席了本次峰会。由于大会涉及发达国家《京都议定书》第二承诺期(2012~2020年)及全球远期减排目标，因而受到空前关注。尽管哥本哈根峰会最终没能达成具有法律约束力的协议，碳排放问题却再次被推向了舆论前沿，成为各国研究的焦点问题。

当前的气候变化主要是由历史上的碳排放逐渐积累所导致的[1]。合理界定碳排放责任，进而确定未来减排目标，是气候谈判的关键。目前，国内外学者已经提出了多种国际碳减排分配方案[2-6]。科学分析不同国家碳排放历史、阐明全球碳排放形势，不仅是制订合理的国际碳减排方案的基础，也是我国应对气候变化谈判的重要前提。因此，本研究利用第二次工业革命以来(1850~2008年)世界主要国家碳排放数据，阐明目前全球及我国的碳排放形势，为进一步的研究和决策提供借鉴。

一、数据来源及计算方法

(一) 碳排放和人口数据

本研究利用美国橡树岭国家实验室二氧化碳信息分析中心(Carbon Dioxide Information Analysis Center，CDIAC)提供的1850~2006年世界各国化石燃料CO_2排放数据(包括固体燃料、液体燃料、气体燃料、水泥生产、废气燃烧以及总排放量)[7]，并以荷兰环境评价署1990~2008年世界分区的化石燃料碳排放数据[8]作为补充。人口数据来自两个数据源：1950年以后的数据来自美国人口调查局网站[①]；1950年以前数据来自Populstat人口统计网站[②]。对于1900年以前某些年份的缺失数据，利用线性插值的方法进行填补。

(二) 发达国家和发展中国家的定义

本研究定义发达国家为UNFCCC附件Ⅰ国家，发展中国家为非附件Ⅰ国家，并对历史上发生过解体、分裂的国家进行了必要的处理。其中，把前苏联以及解体后的15国均列入发达国家，将南斯拉夫社会主义联邦共和国（1992年解体为5个独立主权国家，其中2个属于附件Ⅰ国家，最大成员国南斯拉夫为非附件Ⅰ国家）及其成员国列入发展中国家[9]。

(三) 碳排放指标的计算

为分析不同国家以及发达国家和发展中国家阵营在不同时期CO_2排放量的变化，并考虑全球碳排放量的历史趋势，本文设定3个不同的时间起点，划分的3个时期如下。

(1) 自1850年第二次工业革命开始至今（1850~2008年），是人类历史上大规模消耗化石能源的工业发展期，也是化石燃料碳排放最主要的累计时期。

(2) 自1950年二战结束至今（1950~2008年），发达国家在二战结束后，随着第三次工业革命的兴起，经济迅速恢复，石油等化石燃料的大量使用导致大气CO_2浓度剧增，此状态一直持续到1980年代。同期，发展中国家开始工业化进程，产生较多碳排放。

(3) 自1990年至今（1990~2008年），以《联合国气候变化框架公约》签署为标志，人类开始关注碳排放与全球温暖化的关系问题，节能减排成为国际社会的共识，《联合国气候变化框架公约》(1992)、《京都议定书》(1997)等国际公约相继签署，公约框架下的减排行动不断推进（如"巴厘岛路线图"和《哥本哈根协定》）。在此期间，大气CO_2浓度继续高速增加，很大程度上是来自发展中国家的贡献。

本文就上述3个时期，分别计算了世界主要国家的累计碳排放量、人均累计碳排放量以及年增率。定义如下。

累计碳排放量：指某时期内（1850~2008年、1950~2008年、1990~2008年）化石燃料碳排放的逐年加和。

---

① U. S. Census Bureau. http://www.census.gov/ipc/www/idb/informationGateway.php
② Population Statistics. http://www.populstat.info

人均累计碳排放量：$\sum_{i=1850/1950/1990}^{2008} E_i/P_i$，其中，$E_i$ 代表第 i 年的排放量，P_i 代表当年的人口数。

年变率：即碳排放量的年均绝对变化量。由于碳排放序列波动性较大，本研究以10年为一时段进行线性拟合，以得到的斜率作为该时期的绝对变率。对于中国1980年后的变率分析，则直接用两年差值代替。

二、结果与分析

(一) 历年排放量及累计排放量

历史累计排放量是碳排放历史责任的直接度量。本节通过计算3个时期内全球、发达国家和发展中国家以及G8+5国家（俄罗斯除外）的碳排放累计量（表1），定量分析和确定各国家地区的碳排放历史责任。

图1给出了自1850年工业革命以来，全球、发达国家、发展中国家以及G8+5国家（俄罗斯除外）的历年碳排放量变化。由表1和图1可以看出如下特点。

表1 全球、发达国家、发展中国家以及主要国家3个时期的累计碳排放量和人均累计碳排放量

国家/地区	1850~2008年		1950~2008年		1990~2008年	
	累计排放量/PgC	人均累计排放量/tC	累计排放量/PgC	人均累计排放量/tC	累计排放量/PgC	人均累计排放量/tC
全球	345	93	285	62	132	22
发达国家	250	257	193	169	75	58
发展中国家	87	23	85	22	54	11
美国	94	543	70	307	28	102
中国	31	29	31	28	21	16
德国	22	318	15	188	4	55
英国	19	434	9	167	3	49
日本	14	131	13	113	7	52
印度	9	12	9	10	6	6
法国	9	195	6	114	2	34
加拿大	7	373	6	241	3	86
意大利	5	101	5	89	2	40
南非	4	167	4	119	2	40
墨西哥	4	57	4	49	2	21
巴西	3	23	3	20	2	9

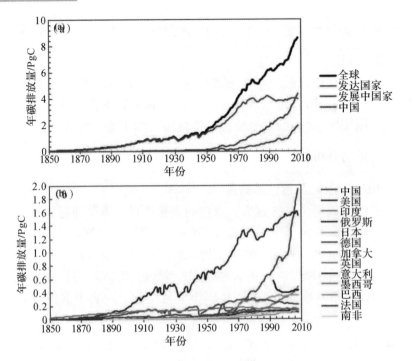

图 1 1850～2008 年碳排放历年变化

（1）自 1850 年以来，全球共排放 345 PgC，1950 年和 1990 年以来的累计碳排放量分别为 285 和 132 Pg，是总累计碳排放量的 83% 和 38%。以 3 个时期的累计排放量来看，发达国家与发展中国家的差距在缩小：1850～2008 年为 2.9 倍（250 和 87 PgC）、1950～2008 年为 2.3 倍（193 和 85 PgC），1990～2008 年为 1.9 倍（75 和 54 PgC）。发达国家的碳排放累积主要在 1990 年之前，1850～1990 年累计排放占总累计排放的 70%；而发展中国家的碳排放累积主要在 1990 年以后，占总历史排放的 62%。

（2）自 1850 年至今，除俄罗斯以外的 G8 + 5 国家的累计碳排放量之和（221 PgC）占全球碳排放量（345 PgC）的 64%，其中，除俄罗斯以外 G8 发达国家占发达国家累计总排放的 68%，基础四国（中、印、巴、南非）和墨西哥占发展中国家累计总排放的 58%。占全球累计排放比例最高的国家依次为：美国（27%）、中国（9%）、德国（6%）、英国（6%）、日本（4%）、印度（3%）、法国（2%）和加拿大（2%）。所计算的起始时间点越晚，发展中国家累计排放占全球的比例越高。

（3）1850 年至今，全球碳排放持续增加，1950 年后基本呈线性增加趋势。除美国持续线性增长，日本20世纪70年代短期剧增外，大部分发达国家自70年代开始趋于平稳，1990年以后平稳或略有下降。发展中国家在1950年以后呈指数增加，碳排放总量所占全球比例明显升高，成为全球碳排放的重要来源。与发展中国家碳排放趋势相似，中国、印度、巴西等国家在1970年以后排放量增加较为显著，2000年后中国增加尤为迅速。

（二）人均排放量

1992年《联合国气候变化公约》确定了"共同但有区别的责任"原则，在一定程度上考虑了发达国家与发展中国家对于大气二氧化碳浓度增加的不同历史责任以及所处的发展阶段和减排能力的差异。由于各国人口差异很大，国家水平的总排放量不能说明本质问题。

基于平等的原则，本节以人均排放量与人均累计排放量作为主要指标，分析全球及主要国家的碳排放历史责任。根据图2和表1，可以看出如下结果。

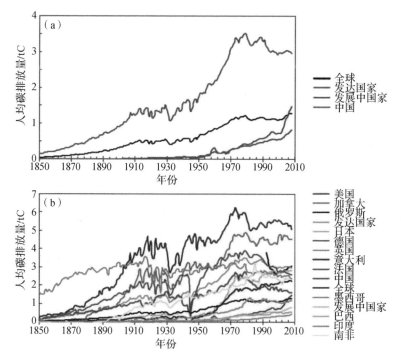

图2 1850~2008年人均碳排放量历年变化

（1）第二次工业革命以来，全球累计人均排放93 tC，发达国家和发展中国家分别为 257 和 23 tC，前者是后者的 11.2 倍。1950 年以来，全球人均累计排放 62 tC，发达国家是发展中国家的 7.7 倍（169 和 22 tC）；若以 1990 年为起点，全球人均累计排放 22 tC，发达国家为发展中国家的 5.3 倍（58 和 11 tC）。

（2）在 3 个不同时期，人均累计碳排放最多的国家依次是美国、英国和加拿大等发达国家，其值远远高于中国、印度等发展中国家。中国属于发展中国家中人均累计碳排放量较高的国家（1850~2008 年为发展中国家平均水平的 126%），但同期仍不到全球平均水平的 1/3，仅为发达国家的 1/10，美国的 1/20。

（3）1850 年以来，发达国家人均碳排放迅速增加，特别是 1950 年二战以后的 20 年，1970 年人均排放量高达 3.8 tC。20 世纪 80 年代后期呈明显下降趋势。美国、英国、德国等主要发达国家的人均排放量趋势与发达国家平均基本一致。发展中国家 20 世纪 50 年代前人均排放量基本为 0，此后才开始缓慢增长。与之类似，中国的人均碳排放自 50 年代开始增加，但 1990 年以后增速加快，并超过发展中国家平均水平。

（三）世界及我国的碳排放形势

1. 碳排放历史序列的变率分析

图 3 为全球、发达国家、发展中国家的碳排放和人均碳排放年际变率（表 2 和 3 为年代变率）。自 1900 年代以来，发达国家排放量变率一直较高，1945~1975 年高于 0.05 PgC/a，最高可达 0.15 PgC/a。其碳排放积累非常迅速。发展中国家仅在 1930 年后有所增长，1980 年以后增速加快，尤其在 2000 年以后，平均可达到 0.14 PgC/a。

根据人均排放量的变化，1900~1935 年发达国家人均排放年变率呈减小趋势，而 1935~1970 年显著增加。1980 年后，发达国家人均排放波动性下降。发展中国家人均排放年变率 1930 年前较为平稳，2000 年左右开始急剧增加。总体来说，发达国家的趋势与全球排放总量近似，而发展中国家呈缓慢增长趋势，其值远远低于发达国家。

全球碳排放年际变率的趋势在 1980 年以前与发达国家一致，之后与发展中国家一致，这表明世界碳排放趋势不同时期的驱动者不同。世界碳排放 1980 年前由发达国家驱动，而 1980 年后由发展中国家驱动。

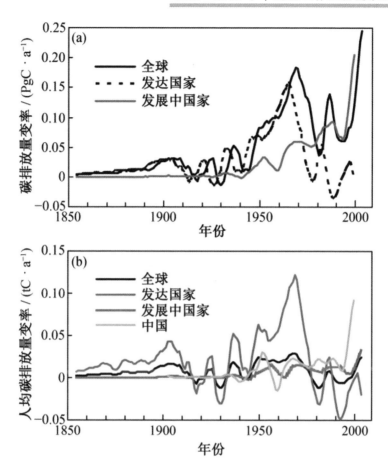

图 3　全球、发达国家、发展中国家的碳排放量变率分析

表 2　全球及主要国家碳排放量年代变率

年代	碳排放增率/(10^6 tC·a^{-1})													
	全球	发达国家	发展中国家	美国	加拿大	英国	意大利	日本	法国	德国	南非	中国	巴西	印度
1850	3.5	3.4	0.0	0.8	0.0	0.9			0.6	0.7				
1860	5.8	5.9	0.0	1.3	0.0	1.8	0.0		0.6	1.3				
1870	6.0	5.7	0.1	1.8	0.0	1.2	0.1	0.1	0.5	0.9				
1880	9.9	9.9	0.1	4.7	0.2	0.9	0.2	0.1	0.3	2.0				0.1
1890	15.2	14.6	0.6	5.3	0.1	1.8	0.0	0.3	0.7	2.8	0.2			0.2

287

(续)

年代	碳排放增率/(10^6 tC·a^{-1})													
	全球	发达国家	发展中国家	美国	加拿大	英国	意大利	日本	法国	德国	南非	中国	巴西	印度
1900	30.6	28.9	2.2	15.7	0.9	1.8	0.4	0.6	0.8	4.3	0.4			0.4
1910	5.0	4.4	0.9	11.9	0.8	0.1	-0.3	1.1	-1.7	-0.4	0.2	0.1	-0.1	0.6
1920	29.6	26.9	2.2	10.7	0.5	0.7	0.7	0.9	3.0	2.9	0.2	0.3	0.1	0.3
1930	31.8	26.3	4.4	5.3	0.4	1.8	0.4	1.5	-0.9	7.8	0.6	0.9	0.1	0.5
1940	9.7	6.7	-2.5	12.9	1.1	0.1	-0.2	-2.8	3.1	-12.3	0.3	-2.4	0.3	0.3
1950	90.8	59.7	27.3	10.2	1.0	1.4	1.7	2.6	2.0	7.9	1.1	16.0	0.6	1.3
1960	139.6	112.1	18.1	37.3	3.8	1.0	4.5	11.6	4.0	5.7	1.4	-3.6	1.0	2.1
1970	132.0	75.8	59.9	11.7	2.1	-1.2	2.3	7.2	1.9	1.9	1.8	23.1	2.8	4.4
1980	104.1	38.5	70.2	11.3	0.4	0.4	0.7	3.2	-3.6	-1.2	3.3	31.1	1.3	9.2
1990	61.1	-29.4	74.5	23.3	0.8	0.5	2.9	-0.6	-4.0	1.3	30.0	4.0	13.8
2000	245.4	23.6	206.2	4.1	1.5	-0.1	1.2	2.3	0.1	-1.6	127.6	2.0	18.5	2.7

说明：由于个别年份排放数据无法获取，故有缺失，下同。

表3 全球及主要国家人均碳排放量年代变率

年代	人均碳排放增率/(kgC·a^{-1})													
	全球	发达国家	发展中国家	美国	加拿大	英国	意大利	日本	法国	德国	南非	中国	巴西	印度
1850	2.4	7.5	0.0	17.9	2.3	24.9			15.1	18.0				
1860	3.8	12.2	0.0	26.2	5.5	54.5	1.7		14.9	30.9				
1870	3.5	9.5	0.0	20.8	2.9	11.3	1.8	2.1	11.0	14.2				
1880	5.5	16.5	0.1	53.8	42.2	-4.2	5.9	2.8	5.1	34.7				0.1
1890	8.2	20.1	0.5	40.2	17.1	32.3	1.2	7.3	16.8	37.5	37.0			0.7
1900	15.7	43.5	1.9	132.5	101.1	6.3	10.5	10.2	19.8	47.9	63.1			1.8
1910	-0.1	5.9	0.5	64.4	55.0	17.4	-10.3	16.2	-17.9	0.9	20.0	0.1	-4.1	2.4
1920	9.7	24.9	1.4	30.9	13.8	-2.8	17.6	10.5	64.5	32.4	13.1	0.5	3.6	0.5
1930	9.4	22.2	2.6	19.4	9.9	23.5	6.6	15.9	-18.6	102.7	43.0	1.7	1.4	0.9
1940	-2.0	2.3	-2.3	36.2	35.1	-11.7	-5.5	-42.8	65.9	-161.8	0.4	-4.8	5.0	0.1
1950	19.6	41.8	11.9	-15.9	-16.7	16.9	32.3	23.5	33.7	98.0	37.3	23.3	6.8	2.2
1960	22.9	84.0	2.9	130.2	135.3	-2.0	86.2	106.7	61.8	54.3	21.7	-9.9	7.0	2.3
1970	11.5	40.2	13.4	-7.9	36.1	-25.1	30.8	37.6	20.3	25.5	14.9	19.2	17.4	4.7
1980	1.7	8.7	10.8	-5.1	-25.2	0.2	12.4	13.7	-76.6	-14.0	36.4	22.5	1.4	8.7
1990	-5.4	-40.8	8.3	32.5	-35.3	-28.4	-76.4	15.5	-17.9	-58.5	-13.1	17.9	19.3	9.8
2000	24.5	5.5	31.7	-44.1	2.4	-9.3	16.5	16.7	-14.7	-19.3	92.3	1.4	11.9	12.3

2. 我国近30年的碳排放形势

根据我国碳排放变率长时期分析(图3),其增加主要开始于最近30年,因此对我国1980年以来的碳排放变化进行详细分析(图4)。通过对比我国总碳排放和人均碳排放的变化率,可以看出二者趋势基本一致,可分为两个阶段。①1980~2000年,总排放量及人均排放量变化较为缓慢,除少数年份为负增长外,其余时期变率分别为0~0.06 PgC/a和0~0.05 tC/a。20年间平均变率为0.02 PgC/a和0.01 tC/a。②2000~2008年,排放量及人均排放量变率迅速增加,2004年达到峰值后略有下降,2008年二者分别高于0.1 PgC/a和0.05 tC/a,本时期的平均变率分别为0.11 PgC/a和0.88 tC/a。

以上分析表明,近30年来我国碳排放不论总量或人均量均呈高速增加状态,2000年后尤为显著,我国正逐渐丧失历史人均排放较低的优势。此外,我国以化石能源为主的能源结构依然持续(2008年化石能源占总能源消

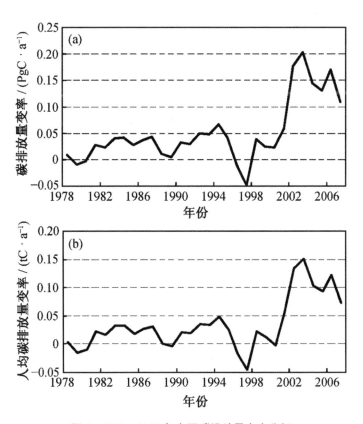

图4　1980~2008年中国碳排放量变率分析

费比重为 91.1%[10]），同时，不同省份的碳排放量和碳强度差异巨大，一些省区碳排放总量低但排放趋势却不断恶化，碳排放的区域转移也比较明显[11]，这些都会给我国未来的碳减排和可持续发展构成威胁，使我国在较长时期内面临严峻的减排形势。

三、结论

1850 年以来，全球历史累计碳排放量为 345 PgC。发达国家历史累计排放量与人均累计排放量均远远高于发展中国家。1850～2008 年，前者是后者的 2.9 倍(250 和 87 PgC)和 11.2 倍(257 和 23 tC)；1950～2008 年(第三次工业革命以来)，分别是 2.3 倍(193 和 85 PgC)和 7.7 倍(169 和 22 tC)；1990～2008 年(《联合国气候变化框架公约》签署以来)，分别为 1.9 倍(75 和 54 PgC)和 5.3 倍(58 和 11 tC)。这表明，尽管发展中国家与发达国家历史排放量的差距有缩小趋势，但发达国家的累计排放量远高于发展中国家，是大气 CO_2 浓度升高的主要贡献者。

不同时期我国历史累计排放量和人均累计排放量分别为 31 PgC 与 29 tC（1850～2008 年）、31 PgC 与 28 tC（1950～2008 年）、21 PgC 与 16 tC（1990～2008 年）。自实行改革开放以来，我国经济快速发展，同时也导致碳排放总量和人均排放量均呈快速增加趋势，平均年增量分别为 0.05 PgC 和 0.04 tC，这说明我国正在失去历史排放量和人均排放量低的优势。

目前，发达国家陆续提出强制发展中国家减排的全球性减排方案，面对碳减排的外部压力，我国一方面要与其他发展中国家一道，遵循《联合国气候变化框架公约》"共同但有区别的责任"原则，在科学分析碳排放历史责任的基础上，促成公平系统的减排责任分解方案，要求发达国家承担其历史责任。同时，还应基于自身可持续发展的需要，主动实施"节能减排增汇"战略，变压力为契机，推动我国的产业转型和可持续发展。

参考文献

[1] Intergovernmental Panel on Climate Change(IPCC). Climate change 2007: the physical science basis. Contribution of working group Ⅰ to the fourth assessment report of the intergovernmental panel on climate change. Cambridge: Cambridge University Press, 2007

[2] Meyer A. GCI briefing: contraction & convergence. Engineering Sustainability, 2004, 157(4): 189-192

[3] Brazil. Proposed elements of a protocol to the UNFCCC. presented by Brazil in response to the

Berlin mandate, 1997(FCCC/A GBM/1997/MISC. 1/Add. 3). Bonn: UNFCCC

[4] Baer P, Kartha S, Athanasiou T, et al. The greenhouse development rights framework: drawing attention to inequality within nations in the global climate policy debate. Development and Change, 2009, 40(6): 1121-1138

[5] Chakravarty S, Chikatur A, Coninck H, et al. Sharing global CO_2 emission reductions among one billion high emitters. PNAS, 2009, 106(29): 11884-11888

[6] 丁仲礼, 段晓男, 葛全胜, 等. 国际温室气体减排方案评估及中国长期排放权讨论. 中国科学: D辑, 2009, 39(12): 1659-1671

[7] Boden T A, Marland G, Andres R J. Global, regional, and national fossil-fuel CO_2 emissions. Oak Ridge, Tenn, USA: Carbon Dioxide Information Analysis Center, Oak Ridge National Laboratory, US Department of Energy, 2009: doi 10. 3334/CDIAC/00001

[8] The Netherlands Environmental Assessment Agency. Global CO_2 emissions: annual increase halves in 2008[EB/OL]. (2008). http://www.pbl.nl/en/publications/2009/Global-CO_2-emissions-annual-increase-halves-in-2008.html

[9] 方精云, 王少鹏, 岳超, 等. "八国集团"2009意大利峰会减排目标下的全球碳排放情景分析. 中国科学: D辑, 2009, 39(10): 1339-1346

[10] 中华人民共和国国家统计局. 中国统计年鉴2009. 北京: 中国统计出版社, 2009

[11] 曾贤刚, 庞含霜. 我国各省区 CO_2 排放状况、趋势及其减排对策. 中国软科学, 2009 (S1): 64-70

1995~2007年我国省区碳排放及碳强度的分析
——碳排放与社会发展Ⅲ

岳超[1]　胡雪洋[1]　贺灿飞[2]　朱江玲[1]　王少鹏[1]　方精云[1,3]

1. 北京大学城市与环境学院生态学系，北京大学地表过程分析与模拟教育部重点实验室，北京 100871；2. 北京大学城市与环境学院城市与区域规划系，北京 100871；
3. 北京大学气候变化研究中心，北京 100871

我国地域广阔、自然资源分布不均，加之不同区域社会经济历史条件存在较大差异，导致区域经济发展水平呈现较大的不均衡性[1-3]，同时也导致了碳排放的区域差异。我国已经制定了2020年GDP碳排放强度较2005年降低40%~45%的目标[4]，这一目标的实现依赖于省区层面的节能减排行动，以及行业层面的产业结构调整和技术进步。因此，探讨我国不同省份的碳排放和碳强度差异及其驱动因素，有助于制定科学、合理的国内减排政策。我国不同省份、区域间能源消费及能源强度具有显著差异[5-7]，一些研究人员对区域能源强度差异来源进行了分析[6-7]，并探讨了不同地区的节能潜力[8]。贺灿飞等[6]发现伴随经济转型的市场化、经济全球化以及分权化等制度性因素是影响省区能源利用强度的重要因素；李善同等[7]认为行业能源强度的差别是决定地区能源强度差异的主要因素，产业结构差异导致的能源强度差异较小；齐绍洲等[9]发现西部和东部地区的人均GDP和能源消费强度同时存在收敛，但西部地区内部不同省份的收敛状况不同。此外，部分研究探索了省级层面节能减排的潜力，如曾贤刚等[10]利用IPCC缺省排放系数和省区能源消费数据计算了省区碳排放，并分析了各省排放的变化趋势及减排对策。

现有的研究多集中在省区能源强度或碳排放量的分析方面，对我国省区碳强度差异及其决定因素的分析尚不多见。碳强度是碳排放与GDP或地区生产总值的比值。考虑到碳强度是我国应对气候变化的关键指标，本文研究1995~2007年我国各省区化石燃料使用和水泥生产碳排放的趋势，利用Theil系数[1]分析1995~2007年省际碳强度差异的变化及其来源，探讨东、中、西部地区碳强度差异及其与产业结构的关系,并利用逐步线性回归方法研究省区碳强度的影响因素。

一、数据来源与方法

(一)化石燃料碳排放与水泥碳排放数据

美国能源部橡树岭国家实验室二氧化碳信息分析中心(CDIAC)[11]计算了世界各国自 1850 年以来的逐年碳排放数据,主要包括固体、液体、气体燃料碳排放和水泥生产排放数据,是目前世界碳排放研究中使用最为广泛的数据源之一。为计算各省煤、石油、天然气使用导致的碳排放,采用了将 CDIAC 数据按照各省的能源消费占全国总消费量的比例进行分摊的方法。各省煤炭、焦炭、原油、燃料油、汽油、煤油、柴油和天然气消费数据来自 1997~1999、2004 年及 2008 年《中国能源统计年鉴》[12],并根据 2008 年《中国能源统计年鉴》附录 4 中各种能源换算为标准煤单位的折算系数,将不同种类能源消费量统一换算为标准煤单位,计算各省煤、石油、天然气消费占全国消费量的比例。受数据资料限制,本研究仅计算了 1995~2007 年的逐年碳排放。

各省水泥生产排放采用与能源排放类似的方法计算。根据 1996~2008 年《中国统计年鉴》[13]中各省水泥产量数据,计算各省产量占全国总产量的比例,乘以相应的全国水泥排放量,得到省区水泥生产排放数据,将水泥生产排放与能源排放相加,即为总碳排放量。

(二)省区碳强度 Theil 系数

衡量区域差异的相对差距测度方法主要有变异系数、基尼系数和 Theil 系数等。本研究采用 Theil 系数衡量省区碳强度差异,其最大优点是具有在不同地区间进行分解的性质,即国家尺度上省际碳强度总体差异可以分解为东、中、西部地区区域之间的差异和区域内部省际差异之和。Theil 系数的计算公式为:

$$T = \sum_{i=1}^{n} (GDP_i / GDP) \cdot \log \frac{C_i / C}{GDP_i / GDP},$$

其中 n 为参与计算的省区个数;GDP_i 为各省地区生产总值,GDP 为全国 GDP 或区域(东/中/西部地区)生产总值;C_i 为各省碳排放,C 为全国总碳排放或区域碳排放。

本研究中我国东、中、西部地区的划分与国家统计局①的一致，其中西部地区包括重庆、四川、贵州、云南、西藏、陕西、甘肃、宁夏、青海、新疆9个省和自治区；中部地区包括山西、内蒙古、吉林、黑龙江、安徽、江西、河南、湖北、湖南9个省、市和自治区；除香港、澳门、台湾以外的其他省、市、自治区列入东部地区。

(三) 其他数据来源

本研究试图探讨省区经济发展水平、能源资源禀赋和能源消费结构以及产业结构对碳强度的影响。其中，经济发展水平用地区生产总值和人均地区生产总值表征，能源资源禀赋用人均化石能源产量表征，能源消费结构用煤炭占化石能源消费的比重衡量，产业结构用高耗能行业占工业产值比重和第三产业增加值占地区生产总值比重表征。以上述变量为自变量、碳强度为因变量，利用逐步线性回归方法进行分析。

各省人口数据和地区生产总值数据来自2008年《中国统计年鉴》[13]，地区生产总值统一换算为2005年价。利用《中国能源统计年鉴》[12]中1995~2007年分地区原煤、焦炭、原油、燃料油、汽油、煤油、柴油、天然气生产量数据，统一换算为标准煤单位，计算各省的人均化石能源产量。

根据2007年分行业能源消费总量[12]和2007年分地区产业产值和产业增加值数据[14]，计算了该年不同行业增加值能源强度，并按照能源强度从小到大将不同行业排序，分为低、中、高3类耗能行业②：①前1/3定为低耗能行业（能源强度0~0.55t标煤/万元）；②中间1/3定为中耗能行业（能源强度0.55~1.66t标煤/万元）；③后1/3定为高耗能行业（能源强度1.66~5.78t标煤/万元）。在此基础上，计算了各省区3类耗能行业占工业总产值的比重，连同第三产业增加值占地区GDP比重，作为地区产业结构的衡量指标。

---

① 中国国家统计局. http://www.stats.gov.cn/tjzs/t20030812_402369584.htm

② 为保证不同年份数据的可比性，仅对1994~2007年每年都进行统计的行业进行了分类。低耗能行业包括9类行业：烟草制品业、仪器仪表及文化办公用机械制造业、通信设备计算机及其他电子设备制造业、电气机械及器材制造业、交通运输设备制造业、专用设备制造业、农副食品加工业、通用设备制造业、医药制造业；中耗能行业包括8类行业：饮料制造业、石油和天然气开采业、食品制造业、有色金属矿采选业、金属制品业、纺织业、黑色金属矿采选业、煤炭开采和洗选业；高耗能行业包括8类行业：造纸及纸制品业、化学纤维制造业、电力热力的生产和供应业、有色金属冶炼及压延加工业、化学原料及化学制品制造业、非金属矿物制品业、石油加工炼焦及核燃料加工业、黑色金属冶炼及压延加工业。低、中、高耗能行业共包括了25类不同行业。

由于缺乏 1995、1996、1998 和 2004 年按地区统计的分行业产值数据，本研究计算了 1994~2007 年除前述年份外的全国和东、中、西部地区及各省的低、中、高耗能行业占工业总产值比重。对于前述系列指标中的其他指标，均为 1995~2007 年逐年计算。

二、结果与讨论

(一) 2005~2007 年我国各省及区域碳排放量及碳强度

图 1 显示了 2005~2007 年全国和东、中、西部地区及各省份的碳排放状况，各省数据按照由大到小排列。

2005~2007 年我国年均碳排放量为 16.7×10^8 tC，东、中、西部地区排放占全国碳排放的比重分别为 49%，34% 和 17%，排放量最高的 4 个省份分别是山东、河北、山西和江苏，均在 1×10^8 tC/a 以上，四省排放之和占全国排放量的 31%。2005~2007 年我国人均碳排放量为 1.35 tC/a，区域排序为：东部＞中部＞西部。不同省份(市、自治区)人均碳排放差异较大，山西、内蒙古、宁夏的人均碳排放较高，均高于全国平均值的 2 倍；而海南、四川、广西等省人均排放较低，仅为全国平均水平的一半。

我国不同区域和省份间的碳强度差异较大。中部和西部地区的碳强度相差不大，均远远高于东部地区，约为后者的 2 倍。山西、宁夏和贵州等省份的碳强度较高，均超过 1.5 tC/万元，远高于全国平均水平(0.6 tC/万元)；北京、广东、上海的碳强度最低，仅为 0.3~0.4 tC/万元，为全国水平的一半左右。

各省碳强度与经济发展具有不同的关系。通过 1995~2007 年平均碳强度和地区生产总值年均增长率的对比，粗略的将不同省份碳排放与经济发展的关系分为 4 种模式，即高排放低增长、低排放高增长、高排放高增长与低排放低增长(图 2)。平均而言，东部地区为低排放高增长模式，而中西部地区为高排放低增长模式。除福建、湖北、海南、辽宁外，东部省份均为低排放高增长模式；中西部省份以高排放低增长模式占绝大多数，其次为高排放高增长。

(二) 1995~2007 年省际碳强度差异及分解

利用 Theil 系数研究了 1995~2007 年我国省际碳强度差异的变化及其来源。1995~2007 年，我国碳强度省际差异变化不大[图 3(a)]，东部、中部和西部 3 个地区区域内部省际碳强度差异存在趋同[图 3(b)]。当从区域之

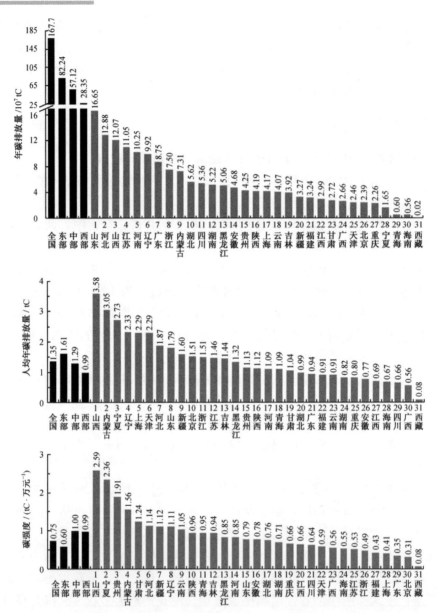

省份上面数字表示该省在全国的排序(由大到小);西藏自治区仅包括水泥生产碳排放,故其总排放量、人均排放量和碳强度均比实际值偏低,其数值不具有比较意义。基于相同原因,下文逐步回归未包括西藏。碳排放强度按 2005 年价计算,下同。

图 1　2005~2007 年全国及各省区年均碳排放量、人均碳排放量及碳强度

间和区域内部差异的角度对省际碳强度差异进行分解时,可以看出,我国碳强度省际差异主要是由东、中、西部地区的区域内部省际差异导致的(约占77%),而区际差异所起的作用较小(约占23%)。同样,碳强度省际差异的变动也由区内差异的变动主导。

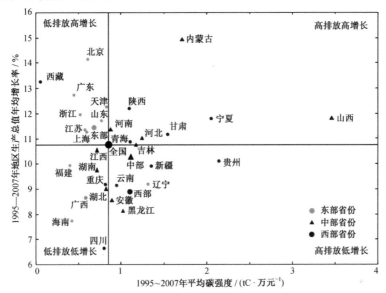

图2 不同省份及区域的经济增长模式

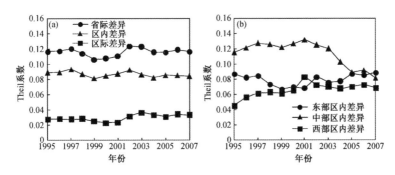

图3 1995~2007年我国省际碳强度差异的区内及区际分解

碳强度省际差异分解与人均地区生产总值省际差异的分解不同[①]。同一

---

① 利用1.3节中各省地区生产总值和人口数据计算了1995~2007年省区人均地区生产总值的Theil系数,每年的具体数字限于篇幅未给出,而仅利用了分析结果。

时期,我国省际人均地区生产总值的差异由区域之间的差异主导(约占56%),而区域内部差异较小(约占44%)。这表明尽管同一区域内部各省间经济发展水平差异不大,但其单位经济产出产生的碳排放却存在较大差异。

(三)区域碳强度差异及与产业结构的关系

图4展示了1995~2007年全国、东部、中部及西部地区的碳强度变化趋势。1995~2002年我国碳强度呈持续下降趋势,至2003年时略有上升,此后继续下降。不同区域的碳强度变化趋势与全国类似,中部和西部地区的碳强度非常接近,均远远高于东部地区。

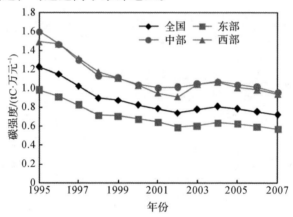

图4 1995~2007年全国及不同区域碳强度

表1 1994和2007年我国不同产业和行业的碳强度　　　　tC/万元

行业	1994年	2007年
GDP	1.21	0.79
第一产业	0.25	0.22
第二产业	1.89	1.19
工业	2.85	1.21
低耗能行业	0.88	0.26
中耗能行业	2.44	0.72
高耗能行业	5.24	2.40
建筑业	0.22	0.21
第三产业	0.84	0.47

表1给出了1994和2007年我国第一、第二、第三产业及工业中不同行业的碳强度。可以看出,除建筑业外,2007年所有产业和行业的碳强度较1994年都显著降低。此外,不同产业和行业的碳强度差别极大。以2007年

为例，第二产业和工业的碳强度比较接近，均远高于第一和第三产业；而工业中高耗能行业碳强度又高于工业的整体碳强度，也远远高于中、低耗能行业。因此，工业增加值占 GDP 比重越高，高耗能行业占工业产值比重越高，对应的碳强度也越高。

整个经济的碳强度变化可以分解为两个因素的变化：产业、行业碳强度的变化，以及产业结构和工业结构的变化。一般而言，产业、行业的碳强度随时间降低，在产业结构和工业结构不变时，整个经济的碳强度随时间降低；而如果碳强度较高的产业、行业占经济产出比重增加，并且增加效应所导致的经济整体碳强度增加超过产业、行业碳强度降低的效应时，整个经济的碳强度将上升。

图 5 给出了 1994～2007 年全国、东部、中部和西部地区的工业增加值占 GDP 比重以及低、中、高耗能行业占工业总产值比重的变化趋势。结果显示，1994～2003 年全国和所有区域的工业增加值占 GDP 比重有所下降，2003 年后快速增加，这解释了 2003 年全国碳强度的短期上升。

此外，尽管 1994～2007 年东部地区工业增加值占 GDP 比重高于中部和西部地区，但中、西部地区高耗能行业占工业产值比重却远远高于东部地区（2007 年差值高达 10%），这是同一时期中、西部地区碳强度远远高于东部地区的重要原因。

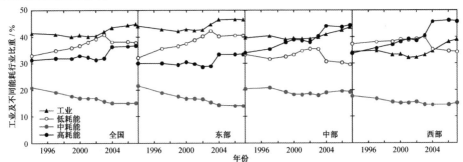

图 5　1995～2007 年全国及不同区域工业增加值占 GDP 比重及
低、中、高耗能行业占工业产值的比重

（四）省区碳强度的影响因子

利用逐步线性回归方法，分别对 1995～1999 年、2000～2004 年和 2005～2007 年这 3 个时期的碳强度影响因素进行了分析。为消除年际波动影响，自变量和因变量均使用相应时期的平均值，回归分析中将变量纳入模型的阈值为 0.05。

逐步回归结果显示，人均能源产量、高耗能行业占工业产值比重和煤炭占化石能源消费比重 3 个变量被纳入回归模型（表 2）。每一时期，3 个变量均能够解释省际碳强度差异的 80% 以上。

表 2　1995～1999 年、2000～2004 年和 2005～2007 年逐步线性回归结果

时期	人均能源产量	高耗能产业比重	煤炭消费占化石能消费比重	R^2
1995～1999 年	0.34	2.51	1.04	0.87
2000～2004 年	0.23	1.73	0.98	0.87
2005～2007 年	0.11	1.92	0.66	0.83

说明：表中数值为变量回归系数；当显著水平为 0.05 时，所有变量都显著。

除了工业行业结构对碳强度具有显著影响外，本研究还观察到能源资源禀赋也是碳强度的决定因素之一。这一方面是由于碳强度较高的产业多为能源和资源密集型产业，能源资源丰富的省份发展这些产业具有比较优势；另一方面，由于我国长期以来对能源价格实行管制，导致能源定价不能完全市场化，能源价格低于市场均衡价格导致企业倾向于以相对廉价的能源替代更加昂贵的高能效设备、技术和生产方式，从而导致能源的过度需求，同时推高经济的碳强度[15]。

煤、石油、天然气释放同样单位的热量，排放的碳以煤最多，石油次之，天然气最少（根据国家发展和改革委员会能源研究所[16]的排放系数，每释放 1 kg 标准煤的热量，煤、石油和天然气分别排放 0.75、0.58 和 0.44 kgC）。因此能源消费中煤炭比重越大，碳强度越高。

因此，未来我国碳强度的控制，应该从调整产业结构、改革能源政策、大力发展可再生能源等多方面着手，以确保我国控制目标的顺利实现。

三、结论

我国碳排放、人均碳排放和碳强度存在显著的省际和区域差异。东部地区的总碳排放和人均碳排放高于中部和西部地区，而中西部地区的碳强度高于东部地区。就碳排放与经济发展关系而言，东部地区省份主要为低排放高增长模式，中西部地区省份主要为高排放低增长与高排放高增长模式。

1995～2007 年我国省际碳强度差异变化不大，省际碳强度差异主要由区域内部省际差异导致，区域之间差异贡献较小。东、中、西部地区内部省

际碳强度差异存在明显的趋同趋势。

中西部地区高耗能行业比重远远高于东部地区,是导致中西部地区碳强度远远高于东部地区的重要原因。人均化石能源产量、高耗能行业占工业产值比重和煤炭占化石能源消费比重能够解释大部分省际碳强度的差异,表明能源资源禀赋、工业行业结构和能源消费结构是省区碳强度的决定因素。

参考文献

[1] 贺灿飞,梁进社. 中国区域经济差异的时空变化:市场化、全球化与城市化. 管理世界,2004(8):8-17

[2] 蔡昉,都阳. 中国地区经济增长的趋同与差异. 经济研究,2000,10:30-37

[3] 徐建华,鲁凤,苏方林,等. 中国区域经济差异的时空尺度分析. 地理研究,2005,24(1):57-68

[4] 中国国家发展和改革委员会. Letter including autonomous domestic mitigation actions, Copenhagen Accord Submission, Department of Climate Change. http://unfccc.int/files/meetings/application/pdf/chinacphaccord_app2.pdf

[5] 杨红亮,史丹. 能效研究方法和中国各地区能源效率的比较. 经济理论与经济管理,2008(3):12-20

[6] 贺灿飞,王俊松. 经济转型与中国省区能源强度研究. 地理科学,2009,29(4):461-469

[7] 李善同,许召元. 中国各地区能源强度差异的因素分解. 中外能源,2009,14(8):1-10

[8] 史丹. 中国能源效率的地区差异与节能潜力分析. 中国工业经济,2006(10):49-58

[9] 齐绍洲,罗威. 中国地区经济增长与能源消费强度差异分析. 经济研究,2007(7):74-81

[10] 曾贤刚,庞含霜. 我国各省区 CO_2 排放状况、趋势及其减排对策. 中国软科学,2009(S1):64-70

[11] Boden T A, Marland G, Andres R J. Global, regional, and national fossil-fuel CO_2 emissions. Oak Ridge, Tenn, USA: Carbon Dioxide Information Analysis Center, Oak Ridge National Laboratory, US Department of Energy, 2009: doi 10.3334/CDIAC/00001

[12] 国家统计局能源统计司,国家能源局综合司. 中国能源统计年鉴. 北京:中国统计出版社,1997-1999,2004,2008

[13] 中国统计年鉴. 中华人民共和国国家统计局编,北京:中国统计出版社,1996-2008

[14] 国家统计局工业交通统计司. 中国工业经济统计年鉴. 北京:中国统计出版社,1995,1998,2001-2004,2006-2008

[15] 茅于轼,盛洪,赵农,等. 中国经济市场化对能源供求和碳排放的影响//2050 中国能源和碳排放研究课题组. 2050 中国能源和碳排放报告. 北京:科学出版社,2009:

142-241

[16] 国家发展和改革委员会能源研究所. 中国可持续发展能源暨碳排放情景分析. 中国能源, 2003(6): 4-10

2050 年中国碳排放量的情景预测

——碳排放与社会发展 IV

岳超[1]　王少鹏[1]　朱江玲[1]　方精云[1,2,†]

(1. 北京大学城市与环境学院生态学系，北京大学地表过程分析与模拟教育部重点实验室，北京 100871；2. 北京大学气候变化研究中心，北京 100871)

政府间气候变化专门委员会(IPCC)第 4 次评估报告认为，以气温升高为主要特征的全球气候变化在很大程度上是由于人为活动导致的温室气体排放，尤其是化石能源使用引起的 CO_2 排放导致[1]。因此，减少化石能源使用并提高能源利用效率，从而减少 CO_2 排放是减缓气候变化的最主要途径。削减碳排放需要发达国家和发展中国家之间的有效磋商与合作，其关键在于确定不同国家的减排目标[2-3]，而预测全球和不同国家的未来碳排放则是制定减排目标的基础之一。

改革开放以来，中国取得了举世瞩目的经济发展成就，同时，所消耗的能源和带来的 CO_2 排放也显著增加。1978~2002 年我国能源消费年均增长 4.2%，2002~2008 年均增长 11.1%[4]；1970~2002 年碳排放年均增加 5.0%，2002~2008 年碳排放年均增加 11.5%[5]。2006 年中国的碳排放量超过美国，占世界碳排放总量的 20%[5]。

由于中国在世界碳排放问题上具有举足轻重的影响，因此中国未来碳排放的变化趋势受到广泛关注[6-8]，已有多位学者和研究机构从不同角度对中国未来碳排放进行了预测[7-11]。本文基于对我国未来 GDP 和 GDP 碳排放强度的预测，对我国 2050 年碳排放进行了预测，以期为我国的气候变化政策制定和有效参与国际气候变化谈判提供研究基础。

一、方法与数据来源

碳排放预测的主要工具包括模型和情景。模型描述了影响碳排放的经济、社会和技术因素的作用机制，其中包含了表征这些因素的参数。而情景是对未来经济、社会和技术发展路径的预期，不同预期通过赋予模型参数不同数值实现,将参数输入模型,就可以进行碳排放预测。

预测模型包括简单模型和复杂模型。国内外碳排放预测中广泛使用的 IPTA 恒等式就是一种预测碳排放的简单模型,又称为 Kaya 恒等式[12]。Kaya 恒等式将碳排放分解为不同因子的乘积,即:

$$C = P\left(\frac{G}{P}\right)\left(\frac{E}{G}\right)\left(\frac{C}{E}\right) = Pgec, \tag{1}$$

式(1)中,C 为碳排放,P 为人口,G 为 GDP,E 为能源消费量;$g = G/P$ 表示人均 GDP,$e = E/G$ 表示 GDP 能源强度,$c = C/E$ 表示能源碳排放强度。Sheehan 等[13]基于对 GDP 增长、GDP 能源弹性以及能源构成和不同能源碳排放因子的预测,预测了中国 2030 年前的碳排放,其方法本质上也是 Kaya 模型的变种。

复杂模型主要包括投入产出模型和综合性的自顶向下和自底向上模型等。Blanford 等[8]利用 MERGE 模型预测了 2030 年前中国的碳排放。MERGE 模型是一个考虑经济自顶向下的总体均衡和能源技术自底向上的综合优化模型。中国学者姜克隽等[14]利用 IPAC(Integrated Policy Assessment model in China,中国政策综合评价模型)模型对中国 2050 年前的碳排放进行了预测,IPAC 是一个包含社会经济与能源活动、能源技术、土地利用、工业过程排放等多个模型的综合评价模型。

本研究基于对我国未来 GDP 和 GDP 碳强度的预测,以 2005 年为起始年,对我国 2050 年前碳排放进行了预测。公式为:

$$C = G \cdot \frac{C}{G} = G \cdot C_g, \tag{2}$$

其中 G 为 GDP,C_g 为 GDP 碳强度。

我国未来 GDP 按照我国经济发展三步走战略进行预测(表 1),即到 2020 年实现人均国内生产总值比 2005 年翻一番,2050 年时经济达到目前中等发达国家的水平。根据这一假设,预计 2000~2050 年,中国经济保持年均 6.4% 的增长速度[14]。

对于我国未来 GDP 碳强度的变化,设置 3 组情景:①根据我国 GDP 碳强度历史变化及碳强度五年计划设定;②根据历史上主要发达国家 GDP 碳强度的衰减规律;③基于我国 2050 年碳强度假定情景,即假定到 2050 年时,我国碳强度依指数衰减至主要发达国家 2005 年的碳强度水平。

本研究使用的中国碳排放历史数据引自美国橡树岭国家实验室二氧化碳

信息分析中心统计的全球不同国家碳排放数据[5]。碳强度数据引自美国能源部能源信息署(EIA),包括世界各国 1980~2006 年 GDP 碳强度数据(根据基于市场汇率的 GDP 计算,以 2000 年美元计价)①。为了计算人均碳排放,使用美国人口调查局网站公布的中国 2050 年前人口预测数据②(表1)。

表1 本研究使用的 GDP 和人口预测数据

年份	GDP/千亿元(2005 年价)	人口/亿
2005	183	13.06
2010	291	13.48
2020	650	14.31
2030	1291	14.62
2040	2100	14.55
2050	2992	14.24

二、结果与讨论

(一)基于碳强度五年计划的预测

1980 年以来,我国 GDP 碳强度迅速下降,1980~2000 年平均每 5 年下降约 20%。国家"十一五"规划(2006~2010 年)也将能源强度降低 20% 作为目标,因此,本文的"五年计划"情景之一是假定未来我国碳强度变化将延续这一趋势,2006~2050 年我国 GDP 碳强度每 5 年降低 20%("五年计划1"情景)。"五年计划"情景之二是假设 2006~2020 年碳强度每 5 年下降 15%,2020~2035 年每 5 年下降 20%,2035~2050 年每 5 年降低 25%("五年计划2"情景)。这一情景设置是考虑到我国目前仍然处于重工业化阶段,短期内碳强度降低幅度可能较小;而远期随着新能源等低碳技术的发展和应用,碳强度下降速率可能呈加速趋势。

图1展示了两个"五年计划"情景下我国未来碳排放总量及人均排放量的预测结果。表2给出了不同情景下的 2006~2050 年累计总排放量、累计人均排放量和排放峰值情况。两种情景预测的未来碳排放峰值年份比较接近,均在 2035 年左右,"五年计划2"的排放峰值高于"五年计划1"。二者

---

① Energy Information Agency, Department of Energy, USA. http://tonto.eia.doe.gov/cfapps/ipdbproject/IEDIndex3.efm? tid = 91&pid = 46&aid = 31

② US Census Bureau. http://www.census.gov/ipc/www/idb/informationGateway.php

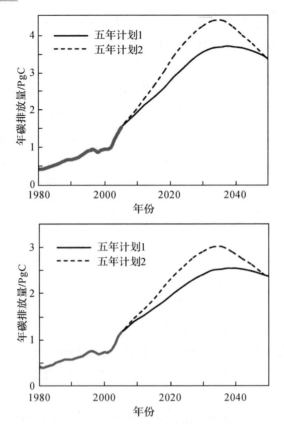

图1 基于碳强度"五年计划"情景的未来碳排放预测

2050年的碳排放量相同,2006~2050年累计碳排放"五年计划2"预测高于"五年计划1"。

(二)基于发达国家历史碳强度变化规律的预测

对主要发达国家历史碳强度变化的研究表明,碳强度达到峰值后随时间的下降过程可以用指数函数进行描述:

$$CI = CI_0 \cdot b^{\Delta t}, \tag{3}$$

其中CI为某年碳强度,CI_0为峰值年碳强度,Δt为某年(t)与基准年(t_0)的时间差($\Delta t = t - t_0$),b为碳强度衰减指数。主要发达国家的碳强度年衰减速率分别为:美国1.34%,德国2.39%,英国1.69%,日本1.2%,G8国家

(不含俄罗斯)①平均为 1.18%②。

假定 2050 年前我国碳强度遵循与发达国家类似的衰减过程，分别按照美、德、英、日及 G8 平均 GDP 碳强度衰减速率对我国未来碳排放进行预测，结果见图 2。为便于比较，图 2 也给出了"五年计划"情景的预测结果。

基于发达国家历史碳强度变化规律的预测结果普遍高于五年计划情景的预测，2006~2050 年，碳排放总量和人均排放量均呈持续增加趋势，没有出现拐点。根据不同国家碳强度衰减速率预测的 2050 年碳排放量介于 8~15 PgC，人均年排放量介于 6~10 吨 C，这一水平不低于美国历史人均碳排放的峰值。

实际上，按照发达国家历史碳强度变化预测的碳排放路径实现可能性较小，甚至不可能发生。一方面，我国承受了较大的国际减排压力，在哥本哈根气候大会召开前做出了 2020 年碳强度在 2005 年水平上降低 40%~45% 的承诺。在这一承诺下我国碳强度衰减速率远高于发达国家的历史速率（衰减速率为 3.4%~4%）；另一方面，虽然我国目前仍处于工业化阶段，未来仍需要较大的碳排放空间，但与发达国家历史上的工业化相比，我国所面临的发展路径选择空间和技术选择空间都要更大一些，这意味着我国有机会选择低消耗、低排放的可持续发展道路，从而能够比发达国家历史上更快地降低碳排放强度。

表 2　碳强度"五年计划"情景预测的累计总排放量、累计人均排放量以及排放峰值

项目	总碳排放量 / PgC		人均碳排放量 / tC	
	五年计划 1	五年计划 2	五年计划 1	五年计划 2
2006~2050 年累计	139	156	96	109
1850~2005 年累计	26	26	25	25
1850~2050 年累计	165	182	121	134
峰值	3.7	4.4	2.5	3.0
峰值年份	2037	2035	2038	2035

---

① 俄罗斯的数据仅始于 1992 年，因此未纳入分析。下文 G8 国家均不含俄罗斯。
② 2009 哥本哈根气候变化谈判的科学基础和建议. 北京：中国科学院学部咨询专题研究报告，2009：11

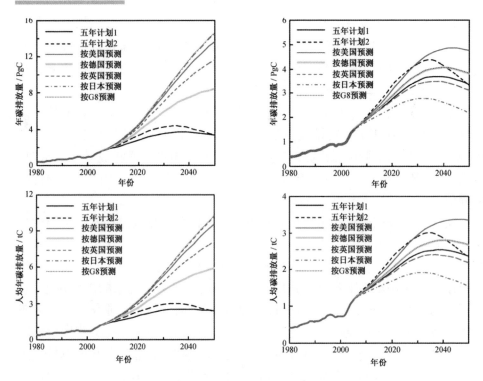

图2 基于发达国家历史碳强度变化规律的未来碳排放预测

(三)基于2050年碳强度假定情景的预测

这一预测仍然假定中国的碳强度在2050年前指数衰减,但2050年时碳强度降至发达国家2005年的水平。根据这一假设,我国碳排放强度年均下降速率分别为:3.62%(按美国)、4.10%(按德国)、4.53%(按英国)、5.27%(按日本)以及4.10%(按G8平均)。这一组情景的预测结果展示于图3,表3给出了不同情景预测的累计总碳排放、累计人均排放以及排放峰值。

按照不同国家碳强度假定情景的预测结果差别较大。其中,年碳排放和人均碳排放峰值按美国碳强度预测的最高,分别为4.9 PgC和3.4吨C;而按日本预测的最低,分别为2.8 PgC和1.9吨C,按德国、G8和按英国预测的结果介于按美国和日本之间。2006~2050年中国累计总碳排放为110~170 PgC,人均累计碳排放为76~117吨C。2050年碳强度假定情景的预测与两个"五年计划"的预测具有可比性。"五年计划1"的预测介于按照G8和按照英国的预测之间。"五年计划2"预测的2030年前碳排放与按照美国的预测相似,2030年后下降较快,2050年的碳排放低于按照G8的预测,略高于按照英国的预测。

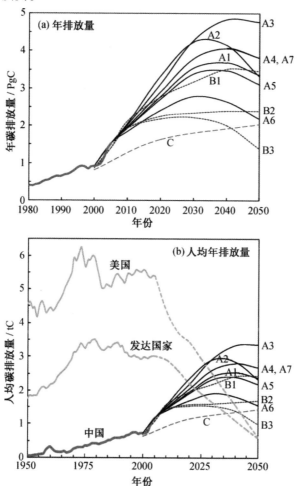

图 3　基于 2050 年碳强度假定情景的未来碳排放预测

表 3　基于 2050 年碳强度假定情景预测的累计总排放量、累计人均排放量以及排放峰值

项目	情景	2006~2050年累计	1850~2005年累计	1850~2050年累计	峰值	峰值年份
总碳排放量（PgC）	按美国预测	170	196		4.9	2044
	按德国预测	149	175		4.1	2039
	按英国预测	133	26	159	3.5	2036
	按日本预测	110	136		2.8	2032
	按G8平均	149	175		4.1	2039

（续）

项目	情景	2006～2050年累计	1850～2005年累计	1850～2050年累计	峰值	峰值年份
人均碳排放量（tC）	按美国预测	117	142		3.4	2046
	按德国预测	103	128		2.8	2040
	按英国预测	92	25	117	2.4	2037
	按日本预测	76	101		1.9	2032
	按G8平均	103	128		2.8	2040

（四）不同预测结果比较与未来碳排放最佳可能范围

本节拟把上述预测结果与国内其他预测结果进行比较，提出我国未来碳排放最佳可能范围。由于基于发达国家历史碳强度变化情景的预测结果实现可能性较小，因此比较时不再考虑这一情景。

我们选择了目前国内比较权威的其他两个未来碳排放预测与本研究的预测进行比较，分别是国家发改委能源研究所（以下称发改委能源所）利用IPAC模型的预测结果[14]和中国《气候变化国家评估报告》[15]（以下称国家评估报告）的碳排放预测结果。其中，发改委能源所的预测包括3个排放情景：基准情景、低碳情景和强化低碳情景。国家评估报告在综合回顾当时国内有关研究的基础上，基于GDP、GDP能源强度和能源碳强度预测对我国2050年碳排放进行了预测。为便于比较，上述两个预测结果，连同本研究前述的预测结果一并展示于图4。

图4（b）给出了1950～2050年发达国家和美国的人均碳排放情况，2005年前是实际值，2005年后是预测值，预测方法见表4注释。

国家评估报告预测2040年时碳排放量略低于2 PgC/a，而根据荷兰环境评价署的估算，中国2008年的碳排放已经达到了2.05 PgC/a[16]。因此，国家评估报告的预测明显偏低。

国家发改委能源所基准情景的预测结果与按照碳强度每5年降低20%的预测结果基本一致，基准情景是假设我国不采取气候变化对策，国内产业结构根据经济发展程度自行调整能够达到的碳排放，两者相一致表明对我国而言，未来碳强度每5年降低20%可能是比较现实的路径。然而，考虑到我国重工业化过程仍将持续，而新能源技术和高能效技术在短期内又难以突破，在未来短期内碳强度降低幅度可能较小，而未来远期的降幅可能较大，因此，本研究认为A2情景（即"五年计划2"情景）最有可能代表应对气候变

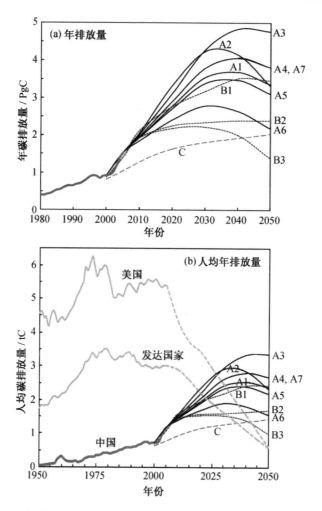

A1："五年计划1"，A2："五年计划2"；A3～A7：2050年碳强度假定情景，A3：按美国碳强度，A4：按德国碳强度，A5：按英国碳强度，A6：按日本碳强度，A7：按G8碳强度；B1～B3：发改委能源所预测，B1：基准情景，B2：低碳情景，B3：强化低碳情景；C：国家评估报告预测

图4　不同来源预测的2050年中国碳排放量比较

化较小压力下我国未来碳排放的路径，可以作为未来碳排放最佳可能范围的上限。

根据"五年计划2"情景，到2020年，中国的碳排放强度将比2005年降低39%，与不久前我国做出的2020年碳强度比2005年降低40%～45%的承诺非常接近。美国 2005 碳强度情景(A3 情景)的预测值最高,可以作为我国未来碳排放的最大预测情景。

国家发改委能源所的预测结果中,低碳情景(B2 情景)侧重依靠我国自身实力,采取积极应对气候变化的国内政策,该预测值可以作为未来碳排放最佳可能范围的下限;强化低碳情景(B3 情景)强调了在全球一致减缓气候变化的共同愿景下,重大低碳技术成本下降更快、发达国家政策逐渐扩散到发展中国家的情景下,中国可以实现的进一步减排,可以作为未来碳排放的最小预测情景。

综上所述,B2 和 A2 情景作为未来碳排放最佳可能范围的下限和上限,B3 和 A3 情景作为未来碳排放的最小和最大可能预测。这样,2050 年我国碳排放的最小预测和最大预测分别为 1.4 和 4.8 PgC/a,最佳可能范围为 2.4 ~ 3.3 PgC/a;2050 年人均碳排放的最小预测和最大预测分别为 1.0 和 3.4 吨 C,最佳可能范围为 1.7 ~ 2.3 吨 C。根据最佳可能预测上限,碳排放在 2035 年达到峰值,峰值排放量为 4.4 PgC/a,人均碳排放峰值为 3.0 tC。我国未来人均碳排放预测的最大峰值与发达国家历史人均排放峰值基本持平,约是美国历史人均排放峰值的一半。

表 4 给出了最小预测、最大预测和最佳可能范围的 2006 ~ 2050 年碳排放累计值和峰值情况。

(五)最佳可能范围与其他预测的比较

表 5 中列出了国内外其他研究预测的中国未来碳排放情况,并将上面提出的未来我国碳排放最小预测、最大预测和最佳可能范围与表中所列出的预测结果进行比较。包括本研究在内,2000 ~ 2030 年不同研究预测的未来碳排放年增长速率为 2.4% ~ 6.5%,最高增长速率为最低速率的 2 倍还多,其差别主要源于对未来经济发展速度和能源消耗估计的不同。

早期预测的增长速率普遍较低[10,17-21],最近的预测结果偏高[8,13]。这可能是由于中国碳排放 2002 年后增长速率大大提高,由 1978 ~ 2002 年的年平均增长速率 3.8% 提高到 2002 ~ 2008 年的 11.5%[5],而早期研究均未能预见到这一增长。近期的研究充分考虑了 2002 年后中国碳排放的增长趋势,因此对于未来碳排放增长的预期普遍提高。

根据 2.4 节中提出的我国未来碳排放的最小预测、最大预测和最佳可能范围,2000 ~ 2030 年我国碳排放年增长率的最小和最大可能预测为 3.2% 和 5.2%,最佳可能范围为 3.4% ~ 5.2%,与其他研究得出的年增长速率比较相似。最佳可能范围上限与 Blanford 等[8]的非常接近,下限与国务院发展研究中心[21]的情景 B(积极政策)比较接近。

由于 2050 年碳排放属于远期预测,超出了目前在任决策者们所能控制的期限,因此仅有较少研究涉及 2050 年的碳排放预测。Van Vuuren 等[20]的预测结果表明 2030~2050 年中国碳排放持续增长,与本研究预测的 2030~2050 年中国碳排放将出现拐点或极其微弱的增长不同。这是因为 Van Vuuren 等预测的 2000~2030 年中国碳排放增长速率远远低于本研究的预测,其预测的结果为中国碳排放将经历长期但较为缓慢的增长。

表4 最小预测、最大预测和最佳可能范围的累计碳排放量及排放峰值预测

项目	情景		2006~2050年	1850~2005年	1850~2050年	峰值	峰值年份
总碳排放量/PgC	中国	最大预测(A3)	170	26	196	4.9	2044
		最佳上限(A2)	156		182	4.4	2035
		最佳下限(B2)	102		128	2.4	2046
		最小预测(B3)	91		117	2.2	2027
	美国*		38	90	128	1.6	2005
人均碳排放量/tC	中国	最大预测(A3)	117	25	142	3.4	2046
		最佳上限(A2)	109		134	3.0	2035
		最佳下限(B2)	71		96	1.7	2050
		最小预测(B3)	64		89	1.5	2018
	美国*		122	527	649	6.2	1973
	发达国家*		82	248	330	3.5	1973

注:*美国和发达国家的历史累计数据由计算得出。未来累计数据由预测得出,预测方法为假设美国和发达国家未来碳排放路径为:2012 年在 1990 年基础上减排 5.2%(《京都议定书》);2020 年在 1990 年基础上减排 25%("巴厘岛路线图"),2050 年在 2005 年基础上减排 80%(G8 意大利峰会目标)。

表5　其他研究对中国未来碳排放预测与本研究预测结果的比较

分类	预测来源	预测时间段	碳排放年增长率/%
2030年前	APERC Outlook(2002)[17]	1999~2020年	2.7*
	发改委能源所/劳伦斯国家伯克利实验室(2003)[10]	1998~2020年	3.6
	IEA(World Energy Outlook,2004)[18]	2002~2030年	2.8
	EIA(International Energy Outlook,2005)[19]	2001~2025年	4.0
	Sheehan等(2006)[13]	2002~2030年	6.5
	Blanford等(2008)[8]	2000~2030年	5.1
	Van Vuuren等(2003)[20]		
	A1b-C情景(高速经济增长高能源消耗)	2000~2030年	3.3
	B2-C情景(低速经济增长低能源消耗)	2000~2030年	2.4
	国务院发展研究中心(2004)[21]		
	情景A-现有政策	2000~2020年	4.5
	情景B-积极政策	2000~2020年	3.9
	情景C-强化积极政策	2000~2020年	3.0
	本研究		
	最大可能预测	2000~2030年	5.2
	最佳可能范围上限	2000~2030年	5.2
	最佳可能范围下限	2000~2030年	3.4
	最小可能预测	2000~2030年	3.2
2030~2050年	Van Vuuren等(2003)[20]		
	A1b-C(高速经济增长高能源消耗)	2030~2050年	1.9
	B2-C(低速经济增长低能源消耗)	2030~2050年	1.6
	本研究		
	最大可能预测	2030~2050年	0.5
	最佳可能范围上限	2030~2050年	-1.2
	最佳可能范围下限	2030~2050年	0.1
	最小可能预测	2030~2050年	-2.3

注：*为一次能源消耗。

三、结论

总结前述预测和分析，2050年我国未来碳排放的最小预测情景为国家发改委能源所的强化低碳情景，最大预测情景为2050年时我国碳强度指数衰减至美国2005年碳强度水平情景，最佳可能范围为发改委能源所低碳情景与我国碳强度 2006~2020 年每 5 年降低 15%，2020~2035 年每 5 年下降 20%，2035~2050 年每 5 年降低 25% 的情景之间。

2050 年我国碳排放量的最佳可能范围为 2.4~3.3 PgC/a，人均碳排放为 1.7~2.3 tC。最佳可能范围上限预测的碳排放峰值年份为 2035 年，峰值排放量为 4.4 PgC/a，人均碳排放峰值为 3.0 tC。2006~2050 年我国累计碳排放总量的最佳可能范围为 102~156 PgC。1850~2050 年的累计总碳排放的最佳可能范围为 128~182 PgC，最佳可能范围下限与美国同期的累计总排放持平 (127 PgC)。就人均排放而言，2006~2050 年人均累计排放的最佳可能范围为 71.7~108.7 tC，最佳可能上限低于美国同期累计人均排放 (122.4 tC)，与发达国家同期累计人均排放相差不大 (81.8 tC)，在 1850~2005 年，我国累计人均排放分别是发达国家和美国的约 1/10 和 1/20。

理解我国碳排放的驱动因素，根据未来经济发展预测和减缓气候变化政策预测中国未来碳排放，将继续成为今后研究的热点问题。利用能够更加准确反映现实关键决定因素的模型，适当考虑技术进步和不同能源种类在未来能源需求中的比例，将有助于提高预测的准确性。

参考文献

[1] Solomon S, Qin D H, Manning M, et al. Technical summary // Solomon S, Qin D H, Manning M, et al. Climate change 2007: the physical science basis. Contribution of Working Group Ⅰ to the Fourth Assessment Report of the Intergovernmental Panel on Climate Change. Cambridge: Cambridge University Press, 2007: 60

[2] Pan J H. China expects leadership from rich nations. Nature, 2009, 461: 1055

[3] 丁仲礼, 段晓男, 葛全胜, 等. 国际温室气体减排方案评估及中国长期排放权讨论. 中国科学: D 辑, 2009, 39(12): 1659–1671

[4] 中华人民共和国国家统计局. 中国统计年鉴 2009. 北京: 中国统计出版社, 2009

[5] Boden T A, Marland G, Andres R J. Global, regional, and national fossil-fuel CO_2 emissions. Oak Ridge, Tenn, USA: Carbon Dioxide Information Analysis Center, Oak Ridge National Laboratory, US Department of Energy, 2009. doi 10.3334/CDIAC/00001

[6] Peters G P, Weber C L, Guo D B, et al. China's growing CO_2 emissions — a race between increasing consumption and efficiency gains. Environmental Science & Technology, 2007, 41(17): 5939–5944

[7] Auffhammer M, Carson R T. Forecasting the path of China's CO_2 emissions using province-level information. Journal of Environmental Economics and Management, 2008, 55: 229–247

[8] Blanford G J, Richels R G, Rutherford T F. Revised emissions growth projections for China:

why post-kyoto 524 climate policy must look east. Discussion paper 2008 – 06, Cambridge, Mass, USA: Harvard Project on International Climate Agreements, 2008: 3

[9] Jiang K J, Hu X L. Energy demand and emissions in 2030 in China: scenarios and policy options. Environ Pol Stud, 2006, 7: 233 – 250

[10] Energy Research Institute (ERI). China's sustainable energy future: scenarios of energy and carbon emissions. Berkeley, CA: Lawrence Berkeley National Laboratory, 2003: 3

[11] Fridley Aden N T, Sinton J E, et al. China's energy future to 2020. Berkeley: Lawrence Berkeley National Laboratory, 2006

[12] Kaya Y. Impact of carbon dioxide emission control on GNP growth: interpretation of proposed scenarios // IPCC Energy and Industry Subgroup, Response Strategies Working Group, Paris, 1990

[13] Sheehan P, Sun F. Energy use and CO_2 emissions in China: retrospect and prospect. CSES climate change working paper no.4, 2006. Molbourme: Center for Strategic Economic Studies, Victoria University, 2006: 17

[14] 姜克隽, 胡秀莲, 刘强, 等. 中国 2050 年低碳发展情景研究 // 2050 中国能源和碳排放研究课题组. 2050 中国能源和碳排放报告. 北京: 科学出版社, 2009: 753 – 820

[15] 气候变化评估报告编写委员会. 气候变化国家评估报告. 北京: 科学出版社, 2007: 378 – 379

[16] Netherlands Environmental Assessment Agency. Global CO_2 emissions: annual increase halves in 2008 [EB/OL]. (2008). http://www.pbl.nl/en/publications/2009/Global-CO2-emissions-annual-increase-halves-in-2008.html

[17] Asia Pacific Energy Research Centre (APERC). APEC energy demand and supply outlook 2002. Tokyo: APERC, 2002: 16

[18] International Energy Agency (IEA). World energy outlook 2004. Paris: IEA, 2004: 77

[19] Department of Energy US (DOE). International energy outlook. Washington DC: Energy Information Agency (EIA), 2005: 99

[20] Van Vuuren D, Zhou F Q, De Bries B, et al. Energy and emission scenario for China in the 21st century—exploration of baseline development and mitigation options. Energy Policy, 2003, 31: 369 – 387

[21] National Development Research Centre (NDRC). China national energy strategy and policy to 2020: subtitle 7: global climate change: challenges, opportunities, and strategy faced by China. Beijing: NDRC, 2004

北京东灵山三种温带森林生态系统的碳循环

方精云 刘国华[②] 朱彪[①] 王效科[②] 刘绍辉[②]

(①北京大学环境学院生态学系 北京大学地表过程分析与模拟教育部重点实验室,北京 100871;
②中国科学院生态环境研究中心,北京 100085)

  森林在全球陆地碳循环中起着决定性作用[1],大气成分监测、遥感和森林资源清查资料都表明,北半球森林生态系统是一个重要的大气 CO_2 之汇[2-4],如同北半球的其他地区一样,东亚地区的森林植被也是一个有意义的碳汇,但存在巨大的空间异质性和不确定性[5-7],生态系统尺度上的碳循环研究有助于解释和评价这种异质性和不确定性,有助于理解碳循环的生态过程及其驱动因素,然而,这种尺度的研究并不多见[8-9],在中国,虽然一些研究涉及森林生态系统碳循环的主要过程[10-13],但其系统测定则几无报道[14],这主要源于森林碳循环过程的测定涉及多个生态过程,一些过程或组分的测定十分复杂,其方法也有待改进[9,15-17]。

  作者曾于 1992～1995 年,对北京山地三种温带森林(白桦 *Betula platyphylla* 林、辽东栎 *Quercus liaotungensis* 林和油松 *Pinus tabulaemis* 林)的碳循环及主要的生态过程进行了系统观测,之后进行了有关数据处理方法的研究[18,19],本文在前期工作的基础上,对这三种森林生态系统的碳循环及主要过程进行了系统整理,构建了它们的碳循环模式,本文的目的,一是阐明北京山地这三种温带森林到底是碳源还是碳汇;二是因为此类研究在中国十分缺乏,通过本文的阐述能为今后的其他研究提供方法论的参考。

  北京山地温带森林经受过比较强烈的人为干扰,原生的地带性植被几乎被破坏殆尽[20],现在比较常见的是次生的处于恢复演替阶段的落叶阔叶林,如白桦林和辽东栎林,此外还有相当多的人工油松林[21],前人对于本地温带森林的植被特征、生态系统的结构与功能[21]、养分循环[22]等都进行了深入的研究,本研究是对以往森林生态系统功能和过程研究的一个拓展。

一、研究地点及研究方法

(一)研究区概况

研究区位于北京市门头沟区小龙门林场(39°58′N,115°26′E),根据位于海拔 1 050 m 处的北京森林生态定位站的气象资料,年平均气温为 4.8℃,年平均降水量为 611.9mm,相对湿度 66%[23]。与过去 30 年(1970～1999年)的气候相比较,测定期间(1992～1994 年)的气候基本属正常年份[23],本研究从山顶到山脚选择了 3 种不同植被的样地:白桦林、辽东栎林和油松林,样地的基本情况见表1。

表1　北京山地三种温带森林群落的样地概况

项目	年份	白桦林	辽东栎林	油松林
海拔(m)		1350	1150	1050
面积(m^2)		1050	1200	600
投影面积(m^2)		927.1	982.8	519.6
坡向		NW	SW	SE
坡度(°)		28	33	30
个体株数	1992	186	148	101
	1994	180	151	101
立木密度(stems·hm^{-2})	1992	2006	1506	1944
	1994	1942	1536	1944
平均胸径(cm)	1992	9.18	9.60	12.58
	1994	9.47	9.65	13.46
平均高度(m)	1992	8.15	6.21	9.19
	1994	8.36	6.24	9.43

白桦林位于接近山顶的西北向山坳处,海拔约 1350 m,气温较低,由于三面环山,较为阴暗潮湿,乔木层主要为白桦,混生有棘皮桦(*Betula utilis*)和白杨(*Populus alba*),林下灌木众多,有花楸(*Sotbus pohuashanensis*)、忍冬(*Lonicera japonica*)、山杏(*Prunus armeniaca*)、毛榛子(*Corylus mandshurica*)、五角枫(*Acer mono*)、六道木(*Abelia biflora*)、薄皮木(*Leptodermls oblonga*)、绣线菊(*spiraea sat sargentiana*)、山茱萸(*Macrocarpium officinalis*)等,草本植物亦颇为茂密,土层厚约 90～100 cm,表层土呈黑色,有机质含量高(约 17.05%～36.23%)。

辽东栎林位于山腰西南向的山坡上,海拔约 1 150 m,为次生林,主要乔木为辽东栎，混生有少量的棘皮桦，林下灌木茂盛，有绣线菊、五角枫、胡枝子（*Lspedeza bicolotr*）、忍冬、毛榛子、溲疏（*Deutzia scabra*）等，草本植物繁茂，土层厚约 90～120 cm，表层土呈深棕色，有机质含量中等（约 8.25%～11.53%）。

油松林位于山脚东南向的山坡，海拔约 1 050 m，为约 30 年的人工林，林下基本无灌木，草本植物也十分稀少，地表为落叶所覆盖，土层厚约 100～110cm、分化不明显、表层土呈暗褐色，有机质含量较低（约 4.86%～5.81%）。

（二）碳密度测定和计算

1. 乔木层生物量的测定

于 1992 年夏季分别对 3 个样地中胸径大于 3 cm 的乔木测量了其胸围和树高，1994 年测定了胸围，树高则由 1992 年各实测样地的胸围（G）与树高（H）之间的关系推算，各样地的 $G-H$ 关系如下：

白桦林：

$$H = 0.37379^{0.7270} \ (R=0.93, n=175), \tag{1}$$

辽东栎林：

$$H = 0,9087 G^{0.5827} \ (R=0,89, n=138), \tag{2}$$

油松林：

$$H = 4,3694 G^{0.5827} \ (R=0,44, n=101), \tag{3}$$

为推算林分的生物量，选取 4 种主要树种（白桦、棘皮桦、辽东栎和油松）的若干株样木，测定其生物量和其他生长因子，并建立各器官干重（生物量）与 D^2H 之间的相关生长式（D 为胸径，由胸围换算得到，表 2），由于白桦林中的白桦和棘皮桦的 D^2H 与生物量之间的关系几无差异，故白桦林样地的生物量由统一的方程（表 2）计算，根据相关生长式（表 2）以及 1992 和 1994 年实测的胸径和树高数据，分别计算了 3 个样地 1992 年和 1994 年乔木层的生物量，按含碳量 50% 换算得到碳密度。

表 2 北京山地三种温带森林主要树种及其各组分的生物量回归方程：biomass $= a(D^2H)^b$，其中 D 和日分别是 DBH(cm) 和树高(m)

项目	a	b	R^2	备注
白桦及棘皮桦[a]				
干	0.0319	0.9356	0.99	
枝	0.00063	1.2781	0.91	样本数:18

(续)

项目	a	b	R^2	备注
叶	0.00016	1.1688	0.88	胸径范围(cm):5.8~23.8
根	0.0093	0.9396	0.95	树高范围(m):6.1~14.5
合计	0.0327	0.9951	0.98	
辽东栎				
干	0.0369	0.9165	0.99	
枝	0.00051	1.3377	0.90	样本数:7
叶	0.00021	1.171	0.95	胸径范围(cm):8.0~23.8
根	0.0778	0.7301	0.87	树高范围(m):7.0~14.5
合计	0.0729	1.9154	0.99	
油松				
干	0.0475	0.8539	0.98	
枝	0.0017	1.1515	0.94	样本数:12
叶	0.0134	0.8099	0.92	胸径范围(cm):6.5~17.7
根	0.0027	1.0917	0.95	树高范围(m):6.5~9.8
果实	0.0013	0.9055	0.27	
合计	0.0482	0.9401	0.99	

a)白桦和棘皮桦的生物量回归方程各参数之间差异不明显,故将它们归并,计算统一的生物量方程

2. 灌木层生物量的测定

于1992年夏季在白桦林和辽东栎林样地(油松林下几无灌木和草本),各随机选取两个5m×5m的样方,分树种测量样方内灌木的高度和基径,选取主要灌木各5~7株,测量其高度和基径后,挖回带回室内,于70℃下烘干至恒重后称量,即得到整株生物量,据此建立生物量与D^2H之间的相关生长式(表3),利用这些关系式和实测的灌木高度和基径,计算得到各样地灌木层的生物量,按含碳量50%换算得到碳密度,假定1994年的各样地灌木层生物量和1992年的值相等。

表3 北京山地温带森林五种主要灌木总生物量的回归方程: biomass=$a(D^2H)^b$,其中D和H分别是基径(cm)和树高(cm)

物种	a	b	R^2	样本数	D/mm	H/cm
毛榛子	0.148	0.663	0.86	7	4.6~33.4	83~343
五角枫	0.0543	0.739	0.95	5	5.4~28.7	59~210
六道木	0.00349	1.040	1.00	6	4.8~21.1	92~262
溲疏	0.014	0.873	0.97	6	5.2~12.3	25~220
胡枝子	0.0202	0.877	0.90	5	4.3~9.3	13~172
其他	0.0481	0.837				

a)采用上面五种的平均值

3. 凋落物和土壤碳的测定

于1992年夏季在3个样地各设置1m×1m的样方2～5个，采集地表至土层之间的凋落物层，测量其总量和枝、叶量，按含碳量50%换算得到碳密度。

在3个样地各选取两个土壤剖面(1m深)，分层采土样，于80℃下烘干至恒重后测定其容重，并利用重铬酸钾氧化法测定其有机质含量，根据容重和有机质含量数据，计算得到1m深土层有机质总量，设土壤有机质含碳量为0.58，从而得到单位面积的土壤碳库量(表4)。

表4 北京山地温带森林土壤有机质质含量及容重的垂直分布

深度 (cm)	有机质含量 (%)	容重 (kg·m^{-3})	有机碳密度 (kg·m^{-2})	深度 (cm)	有机质含量 (%)	容重 (kg·m^{-3})	有机碳密度 (kg·m^{-2})
白桦林剖面1				白桦林剖面2			
0～4	17.05	717	2.84	0～10	36.23	207	4.35
4～10	5.57	850	1.65	10～20	7.42	852	3.67
10～20	4.25	982	2.42	20～30	7.44	780	3.37
20～30	4.39	948	2.41	30～40	4.61	926	2.48
30～40	2.95	967	1.65	40～50	3.34	1 052	2.04
40～50	2.47	957	1.37	50～60	2.07	1 077	1.29
50～60	1.98	1 085	1.25	60～70	1.84	1 289	1.37
60～80	1.82	1 212	1.28	70～80	1.60	1 500	1.39
80～90	1.65	1 236	1.18	80～95	1.90	1 346	2.22
90～100	1.55	1 255	1.13	95～100	2.20	1 192	0.76
辽东栎林剖面1				辽东栎林剖面2			
0～4	11.53	924	2.47	0～4	8.25	872	1.67
4～10	4.71	947	1.55	4～10	6.60	886	2.03
10～20	5.60	1 001	3.25	10～20	5.54	900	2.89
20～30	5.45	1 111	3.51	20～30	4.04	992	2.32
30～40	4.80	1 064	2.96	30～40	2.54	1 083	1.60
40～50	4.15	1 016	2.45	40～50	2.67	1 148	1.77
50～60	4.75	1 124	3.09	50～60	2.79	1 212	1.96
60～80	5.34	1 232	3.82	60～80	1.93	1 348	1.50
80～90	3.33	1 378	5.32	80～90	1.06	1 483	0.91
90～100	1.32	1 524	1.17	90～100	0.83	1 612	1.55
油松林剖面1				油松林剖面2			
0～10	5.81	1 015	3.42	0～10	4.86	1 090	3.07

（续）

深度（cm）	有机质含量（%）	容重（kg·m^{-3}）	有机碳密度（kg·m^{-2}）	深度（cm）	有机质含量（%）	容重（kg·m^{-3}）	有机碳密度（kg·m^{-2}）
10~20	5.02	1 096	3.19	10~20	4.69	1 037	2.82
20~30	5.11	1 102	3.26	20~30	3.80	1 114	2.45
30~40	5.20	1 107	3.34	30~40	2.90	1 190	2.00
40~50	4.23	1 224	3.00	40~50	2.99	1 317	2.28
50~60	3.26	1 341	2.54	50~60	2.24	1 386	1.80
60~70	3.03	1 347	2.37	60~70	1.49	1 455	1.26
70~80	2.80	1 352	2.20	70~80	1.12	1 561	2.02
80~90	2.88	1 362	3.41	90~100	0.74	1 667	0.72
90~100	2.96	1 372	1.18				

（三）生物量净增量及凋落物生成量的测定和计算

利用相关生长方程计算得到各样地1992年和1994年的乔木层生物量，据此可求得各样地生物量的净增量，需要说明的是，在计算生物量的净增量时，假定1994年的灌木层和草本层生物量与1992年的数据相等，这是因为桦木林和辽东栎林均为相对稳定的群落，林下生物量的年间变化很小；油松林几无林下植被，其生物量的变化更小。

于1992年10月开始至1994年10月，在3个样地中分别设置1m×1m的收集器5个，每间隔1~2个月收集其中的凋落物，分成枝、叶、果于70℃烘干后称重。

（四）生态系统呼吸量测定和计算

1. 植被呼吸量

植被呼吸量根据Fang和Wang[11]、方精云等[24][19]得到，采用如下步骤进行呼吸速率的测定和群落呼吸量的推算：①建立非同化器官（干、枝、根）的直径级与其总长度的关系；②建立呼吸速率与直径之间的数量关系式；③推导具有生物学意义的林木呼吸速率计算模型；④建立群落呼吸速率的计算公式。

非同化器官总呼吸速率的通用计算公式为：

$$R = \frac{\omega(3-a)}{x_{max}^{3-a} - x_{min}^{3-a}} \int_{x_{min}}^{x_{max}} \frac{x^{2-a}}{Ax+B} dx, \quad (4)$$

其中R为单株林木某非同化器官的总呼吸速率；ω为该器官的总重量；a是常数，枝和根的a值大都在1.5~2.5之间，可以通过拟合的方法得到，树

干的 a 值为零；x_{min} 和 x_{max} 分别为该器官的最小和最大直径,可以通过实测得到；A 和 B 为系数,可以通过拟合的方法得到；x 为直径。

当直径较大时,非同化器官的呼吸速率与其表面积成正比,对于全株林木,这种关系也成立,因此,(5)式成立。

$$R = k_0(DH) + \beta \quad (5)$$

对于同化器官的叶子,其呼吸速率与其重量成正比,根据相关生长理论,(6)式成立。

$$R = k_0(D^2H)^\beta \quad (6)$$

(5)式和(6)式中的 D 为胸径,H 为树高,k_0 和 β 均为系数,由此,我们可以由每木调查资料计算出各林木各器官的呼吸速率,然后累加得到整个群落植被的呼吸速率。需要说明的是,在进行呼吸速率测定的同时,测定容器中的温度；然后基于上述的呼吸量估算模型,利用 Q_{10} 以及植物活动期的长度（5~10月）和均温,估算全年的群落呼吸量,详细方法见方精云[191]。

2. 土壤呼吸量

从1994年9月至1995年8月,分秋、冬、春、夏4个季节分别对土壤呼吸进行测定[18]。3个样地每次分别连续测定2~3天,除秋季昼夜连续测定外,其余从早7~8点左右至晚6~7点,每间隔2~3 h测定一次,每次做3个重复,测定方法为静态测定法,CO_2 浓度测定仪采用日本帝人株式会社生产的PDA-100型便携式NDIR测定仪,推算全年土壤呼吸量的方法如下：

首先建立土壤呼吸速率(y)与地下5 cm土壤温度(x)的方程[(7)式],以白桦林（1350 m）为例：

$$y = 0.5128 + 0.5498x (R^2 = 0.89, n = 27), \quad (7)$$

然后利用海拔1050 m处的北京森林生态系统定位研究站测定的地下5 cm土壤旬平均温度,拟合地下5 cm土壤温度(T)与全年天数（从每年7月1日至翌年6月30日,以365天计,z)的关系[(8)式]。

$$T = 20.43 + 0.138z - 3.209 \times 10^{-3}z^2 + 4.034 \times 10^{-6}z^3$$
$$+ 4.070 \times 10^{-8}z^4 - 8.360 \times 10^{-11}z^5$$
$$(R^2 = 0.99, n = 36), \quad (8)$$

考虑到海拔高度的差异,以土温垂直递减率0.55℃/100 m计,推算样地的地下5 cm的土温,然后采用积分的方法推算得到白桦林样地全年土壤呼吸量[R,(9)式]：

$$R = \int_0^{365} 0.5128 + 0.5498 \times (20.43 + 0.138z - 3.209 \times 10^{-3}z^2 +$$

$4.034 \times 10^{-6} z^3 + 4.070 \times 10^{-8} z^4 - 8.360 \times 10^{-11} z^5 - 3 \times 0.55) \mathrm{d}z$, (9)

详细方法见刘绍辉等[18]。

(五)生产力(GPP,NPP 和 NEP)的计算

生态系统的总初级生产力(Gross Primary Production,GPP),或植被的总同化量,为植被呼吸量(R_a, autotrophic respiration)、凋落物生成量(Litterfall production, L)和生物量净增量(net biomass increment, ΔB)加和得到,生态系统的净初级生产力(Net Primary Production,NPP)为凋落物生成量(Litterfall production, L)和生物量净增量(net biomass increment, ΔB)加和得到,净生态系统生产力(Net Ecosystem Production, NEP)为凋落物生成量(Litterfall production, ΔL)和生物量净增量(het biomass increment, ΔB)之和减去土壤微生物的异养呼吸量(heterotrophic respiration, R_h),具体的计算公式如下[25,26]:

$$\mathrm{GPP} = R_a + L + \Delta B, \quad (10)$$
$$\mathrm{NPP} = L + \Delta B, \quad (11)$$
$$\mathrm{NEP} = L + \Delta B - R_h. \quad (12)$$

二、结果

(一)碳密度

白桦林的植被碳密度为 45.8~50.0 t C·hm^{-2},其中绝大部分来源于乔木层(45.7~49.9 t c·hm^{-2}),灌木层的贡献不到 0.3%,乔木层的碳大部分储存在植被的地上部分,只有不到 1/5 的碳储存在地下根系,地下和地上生物量的比值为 0.19~0.22,相对植被而言,土壤是一个主要的碳库,1 m 深的土壤有机碳密度为 201.0 t C·hm^{-2},地表凋落物层的碳密度为 8.3 t C·hm^{-2},相加得到土壤和凋落物层的总碳密度为 209.3 t C·hm^{-2},是植被碳密度的 4.6 倍(以 1992 年数据计算),白桦林生态系统的总碳密度为 255.1~259.3 t C·hm^{-2}(表5)。

辽东栎林的植被碳密度为 35.0~37.7 t C·hm^{-2},其中绝大部分来源于乔木层(35.0~37.7 t c·hm^{-2},灌木层的贡献不到 0.1%,乔木层的碳大部分储存在植被的地上部分,只有大约 1/4 的碳储存存地下根系,地下和地上生物量的比值为 0.33,1 m 深的土壤有机碳的密度为 239.0 t c·hm^{-2},地表凋落物层的碳密度为 3.0 t C·hm^{-2},相加得到土壤和凋落物层的总碳密度为 242.0 t C·hm^{-2},是植被碳密度的 6.9 倍(以 1992 年数据计算),辽东栎

林生态系统的总碳密度为277.0~279.7 t C·hm^{-2}（表5）。

表5　北京山地三种温带森林群落的碳密度(t C·hm^{-2})及其分布

项目	白桦林		辽东栎林		油松林	
	1992	1994	1992	1994	1992	1994
植被	45.88	50.0	35.0	37.7	47.0	54.0
乔木层	45.7	49.9	35.0	37.7	47.0	54.0
干	27.5	29.8	17.9	19.2	24.3	27.7
枝	9.1	10.3	8.0	9.0	7.8	9.3
叶	0.9	1.0	0.8	0.9	4.9	5.6
果实					1.0	1.2
根	8.2	7.9	8.6	9.2	8.1	9.6
灌木层[a]	0.135		0.031			
土壤+凋落物层累计量[a]	209.3		242.0		244.0	
土壤[a]	201.0		239.0		232.0	
凋落物层累计量[a]	8.3		3.0		12.0	
合计	255.1	259.3	277.0	279.7	291.0	298.0

a) 假定1992和1994年不变

油松林的植被碳密度为47.0~54.0 t C·hm^{-2}下几无灌木和草本，乔木层的碳大部分储存在植被的地上部分，只有不到1/5的碳储存在地下根系，地下和地上生物量的比值为0.22，1 m深的土壤有机碳的密度为232.0 t C·hm^{-2}，地表凋落物层的碳密度为12.0 t C·hm^{-2}，相加得到土壤和凋落物层的总碳密度为244.0 t C·hm^{-2}，是植被碳密度的5.2倍（以1992年数据计算），油松林生态系统的总碳密度为291.0~298.0 t C·hm^{-2}（表5）。

(二) 碳通量

白桦林的生物量净增量为2.10 t C·hm^{-2}·a^{-1}，凋落物生成量为1.63 t C·hm^{-2}·a^{-1}，植被的自养呼吸量为3.57 t C·hm^{-2}·a^{-1}，其中地上部分（干、枝、叶）和地下根系的呼吸分别为3.26和0.31 t C·hm^{-2}·a^{-1}，土壤呼吸的总量为3.09 t C·hm^{-2}·a^{-1}，其中土壤微生物的异养呼吸为2.78 t C·hm^{-2}·a^{-1}，白桦林的GPP、NPP和NEP分别为7.30、3.79和0.95 t C·hm^{-2}a^{-1}（表6）。

辽东栎林生物量净增量为1.33 t C·hm^{-2}·a^{-1}，凋落物生成量为1.87 t C·hm^{-2}·a^{-1}，植被的自养呼吸量为2.19 t C·hm^{-2}·a^{-1}，其中地上部分（干、枝、叶）和地下根系的呼吸分别为1.78和0.41 t C·hm^{-2}·a^{-1}，土壤

呼吸的总量为 3.90 t C · hm^{-2} · a^{-1}，其中土壤微生物的异养呼吸为 3.49 t C · hm^{-2} · a^{-1}，辽东栎林生态系统的 GPP、NPP 和 NEP 分别为 5.39、3.20 和 0.29 t C · hm^{-2} · a^{-1}（表6）。

油松林生物量碳净增量为 3.55 t C · hm^{-2} · a^{-1}，凋落物生成量为 2.34 t C · hm^{-2} · a^{-1}，植被的自养呼吸量为 6.93 t C · hm^{-2} · a^{-1}，其中地上部分（干、枝、叶）和地下根系的呼吸分别为 6.37 和 0.56 t C · hm^{-2} · a^{-1}，土壤呼吸的总量为 2.37 t C · hm^{-2} · a^{-1}，其中土壤微生物的异养呼吸为 1.81 t C · hm^{-2} · a^{-1}，油松林的 GPP、NPP 和 NEP 分别为 12.82、5.89 和 4.08 t C · hm^{-2} · a^{-1}（表6）。

表6 北京山地三种温带森林群落的碳通量（t C · hm^{-2} · a^{-1}）

项目	白桦林	辽东栎林	油松林
净增量	2.10	1.33	3.55
凋落物生成量	1.63	1.87	2.34
植被呼吸	3.57	2.19	6.93
地上	3.26	1.78	6.37
地下	0.31	0.41	0.56
土壤呼吸	3.09	3.90	2.37
总初级生产力 GPP	7.30	5.39	12.82
净初级生产力 NPP	3.73	3.20	5.89
净生态系统生产力 NEP	0.95	-0.29	4.08

（三）碳循环

根据上述结果，便可得到北京山地三种温带森林生态系统的碳循环模式[图1(a)~(c)，1994年数据]，建立模式时，土壤碳密度选择较为通用的1m深度，并且由于缺乏凋落物层输送给土壤碳库的有机碳量数据，在建立模式时，将二者合二为一。

结果显示，人工油松林的总同化量明显大于两种次生阔叶林（白桦林和辽东栎林），油松林植被碳密度增长较快，其他两种森林则增加较少，已接近稳定状态，人工油松林是一个较大的碳汇（4.08 t C · hm^{-2} · a^{-2}），两种次生林则相对稳定，其中白桦林是一个较小的碳汇（0.95 t C · hm^{-2} · a^{-1}），而辽东栎林则是一个轻微的碳源（-0.29 t C · hm^{-2} · a^{-1}）。

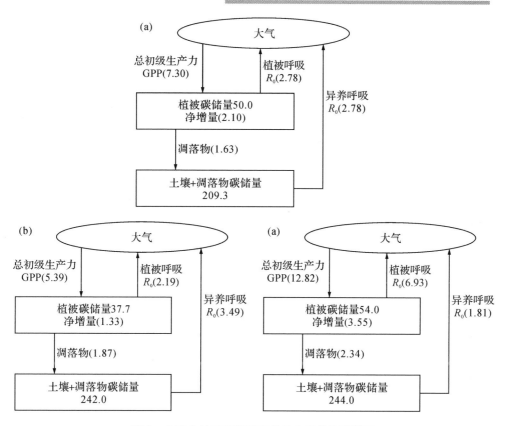

图1　北京山地三种温带森林生态系统的碳循环
(a)白桦林；(b)辽东栎林；(c)油松林：括号中的数值表示通量($t C \cdot hm^{-2} \cdot a^{-1}$)，其他的表示储量($t C \cdot hm^{-2}$)

三、讨论

（一）碳密度

北京东灵山白桦林的植被碳密度为 $45.8 \sim 50.0 t C \cdot hm^{-2}$，与东灵山棘皮桦林的碳密度 $35.8 \sim 59.6 t C \cdot hm^{-2[27]}$ 以及中国暖温带桦木林的平均碳密度 $42.2 t C \cdot hm^{-2[28]}$ 相当，辽东栎林的植被碳密度为 $35.0 \sim 37.7 t C \cdot hm^{-2}$，与东灵山处在恢复演替中期的辽东栎林的植被碳密度 $31.8 t C \cdot hm^{-2[27]}$ 相差不大，但比同纬度地区成熟栎林的植被碳密度明显偏小，如 Son 等[29]报道韩国中部的天然栎林的植被碳密度为 $68.9 \sim 126.7 t C \cdot hm^{-2}$，是本研究中辽东栎林碳密度的 $2 \sim 4$ 倍，人工油松林的碳密度为 $47.0 \sim 54.0 t C \cdot hm^{-2}$，高于东灵山人工油松林的平均植被碳密度 $21.7 t C \cdot hm^{-2[30]}$，与中国暖温带油松林的平均碳密度 48.2 t C·hm^{-2}[28]接近，北京山地三种温带森林的植被碳密度(1994 年)为 37.7~54.0 t C·hm^{-2}，虽然与同纬度地区成熟的落叶阔叶林的碳密度相比明显偏小，但该地的碳密度与中纬度国家森林的平均碳密度 57 t C·hm^{-2}[31]接近。

全球 1m 深的土壤有机碳(SOC)储量为 1502 PgC[32]，大于大气和植被的碳储量之和[1]，北京山地三种温带森林 1m 深的土壤有机碳密度为 201~232 t C·hm^{-2}，加上地表凋落物层的碳密度 3.0~12.0 t C·hm^{-2}，得到土壤和地表凋落物的总碳密度为 209.3~244.0 t C·hm^{-2}，是植被碳密度的 4~7 倍，高于中国棕壤(brown eartbs)的平均有机碳密度 97.1 t C·hm^{-2}。吲，也高于中国(80.1 t C·hm^{-2})[33]和全球土壤有机碳密度的平均值(106.0 t C·hm^{-2})[34]。

(二)碳通量

北京山地三种温带森林的植被碳储量年净增量为 1.33~3.55 t C·hm^{-2}，表明该地植被碳库是一个轻微的大气 CO_2 之汇，其中人工油松林生长较快，碳汇速率大于次生的白桦林和辽东栎林，白桦林和辽东栎林的年凋落物量为 1.63 和 1.87 t C·hm^{-2}，处在中国暖温带落叶阔叶林的年凋落物量范围(1.3~3.3 t C·hm^{-2})[22]的较低段，可能主要与这两个处于群落恢复演替中期有关。油松林生长迅速，年凋落物量(2.34 t C·hm^{-2})大于落叶阔叶林，与陈灵芝等[22]报道的暖温带油松成林的年凋落物量 2.27 t C·hm^{-2}非常接近。

白桦林和辽东栎林的植被呼吸量分别为 3.57 和 2.19 t C·hm^{-2}·a^{-1}，与 Kawaguchit[35]测定的日本 5 种温带落叶阔叶林的植被呼吸量(1.5~2.2 t C·hm^{-2}·a^{-1})较接近，油松林的植被呼吸量为 6.93 t C·hm^{-2}·a^{-1}，低于美国 15 年的火炬松(*Pinus taeda*)林[36](17.04 t C·hm^{-2}·a^{-1})和澳大利亚 20 年的 *Pinus radiata* 林[36](10.68 t C·hm^{-2}·a^{-1})，白桦、辽东栎和油松林土壤呼吸量分别为 3.09、3.90 和 2.37 t C·hm^{-2}·a^{-1}，远低于同纬度地区的同类森林[37]，可能的原因有两个：①本研究的样地是人为破坏后尚处于恢复阶段的天然次生林或人工林，而其他作者的样地多为成熟林；②测定方法的影响，早期的工作多采用碱吸收法，而碱吸收法测得的结果往往偏大。

白桦林和辽东栎林的总初级生产力(GPP)或植被总同化量分别为 7.30 和 5.39 t C·hm^{-2}·a^{-1}，低于 Valentini 等[8]报道的欧洲同纬度的落叶阔叶林(10~13 t C·hm^{-2}·a^{-1}，表 7)，油松林的 GPP(12.82 t C·hm^{-2}·a^{-1}和

Valentini 等[8]报道的欧洲同纬度的针叶林(11~15 t C·hm^{-2}·a^{-1},表7)相当,但仅为美国 North Carolina 州 Duke FACE 15 年火炬松林(23.71t C·hm^{-2}·a^{-1},表7)的 1/2[9]。

北京山地三种温带森林的净初级生产力为 3.2~5.89 t C·hm^{-2}·a^{-1},低于美国 North Carolina 州 Duke FAC 15 年火炬松林[9](7.05 t C·hm^{-2}·a^{-1},表7),NPP 与 GPP 的比值为 0.46~0.60,稍大于美国 15 年的火炬松林[9](0.3,表7),表明北京山地温带森林将光合作用固定的碳转化成生物量碳的效率约为 0.5 左右,这和模型模拟的在较宽的环境梯度上 NPP 和 GPP 之比稳定在 0.40~0.52 的结果一致[26]。

NEP 等于 GPP 减去总生态系统呼吸,是生态系统和大气之间 CO_2 交换的直接度量,也是评价生态系统尺度碳源/汇的直接指标[1,25,26],北京山地三种温带森林的 NEP 差距较大,白桦林是一个较小的汇,辽东栎林基本处于平衡状态,而油松林是一个较大的汇(表6,7),这说明人工油松林具有较大的碳汇潜力。

(三)影响碳平衡评估的误差分析

利用图 1 的碳循环模式,就可以进行北京山地温带森林的碳循环评估,以下 5 个方面可能成为其评估误差的主要来源:

(1)植被碳储量数据中不包含草本层植物的贡献,碳通量数据中不包括草本和灌木层的贡献。但由于草本和灌木层植物的生物量很小,并且年际变化小,相应的通量也不大,因此,对结果的影响很小。

(2)图 1 实际上假定了凋落物是植被碳库向土壤碳库输送有机碳的唯一途径,但实际上根系分泌物和死亡根系等也是土壤有机碳库的来源之一[1],这种处理的假定条件是由于呼吸和分解,根系分泌物和死亡根系在土壤中的储量保持一定,这在一个稳定的生态系统是可能的,但需要确认。

(3)群落的光合同化量(总初级生产力 GPP)很难直接测定,国内外基本上采用间接的方法进行测算,目前采用的涡度相关法[8]和反演模拟法[38]也只是间接的测量方法,本文得到的 GPP 也是通过各个组分相加的间接方法得到[(10)式],这与 Hamilton 等[9]计算 Duke FACE 的火炬松林生态系统碳平衡所采用的方法类似。

(4)群落的呼吸速率明显受温度的影响,虽然本研究在进行呼吸速率测定的同时,测定了容器中的温度,并以此为基准温度,利用 Q_{10} 定律以及植物活动期的长度和均温,来估算全年的群落呼吸量,但 Q_{10} 定律常常随温度

表7 北半球中纬度地区不同地点落叶阔叶林和针叶林生态系统的碳平衡参数

地点	纬度	优势种[a]	森林类型[b]	年均温/℃	年降水/mm	年龄/a	观测时间	GPP/C·hm^{-2}·a^{-1}	NPP/C·hm^{-2}·a^{-1}	NEP/C·hm^{-2}·a^{-1}	文献
中国	39°58′	BP	S	3.6	612	30~40	1992~94	7.3	3.73	0.95	本文
中国	39°58′	QL	S	4.8	612	30~40	1992~94	5.39	3.2	-0.29	本文
意大利	41°52′	BD	NM	6.2	1180	105	1996~97	13		6.4	[8]
法国	48°40′	BD	NM	9.2	771	30	1996~97	10.1~12.5		2.2~2.6	[8]
丹麦	55°29′	BD	NM	8.1	531	80	1996~98	11.4~12.4		0.9~1.3	[8]
中国	39°58′	PT1	P	5.4	612	30	1992~94	12.82	5.89	4.08	本文
美国	35°58′	PT2	P	5.5	1140	15	1996~2000	23.71	7.05	4.28	[9]
法国	44°05′	C	P	13.7	936	29	1996~97	12.3		4.3	[8]
德国	50°09′	C	NM	5.8	885	45	1997~98	13.77		0.77	[8]
德国	50°58′	C	NM	8.3	724	105	1996~98	11.6~15.1		3.3~5.4	[8]

a) BP, *Betula platyphylla*; QL, *Quercus liaotungensis*; BD, broad-leaved deciduous; PT1, *Pinus tabulaeformis*; PT2, *Pinus taeda*; C, coniferous.
b) S, 次生林 secondary forest; NM, 天然林(有少量人为管理) natural origin and managed; P, 人工林 plantations

变化而变化。因此,在估算群落呼吸量时,可能会带来一定的误差,进而影响生态系统碳通量的估算。

(5)本文采用(11)式计算净初级生产力(NPP),只考虑了生物量的净增量和凋落物量,忽视了 NPP 的其他组分,如地上的消费者采食量(losses to consumers)、挥发和淋溶的有机质(volatile and leached organics),地下的细根净增量(net fine root increment)、死亡的粗根和细根(dead coarse and fine root)、根的采食量(root losses to herbivores)、根系分泌物(root exudates)以及向共生有机体输送的碳水化合物(carbohydrates export to symbionts)等[15]。这些组分的忽略导致测定的 NPP 值通常低于实际的 NPP 值[15]。但目前还没有一个测定森林生态系统所有组分 NPP 的方法[9]。

总之,虽然图1是一个较为粗略的北京山地三种温带森林的碳循环模式,但它完整地反映了这些类型的生态系统碳循环的各个组分和主要过程。

四、结语

通过对北京山地三种典型温带森林生态系统碳循环各个主要组分进行的为期两年(1992~1994)的测定,构建了它们的生态系统碳循环模式[图1(a)~(c)]。主要结论如下:

(1)这三种山地温带森林的总碳密度在 250~300 t C·hm^{-2} 之间,其中植被碳密度为 35~54 t C·hm^{-2},土壤碳密度(1m 深度,包括地表凋落物)为 209~244 t C·hm^{-2}。这表明北京山地三种温带森林的碳密度差异不大。

(2)这三种山地温带森林的植被生物量处于增加之中,净增量为 1.33~3.55 t C·hm^{-2}·a^{-1},凋落物量为 1.63~2.34 t C·hm^{-2}·a^{-1},群落植被呼吸量为 2.19~6.93 t C·hm^{-2}·a^{-1},土壤异养呼吸量为 1.81~3.49 t C·hm^{-2}·a^{-1},生态系统的总初级生产力介于 5.39~12.82 t C·hm^{-2}·a^{-1} 之间,其中约一半(46%~59%)转变为净初级生产力(3.20~5.89 t C·hm^{-2}·a^{-1}),虽然植被碳库还没有达到成熟状态,生物量都在增加,但只有油松林是较大的碳汇(4.08 t C·hm^{-2}·a^{-1});白桦林和辽东栎林与大气之间的 CO_2 交换基本处于平衡状态。

(3)虽然本文对北京山地三种温带森林碳循环的各个主要组分都进行了测定,但由于时间、技术和方法的限制,所构建的碳循环模式还需要用更精确的测定方法予以完善,也需要与其他的测量方法进行互相验证。另外,由于本研究仅为 1992~1994 年的观测结果,不能简单地推广到更长的时间尺度，更不能简单地应用于其他的森林类型。

参考文献

[1] Schlesinger W H, Biogeochemistry: an analysis of global change, 2nd ed, New York: Academic Press, 1997

[2] Battle M, Bender M L, Tans P P, et al, Global carbon sinks and their variability inferred from atmospheric O_2 and delta C – 13 Science, 2000, 287: 2467 – 2470

[3] Myneni R B, Dong J, Tucker C J, et al, A large carbon sink in the woody biomass of Northern forests, Proceedings of the National Academy of Sciences of the United States of America, 2001, 98: 14784 ~ 14789

[4] Goodale C L, Apps M J, Birdsey R A, et al, Forest carbon sinks in the Northern Hemisphere, Ecological Applications, 2002, 12: 891 – 899

[5] Fang J Y, Chen A P, Peng C H, et al, Changes in forest biomass carbon storage in China between 1949 and 1998 Science, 2001, 292: 2320 – 2322

[6] Choi S D, Lee K, Chang Y S, Large rate of uptake of atmospheric carbon dioxide by planted forest biomass in Korea. Global Biogeochemical Cycles, 2002, 16, 1089, doi: 10, 1029/2002GB001914

[7] Fang J Y, Oikawa T, Kato T, et al, Biomass carbon accumulation by Japan's forests from 1947 to 1995 Global Biogeochemical Cycles, 2005, 19, GB2004, doi: 10, 1029/2004GB002253

[8] Valentini R, Matteuccl G. Dolman A J, et al, Respiration as the main determinant of carbon balance in European forests, Nature, 2000, 404: 861 – 865

[9] Hamilton J G, DeLucia E H, George K, et al, Forest carbon balance under elevated CO_2, Oecologia, 2002, 131: 250 – 260

[10] 彭少麟，张祝平. 鼎湖山地带性植被生物量、生产力和光能利用效率. 中国科学，B辑，1994, 24: 497 – 502

[11] Fang J Y, Wang X K. Measurement of respiration amount of white birch (*Betula platyphylla*) population in the mountainous region of Beijing Journal of Environmental Sciences, 1995, 7: 391 – 398

[12] 桑卫国，马克平，陈灵芝. 暖温带落叶阔叶林碳循环的初步估算. 植物生态学报，2002, 26: 543 – 548

[13] 周国逸，周存宇，Liu S G. 等. 季风常绿阔叶林恢复演替系列地下部分碳平衡及累积速率. 中国科学，D辑，2005, 35(6): 502 – 510

[14] 李意德，吴仲民，曾庆波，等. 尖峰岭热带山地雨林生态系统碳平衡的初步研究. 生态学报，1998, 18: 371 – 378

[15] Clark D A, Brown S, Kicklighter D W, et al, Measuring net primary production in forests: concepts and filed methods, Ecological Applications, 2001, 11: 356 – 370

[16] Hogberg P, Nordgren A, Buchmann N, et al, Large-scale forest girdling shows that current photosynthesis drives soil respiration. Nature, 2001, 411: 789-792

[17] 于贵瑞主编. 全球变化与陆地生态系统碳循环和碳蓄积. 北京: 气象出版社, 2003

[18] 刘绍辉, 方精云, 清田信. 北京山地温带森林的土壤呼吸. 植物生态学报, 1998, 22: 119-126

[19] 方精云. 森林群落呼吸量的研究方法及其应用的探讨. 植物学报, 1999, 41: 88-94

[20] 中国植被编辑委员会. 中国植被. 北京: 科学出版社, 1980

[21] 陈灵芝主编. 暖温带森林生态系统结构与功能的研究. 北京: 科学出版社, 1997

[22] 陈灵芝, 黄建辉, 严昌荣. 中国森林生态系统养分循环. 北京: 气象出版社, 1997

[23] 茅世森, 宋凤山. 小龙门地区的气候特征. 见: 陈灵芝主编, 暖温带森林生态系统结构与功能的研究, 北京: 科学出版社, 1997 28-37

[24] 方精云, 王效科, 刘国华, 等. 北京地区辽东栎呼吸量的测定. 生态学报, 1995, 15: 235-244

[25] Schulze E D, Wirth C. Heimann M Managing forests after Kyoto, Science, 2000, 289, 2058-2059

[26] Chapin F S III, Matson P A, Mooney H A. Principles of terrestrial ecosystem ecology, New York: Springer-Verlag, 2002

[27] 江洪. 东灵山典型落叶阔叶林生物量的研究. 见: 陈灵芝主编, 暖温带森林生态系统结构与功能的研究北京: 科学出版社, 1997, 104-115

[28] 冯宗炜, 王效科, 吴刚. 中国森林生态系统的生物量和生产力. 北京: 科学出版社, 1999

[29] Son Y, Park I H, Yi M J, et al. Biomass, production and nutrient distribution of a natural oak forest in central Korea, Ecological Research, 2004, 19: 21-28

[30] 陈灵芝, 任继凯, 鲍显诚. 北京西山(卧佛寺附近)人工油松林群落学特征及生物量的研究. 植物生态学及地植物学丛刊, 1984, 8: 173-181

[31] Dixon R K, Brown S, Houghton R A, et al. Carbon pools and flux of global forest ecosystems Science, 1994, 263: 185-190

[32] Jobbagy E G, Jackson R B. The vertical distribution of soil organic carbon and its relation to climate and vegetation, Ecological Applications, 2000, 10: 423-436

[33] Wu H B, Guo Z T, Peng C H. Distribution and storage of soil organic carbon in China Global Biogeochemical Cycles, 2003, 17, 1048, doi: 1029/2001GB001844

[34] Foley J A. An equilibrium model of the terrestrial carbon budget. Tellus, Series B, 1995, 47: 310-319

[35] Kawaguchi H, Carbon cycle in regeneration processes of deciduous broadleaf forests Osaka: Osaka City Univ, 1987

[36] Ryan M G, Hubbard R M, Pongracic S, et al. Foliage, fine-root, woody-tissue and stand

respiration in *Pinus radiata* in relation to nitrogen status, Tree Physiology, 1996, 16: 333-343

[37] Raich J W, Schlesinger W H. The global carbon dioxide flux in soil respiration and its relationship to vegetation and climate, Tellus Ser B, 1992, 44: 81-99

[38] Luo Y, Medlyn B, Hui D, et al. Gross primary productivity in Duke Forest: Modeling synthesis of CO_2 experiment and eddy-flux data Ecological Applications, 2001, 11: 239-252

全球变暖、碳排放及不确定性

方精云[①②]　朱江玲[①②]　王少鹏[①]　岳　超[①]　沈海花[①]

(① 北京大学城市与环境学院生态学系，北京大学地表过程分析与模拟教育部重点实验室，北京 100871；② 中国科学院学部气候变化北京大学研究中心，北京 100871)

以温暖化为主要特征的全球气候变化问题是 21 世纪人类社会面临的最严峻挑战之一，关系到人类的生存和发展。化石燃料燃烧和土地利用变化所导致的碳排放被认为是引起全球变暖的最主要原因[1,2]。由于碳排放与社会经济发展密切相关[3~5]，因此气候变化问题也从单纯的科学研究领域演变成当今国际政治、经济和外交的热点议题。

为了应对气候变化，世界气象组织(WMO)和联合国环境规划署(UNEP)于 1988 年成立了政府间气候变化专门委员会(Intergovernmental Panel on Climate Change，简称 IPCC)，以全面评估全球气候变化的观测事实、原因、对自然和社会系统的潜在影响，以及人类可能采取的应对策略。1990 年，IPCC 发布了第一份评估报告，此后每隔 5~7 年发布一次。至今，IPCC 已发布了 4 次综合评估报告以及多个专业报告。2007 年发布的第四次评估报告(AR4)由 130 多个国家、450 多位主要作者、800 多位撰稿人编写，代表着气候变化研究的主流认识，"反映了当前有关气候系统及其演变过程和未来变化预测的知识集成"[6]。该报告得出以下关键结论：①在过去的 100 年里(1906~2005 年)，全球平均气温升高 0.74℃ (0.56~0.92℃)；北半球高纬度地区温度升幅较大；陆地变暖的速率比海洋快。②温度的显著升高主要由人为活动(包括化石燃料燃烧及毁林)排放的温室气体浓度增加所导致。③气温升高将导致一系列的负面影响，如冰雪融化、海平面上升和水文循环改变；CO_2 浓度增加导致海水酸化。这些变化将直接或间接地威胁陆地和海洋生态系统以及人类生存环境。④基于气候模式的预测结果表明，未来 20 年全球气温将以每 10 年大约升高 0.2℃ 的速率变暖。即使所有温室气体浓度稳定在 2000 年的水平，也会以每 10 年大约升高 0.1℃ 的速率变暖。变暖将减少陆地和海洋对大气 CO_2 的吸收，增加人为排放 CO_2 存留在大气中的比例,从而引起进一步的反馈效应[1]。

在全球变暖的机制上,IPCC报告强调人为活动的影响,强调CO_2浓度与增温的关系。然而,地球是一个极其复杂的动态系统,各种因素盘根交结,因果关系之间存在很大的不确定性[7]。IPCC-AR4发布后,其结论受到了许多科学家的质疑,如2007年成立的非政府间国际气候变化委员会(NIPCC)就曾针对IPCC评估报告提出了许多具有争议性和分歧性的问题[8,9]。尤其是自2009年出现"气候门"和"冰川门"[10,11]之后,IPCC-AR4的公信性更是受到了科学界的质疑,IPCC报告不再是最权威性的总结,其政治倾向及撰写过程的纰漏成为国际舆论的焦点。也由于此,联合国秘书长委托独立的国际学术团体组织——国际科学院理事会(International Academy Council,简称IAC)对IPCC的工作程序与评估过程展开独立调查。调查结果认为,尽管IPCC工作总体上是成功的,但需要从根本上改革其管理结构、增强其程序的监控,以便处理数量巨大、内容复杂的气候变化评估,并得到更有效的公众监督[12]。对IPCC-AR4主要结论的争论焦点集中在以下四个方面:①气候变暖是否在发生;②气候变暖的主要驱动因素是什么(也即:人类活动和自然过程的贡献有多大);③基于现有气候模式预测未来气候变化趋势的准确性如何;④气候变化的影响程度如何。其中,最本质的争论在于气候变化的驱动因素,即气候变暖是人类活动导致的还是自然过程引起的,这也是国际社会应对气候变化以及进行以碳减排为核心的气候变化谈判的基石。

因此,正确认识气候变化问题、厘清其争论的焦点是制定气候变化政策、应对气候变化的基础。本文主要围绕气候变暖是否在发生,以及变暖的主要驱动因素展开讨论,并就人们特别关注的碳排放问题进行分析。

一、气候变暖及其不确定性

(一)气候变暖的观测事实

关于地球是否在变暖,在几年前还是有争议的问题[13,14],但近几年来这种立场有所改变[8]。各地的气温观测数据表明,近百年来全球平均气温在升高[1,15~18]。这不仅反映在温度的上升,其证据还包括各地观测到的海平面上升、冰雪消融、春季物候提前和生长季延长等事实。

(1)温度升高。在历史的长河里,全球温度经历了暖期与冰期的交替变化。末次冰期结束后(大约在12 000年前),全球温度开始上升,持续至约

8 000年前;之后地球进入低温时期,此降温过程直到大约300年前结束(1 700年前后)。此后,温度又开始回升,地球进入温暖期,尤其是近百年(器测时期)以来,全球平均气温显著升高,升温速率也有加快趋势(图1),目前地球处于过去千年以来,除中世纪温暖期外,温度最高的时期[1]。我国在过去的近百年里平均气温也呈升高趋势,平均每百年上升约 0.5~0.8℃,尤其是自19世纪80年代以后升温更加显著:19世纪80~90年代平均上升了约 0.3℃[19]。

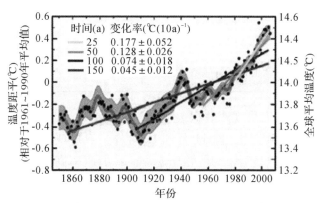

图1 器测时期(自1850年)以来全球平均气温的变化趋势

图中不同颜色的直线斜率代表不同时期气温变率的大小。1855~2005年(150 a):每10年升温 0.045℃;1905~2005年(100 a):每10年升温 0.074℃;1955~2005年(50 a):每10年升温 0.128℃;1980~2005年(25 a):每10年升温 0.177℃。据文献[1]修改

然而,全球变暖表现出很大的地域差异。一般而言,陆地表面比海洋表面增温快,北半球高纬度地区比低纬度地区增温快、增温幅度大[1]。在过去半个世纪里,我国气候变暖的发生时间及增温幅度也是因地区而异:增温于1975年前后开始于东北地区,之后出现于东部和南部沿海地区(1980年前后),并逐步向内陆地区扩展;西部内陆地区(西北和青藏高原)最晚出现温暖化(1983年)[20]。增温幅度在东北、西北和华北地区最为明显,而西南、华南地区增暖幅度较小,这种变化在近100、50和30年尺度上具有较好的一致性[21]。

(2)海平面上升。尽管存在较大的年际波动,全球平均海平面自1870年以来持续上升[1]。在1961~2003年期间,全球海平面上升的平均速率为 (1.8 ± 0.5) mm a^{-1},1990年代以后上升速率有所增加,约为 (3.1 ± 0.7) mm

$a^{-1[1]}$（表1）。海平面上升主要是由海洋增温带来的热膨胀效应以及冰川和冰盖融化等因素共同导致。从表1看出，这两种因素的贡献几乎同等重要。

表1　海平面上升速率及其来源(mm a^{-1})[1]

来源	1961~2003	1993~2003
海洋热膨胀	0.42 ±0.12	1.6 ±0.5
冰川和冰盖	0.50 ±0.18	0.77 ±0.22
格陵兰冰原(GreenlandIce Sheet)	0.05 ±0.12	0.21 ±0.07
南极冰原(AntarcticIce Sheet)	0.14 ±0.41	0.21 ±0.35
海平面上升的单个气候因子的贡献总和	1.1 ±0.5	2.8 ±0.7
观测到的海平面上升总量	1.8 ±0.5	3.1 ±0.7

(3)冰雪消融。大量观测数据表明，过去的一个世纪，全球多数地区雪盖减少。1966~2005年间，除11月和12月外，卫星观测的北半球雪盖各月都在减少；20世纪80年代以后尤为显著，减小速率高达每年5%。在南半球，过去40年的雪盖有所下降或者变化不显著。在雪盖减少的地区，气温常起主导作用，如北半球4月份雪盖面积与40°~60°N地区的4月份气温高度相关[1]。中国的冰雪观测数据表明，1960~2005年间，雪盖面积有所减少，但全国平均降雪厚度在20世纪80年代后出现增加趋势。从空间分布看，南方地区平均降雪厚度在下降，而北方降雪厚度在增加。北方降雪厚度增加主要是由北方冬季降水量增加所致[22]（图2）。

此外，对海冰和冰川的观测表明，过去150年间全球大部分地区的海冰及冰川都呈现萎缩趋势。例如，自1978年以来，北极地区海冰面积以每年(2.7 ±0.6)%的速度递减，海冰厚度也有下降趋势[23]。南美巴塔哥尼亚、喜马拉雅、阿拉斯加和美国西北部以及加拿大西南部的冰川和冰盖大量减少[24]①。但最近也有报道，南极冰川在扩大[25]②。

(4)生长季延长。各地的物候观测表明，大多数植物和动物的春季物候提前，秋季物候推迟，从而导致生长季延长[26-28]。我国物候观测结果表明，各地物候期的年际波动与春季气温的年际波动具有明显的相关性，东北、华

---

① http://www.time.com/time/magazine/article/0,9171,1176980,00.html；http://www.guardian.co.uk/environment/2009/jun/04/byers-himalaya-changing-landscapes#zoomed-picture
② http://www.news.com.au/story/0,27574,25348657-401,00.html

北及长江下游地区春季物候提前最明显[29];北京地区春季物候自20世纪80年代以来一直呈提前趋势,尤其在1990～2000年间比过去140年提前了8.8天[30],而秋季物候在1962～2005年间平均每年推迟0.32天[31]。基于遥感数据对中国温带植被的物候分析表明,在1982～1999年间,中国温带春季物候平均每年提前0.79天,生长季年平均延长1.16天[28](图3)。同样,Zhou等[26]利用遥感数据分析表明,1982～1999年间,40°～70°N间欧亚大陆植被生长季平均延长了18天,而北美大陆延长了12天。

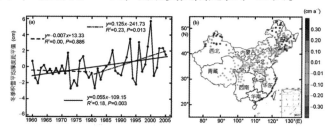

图2　冬季积雪平均厚度距平值(a)及其空间分布(b)

南方降雪减少,而北方增加,据文献[22]

(二)气温变化的不确定性

如上所述,近代以来地球在变暖是一个基本的观测事实,但其变暖的幅度却存在很大的不确定性[15,32,33]。不确定性的主要来源可以概括为以下几个方面:

(1)地质历史时期温度的推算主要来自冰芯、古孢粉、考古、树轮等代用数据及古文献资料[34]。由于代用数据在空间分布和时间跨度上都非常有限,部分数据对气温变化不够敏感等,使基于这些结果重建的局部或全球的温度趋势存在极大的不确定性[35]。一种代用资料往往不够全面、代表性不足,不同代用资料对气温变化的反应不同,因此选用不同代用资料或不同重建方法,得出来的结果相差极大。不仅如此,同一种代用资料,如树木年轮定年准确、连续性强、分辨率高,是比较理想的代用资料之一,但树木年轮与气候要素的响应关系复杂,不仅受气温的影响,还受CO_2浓度、降水量等影响,且空间位置、树种不同,响应关系也有所差异,这些都会造成结果的不确定性。

(2)在器测时期,气象站点的数量和分布对全球温度的估算值影响很大:在早期,站点少,且主要分布在北半球中纬度地区,尤其是欧美国家;此后站点逐渐增多,但在一些地区,尤其在南半球和海洋区域,站点仍然稀

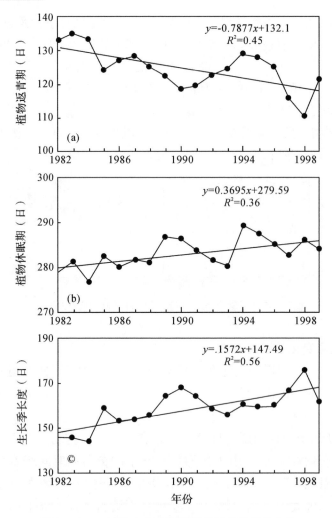

图3 1982~1999 年间中国温带植被物候期的变化

(a)植物返青期;(b)休眠期;(c)生长季长度[28]

缺,一些地区甚至空白。观测站点的数量和分布变化显著影响着全球温度及其趋势的估算[36]。

(3)气象观测站点大都分布在城市及其邻近地区,近百年来发生在全球各地的城市化过程对区域和全球温度变化可能产生着深刻的影响。例如,在我国上海,在过去的 30 年间(1975~2004),无论是年均温,还是平均最低和最高气温,城区与郊区的气温差都随着城市化进程和城区面积的扩大而增加,30 年中可达到 0.7~1.0℃[37]。基于遥感和地面观测数据的分析表明,在我国华南地区城市热岛效应对城市和区域温度有着显著的影响[38]。在美国，Goodridge[39]也同样发现城市热岛效应对区域温度的影响：在大型城市，温度增加趋势显著；中等城市较显著，而在小型城市则几乎不存在增温趋势。

城市热岛效应对区域和全球温度的贡献大小是一个有争议的问题。IPCC[1]认为城市热岛效应的影响是存在的，但这种影响具有局地性，在全球陆地小于 0.06℃(100 a)$^{-1}$[1]。Trenberth 等[40]的估计更小，认为自 1900 年以来城市热岛效应对全球变暖的贡献仅为 0.02℃(100 a)$^{-1}$。然而，一个不可忽视的因素是，地表平均气温是由气象站观测数据计算得到，而气象站大都分布在城市及其邻近地区，因而，基于气象站观测数据的计算结果自然会受到显著影响。如有研究表明，1951～2004 年间，城市化对中国升温的贡献在 40% 左右[41]。

(4)其他因素，如温度的插值方法等也会对温度及其趋势产生影响。如，由于分析方法不同，三种温度序列(HadCR UT3、GISS 和 NCDC)对最近几十年的解释就有差异，Knight 等[42]利用 HadCR UT3 温度序列模拟的结果显示，在最近的 12 年里(1998～2009 年)，全球平均温度没有显著变化，处于高温平台，支持此观点的还有 Kerr[43]。然而，根据 GISS 和 NCDC 温度序列的模拟结果表明，全球近 10 年温度变化依然呈明显上升趋势[25,44]。Allison 等[25]认为，HadCR UT3 数据系列未包括北极资料，而北极地区在近 25 年来气候显著变暖，因此可能低估了近 10 年的变暖趋势。Wang 等[45]通过文献资料分析，1999～2008 年仍是过去 30 年间温度最高的时期，尽管十年间平均温度没有上升，但全球变暖仍在持续。中国在 1999～2008 年间平均温度仍以 0.4～0.5℃(10 a)$^{-1}$的速度上升，尤其是中国东北部上升趋势十分明显。最近 10 年的气温变化到底是停止还是持续仍存在争议，但讨论气候变化至少需要 25～30 年的观测数据；利用 10 年的数据来说明未来的气候变化趋势可能有些勉强。

二、气候变化的影响因素及其不确定性

影响气候变化的因素很多，主要有温室气体、太阳活动、气溶胶、地球轨道变化以及大气和海洋环流等。主要可归为人为和自然因素两类。前者指人类活动引起的温室气体和气溶胶排放，后者主要包括太阳活动、火山爆发等因素[1]。IPCC 把气候变暖主要归因于温室气体，特别是 CO_2 浓度的增

加[1];而坚持自然因素起主要作用的观点认为,目前的增温只是气候变化历史长河中的一个阶段[8,46]。这两种观点成为目前争论的焦点。这两类影响因素的相对重要性直接影响着全球气候谈判以及国际社会应对、适应和减缓气候变化的政策走向和行动取向。

(一)温室气体的作用

温室气体是指大气圈内能吸收红外辐射使大气温度升高的气体。如果大气层不存在,地球表面平均温度为-19℃,但实际上地球表面的温度能保持在14℃前后。即温室气体的温室效应能使地球表面温度升高33℃。法国科学家 Joseph Fourier 于1824年最早发现了这一现象,此后(1896年)瑞典科学家 Svante Arrhenius 首次定量证明了这一发现,指出如果大气 CO_2 浓度加倍,地球表面温度将升高5~6℃[47]。

大气中的主要温室气体包括水汽(H_2O)、二氧化碳(CO_2)、甲烷(CH_4)、氧化亚氮(N_2O)、对流层臭氧(O_3)、氟利昂类物质(CFCs)等。温室气体对大气升温的贡献大小取决于其在大气中的浓度(含量)和温室效应强度。综合这两种特性,主要大气成分水汽、CO_2、CH_4 及 O_3 对温室效应的贡献大小分别为36%~72%、9%~26%、4%~9%和3%~7%[48]。温室气体对维持生物存活的地球温度是至关重要的。然而,过去150年来人类活动导致大气中温室气体浓度显著增加,这是全球变暖的重要因素。在过去的近250年里(1750~2008年),大气中的 CO_2 浓度由280 ppm增加到387 ppm,CH_4 浓度由700 ppb增加到1745 ppb,N_2O 浓度由270 ppb增加到314 ppb,分别增加了38%、149%和16%[1]。这些温室气体浓度增加的主要来源是:CO_2 主要来自化石燃料使用和水泥生产,以及土地利用变化(如热带毁林)所导致的排放;CH_4 主要来自畜牧业、水稻田、湿地等排放;N_2O 主要产生于施肥等农业生产活动;CFCs则主要来自冰箱、空调等制冷剂的使用。火山爆发等自然过程排放的 CO_2 所占的比例很小,只是人为活动排放 CO_2 的1%[49]。

在所有温室气体中,水汽对温室效应的贡献最大,它贡献了全部温室效应的1/3~2/3。水汽约占大气成分的2%,主要来自于地表和海洋蒸发以及植物蒸腾作用。由于人们一直认为对流层中水汽含量不存在明显变化,水汽的增温作用长期被忽略。但全球变暖使蒸发增强,从而导致大气水汽含量增加,而大气的热膨胀可以容纳更多的水汽,从而对升温产生正反馈作用。一些区域的观测结果表明,过去的几十年,水汽含量显著增加[50~52](图4)。

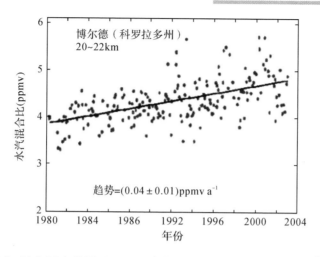

图 4 过去 25 年美国 Colorado 高空 20~22 km 的水汽含量变化[50]

(二)气溶胶的作用

气溶胶是大气中的一种微小颗粒,主要由火山爆发所产生的火山灰、化石燃料排放所产生的 SO_2 等大气污染物、生物质燃烧所释放的微粒等组成。气溶胶通过影响大气化学过程、辐射过程和云物理过程的变化而影响近地表辐射平衡和气温。绝大部分气溶胶,如硫化物、生物质颗粒、化石燃料排放的有机碳、对流层中的气溶胶等因反射太阳辐射而对大气产生降温作用;但也有少量的,如化石燃料排放的黑炭(black carbon)却具有增温效果,而无机粉尘(mineral dust)的增降温机制不清。此外,气溶胶通过影响水云并引起云反照率效应,产生间接的降温作用[53,54]。

与温室气体相比,气溶胶在大气中驻留时间短,从几个小时至数天数月,但大气总能够保持一定量的气溶胶。Lu 等[55]对中国 2000~2006 年间的 SO_2 排放趋势的分析表明:SO_2 排放量从 21.7 Tg 增加到 33.2 Tg,增加了 53%,其中北方和南方各增加了 85% 和 28%。由于气溶胶分布不均一以及复杂的化学反应,气溶胶的影响模拟较为困难[56],不同气溶胶的降温或增温强度具有很大的不确定性[7]。Ramanathan 和 Carmichael[57]指出,黑炭气溶胶可能是造成气候变暖的第二大根源,其作用仅次于 CO_2,所产生的直接辐射强迫可达 0.9 W m^{-2},是同期 CO_2 辐射强迫的 55%。而多数学者认为,气溶胶对气候变化的总体作用是降温效应[58~60],但对全球变暖的相对贡献持不同观点。Hansen 等[59]认为气溶胶的降温强度可以抵消过去几十年里人类活动排放的 CO_2 的增温效果。但最近也有研究认为,气溶胶的冷却效果不强，只是温室气体的 10% 左右[60]。

(三)太阳活动的影响

太阳是地球热能的最主要来源，太阳活动与地球温度变化关系密切。但太阳活动变化对地球温度变化的影响到底有多大还很不确定。有学者认为，太阳活动增加导致地球增温[61~63]。例如，观测表明，在长时间尺度，太阳活动强度与北极地区的温度变化吻合很好[64]；太阳黑子的变化与全球温度之间呈良好的对应关系[65]。这说明太阳活动可能是影响长期温度变化的主要因素之一。但大多数研究认为，太阳活动在 20 世纪 60 年代以前是地球气候变化的重要影响因素，但最近的气候变暖却很难用太阳活动的变化来解释[66~68]。如图 5 表明，1880~1960 年间太阳总辐射与温度的变化十分吻合，但之后，太阳总辐射有所减少，而温度却在持续上升。此外，也有研究认为太阳活动增强反而促使降温。例如，Haigh 等[69]对 2004~2007 年间的太阳光谱数据进行分析发现，与 2004 年相比，2007 年太阳活动强度更弱，但抵达地球对流层的太阳能量净值却比 2004 年多，说明当太阳活动减弱时，到达地球表面的可见光却增多了，从而促使地球表面温度上升。

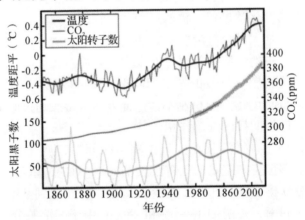

图 5 1880 年以来太阳黑子与温度的年际变化

火山活动也是重要的自然因素之一，火山喷发产生的火山灰和气体通过影响大气的辐射传输而降低地球平均气温[70,71]。由于火山喷发存在季节、纬度和强度的差异，因此喷发物的空间分布特征不同，对辐射的影响也不同[72]。但目前没有好的方法预测火山活动以及热盐环流的变化，因此无法正确定量火山等自然因素对气候变暖的作用。这也许是在气候变暖中强调人为因素影响的原因之一[33]。

三、CO_2排放与气温变化的关系

在前述的人为源温室气体中,CFCs 的排放已受到有效控制,CH_4 和 N_2O 基本属于自然释放,因此,人们对它们的关注度较小。目前人们最关注的是 CO_2 排放。主要原因是 CO_2 不仅为最大的人为源温室气体,被认为是影响目前温度上升的最大因素,而且与其他温室气体相比,控制其排放的可能性更大。

实际上,大气 CO_2 浓度的增加涉及很多非常复杂的因素,如海陆生态系统的自然释放和人为活动排放,但其定量机制和过程尚不十分清楚。为说明这一问题,本文从全球碳循环的角度,来简单分析人为源和自然源 CO_2 的来源和归宿(图6)。

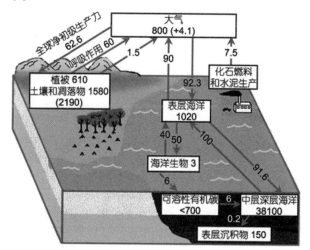

图6 本世纪初(2000~2007)的全球碳循环模式图

单位:Pg C 或 Pg C a^{-1},根据文献[73,74]修改

(一)全球碳循环与大气 CO_2 浓度增量的来源

图6是本世纪初的全球碳循环模式图。如果陆地生物圈与大气之间的碳交换处于平衡状态,全球陆地生物圈从大气中吸收 120~150 Pg C 的 CO_2(即总初级生产力,GPP;1 Pg C = 10^{15} g C)[75,76],它应该通过植物自身的呼吸(自养呼吸)和生态系统的异养呼吸(土壤微生物和土壤动物等的呼吸)向大气中排放等量的 CO_2。

但是,全球碳循环的平衡模式正受到干扰。一方面,近年来人为活动

(化石燃料燃烧及土地利用变化)排放的 CO_2 约为 $9\sim10$ Pg C[74],是陆地和海洋生物圈自然释放 CO_2 的 $1/22\sim1/26$;另一方面,由于目前的气候系统处于非平衡状态,气温升高也可能导致土壤异养呼吸和海洋碳排放的增加[77,78]。如果这部分增加的 CO_2 不能被生态系统所吸收,也将导致大气 CO_2 浓度的增加。即大气 CO_2 浓度的增加不只来自人类活动的碳排放,也可能来自于陆地和海洋生态系统对气温升高的响应。对地球自然源和人为源 CO_2 总排放量以及总吸收量进行概算表明,全球自然和人为 CO_2 排放总量约为 250 Pg C,而全球海陆和大气 CO_2 总吸收量约为 230 Pg C(表2),即地球总排放量与吸收量之间收支不平衡,相差约有 20 Pg C,这相当于目前人为活动总排放量的 2 倍。可见,大气中 CO_2 增量的来源并不是很清楚的。换言之,增加的大气 CO_2 浓度是否都是人为排放的,是一个不确定性的问题。

表2 全球自然和人为 CO_2 排放总量和海陆和大气 CO_2 总吸收量[1,73,74,79~84]

排放	(Pg C a^{-1})	吸收	(Pg C a^{-1})
自然排放			
陆地生物圈自养呼吸	$60\sim75$	陆地生物圈吸收	$120\sim150$
陆地生物圈异养呼吸	$70\sim100$	海洋生物圈吸收	$90\sim93$
海洋表面排放	90	大气储存	$4\sim5$
人为排放			
化石燃料燃烧	$7\sim8$		
毁林	$1.5\sim2$		
总排放量(取中间值)	250	总吸收量(取中间值)	230

(二)碳排放与增温的关系

CO_2 浓度升高与增温之间的关系是一个有争议的问题。

IPCC[1]认为,目前的升温很有可能是由 CO_2 等温室气体浓度的增加导致的。该结论依据的物理学基础是:①CO_2 是温室气体,温室气体增加必然导致大气温度的增加;②过去 100 多年来,大气 CO_2 浓度增加了;增加的 CO_2 浓度应该会导致大气增温。而且,气候模式研究结果表明:即使考虑了所有的自然因素和分析误差,也不能解释现在的升温现象;只有把人为排放的 CO_2 等温室气体考虑进去,才能较好地说明目前的升温现象。

对这一物理过程以及逻辑本身,科学界是达成共识的。但是人们质疑 IPCC 是否片面地过分强调了人为源 CO_2 排放的影响,并夸大了温度对 CO_2

浓度的敏感度。CO_2 浓度升高与气温变化的关系非常复杂，定量描述气温变化对 CO_2 浓度升高的敏感度也存在很大的不确定性。辐射强迫往往用来定量表示温室气体排放对气温变化的作用。IPCC[1] 综合了众多研究结果后指出，自工业化时期以来，大气 CO_2 浓度增加所产生的辐射强迫为 $(1.66±0.17)$ W m^{-2}，尤其是在 1995~2005 年间，这种增加导致的辐射强迫增加了 20%。然而，最近一些研究表明，CO_2 辐射强迫比 IPCC 给出的值要低[85~87]。尽管数据的取舍年份可能会影响其结果，但还是说明 CO_2 浓度增加对气温升高的作用可能比 IPCC 给出的结果小得多。

如前所述，大气温度的变化除温室气体外，还受其他因素（如自然过程以及气溶胶等）的影响。然而，自然因素对温度变化的作用机制并不明确，气溶胶的作用更是存在不确定性。因此，把气候变暖简单归结为温室气体浓度升高可能是片面的。在器测时期的 100 多年里，若干时期的气温变化与 CO_2 浓度增加之间方向相反。在过去的近百年里（1910~2010 年），气温与 CO_2 浓度在整体上具有较好的相关性，但在气温变化过程中存在 2 个明显的降温期：1940~1975 年和 1998~2009 年，而在这两个时期，大气 CO_2 浓度一直快速升高[图 7(a)]。如果对 1850 年以来大气 CO_2 浓度与大气温度之间每间隔 30 年进行相关分析，就可以发现，在这 158 年中，三个时期两者显著正相关，一个时期显著负相关，两个时期相关性不明显（表 3）。此外，从大气 CO_2 浓度的年增量与年均温年变化量看，二者之间只有很微弱的正相关性[($P>0.05$，图 7(b)]。即使考虑温度变化可能滞后于 CO_2 浓度变化，二者关系在统计上仍然是不显著的。这些结果表明了地球冷暖变化的复杂性，CO_2 只是影响气温变化的一个方面，短时期气温变化会更多地受 CO_2 以外的

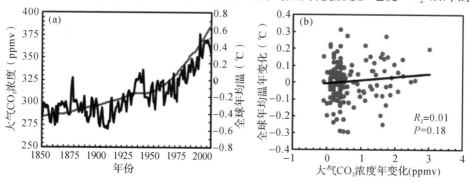

图 7　大气 CO_2 浓度与全球平均温度的关系(a)和 CO_2 浓度年增量与年均温年变化量的关系(b)

因素影响,如 Lean 和 Rind[88]认为太阳辐射和火山爆发等自然因素在近 10 年积累的降温作用可能抵消了温室气体的部分增温作用。

综上所述,尽管 IPCC[1]把目前观测到的气温升高主要归因于 CO_2 等温室气体浓度的增加,但对这一问题的不确定性阐述不够,缺乏足够的科学性并导致争议。过去 150 多年来温度变化有升有降,而气候模式预测的未来气温却一直保持增加趋势。这表明当前气候模型对地球大气系统(尤其对影响气温变化的自然因素)的刻画是不完备的,预测结果存在很大的不确定性[89]。也由于此,基于 IPCC 报告给出的 2℃ 阈值(即当 CO_2 浓度约增加到 450~550 ppmv 时,可能导致的温度增高值)作为减排的依据是值得怀疑的[85,90,91]。一种客观、可以接受的观点是, CO_2 作为一种主要的温室气体,其浓度增加对全球气候变暖有贡献,但贡献多大是一个不确定的问题。科技界在得出准确结论之前,需要加强研究,并明确这些不确定性。

表 3　每 30 年间大气 CO_2 浓度序列与全球年均温序列的相关系数

时间段	原始序列相关系数
1850~1880	0.46[a]
1881~1910	0.61[a]
1911~1940	0.84[a]
1941~1970	0.02
1971~1997	0.79[a]
1998~2008	0.02

a) $P<0.05$

四、主要观点和结论

一是气候变暖是客观事实,但变暖程度存在不确定性:各地的观测数据表明,近百年来全球平均气温在升高。这不仅反映在温度的上升,其证据还包括海平面上升、冰雪消融以及物候期变化等观测事实。但全球到底升温多少存在不确定性。

二是人类活动和自然因素共同影响着气候变化,其相对贡献难以量化:影响全球气候变化的人为因素主要包括化石燃料使用和毁林等人类活动引起的二氧化碳(CO_2)、甲烷(CH_4)等温室气体以及气溶胶(如 SO_2)的排放,自然因素包括太阳活动、火山爆发等。一般来说,温室气体导致升温,而气溶胶使地球变冷。水汽是最大的温室气体,但它在大气中的含量变化较小,而

CO_2 等温室气体的浓度显著增加,其相对的增温效应也显著增加。无论是自然因素,还是人为因素,它们对全球温度变化的影响存在不确定性,尤其是气溶胶。

三是 IPCC 认为 CO_2 等温室气体浓度的增加是全球变暖的主要因素,但存在很大的争议:IPCC 报告认为全球变暖主要由 CO_2 等温室气体浓度的增加导致的,其依据主要来自温室效应的物理学基础和气候模式的研究结果。该结论存在较大争议,质疑的主要理由是:①影响全球温度变化的主要因素对温度确定变化的作用机制不清楚,气溶胶的作用更是存在不确定性;②大气中 CO_2 的来源存在不确确定性;③在过去的百余年里,若干时期的气温变化与 CO_2 浓度增加的方向相反,目前观测到的大气 CO_2 浓度显著升高并不一化,即尽管大气 CO_2 浓度定都是人类活动排放导致的。

参考文献

[1] Solomon S, Qin D, Manning M, et al. Climate Change 2007: The Physical Science Basis, Contribution of Working Group 1 to the Fourth Assessment Report of the Intergovernmental Panel on Climate Change. New York: Cambridge University Press, 2007

[2] Gleick P H, Sdams R M, Amasino R M, et al. Climate change and the integrity of science. Science, 2010, 328: 689—690

[3] 丁仲礼,段晓男,葛全胜,等. 2050 年大气 CO_2 浓度控制:各国排放权计算. 中国科学 D 辑:地球科学, 2009, 39: 1009—1027

[4] 方精云,王少鹏,岳超,等."八国集团"2009 意大利峰会减排目标下的全球碳排放情景分析. 中国科学 D 辑:地球科学, 2009, 39: 1339—1346

[5] 王少鹏,朱江玲,岳超,等. 碳排放与社会经济发展(Ⅱ),碳排放与社会发展. 北京大学学报(自然科学版), 2010, 46: 505—509

[6] ICSU(International Council for Science). Statement by ICSU on the Controversy Around the 4th IPCC Assessment. 23 February, 2010

[7] Lomborg B. The Skeptical Environmentalist: Measuring the Real State of the World. New York: Cambridge University Press, 2001. 268

[8] Singer S F, Anderson W, Goldberg F, et al. Nature, not Human Activity, Rules the Climate: Summary for Policymakers of the Report of the Nongovernmental International Panel on Climate Change(NIPCC). Chicago: The Heatland Institute, 2008. 40

[9] Idso C, Singer S F. Climate Change Reconsidered: 2009 Report of the Nongovernmental International Panel on Climate Change(NIPCC). Chicago: The Heartland Institute, 2009. 868

[10] Heffernan O. Cliamte data spat intensifies. Nature, 2009, 460: 787

[11] Schiermeier Q. IPCC flooded by criticism. Nature, 2010, 463: 596—597

[12] Committee to Review the IPCC (InterAcademy Council). Climate Change Assessments: Review of the Processes and Procedures of the IPCC. The Report of the InterAcademy Council, 2010, Amsterdam, The Netherlands

[13] Singer S F. Human contribution on climate change questionable. EOS, 1999, 80: 183

[14] Singer S F. Science editor bias on climate change? Science, 2003, 301: 595—596

[15] Brohan P, Kennedy J J, Harris I, et al. Uncertainty estimates in regional and global observed temperature changes: A new data set from 1850. J Geophys Res, 2006, 111: D12106, doi: 10.1029/2005JD006548

[16] Smith D M, Cusack S, Colman A W, et al. Improved surface temperature prediction for the coming decade from a global climate model. Science, 2007, 317: 796—799

[17] Mann M E, Zhang Z H, Hughes M K, et al. Proxy-based reconstructions of hemispheric and global surface temperature variations over the past two millennia. Proc R Soc A-Math Phys Eng Sci, 2008, 105: 13252—13257

[18] Hansen J, Reudy R, Sato M, et al. Global surface temperature change. Rev Geophys, 2010, 48: RG4004, doi: 10.1029/2010RG000345

[19] 气候变化评估报告编写委员会. 气候变化国家评估报告. 北京: 科学出版社, 2007

[20] 王少鹏, 王志恒, 朴世龙, 等. 我国40年来增温时间存在显著的区域差异. 科学通报, 2010, 55: 1538—1543

[21] 李庆祥, 董文杰, 李伟, 等. 近百年中国气温变化中的不确定性估计. 科学通报, 2010, 55: 1544—1554

[22] Peng S S, Piao S L, Ciais P, et al. Change in winter snow depth and its impacts on vegetation in China. Glob Change Biol, 2010, doi: 10.1111/j.1365-2486.2010.02210x

[23] Gerland S, Renner A H H, Godtliebsen F, et al. Decrease of sea ice thickness at Hopen, Barents Sea, during 1966—2007. Geophys Res Lett, 2008, 35: L06501, doi: 10.1029/2007GL032716

[24] Byers A. Contemporary human impacts on alpine ecosystems in the Sagarmatha (Mt. Everest) National Park, Khumbu, Nepal. Ann Assoc Am Geogr, 2005, 95: 112—140

[25] Allison I, Bindoff N L, Binaschadler R A, et al. The Copenhagen Dignosis, 2009: Updating the World on the Latest Climate Science. Sydney: The University of New South Wales Climate Change Research Centre (CCRC), 2009. 1—68

[26] Zhou L, Tucker C J, Kaufmann R K, et al. Variations in northern vegetation activity inferred from satellite data of vegetation index during 1981—1999. J Geophys Res, 2001, 106: 20069—20083

[27] Stockli R, Vidale P L. European plant phenology and climate as seen in a 20-year AVHRR land-surface parameter dataset. Int J Remote Sens, 2004, 25: 3303—3330

[28] Piao S L, Fang J Y, Zhou L M, et al. Variations in satellite-derived phenology in China's tem-

perate vegetation. Glob Change Biol, 2006, 12: 672—685

[29] 郑景云, 葛全胜, 郝志新. 气候增暖对我国近 40 年植物物候变化的影响. 科学通报, 2002, 47: 1582—1587

[30] 张学霞, 葛全胜, 郑景云, 等. 近 150 年北京春季物候对气候变化的响应. 中国农业气象, 2005, 26: 263—267

[31] 仲舒颖, 郑景云, 葛全胜. 1962—2007 年北京地区木本植物秋季物候动态. 应用生态学报, 2008, 19: 2352—2356

[32] 任国玉. 气候变暖成因研究的历史、现状和不确定性. 地球科学进展, 2008, 23: 1084—1091

[33] 王绍武. 全球气候变暖的争议. 科学通报, 2010, 55: 1529—1531

[34] 葛全胜. 中国历朝气候变化. 北京: 科学出版社, 2011

[35] Jones P D, Briffa K R, Barnett T P, et al. High-resolution palaeoclimatic records for the last millennium: Interpretation, integration and comparison with general circulation model control-run temperatures. Holocene, 1998, 8: 455—471

[36] 王芳, 葛全胜, 陈泮勤. IPCC 评估报告气温变化观测数据的不确定性分析. 地理学报, 2009, 64: 828—838

[37] Zhao S Q, Da L J, Tang Z Y, et al. Ecological consequences of rapid urban expansion: Shanghai, China. Front Ecol Environ, 2006, 4: 341—346

[38] Zhou L M, Dickinson R E, Tian Y H, et al. Evidence for a significant urbanization effect on climate in China. Proc Natl Acad Sci USA, 2004, 101: 9540—9544

[39] Goodridge J D. Urban bias influence on long-term California air temperature trends. Atmos Environ, 1992, 26: 1—7

[40] Trenberth K E, Jones P D, Ambenje P, et al. Observations: Surface and atmospheric climate change. In: Solomon S, Qin D, Manning M, et al, eds. Climate Change 2007: The Physical Science Basis. Cambridge: Cambridge University Press, 2007. 235—336

[41] Jones P D, Lister D H, Li Q. Urbanization effects in large-scale temperature records, with an emphasis on China. J Geophys Res-Atmos, 2008, 113: D16122, doi: 10.1029/2008JD009916 42 Knight J, KennedyJ J, Folland C, et al. Do global temperature trends over the last decade falsify climate predictions? Bull Am Meteorol Soc, 2009, 90: S22—S23

[43] Kerr R A. What happened to global warming? Scientists say just wait a bit. Science, 2009, 326: 28—29

[44] Schmidt G, Rahmstorf S. Uncertainty, noise and the art of model-data comparison. 2008, http://www.realclimate.org/index.php/archives/2008/01/uncertaintynoise-and-the-art-of-model-data-comparison

[45] Wang S W, Wen X Y, Luo Y, et al. Does the global warming pause in the last decade: 1999—2008? Adv Clim Change Res, 2010, 1: 49—54

[46] Akasofu S. Global warming: What is the scientific truth? (2) Two natural components of the recent climate change. Energy Resour, 2009, 30: 70—88

[47] Weart S R. The Discovery of Global Warming. Cambridge: Harvard University Press, 2008

[48] Kiehl J T, Trenberth K E. Earth's annual global mean energy budget. Bull Am Meteorol Soc, 1997, 78: 197—208

[49] Gerlach T M. Etna's greenhouse pump. Nature, 1991, 315: 352—353

[50] Evans K M. The greenhouse effect and climate change. In: Evans K M, ed. The Environment: A Revolution in Attitudes. Detroit: Thomson Gale, 2005

[51] Santer B D. Identification of human induced changes in atmospheric moisture content. Proc Natl Acad Sci USA, 2007, 104: 15248—15253

[52] Dessler A E. Water vapor climate feedback inferred from climate fluctioations 2003—2008. Geophys Res Lett, 2008, 35: L20704

[53] Haywood J, Boucher O. Estimates of the direct and indirect radiative forcing due to tropospheric aerosols: A review. Rev Geophys, 2000, 38: 513—543

[54] Ramanathan V, Crutzen P J, Kiehl J T, et al. Aerosols, climate, and the hydrological cycle. Science, 2001, 294: 2119—2124

[55] Lu Z, Streets D G, Zhang Q, et al. Sulfur dioxide emissions in China and sulfur trends in East Asia since 2000. Atmos Chem Phys, 2010, 10: 6311—6331

[56] Broecker W S. 全球变暖: 行动还是等待? 科学通报, 2006, 51: 1489—1499

[57] Ramanathan V, Carmichael G. Global and regional climate changes due to black carbon. Nature Geosci, 2008, 1: 221—227

[58] Mitchell J F B, Johns T C, Gregory J M, et al. Climate response to increasing levels of greenhouse gases and sulphate aerosols. Nature, 1995, 376: 501—504

[59] Hansen J, Sato M, Ruedy R, et al. Global warming in the twenty-first century: An alternative scenario. Proc Natl Acad Sci USA, 2000, 97: 9875—9880

[60] Myhre G. Consistency between satellite-derived and modeled estimates of the direct aerosol effect. Science, 2009, 325: 187—190

[61] Hansen J E. A slippery slope: How much global warming constitutes "dangerous anthropogenic interference"? Clim Change, 2005, 68: 269—279 [62] Scafetta N, West B J. Phenomenological reconstructions of the solar signature in the Northern Hemisphere surface temperature records since 1600. J Geophys Res, 2007, 112: D24S03, doi: 10.1029/2007JD008437

[63] Randel W J, Shine K P, Austin J, et al. An update of observed stratospheric temperature trends. J Geophys Res-Atmos, 2009, 114: D02107, doi: 10.1029/2008JD010421

[64] Soon W W H. Variable solar irradiance as a plausible agent for multidecadal variations in the Arctic-wide surface air temperature record of the past 130 years. Geophys Res Lett, 2005, 32:

L16712, doi: 10.1029/2005GL023429

[65] Usoskin I G, Schussler M, Solanki S K, et al. Solar activity, cosmic rays, and Earth's temperature: A millennium-scale comparison. J Geophys Res-Space Phys, 2005, 110: A10102

[66] Solanki S K, Krivova N A. Can solar variability explain global warming since 1970? J Geophys Res, 2003, 108: 120, doi: 10.1029/2002JA009753

[67] Foukal P C, Frolich C, Spruit F, et al. Variations in solar luminosity and their effect on the Earth's climate. Nature, 2006, 443: 161—164

[68] Lockwood M, Fr. hlich C. Recent oppositely directed trends in solar climate forcings and the global mean surface air temperature. Proc R Soc A-Math Phys Eng Sci, 2007, 463: 2447—2460

[69] Haigh J, Winning A, Toumi R, Harder J. An influence of solar spectral variations on radiative forcing of climate. Nature, 2010, 467: 696—699

[70] Kelly P M, Sear C B. Climatic impact of explosive volcanic eruption. Nature, 1984, 311: 740—743

[71] Minnis P, Harrison E F, Stowe L L, et al. Radiative climate forcing by the mount Pinatubo eruption. Science, 1993, 259: 1411—1415

[72] Robock A. Volcanic eruptions and climate. Rev Geophys, 2000, 38: 191—219

[73] Schimel D S. Terrestrial ecosystems and the carbon cycle. Glob Change Biol, 1995, 1: 77—91

[74] Canadell J G, Le Quere C, Raupach M, et al. Contributions to accelerating atmospheric CO_2 growth from economic activity, carbon intensity, and efficiency of natural sinks. Proc Natl Acad Sci USA, 2007, 104: 18866—18870

[75] Schlesinger W H. Biogeochemistry: An Analysis of Global Change. New York: Academic Press, 1997

[76] Randerson J T, Chapin F S, Harden J W, et al. Net ecosystem production: A comprehensive measure of net carbon accumulation by ecosystems. Ecol Appl, 2002, 12: 937—947

[77] Le Quere C. Saturation of the Southern Ocean CO_2 sink due to the recent climate change. Science, 2007, 316: 1735—1738

[78] Bond-Lamberty B, Thomson A. Temperature-associated increase in the global soil respiration record. Nature, 2010, 464: 579—582

[79] Houghton R A. Balancing the global carbon budget. Annu Rev Earth Planet Sci, 2007, 35: 313—347

[80] Beer C, Reichstein M, Tomelleri E, et al. Terrestrial gross carbon dioxide uptake: Global distribution and covariation with climate. Science, 2010, 329: 834—838

[81] Rustad L E, Huntington T G, Boone R D. Controls on soil respiration: Implications for climate change. Biogeochemistry, 2000, 48: 1—6

[82] Janzen H H. Carbon cycling in earth systems: A soil science perspective. Agr Ecosys Environ,

2004, 104: 399—417

[83] Pacala S, Socolow R. Stabilization wedges: Solving the climate problem for the next 50 years with current technologies. Science, 2004, 305: 968—972

[84] Houghton R A. Aboveground forest biomass and the global carbon balance. Glob Change Biol, 2005, 11: 945—958

[85] Schwartz S E. Reply to comments by G. Foster et al., R. Knutti et al., and N. Scafetta on "Heat capacity, time constant, and sensitivity of Earth's climate system". J Geophys Res, 2008, 113: D15105, doi: 10.1029/2008JD009872

[86] Lindzen R S, Choi Y S. On the determination of climate feedbacks from ERBE data. Geophys Res Lett, 2009, 36: L16705, doi: 10.1029/2009GL039628

[87] Trenberth K E, Fasullo J T, O'Dell C, et al. Relationships between tropical sea surface temperature and top-of-atmosphere radiation. Geophys Res Lett, 2010, 37: L03702; doi: 10.1029/2009GL042314

[88] Lean J L, Rind D H. How natural and anthropogenic influences alter global and regional surface temperatures: 1889 to 2006. Geophys Res Lett, 2008, 35: L18701, doi: 10.1029/2008GL034864

[89] 钱维宏, 陆波, 祝从文. 全球平均温度在21世纪将怎样变化? 科学通报, 2010, 55: 1532—1537

[90] Hansen J, Sato M, Ruedy R, et al. Dangerous human-made interference with climate: A GISS modelE study. Atmos Chem Phys, 2007, 7: 2287—2312

[91] 丁仲礼, 段晓男, 葛全胜, 等. 国际温室气体减排方案评估及中国长期排放权讨论. 中国科学 D 辑: 地球科学, 2009, 39: 1659—1671

我国主要森林生态系统碳贮量和碳平衡

周玉荣　　　　　　　　于振良　赵士洞

(中国科学院植物研究所，北京 100093)(中国科学院自然资源综合考察委员会，北京 100101)

　　碳循环的研究是了解生物圈的重要途径，这对于估计 CO_2 及其他温室气体含量及他们与生物圈的相互作用至关重要(Berrien & Brasewell, 1994)。碳循环的研究首先是碳贮量和碳通量。随着国际社会对全球气候变化的重视，CO_2 作为最重要的一种温室气体，其源与汇成为全球关注的热点。近年来进行的大尺度的碳平衡研究已被广泛用来分析国家和地区、生物群落和经济区的碳状况，但由于生态系统的多样性，这种计算结果很不一致，陆地生态系统的碳贮量与年净碳通量仍是碳循环研究中几个最不确定的因素。森林作为最主要的植被类型，生物量和净生产力约占整个陆地生态系统的 86% 和 70%，土壤碳贮量约占世界陆地土壤总碳库的 73%(Post et al., 1982)，故森林状况很大程度上决定了陆地生物圈是碳源还是碳汇。森林生态系统在碳循环中的作用很大程度上取决于其高的碳密度。目前，我国森林生态系统碳循环研究已经有了一些点上的分散资料的积累，但基于森林生态系统碳循环大量数据综合性的研究极为有限，除少数区域、国家尺度森林植被碳贮量和年净固碳量的研究外(方精云等，1996a；1996b；康惠宁等，1996；罗天祥，1996；吴仲民等，1997；李意德等，1998)，多数研究停留在斑块或点的水平上；对森林植被生物量、生产力的研究较多，而对森林土壤有机碳含量、土壤有机质分解的研究则很不够，尤其是土壤呼吸，国内几乎是空白，使得区域尺度土壤碳循环的研究几乎没法进行。

一、方　法

　　森林生态系统的碳贮库由植被、凋落物和土壤 3 个分室组成，其碳贮量分别由这 3 个库的碳密度及各林分类型面积决定。植被碳贮量是基于生物量乘以转换比率，即干物质中碳的比重计算得来。这里讨论的生物量是某一时间内测到的生物体的总重量，即现存量(不包括凋落物贮量)。不同森林植被因其群落组成、年龄结构、林分起源的差异,其转换率略有不同,本文采用国际上常用的转换率0.45(Olson et al., 1983；Levine et al., 1995)。

森林凋落物层是森林生态系统的一大特征(这里的凋落物不包括土壤中根系更新形成的凋落物),是年凋落物量与分解量的差值。凋落物碳贮量通过凋落物的现存生物量乘以比例系数0.5得来。

土壤有机碳贮量根据土壤剖面有机质百分含量推算(Fang et al., 1996):

土壤有机碳 = 土壤容重 × 采样深度 × 土壤有机质百分含量 × 0.58 × 面积

0.58这一换算因子是指<2 mm的土壤颗粒有机质含碳量,是一个世纪以前Bemmelan提出的(Jenny, 1988)。由于土壤类型分布与植被类型分布几乎是一致的(Goto et al., 1994),故本文利用植被面积代替土壤类型的面积计算森林土壤碳贮量。

碳贮量不仅与碳密度有关,还与森林面积的获得途径有关。本文各种森林类型的面积采用林业部规划设计院1989～1993年森林资源统计[①]数据,针叶林基本根据统计资料的类别,按照资料情况个别地作了归类；阔叶林则划分为4大类:落叶阔叶林、硬叶常绿阔叶林、常绿落叶阔叶林、热带林。落叶阔叶林包括栎(*Quercus*)类、杨桦(*Populus-Betula*)类、桐类(*Paulownia*)及其他非亚热带地区的阔叶混交林、阔叶林(硬阔类、软阔类、杂木林等)；热带林包括广东、广西、云南、四川、贵州等省的桉树(*Euealyptus*)、木麻黄(*Casuarina*)及海南省的阔叶林。

森林生态系统碳平衡包括输入与输出两个过程,输入与输出的差值即为生态系统的净生产量(Net ecosystem production,简称NEP),若NEP为正,表明生态系统是CO_2汇,为负,则是CO_2源。碳的输入主要是植被对CO_2的固定,输出包括群落呼吸、凋落物和土壤有机碳分解释放CO_2,凋落物分解释放CO_2量几乎没有报道,这个分量与其他分量相比小得多,所以,系统的碳收支 = 植被总光合量 − 群落呼吸量 − 土壤呼吸量(不含根系呼吸,在群落呼吸量中已考虑),而植被的年净固碳量 = 年总光合作用 − 群落年呼吸量 − 地上年凋落物碳量,故系统的碳收支 = 净固碳量 + 地上凋落物碳量 − 土壤非根呼吸。年净固碳量,这里指的是植被年净增长量净初级生产力(NPP)一年凋落物量折合成碳量。

本文是在广泛收集资料的基础上经过数据的整理、分析后形成的。其中

---

① 林业部调查规划设计院. 1998. 全国森林资源统计(1989～1993)(内部资料).

森林生物量、生产力数据来源于文献中的实测样地，共720条记录[①]；土壤有机碳主要依据熊毅等（1987）和张万儒（1986），并搜集近20年的文献资料，共420条记录；年凋落物量与现存量主要根据文献资料，共250条记录；土壤呼吸数据基本来自国外文献数据，共110条记录[②]。

二、结果与讨论

（一）碳密度

由表1可知，我国森林植被平均碳密度是57.07 t·hm^{-2}从樟子松（$Pinus\ sylvesitis$ var. $mongolica$）林（31.10 t·hm^{-2}）到热带林（110.86 t·hm^{-2}）变化很大，但大多集中在40~60 t·hm^{-2}之间，尤其是温性针叶林和暖性针叶林，相差很小（表1），与Heath等（1993）估算全球森林碳贮量时，估算中国碳库时取值58.00 t·hm^{-2}相近，但低于世界平均水平（86.00 t·hm^{-2}）（Dixon et al., 1994）。原因可能是：一是我国森林年龄结构中，中、幼龄林所占比重较大，其中幼龄林占38.05%，中龄林占33.26%，故碳积累较少（李文华等，1996）；二是我国森林质量不高，原始林多数已逐渐演替为次生林，甚至低价的疏林（李文华等，1996）。另外，世界森林碳贮量的估计一般是基于国际生物学计划，那期间的统计结果可能偏高。我国森林凋落物层碳密度一般规律是针叶林高于阔叶林；随着纬度升高而增加，按暖性针叶林、温性针叶林、寒温性针叶林的顺序递增。凋落物层碳密度最大的是云冷杉（$Picea$-$Abies$）林和落叶松（$Larix$）林，超过20 t·hm^{-2}，热带林最小（3.00 t·hm^{-2}）。这很大程度上取决于水热因子、地域特点等。一般纬度越高，分解条件越差，凋落物积累越多。

土壤有机碳含量是土壤碳循环研究的基础，直接取决于地上、地下凋落物的输入和有机质分解，这二者与水热条件紧密相关，故土壤有机碳含量不仅与其上生长的植被关系密切，也受制于当地的气候条件。各种土壤类型各个亚类的土壤碳含量并不均一，由于缺少各个亚类所占森林面积的权重，这里只是一种算术平均，但仍然可以反映出我国森林土壤碳含量的基本规律。由表1可知，我国森林土壤平均碳密度是193.55 t·hm^{-2}，约是植被碳密度的3.4倍，其区域特征与植被碳密度呈相反趋势，随纬度升高而增加。土壤

[①] 部分数据来自罗天祥博士学位论文数据库部分，内部交流。
[②] 周玉荣. 1998. 我国主要森林生态系统的碳循环研究. 中国科学院植物研究所. 硕士论文.

碳密度最大的是云冷杉林(360.79 t·hm^{-2}),最小的是暖性针叶林和热带林(116.49 t·hm^{-2})。云冷杉林下土壤呼吸较弱,故形成巨大的土壤碳贮库;而热带林下土壤呼吸速率最大,再加上茂密的植被源源不断地从土壤中吸收营养,形成大的植被碳贮库,故土壤碳密度处于较低水平。我国森林土壤平均碳密度与 Kolchugina 和 Vinson(1993)估计的前苏联土壤层碳密度(244.1 t·hm^{-2})相比偏低,但与其他中纬度的国家相比(美国大陆:108.00t·hm^{-2};澳大利亚:83.00 t·hm^{-2})(Dixon et al.,1994)高得多,接近世界平均值 189.00 t·hm^{-2}。

表 1 我国森林生态系统的碳密度和碳贮量*

林分类型 Stand types	面积 Area (10^4 hm^2)	碳密度 Carbon density(t·hm^{-2})				碳贮量 Carbon storage(10^8 t)			
		植被 Vegetation	土壤 Soil	凋落物 Litter	总计 Total	植被 Vegetation	土壤 Soil	凋落物 Litter	总计 Total
落叶松林[1]	9.6870	60.20	166.52	20.08	246.8	5.83	16.13	1.95	23.91
云冷杉林[2]	7.5608	82.01	360.79	20.79	463.59	6.20	27.28	1.57	35.05
樟子松林[3]	0.6324	31.10	134.61	5.65	171.36	0.20	0.85	0.04	1.09
阔叶红松林[4]	2.0005	68.17	185.00	9.46	262.63	1.36	3.70	0.19	5.25
温性针叶林[5]	4.2810	43.26	189.56	11.34	244.16	1.85	8.12	0.49	10.46
暖性针叶林[6]	29.5398	47.97	110.30	5.55	163.82	14.17	32.58	1.64	48.39
针叶、针阔混交林[7]	1.3333	64.76	335.58	7.66	408.00	0.86	4.47	0.10	5.43
落叶阔叶林[8]	36.0958	47.75	208.90	5.85	262.5	17.24	75.40	2.11	94.75
硬叶常绿阔叶林[9]	3.9929	100.73	205.23	3.205	309.16	4.02	8.19	0.13	12.34
常绿、常绿落叶阔叶林[10]	12.6100	73.68	257.57	5.43	336.68	9.29	32.48	0.68	42.45
热带林[11]	0.8872	110.86	116.49	3.00	230.35	0.98	1.03	0.03	2.04
总计 Total	108.6207	57.07	193.55	8.21	258.83	62.00	210.23	8.92	281.16

1) *Larix* forests 2) *Picea-Abies* forests 3) *Pinus sylvestris* var. *mongolica* forests 4) *P. koraiensis* forests 5) Temperate coniferous forests 6) Warm temperate coniferous forests 7) Coniferous mixed/coniferous and broad-leaved mixed forests 8) Deciduous broad-leaved forests 9) Sclerophyllous broad-leaved forests 10) Evergreen/evergreen-deciduous broad-leaved forests 11) Tropical forests 表2同此 Table 2 is the same

由表 1 可知,我国森林生态系统(植被、凋落物层、土壤)平均碳密度是 258.83 t·hm^{-2},其中云冷杉林碳密度最大,暖性针叶林最小;热带林和暖性针叶林的碳密度偏小。从其净固碳力看,热带林净固碳量最高,暖性针叶林与寒温性针叶林、温性针叶林、阔叶红松林相比,也较高(表 2),但其碳密度却偏低。原因可能与所收集的数据有关,也因为我国暖性针叶林和热带林多为次生林,其中幼龄林和中龄林所占比例分别是 84.1%、84.0%(李文华等,1996)。

(二)碳贮量

表1统计得出我国森林生态系统总碳库为 281.16×10^8 t,其中土壤碳库为 210.23×10^8 t,占总量的74.6%,植被碳库为 62.00×10^8 t,占总量的22.2%;凋落物层的碳贮量为 8.92×10^8 t,占总量的3.2%。我国森林面积约占世界的2.6%,植被与土壤碳贮量分别是世界的(3590×10^8 t,7890×10^8 t)(Dixon et al.,1994)1.7%、2.7%,故我国森林生态系统在全球碳循环中的作用是不容忽视的。

(三)碳平衡

表2是根据文献资料统计得出的我国主要森林生态系统碳平衡的各个通量。结果表明:我国森林生态系统在与大气的气体交换中表现为碳汇,即NEP为正,年通量为 4.80×10^8 t。根据刘允芬(1995)和方精云等(1996b)的估计结果,我国生物物质和化石燃料燃烧、人体呼吸等每年释放的总碳量为 9.87×10^8 t,而我国森林生态系统可以吸收其中的48.7%。单位面积碳汇功能基本规律是阔叶林的固碳能力大于针叶林,随纬度的升高,从热带向寒带其碳汇功能下降。表2中的森林植被年净增长碳量直接反映森林的生长情况。我国森林植被单位面积年净增长碳量5.54 t·hm^{-2}·a^{-1},总增长碳量是 6.02×10^8 t·a^{-1},占全球净初级生产力(328.5×10^8 t,Lieth,1975)的1.8%,年净固碳力在 2.15~10.06 t·hm^{-2}·a^{-1} 之间,最大的是热带林(表2)。

由表2可知,我国森林年凋落碳量都不超过10.00 t·hm^{-2}·a^{-1}。年凋落物量随树种的变化幅度很大,一般规律是随气候带由北向南的推移而逐渐增加,但即使是同一气候带其凋落物量的差别也很大,阔叶树种比针叶树种的年凋落物量大,针阔混交林比针叶纯林年凋落物量大;年凋落碳量最多的是热带林,最小的是落叶松林,仅有0.58 t·hm^{-2}·a^{-1}。

国内对于土壤呼吸测定的数据很少,不能用来分析我国森林土壤呼吸量,故仍采用世界相应植被类型的平均土壤呼吸速率估算我国森林土壤呼吸量。Raich 和 SchlesingeI(1992)在全球尺度上通过陆地生态系统土壤呼吸的研究认为:根的呼吸量占土壤总呼吸量的30%~70%,故在成熟的森林中,根系呼吸在土壤总呼吸中所占比例取0.5是适宜的。考虑到我国成熟林并不多,根系呼吸占土壤总呼吸量的比值取0.45,这与方精云等(1996b)的观点也是一致的。结果如表2所示:我国森林土壤总呼吸量是 6.86×10^8 t·a^{-1},

非根呼吸是 $3.82 \times 10^8 t \cdot a^{-1}$，这一值表示森林生态系统内循环每年向大气圈释放的 CO_2 量。

表2 我国森林生态系统的碳平衡

林分类型 Stand types	面积 Area ($10^6 hm^2$)	净增长碳量 Net vegetation production		年凋落碳量 Litter production		非根呼吸 Soil respiration except root		碳收支(NEP) Net ecosystem production	
		平均 Mean	总计 Total	平均 Mean	总计 Total	平均 Mean	总计 Total	平均 Mean	总计 Total
落叶松林[1]	9.6870	3.90	0.38	0.58	0.06	1.77	0.17	2.71	0.27
云冷杉林[2]	7.5608	5.28	0.40	0.77	0.06	1.77	0.13	4.28	0.33
樟子松林[3]	0.6324	2.15	0.01	1.40	0.01	1.77	0.01	1.78	0.01
阔叶红松林[4]	2.0005	5.25	0.11	1.99	0.04	3.56	0.07	3.68	0.08
温性针叶林[5]	4.2810	4.20	0.18	1.84	0.08	3.75	0.16	2.29	0.10
暖性针叶林[6]	29.5398	5.89	1.74	2.08	0.61	3.75	1.11	4.22	1.24
针叶、针阔混交林[7]	1.3333	7.02	0.09	2.58	0.03	3.75	0.05	5.85	0.07
落叶阔叶林[8]	36.0958	4.60	1.66	3.03	1.09	3.56	1.28	4.07	1.47
硬叶常绿阔叶林[9]	3.9929	6.64	0.27	3.52	0.14	3.92	0.16	6.24	0.25
常绿、常绿落叶阔叶林[10]	12.6100	8.67	1.09	3.52	0.44	4.90	0.62	7.29	0.91
热带林[11]	0.8872	10.06	0.09	4.49	0.04	6.93	0.06	7.62	0.07
总计或加权平均 Total or mean	108.6207	5.54	6.02	2.40	2.61	3.52	3.82	4.40	4.80

三、小 结

上文初步分析了我国主要森林生态系统3个部分的碳贮量及通量，为评价我国森林在全球变化中的作用提供了一些必要参数。我国森林生态系统的平均碳密度是 $258.83 \ t \cdot hm^{-2}$，基本趋势是随纬度的增加而增加，其中植被的平均碳密度是 $57.07 \ t \cdot hm^{-2}$，随纬度的增加而减小，土壤碳密度约是植被碳密度的3.4倍，其区域特点与植被碳密度呈相反趋势，随纬度升高而增加；凋落物层平均碳密度是 $8.21 t \cdot hm^{-2}$，随水热因子的改善而减小。

参考文献

Berrien, M. Ⅲ &B. H. Braswell. 1994. The metabolism of the earth: understand the carbon cycle. AMBIO(人类环境杂志), 23: 4~12. (in Chinese)

Dixon, R. K., S. Brown, R. A. Houghton, A. M. Solomon, M. C. Trexler & J. Wisniewski.

1994. Carbon pools and flux of global forest ecosystem. Science, 263: 185~190.

Fang, J. Y. (方精云), G. H. Liu(刘国华) & S. L. Xu(徐嵩龄). 1996a. Biomass and net production of forest vegetation in China. Acta Ecologica Sinica(生态学报), 16: 497~508. (in Chinese)

Fang, J. Y. (方精云), G. H. Liu(刘国华) & S. L. Xu(徐嵩龄). 1996b. The carbon circulation of the Chinese land ecosystem and its contribution to the global cycle. In: Wang, R. S. (王如松), J. Y. Fang(方精云), L. Gao(高林) & Z. W. Feng(冯宗炜) eds. Research on the popular problem about the modern ecology. Beijing: Chinese Science and Technology Press. (in Chinese)

Fang, J. Y., G. H. Liu & S. L. Xu. 1996. Soil carbon pool in China and its global significance. Journal of Environmental Science (China), 8: 249~254.

Goto, N., A. Sakoda & M. Suzuki. 1994. Modelling of soil carbon dynamics as a part of carbon cycle in terrestrial ecosystems. Ecological Modelling, 74: 183~204.

Heath, L. S., P. E. Kauppi, P. Burschel, H. Gregor, R. Guderian, G. H. Kohlmaier, S. Lorenz, D. Overdieek, F. Seholz, H. Thoasius & M. Weber. 1993. Contribution of temperate forests to the world's carbon budget. Water, Air and Soil Pollution, 70: 55~69.

Kang, H. N. (康惠宁), Q. Y. Ma(马钦彦) & J. Z. Yuan(袁嘉祖). 1996. Estimation of the Chinese forest function on carbon sink. Chinese Journal of Apphed Ecology(应用生态学报), 7: 230~234. (in Chinese)

Kolehugina, T. P. & T. S. Vinson. 1 993. Carbon sources and sinks in forest biomes of the former Soviet Union. Global Biogeochemieal Cycles。7: 291~304.

Levine, J. S., W. R. Cofer III, D. R. Cahoon Jr. 8L E. L. Winstead. 1995. Biomass burning, a driver for global change. Environmental Science Technology, 120: 120~125.

Li, W. H. (李文华) & F. Li(李飞). 1996. Research of forest resources in China. Beijing: China Forestry Publishing House. (in Chinese)

Li, Y. D. (李意德), Q. B. Zeng(曾庆波), Z. M. Wu(吴仲民), G. Y. Zhou(周光益) & B. F. Chen(陈步峰). 1998. Estimation of amount of carbon pool in natural tropical forest of China. Froest Research (林业科学研究), 11: 156~162. (in Chinese)

Lieth, H. 1975. Modelling the primary productivity of the world. In: Lieth, H. & R. B. Whittaker eds. Primary productivity of the biosphere. New York: Springer-Verlag. 237~263.

Liu, Y. F. (刘允芬). 1995. A study on the carbon cycle in the agroecological system of China. Journal of Natural Resources(自然资源学报), 10: 1~8. (in Chinese)

Luo, T. X. (罗天祥). 1996. Patterns of net primary productivity for Chinese major forest types and its mathematical models. Ph. D. thesis of Commission for Integrated Survey of Natural Resources. the Chinese Academy of Sciences. (in Chinese)

Olson, J. S., J. A. Watts & L. J. Allison. 1983. Carbon in live vegetation of major world ecosystems. US Department of Energy DOE/ NBGB - 0037. (Rep. Ornl - 58620, Oak Ridge National

Labortary, Oak Ridge, TN)

Post, W. M., W. R. Emanuel, P. J. Zinke & A. G. Strangenberger. 1982. Soil carbon pools and world life zones. Nature, 298: 156~159.

Raich, J. W. & W. H. Schlesinger. 1992. The global carbon dioxide flux in soil respiration and its relationship to vegetation and climate. Tellus, 44B: 81~99.

Wu, Z. M.(吴仲民), Q. B. Zeng(曾庆波), Y. D. Li(李意德), G. Y. Zhou(周光益), B. F. Chen(陈步峰), Z. H. Du(杜志鹄)& M. X. Lin(林明献). 1997. A preliminary research on the carbon storage and CO_2 release of the tropical forest soils in Jianfengling, Hainan Island, China. Acta Phytoecologica Sinica(植物生态学报), 21: 416~423. (in Chinese)

Xiong, Y.(熊毅)& Q. K. Li(李庆逵). 1987. The soil of China. 2nd ed. Beijing: Science Press. (in Chinese)

Jenny, H. (translated by Li, X. F.(李孝芳), R. H. Huang(黄润华)& Y. X. Tang(唐耀先)). 1988. Soil resources: origin and properties. Beijing: Science Press. (in Chinese)

Zhang, W. R.(张万儒). 1986. Chinese forest soil. Beijing: Science Press. (in Chinese)

北京城市园林树木碳贮量与固碳量研究

谢军飞[1]　李玉娥[2]　李延明[1]　高清竹[2]

(1. 北京市园林科学研究所 北京 100102；2. 中国农业科学院农业气象研究所 北京 100081)

工业革命以来，人类活动所造成的大气中温室气体浓度增加以及由此导致的全球温室效应已成为公认的事实[10~12]，在引起全球温室效应的温室气体中，尤以 CO_2 气体的作用最为显著。森林作为全球陆地生态系统中的最大有机碳库，通过光合作用对 C 的固定，树木在其中扮演了重要的 CO_2 汇的角色，尽管树木长期的净 CO_2 源/汇还与许多因素相关，但树木数量的增加将一定程度减缓大气 CO_2 浓度的增加。

随着城市化的发展和绿化水平的提高，城市面积、绿化覆盖率、绿化树木数量得到迅速增加，据资料统计[1,2]，从 1995 年到 2000 年，北京远近郊区县建成区面积已由 63 056 hm^2 迅速增加到 73 316 hm^2，绿化覆盖率已由 32.68% 增加到 36.54%，树木也由 3 848.43 万株增加到 4 148.41 万株。从北京市长期规划看，到 2008 年，北京市区绿化覆盖率将达到 45%（北京市城市绿化规划工作计划，2002 年），若继续保持 2000 年的绿化模式（树木绿化覆盖面积与草坪面积的比例）及面积不变，其树木数量预期会达到 5000 万株左右，城市园林树木已开始成为陆地生态系统碳循环中的一个重要贮存库，其吸收汇的能力已不容忽视。针对这一情况，联合国政府间气候变化专门委员会（IPCC）明确指出，如城市树木、行道树等数量较多，生物量的贮量变化较大，应对其碳汇作用进行估算[13]。

针对上述情况，许多学者在地上部生物量（指植物的干重，与碳贮量密切相关）与整株树木生物量之间的关系、城市树木生物量计算等方面开展了许多基础性研究[14~16]。在此基础上，David 等对美国较大城市的树木碳贮量与固定进行了相应研究，结果显示城市树木的平均碳贮量密度为 25.1 tC/hm^2，约为森林树木平均碳贮量密度的 1/2[17]。在我国，管东生等[3]对广州城市绿地系统 C 的贮存量、分布及其在碳氧平衡中的作用进行了分析，其结果显示城市园林树木平均碳贮量密度为 16.4 $t(C)/hm^2$，但其数据没有反映城市园林树木固碳量的量值和变化趋势。相对而言，由于城市园林树木结构相对复杂，传统的方法难于获得生物量等基础数据，目前关于我国城市园林树木碳贮存、固碳量变化趋势的研究尚鲜见报道。

为全面了解城市园林树木在减缓大气碳积累方面所起的作用，在获得1995年和2000年北京市城市园林绿化普查资料的基础上，结合2002年高分辨率遥感影像，本研究对2002年北京市城市园林树木碳贮量及其固定潜力进行了计算分析，从而为定量评价北京市城市园林树木在减缓大气CO_2积累方面所起的作用提供数据支持，并为估算中国城市园林树木碳贮量及固碳量提供参考。

一、研究方法

（一）园林树木碳贮量估算方法

对于北京城市园林树木碳贮量的估计，在参考森林生态系统中植物碳贮量估计等方法的基础上[4]，通过样地分析和遥感调查，结合绿化普查资料，本研究采用方程(1)对城市园林树木碳贮量进行计算：

$$T_C = \sum_{i=1}^{n} V_i \times D_i \times R_i \times C_i \times N_i \qquad (1)$$

式中，i为树木类型（分为乔木、灌木、其他），T_C为树木总碳贮量(t)，N_i为i类型树木数量，V_i为i类型树干材积量(m^3)，D_i为树干密度(t/m^3)，R_i为生物量扩展系数（即树干生物量占树木总生物量的比例）（见表1），C_i为植物中C含量（该值在不同植物间变化不大，为简便起见，采用IPCC缺省值0.50[18]）。

关于树干材积量的获得，最准确的方法是收获法，测定其材积[5]。为了不破坏树的正常生长，本文使用立木材积表法进行计算，该方法通过树木的胸径、冠高两参数进行估算。为准确而又快速估算树干材积量，很显然，树木总量、主要树木类型的确定和相关参数调查确定非常关键，为确定2002年树木总量，在分析2000年建成区面积、遥感测定的归一化植被指数(NDVI)与普查所得的树木总量之间统计对应关系的基础上，通过提取2002年北京遥感影像的NDVI植被信息与建成区面积，统计得到2002年树木总量。

表 1 计算碳贮量所用的树木参数

树木类型 Tree types	平均树干材积密度/t·m^{-3} Average density of trunk volume	平均生物量扩展系数(R)** Average biomass extensive coefficient
乔木	0.440	2.01
灌木	0.515	1.75
其他	0.472	1.98

* 平均树干材积密度来源于中国主要树种中的木材密度[7];** 生物量扩展系数值参考"气候公约谈判对策研究"课题的相关结果。

为确定园林所用主要树木类型的组成与结构,本研究对北京最常用的并有代表性的 37 种园林植物(含 15 种乔木、17 种灌木和 5 类草本植物,植株数占总数的 81%)进行了归纳研究,得到北京远近郊区绿化的植物组成与结构,即现存的园林植物中,乔木占较大比例,为 29.1%,主要以侧柏和国槐、油松为主;灌木占 21.5%,其他(包括月季、攀缘、竹子)为 49.4% 左右。为进一步调查树木的平均胸径、冠高等参数,本研究还选择了 24 处公园、企业、大学作为样地进行分析。考虑到北京古树较多,在估算中单独分析,有关古树的类型、数量、胸径、冠高等资料通过北京郊区古树名木志[6]和北京园林科学研究所进行的"数字园林"收集到的相关古树资料确定。

(二)园林树木固碳量估算方法

在得到各年园林树木总碳贮量的基础上,根据碳贮量与固碳量之间的相互关系[19,20],采用方程(2)对 1990 年、1995 年和 2000 年、2002 年树木固碳量进行计算:

$$T_S = 7.785 \times 10^{-3} \times T_C \qquad (2)$$

式中,T_S 为某年树木固碳量,T_C 为某年树木碳贮量。

二、结果与分析

(一)北京城市园林树木碳贮量与分布

本研究计算的范围为北京市远近郊区县的建成区,包括城 8 区以及远郊区县。通过提取 2002 年 10 月采集的高分辨率 IKONOS 影像数据含有的植被信息[植被信息通过归一化植被指数(NDVI)进行提取],经计算 2002 年园林树木总碳贮量约为 58.88 万 t,其中古树总碳贮量约为 0.97 万 t;另外,单位建成区面积碳贮量为 7.70t/hm^2,比 1990 年的 6.25t/hm^2 有所提高。

从多年的遥感分析可以看出,尽管北京城市建设用地在大量增加,但自

2000年以来,由于在建设区中加强了绿化建设、拆违还绿等工作,绿色空间总量有增加的趋势[8],园林树木碳贮量和单位面积碳贮量还将有所提高。

表2 2002年树木碳贮量分析

树木类型 Tree types		碳贮量/万吨 Carbon storage	所占比例/% Percent	单株碳贮量/kg Carbon storage of individual plant
常规	乔木	52.99	90.00	35.760
	灌木	3.83	6.50	3.496
	其他	1.09	1.86	0.436
古树	乔木	0.97	1.64	453.100

通过对不同树木类型的碳贮量分析可以得出(见表2):常规乔木在树木总碳贮量中占较大比例,随着乔木的继续生长,树木还能固定一定量的CO_2。有效保护中幼龄乔木,发挥其固定积累大气中CO_2的作用,将有利于减缓大气中CO_2浓度的升高。就单株碳贮量而言,2002年古树远高于常规树种(见表2),但由于古树数量基本保持不变,生长也基本停止,碳贮量较稳定,对固定大气中CO_2的贡献较小。

(二)北京城市园林树木固碳量

假定1990年、1995年、2000年和2002年树木组成结构没有变化,通过相应的普查资料和遥感分析,可以得出2002年园林树木固碳量为0.46万吨/年,其近几年固碳量1990年为0.24万吨/年,1995年为0.35万吨/年,2000年为0.37万吨/年,北京城市园林树木的固碳量从1990年开始呈逐年增加趋势。

(三)数据质量分析

从上述计算分析可以得知,生物量的准确获得是研究的基础,但由于城市气候复杂,利用样地得到的代表性树木胸径、冠高等值计算城市树木的生物量可能与实际存在很大误差。为减近期国外学者提出用遥感方法测定森林和其他植被的生物量。我国学者曾利用TM卫星测方程[9],但光学遥感不具备估测各种森林生物量的能力,不适于估测大区域的森林生物量,而微波遥感对植被具有一定的穿透性,反应了来自树冠、树枝、树干甚至林下植被、地面的信息,可更合理准确地反演森林生物量,大量的理论模型和实验研究也都证明了这一点。可以预见,运用新的方法可进一步提高估算园林树木碳贮量的准确度。

三、小　结

城市园林树木作为陆地生态系统碳循环中的一部分，随着城市化的发展和绿化水平的提高，城市园林树木的碳贮量及其对减少大气中CO_2浓度的作用不容忽视。本研究结果表明，2002年北京城市园林树木总碳贮量约为58.88万吨，单位建成区面积碳贮量为7.70吨/公顷；近年来北京园林树木碳贮量正逐年增加，2002年碳贮量达0.46万吨/年。考虑到通过人工样地调查树木胸径等关键性参数的方法还存在一定的缺陷，今后研究过程中还有待开发新的估算方法，进行更准确的碳贮量与固碳量估计。

参考文献

[1] 北京市园林局. 北京市城市园林绿化普查资料汇编——1995. 北京：北京出版社，1996

[2] 北京市园林局. 北京市城市园林绿化普查资料汇编——2000. 北京：北京出版社，2001

[3] 管东生，陈玉娟，黄芬芳. 广州城市绿地系统碳的贮存、分布及其在碳氧平衡中的作用. 中国环境科学，1998，18(5)：437~441

[4] 王效科，冯宗炜. 中国森林生态系统中植物固定大气碳的潜力. 生态学杂志，2000，19(4)：72~74

[5] 东北林业大学. 森林生态学. 北京：中国林业出版社，1981

[6] 施海. 北京郊区古树名木志. 北京：中国林业出版社，1995

[7] 中国林业科学研究院木材工业研究所. 中国主要树种的木材物理力学性质. 北京：中国林业出版社，1982

[8] 李延明，郭佳，冯久莹. 城市绿色空间及对城市热岛效应的影响. 城市环境与城市生态，2004，17(1)：1~4

[9] 赵宪文，李崇贵，斯林，等. 森林资源遥感估测的重要进展. 中国工程科学，2001，3(8)：15~24

[10] IPCC. Climate Change 2001: The Scientific Basis. Contribution of Working Group I to the Third Assessment Report of the Intergovernmental Panelon Climate Change. Cambridge, UK: Cambridge University Press, 2001

[11] IPCC. Summary for Policymakers. The Third Assessment Report of Working Group I of the Intergovernmental Panel on Climate Change. 2001

[12] IPCC. Land Use, Land-Use Change, and Forestry: A Special Report of the Intergovernmental Panel on Climate Change. Cambridge, UK: Cambridge University Press, 2000

[13] IPCC. Land-use change and forestry. Revised 1996 IPCC Guidelines for National Greenhouse Gas Inventories: Reference Manual. 1996b, 75

[14] Nowak D. J., Crane D. E., Stevens J. C., et al. Brooklyn's Urban Forest. Newtown Square,

PA: USDA Forest Service General Technical Report, 2001

[15] Cairns M. A., Brown S., Helmer E. H., et al. Root biomass allocation in the world'supland-forests. Oecologia, 1997, 111(1): 1~11

[16] Ketterings Q. M., Coe R., van Noordwijk M., et al. Reducing uncertainty in the use of allometric biomass equations for predicting aboveground tree biomass in mixed secondary forests. Forest Ecology and Management, 2001, 146(1/3): 199~209

[17] Nowak D. J., Crane D. E. Carbon storage and sequestration by urban trees in the USA. Environment Pollution, 2002, 116: 381~389

[18] IPCC. Land-use change and forestry. Revised 1996 IPCC Guidelines for National Greenhouse Gas Inventories: Workbook. 1996. 53

[19] Whitford V., Ennos A. R., Handley J. F. City form and natural process-indicators for the ecological performance of urban areas and their application to Merseyside, U K. Landscape and Urban Planning, 2001, 57: 91~103

[20] Rowntree R. A., Nowak D. Quantifying the role of urban forests in removing atmospheric carbon dioxide. J. Arbor, 1991, 17: 269~275

湿地生态系统碳储存功能及其价值研究

刘子刚　　　　张坤民

(中国人民大学环境学院，北京 100872；中国环境与发展国际合作委员会，北京 100035)

湿地是一种多功能的、独特的生态系统。研究表明，湿地生态系统特别是泥炭地具有很高的碳储存价值。随着越来越多的湿地被排干，土壤中的有机碳分解速率加快，导致温室气体的排放量增加。因此，保护和增强湿地的碳储存功能，对于湿地生态系统的维护和减少温室气体排放具有十分重要的意义。

一、湿地生态系统的碳储量

湿地中的碳主要储存在土壤和植物体内。同其他陆地生态系统相比，湿地的生物生产量较高。淡水沼泽的净初级生产量(NPP)平均约为 $1\,000\,g/m^2 \cdot a$，最高可达 $2\,000\,g/m^2 \cdot a$ 以上，仅次于热带雨林。由于植物残体在厌氧环境下分解缓慢，形成富含有机质的湿地土壤和泥炭。

表1　陆地生态系统植被和土壤(<1m)碳储量*

生态系统	面积/($10^6 hm^2$)	碳储量/(Gt)			单位面积碳储量/(t/hm^2)		
		植被	土壤	总计	植被	土壤	总计
热带森林	1755	212	216	428	121	123	244
温带森林	1038	59	100	159	57	96	153
北方森林	1372	88	471	559	64	343	407
热带草原	2250	66	264	330	29	117	146
温带草原	1250	9	295	304	7	236	243
荒漠和半荒漠	4550	8	191	199	2	42	44
苔原	950	6	121	127	6	128	134
湿地	350	15	225	240	43	643	686
农田	1600	3	128	131	2	80	82
总计	15115	466	2011	2477	31	133	164

*由于对各种陆地生态系统的定义不很明确，故表中所列数据存在相当的不确定性。

由于湿地类型多样，各国学者对湿地的定义不同，因而对全球湿地面积及其碳储量的估算结果存在着很大差异。全球湿地面积仅占陆地面积的3%~6%，而湿地碳储量占陆地生态系统碳储存总量的10%~30%以上。表1所示湿地的单位面积碳储量是森林的3倍，是在陆地上各种生态系统中单位面积碳储量最高的。

泥炭地是湿地的重要组成部分，碳储量约为541Gt，占陆地生态系统土壤碳储量的34.6%。90%的泥炭地分布在北半球温带及寒冷地区，其余的分布在热带和亚热带，多数在森林下面。表1中北方森林土壤中由于含有大量泥炭，土壤碳储量是植被碳储量5.4倍。

碳储存在土壤、植物和凋落物中的平均存留时间（MRT）不同。储存在农作物中的碳在数月至数年中很快被分解回到大气中；木材如果被燃烧，储存于其中的碳也很快丧失；而土壤则是相对稳定的碳储存库。湿地中的碳主要储存在泥炭和富含有机质的土壤中，表1所示湿地土壤碳储量占总储量的90%以上。如果气候稳定且没有人类干扰，湿地相对于其他生态系统能够更长期地储存碳。

二、湿地的碳积累及温室气体排放

植物通过光合作用固定大气中的 CO_2，在厌氧环境下植物残体分解缓慢，未分解的植物残体逐渐积累形成泥炭。在未受人类干扰的情况下，泥炭地每年可积累碳 0.096Gt[1]。但是，在泥炭形成的过程中，由于排放 CH_4（CH_4 的 GWP 是 CO_2 的 21 倍），温室效应可能由负变为正。天然湿地和人工湿地的 CH_4 排放量占全球的 40%[2]。当湿地排水后，CO_2 和 N_2O 排放量大大增加，而 CH_4 的排放量减少。因此，判断湿地是温室气体的源还是汇，必须综合考虑 CO_2、CH_4 和 N_2O 等各种温室气体综合的温室效应。

由于湿地类型多样，排放多种温室气体，受环境影响的时空变化大，因此，人们对湿地碳储量及碳循环过程，及其在全球变化中的作用了解得还不多。尽管区域性的研究不断深入，但由于缺乏统一的监测方法和标准，全球范围的湿地气候变化模型还没有建立。

三、土地利用变化对湿地碳储存功能的影响

土地利用变化是温室气体排放的主要原因之一。据统计，1850~1995年间，大气中共积累了1 420亿吨碳，其中约有30%来源于土地利用变化。

在由土地利用变化引起的碳排放中,约有 1/3 是土壤有机质含量减少造成的[3]。由于湿地是地球上重要的碳储存库,湿地土地利用和土地覆盖变化对全球碳循环的影响及反馈机制的研究成为当前研究的重点。由于近几个世纪以来对天然湿地的大规模开发,湿地面积大幅度减少。据 OECD(1996)统计,近 100 年来全球湿地面积减少约 50%。农业排水是湿地丧失的主要原因。截至 1985 年,农业开发造成全球湿地丧失约 26%[4]。中国三江平原近 50 年来,天然湿地面积减少了约 35%,其中 90% 是因农业开发造成的[5]。

湿地的丧失和退化导致土壤有机质含量减少,天然湿地的碳储存功能遭到严重破坏;同时,向大气中大量释放 CO_2,使数千年储存的碳在几十年间释放殆尽。19 世纪以来,全球农林业排水和泥炭开采,已经导致 $30GtCO_2$ 的排放,折合碳损失量为 8.19Gt。表 2 中所示的泥炭地年碳损失量已超出了未受人类干扰情况下的碳积累量 0.096Gt/a,表明了泥炭地的土地利用导致碳的净损失。从表 2 还可看出,热带泥炭地排水后单位面积碳损失量远大于温带,因而尽管面积相对较小,年碳损失量却很大。

表 2　泥炭地土地利用造成的碳损失量估算

土地利用方式		单位面积碳损失量 ($t/hm^2 \cdot a$)	年碳损失量 (Gt a)
农林业排水	温带	2.5, 5, 10	0.063 ~ 0.085
	热带	40	0.053 ~ 0.114
泥炭开采		49 ~ 61	0.032 ~ 0.039

四、湿地生态系统的碳储存价值

湿地物产丰富、功能多样,具有极高的存在价值。但由于湿地的许多生态功能难以用市场价格来衡量,因而在决策过程中,湿地作为环境资源的价值往往被忽视,结果必然造成环境资源地过度使用。正确认识与评价湿地的碳储存价值,有利于正确的决策和保护意识的增强。只有当湿地碳储存的货币价值被承认并得到体现,市场机制才能为湿地保护及其可持续利用提供有效的经济激励,才能更有效地促进碳积累。

(一)湿地碳储存的价值评估

湿地维持碳平衡、缓解全球变暖的这种间接使用价值可通过土地利用变化对全球变暖造成的经济损失来估算。按照 Fankhauser(1993)的估算,碳排放的社会边际成本为 20 ~ 28 美元/吨(1990 年价格,换算为 2000 年价格为

27~38美元/吨C。Eyre et al.(1999)和Tol(1999)运用FUND模型和Open Framework模型的估算结果为109~137美元/吨(贴现率取3%,2000年价格)。

表3按照社会边际成本为30美元/吨估算,每年因农林业排水释放碳造成的经济损失为:温带地区75~300美元/公顷,热带地区1 200美元/公顷。每年因泥炭开采释放碳造成的经济损失为1500~1800美元/公顷。由此可算出,每年因农业开发和泥炭开采造成碳排放的总经济损失为44亿~71亿美元。同理,也可估算当社会边际成本为120美元时的碳储存价值。

表3 全球湿地碳储存价值及其环境附带效益

排放每吨碳造成的经济损失(美元/t C)	单位面积碳储存价值(美元/hm²)	碳储存价值(10^9美元)	环境附带效益(10^9美元)	总经济价值(10^9美元)
30	75~1 800	4.4~7.1	14 900	14 904~14 907
120	300~7 200	17.8~28.6	14 900a	14 918~14 928

(二)湿地储碳的附带效益(ancillary benefit)

由于湿地是具有多功能的复杂生态系统,各种功能相互作用,彼此依存。通过湿地的可持续利用与保护,不仅能减缓全球气候变化,而且在保护土壤、水、生物多样性和促进可持续发展等方面有增值效应。在评价湿地的碳储存价值时,必须将相互联系的各种功能结合起来作为一个整体考虑,研究湿地的综合价值。

1. 环境附带效益

湿地是具有高效益的生态系统。Costanza(1997)估计,全球16种生态系统的总经济价值约为每年33×10^{12}美元,其中,湿地的价值约为每年14.9×10^{12}美元,远高于其他生态系统。陈仲新、张新时(2000)对中国生态系统功能与效益的估价中,中国湿地生态系统效益价值为26 763.9亿元人民币/年($3 240.2 \times 10^8$美元/年),占中国陆地生态系统总效益价值的47.7%。

2. 社会经济附带效益

湿地储碳不仅具有巨大的环境效益,还能够促进地方经济特别是农林业的可持续发展。这是因为湿地、森林与农业生态系统在地域上是相互重叠、不可分割的。森林中泥炭地占土壤碳储量的很大一部分。农业生态系统中,有稻田、水塘、水渠、湖泊和未开垦的天然湿地。因此,在可持续农林业建设中,湿地保护成为水土保持和增强碳汇的重要组成部分。Dixon和Krankina(1995)概括了保持、恢复和增强农业生态系统碳储存的措施,主要包括以下几个方面[7]:①增加土壤肥力,保持土壤 pH 值呈中性;②使农业土地集中分布,而不是盲目扩大面积;③保护湿地;④使个别点的干扰最小化,保持土壤有机质;⑤农业造林;⑥通过保护性耕作以降低土壤通气性,防止土壤增温和变干。

湿地的碳储存功能同其他环境效益之间并不是完全一致的,例如,湿地中的林业建设,如果方式或空间配置不当(如营造速生林、排水造林),势必造成湿地其他环境功能的丧失。在湿地中造林可以增加植被的碳储量,遗憾的是同农业一样,林业建设往往也是伴随着排水进行的,这样做虽然增加了植被碳储量,却造成土壤中储存碳的大量排放。对碳储存的影响可能是正负相抵,甚至造成温室气体的净排放。解决办法只有从林业建设的选址上考虑,应该因地制宜,有计划地在湿地周边的丘陵宜林地及由于过度耕作造成水土流失严重的地区进行造林或恢复天然次生林的活动。这样不仅有利于碳储存,还有利于湿地周边地区的水土保持和生态保护。

五、湿地碳汇的保护和增强

(一)保护

由于湿地是巨大的碳储存库,而排干后则将排放大量的温室气体,因此,保护湿地、减少干扰是增加碳储存、减少温室气体排放的重要手段之一。保护现有的天然湿地,一方面要控制湿地排水,保持厌氧环境,延缓植物残体和土壤有机质的分解;另一方面要增加植被覆盖,保证有机残余物的持续输入。湿地保护涉及避免湿地被破坏、退化、分割和污染所采取的一系列管理措施,包括自然资源开发管理的立法、加强保护的方法、环境影响评价、能力建设和保护意识的提高,等等[8]。

(二)恢复

湿地恢复就是把原来湿地排水后用于农林业或城市建设的土地重新淹水,恢复植被覆盖。湿地的恢复能够在一定程度上弥补已丧失的湿地功能,并为碳储存提供条件。湿地恢复每年可固碳 $0.1 \sim 1 \text{ t/hm}^2 \cdot a$,全球每年因湿地恢复增加的碳储量约为 4×10^5 吨。

对于保护与增强湿地碳储存功能的碳管理项目必须进行成本效益分析(Cost Benefit Analysis-CBA),其资金投入必须保证项目运行不断增加的成本需求(incremental costs),还要考虑土地利用的机会成本。加拿大在 Prairie

Habitat Joint Venture 保护项目的成本包括：保护（secure）费用为每公顷 195 加元，增强（enhance）费用为每公顷 260 加元，管理（manage）费用为每公顷 42 加元。由于该活动是把碳汇项目作为湿地保护的一部分与可持续农林业项目相结合，因此，把湿地保护成本看作保护与增强碳汇所需投入的最高限值[9]。

六、保护、促进和增强湿地碳汇的经济手段

（一）政策手段

国家的土地利用政策对湿地碳储存有可能产生正负两方面的影响。如，农业补贴和森林砍伐补贴会使更多的土地被开垦为农田，造成政府干预的失灵，不利于湿地保护和碳储存。而如我国的"退耕还林、退田还湖"及"以粮代赈"的政策，是为保护森林和湿地活动提供补贴，则有利于碳汇的增强。另外，一些湿地保护政策如停止继续开垦、禁止随意排水、禁止土地利用方式的转变等也都有利于碳汇的保护。

由于产权不清晰和湿地的公共物品特性使得碳储存的价格不能反映真实的社会成本，土地转化者不必为全球变暖造成的损害支付补偿费用，这会产生市场失灵。而对不利于土壤有机碳保持的土地利用征税，不仅能够纠正市场失灵，同时也有利于土地的可持续利用。

土地利用政策的设计和实施，必须依据"无悔"（no regret）和"双赢"（win-win）的原则，给予土地使用者以相应的补偿和激励，使他们的利益得到保障。经济激励的最小数额应大于因参与碳汇项目带来的净收益的损失。对土地使用者来说，规范和激励同等重要。

（二）市场手段

碳补偿（Carbon Offsets）交易的设想来自排放权交易（Emission Trading），即植树和森林保护等活动所提供的碳储存服务可以开展交易。碳补偿交易有可能既成为一种低成本的减排选择，又为发展中国家的自然保护提供部分资金来源。目前，全球范围的碳信用市场尚未建立，开展的实例还很少，而且仅限于造林活动。由于湿地的碳汇作用还没有在《联合国气候变化框架公约》中得到承认，目前建立湿地碳信用市场的条件还没有成熟。这种机制在实际运用过程中也会面临许多漏洞，特别是由于碳储存活动直接和间接引发的其他活动有可能部分或全部抵销最初的碳补偿。例如，一块森林或湿地被保护起来了，而有可能另一块森林或湿地遭到了破坏；或者，湿地在短期内

暂时得到了保护，此后又被开垦了[10]。

主要参考文献

[1] Gorham E. Northern peatlands: Role in the carbon cycle and probable responses to climate warming. Ecological Applications, 1991, 1(2): 182~195

[2] Bartlett K B, Harris R C. Review and assessment of methane emission from wetlands. Chemosphere, 1993, 26: 261~320

[3] 世界资源研究所著. 张坤民，何雪炀，温宗国译. 气候保护倡议. 北京：中国环境科学出版社，2000，267~288

[4] OECD. Guidelines for aid agencies for improved conservation and sustainable use of tropical and subtropical wetlands. Organization for Economic Co-operation and Development, Paris, France, 1996

[5] 刘兴土，马学慧. 三江平原自然环境变化及生态保育. 北京：科学出版社，2002

[6] 陈伸新，张新时. 中国生态系统效益的价值. 科学通报，45(1)：17~22

[7] Dixon R K and Olga N Krankina. Can the Terrestrial Biosphere Be Managed to Conserve and Sequester Carbon? In: Max A. Beran(ed). Carbon Sequestration in the Biosphere. NATO ASI Series, Vol. 133. Springer-Verlag Berlin Heidelberg, 1995, 153~179

[8] Ger Bergkamp and Brett Orlando. Wetland and climate changebackground paper from IUCN, 1999

[9] WI, NAWCC, IISD, DUC. Wetlands and climate change, phase 1, Feasibility investigation on the potential for crediting wetland conservation as carbon sinks, 1999

[10] Bert Metz et al. (eds.)Climate Change 2001: mitigation, contribution of Working Group III to the third assessment report of the Intergovernmental Panel on Climate Change. New York: Cambridge University Press, 2001, 752

湿地生态系统碳储存和温室气体排放研究

刘子刚

（中国人民大学环境学院，北京　100872）

近百年来，随着人类活动的日益增强，大气中 CO_2、CH_4 和 N_2O 等主要温室气体的浓度比工业革命以前分别增加了约28%、118% 和8%，全球平均气温升高了约 0.3~0.6℃[1]。IPCC(2001)指出，如果温室气体的浓度按照现在的速度继续增加，到2100年 CO_2 浓度将可能增至 540~970 ppmv，全球平均气温可能升高 1.4~5.8℃，海平面将上升 9~88 cm[2]。碳的自然平衡遭到破坏是大气中温室气体浓度增加的根本原因。因此，碳循环研究是预测未来温室气体浓度和气候变化的基础。陆地上不同生态系统对气候变化的影响与响应研究是目前气候变化研究的主要内容。

湿地是地球上独特的、多功能的和高价值的生态系统，具有丰富的生物多样性，不但能够直接或间接地为人类提供多种产品和服务，而且具有均化洪水、降解污染、调节局地气候、控制侵蚀等多种环境功能。湿地在稳定全球气候变化中占有重要地位，其重要性主要表现在：湿地土壤和泥炭是陆地上重要的有机碳库；土壤碳密度高；能够相对长期地储存碳；湿地是多种温室气体的源和汇。

受人类活动的影响，全球天然湿地的面积已经大大缩小。越来越多的湿地被排干，土壤中的有机碳分解速率加快，导致温室气体的排放量增加。因此，保护和增强湿地的碳储存功能，对于减少温室气体排放具有十分重要的意义。

一、湿地生态系统碳储量

湿地是陆地上巨大的有机碳储库。尽管全球湿地面积仅占陆地面积的 4%~6%[即 $(5.3~5.7) \times 10^8$ hm^2][3,4]，碳储量约为 300~600Gt(1Gt = 10^9t)[2]，占陆地生态系统碳储存总量的12%~24%。如果这些碳全部释放到大气中，则大气 CO_2 的浓度将增加约 200 ppmv，全球平均气温将升高 0.8

~2.5℃。这表明湿地碳储存是全球碳循环的重要组成部分,估算湿地碳储量对于准确把握湿地在全球气候变化中所起的作用至关重要。由于湿地类型多样,各国学者对湿地的定义不同,因而对全球湿地面积及碳储量的估算结果存在很大差异。IPCC(2000)引用 WBGU(1998)的统计结果[5,6](表1)表明,湿地的单位面积碳储量是热带森林的3倍,在陆地上各种生态系统中单位面积碳储量是最高的,陆地生态系统土壤碳储量远大于植被碳储量,湿地生态系统90%以上的碳储量储存在土壤中。

表1 陆地生态系统植被和土壤(<1m)碳储量

生态系统	面积 (10^6 hm^2)	碳储量(Gt(C))			单位面积碳储量(t(C)/hm^2)		
		植被	土壤	合计	植被	土壤	合计
热带森林	1 755	212	216	428	121	123	244
温带森林	1 038	59	100	159	57	96	153
北方森林	1 372	88	471	559	64	343	407
热带草原	2 250	66	264	330	29	117	146
温带草原	1 250	9	295	304	7	236	243
荒漠和半荒漠	4 550	8	191	199	2	42	44
苔原	950	6	121	127	6	128	134
湿地	350	15	225	240	43	643	686
农田	1 600	3	128	131	2	80	82
总计	15 115	466	2 011	2 477	31	133	164

注:由于对各种陆地生态系统的定义尚不够明确,因此表中所列数据存在较大的不确定性。

(一)湿地植被碳储量

湿地是陆地生态系统的重要组成部分。与其他陆地生态系统相比,湿地的生物生产量较高,净初级生产量(NPP)平均约为 1 000 g/(m^2·a),最高可达 2 000 g/(m^2·a)以上,仅次于热带雨林。表2看出,天然湿地的生物量和碳密度随纬度的降低而增加,全球天然湿地植被碳储量约为 2 450~4 430 Tg(C)/a(1 Tg = 10^{12}g),人工湿地植被碳储量约为 650 Tg(C)/a[4]。据 Crill 等(1988)估算,北方泥炭地的植物碳密度为 307 g(C)/m^2[7]。温带草本沼泽生物量较高,据马学慧等(1996)估计中国三江平原湿地植物碳密度为 800~1 200 g(C)/m^2[8]。

表2　天然湿地植被碳储量的估算[4]

纬度	面积 (10^{12} m²)	NPP [g/(m²·a)]	碳密度 [g(C)/m²]	碳储量 [Tg(C)/a]
65b~90b	0.75	100~300	50~150	40~110
55b~65b	1.67	400~800	200~400	330~670
30b~55b	1.09	600~1 600	300~800	330~870
0b~30b	2.06	1 700~2 700	850~1 350	1 750~2 780
总　计	5.57	—	—	2 450~4 430

注：NPP 为净初级生产力

（二）湿地土壤碳储量

湿地植物较高的生物生产量和较低的分解率使得湿地土壤能够储存大量的有机碳。影响土壤有机碳储量的因素很多，主要包括植被(有机质输入量、物质组成)，气候因子(温度、湿度)，土壤性质(结构、粘粒含量、矿化度、酸度等)，以及其他因素如施肥、灌溉。影响土壤有机质矿化的速率主要取决于温度和氧气供应(排水状况)、土地利用方式、作物种类、土壤耕作管理等[9]。不同类型的湿地碳累积或分解的速率不同，碳密度相差很大。因此，估算全球湿地土壤碳储量，必须建立在准确掌握湿地的类型、面积和动态变化数据的基础上。

如表3所示，湿地土壤碳储量为350~535 Gt(C)，占全球土壤碳储量的20%~25%[6~18]。全球湿地碳储量的绝大多数储存在泥炭地中，而90%的泥炭地分布在北半球温带及寒冷地区[15]。北方森林土壤中由于含有大量泥炭，土壤碳储量是植被碳储量的5.4倍。据Zoltai和Martikainen(1996)估算，全球森林泥炭地土壤碳储量约为541Gt，占陆地生态系统土壤碳储量的34.6%[19]。又据Gorham(1991)估计有455Gt的土壤有机碳储存在北方和次北极的泥炭地，占全球土壤有机碳储量的近1/3[20]。

湿地土壤的有机碳密度普遍较高。潘根兴(1999)根据全国第二次土壤普查的资料，估算湿地土壤(沼泽土和泥炭土)的平均有机碳密度在14.1~60.0kg(C)/m²之间，远高于全国平均水平[21]。马学慧等(1996)在实测数据的基础上估算中国三江平原湿地土壤(沼泽土和泥炭土)碳密度为13.9~47.3kg(C)/m²[8]。

表3　天然湿地土壤碳储量的估算

区域	类型	土壤碳储量(Pg)	面积(km^2)	碳密度(kg/m^2)
全球	陆地	1 400～1 500[10]	151.15×10^6	10.5～11.2
	泥炭地	120～260[11]		
		160～165[12]		
		202.4[13]，450[14]		
		243～253[15]	4×10^6	60.8～63.3
俄罗斯	沼泽和泥炭	113.5[16]	3.69×10^6[16]	30.8
中国	泥炭沼泽	0.33[17]	7 380[17]	44.7
中国三江平原	泥炭沼泽	15.41×10^{-3}[8]	326[8]	47.3
	其他沼泽	151.22×10^{-3}～229.71×10^{-3}[8]	10 863[8]	13.9～21.1

碳储存在土壤、植物和凋落物中的平均存留时间不同。如果气候稳定且无人类干扰，湿地相对于其他生态系统能够更长期地储存碳。

二、湿地生态系统碳积累与温室气体排放

(一)湿地生态系统碳循环

碳循环是指碳元素在大气—植被—土壤所构成的地球表层系统中进行迁移和转化的生物地球化学过程。湿地生态系统碳循环的基本模式是：大气中的CO_2通过光合作用被植物吸收，形成有机物；植物死亡后的残体经腐殖化作用和泥炭化作用形成腐殖质和泥炭；土壤有机质经微生物矿化分解产生CO_2，在厌氧环境下产生CH_4释放到大气中。另外，湿地中的碳也来自周围农田或森林生态系统的沉积物，并部分随水流流出(见图1)。湿地碳循环是一个复杂的过程，碳的储存和排放是生物、土壤、气候和人类活动各系统之间相互作用的结果。

(二)湿地生态系统的碳积累

植物通过光合作用固定大气中的CO_2，在厌氧环境下植物残体分解缓慢，形成富含有机质的土壤和泥炭。

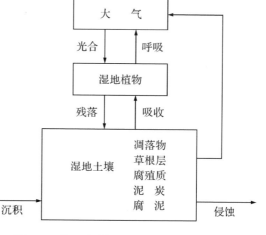

图1　天然湿地碳循环基本模式示意图

据 Gorham(1991)估计,北方泥炭地每年可积累碳 0.076~0.096 Gt(C)/a[20]。加拿大、俄罗斯和芬兰等国家对泥炭地碳积累速度的研究表明,北方泥炭地碳积累速度在 8~20 g(C)/(m^2·a)之间,是陆地生态系统中一个重要的碳汇[21,22]。湿地的碳固存速度非常缓慢,然而湿地被排干后碳分解速度却非常快,以至于几千年储存的碳在几年内被分解并释放到大气中。因此,保护湿地可以有效地防止温室气体的排放。

加拿大橡树岭(Oak Hammock Marsh)碳固存工作组对 Prairie/Parkland 湿地的研究表明,由于湿地碳储量远高于周围的农田,碳固存潜力大,将湿地边缘的农田恢复为湿地能够增加碳储量。另外,对北美 204 块湿地的研究显示,原始状态的湿地是开垦后湿地碳储量的两倍。也就是说,湿地被开垦后将损失 50% 的土壤有机碳。初步研究显示,恢复这些湿地中的有机碳储量所需的时间,浅水沼泽(shallow marsh zone)约为 10 年,湿草甸(wet meadow zone)约为 20 年[23]。

(三)湿地生态系统甲烷排放

湿地是最大的 CH_4 排放源,天然湿地 CH_4 排放量占全球排放总量的 1/5,天然和人工湿地 CH_4 排放量占全球排放总量的 40%。近年来,中国科学家已经开始对湿地生态系统的碳平衡问题,特别是人工湿地(稻田)的 CH_4 排放等方面进行了比较深入的研究。王明星等在研究 CH_4 产生、传输和排放机理的基础上,估算全球天然湿地 CH_4 排放量和稻田 CH_4 排放量分别占全球排放总量的 22% 和 11%[24]。中国稻田 CH_4 排放总量占全球稻田 CH_4 排放量的 16%~21%[25]。王德宣分别在中国三江平原和若尔盖高原天然湿地进行了 CH_4 排放通量的对比观测,发现三江平原常年积水沼泽 CH_4 排放通量平均值为 17.29 mg/(m^2·h),是若尔盖高原常年积水沼泽的约 4.7 倍,说明温度条件也是影响天然湿地 CH_4 排放的主导因子[26]。

(四)湿地生态系统碳平衡

湿地在植物吸收 CO_2 的同时,又排放 CH_4 和 CO_2(CH_4 的 GWP 是 CO_2 的 21 倍)。CO_2 和 CH_4 排放主要受水分和温度变化的控制。当湿地排水后,CO_2 和 N2O 排放量大大增加,而 CH_4 的排放量减少[5]。因此,判断湿地是温室气体的源还是汇,取决于 CO_2 的吸收和 CH_4 的排放平衡。目前普遍采用的方法是用 CO_2-equivalent(CO_2-equivalent = CO_2 flux + CH_4 flux × 21)估算湿地的碳平衡[5]。

在经常性积水条件下,湿地是 CO_2 的汇。当排水后,土壤中有机物分解速率大于积累速率,则湿地变为 CO_2 的源。加拿大 BOREAS(Boreal E2 cosystem-Atmosphere Study)对北方湿地(Boreal fen wetland)的研究表明,通常情况下泥炭地是 CO_2 的汇,但在气候变得较温暖干旱时则变成 CO_2 的源[27]。Hans Brix 等对欧洲芦苇(Phragmites communis)湿地进行了研究,认为由于湿地排放 CH_4 因而在相对较短的时间内(<60 年)可以看作是温室气体的源,但从长期来看(>100 年)由于湿地吸收 CO_2,使碳的积累逐渐大于排放,因而成为温室气体的汇[26~28]。

天然湿地被排干、开垦、废弃或重建后,温度、水分状况和植被类型发生变化,碳平衡必然随之改变。表4中所示天然的未受干扰的高位贫营养型泥炭藓沼泽C为负值,为净碳汇;但在气候干旱条件下,变为净碳源,CO_2排放量大大增加,而 CH_4 排放量减少。开采2年和7年后废弃的泥炭地碳排放量约为天然泥炭地碳排放量的2.6倍和2.8倍。恢复后的泥炭地碳排放量略高于天然泥炭地约0.2倍,但与开采后的泥炭地相比,碳排放量减少约1.1倍和1.3倍。这说明,湿地的恢复和重建有利于碳积累[29]。

表4 泥炭地在不同利用方式下的碳平衡

土地类型	NEE[1] [g(C)/m²]	CH_4 [g(C)/m²]	Σ C [g(C)/m²]	CO_2-e° [g(CO_2-e)/m²]
天然泥炭地	-47	4.0	-23.0≫	-60
天然泥炭地(干旱)	138	2.5	140.5	576
废弃泥炭地(开采后废弃2年)	363	1.2	364.2	1,365
废弃泥炭地(开采后废弃7年)	397	0.3	397.3	1,464
已恢复的泥炭地	170	0.3	170.3	632

注:1 NEE(Net Ecosystem Exchange)为净生态系统碳交换量,负值表示碳积累,正值表示碳排放;° 由于 CH_4 的温室效应是 CO_2 的21倍,CO_2-equivalents = CO_2 flux + CH_4 flux × 21;≫ 包含有机碳(DOC)分解损失 20g(C)/m²。

尽管湿地被排干后 CH_4 排放量减少,甚至完全停止。但 CO_2 排放造成的碳损失增加量远超过 CH_4 排放的减少量[30]。芬兰、瑞典和荷兰的科学家联合考察了欧洲泥炭地转变为农田对温室气体排放的影响,发现 CO_2-equivalent 排放量是未开垦前的5~23倍,CO_2 的排放量远远超过了 CH_4 的减少量[31]。北方泥炭地在未受干扰的情况下为碳汇;农业排水和泥炭燃烧使得大量的 CO_2 排放,从而使湿地成为碳源。

三、土地利用对湿地碳储量及温室气体排放的影响

随着人类活动范围的不断扩大,大片的湿地被淤积、填埋、开垦和污染,天然湿地生态系统遭到严重破坏。湿地中的水被排干后,原有的碳收支平衡被破坏,湿地碳储存的功能减弱。湿地的大规模开发对全球变化产生深远影响。土地利用变化是温室气体排放量变化的主要原因之一。由于湿地是地球上重要的碳储存库,湿地土地利用和土地覆盖变化对全球碳循环的影响及反馈机制的研究成为当前研究的重点,表5所列为影响湿地土壤碳储量的主要土地利用方式[32]。

据OECD(1996)统计,近100年来,全球湿地面积减少约50%,农业排水和开垦是湿地丧失的主要原因[33]。原有约 $8\ 700 \times 10^4\ hm^2$ 湿地,其中大部分为淡水湿地,美国现存天然湿地不到 $1\ 000 \times 10^4\ hm^2$。欧洲的洪泛平原沼泽和森林因河流治理和疏导、大规模农业和城市扩张而受到更为严重的破坏。德国莱茵河洪泛平原已有约90%的湿地被排干和开发[34]。中国三江平原近50年来,因农业排水开垦使天然湿地面积减少了72%[35]。

表5 不同土地利用方式对湿地碳储存的影响

土地利用方式	直接影响	对碳储存的影响
农业排水	地下水位降低	-
耕作	有机质分解加快	-
收割	土壤有机质来源减少	-
森林排水	地下水位降低	-
	减少土壤侵蚀	+
水产养殖	增加侵蚀,提高矿化度	-
城市化	湿地面积减少	-
排水渠	减少湿地蓄水量	-
水电及灌溉	减少下游湿地的来水量	-
燃料	土壤有机质减少	-
园艺	土壤有机质减少	-

注:+ 表示有利于碳储存,- 表示不利于碳储存,-* 排水超过临界水平。

据统计,在1850~1995年间,大气中共积累了 $1\ 600 \times 10^8\ t(C)$,其中约有30%来源于土地利用变化。在由土地利用变化引起的碳排放中,约有1/3来自土壤[36]。近200年来,全球农林业排水和泥炭开采已导致 30 Gt CO_2 的排放,折合碳损失量为 8.19 Gt(C),平均每年损失 0.272 Gt(C)[15]。

表6中所示的泥炭地年碳损失量已超出了未受人类干扰情况下的碳积累量[20],说明泥炭地的土地利用导致碳的净损失。从表6中还可看出热带泥炭地排水后单位面积年碳损失量[40 t(C)/(hm^2·a)]远大于温带[2.5~10t(C)/(hm^2·a)],因而尽管所占面积相对较小,年碳损失量却很大。表7中显示湿地转化为农田、森林和城市,都造成碳的大量释放;而湿地恢复和重建的碳积累速率远低于湿地转化碳损失的速率。

表6 湿地土地利用转化和管理措施的碳损失或获取[6]

管理措施	区域	碳损失或获取率 [t(C)/(hm^2#a)]	资料来源
转变为农田	北方和温带	-1 ~ -19	Bergkamp and Orlando, 1999
	热带	-0.4 ~ -40	Maltby and Immirzi, 1993
转变为森林	北方和温带	-0.3 ~ -2.8	Armentano and Menges, 1986
	热带	-0.4 ~ -1.9	Maltby an d Immirzi, 1993 Sorenson, 1993
转变为城市和工业利用		高损失(损失率未知)	Roulet, 2000
湿地恢复	0.1 ~ 1.0		Tolonen and Turunen, 1996
湿地重建			Fearnside, 1995, 1997
	短期: -0.1 ~ -0.2	Galy-Lacaux et al, 1997	
	长期: 0~0.05	Dumest re et al, 1999	
			Kelly et al, 1999
泥炭开采	北方和温带	未知	Armentano and Menges, 1986

参考文献

[1] 佐和隆光(著). 任 文(译). 防止全球变暖[M]. 北京:中国环境科学出版社,1999.
[2] IPCC. Cl imate Change 2001 [R]. Cambrige University Press, 2001.
[3] Matthews E Fung I. Methane emission from natural wet lands: global distribution, area, and environment al charact erist ics of sources[J]. Global Biogeochemical Cycles, 1987, 1: 61 $86.
[4] Aselmann I, Crut zen P J. Global dist ribut ion of natural freshwat er wet lands and rice paddies, their Net Primary Product ivity, seasonality an d possible methane emissions [J]. Journal of atmospheric chemist ry, 1989, 8(4):307-358.
[5] WBGU(German Advisory Council on Global Change). The account ing of biological sinks and sources under the Kyoto Protocol: A step forwards or backwards for Global En vironmental Protection. [R] Special Report, Bremerhaven, Germany, 1998.

[6] IPCC. Land use, Land-use Change, and Forestry[R]. Cambridge and New York: Cambridge University Press, 2000.

[7] Crill M P, Bartlett K B, Harriss R C, et al. Methane flux from Minnesota peatlands[J]. Global Biogeochem. Cycles, 1988, 2: 371-384.

[8] 马学慧, 吕宪国, 杨青, 等. 三江平原沼泽地碳循环初探. 地理科学, 1996, 16(4): 323-330.

[9] Lal R, Kimble I, Levine E, et al(eds). Soils and global change[M]. CRC & Lewis publishers, Boca Raton FL, 1995.

[10] Eswaran H, Van den Berg E, Reich P. Organic carbon in soils of the world[J]. Soil Sci. Soc. Amer. J., 1993, 57: 192-194.

[11] Franzen L G. Can earth afford to lose the wetlands in the battle against the increasing greenhouse effect[A]. International Peat Society Proceedings of International Peat Congress[C]. Uppsala, 1992.1-18.

[12] Bolin B. How much CO_2 will remain in the atmosphere?[A]. In: Bolin B. The Greenhouse Effect, Climate Change and Ecosystems, SCOPE 29[C]. Chichester: John Wiley&Sons, 1986.93-155.

[13] Post W M, Emanuel W R, Zinke P J, et al. Soil Carbon Pools and World Life Zones[J]. Nature, 1982, (298): 156-159.

[14] Ouse W R, Lafleur P M, Griffis T J. Controls on energy and carbon fluxes from select high-latitude terrestrial surfaces[J]. Physical Geography, 2000, 21(4): 345-367.

[15] Eino Lappalainen(ed.). Global Peat Resources[M]. Finland: International Peat Society of Finland, 1996.

[16] 张传清. 俄罗斯自然生态系统中的碳循环[J]. 环境科学, 1997, (5): 86~87.

[17] 尹善春. 中国泥炭资源及其开发利用[M]. 北京: 科学出版社, 1991.

[18] Gorham E. The biogeochemistry of northern peatlands and its possible responses to global warming[A]. In: woodwell G M, Mackenzic F T(eds.). Biotic Feedbacks in the Global Climatic System[C]. New York: Oxford University Press, 1995.169-187.

[19] Zoltai S T, P J Martikainen. Estimated extent of forested peatlands and their role in the global carbon cycle. In Forest Ecosystems, Forest Management and the Global Carbon Cycle[J]. M J Apps, D T Price (eds.). NATO ASI Series, Series I: Global Environmental Change, 1996.40: 47-58.

[20] Gorham E. Northern peatlands: Role in the carbon cycle and probable responses to climatic warming[J]. Ecological Applications, 1991, 1: 182-195.

[21] 潘根兴. 中国土壤有机碳、无机碳库量研究[J]. 科技通报, 1999, 15(5): 330~332.

[22] Euliss N H Jr, Olness A, Gleason R A. Organic Carbon in Soils of Prairie Wetlands in the United States[Z]. Paper presented at The Carbon Sequestration Workshop, Oak Hammock

Marsh, Manitoba, 1999. April 19 – 20, 1999.

[23] Bart let t K B, Harris R C. Review and assessment ofmethane emission from wetlands[J]. Chemosphere, 1993, 26: 261 – 320.

[24] 王明星, 张仁健, 郑循华. 温室气体的源与汇[J]. 气候与环境研究, 2000, 5(1): 76~79.

[25] 王明星, 李晶, 郑循华. 稻田甲烷排放及产生、转化、输送机理[J]. 大气科学, 1998, 22(4): 600~612.

[26] 王德宣. 若尔盖高原与三江平原沼泽湿地 CH_4 排放差异的主要环境影响因素[J]. 湿地科学, 2003, 1(1): 63~67.

[27] Joiner DW, Lafleur P M, McCaughey J H, et al. Interannual variability in carbon dioxide exchanges at aboreal wet land in the BOREAS northern study area[J]. J. Geophys. Res., 1999, 104: 27 663 – 27 672.

[28] Brix H, Sorrell B K, Lorenzen B. Are Phragmites-dominated wetlands a n et source or net sink of greenhouse gases?[J]. Aquat. Bot., 2001, 69: 313 – 324.

[29] Waddington J M, Price J S. Effect of peat land drainage, harvest ing, and restorat ion on at-mosph eric wat er and carbon exchange[J]. Physical Geography, 2000, 21(5): 433 – 451.

[30] Maltby E, Immirzi C P. T he Global Status of Peatlan ds and Their Role in Carbon Cycling[M]. Published by Friend of the Earth T rust Limit ed, 1992.

[31] Kasimir-Klemedt sson A, Klemedt sson L, Bergelund K, et al. Greenhouse gas emissions from farmed organic soils: a review, Soil Use and Management[J]. 1997, 13: 245 – 250.

[32] Adger W Neil. In Wetland Ecosyst ems[A]. NATO ASI Series, Vol. 133. Max A. Beran(ed.) Carbon Sequest rat ion in the Biosphere[C]. Springer-Verlag Berlin H eidelberg, 1995.

[33] OECD. Guidelines for aid agencies for improved conservation and sust ainable use of tropical and subt ropical wet lands[R]. Organization for Economic Co-operation and Development, Paris, France, 1996.

[34] Dugan P J. Wet land Conservat ion: A Review of Current Issues and Required Act ion[R]. IUCN, Gland, Switzerland, 1990. 33.

[35] 刘兴土, 马学慧. 三江平原自然环境变化及生态保育[M]. 北京: 科学出版社, 2002.

[36] 世界资源研究所. 张坤民, 何雪炀, 温宗国(译). 气候保护倡议[M]. 北京: 中国环境科学出版社, 2000. 267~288.

三峡库区主要森林植被类型土壤有机碳贮量研究

陈亮中[1,2]　谢宝元[1]　肖文发[2]　黄志霖[2]

(1. 北京林业大学水土保持学院, 北京 100083;

2. 中国林业科学研究院森林生态环境与保护研究所, 北京 100091)

土壤有机碳贮量是研究陆地生态系统碳平衡的关键因素[1]。由于土壤碳库的巨大库容,其较小幅度的变化就能较大程度地影响陆地生态系统的碳循环。正确估算区域土壤有机碳贮量及其分配特征对研究陆地生态系统碳循环和陆地生态系统的组成、结构和功能都具有十分重要的意义。

目前在区域土壤有机碳贮量估算方面已经有了大量研究[2~5]。三峡库区作为一个特定区域,随着三峡工程的兴建,区域生态系统必将受到强烈的自然和人为因素的干扰,从而影响到库区生态系统的碳循环。本文针对三峡库区的 11 种主要森林植被类型土壤有机碳贮量和分配特征进行分析,为区域生态系统的碳循环研究提供参考。

一、研究区概况

三峡库区地处 106°~110°50′E, 29°16′~31°25′N, 属中亚热带湿润地区, 包括 20 个县、市、区, 面积 5.5 万平方千米, 目前分属重庆市和湖北省。库区四季气候分明, 具有明显的亚热带湿润地区气候特征。由于山地地貌类型多样, 导致水热条件重新组合, 产生多种土壤类型。在海拔 1 200 米侏罗纪紫色岩层多发育为石灰性紫色土, 海拔 1 400 米以下主要分布山地黄壤。海拔 1 500 m 以上分布山地黄棕壤。库区主要植被类型为马尾松、杉木针叶林、栎类混交林和杂灌草丛等。

二、研究方法

(一) 主要森林植被类型划分

在全国森林资源清查资料的基础上, 对三峡库区森林资源情况进行了典型抽样调查。按主要优势树种划分植被类型, 并参照《中国植被》的分类原则,对选取的 550 余种优势树种植被类型进行合并,最后确定占库区面积最大的 11 种主要森林植被类型。

(二)实验与数据处理

于 2005 年 4、5 月和 2005 年 7、8 月先后两次在三峡库区按主要森林植被类型进行典型抽样调查,按比例分别在库区上、中、下游设立临时样地共118 块。每块样地随机设 1~2 个土壤剖面,按土壤发生层取样。采用 $K_2Cr_2O_7$ 外加热法测土壤有机质含量,环刀法测土壤容重,分析后共获取有效土壤剖面数据 196 个。

表 1 三峡库区 11 种主要森林植被类型面积

植被类型	面积(hm^2)	占面积比率(%)	累计百分比(%)
马尾松针叶林	13 579 235	37.1	37.1
栎类混交林	605 692	16.6	53.7
灌木林	529 955	14.5	68.2
柏木林	243 437	6.7	74.9
杉木针叶林	182 105	5.0	79.9
其他软阔木	157 767	4.3	84.2
柑桔类	91 540	2.5	86.7
针阔混交林	76 483	2.1	88.8
慈竹林	71 540	2.0	90.7
其他硬阔林	57 984	1.6	92.3
温性松林	38 814	1.1	93.4

注:其他硬阔林、其他软阔林分别指栎类非优势树种的硬叶,软叶阔叶混交林;库区马尾松、杉木混交林分别按优势树种并入马尾松针叶林、杉木针叶林类型,森林资源清查数据来自湖北省林业勘察设计院和重庆林业勘察设计院统计资料。

根据土壤剖面记录中的各发生层厚度,以土壤分层深度为权重,将各发生层土壤容重和有机碳含量转换为在 0~10、10~20、20~40 和 >40 厘米 4 个土层中的土壤容重和有机碳平均含量。本研究中土壤各层碳密度是土壤剖面各土层的容重、有机碳含量和土层厚度 3 者乘积,单位用公斤/平方米表示。

三、结果与分析

(一)土壤有机碳含量

三峡库区 11 种主要森林植被类型下土壤有机碳总平均含量为 11.57 克/

公斤，其中0~10、10~20、20~40和>40厘米4个土层土壤有机碳总平均含量分别为21.42、16.03、11.64和8.28克/公斤。11种森林植被类型土壤总平均有机碳含量随土层加深而降低，且降低的幅度随土层加深而增大。

不同森林植被类型土壤有机碳含量及其在土层间的变异规律不同。对11种森林植被类型0~10厘米土层和>40厘米土层有机碳含量比较发现，在11种森林植被类型中，灌木林和温性松林下土壤有机碳含量在两个土层间的差异较大，达212.77%和554.25%；栎类混交林和柑桔类土壤有机碳在土层间差异较小，降幅分别为61.90%和97.41%。说明栎类混交林和柑桔类土壤有机碳比灌木林和温性松林下土壤更容易向下传输。由于本研究中其他硬阔林类型只有1个样本，有关其他硬阔林下土壤有机碳还有待进一步研究。

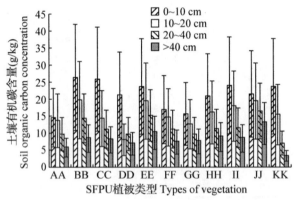

图1　三峡库区11种主要森林植被类型下土壤有机碳含量

Fig. 1　Soil Organic Carbon Concentration Under 11 Forest Vegetation Types in TGRA

注：AA~KK分别表示马尾松针叶林、栎类混交林、灌木林、柏木林、杉木针叶林、其他软阔林、柑桔类、针阔混交林、慈竹林、其他硬阔林、温性松林，误差线表示标准差。

(二) 土壤碳密度

由表2可以看出，同一森林植被类型的不同土层和同一土层不同植被间土壤碳密度的变异程度不同。在0~40厘米土层，其他10种森林植被土壤平均有机碳密度是灌木林土壤的2.06倍；而在0~10厘米土层，灌木林土壤碳密度为11种植被类型中的最高值，是其他10种森林植被类型土壤总平均碳密度的1.36倍。分析认为，这是由于灌木林表层土壤受土地利用变化和人为扰动最少，土壤有机碳稳定积累时间长，而土壤容重又高于栎类混交林等林地土壤的原因。

从整个土层来看，11 种森林植被类型土壤平均碳密度变化范围为 7.9～16.0 公斤/平方米，以杉木针叶林土壤平均碳密度最高（16.0 公斤/平方米），温性松林土壤碳密度最低（7.9 公斤/平方米），前者是后者的 2.02 倍。说明不同森林植被类型下土壤有机碳密度差异明显，11 种主要植被类型下土壤有机碳密度大小次序为杉木针叶林＞慈竹林＞针阔混交林＞其他硬阔林＞其他软阔林＞栎类混交林＞柑桔类＞灌木林＞马尾松针叶林＞柏木林＞温性松林。

表 2　三峡库区 11 种主要森林植被类型下土壤碳密度

	4 个土层平均值（kg/m²）					4 个土层变异系数（%）				
	0～10 厘米	10～20 厘米	20～40 厘米	>40 厘米	Total	0～10 厘米	10～20 厘米	20～40 厘米	>40 厘米	Total
AA(33)	1.8	1.7	2.6	2.9	9.0	59.8	58.2	49.4	43.9	47.8
BB(20)	3.0	2.4	3.7	3.2	12.3	53.9	49.5	43.4	35.7	43.9
CC(19)	3.3	2.0	3.3	2.1	10.7	49.4	43.0	38.0	32.0	40.7
DD(24)	2.7	1.7	2.8	1.9	9.0	43.5	34.1	31.1	33.8	32.8
EE(25)	2.5	2.2	3.6	7.6	16.0	70.5	64.8	58.0	55.4	55.4
FF(18)	2.6	2.3	3.4	4.1	12.4	60.8	57.6	50.4	38.0	49.3
GG(19)	2.4	2.0	3.0	4.7	12.1	32.0	25.2	16.1	14.9	16.6
HH(7)	2.3	2.0	3.1	6.2	13.6	28.0	23.8	19.4	20.3	19.3
II(19)	3.0	2.3	3.2	5.0	13.6	36.1	32.2	26.6	25.4	27.5
JJ(1)	2.0	1.9	3.5	5.5	12.9					
KK(11)	2.5	1.7	1.6	2.2	7.9	37.7	36.9	34.4	30.9	34.9
Mean(18)	2.6	2.0	3.1	4.1	10.7	47.2	42.5	36.7	33.0	36.8

注：AA～KK 分别表示植被类型，与图 1 相同；括号内为剖面数。

（三）土壤厚度

本次调查的 196 个土壤剖面厚度为 30～160 厘米，三峡库区 11 种主要森林植被类型土壤平均厚度为 56.3～98.5 厘米，以面积加权后 11 种森林植被类型土壤总平均厚度为 70.87 厘米。11 种植被类型中以杉木针叶林植被下土壤层最厚，达 98.5 厘米，灌木林植被土壤最薄，平均厚度仅 56.3 厘米。

（四）森林土壤碳贮量及其分配

三峡库区 11 种主要森林植被类型总面积为 3 413 251 公顷。其土壤总有机碳贮量为 366.36 t，其中 0～10、10～20、20～40 和 >40 厘米 4 个土层分别占 22.90%、18.36%、28.33% 和 30.41%。各植被类型下土壤有机碳贮量在不同土层中的分配存在较大差异，尤以灌木林和柏木林土壤碳贮量在土层间的差异最大,其0~10厘米土层碳贮量分别占该植被类型总碳贮量的30.83%和29.78%,而10~20厘米土层碳贮量仅占总碳贮量的18.65%和18.95%。

土壤有机碳贮量在11种主要森林植被类型中的分配,以马尾松针叶林所占比例最大,达33.51%;温性松林比例最小,仅占0.84%。库区土壤有机碳贮量在11种植被类型中的分配与各植被类型的分布面积大小顺序一致。说明各植被类型土壤碳贮量大小取决于其分布面积的大小。

四、讨论

许多研究发现。不同植被类型对土壤有机碳含量和土壤容重的作用明显[9~12]。不同植被类型下土壤有机碳含量和碳密度差异在很大程度上是由于植被对土壤容重的影响造成的[10]。本研究中各植被类型下土壤有机碳含量的大小顺序与碳密度大小顺序表现并不一致,也说明土壤有机碳密度在很大程度上受到土层厚度和土壤容重的影响。

三峡库区各主要森林植被类型下土壤平均有机碳含量为9.17~16.09克/公斤,不同植被类型下土壤有机碳含量差异明显,但都随土层加深而降低,这与当前众多的研究结论一致[3~6,11]。库区11种主要森林植被类型土壤总平均有机碳含量为11.57克/公斤,低于我国西部地区森林土壤平均有机碳含量(16.42克/公斤)[12];土壤总平均碳密度为10.7克/平方米,略高于李克让等[13]估算的中国陆地生态系统土壤平均有机碳密度(9.17公斤/平方米),但低于解宪丽等[14]估算的中国森林土壤平均有机碳密度(11.59公斤/平方米)。

本研究中的部分森林植被类型土壤碳密度与全国同类型植被下土壤碳密度相比,结果也有不同程度的差异。如:库区杉木针叶林土壤碳密度为16.0公斤/平方米,明显大于解宪丽等[14]估算的全国针叶林土壤平均碳密度(10.58公斤/平方米),而同为针叶林的华山松林土壤碳密度却仅为7.9公斤/平方米,远低于全国平均值。这再次说明不同森林植被类型对土壤有机碳密度的影响还是比较明显的,只是由于三峡库区各植被类型分布面积的差别太大,才导致土壤有机碳贮量在11种主要森林植被类型中的分配次序与各森林植被类型的分布面积表现出一致的规律。

参考文献

[1] Valentini R. Respiration as che main determination of carbon balance in European forest[J]. Nature, 2000, 401: 861~864.

[2] 刘国华, 傅伯杰, 吴刚, 等. 环渤海地区土壤有机碳库及其空间分布格局的研究[J]. 应用生态学报, 2003, 14(9): 1489~1493.

[3] 黄雪夏, 倪九派, 高明, 等. 重庆市土壤有机碳库的估算及其空间分布特征[J]. 水土保持学报, 2005, 19(1): 54~58.

[4] 甘海华, 吴顺辉. 范秀丹. 广东省土壤有机碳储量及空间分布特征[J]. 应用生态学报, 2003, 14(9): 1499~1502.

[5] 方运霆, 莫江明, Sandra B, 等. 鼎湖山自然保护区土壤有机碳贮量和分配特征[J]. 生态学报, 2004, 24(1): 135~142.

[6] 刘梦云, 安韶山, 常庆瑞. 宁南山区不同土地利用方式土壤有机碳特征研究[J]. 水土保持研究, 2005, 12(3): 47~49.

[7] 张小全, 陈先刚, 武曙红. 土地利用变化和林业活动碳贮量变化测定与监测中的方法学问题[J]. 生态学报, 2004, 24(9): 2068~2072.

[8] 程先富, 史学正, 于东升, 等. 兴国县森林土壤有机碳库及其与环境因子的关系[J]. 地理研究, 2004, 23(2): 211~216.

[9] 杨金艳, 王传宽. 东北东部森林生态系统土壤碳贮量和碳通量[J]. 生态学报, 2005, 25(11): 2875~2881.

[10] Davis M R. Condron L M. Impact of grassland afforestation on soil carbon in New Zealand: a review of paired-site studies [J]. Aust J Soil Res, 2002, 40: 675~690.

[11] 曾永年, 冯兆东, 曹广超, 等. 黄河源区高寒草地土壤有机碳储量及分布特征[J]. 地理学报, 2004, 59(4): 497~503.

[12] 王绍强, 周成虎, 李克让, 等. 中国土壤有机碳库及空间分布特征分析[J]. 地理学报, 2000, 55(5): 533~544.

[13] 李克让, 王绍强, 曹明奎. 中国植被和土壤碳储量[J]. 中国科学(D), 2003, 33(1): 72~80.

[14] 解宪丽, 孙波, 周慧珍, 等. 不同植被下中国土壤有机碳的储量与影响因子[J]. 土壤学报, 2004, 41(5): 687~699.

REDD+对我国木材进口影响的实证研究

吴水荣[1] 陈绍志[1] 曾以禹[2]

(1. 中国林业科学研究院林业科技信息研究所 北京 100091;
2. 国家林业局经济发展研究中心 北京 100714)

自2005年以来,减少因毁林和森林退化所产生的排放以及确保森林可持续管理和保护森林增强碳汇(下简称REDD+)成为国际气候变化谈判的热点和亮点。2010年《坎昆协议》进一步明确了减少发展中国家毁林排放等行动的具体范围、行动原则,发达国家同意为发展中国家制定减少发展中国家毁林和森林退化排放等行动的国家战略或行动计划、开展相关能力建设和实施试点项目等提供资金支持。2011年德班会议达成了一揽子决议,包括:继续《京都议定书》第二承诺期并于2013年开始实施。这意味着该议定书的附件I国家在2012年后的二期减排中,造林、再造林、减少毁林、森林管理活动产生的碳汇/碳源变化情况将强制纳入核算。此外,争取正式启动的"绿色气候基金"为发展中国家开展减少毁林排放和林地退化以及森林可持续经营等提供资金支持。在正式谈判之外,REDD+在国际融资及示范活动方面取得了重要进展。当前,国际上有15项多边或双边融资行动致力于支持发展中国家开展REDD+准备与示范活动。在这些行动支持下,先后共有40个国家已经和正在准备开展REDD+准备与示范活动,目前REDD+活动的实施主要是在非洲、亚太以及拉丁美洲的热带和亚热带国家。预计后京都时期,在国际或国内资金的支持下,会有更多的国家开展REDD+活动。随着REDD+活动的深入开展,REDD+项目国的木材生产量和出口量将在一定程度上减少,进而影响到国际木材特别是热带木材的供给与贸易。本研究根据资源禀赋特点及与我国木材进口的历史沿革及其重要性,选择了38个

REDD + 项目国[①]，重点分析这些 REDD + 项目国对我国木材进口的综合影响，并分析受到进口压缩影响后我国进口热带木材的潜在来源国。

一、REDD + 对项目国木材出口的影响

过去 50 年来，随着经济增长、人口增加和城市化发展，人们对木材及林产品的需求日益扩大，全球木材生产与贸易总量在波动中呈现出增长的态势。根据联合国粮农组织（下简称 FAO）统计资料，2010 年世界原木[②]生产量和出口量分别是 1962 年的 1.3 倍和 3.1 倍，年均增加率分别为 0.51% 和 1.38%，其中 2008~2009 年期间由于国际经济危机的影响，原木生产量和出口量均减少，2010 年全球经济回暖后又回升。

（一）REDD + 项目国木材出口变化趋势及其在全球出口中的地位

与全球木材生产趋势相同，REDD + 项目国木材生产量在过去 50 年期间持续增加。2010 年原木生产量是 1962 年的 1.6 倍，年均增长率为 0.78%，高于全球平均水平。然而，REDD + 项目国原木出口量在此期间表现出先增加后下降的趋势。在 20 世纪 60 年代至 70 年代期间呈增加趋势。20 世纪 70 年后期则在波动中呈现快速下降趋势。从 1978 年的 4 743 万立方米减少到 2010 年的 1 199 万立方米，年均减少率为 8.95%。

从木材出口量占生产量的比重来看，全球原木出口量占生产量比重总体上呈增加趋势。从 1962 年的 1.6% 增加为 2010 年的 3.6%，而 REDD + 项目国原木出口量占生产量的比重总体上呈下降趋势。特别是从 1973 年峰值 5.1% 下降为 2010 年的 0.9%。上述两个比重数据在 1990 年时达到一致，为 2.4%。从 1990~2010 年的近 20 年来看，全球原木出口量占生产量的比重从 1990 年的 2.4% 增加到 2010 年的 3.6%，而 REDD + 项目国原木出口量占生产量的比重则从 1990 年的 2.4% 下降为 2010 年的 0.9%。从 REDD + 项目国原木出口量对全球原木出口的贡献来看，在 20 世纪 70 年代期间 REDD + 项目国原木出口量曾占全球原木出口总量的 48%，此后则呈现持续下降趋

---

① 这 38 个 REDD + 项目国分别是非洲中部的刚果（金）、中非共和国、刚果（布）、加蓬、喀麦隆、赤道几内亚；非洲西部的尼日利亚、科特迪瓦、加纳、利比里亚、多哥；非洲其他地区的苏丹、安哥拉、赞比亚、莫桑比克、坦桑尼亚；南亚和东南亚地区的印度尼西亚、印度、缅甸、马来西亚、泰国、老挝、越南、柬埔寨、菲律宾；大洋洲的巴布亚新几内亚、所罗门群岛；南美洲的巴西、秘鲁、哥伦比亚、玻利维亚、委内瑞拉、阿根廷、智利、圭亚那；中美洲的墨西哥、危地马拉和巴拿马。

② 根据 FAO 数据库定义，这里的原木包括锯材原木、胶合板原木、纸浆木、其他工业原木和薪柴。

势,从 1990 年的 34% 下降为 2010 年的 10%。

总体上看,过去 20 年来 REDD+项目国对全球木材出口量的影响力持续减弱,而非 REDD+项目国特别是森林资源丰富的俄罗斯、欧盟、美国、加拿大、新西兰等国对全球原木出口量的影响力增强,2010 年这几个国家的出口总量占全球出口总量的 68%。

(二)影响 REDD+项目国木材出口的主要因素

影响木材出口的因素归纳起来包括内部因素和外部因素。内部因素是森林资源的禀赋条件,这是决定木材生产的基础,进而影响木材出口。外部因素为经济、社会和环境的发展趋势,其中最重要的两个因素是人口分布和经济增长状况,这两者都对林产品需求产生重大影响从而影响国内消费,同时也可能通过诸如全球经济一体化的加剧等因素引起供给方面的变化从而影响出口。此外,推动可再生能源利用、减缓气候变化和粮食安全的各种政策都会对森林部门产生直接和间接的影响,进而影响木材出口(FAO,2012)。

1. REDD+项目国森林资源变化趋势

在所选择的 38 个 REDD+项目国中,森林资源禀赋在所属区域相对都比较高。根据 FAO 的全球森林资源评估(FAO,2010),REDD+项目国的森林资源总量在过去 20 年里减少了 1.62 亿公顷,年减少率 0.47%,其中 1990~2000 年期间年减少率为 0.53%,2000~2010 年期间年减少率为 0.39%。从各个区域来看,1990~2000 年期间亚太区域的 REDD+项目国森林损失最为显著,年减少率为 0.75%,非洲区域次之(0.49%),拉丁美洲区域相对最低(0.47%)。2000~2010 年期间情况发生了转变,亚太区域的 REDD+项目国森林损失明显减速,年减少率为 0.23%,非洲区域和拉丁美洲区域减少率仍然较高,分别为 0.41% 和 0.44%。

在非洲区域,森林减少有自然退化的原因。主要由于非洲的很多树木品种极易因自然因素影响而退化,结果导致一些森林转变为热带稀树草原。而目前非洲森林面临的最大威胁,是为了获取燃料和垦林为田导致的乱砍滥伐。对于非洲来说,森林被赋予了更多与经济发展、生产生活密切相关的现实意义。喀麦隆、加纳等 18 个非洲国家的经济收入中至少 10% 依靠森林(FAO,2011)。在亚太区域,尽管过去 10 年,森林净损失速度明显下降,但部分国家如柬埔寨、印度尼西亚、缅甸和巴布亚新几内亚等 REDD+项目国的森林损失仍然很大。在拉丁美洲的广大区域,森林资源丰富,2010 年森林覆盖率几乎达 49%,占世界森林面积的 22%。森林面积最大的 5 个国家包括巴西、秘鲁、哥伦比亚、玻利维亚和委内瑞拉(均为REDD+项目国)占该区域森林总面积的84%。森林面积持续减少,最主要的原因是毁林,大量的林地转变为农业和城市用地。但过去10年来,该区域人工林面积以每年约3.2%的速度增加。在2000~2010年期间,巴西、智利、阿根廷、乌拉圭和秘鲁这几个REDD+项目国的人工林面积增幅最大。

2. 人口分布与经济增长状况

根据世界银行报告,未来几十年内世界人口和全球经济总量预计将以与过去相似的速度增长。尽管全球经济增长因2008~2009年的经济衰退而放缓,但这对发达国家影响更大,多数国家很可能在未来几年内重返正常增长轨道。

从人口增长与分布来看,全球人口已从1990年的53亿人增至2010年的69亿人,年增加率为1.3%。预计到2030年将达到82亿人,年增幅为0.9%。未来20内,最显著的人口增长将出现在非洲(增加2.35亿人)及亚太地区(增加2.55亿人),这些区域在全球人口中的比例也将随之增加(将分别占18%和53%)。总体上,人口的年龄结构将继续朝着老年人口占总人口比例越来越高的方向发展。但非洲、南亚和东南亚及拉丁美洲则例外,其劳动力人口预计将继续快速增长。从国内生产总值(下简称GDP)来看,全球GDP在1990年大约为38万亿美元,2010年增至63万亿美元(按2010年价格和汇率计算),每年实际增长2.5%。2030年预计将增长至117万亿美元,每年增长率为3.2%。欠发达区域的增长率预计相对较高。这种发展趋势的结果是区域占全球GDP的份额将继续从欧洲和北美洲等发达地区转向亚太和其他地区。

发展中国家的人口增长与经济发展状况意味着其木材消耗量在未来将保持增加的态势。这将通过增加木材生产、减少出口和增加进口来实现。由此可初步判断,REDD+项目国出口总量在未来仍将保持下降趋势。

(三)实施REDD+政策对项目国木材出口量变化的影响

REDD+实质为减少毁林、森林退化、开展造林与可持续经营森林和保护活动提供的一种激励机制,旨在为森林固碳服务赋予经济价值建立政策框架。REDD+政策的实施,预期将提高项目国森林治理能力和森林管理水平,从而在较大程度上避免毁林和减少森林退化。与此同时,随着国际上"森林执法施政贸易行动"(简称FLEGT)的开展,对非法采伐与毁林的约束力将进一步增强。相关研究估计,全球贸易中2%~4%的针叶材原木及其胶合板和23%~30%的阔叶材原木及其胶合板来源于非法采伐活动（Seneca Creek Associates，2014）。在REDD+项目国中，有的国家非法采伐毁林率高达70%~90%，如巴西、印度尼西亚、巴布亚新几内亚、秘鲁、加蓬、利比里亚等。这些估计值来源于文献及出版的报告，很多带有环保运动的偏见（Sheikh，2008）。本研究在预测时对各个REDD+项目国选取相对保守的估计值，见表1。

表1 REDD+项目国木材出口量中源于非法采伐或不可持续经营活动估计值

(%)

国家	估计值	国家	估计值	国家	估计值
安哥拉	30	多哥	30	委内瑞拉	20
喀麦隆	50	坦桑尼亚	30	柬埔寨	40
中非	30	赞比亚	30	印度	10
刚果布	30	阿根廷	20	印度尼西亚	70
科特迪瓦	30	玻利维亚	20	老挝	45
刚果金	30	巴西	20	马来西亚	35
赤道几内亚	30	智利	20	缅甸	50
加蓬	50	哥伦比亚	42	巴布亚新几内亚	70
加纳	34	危地马拉	30	菲律宾	10
利比里亚	80	圭亚那	20	所罗门群岛	10
莫桑比克	30	墨西哥	20	泰国	40
尼日利亚	30	巴拿马	20	越南	20
苏丹	30	秘鲁	80		

资料来源：根据相关文献资料整理。

根据边际递减效应，假设实施REDD+政策的前两年即2013~2014年REDD+项目国因减少非法采伐毁林每年减少出口量20%，2015~2016年每年减少10%，2017~2020年每年减少5%，预期到2020年其出口量中源于非法采伐或不可持续经营活动的木材的80%将得到遏制。假设其他条件不变，可以预测到2015年和2020年，REDD+政策的实施将使项目国原木出口总量分别减少到977万立方米和867万立方米，比2010年分别减少24%和39%，变化趋势见图1。

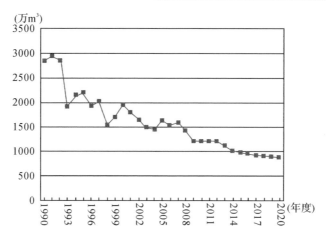

图 1　REDD + 项目国原木出口数量变化及趋势预测
资料来源：FAOSTAT 及预测数据

二、REDD + 项目国木材出口变化对我国木材进口的影响

过去50年来，我国进口原木数量总体上呈现上升趋势。特别是1998年天然林保护工程实施以来，我国进口原木总量显著增加，在2007年达到峰值3795万立方米，年增加率为8.2%。2008~2009年期间由于全球经济危机的影响，原木进口数量有所回落。

(一) 我国从 REDD + 项目国进口木材的变化趋势

我国从REDD + 项目国进口原木的数量在波动中缓慢增加。2010年比1998年增加了59%，年增幅4.5%。我国从REDD + 项目国进口数量占全部进口数量的比重由1998年的47%减少到2010年的27%，越来越多的木材进口由非REDD + 项目国供给。从REDD + 项目国本身来看，其原木出口量的大部分主要是出口到我国，从1997年的18%上升到2010年的65%。

(二) REDD + 项目国木材出口变化对我国进口的影响

根据边际递减效应，仍然假设实施REDD + 政策的前两年即2013~2014年REDD + 项目国因减少非法采伐毁林每年减少出口量的20%，2015~2016年每年减少10%，2017~2020年每年减少5%，预期到2020年其出口量中源于非法采伐或不可持续经营活动的木材的80%将得到遏制。在其他条件不变的情况下，根据各个REDD + 项目国出口量中非法来源木材的保守估计值以及我国从该国进口木材的数量，可以预测实施REDD + 政策后我国从各个REDD + 项目国进口木材的数量。以工业原木为例，到2015年和2020年我国从 REDD+项目国的进口木材总量将分别减少为 571 万立方米和 503 万立方米，比 2010 年分别减少 25%和 43%。

在选定的 38 个 REDD+项目国中，对我国工业原木进口影响最大的分别是马来西亚、巴布亚新几内亚、加蓬、缅甸、所罗门群岛、刚果布、赤道几内亚、印度尼西亚、喀麦隆和圭亚那等。2010 年，我国从这些国家进口工业原木的总量占从 38 个 REDD+项目国进口总量的 99%。这里重点对这 10 个国家进行具体分析，并预测其木材出口变化对中国木材进口的影响。

（1）马来西亚。马来西亚森林资源丰富，2010 年森林面积 2 045 万公顷，占国土面积 62%。过去 10 年来，马来西亚工业原木出口总量下降，但中国从马来西亚进口数量上升，2010 年占其出口总量的 83%，占从 REDD+项目国进口总量的 48.5%。马来西亚森林施政水平较高，预期通过 FLEGT 和 REDD+行动在避免毁林方面将取得较好的效果。根据预测结果，2015 年和 2020 年中国从马来西亚进口工业原木的数量比 2010 年将分别减少 20%和 33%。但马来西亚仍将是中国最主要的原木进口国，2015 年和 2020 年中国从马来西亚进口工业原木的数量占从 REDD+项目国国进口总量的 50.8%和 51.9%，从占比来看呈现出上升的趋势。

（2）巴布亚新几内亚。巴布亚新几内亚 2010 年森林面积 2 873 万公顷，占国土面积 63%。2005 年，巴布亚新几内亚与哥斯达黎加一起向在加拿大蒙特利尔举行的《联合国气候变化框架公约》（UNFCCC）会议上提出了 REDD 机制，开启了 REDD+进程。从 2007 年起，巴布亚新几内亚工业原木出口量由上升转为下降趋势。中国从巴布亚新几内亚的进口数量也下降，但该国 90%的工业原木主要是出口到中国。巴布亚新几内亚属于高森林覆盖率和高毁林率国家。预期实施 REDD+政策后期出口量将大幅度地减少。根据预测结果，2015 年和 2020 年中国从巴布亚新几内亚进口工业原木的数量比 2010 年将分别减少 45%和 80%，占从 REDD+项目国进口总量的 20.0%和 18.3%，从占比来看呈现出下降趋势，但仍将是中国主要的原木进口国之一。

（3）加蓬。加蓬 2010 年森林面积 2 200 万公顷，占国土面积 85%。从 2004 年起，由于中国从加蓬进口工业原木数量的显著增加，其工业原木出口总量由下降转为上升趋势，2008 年达到峰值后再次下降。2010 年中国从加蓬进口工业原木占其出口总量的 24%，占从 REDD+项目国进口总量的 5.6%。根据预测结果，2015 年和 2020 年中国从加蓬进口工业原木的数量比

2010 年将分别减少 30% 和 51%，占从 REDD + 项目国进口总量的 5.4% 和 5.2%，从占比来看呈现下降趋势。实施 REDD + 政策以后，加蓬也仍将是中国主要的原木进口国之一，但对中国木材进口的影响力减弱。

（4）缅甸。缅甸森林资源丰富，2010 年森林面积 3 177 万公顷，占国土面积 48%。过去 10 年间，缅甸工业原木出口数量波动较大，从 2005 年起其出口量由上升转为下降趋势。2010 年，中国从缅甸进口工业原木占其出口总量的 66%，占从 REDD + 项目国进口总量的 11.6%。根据预测结果，2015 年和 2020 年中国从缅甸进口工业原木的数量比 2010 年将分别减少 30% 和 51%，占从 REDD + 项目国进口总量的 11.2% 和 10.9%，缅甸仍将是中国重要的原木进口国。

（5）所罗门群岛。所罗门群岛 2010 年森林面积 221 万公顷，占国土面积 79%。过去 10 年来，所罗门群岛工业原木出口呈持续上升趋势，2010 年中国从所罗门群岛进口工业原木数量占其出口总量的 35%，占从 REDD + 项目国进口总量的 6.4%。根据预测结果，2015 年和 2020 年中国从所罗门群岛进口工业原木的数量与 2010 年相比将分别减少 5% 和 8%，占从 REDD + 项目国进口总量的 7.6% 和 8.4%，从占比来看呈上升趋势。

（6）刚果（布）。刚果（布）2010 年森林面积 2 241 万公顷，占国土面积 66%。过去 10 年来，中国曾是刚果（布）主要的木材出口国，2004 年中国从刚果（布）进口工业原木数量占其出口总量的 92%，随后大幅度减少，2010 年中国从刚果（布）进口工业原木数量占其出口总量的 26%，占从 REDD + 项目国进口总量的 1.9%。刚果（布）是一个高森林覆盖率低毁林率国家，根据预测结果，2015 年和 2020 年中国从刚果（布）进口工业原木的数量比 2010 年将分别减少 17% 和 28%，占从 REDD + 项目国进口总量的 2.0% 和 2.10%，从占比来看呈上升趋势。

（7）赤道几内亚。赤道几内亚 2010 年森林面积 163 万公顷，占国土面积 58%。从 2007 年起，赤道几内亚工业原木出口量显著下降，中国是赤道几内亚的主要进口国，2010 年中国从赤道几内亚进口工业原木数量占其出口总量的 83%，占从 REDD + 项目国进口总量的 0.31%。根据预测结果，2015 年和 2020 年中国从赤道几内亚进口工业原木的数量比 2010 年将分别减少 17% 和 28%，占从 REDD + 项目国进口总量的 0.34% 和 0.35%，从占比来看呈上升趋势。

（8）印度尼西亚。印度尼西亚是东南亚森林资源最丰富的国家，2010 年森林面积9 443万公顷，占国土面积52%。由于其高毁林率以及森林资源的高含碳量，无论在区域层面还是全球层面上，印度尼西亚都是重要的REDD+目标国。从2001年起，印度尼西亚工业原木出口量显著下降，中国从印度尼西亚进口量也明显减少，2010年中国从印度尼西亚进口工业原木数量仅占其出口总量的8%，占从REDD+项目国进口总量的0.12%。根据预测结果，2015年和2020年中国从印度尼西亚进口工业原木的数量将比2010年分别减少45%和80%，占从REDD+项目国进口总量的0.1%和0.09%。实施REDD+政策后，印度尼西亚原木出口量进一步减少，对中国木材进口的影响力减弱。

（9）喀麦隆。喀麦隆2010年森林面积1 992万公顷，占国土面积42%。过去10年来，喀麦隆工业原木出口波动较大。2010年中国从喀麦隆进口工业原木数量占其出口总量的17%，占从REDD+项目国进口总量的0.84%。根据预测结果，2015年和2020年中国从喀麦隆进口工业原木的数量与2010年相比将分别减少30%和51%，减少幅度较大。2015年和2020年中国进口的数量仅占从REDD+项目国进口总量的0.81%和0.79%，从占比来看呈下降趋势。喀麦隆仍将是中国重要的工业原木进口国之一，但对中国工业原木进口的影响力减弱。

（10）圭亚那。圭亚那2010年森林面积1 521万公顷，占国土面积77%，是高森林覆盖率低毁林率国家。从2006年起，圭亚那工业原木出口量从上升转为下降趋势，中国从2009年起成为圭亚那的主要进口国，2010年中国从圭亚那进口工业原木数量占其出口总量的62%，占从REDD+项目国进口总量的0.58%。根据预测结果，2015年和2020年中国从圭亚那进口工业原木的数量比2010年将分别减少11%和18%，占从REDD+项目国进口总量的0.66%和0.71%，从占比来看呈上升趋势。

总体上看，上述10个国家对我国工业原木进口影响很大，虽然实施REDD+政策后对我国木材进口均将产生重要的影响，但影响各不相同（见表2），而且他们仍将是我国工业原木的主要进口国。值得注意的是，预期到2020年，我国从前六位REDD+项目国即马来西亚、巴布亚新几内亚、缅甸、所罗门群岛、加蓬和刚果（布）进口工业原木之和就可能占到从REDD+项目国进口总量的97%。

表 2　我国从前 10 位 REDD+项目国进口工业原木数量及趋势预测

年份	马来西亚	巴布亚新几内亚	加蓬	缅甸	所罗门群岛	刚果（布）	赤道几内亚	印度尼西亚	喀麦隆	圭亚那	其他REDD国家
2000	236.79	75.54	121.30	56.73	9.15	0.65	35.61	61.96	22.76	2.19	39.95
2001	178.32	91.02	118.58	53.71	6.73	6.35	46.58	113.57	12.70	1.31	40.05
2002	135.33	112.80	109.86	57.38	16.87	24.62	33.35	25.25	21.56	2.29	74.48
2003	222.25	137.78	72.37	66.06	21.20	29.11	38.31	11.61	11.06	0.08	45.81
2004	342.68	131.47	137.98	105.41	30.04	77.48	30.90	9.25	2.33	1.55	23.14
2005	303.10	183.52	132.69	149.70	26.60	67.19	30.41	4.99	1.58	4.46	31.09
2006	261.82	206.43	107.63	102.32	21.12	42.98	38.10	3.58	6.64	4.28	7.24
2007	391.94	234.10	154.10	114.80	0.02	54.30	48.80	2.24	7.83	3.32	61.73
2008	395.83	222.97	118.90	15.79	80.15	14.90	24.94	1.36	6.40	2.59	8.54
2009	347.75	165.95	39.80	83.29	45.90	13.50	2.25	0.83	6.00	4.19	7.21
2010	347.75	165.95	39.80	83.29	45.90	13.50	2.25	0.83	6.00	4.19	7.21
2011	347.75	165.95	39.80	83.29	45.90	13.50	2.25	0.83	6.00	4.19	7.21
2012	347.75	165.95	39.80	83.29	45.90	13.50	2.25	0.83	6.00	4.19	7.21
2013	323.41	142.72	35.82	74.96	44.98	12.69	2.12	0.71	5.40	4.02	6.77
2014	300.77	122.74	32.24	67.47	44.08	11.93	1.99	0.61	4.86	3.86	6.36
2015	290.24	114.15	30.63	64.09	43.64	11.57	1.93	0.57	4.62	3.78	6.16
2016	280.09	106.15	29.09	60.89	43.21	11.22	1.87	0.53	4.39	3.71	5.98
2017	275.18	102.44	28.37	59.37	42.99	11.06	1.84	0.51	4.28	3.67	5.89
2018	270.37	98.85	27.66	57.88	42.77	10.89	1.81	0.49	4.17	3.63	5.80
2019	265.64	95.39	26.97	56.43	42.56	10.73	1.79	0.48	4.07	3.60	5.71
2020	260.99	92.06	26.29	55.02	42.35	10.57	1.76	0.46	3.96	3.56	5.62

资料来源：FAOSTAT 及预测数据。

三、REDD+项目国对热带材出口及我国热带材进口的影响

（一）REDD+项目国对世界热带材出口的影响

过去 20 年来，与世界原木出口量不断增加的趋势相反，世界热带材出口量总体上呈下降趋势，年减少率为 7%。其中 REDD+项目国热带材出口量占世界热带材出口总量的比重一直在 95% 以上，该比重呈现缓慢下降的趋势。从 1990 年的 99% 下降为 2010 年的 96%。

在 REDD+项目国原木出口量中，热带材占很大比重，过去 20 年来始终保持在 90% 左右的水平上。REDD+政策实施后，随着项目国原木出口量下降，对世界热带材出口产生的影响是深远的。根据预测结果，REDD+政

策的实施将使项目国热带材出口总量减少，到 2015 年和 2020 年分别为 812 万立方米和 710 万立方米，比 2010 年分别减少 26% 和 45%。

(二) REDD + 项目国对我国热带材进口的影响

过去 10 年来，我国进口热带材数量总体上呈现上升趋势。在从 REDD + 项目国进口原木的种类中，热带材所占的比重越来越高，从 2000 年的 39% 上升到 2010 年的 92%。可见，近些年来 REDD + 项目国主要为我国提供热带材供给。随着 REDD + 政策实施，这些国家对我国的热带材供给数量将有所减少。根据预测，到 2015 年和 2020 年我国从 REDD + 项目国进口热带材数量将分别减少为 518 万立方米和 451 万立方米，比 2010 年分别减少 27% 和 46%。

在选定的 38 个 REDD + 项目国中，对我国热带材进口影响最大的分别是马来西亚、巴布亚新几内亚、缅甸、加蓬和刚果布等，2010 年我国从这几个国家进口热带材的数量占从 REDD + 项目国进口量的 98.2%，占我国热带材进口总量的 97.6%，其中，我国从马来西亚进口热带材占 2010 年热带材进口总量的 51.6%、巴布亚新几内亚占 25.9%、缅甸占 12.1%、加蓬占 6.0%、刚果占 2.0%。实施 REDD + 政策后这些国家热带材出口变化对我国热带材进口将产生重要影响，但仍将是我国热带材的主要进口国。

(三) 世界主要热带材进口国及其对我国的竞争性影响

过去 20 年来，世界热带材进口总量在波动中呈明显下降趋势，其中 1990～2000 年间减少了 37%，2010～2000 年间减少了 114%。在世界热带材贸易中，中国、日本、印度、韩国、法国等是最主要的热带材进口大国。2010 年进口量之和占世界热带材进口总量的 93%。从各国热带材进口数量变化趋势来看，表现出不同的特点。

中国进口热带材的数量呈快速上升的趋势，从 1990 年的 350 万立方米激增到 2007 年的 853 万立方米。2008～2009 年由于经济危机的影响有所回落。中国进口量占世界进口总量的比重从 1990 年的 14% 增加到 2010 年的 78%，成为目前世界上热带材进口第一大国。

日本进口热带材的数量呈明显收缩的态势，从 1990 年的 990 万立方米减少到 2010 年的 33 万立方米，占世界热带材进来总量的比重从 1990 年的 40% 减少到 4%，由 20 世纪 90 年代初的热带材第一进口大国退居为第三。

印度对热带材进口也呈现上升趋势，特别是从 20 世纪 90 年代中期以来明显增加，到 2007 年达到峰值 340 万立方米，随后受全球经济危机的影响明显回落,从2007年占世界热带材进口总量的23%下降为2010年的7%,成为目前世界上热带材进口第二大国。

法国作为世界热带材的主要进口国之一,其进口数量随着世界进口总量整体下降的趋势而减少,1990~2010年期间年减少率达20%,占世界热带材进口总量的比重相对比较稳定,目前在世界热带材进口大国中位居第四。

韩国也是世界热带材的主要进口国,其进口量变化趋势与日本较为相似,自20世纪90年代初期以来无论是进口热带材的绝对数量还是在世界热带材进口总量中的比重都呈现明显的下降趋势,目前在世界热带材进口大国中位居第五。

从热带木材进口价格来看,2000~2010年期间总体上呈现上升的趋势,其中热带材进口均价上升了46%,各国进口价格增幅最大的是印度,为80%,其次是法国,为48%,增幅最小的是韩国。从各国来看(表3),法国

表3 世界主要热带材进口国进口价格变化趋势　　　美元/m³

年份	中国	法国	印度	日本	韩国	均价
1990	94	253	189	162	107	150
1991	113	249	217	174	142	165
1992	117	276	293	170	134	163
1993	181	281	120	302	192	237
1994	180	326	141	246	186	220
1995	171	334	143	215	167	213
1996	174	287	121	215	184	199
1997	170	261	121	116	165	157
1998	153	255	121	131	107	153
1999	148	240	107	153	124	154
2000	153	208	196	157	137	168
2001	143	206	187	137	125	157
2002	131	219	231	142	110	157
2003	145	262	245	149	118	176
2004	165	317	197	168	90	191
2005	172	326	188	194	151	199
2006	192	329	187	230	173	213
2007	237	406	187	250	237	255
2008	261	457	905	260	251	335
2009	248	395	955	234	182	313
2010	248	403	955	234	182	312

资料来源:FAOSTAT. http://faostat3.fao.org/faostat-gateway/go/to/download/F/*/E

进口价格相对比较稳定，并始终保持在均价水平之上；印度进口价格波动较大，近年来"一支独秀"，保持在较高的单价水平上；韩国的进口价格相对较低，始终低于均价水平；日本与中国的进口价格水平相近，变化趋势也较为相似，低于均价水平但比较接近均价水平。

从对中国的竞争性影响来看，上述国家中印度对中国的影响最大。一方面印度作为新兴的发展中大国，对热带材的进口需求还将进一步增加，另一方面其进口价格相对较高。其次是法国，其对热带材有相对稳定的进口需求，而且进口单价相对较高。日本和韩国的竞争性影响相对较小，一方面是由于其对热带材的进口需求明显收缩，另一方面其进口价格相对较低。

（四）我国进口热带材的潜在来源国

随着 REDD+ 政策实施，项目国对全球包括我国的热带材出口将减少。在对热带材的进口空间被压缩的情况下，除了继续从当前向我国提供热带材的 REDD+ 项目国进口热带材以外，我国还需要从非 REDD+ 项目国获得热带材供给以满足不断增加的刚性需求。

根据 FAO 统计数据，过去 10 多年来，我国在从主要的 REDD+ 项目国进口热带材的同时，也从一些非 REDD+ 项目国如美国、澳大利亚、新西兰、加拿大、新加坡等进口热带材。从近 10 年来看，新加坡、法国、比利时、南非、澳大利亚等非 REDD+ 项目国为国际市场提供着较为稳定的热带材出口，这些国家将可能成为我国进口热带材的潜在来源国。

四、主要结论

近 20 年来 REDD+ 项目国对全球出口量的影响力持续减弱，非 REDD+ 项目国特别是森林资源丰富的俄罗斯、欧盟、美国、加拿大、新西兰等对全球出口量的影响增强。REDD+ 政策实施以后将使 REDD+ 项目国木材出口总量进一步减少，预测到 2015 年和 2020 年原木出口总量比 2010 年分别减少 24% 和 39%。其中对世界热带材出口的影响更为显著，预测到 2015 年和 2020 年比 2010 年分别减少 26% 和 45%。

我国进口自 REDD+ 项目国的原木在全球林产品贸易中所占的比例呈大幅下降趋势，但我国从 REDD+ 项目国进口热带材占从全球进口热带材的比重越来越高。REDD+ 项目国对我国木材进口均将产生影响且影响各不相同。实施 REDD+ 政策后他们仍将是我国主要的热带材进口国，特别是 2015 年到 2020 年，预期我国从马来西亚、巴布亚新几内亚、缅甸、加蓬和刚果布等 5 国进口热带材之和将占从 REDD + 项目国进口总量的 98% 以上。在受到进口空间压缩影响后，新加坡、法国、比利时、南非、澳大利亚等非 REDD + 项目国将可能成为我国进口热带材的潜在来源国。

参考文献

FAO. Global Forest Resources Assessment 2010. Rome，2010

FAO. State of the World's Forests 2011. Rome，2011

FAO. State of the World's Forests 2012. Rome，2012

Pervaze A. Sheikh. Illegal Logging：Background and Issues. Congressional Research Service Report for Congress. 2008

Seneca Creek Associates, LLC, and Wood Resources International, LLC, "Illegal" Logging and Global Wood Markets：The Competitive Impacts on the U. S. Wood Products Industry, prepared for American Forest & Paper Association(November 2004), 154

World Bank. Global economic prospects-summer 2010：fiscal headwinds and recovery. Washington, DC, USA, World Bank. 2010

下 篇
碳汇产权与碳汇交易

国际、国内碳市场的发展展望

钱国强　陈志斌　余思杨

（北京中创碳投科技有限公司，北京）

一、国际碳市场发展新进展

（一）全球碳市场的基本构成与主要进展

1. 全球碳交易市场的基本构成

全球碳市场的形成主要基于《京都议定书》所创设的联合履约（JI）、清洁发展机制（CDM）和排放贸易（ET）三种灵活机制，但并不局限于议定书形成的碳市场。欧盟、新西兰等通过国内立法建立的国内碳交易市场，也是全球碳市场的重要组成部分。另外，在一些非政府组织和环保团体的推动和主持下，还存在自愿减排交易市场。全球碳交易市场的结构和内容呈现多层次、多种类的特点，其结构与分类见图1。

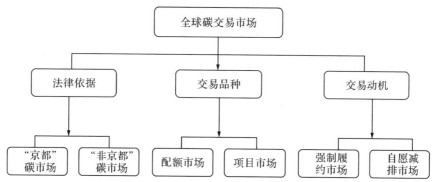

图1　全球碳交易市场的结构与分类

按照市场创立的法律依据，碳市场大致可分为两大类：一类是基于《京都议定书》的碳交易市场，通常称作"京都"碳市场；另一类是基于各国国内立法建立的碳交易市场，通常称作"非京都"碳市场，主要包括欧盟碳市场、新西兰碳市场、美国加州碳市场、澳大利亚碳市场，以及即将启动的韩国碳市场等。自愿减排市场也属于"非京都"碳市场。

按交易品种的不同类别,碳市场可分为基于配额的市场和基于抵消信用的市场。配额市场的交易品种是"总量控制和交易"(Cap and Trade)机制下的排放配额,是碳市场最核心、最基础的组成部分,《京都议定书》下的排放贸易以及欧盟、新西兰、加州等国内碳交易市场,都是基于配额的交易市场。基于抵消机制的市场的交易产品是核证减排量,是配额市场的补充。《京都议定书》下的联合履约和清洁发展机制,以及新西兰、加州等国内碳市场创设的抵消机制,都是基于抵消项目的交易市场。

按交易动机碳市场可划分为强制履约市场和自愿减排市场。强制履约市场的交易动力来自国家或企业完成国际条约或国内法规定的履约义务,而自愿减排市场的交易动力来自企业自愿减排,企业自愿减排的动机有多方面,包括主动承担社会责任、树立良好社会形象、为强制履约做准备等。

2. 全球碳市场交易表现

自2005年《京都议定书》生效以来,全球碳交易市场取得了长足的发展,其中超过90%的交易额来自欧盟碳市场。根据世界银行的统计,2005年全球碳市场交易额约为110亿美元,到2009年规模迅速扩大了12倍,达1 437亿美元。受《京都议定书》第二承诺期等政策不确定性和金融危机的影响,2011年全球碳市场交易额到达顶点后在2012年和2013年出现大幅下降。全球碳市场交易规模及趋势见图2。

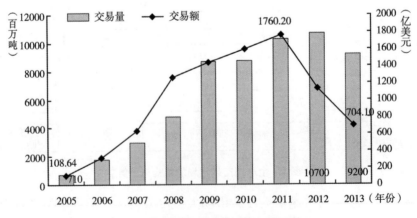

图2 全球碳市场历年交易额及趋势

(二)主要国家碳市场进展

1. 欧盟碳交易体系(EUETS)

EUETS 于 2005 年 1 月 1 日启动,是世界上首个跨国碳排放交易体系,也是全球影响力最大的碳交易体系,目前正处于运行的第三阶段(2013~2020 年)。EUETS 碳交易价格自 2011 年暴跌之后,一直处于下行轨道中。欧盟采取的碳市场救市措施及讨论中的改革方案,在 2014 年曾一度刺激碳价出现小幅回升,但欧洲碳市场仍缺乏反弹的动力,具体走势见图 3。

图 3 欧盟碳市场现货价格走势

2013 年,欧盟碳市场第三阶段正式开始,多项重要改革开始执行。电力企业不再获得免费配额,40% 的配额通过拍卖而非免费的方式进入市场。而最引人注目的是 2014 年 3 月正式实施的"推迟拍卖方案"(Back-loading)。该方案将 9 000 万吨 EUA 进入市场的时间推迟。"推迟拍卖方案"仅仅是 EUETS 机制改革的第一步,调整 2020 年后的排放限额也在计划之中。此外,欧盟希望通过 EUETS 将 2030 年的温室气体排放量在 2005 年的基础上削减 43%,以实现其 2030 年的气候变化控制目标。目前,欧盟正在考虑如何通过碳交易体系的进一步改革来实现该目标。

2. RGGI 碳交易市场

区域温室气体计划(Regional Greenhouse Gas Initiative,RGGI)是美国东北和中大西洋地区 10 个州的联合减排行动,以三年为一个控制期(Control Period),电力企业在每个控制期结束后进行履约核算。RGGI 在头几年的运行中面临配额严重供过于求的问题,碳市场需求不足,碳价低廉,交易寥寥无几。2013年起，RGGI重点针对第一次评估的结果提出了以缩紧配额总量和更改成本控制机制为核心的改革方案，该方案将2014年起每年的配额数量削减了45%以上。受此方案的刺激，萎靡多年的RGGI碳市场重新焕发活力。在改革之后的第一次拍卖即第19期拍卖中，拍卖成交结算价终于脱离底价，提高到2.8美元。随后RGGI市场价格稳步上扬，在2014年3月进行的第23次拍卖中，成交价达到4美元。RGGI总量改革初见成效，其价格走势见图4。

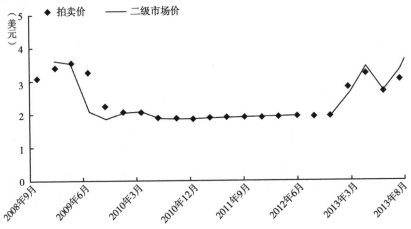

图4　RGGI碳市场2008～2013年价格走势

3. 加州－魁北克碳交易市场

加州和魁北克的减排计划是区域减排行动——西部气候行动（Western Climate Initiative，WCI）的一部分。加州是WCI的发起者之一，魁北克于2008年4月加入了WCI。两者的碳交易计划均基于WCI的区域方案进行设计，具有很大的相似性，两个市场已经于2014年1月1日进行连接。

加州政府于2012年11月14日举行了第一次配额拍卖，截至2013年12月已举行5次配额拍卖，共拍卖配额8 105万吨，成交额为9.7亿美元。经过一年的运行，加州市场运转良好，一级市场拍卖进展顺利，二级市场交易稳健。加州将于2014年11月进行首次履约，届时将能够根据履约情况对整个体系进行评估。加州2013年配额拍卖及二级市场价格对比见图5。

2013年12月3日和2014年3月4日，魁北克进行了两次温室气体排放单位拍卖，共拍出2014年配额206万吨，成交额2 280万加元，成交价分别为10.75加元/吨和11.39加元/吨。

国际、国内碳市场的发展展望

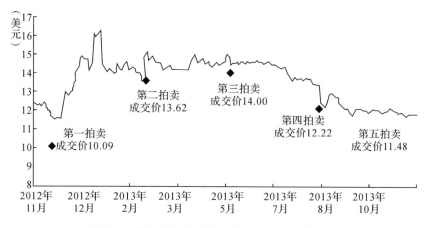

图5 加州市场2013年拍卖及二级市场价格对比

加州碳市场与魁北克碳市场于2014年1月1日起正式互联，两地的抵消额与配额可实现完全互换，该消息对魁北克市场产生了积极影响。在魁北克首次拍卖中，由于市场小、大型参与者少、免费分配的配额过多，仅有34%的2014年配额被成功拍出。但在第二次拍卖中，98.65%的配额被成功拍出，几乎为上一次拍卖的3倍。加入加州碳市场，对于魁北克碳市场的活跃程度以及市场参与各方对于市场的信心都有一定的提振作用。

另外，加州与魁北克在2004年6月3日发布了联合拍卖的计划，将于2014年11月进行，而拍卖的申请于7月底开始，并与8月初进行为期一天的投标。这意味着两地碳市场参与者将会共同拍卖，两地碳市场的配额也将混合拍卖，联合拍卖的拍卖底价也将是历史最高的。

4. 澳大利亚碳价机制

澳大利亚最初设计的碳价机制分两个阶段实施：2012年7月1日~2015年6月30日为固定碳价阶段，固定碳价机制实施三年后，2015年7月1日自动过渡为温室气体总量控制和排放交易机制。

2013年9月8日，澳大利亚2013年联邦大选结果出炉，保守联盟（Coalition）以89个席位赢得众议院多数席位，党魁阿博特（Tony Abbott）成功当选总理。而工党只获得了55个席位，以悬殊的席位差结束了六年的执政。保守联盟一直以废除碳定价机制、执行直接气候行动（Direct Action）作为其主要政策，并初步拟订了废除碳定价机制的步骤以及配套措施。

保守联盟赢得2013年大选后，废除固定碳价机制的草案很快便在众议院活动通过。澳大利亚碳市场的存废几经周折，辗转近一年的废除碳税法案也于最近在参议院通过。2014年7月17日，澳大利亚政府宣布正式废除碳价机制。澳大利亚碳市场的存废也终于尘埃落定，运行仅两年的碳价机制还未过渡到浮动价格阶段便匆匆落下帷幕。

与碳价机制配套机构的前途不尽相同，清洁能源管理局虽然得以保留，但是其职能在新的法律框架下将有相应的变化。气候变化局、清洁能源金融公司的存废不在此次的废除碳税法案中，将在单独的废除草案中提交到国会。

由于2013~2014年度的履约期还未结束，因此现有的碳单位在2015年2月之前可以继续使用。虽然碳价机制被废除，但是联盟党的直接气候行动未获得大部分议员的支持。这也意味着澳大利亚的气候政策仍将在一段时期内处于空档期。

5. 新西兰碳交易市场

新西兰温室气体排放交易机制（New Zealand Emissions Trading Scheme，NZ ETS）始于2008年，是欧盟之外第二个实施强制性温室气体总量控制和排放交易机制的发达国家[①]。NZ ETS的覆盖范围广泛，对不同行业分不同阶段采取逐步纳入的方式。自2008年启动至今，已将林业部门及液化化石燃料、固定能源和工业加工部门纳入碳交易体系，占排放总量约50%的农业部门需要报告其排放量，但新西兰政府未确定农业部门启动履约义务的日期。

NZ ETS将未来与国际碳市场的连接作为重点任务，为确保国内企业有机会以最低的价格来进行碳减排，新西兰政府于2012年7月宣布继续允许国内企业无限制地购买国际碳信用额度。随着2011年国际碳信用严重供过于求，新西兰国内碳交易价格由2011年的20新西兰元跌至2013年的1新西兰元以下。2014年5月，新西兰国会通过了《应对气候变化法2002》的修正案，规定林业在登记系统注销林地时不能使用国际碳信用。此项措施使得碳市场对NZU的需求有所提升，推动了NZU的价格上涨到4新西兰元以上，达到了近两年来的新高。新西兰2010年至今的碳价走势见图6。

---

① Ecofys,"Mapping Carbon Pricing Initiatives: Developments and Prospects".

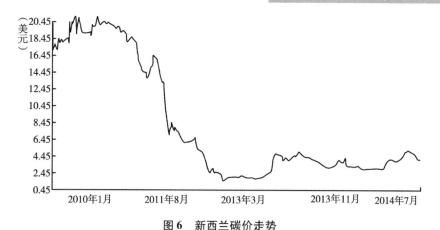

图 6　新西兰碳价走势

(三) 其他碳交易市场情况介绍

1. 韩国碳交易市场

2012 年 5 月 2 日,韩国国会通过了引入碳交易机制的法律,是第一个通过碳交易立法的亚洲国家。目前,韩国碳交易机制运行的各项准备工作正在有序进行中,计划于 2015 年 1 月 1 日启动。该机制将覆盖占韩国全国排放总量 60% 以上的 300 多家来自电力、钢铁、石化和纸浆等行业的大型排放企业,在初始阶段,95% 的排放配额将免费发放给企业,剩下的比例将通过拍卖的方式进行分配。

2. 南非碳价政策

南非政府于 2013 年 5 月公布了一项碳税政策草案,该草案较为清晰地阐述了南非未来要执行的碳税结构及其运行机制。根据该草案,南非碳税政策将于 2015 年 1 月实行,第一阶段运行时间为 2015～2019 年。虽然南非没有选择碳交易机制作为主要减排政策手段,但其在碳税方案设计中规定了明确的碳抵消使用额度的内容,不同行业可用抵消额度的比例为 5%～10%。可见,南非的碳税政策融合了部分碳交易体系的内容。

3. 日本双边机制

日本在宣布退出《京都议定书》第二承诺期后,自 2013 年开始在全球范围内推行一项双边抵消机制(或称"两国间信用制度",Joint Crediting Mechanism,JCM)。JCM 虽然是独立于 CDM 的一个减排机制,但其在管理方式和运行流程上与 CDM 基本相似,日本政府将其视为 CDM 全球减排的补充。该机制声称的目标是"促进在节能方面没有得到 CDM 支持的地区的低碳发展"，由日本政府或企业向签订协议的国家提供资金或转移低碳技术、产品、服务和基础设施等，并换取这些国家的减排量。截至2014年6月，日本已与蒙古国、孟加拉、埃塞俄比亚、肯尼亚、马尔代夫、越南、老挝、印尼、哥斯达黎加、秘鲁、柬埔寨11个国家签订了双边抵消协议。

4. 哈萨克斯坦碳市场

2011年12月，哈萨克斯坦提出了该国的环境立法修正案，为建立其国内碳市场奠定了基础[①]。2013年1月1日，哈萨克斯坦正式启动了国内碳交易，第一阶段（2013年1月1日~2013年12月31日）为试点阶段，为期一年，配额全部免费发放，配额分配基于2010年的排放数据，同时为新入者预留了2060万吨配额；第二阶段（2014年1月1日~2015年12月31日），为期两年，配额免费分配，其中2014年的配额分配基于2011~2012年的排放数据，2015年的配额基于2013年的排放数据；第三阶段（2016年1月1日~2020年12月31日），为期五年，自第三阶段起哈萨克斯坦将在一定程度上采用拍卖及基准线法分配配额。

5. 世界银行PMR计划

"市场准备伙伴"（Partnership for Market Readiness，PMR）计划是世界银行在2010年坎昆会议上正式宣布启动的增款型基金，资金用于市场减排工具的培育与建立相关知识的共享平台，2011年5月正式运行，对全球市场减排工具的基础能力建设起到了重要的推动作用。

PMR的资金主要来源于美国、德国、英国、日本等发达国家，由世界银行进行管理，每年进行2~3次的合作伙伴大会（Partner Assembly，PA），对PMR相关的重要决策进行表决，如参与国的意向申请、资金申请等。截至2014年6月，在17个执行参与国中，中国、智利、墨西哥、泰国、土耳其、印尼、哥斯达黎加已经完成了市场准备计划（MRP），并在合作伙伴大会上获得执行资金支持。MRP是执行参与国最重要的文件，反映其建设市场减排工具的路线以及项目活动设计蓝图[②]。

二、联合国碳交易市场机制谈判进展

（一）国际气候政策演变与全球碳交易市场

经过多年的实践演变，国际碳市场的发展逐渐形成了两种模式：一是

---

① Mansell, A., "Green House Gas Market Report 2013 (IETA) —Looking to the Future of Carbon Markets".
② PMR, "The Partnership for Market Readiness", http://www.thepmr.com.

"自上而下"模式,即由国际条约形成的统一碳市场,类似基于京都机制形成的国际碳市场;二是"自下而上"模式,是各国独立发展的国内碳市场。随着京都模式的日渐式微,各国在各自碳市场的设计与运行过程中探索相互间的连接,出现了以分散的碳市场为主,通过双边协议进行连接的中间模式。

1. 国际统一市场

基于《联合国气候变化框架公约》,国际社会达成的《京都议定书》推动发达国家率先开展了量化的减排行动[①]。为了协助发达国家实现减排目标,《京都议定书》提出了三种市场机制,以提高发达国家履行减排义务的灵活性,形成了首个国际统一碳市场。其中清洁发展机制(CDM)获得了最广泛的应用,作为配额市场的抵消机制,为其提供价格相对较低的碳信用,同时也促进了发展中国家碳市场的发展。欧盟作为最主要的需求来源推动了CDM在2005~2010年快速发展,但随着京都减排模式的衰落,以及欧盟收紧对CER的应用,CDM市场迅速凋零。

2. 分散化市场

国际统一减排协议的碳市场模式受阻,各国便转向地区性碳市场的建设,作为其国内核心的减排工具。欧盟碳市场在2005年启动后,众多地区或国家级的碳市场在各地涌现,如新西兰、澳大利亚、RGGI、美国加州、加拿大魁北克等,形成了松散的、分散化的碳市场网络。

松散的碳市场架构允许各国根据自身经济结构、政治意愿等因素完成碳市场的要素设计,减排目标不受国际条约的约束,分配方法、核算方法等其他要素也可以因地制宜。然而,设计上的不统一意味着各地区的政策力度、环境完整性等方面存在差异,不利于在全球范围内实现减排资源优化配置,减排效率受到一定程度的损害。后续碳市场之间的连接也是一项耗时耗力的工作。

3. 中间模式

除了上述两种模式外,各国的碳市场在开展合作的过程中形成了介于统一碳市场与分散碳市场两种模式之间的中间模式。其形成的原因是碳市场的规模与流动性对其实施效果与总量目标的实现至关重要,扩大碳市场的覆盖

---

① UNFCCC,"Documents and Decisions",http://unfccc.int/documentation/document_lists/items/2960.php.

范围可减少碳泄漏与贸易壁垒的风险,流动性的增加也有益于资源的有效配置。2013~2020年是国际气候制度的过渡期,国际减排行动呈现以分散的碳市场建设为主,且这种分散的碳市场规模有增大的趋势,但在现有的分散框架下,实现部分国家或区域碳市场之间的连接。

欧盟碳市场与加州碳市场各自在推进碳市场连接方面都进行了有益的探索,为中间模式的发展提供了参考。欧盟成功地与多个国家的碳市场进行了连接,尽管连接形式有所不同,但侧面反映了连接方式与碳市场设计差异的相关性,越相似的市场间越容易连接。如挪威碳市场从一开始就依照欧盟碳市场的指令进行设计,因此只需要通过已有的自由贸易区协议就可以进行相互交易,而对于与澳大利亚的连接,就涉及对许多制度的调整。

加州与魁北克碳市场也实现了双向连接。加州与魁北克同属于西部气候行动(Western Climate Initiative,WCI)的成员,在碳市场设计之初便展开合作,使得碳市场关键设计要素保持一致,便于连接的实现。

(二)当前碳市场机制相关谈判进展与动向

目前,国际气候谈判的重点在于推进德班平台,核心议题为是否要达成有法律约束力的全球减排协议、各方应承担什么性质和力度的减排目标。根据谈判工作计划,各方希望在2014年底的利马会议上形成谈判案文,并在2015年底的巴黎会议上达成减排协议。

市场机制的谈判,是当前气候变化谈判的重要议题,当前主要在两个层面进行:一是落实巴厘路线图成果的层面;二是德班平台谈判层面。前者作为2013~2020年国际气候制度的过渡性安排,一方面将对京都灵活机制进行优化性改革,但《京都议定书》前景暗淡,京都机制未来走向很难通过这个平台本身得到解决;另一方面,公约下新市场机制的推进也由于缺乏需求空间而难以找到出口。巴厘路线图下,新旧市场机制的关系及未来走向,与减排谈判捆绑为复杂的政治问题,已陷入僵局。

欧盟积极推动的新市场机制,包括行业碳信用和行业总量控制与交易机制。此外,日本积极推动双边减排机制,韩国支持基于"国家适当减缓行动与政策"的碳信用机制。这些新市场机制,连同京都市场机制的存续与改革等问题,撬动各国减排博弈,将伴随新一轮气候谈判全过程。

国际碳市场格局,正处于变革调整期。多哈会议之后,巴厘路线图完成了历史使命,谈判的重点转向了德班平台下2020年后全球减排协议。新的全球减排协议需要相应的碳市场机制,德班平台下达成关于碳市场机制的相关安排，将为当前市场机制谈判破局，并成为德班平台谈判的成果之一，服务于新的减排协议。

三、国内碳市场发展新进展

2013年以来，中国国内碳交易市场建设的两个维度（地方碳交易试点和国家级碳交易市场）均取得了突破性进展。一方面，深圳、上海、北京、广东、天津和湖北等碳交易试点先后正式启动交易，使中国一举成为碳排放配额规模全球第二大的碳市场；另一方面，国家发改委正式启动了自愿减排项目的申报、审定、备案、签发等工作流程。此外，国家发改委公布的10个行业温室气体排放核算指南、国家登记系统建设取得的进展等，都为建设全国统一碳市场打下了良好基础。

（一）国内碳交易试点进展

1. 7个试点的整体进展

2011年10月29日，国家发改委办公厅正式下发《关于开展碳排放权交易试点工作的通知》，批准率先在北京、天津、上海、重庆、湖北、广东、深圳"两省五市"开展碳排放权交易试点工作，标志着碳交易从规划走向实践。随后各试点开始进行政策研究及设计、行业排放量摸底调查、核算指南编制、报送核查体系建设等工作。目前，7个试点已顺利启动运行。北京、天津、上海、广东和深圳5个试点也已经于2014年6~7月进行首次履约。各试点启动时间见图7。

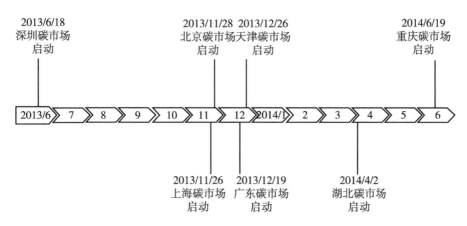

图7 中国碳交易试点启动时间

2. 试点政策设计基本要素与特点

碳交易政策设计的基本要素包括立法、覆盖范围、配额总量、配额分配、抵消机制、MRV 和履约以及交易规则等内容。目前已经启动的 7 个试点在这些要素设计上各有特点，本节将对此进行简要比较盘点。

(1) 覆盖范围 7 个碳排放权交易试点的覆盖范围具有明显的地域特色。作为工业大省(市)，广东、天津和湖北首批纳入的单位主要以工业企业为主，纳入排放门槛相对较高，纳入单位数量较少。深圳和北京碳交易试点结合自身情况纳入大量非工业排放源，纳入门槛相对较低，纳入单位数量较多。上海由于既有工业企业，也有为数不少的非工业排放源，因此差异化地设置了两个纳入门槛。详情见表 1。

表 1 各碳交易试点的覆盖范围

试点	纳入行业	纳入门槛*	单位数量（家）	占总排放的比重(%)
深圳	工业(电力、水务、制造业等)和建筑业	工业：5 千吨以上 公共建筑：2 万平方米 机关建筑：1 万平方米	工业：635 建筑业：197	40
上海	工业行业：电力、钢铁、石化、化工、有色、建材、纺织、造纸、橡胶和化纤 非工业行业：航空、机场、港口、商场、宾馆、商务办公建筑和铁路站点	工业：2 万吨 非工业：1 万吨	191	57
北京	电力、热力、水泥、石化、其他工业和服务业	1 万吨以上	490	49
广东	电力、水泥、钢铁、石化	2 万吨以上	242	54
天津	电力、热力、钢铁、化工、石化、油气开采	2 万吨以上	114	60
湖北	钢铁、化工、水泥、汽车制造、电力、有色金属、玻璃、造纸	综合能源消费量 6 万吨标准煤及以上	138	35
重庆	暂未公布	2 万吨以上	242	暂未公布

注：*如无特别说明，纳入标准为年二氧化碳排放量。统计时间截至 2013 年 6 月。

中国碳排放权交易试点覆盖范围的设计和确定具有以下几个特点。第一，初期只考虑二氧化碳一种温室气体。第二，同时纳入直接排放和间接排放。所谓间接排放，是指在消费端根据其所利用的电力或热力而计算的排放量，即在排放的下游同时进行管控。第三，纳入对象是法人而不是排放设施。第四，部分碳排放交易试点地区的覆盖范围将逐步扩大。

（2）配额总量及构成

截至 2014 年 6 月 30 日，在已经启动的 7 个试点中，已知三年配额总量的碳交易试点有深圳，明确公布 2013 年配额总量的试点只有广东，明确公布 2014 年配额的有湖北。深圳在完成第一年配额调整之后公布了其调整完成后的免费分配配额数量，但未在一开始公布预分配配额数量和完整的配额总量。公布初始免费分配配额数量的只有重庆，为 1.26 亿吨，但重庆未公布完整的配额总量。上海、北京和天津 2013 年的配额总量未公布，数据来源均为媒体报道。各试点 2013 年配额总量（湖北为 2014 年配额总量）见表 2。

表 2　各试点配额数量及结构比较*　　　　　　　　　　单位：万吨

试点	免费配额			有偿配额		合计
	初始免费配额	调整配额	新进入者储备配额	拍卖	市场调节储备配额	
深圳	3 320	无**	未公布，年度配额总量的2%	未公布，不低于年度配额总量的3%	未公布，年度配额总量的2%	未公布
广东	33 950	—	1 940	1 110	1 800	38 800
湖北	合计约29 808，具体结构未公布			777.6	1 814.4	32 400
上海	约16 000	未公布	未公布	—	未公布	未公布
重庆	12 519.7	未公布	未公布	—	—	未公布
北京		未公布			未公布	未公布
天津	未公布，合计约16 000			—	未公布	未公布

注：*表中数据由各试点公布的数据以及相关的分配方法计算得出，具体数值以试点公开文件为准。
**深圳规定配额调整时"追加配额的总数量不得超过当年度扣减的配额总数量"，因此没有额外调整配额。

中国的几个碳交易试点中，在配额总量的确定性和透明性上，广东和湖北做得最好，其次是深圳，其他几个试点在启动的第一年都未公布初始分配的配额数量，也未公布用于事后调整和用于市场调节的配额数量，这对后期的市场运行来说是一个不确定性因素。

（3）配额分配

中国碳排放权交易试点初期配额分配以免费为主，深圳、上海、北京、天津和湖北碳排放权交易试点第一年分给控排单位的初始配额完全免费，只有广东在初始分配中考虑了有偿分配，控排企业需要有偿购买的配额比例为

3%。深圳允许进行配额拍卖,但还未明确具体实施方式和时间表。湖北虽然进行配额拍卖,但该拍卖不是用于配额分配,而是用于价格发现。

碳排放权交易试点配额免费分配方法以历史排放法为主,同时灵活采用历史强度法和行业基准线法。所谓历史排放法,是指基于历史排放量分配配额;所谓历史强度法,是指基于历史排放强度以及当年活动水平分配配额;所谓行业基准线法,是指基于行业碳排放强度基准和活动水平(当年活动水平或历史活动水平)分配配额。各试点的配额免费分配方法见表3。

表3 碳排放权交易试点配额免费分配方法

试点	历史排放法	历史强度法	行业基准线法
深圳	无	部分电力企业	大部分电力企业;水务企业;其他工业企业(结合竞争博弈);建筑物
上海	除了电力之外的工业行业;商场、宾馆、商务办公建筑和铁路站点	无	电力、航空、机场和港口行业
北京	水泥、石化、其他工业和服务业的既有设施	电力、热力的既有设施	新增设施
广东	热电联产机组、水泥的矿山开采工序和其他粉磨工序、石化企业、短流程钢铁企业和其他钢铁企业	无	纯发电机组、水泥的熟料生产工序和水泥粉磨工序、长流程钢铁企业
天津	钢铁、化工、石化、油气开采行业的既有产能	电力、热力行业的既有产能	新增设施
湖北	除了电力之外的工业行业;电力企业的预分配配额	无	电力企业事后调整配额
重庆	企业自主申报排放量,然后由主管部门确定配额量,如果审定排放量与申报排放量相差8%以上,主管部门将调整企业配额量		

注:统计时间截至2013年6月。

中国碳交易试点的配额分配也有自身创新点:第一,引入历史强度法分配免费配额;第二,利用实际产量而非历史产量计算免费配额数量,以兼顾减排和经济发展;第三,广东有偿分配的创新,即要求企业先按规定购满一定额度的配额,才能获得免费配额;第四,深圳博弈分配的创新;第五,上海在免费配额的设计中考虑了先期减排配额的创新。

(4)抵消机制

各碳交易试点均引入中国本土的核证自愿减排量(CCER)作为抵消机

制，即允许控排单位在完成配额清缴义务的过程中，使用一定数量的 CCER 抵扣其部分排放量。各地对 CCER 的使用比例从 5% 到 10% 不等，本地化要求各不相同，详见表 4。根据深圳、上海、北京、广东、天津的配额规模，这五个试点合计 CCER 最大年均需求量约为 0.64 亿吨。

表 4　碳交易试点的抵消机制规定

试点	抵消信用	比例限制	地域限制	类型限制
深圳	CCER	不超过年度排放量的 10%	无	无
上海	CCER	不超过配额数量的 5%	无	无
北京	CCER，北京节能项目和林业碳汇项目碳减排量	不超过当年核发配额的 5%	京外 CCER 不得超过企业当年核发配额的 2.5%，优先使用来自签署相关合作协议地区的 CCER	减排量必须为 2013 年 1 月 1 日后产生的；不接受 HFCs、N2O、SF6 等工业气体的项目及水电项目
广东	CCER	不超过年度排放量的 10%	70% 以上的 CCER 来自广东省省内项目	无
天津	CCER	不超过年度排放量的 10%	无	无
湖北	CCER	不超过年度初始配额的 10%	仅限使用湖北境内的 CCER	无
重庆	CCER	不超过审定排放量的 8%	无	项目必须为 2010 年 12 月 31 日后投入运行的（碳汇项目不受此限）；不接受水电项目

注：统计时间截至 2013 年 6 月。

(5) MRV 和履约

MRV 和履约的规定是保证碳交易体系有效运转的基础。各碳交易试点的 MRV 和履约流程及规定见表 5。所有试点碳排放核查报告的提交截止日期均为 4 月底，而履约截止日期均在 5 月底至 6 月底。

中国碳交易试点 MRV 规定的设计有以下几个特点：第一，只有部分地区引入碳排放监测计划；第二，部分试点除了报送碳排放数据外，还需要报送生产活动数据；第三，核查机构的委托方规定大同小异；第四，核查费用将逐渐转由企业承担。

表5　碳排放权交易试点 MRV 和履约周期关键节点

试点	提交监测计划	提交排放报告	提交核查报告	主管部门审定	履约时间
深圳	无	3月31日前，提交上年度碳排放报告、生产活动产出量化报告	4月30日前，提交核查报告，统计部门提交产出量化报告	发改委对排放报告和核查报告进行抽查和重点检查	6月30日前，履行上年度履约义务
上海	12月31日前，提交下一年度碳排放监测计划	3月31日前，提交上年度碳排放报告	4月30日前，核查机构提交核查报告	发改委在收到核查报告30个工作日内审定年度碳排放量	6月1日至6月30日期间，履行上年度清缴义务
北京	无	3月20日前，提交上年度碳排放报告	4月5日前，提交经第三方机构核查的上年度排放报告以及核查报告	5月31日前，发改委完成上年度排放报告和核查报告的审核及抽查工作	6月15日前，履行上年度履约义务
广东	无	3月31日前，提交上年度碳排放报告	4月30日前，提交经第三方机构核查的上年度排放报告以及核查报告	5月15日前，发改委汇总全省排放数据，根据核查报告和排放报告审定年度碳排放量	6月20日前，履行上年度履约义务
天津	11月30日前，提交下一年度碳排放监测计划	4月30日前，提交上年度排放报告和核查报告		发改委根据核查报告和排放报告审定年度碳排放量	6月30日前，履行上年度遵约义务
湖北	9月最后一个工作日前上交下一年度监测计划	2月最后一个工作日前提交上年度排放报告	4月最后一个工作日前提交第三方核查报告	发改委根据核查报告和排放报告审定年度碳排放量	5月最后一个工作日前，履行上年度遵约义务
重庆	无	2月20日前，企业提交排放报告和工程减排量报告	未规定	根据核查报告审定配额管理单位年度碳排放量	6月20日前，履行上年度履约义务

注：统计时间截至2013年6月。

针对 MRV 和履约违规的处罚规定有以下两个特点。第一，罚款的额度取决于立法的形式。如果碳交易试点通过人大立法，则试点地区对违规的处罚有较大的自由裁量权；如果碳交易试点立法为地方政府规章，则需要受到地方行政处罚上限的限制。第二，部分试点地区设计了除罚款之外的约束方式，包括纳入信用记录、控制新项目审批、取消财政支持、纳入国企绩效评估等。

截至2014年8月1日，上海、深圳、北京、广东和天津试点已完成首次履约工作。履约结果见表6。

表6 碳排放权交易试点履约结果（截至2014年8月1日）

试点	原定截止时间	实际完成时间	履约率(%)	违约企业数(家)
上海	2014年6月30日	2014年6月30日	100	0
深圳	2014年6月30日	2014年6月30日	99.4	4
北京	2014年6月15日	2014年6月27日	未公布	未公布
广东	2014年6月20日	2014年7月15日	98.9	2
天津	2014年5月31日	2014年7月25日	96.5	4

3. 碳交易试点市场表现

中国碳市场7个试点目前交易状况正常，各项机制运转良好。

一级市场方面，广东是唯一实行配额有偿分配的试点，通过拍卖共拍出约3%的配额；深圳和上海则针对未能在二级市场购买足够配额的企业举行专门用于履约的配额拍卖，所得配额不能用于交易；湖北举行面向所有投资者的拍卖，基本被投资机构拍得，这也被认为是湖北二级市场交易活跃的主要原因。这四个试点的拍卖情况见表7。

表7 各试点一级市场拍卖状况

试点	配额拍卖数量(万吨)	拍卖成交额(万元)	拍卖成交均价(元/吨)
广东	1 112.33	66 739.93	60.00
湖北	200.00	4 000.00	20.00
上海	0.72	34.66	48.14
深圳	7.50	265.63	35.42
合计	1 320.55	71 040.22	

注：统计时间截至2013年8月。

二级市场方面，目前中国碳市场已经有10种不同试点区域以及不同年份的配额发生交易，包括深圳2013年和2014年配额（SZA13、SZA14）、上海2013～2015年配额（SHEA13、SHEA14、SHEA15）、北京2013年配额（BEA13）、天津2013年配额（TJEA13）、广东2013年配额（GDEA13）、重庆2013年配额（CQEA-1）以及湖北2014年配额（HBEA14）。此外，北京已发放2014年配额，广东、天津也将核发2014年配额，届时，中国碳市场将同时存在13种配额产品可供交易。这13种产品均为现货产品，中国碳市场的期货产品尚处于研究阶段。

除湖北试点由于采取独特分配方式鼓励投资者参与而使得交易一直活跃

外，其他试点的交易在开市后均较为平淡，直到履约临近才出现大量交易。深圳、北京、上海、天津和广东在履约前后一个月的交易量均占其累计交易量的七成以上。中国碳市场目前的交易仍以满足履约要求为主，参与企业并未有意识地进行碳资产管理。

截至2014年8月8日，中国7个碳市场合计共成交1 261万吨，成交额合计达48 265万元。各试点成交量和成交额状况见图8、图9。

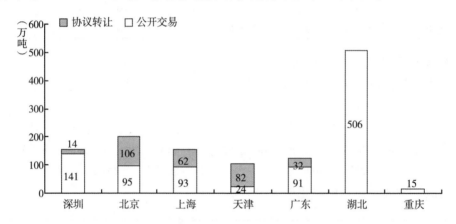

图8 截至2014年8月8日中国碳市场成交量

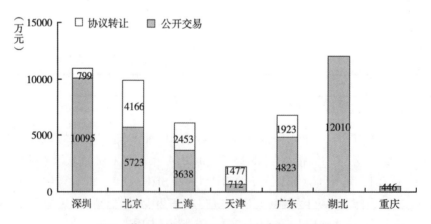

图9 截至2014年8月8日中国碳市场成交额

价格方面，深圳在开市后曾一度上涨至100元以上，随后长期稳定在80元左右，长期位于7个试点的最高位，但随着交易量的放大价格有所下跌，与广东价格接近，在60元附近徘徊；北京则长期稳定在50~55元，但随着履约期限临近交易火爆，推高价格至 70 元以上，随后回落至 60 元；广东长期在 60~70 元附近徘徊，但随着交易量放大价格有所下跌，已跌破拍卖价至 50 元以下；上海与试点启动时相比缓慢上升，目前稳定在 35~40 元；天津曾一度大涨，但目前价格已跌破启动时价格；湖北开市大涨，随后则稳定在 24 元附近；重庆则只有开市当天有交易，价格为 30.74 元。此外，深圳 2014 年配额和上海 2014 年、2015 年配额均有零星交易。7 个试点的价格走势见图 10。

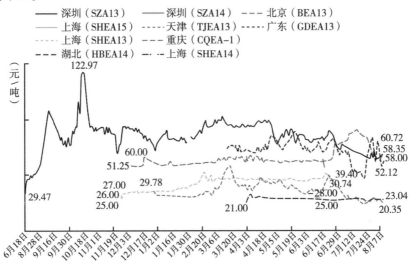

图 10　截至 2014 年 8 月 8 日中国碳市场成交均价走势

（二）自愿减排交易机制进展

2012 年公布管理办法和审定核证指南之后，2013 年中国自愿减排交易体系的建设步入快车道。目前，国家发改委已分 2 批公布备案了 7 家自愿减排交易机构、4 批 178 个方法学、6 家审定与核证机构，并公示了一批自愿减排项目。中国首批注册自愿减排项目在 2014 年 3 月 27 日产生。国内自愿减排交易的推进，不仅有利于推动节能减排工作的开展，也是碳交易试点的重要补充。各碳交易试点均允许控排企业使用自愿减排项目所产生的国家核证自愿减排量来部分抵扣其排放量。

截至 2014 年 8 月 1 日，中国自愿减排交易信息平台项目（以下简称"信息平台"）公示的审定项目达到 272 个。项目类型及区域分布见图 11、图 12。

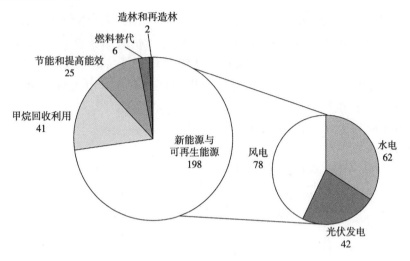

图 11 按类型分布的审定项目（单位：个 截至 2014 年 8 月 1 日）

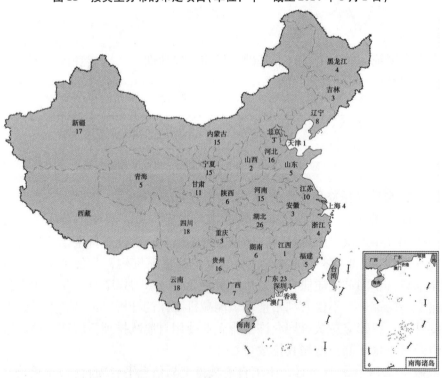

图 12 按区域分布的审定项目（单位：个 截至 2014 年 8 月 1 日）

注：广东省的 23 个项目包含深圳市的 3 个项目，但由于试点对 CCER 的使用有属地要求，因此将深圳的项目进行单列。

国内碳排放权交易试点在设计市场交易体系时,已为国内自愿减排项目产生的核证减排量进入各自的碳交易市场开放通道,7个试点皆允许CCER作为抵消机制进入其碳交易市场,使用比例为5%~10%。作为抵消机制的CCER进入"两省五市"碳排放权交易市场,将会扩大市场参与度并降低减排成本。

(三)全国统一碳交易市场进展

加快建设全国碳排放交易市场已经成为中央2014年改革的重点工作之一,国家发改委已开始研究制定全国碳排放交易管理办法,有望在2014年内完成初稿,而重点行业排放核算指南、国家重点企业温室气体报送和国家注册登记系统等工作也在有序向前推进。

2013年10月15日,国家发改委印发发电、电网、钢铁、化工、电解铝、镁冶炼、平板玻璃、水泥、陶瓷、民航首批共10个行业企业温室气体排放核算方法与报告指南。指南将供开展碳排放权交易、建立企业温室气体排放报告制度、完善温室气体排放统计核算体系等相关工作参考使用,为建设未来全国统一的碳市场打下基础。目前,包括烟草、机械制造等8个行业的《第二批行业企业温室气体排放核算指南》也正在制定当中。

2014年1月13日,国家发改委下发《国家发展改革委关于组织开展重点企(事)业单位温室气体排放报告工作的通知》(以下简称《通知》),要求组织开展重点企(事)业单位温室气体排放报告工作。根据《通知》要求,纳入企业的标准为"2010年温室气体排放达到13 000吨二氧化碳当量,或2010年综合能源消费总量达到5 000吨标准煤的法人企(事)业单位,或视同法人的独立核算单位"。而纳入企业必须报告二氧化碳、甲烷、氧化亚氮、氢氟碳化物、全氟化碳、六氟化硫共6种温室气体。《通知》要求本项工作应采用国家主管部门统一出台的《重点行业企业温室气体排放核算与报告指南》,地方主管部门组织第三方机构对重点单位报告的数据信息进行必要的核查。截至2014年7月13日,江西省、上海市和长沙市已经开始部署相关工作。

同时,"自愿减排交易登记以及碳排放权交易注册登记系统"(以下简称"国家登记系统")已基本建设完成。国家登记系统的建设主要是为了实现准确记录配额及减排量指标(包括CCER等)的创建、流转、取消等所有相关信息和结果,并支持中央政府、省级政府、企业等用户对各种碳单位及相关账户进行管理。这是支撑自愿减排机制和全国统一碳市场建设的重要基础设施。

此外，世界银行 PMR 项目也将对中国建设全国统一的碳市场提供帮助。中国是 PMR 参与国中排放量最大、应对气候变化政策与行动最为活跃的国家。中国提交的建议书于 2013 年 3 月在华盛顿举行的合作伙伴大会上通过。PMR 项目将为全国碳市场的政策制度设计起到重要支撑与推动作用。

四、主要问题与评价

（一）国际碳市场的主要问题与评价

随着国际气候制度的演变，以《京都议定书》为基石的全球碳市场，正在过渡为以新减排协议为基础的碳市场。过渡期内，全球碳市场分散化、碎片化发展趋势加快。新减排协议框架下的未来碳市场模式仍缺乏清晰预期，分散化的碳市场实现对接面临政治、技术方面的障碍。碳市场分散化发展，不利于全球减排资源的优化配置和减排成本效益的最大化。分散化的碳市场一旦形成规模，也容易形成锁定效应，进一步增加对接和协调的成本与难度。

当然，我们也要认识到，越来越多国家碳市场的建立，给全球碳市场带来了新的活力。据估算，2013 年全球碳市场交易额达到了 700 亿美元，积极推动了全球范围内的减排行动。碳市场的崛起在低碳发展的基础设施方面也做出了贡献，促进了碳排放核算报告与核查体系的建设，培育了工程、咨询等低碳人才体系并初步形成了低碳产业。

从国际碳市场的运行经验看，总量设定与配额分配是碳市场要素设计的核心内容，也是极易出现问题的地方。配额分配关系到企业参与的积极性、市场活跃度以及公平性问题，各国碳市场对分配方法都进行了不同的探索。这些经验，对中国碳市场建设提供了宝贵的借鉴。

欧盟碳市场与 RGGI 都出现过配额过剩的情况，虽然其产生的原因不同，但对碳市场发展都产生了不利影响。欧盟碳市场改革问题涉及复杂的政治博弈和漫长的立法程序，进展比较缓慢。RGGI 由于其政策制度方面的灵活性，经过首次评估和机制完善后，已在很大程度上解决了初期配额过剩的问题。

国际经验显示，碳市场运行中出现问题非常常见，需要通过后续调整进行不断完善，因此在机制设计时考虑引入自我评估与调整机制，是碳市场不断自我完善的重要保障。

(二)国内碳市场评价与主要挑战

1. 基本评价

中国的"两省五市"试点各项制度以及基础设施建设已基本完成,下一步在培育市场的同时,面临经验总结、进一步完善相关制度设计的任务,特别是要在完成第一年度履约工作的基础上,及时进行评估总结。总体上看,随着地方试点的陆续启动,全国统一碳市场建设步伐正在加快,地方试点一些符合中国国情的制度创新也将在全国统一碳市场设计中有所体现。碳交易试点的示范、引领作用正在逐步显现。我国其他非试点地区也越来越重视碳市场的发展。可以预见,未来会有更多地方会采取行动,为建设全国碳市场、为地方与国家对接做好准备和铺垫。

2. 主要挑战

从国内碳交易试点积累的早期实践经验看,我国碳交易市场建设至少面临以下几方面的挑战。

(1)碳交易意识薄弱

我国碳市场建设时间较短,2012年11月国家发改委下发《关于开展碳排放权交易试点工作的通知》后,不到两年的时间,7个试点都已全部启动,留给大部分企业的准备时间不足,企业对碳交易了解也不够充分。参与方意识薄弱,仍是当前国内碳交易市场发展的一大障碍。企业对碳市场带来的发展机遇认识不足,参与仍不够积极主动。培养企业的参与意识,帮助企业转变思维方式,仍有很多工作要做。

(2)基础能力欠缺

碳交易是一项系统工程,必须建立在扎实的基础能力之上。目前我国与碳排放相关的报告、核查、管理、监管以及技术支撑等方面的基础设施和政策制度仍不健全,能力建设不充分。尽管各试点都出台了各自的碳排放核算标准和指南,但仍需在实际执行过程中不断完善。

人才培养被视为建立碳交易市场的基础工作。2013年国务院公布印发的《"十二五"控制温室气体排放工作方案》提出,要加强应对气候变化教育培训,加强应对气候变化基础研究和科技研发队伍、战略与政策专家队伍、国际谈判专业队伍和低碳发展市场服务人才队伍建设。但我国碳市场发展迅速,碳交易方面的人才还远远不能满足市场需求。

(3)政策约束力不足、缺乏长效性

立法是碳排放权交易试点工作开展的根本保障,是对控排单位进行碳排放约束的基础。从立法角度看,各碳交易试点的管理办法一般以"地方性法规"或"政府规章"的形式予以颁布实施。

目前我国7个试点中,深圳市人大在2012年10月通过《深圳经济特区碳排放管理若干规定》,率先通过地方人大立法。北京市人大则在2013年12月通过了《关于北京市在严格控制碳排放总量前提下开展碳排放权交易试点工作的决定》。上海市政府常务会议和广东省政府常务会议分别于2013年11月和12月通过了《上海市碳排放管理试行办法》和《广东省碳排放管理试行办法》,由行政首长签署政府令的方式发布管理办法。

按照中国目前的法律体系和行政处罚法的相关规定,在缺乏明确上位法授权的情况下,无论是地方性法规还是政府规章,在设置行政处罚方面的权限都相对有限。在这种情况下,需要绕开法律障碍,确保交易机制对纳入企业的约束力和强制性。

同时,各碳交易试点的期限一般都是到2015年,缺乏2016年后的具体规定,导致企业缺乏预期而无法做长远规划。各试点配额能否在2016年后乃至未来全国碳市场继续有效,直接关系到企业参与碳交易的基本策略。

(4)市场信息透明度有待提升

碳交易作为市场机制,必须遵循公正、公开、透明的市场原则,碳市场价格发现、参与方交易决策,都离不开公开、透明的市场信息。我国各试点在信息透明度方面还需进一步提升,如大部分试点都公布了碳交易实施方案和管理办法等政策性文件,但对关键信息,如控排企业名单、企业排放数据、配额总量和分配结果等关键市场信息公开不足。信息不充分,导致企业无法有效参与市场交易。

中国的碳交易之路：中国碳市场建设概况

中国虽然属于发展中国家，但也较为重视温室气体减排工作，积极参与应对温室气体的国际合作。在国际层面，中国在发展中国家中较早地签署和批准了《联合国气候变化框架公约》及其《京都议定书》，严格履行《联合国气候变化框架公约》规定的初始国家信息通报等义务，逐步建立和完善了温室气体基础数据统计和排放核算标准和制度，积极参与清洁发展机制项目，建设性参加国际气候变化问题谈判，并与美国、德国、加拿大、英国、挪威、日本、瑞士、意大利等国家和联合国开发计划署、亚洲开发银行、世界银行、全球环境基金等国际组织在应对气候变化能力建设领域开展了卓有成效的合作。

在国内层面，国务院成立了"国家气候变化协调小组"和国家应对气候变化及节能减排工作领导小组，由国务院总理任组长，相关20个部门的部长为成员，国家发改委承担领导小组的具体工作。2008年国家发改委设置应对气候变化司，负责统筹协调和归口管理应对气候变化工作。2010年，在国家应对气候变化领导小组框架内设立协调联络办公室，加强了部门间的协调配合，充实了国家气候变化专家委员会，提高了应对气候变化决策的科学性。中国各省级政府都建立了应对气候变化工作领导小组和专门工作机构。在建立和完善管理体系的基础上，中国修订和制定了一系列与应对气候变化和节能减排有关的法律和政策，[①] 提出了降低能源消耗和二氧化碳排放

---

① 中国目前已经制定或修订《可再生能源法》《循环经济促进法》《节约能源法》《清洁生产促进法》《水土保持法》《海岛保护法》等相关法律，颁布《民用建筑节能条例》《公共机构节能条例》《抗旱条例》，出台《固定资产投资节能评估和审查暂行办法》《高耗能特种设备节能监督管理办法》《中央企业节能减排监督管理暂行办法》《温室气体自愿减排交易管理暂行办法》等规章，发布了《国民经济和社会发展第十二个五年规划纲要》《"十二五"控制温室气体排放工作方案》《可再生能源中长期发展规划》《核电中长期发展规划》《关于加强节能工作的决定》《关于加快发展循环经济的若干意见》等重要政策文件。详见国务院《中国应对气候变化国家方案》"三、第五"，国务院新闻办公室《中国应对气候变化的政策与行动（2011）》"三、（二）"等。与此同时，国家应对气候变化立法工作取得了重大进展，已经形成初步立法框架，许多地方政府也制定了"十二五"应对气候变化的总体规划和专项规划，部分省市还制定了相应的地方立法，如山西、青海制定了《应对气候变化办法》，四川、江苏的立法工作稳步推进。详见国家发改委《中国应对气候变化的政策与行动2013年度报告》，第6~7页。

水平的约束性指标，采取减缓和适应并行的温室气体应对策略，通过实施以能源结构优化和产业结构调整为核心的低碳发展政策，大幅降低了单位GDP能耗和温室气体能耗水平。2012年全国单位GDP二氧化碳排放较2011年下降5.02%。①

中国的碳市场建设在时间维度上，大致经历了一个单边参与国际碳市场交易（即参与清洁生产机制）到国内自愿减排量交易，再到碳排放配额强制交易为主，并与自愿减排量交易相结合的碳市场建设过程，体现了立法引领下使市场最终发挥决定性作用的思路；在地域维度上，中国碳市场建设将从少数省市试点到建立全国统一市场，进而与国际碳市场接轨；在产品维度上，中国碳市场将由单一现货交易逐渐发展到期货交易、期权交易和其他衍生交易品种并存的阶段。

一、中国关于国际气候谈判的立场和观点

日益严峻的温室效应严重威胁到人类的生存和发展，引起了各国和国际社会的高度重视。为了抑制人类活动产生的温室气体的过度排放，应对气候异常变化，联合国在1992年地球首脑会议上通过了《联合国气候变化框架公约》，目的在于对"人为温室气体"的排放作出全球性限制的宣示。为落实限制温室气体排放要求，1997年12月在日本东京举行《联合国气候变化框架公约》第三次缔约方大会，通过了具有法律约束力的《京都议定书》，根据"共同但有区别的"基本原则，为发达工业国家缔约方和发展中国家缔约方设定了不同义务，前者承担强制性减排义务，后者不承担强制性减排义务，但必须履行定期更新并发布国家清单、数据统计、信息通报等义务。

中国很早就开始参与国际气候变化谈判，随着对应对气候变化问题认识的深入和国力的增强，中国参加气候谈判的立场和态度发生了很大的变化，大体可以分为以下三个阶段。

（一）第一阶段：从《联合国气候变化框架公约》谈判到其生效

由于受到资金、技术、能力及政府关注重心的限制，在技术层面上绝大多数气候变化的监控数据和测评报告是由发达国家的气象和科研部门提供，中国缺乏自己的研究和监测数据，谈判准备不充分，大会发言少，针对性不强，但中国仍积极广泛地参与各个级别和层次的磋商与会谈。

---

① 国家发改委：《中国应对气候变化的政策与行动2013年度报告》，第4页。

(二)第二阶段:20世纪90年代中期至2002年

这一阶段,中国参与国际气候谈判的立场和态度日趋谨慎和保守,有两方面的原因:一方面是中国对气候问题的认知发生了较大程度的变化。中国日益清醒地认识到应对气候变化不仅关系到《联合国气候变化框架公约》确立的"将大气中温室气体的浓度稳定在防止气候系统受到危险的人为干扰的水平上"目标的实现,而且直接影响到各个国家尤其是发展中国家国民经济的发展和人民生活水平的提高;另一方面,西方国家借应对气候变化来控制和遏制发展中国家的发展,自觉和不自觉地把气候问题提升到"政治斗争"层面,中国政府对此表现出了较高的警惕性和敏感性,确定了中国在应对变化气候问题上的基本立场,坚持共同但有区别的基本原则,不能因应对气候变化而牺牲中国的经济发展,确保自身的发展空间,反对为发展中国家设定量化的温室气体减排义务。中国签署和批准《京都议定书》是这一阶段参与谈判的积极成果。

(三)第三阶段:2002年以后

中国在这一阶段参与国际气候谈判的态度变得明显活跃和开放。随着《京都议定书》规定的2012年第一承诺期即将届满,《联合国气候变化框架公约》和《京都议定书》缔约方开始了多轮谈判,中国政府以积极和建设性的态度参加了决定所谓"后《京都议定书》时代"气候变化命运的历次谈判,如印度尼西亚巴厘岛会议、丹麦哥本哈根会议、墨西哥坎昆会议、德班会议、多哈会议、华沙会议等,在《京都议定书》第二承诺期的安排、绿色气候基金的启动等重大问题上做出了积极和富有建设性的贡献。

中国政府在气候变化国际谈判的各个阶段中,既始终坚持共同但有区别的基本原则,同时也不回避中国作为世界第一碳排放大国的现实,采取有理、有力、有节的谈判方针和策略,强调气候变化问题不仅是环境问题,也是发展问题,西方工业发达国家和发展中国家在应对气候变化问题时面临和需要解决的问题存在重大差异,前者已经跨越了工业化发展的重要阶段,二氧化碳排放量已达峰值,开始呈现逐步下降的趋势,其对环境本身的关注要重于经济发展;后者正在经历工业化,由于能源资源禀赋条件、资金、技术、能力以及经济发展和社会进步的需要,其对经济发展的关注要多于环境。此外,当下全球面临的气候变化问题在很大程度上是由西方国家的历史排放累积而造成的,理应承担主要的减排义务,并有责任在资金、技术、信息和能力建设上为发展中国家提供更多的帮助和支持。①

二、中国减排政策工具的选择

从最近几年的气候变化国际谈判成果来看,"共同但有区别"的基本原则开始悄然发生变化,共同义务不断被强调和强化,区别责任逐渐被削弱和淡化。由于资源禀赋条件的限制和长期采取粗放型经济增长方式,中国已经成为全球第一大二氧化碳排放大国。作为世界上最大、经济增长最快的发展中国家,无论是应对气候异常变化国际方面的压力还是国内经济持续发展、环境治理的迫切需要,都使减少二氧化碳排放成为中国政府的不二选择。政府在引导企业减排的政策工具上有诸多方式可供选择,如能源消费总量控制、碳税与碳交易市场等,采取合适的政策工具或其组合将直接决定着排放企业的积极性和减排效果。

(一)目前国外采用的主要政策工具

实行能源消费总量控制、开征碳税和开展碳交易是目前国际社会较多采用的三种政策工具,后两者运用得更为普遍。

1. 能源消费总量控制

能源消费总量是指一个国家(或地区)国民经济各行业和居民生活在一定时间内消费的各种能源的总和,立法或政府行政命令在能源消费总量控制制度中起着主导和支配性作用,属于实现节能减排的直接管制工具。欧盟提出的到2020年实现"20 - 20 - 20",即温室气体排放比1990年减少20%,能效提高20%,能源消费结构中可再生能源比例增加到20%。② 通过这三个指标,形成了事实上的能源消费总量控制制度。德国则提出了到2020年一次能源消耗比2008年减少20%,到2050年减少50%的目标。③ 从国际经验来看,实行能源消费总量控制的国家一般已经完成了工业化和城市化进程,产业结构实现了低碳转型,能源需求接近饱和,消费总量呈下降趋势。在这一背景下,采用能源消费总量控制制度的难度相对较小。

---

① 关于中国政府在气候变化国际谈判的立场和态度,详见国务院新闻办公室《中国应对气候变化的政策与行动(2011)》以及国家发改委《中国应对气候变化的政策与行动》2012~2013年度报告。

② 欧盟委员会网站,http://ec.europa.eu/clima/policies/package/index_en.htm,最后访问时间:2014年7月。

③ 德国联邦环境、自然保护、建设与核安全部网站,http://www.bmub.bund.de/en/topics/climate-energy/energy-efficiency/general-information/#c15246,最后访问时间:2014年7月1日。

2. 碳税

碳税是对化石类燃料（煤炭、天然气、汽油等）按照二氧化碳排放量征收的从量环境税。最早于1990年由芬兰和瑞典开征，主要应用于欧洲地区，有超过10个国家实施了碳税。这些国家的碳税规定较为分散，都未统一覆盖所有行业的燃料消耗。但由于ETS的生效，再征收碳税涉嫌双重征收（double-regulation），因此凡是ETS覆盖的行业不再征收碳税。

征收碳税可以经由两条路线来达到减排的目的：一是通过对化石燃料中的碳含量或者燃烧化石燃料产生的二氧化碳排放量为计税依据征收税，刺激相关部门采取节能措施，加大能源效率改进的投资、促进燃料转换以及产品结构消费模式的转换，从而达到直接减少二氧化碳排放的目的；二是通过碳税收入的再次分配，加大低碳设施投资力度和消费模式的绿色转型，实现间接减排。征收碳税具有可以使纳税义务人清楚地预知其减排成本（在碳排放量、蕴含量及税率确定的前提下）、体现税负公平、实施额外成本较少等优点，但其缺点也较为明显，比如，由于政府信息的不对称和缺失，很难确定合理的税率；同时，由于碳税引起的价格上涨及向消费者的转嫁，可能产生通胀和增加消费者的负担。

3. 碳交易

碳交易也称碳配额或碳排放权交易，作为一种利用市场机制控制温室气体减排的方式，在国际上被广泛采用。碳排放权交易是由有关当局根据环境容量确定一个碳排放的总量控制目标，并以排放权的形式将碳排放配额发放给企业，企业可以用配额履行其强制性减排义务，当实际碳排放量少于其配额时，可向其他市场主体出售，其指导思想是依据污染者付费的原则，将企业生产过程中对环境产生的外部影响内化为企业的生产成本，从而为企业减排提供驱动力。《京都议定书》确立的碳交易机制分为两大类：第一类是基于项目的碳交易，包括发展中国家与发达国家之间的清洁生产机制（Clean Development Mechanism，CDM），以及发达国家相互之间的联合履行机制（Joint Implementation，JI）；第二类是发达国家企业之间基于配额的排放交易（Emission Trade，ET），即一个发达国家承担强制性减排义务的企业将其经核定的实际排放量少于其配额的部分以贸易的方式出售给另一个发达国家承担强制性减排义务的企业，用于抵消其配额。

（二）中国现行的减排政策工具

"十二五"以前，中国主要侧重于通过产业结构和能源生产及消费结构的调整与优化以及提高用能效率来实现节能减排,而未采取能源消费总量控制制度、碳交易或碳税等政策工具,目前中国关于节能减排的宏观调控目标已经清晰,即实施所谓的"三控"(能源消费总量控制、能源强度控制、碳排放强度控制)。

1. "三控"目标

中国政府虽然很早就认识到了应对气候变化问题的重要性,但对《京都议定书》确立的绝对总量控制模式持保留态度,排放控制主要通过产业结构和能源生产及消费结构的优化调整、提高能源效率等手段。除确立"污染物排放总量控制"制度之外,在很长时间内中国并未对二氧化碳等温室气体的排放实行强度控制,特别是能源消费总量控制制度。中国在"十一五"规划中,明确提出每单位GDP能耗要比2005年降低20%的能源消耗强度目标,2009年9月、12月,时任国家主席胡锦涛和时任国务院总理温家宝先后在联合国气候变化峰会和哥本哈根气候变化会议领导人会议上承诺碳排放强度控制目标,即到2020年中国单位GDP二氧化碳排放比2005年下降40%~45%。2007年4月国家发改委发布的《能源发展"十一五"规划》提出,"2010年,中国一次能源消费总量控制目标为27亿吨标准煤左右,年均增长4%",[①]但由于缺乏强制性的约束机制,能源消费总量和年均增长率远远超过预期水平。"十二五"规划首次提出,"合理控制能源消费总量""明确总量控制目标和分解落实机制",同时明确了约束性的能源强度指标和碳排放指标,并行实施强度控制和总量控制制度。[②] 2013年国务院发布的《能源发展"十二五"规划》提出"能源消费总量40亿吨标准煤"的目标,至此,中国基本确立了能源消耗强度控制、碳排放强度控制和能源消费总量控制综合实施的制度,但前两者具有约束性,而后者仅为预期性目标,也就是说,考虑到中国正处于工业化和城镇化快速发展阶段,离不开能源生产和消费的支撑,不宜实行能源消费绝对总量控制制度,而是通过降低能源消耗强度和碳排放强度的手段达到合理控制能源消费总量和保持经济合理健康发展的双重目的。

---

① 参见国家发改委《能源发展"十一五"规划》中"消费总量与结构"部分。
② "十二五"规划中将"单位国内生产总值能源消耗降低16%,单位国内生产总值二氧化碳排放降低17%"作为"十二五"时期的主要目标之一,同时确立了"合理控制能源消费总量"的政策导向,详见"十二五"规划中"第三章 主要目标"和"第四章 政策导向"。

2. 碳税与碳交易的选择

碳税和碳交易是迄今为止人类控制温室气体排放最有影响力的两种经济激励手段和政策工具。前者是强制性的经济和法律手段，后者则是通过市场机制实现其功能，各有其优劣势。采取碳税还是碳交易应对气候变化一直富有争议，实行碳税的国家在碳税出台过程中曾经面临各方面的质疑和异议，近年来在执行过程中也开始出现退缩的迹象。① 就国际成功经验和发展趋势来看，对以传统化石能源为主的国家而言，通过市场化的交易机制促进和实现减排已经成为一种最优选择。我们认为，相较于碳税，开展碳排放权交易更符合中国的具体国情，② 更有助于实现节能减排的约束性目标，不仅必要而且可行，理由如下。

第一，减排效果确定性更强。碳税是对化石燃料按照其碳含量或碳排放量计征的环境税种，旨在对纳税义务人课加赋税成本，促使其减少化石燃料的使用，降低二氧化碳的排放。但如受能源资源禀赋条件的硬约束，化石能源需求呈刚性时，成本信号的抑制作用非常有限。此外，由于没有排放总量和额度的限制，只要纳税义务人缴纳税款就可以向政府"购买"几乎不受限制的排放权。大多数实行碳税的国家对碳排放"大户"高耗能企业减征，甚至免征碳税，应对气候变化的目的势必落空。相反，碳交易系基于总量控制下的市场交易，一国或地区的碳排放总量和该区域内的配额企业（恰恰是高耗能、高排放企业）分配的配额数量原则上事先已确定，配额企业分配的配额必须首先用于清结其强制性减排义务，如其配额不足以抵消其义务，须从碳交易市场购买配额或者承担法律责任，这种机理可以确保减排目标的实现。

第二，外部约束性因素较少。开征碳税面临着经济、法律、社会、国际

---

① 比如，澳大利亚确定了先开征碳税而后建立碳交易机制的政策工具路线图，计划 2012～2015 年第一阶段实施固定碳税，第二阶段是从 2015 年开始内部碳市场，第三阶段开始并于 2018 年完全与欧盟碳市场连接。但由于澳大利亚能源结构中火电比例较高，碳税刚开征即遭到强烈反对。实施一年多以来，高碳税带来能源价格上涨、企业国际竞争力下降、民众生活成本上升等问题。2013 年 11 月 21 日，澳大利亚联邦议会众议院正式废除碳税法案，现任政府承诺以"直接行动计划"取而代之，不再征收碳税。

② 不排除中国同时采用碳税和碳交易两种手段。中国已经开展自愿减排交易以及强制性减排交易试点，而新修订的《环境保护法》第 43 条提出以环境保护税取代排污费，且中国立法机关正在酝酿起草《环境保护税法（草案）》。在 2012 年原有的设计方案中，碳税没有被视为环境保护税之下的"二氧化碳"税目，而作为独立税种，2013 年立法方向出现调整，不单独征收碳税而是将其纳入环境税税目，在《环境保护税法送审稿》中得到体现。详见 http://news.xinhuanet.com/fortune/2013－05/24/c_124756752.htm，最后访问时间：2014 年 6 月 10 日。

等外部因素的制约。征收碳税会刚性地提高能源价格和物价，影响产业或产品的国际竞争力，抑制消费意愿和能力，滞缓经济复苏进程。法律角度看，开征碳税面临重大的立法障碍，立法公平性也很难得到保障。中国《立法法》规定，税收基本制度是法律保留事项，只能通过制定法律实施。[①] 而开征碳税立法程序严苛，不能充分照顾到各地节能减排的特殊需求，纳税主体、课税客体、征收环节、应纳税基、税率与现有类似税种的协调等碳税制度要素设计极其复杂，很难满足公正性，不能发挥税收引导产业结构优化的调控作用。从国际角度看，碳税征收的刚性导致的碳泄漏问题远比碳交易制度带来的碳泄漏程度更大、范围更广，为多边的国际碳排放控制带来更大的障碍。

第三，有利于中国提高"碳话语权"。碳交易催生了碳金融市场，在全球范围内已经逐渐形成了以碳排放信用为标的贸易体系，如欧盟、美国、加拿大、澳大利亚、日本等发达国家和地区业已建立起非常完善的碳交易体系，并逐步加强相互间的对接。中国是世界上碳排放量最大的国家，尽早建立中国的碳交易制度、培育碳市场，将有利于中国在未来国际碳市场接轨过程中提高在碳价问题上的话语权，并在最终实现国际市场对接后获取碳定价权的有利地位。

第四，开展碳交易的基础条件已经具备。在碳税和碳交易两种政策工具之间，偏好前者的重要考量之一，是认为碳交易机制的实施成本远高于碳税，如需要确定总量控制目标、总量分配方法等制度和碳交易规则、建设碳交易平台、监测和核算实际碳排放量难度较大等。结合中国目前的情况来看，前述妨碍中国现阶段开展碳交易的障碍基本得到清除，已经具备实施的基础和前提。中国于1996年4月提出了"污染物排放总量控制计划"，2000年颁布实施的《中华人民共和国水污染防治法》及其实施细则，确立了总量控制计划的法律地位，中国在总量控制制度设计及其操作上已经具有比较丰富的经验。目前，强制性碳排放交易试点的省市中，大多在试点之前就设立了交易机构，并组织开展了交易活动。目前，7个试点地区的碳排放交易所已经全部正式开展交易，碳交易平台已经日趋成熟。国家发改委已经制定了首批10个行业企业温室气体排放核算方法与报告指南，深圳、上海、北京等试点省市也相继制定了纳入配额管理行业企业二氧化碳排放核算方法和报

---

① 《立法法》第8条。

告指南。CDM 时期积累的第三方核查经验和机构资源，也为碳交易的第三方核查的顺利开展提供了对接的现实性。

第五，碳交易这一政策工具是目前唯一可以通过市场机制分担减排成本的制度设计。碳约束带来的成本增加，如果仅由排放企业承担，或者由政府补贴和排放企业共同承担，都不能很好地解决减排和"压产能"带来的巨大成本。碳交易通过引入社会投资者，使得碳约束成本由全社会分散承担，极大地降低了碳约束制度的负面影响。

目前，中国强制性碳排放权交易试点省市采取的政策工具实际上是基于碳排放相对总量控制目标的碳交易机制，即未设定期限内的绝对总量，而是以约束性的能源消费强度和碳排放强度指标，结合其他因素核定区域碳排放总量，因而，该总量并非一开始就是确定不变的绝对数值，而是取决于国内生产总值的规模，是一个有增量的总量控制，较好地兼顾了环境利益和经济利益。

三、中国碳市场的建设进程

中国碳交易市场建设的进程经历了从作为卖方参与《京都议定书》下CDM 机制的单向国际碳交易到基于自愿的国内碳交易，再到总量控制下的试点强制性碳交易的几个历史阶段。前述碳市场建设阶段并非前后继起与替代的关系，而是并行和相互融合，如在参与清洁生产机制时，也存在国内自愿减排交易，试点省市的强制性碳交易机制均允许以自愿核证的减排量抵消纳入配额管理企业一定比例的减排义务。同时，由于气候变化问题的整体性和国际性，为避免地区之间、国家之间的碳泄漏以及增强中国在国际碳交易市场的话语权，有必要建立全国性的统一碳交易市场，并与既有的国际碳交易市场逐步实现对接，这是中国碳市场建设的基本方向和必然趋势。

(一)单向参与国际碳市场交易

单向国际碳市场交易是指中国企业作为纯粹的卖方参与《京都议定书》下的 CDM 项目。CDM 是《京都议定书》中引入的承担强制性减排义务的发达国家缔约方与不承担强制性减排义务的发展中国家缔约方合作减排的灵活履约机制之一，发达国家缔约方与发展中国家缔约方以项目为合作载体，前者以提供资金和技术的方式与后者开展项目级合作，项目实现的经核证的减排量(Certificated Emission Reductions，CERs)用于前者履行其强制性减排承诺，同时帮助后者实现可持续发展。

中国作为碳排放量最大的国家之一，在批准《京都议定书》后积极参与CDM，自2006年联合国CDM执行理事会（EB）批准中国第一个CDM项目以来，截至2012年8月底，中国共批准了4 540个清洁发展机制项目，预计年减排量近7.3亿吨二氧化碳当量，主要集中在新能源和可再生能源、节能和提高能效、甲烷回收利用等方面。其中，已有2 364个项目在EB成功注册，占全世界注册项目总数的50.41%，已注册项目预计年减排量（CER）约4.2亿吨二氧化碳当量，占全球注册项目年减排量的54.54%，项目数量和年减排量都居世界第一。注册项目中已有880个项目获得签发，总签发量累计5.9亿吨二氧化碳当量，为《京都议定书》的实施提供了有力支持。[①]

但随着欧盟碳交易市场因经济下滑而带来的价格巨幅下跌，且欧盟市场不再接受中国2012年底以后注册的新项目产生的减排量，中国单向参与国际碳交易的阶段已经基本结束。

（二）国内自愿减排量交易

自愿减排交易（Voluntary Emission Reductions，VERs）是指不承担强制性减排义务的企业、机构和个人自行采取节能减排措施，当减排措施不足以中和其产生的全部碳排放时，出资从碳交易市场购买碳减排指标，以此达到所谓"零排放"的目的。

中国在积极参与CDM项目合作的同时，也在国内开展了自愿减排交易。2009年8月5日，天平汽车保险公司购买了2008年奥运会期间北京"绿色出行"活动产生的8 026吨碳减排指标，用于抵消该公司自2004年成立以来至2008年底运营过程中产生的碳排放，开启了中国自愿减排交易市场的篇章。随后，北京、上海、天津等地为推动碳排放自愿交易做了许多有益的尝试。比如，北京市环境交易所在全国首家推出了碳排放自愿减排标准——熊猫标准，上海市环境能源交易所借助世博会召开之机也积极开展了"世博自愿减排"活动，等等。为推动自愿减排交易规范健康发展，2012年6月国家发改委制定了《温室气体自愿减排交易管理暂行办法》，正式确立了中国核证自愿减排量（CCERs）交易制度。但由于自愿减排是建立在企业社会责任和个体觉悟的基础上，并无总量控制和强制性义务的约束，零星减排量需求存在很大的不确定性，交易量很小。

（三）总量控制下的试点强制碳交易

2014年6月19日，随着重庆市碳市场的正式启动，中国7个试点地区

---

① 《中国应对气候变化的政策与行动2012年度报告》，第36页。

强制碳交易市场已经全部开启，纳入企业2 200多家，配额总量12亿吨。作为重要制度组成部分的国内自愿减排项目CCER市场也已经开启项目备案通道，首批核证减排量将有望于2014年底前签发计入市场。目前，中国7省市的试点碳交易具有以下三个特点：一是总量控制带有增量的内涵，即不是严格意义上的绝对总量逐年下降，而是考虑了经济增长因素的总量。例如，深圳和重庆对全行业、北京和上海等地对电力行业实行了企业配额年底根据生产情况调整的制度。二是7省市的制度设计差异性很大，企业纳入标准、配额分配方法、排放核算标准、交易规则、立法层级与罚则等不尽相同，市场表现迥异。三是由于政策法规体系尚在完善之中，试点地区政府对于市场调控的影响力巨大，短期内政府调控力远远大于市场机制的作用。

（四）走向全国统一市场

7个试点地区各自开始进行碳市场的建立工作是一把双刃剑。一方面，各地不同的经济社会发展状况将在各地不同的制度建设中得以更好地体现，有利于减少制度建设的阻力，更快地推出适应各地实际需要的碳市场；另一方面，完全不同的配额分配方法、排放核算方法、行业和企业纳入标准、履约要求、抵消机制和法律框架，将为全国市场的统一带来困难。

除了科学确定企业纳入范围、核算方法、立法与执行、兼顾经济发展与排放控制、解决区域经济发展不平衡带来的减排成本差异等碳交易的内生问题外，还有一些市场统一中出现的特殊问题。逻辑上讲，7个试点地区走向全国市场统一可以采取扩大试点范围直至全国统一市场、连接试点地区形成统一再扩大至全国或者直接推倒试点地区市场重新建立一个全国市场等路径来实现。但无论哪一种路径，都将面临一些无法回避且较为棘手的问题。例如，原试点地区的配额是否可以继续在全国市场使用？如果不能使用，将给试点地区的投资者和排放企业造成极大的不公；如果可以继续使用，则又将出现因配额分配政策的不一致而导致的地区价格差别如何折算为全国配额的问题。又如，7个试点地区的交易所是否在全国市场统一后保留，抑或重新发放交易所牌照？即使完全依靠市场力量形成交易所的优胜劣汰或兼并整合，一个单一同质化的碳产品是否可以为排放权交易所的竞争提供足够的空间？

总之，走向一个全国统一的碳市场是中国未来需要着力解决的问题。《碳市场蓝皮书》将在未来继续关注这一话题。

（五）中国碳市场与国际碳市场接轨的发展趋势

应对气候变化不可能由一个或少数几个国家来完成，一国之内碳交易市场与国际碳交易市场对接是普遍趋势。所谓碳交易市场相互之间的接轨或对接主要是互认碳排放量、认可碳配额相互抵消、选择能被双方接受的第三方核查机构、共享市场信息和交易平台、建立相互衔接的交易监管制度等。比如，欧盟碳排放交易机制（EUETS）与加拿大、日本、瑞士等国的双边认可，欧盟与澳大利亚碳交易市场、美国加州与加拿大魁北克省碳市场的对接等。

中国碳市场与国际碳市场实现接轨有其特殊的驱动力。虽然中国成为"世界工厂"客观上降低了其他经济体的温室气体排放压力，世界应该对中国的温室气体排放控制抱有一定程度的宽容，但中国在国际上面临的减排压力已经越来越大。从长远看，通过谈判最终承诺总量的国际减排义务将是一个不可避免的结果。同时，中国的内在减排动力也逐渐增强。随着中国经济结构调整进程的深化，发展方式的转变使能源消费的急速上升已经到了一个接近拐点的阶段。中国迫切需要利用一切手段，特别是市场化手段来促使能源消费更为高效，并通过市场分担来降低减排成本。建立中国碳市场并与国际市场接轨将是达成这一目标最好的制度选择。此外，作为世界最大的排放国，中国与国际市场接轨意味着其在碳的定价上将拥有较强的话语权。

然而，仅限于配额或碳信用产品互认的市场接轨在可以预见的未来尚不具备基本的条件。这种对接可能面临的问题有很多。

第一，中国试点地区的碳交易是一个带有增量的总量控制交易，能否让国际市场接受将是一个困难的过程。如果国际市场只接受严格的总量递减，如何预测中国的排放峰值年又将成为另一大难题。因此，中国市场与国际市场接轨的前提将是中国加入有约束力的减排国际条约，并且有着与其他市场相近的碳价。

第二，国内市场法律框架的稳定性。如果中国在碳税和碳交易制度选择上犹豫不决或者没有处理好两者之间的关系，避免重复管制，将出现澳大利亚与欧盟市场接轨同样的问题。

第三，与欧盟的排放核算方法聚焦于设施级的直接排放不同，目前中国公布的国家核算方法包含了能源消费和生产过程的直接排放与用电产生的间接排放两部分。因此中国的排放配额总量中有一大部分是重复计算的。在加入国际条约、依此设置配额总量并最终与国际市场接轨时，如何形成多边认可的折算方法也需要大量的研究。

第四，虽然CDM机制在中国的成功实施催生了很多具有丰富项目核查经验的第三方机构，但在中国市场建立后这些第三方机构中的大多数因为外资背景目前尚未成为国内市场的核查或核证机构。目前的第三方核查机构均为各试点地区审批通过的机构。这些机构是否能符合未来国际市场接轨更加严格的监管要求，先行 MRV 制度与国际接轨过程中又会出现哪些问题仍有待观察。

对于未来十年的中国碳市场而言，与国际市场的接轨更具现实性的选择是仿照股票二级市场和黄金等大宗交易中的"国际板"思路，在中国的排放权交易所或者期货交易所进行欧盟、美国等其他地区的配额、减排量的交易，并同时让中国的配额和减排量也能在一定条件下成为国际其他排放权交易所的交易标的物。

简论国际碳和中国林业碳汇交易市场

李怒云　王春峰　陈叙图

（国家林业局碳汇管理办公室，北京 100714）

近年来，国内关于林业碳汇的介绍有所增加，一些人认为应当在中国建立碳交易所或气候交易所。另有学者通过分析林业碳汇交易市场和价格，认为现在种树不用砍，仅卖碳汇一公顷就可收入 150～300 美元。但笔者认为，中国尚不具备建立森林碳汇交易市场的条件。

一、林业碳汇背景资料

2007 年 2 月 2 日，《联合国气候变化框架公约》政府间气候变化专门委员会发布了《第四次气候变化评估报告》。报告综合了数千份研究成果，是迄今为止对全球变暖问题最权威的科学报告。报告称人类活动是过去 50 年来全球变暖的罪魁祸首，其中人类燃烧矿物燃料危害最大。报告指出，2005 年的大气温室气体浓度为 379ppm，远远超过工业革命之前的 280ppm。报告预计未来 20 年每 10 年全球平均增温 0.2℃，如温室气体排放稳定在 2000 年水平，每 10 年仍会继续增温 0.1℃；如以等于或高于当前速率继续排放，本世纪将增温 1.1℃～6.4℃，海平面将上升 0.18～0.59m。这种以变暖为主要特征的气候变化对全球的社会经济发展产生着深刻影响。气候变暖导致了水资源短缺，加剧了土壤侵蚀，恶化了地区干旱，扰动了种植周期，破坏了生态平衡，传播了新型疾病，危害了人类健康，不仅影响全球社会经济的可持续发展，而且直接影响到人类的生存，成为当前人类社会共同面临的危机和挑战。

据 2007 年国家发改委公布的《应对气候变化国家报告》，2004 年中国温室气体排放总量约为 61 亿吨二氧化碳当量。中国气候变化观测数据表明，近百年来中国年平均气温升高了 0.5～0.8℃，略高于同期全球增温平均值。气候变暖对中国农业、森林及其他生态系统、海岸带等产生了较大影响。同时，气候变暖伴随的极端气候事件及其引发的气象灾害增多，增加了心血管病、疟疾、登革热等疾病的发生和传播机会。由于中国气候条件相对较差、生态环境比较脆弱、能源结构以煤为主、经济发展水平较低，气候变暖对中国现有经济发展模式和森林资源保护及发展等都提出了许多挑战，迫切需要提高应对气候变化的综合能力。

为应对全球气候变化，国际社会积极行动，先后签订了《联合国气候变化框架公约》和《京都议定书》。鉴于发达国家在工业化进程中已排放大量温室气体的历史事实，《京都议定书》要求发达国家在2008~2012年的第一个承诺期内，将其温室气体排放量在1990年基础上平均减少5.2%。2005年2月16日，《京都议定书》正式生效。

中国政府已于2002年8月正式核准了《京都议定书》。作为发展中国家，根据《京都议定书》的规定，中国目前不承担减排义务。但是作为仅次于美国的第二大温室气体排放国，面临减排的国际压力正越来越大。中国政府正在为减少温室气体排放，缓解全球气候变暖进行不懈努力。通过大力推进植树造林、保护森林和改善生态环境，增加碳汇能力，是中国政府应对全球气候变化的一项重要措施。

森林是全球陆地生态系统的主体。森林中的树木通过光合作用吸收二氧化碳，放出氧气，把大气中的二氧化碳以生物量的形式固定下来，这个过程称为"汇"。因此，森林具有碳汇功能。森林的这种碳汇功能可以在一定时期内对稳定以至降低大气中温室气体浓度发挥重要作用，并且以其巨大的生物量成为陆地生态系统中最大的碳库。因此，在适应与减缓全球气候变化中，森林具有十分重要和不可替代的作用。加强森林管理，提高现有林分质量；加大湿地和林地土壤保护力度；大力开发与森林有关的生物质能；加强对森林火灾、病虫害和非法征占林地行为的防控措施；适当增加木材使用，延长木材使用寿命等都将会进一步增强森林生态系统的整体固碳能力。而且，通过植树造林方式吸收固定二氧化碳，其成本要远低于工业活动减排的成本。

中国现有5 700万公顷无林地和近3亿公顷的"边际性"土地，增加森林面积和碳汇能力具有很大潜力。根据《中国林业发展战略研究》，到2050年中国森林覆盖率将达到26%以上，届时全国森林年净吸收二氧化碳的能力将比1990年增加90.4%。

此外，国家林业局积极推进实施清洁发展机制(CDM)下的造林再造林碳汇项目，首先组织专家完成了对全国适宜开展该项目的区域进行了选择和综合评估。其次，积极推进在广西、内蒙古、云南和四川实施清洁发展机制下造林再造林碳汇试点项目。其中"中国广西珠江流域再造林项目"，已于2006年11月获得了联合国清洁发展机制执行理事会的批准，成为了全球第一获得注册的清洁发展机制下再造林碳汇项目。这个项目通过以混交方式栽植马尾松、枫香、大叶栎、木荷、桉树等树种，预计在未来的15年间，由世界银行生物碳基金按照4美元/吨的价格，购买项目产生的60万吨二氧化碳当量。该项目的实施为周边自然保护区野生动植物提供迁徙走廊和栖息地，较好地实施生物多样性保护；进一步控制项目区的水土流失，并将陆续为当地农民提供数万个临时就业机会，产生40个长期性就业岗位，有5 000个农户将可以从出售碳汇以及木质和非木质林产品中获得收益。

但是，单纯依靠政府的力量还远远不能满足中国经济社会发展日益增长的对构建高质量的生态环境的需求，因此，迫切需要构建一个平台，既能以较低的成本帮助企业志愿参与应对气候变化行动，树立良好的公众形象和绿色经营理念，为企业自身长远发展抢占先机，又能增加森林植被，巩固国家生态安全。这个平台就是中国绿色碳基金。

中国绿色碳基金作为一个专项基金，设在中国绿化基金会下。绿色代表林业和生态，碳寓意通过植树造林吸收和固定二氧化碳。这是目前国内第一个以支持林业碳汇事业发展和应对气候变化行动而特别发起的公募性基金。

中国绿色碳基金将仿照国际碳基金的运作模式。企事业单位、非政府组织、个人等本着志愿原则，出资到中国绿色碳基金。由基金发起方和主要出资方共同组成执行理事会，按照《国务院基金管理条例》《中国绿化基金会专项基金管理办法》及《中国绿色碳基金管理办法》，对基金进行管理，并接受审计和出资方以及社会监督。进入中国绿色碳基金的资金，将主要用于植树造林和森林管理及其他以增加森林碳汇为目的的相关活动。

二、国际碳交易的产生背景

气候变化严重地影响了经济社会的可持续发展。而科学评估证明，当前大气中的温室气体很大程度上是工业化国家（发达国家）自工业革命以来先期排放的。从环境权的公平性角度来看，发达国家理应承担减少温室气体排放的历史责任。因此，国际社会在"共同但有区别责任"的原则下制定了《联合国气候变化框架公约》和《京都议定书》（以下简称《议定书》），要求发达国家率先减少温室气体排放。同时，《议定书》规定了三种履约机制，即排放贸易、联合履约和清洁发展机制。排放贸易(Emission Trade，简称ET)是指发达国家之间的一种合作机制，主要对《议定书》所分配的温室气体排减指标开展交易；联合履约(Joint Implement，简称JI)是指发达国家间共同实施减排或碳汇项目，所产生的减排量由双方共享；清洁发展机制(Clean Development Mechanism，简称CDM)是指发达国家提供额外的资金或技术，帮助发展中国家实施温室气体减排项目，所获得的碳信用(Carbon Credit)额度，用于抵减发达国家(投资方)的减排量，同时要求这些项目要有助于促进发展中国家的可持续发展。上述三种机制直接催生了国际碳交易市场，推动了国际碳贸易的发展。目前，国际碳市场所交易的大都是减少排放的工业项目，而林业碳汇项目由于规则的复杂性以及不确定性和不稳定性等诸多因素，能够实现交易的很少。如《议定书》规定：必须在过去50年以来没有森林的土地上或1990年以来没有森林的土地上进行人为的造林活动(既造林、再造林)；需要制定方法学、证明额外性、避免碳泄漏，等等。此外，项目要经过参与国政府和主管机构批准，还要由联合国清洁发展机制执行理事会派(EB)指定的审核机构(DOE)进行核证，最后由联合国清洁发展机制执行理事会批准，才可进行真正的交易。目前，全世界只有一个目前也是唯一的一个清洁发展机制林业碳汇项目被批准，即"中国广西珠江流域治理再造林"项目，该项目从2006年开始在广西苍梧、环江县营造4000公顷人工林，在未来15年内由世界银行生物碳基金购买项目产生的60万吨二氧化碳当量。项目涉及当地的林场和一些农户。项目要求除吸收大气中的二氧化碳外，还要对促进当地农民增收、水源改善、生态保护、就业增加等有贡献。总体上实施清洁发展机制项目，一定要体现多重效益。也就是说，碳汇的"交易"是有条件的，而且条件十分"苛刻"，需要付出较高的交易成本。

此外，在国际上，还存在着不受《议定书》规则限制的"非京都市场"(志愿市场)。这主要是由一些国家或地区的政府立法，实施减排规定或启动碳交易。如美国加利福尼亚州、俄勒冈州、纽约州，澳大利亚新南威尔士州等，都是在州政府立法下产生的交易；在一些国家，也有企业联盟发起、企业之间相互认可的交易，如芝加哥气候交易所等。这些市场，主要进行工业减排项目的交易，林业碳汇项目只占很小的比例。总之，无论哪种交易，政府立法、严格的规则和计量标准等均是重要的基础。

三、碳交易本质是政策驱动下的活动

微观经济学的供求理论认为，供求关系存在是市场产生的先决条件，在

产品或服务供给量大于需求量时,市场规模和成长速度主要取决于需求增量,它受多种因素影响。对于一些特殊产品,政府政策是重要的影响因素之一。二氧化碳排放权稀缺性的产生就是国际、国内或区域政策驱动的结果;换言之,碳交易本质上就是一种政策驱动的交易,而且主要是《议定书》规则下的碳交易(包括碳汇交易)。其基本前提是发达国家寻找低成本减排措施而催生的交易,否则,这样的市场可能就不存在;非京都(志愿)市场虽是不规则市场,但主要需求量也是产生于区域政府或企业联盟内部的强制性减限排规定。如澳大利亚新南威尔士气候交易体系、美国的芝加哥气候交易所等均属于非京都市场,都是政府或企业对温室气体进行限制排放的基础上产生的所谓交易,这些市场对碳汇的交易是有特定的区域限制或特殊要求的。

四、中国目前不具备建立森林碳汇交易平台的前提条件

当前的碳交易市场绝大多数建在发达国家。这些国家存在排放指标需求市场。中国在《议定书》下没有承担减排义务,也没有在《议定书》外自愿承诺减排,因而中国政府或企业并不存在对温室气体排放指标的需求,当然也就没有购买碳汇的需求,显然不具备建立森林碳汇交易平台的前提条件。此外,针对类似拟建碳交易所或气候交易所的传闻,早在2007年2月,国家应对气候变化办公室就发布公告,明确表明中国无计划建立气候交易所。这说明,中国政府目前不支持建立碳交易市场。显然,既没有需求,又没有政策支持的市场即使建立,也是难以为继的。

五、并非所有的森林碳汇都可以交易

现代产权经济学认为,商品进行交易的前提条件是:清晰的产权。由于森林生态效益具有较强的外部性,碳汇具有"公共物品"属性,清晰界定产权需要借助特定的计量与监测方法,现有碳汇交易之所以能实现,就是借助严格的计量方法学。因此,现有森林碳汇的存量是不可以随意交易的。此外,森林碳汇指的是净吸收量,既森林每年吸收的二氧化碳减去林地流转和森林灾害造成的毁林排放;造林项目要减去用车(汽油)或施肥所产生的排放,最后得到的净吸收的二氧化碳才是碳汇。再者,《议定书》对可以抵减排放量的碳汇作出了严格的规定:即只有造林再造林所产生的碳汇才可以作为第一个承诺期(2008~2012年)抵减排放量的额度,而且,只能占到国家

基准年(1990年)温室气体排放量的1%。可见,包括非京都市场在内的碳汇造林项目,都需要经过严格的设计、审定、计量和核证。否则难以实现交易。

六、鼓励国内外企业志愿参与碳补偿活动

虽然中国目前不具备建立森林碳汇交易平台的条件。但是,政府鼓励企业积极参加通过植树造林减少温室气体排放的志愿行动。2007年7月,由国家林业局、中国绿化基金会、中国石油天然气集团公司、嘉汉林业投资公司等单位,共同发起建立了中国绿色碳基金。这是一个为企业通过捐资造林吸收二氧化碳,提前储存碳信用搭建的平台,既能帮助企业志愿减排,树立良好的社会形象,为企业自身的长远发展做出贡献,又能增加森林碳汇,缓解气候变化,维护国家生态安全。

企业参与中国绿色碳基金,可以看成是"购买"碳汇的公益行为。企业可以"买"到:①获得经林业主管部门计量、核查、登记的碳汇量,显示了企业对改善和保护环境的贡献;②投资企业可以获得捐赠部分税前全额扣除的优惠和荣誉证书及其他形式表彰;③积累参与碳汇交易活动的经验,增强应对未来气候变化政策可能给企业带来影响的能力;④培养企业内部熟悉生态产品生产、计量乃至销售的专业人员,有助于企业拓展产品和市场开发;⑤树立企业绿色营销形象,增强企业的公众影响力和市场美誉度。

捐资造林吸储二氧化碳,推动企业志愿减排行动,可看成是森林碳汇交易平台建立之前的"演练"。真正的量化减排和市场化,还要在国家的法律规定之下,调整某些宏观政策和环境政策,限制企业的排放行为,使排碳权成为"稀缺"品,再允许利用植树造林吸收的碳汇抵减一部分排放量,将自愿行为和强制行为有机结合,体现道德约束和法制约束双重力量。在此基础上,有计划、有步骤地推进部门规章建设、区域约束以及国家立法,不仅能促进中国林业碳汇事业走上法制化轨道,而且有利于从根本上推进全社会生态保护意识和节能减排工作的开展,为应对气候变化做出贡献。

参考文献

[1] 广州日报. 广州拟建我国首个森林碳汇交易平台[EB/OL]. http://www.gz.gov.cn/vfs/content/newcontent.jsp?contentId=561273.

[2] 联合国. 联合国气候变化框架公约[EB/OL]. http://unfccc.int/resource/docs/convkp/convchin.pdf.

[3] 联合国. 京都议定书[EB/OL]. http：//unfccc. int/resource/docs/convkp/kpchinese. pdf.
[4] 李怒云. 中国林业碳汇[M]. 北京：中国林业出版社, 2007. 125 – 127.
[5] 王春峰. 林业重大问题调查研究报告[M]. 北京：中国林业出版社, 2007. 125 – 127, 94 – 99.

美国林业碳汇市场现状及发展趋势

陈叙图[1]　李怒云[2]　高　岚[3]　何　宇[2]

(1 北京林业大学经济管理学院 北京 100083；2 国家林业局植树造林司 北京 100714；
3 华南农业大学经济管理学院 广州 510642)

美国是《联合国气候变化框架公约》和《京都议书》的签约国，但 2001 年，布什政府出于本国经济利益的考虑，借口中国和印度等发展中大国不承担减排义务不公平等理由退出《京都议定书》。选择退出《京都议定书》就意味着选择不参与以碳交易为核心内容的"京都市场"。但鉴于美国是温室气体排放第一大国和美国国内已出现碳交易市场，同时，据碳基金(The Carbon Fund) 2008 年 3 月发布的预测报告，如果美国全面推行碳交易行动，到 2020 年美国国内碳排放交易市场将达 1 万亿美元。因此深入了解和研究美国林业碳汇市场的形成背景、发展现状和未来趋势有着重要的意义。

一、美国林业碳汇市场产生的国内外背景

(一)国际背景

随着大气中温室气体浓度的不断升高和负面影响的逐步显现，国际社会采取了一系列应对措施。1992 年，在地球峰会上通过了《联合国气候变化框架公约》，该公约目标是"将大气中温室气体浓度稳定在防止发生由人类活动引起的、危险的气候变化定水平上"。公约规定每年举行一次缔约方大会。1997 年 12 月 11 日，第 3 次缔约方大会在日本京都召开。149 个国家和地区的代表通过了《京都议定书》(The Koyoto Protocol)，规定从 2008 到 2012 年期间，主要工业发达国家的温室气体排放量要在 1990 年的基础上平均减少 5.2%，其中欧盟削减 8%，美国削减 7%，日本削减 6%。为帮助发达国家顺利实现预定目标，《京都议定书》规定了 3 种机制：即联合履约(JI)、排放贸易(ET)和清洁发展机制(以下简称 CDM)。其中吸收 CO_2 的造林再造林活动可作为 CDM 的项目进行实施，但减排抵消额不得超过其基准年排放量的 1%。(注：《京都议定书》一些条款涉及基准年选择的灵活性，允许一些经

济转轨国家采用1990年之外的年份作为基准年。)《京都议定书》的减限排规定直接催生了国际碳市场。

(二)国内背景

尽管美国在选择退出《京都议定书》的同时,也被剥夺了成为"京都市场"的市场主体资格。但由于美国温室气体排放量为全球第一的不争事实、美国森林具有巨大的固碳功能和美国农业土地利用排放较大的温室气体,以及国内政策的推动和社会力量的有效参与,催生了美国国内碳交易市场。

1. 美国温室气体排放的现状

据2008年2月美国国家环保总署发布的国家温室气体排放清单,从1990年到2006年,美国温室气体的排放量共增长15.2%,约合每年增长0.9个百分点。具体如表1所示。

表1 1990~2006年美国温室气体排放清单　　　　10^5 t CO_2 当量

温室气体种类	1990年	1995年	1999年	2000年	2001年	2002年	2003年	2004年	2005年	2006年
二氧化碳(CO_2)	5017.50	5343.40	5703.10	5890.50	5806.30	5845.90	5940.40	6019.90	6045.00	5934.40
甲烷(Mehane)	708.40	675.90	615.80	608.00	593.90	598.60	603.70	605.90	607.30	605.10
氧化亚氮(N_2O)	333.70	357.10	346.30	341.90	336.60	332.60	331.70	358.30	368.00	378.60
其他温室气体	87.10	94.90	133.30	138.00	128.60	137.80	136.60	149.40	161.20	157.50
总额	6146.70	6471.20	6799.10	6978.40	6865.40	6944.90	7012.40	7133.50	7181.40	7075.60

注:数据源自2007年美国国家环保总署公布的《美国温室气体排放清单:1990-2006》

2. 美国森林发挥着巨大的碳汇功能

森林碳储量的现状和潜力对林业碳市场的产生和发展有着重要的影响,因为一国森林的碳储量现状和潜力影响着林业碳信用的供应。美国森林面积达74700万公顷,占世界森林的7%。据《美国温室气体排放清单:1990~2006》公布的数据,2005年和2006年美国森林总固碳量达分别到424.81亿吨和426.54亿吨CO_2当量,同期美国森林边际吸收温室气体分别达到8.78亿吨和8.83亿吨CO_2当量,分别占当期温室气体排放的12.23%~12.47%。

3. 国内温室气体管制政策从严

(1)管制趋于严格。虽然美国最终选择退出《京都议定书》,但美国温室气体管制较过去更严了。2002年2月14日,时任美国总统布什提出全球气候变化行动(Global Climate Change Initiative),这是布什政府第一次提出温室气体减量目标。此目标是设定美国在2012年时,将美国温室气体密集度(每

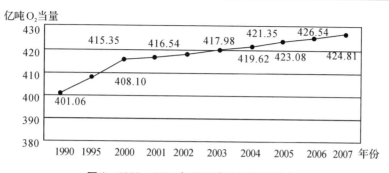

图 1　1990～2006 年美国森林固碳量动态

注：1. 数据不包括夏威夷的森林；2. 森林碳贮量只包括地上生物量、地下生物量、粗木质残体、枯落物和土壤；3. 数据源于《美国温室气体排放清单：1990～2006》

单位 GDP 的温室气体排放量）较 2002 年温室气体密集度减少 18%，或可说于 2012 年将原本每百万美元 GDP 为 183 吨温室气体排放水平降至每百万美元 GDP 为 151t 的排放水平。为达到上述目标，布什政府提出了气候变化技术计划（CCTP）、气候变化科学计划（CCSP）和国际合作等 3 大措施。州政府中走在前列的是加利福利亚州，2006 年 8 月 31 日加州通过了美国历史上第一个温室气体总量控制法案——《全球温室效应治理法案》（Global Warming Solutions Act）。这份法案规定在 2020 年，加州 CO_2 气体的排放量要减少 25%，控制在 1990 年的排放水平。

（2）有关温室气体的提案不断出现。法律层面的操作能直接推动温室气体减排额需求的增长，进而加快温室气体排放贸易市场的发展。根据 Steven Ruddell 等人的统计，截至 2006 年 10 月，有关温室气体减排的著名提案有以下 5 个，具体请参看表 2。

表 2　美国有关温室气体法律的提案

提案者	类别	范围	目标	价格限制	固碳量
McCain 和 Lieberman	限排贸易	电力、交通、工业和大型商业设施	到 2010 年达到标准 2000	无	上限为 15%（包括固碳和市场购买）
Bingaman	贸易机制下的浓度目标	燃料生产者，非燃料性质的温室气体进口商和排放者	低于 BAU 浓度的 2.4%	7 美元/t（逐年增加 5%）	通过国际购买的碳信用最多只能占 3%
Feinstein	限排贸易	大型的固定设施，包括公共设施、石油、天然气和交通设施	到 2010 年达到标准 2006，到 2020 年达到标准 2006 的 92.75%	无	通过国内和国际市场购买的碳信用最高可达 25%，包括农业和再造林活动

(续)

提案者	类别	范围	目标	价格限制	固碳量
Waxman	限排贸易	大型排放者	到 2010 年仍稳定在标准 2000 上，2010 到 2020 逐年减排 2%	无	无
Kerry 和 Snowe	限排贸易	运输工具，美国应促使其消耗的电力有 20% 源于可再生能源发电产生	到 2010 年：排放水平保持不变 2010~2020 年：低于标准 2000 的 65%	无	无

注：标准 2000/2006 指的是 2000 年/2006 年的温室气体排放量；数据源于美国林业碳信用交易和市场。

4. 社会力量积极推动

2006 年 8 月，来自 44 个州、代表 4 800 万美国市民的 284 个市长签署了《美国市长防止气候变化协定》，该协定意在敦促各所在州政府和美国联邦政府就温室气体减排出台相关政策和措施，以使温室气体减排量达到《京都议定书》规定的美国国家份额。另外，碳基金(Carbon fund)、气候信托(Climate trust)、全美碳抵减联合组织(The National Carbon Offset Coalition)和太平洋森林信托(Pacific Forest Trust)等 NGO(非政府组织)都积极参与到新概念的推广和具体项目的操作。

二、美国林业碳汇市场的现状

随着国际外交压力不断加重、国际碳市场快速发展和国民意识觉醒，美国国内已成立数家从事 CO_2 排放贸易的登记所。其中，可登记林业碳信用的登记机构共有 4 个：①芝加哥气候交易所(Chicago Climate Exchange)，②加州气候行动登记所(the California Climate Action Registry)，③区域温室气体排放倡议(the Regional Greenhouse Gas Initiative)，④国家自愿申报温室气体排放计划(National Vol-untary Reporting of Greenhouse Gases Program)。

(1)芝加哥气候交易所。成立于 2003 年的气候，是北美地区，也是世界上第一个 6 种主要温室气体志愿交易平台。2003~2006 年，是交易所的第一期，此时项目主要在加拿大、美国和墨西哥实施。2006 年后，减排项目扩大到全球范围。2003 年底至 2008 年的碳信用价格表和交易量如图 2 所示。

芝加哥气候交易所的项目类型可分成减排项目和碳汇项目两大类，其中碳汇项目包括农业土壤固定、林业活动和牧场土壤固碳。合格的森林碳汇项目包括造林项目、保护森林项目和城市植树项目。关于林业碳汇项目合格性

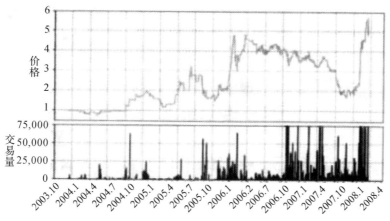

图2 芝加哥气候交易所碳价格走向

主要有以下几个要求：

①林地要求：造林、再造林和改善森林的项目要在1990年1月1日前为无林地或退化林地；

②造林和森林经营项目可在同一林地开展；

③需证明经营森林的方式是可持续经营；

④需证明用于长期承诺的森林碳库具有永久性；

⑤需用已认可的方法论量化碳库；

⑥碳库必须要经独立第三方认可。

目前，已注册成功的林业碳汇项目位于哥斯达加、巴西和美国。

（2）加州气候行动登记所。2001年由一帮工业领域公司的CEO发起，在加州政府支持下成立起来。属于非盈利性组织。初始成员主要有公司、大学、政府部门和环保组织。该所着手完善"可核证的、准确的、连续的"温室气体排放计量标准和工具，为工业部门的减排提供测量、监督方法和推广第三方核证。

2008年2月11日，该所负责人宣布在加州气候行动登记所森林协议下，成功注册了森林保护和森林经营两个林业碳汇项目。一个位于Mendocino县加西亚河，是由保护基金（The Conservation Fund）拥有和管理的24 000公顷森林，另一个位于Humboldt县由太平洋森林信托公司拥有和管理的2 100公顷森林。

（3）国家自愿申报温室气体排放计划。国家自愿申报温室气体排放计划是美国政府根据1992年能源政策法案1605（b）部分而成立的。意在推动个人、企业和其他组织等温室气体排放主体积极承诺自愿减排，进而达到稳定大气温室气体浓度的目的。

该项目设在能源部下，根据1992年能源政策法案的1605(b)款成立。该所支持下的减排和增汇项目共7种，其中增汇项目只限于森林保护、植树活动和森林经营。表3和表4是1994年至2004年在该所下登记实施的林业碳汇项目数量和注册的固碳量。

表3 1994~2004年在EIA-1605b框架下登记的碳汇项目数　　　（个）

内容	1994	1995	1996	1997	1998	1999	2000	2001	2002	2003	2004
森林保护植树	2	22	29	38	43	38	42	37	38	39	33
造林、再造林	36	113	111	175	205	288	344	251	289	321	363
城市林业	8	17	21	23	28	28	31	33	33	35	32
生物质林和其他农用林	8	14	2	3	3	3	3	3	3	2	2
经营内容不详	无	2	1	无	1	无	无	无	无	无	无
小计	44	131	133	199	235	318	376	285	323	356	395
退化林经营	12	20	10	33	41	42	44	41	47	48	45
耕地保护	1	1	1	2	2	2	2	2	1	1	1
其他	3	4	5	10	4	5	5	5	5	5	5
共计	58	175	175	279	321	401	468	369	413	448	478

注：1."小计"与"共计"指的是碳汇项目数量，并不等于其他内容的简单相加，这是由于有些项目拥有一个以上经营目的。2.数据源于美国能源信息部网站 www.eia.doe.gov

表4 1994~2004年在EIA-1605b框架下注册碳汇项目固碳量

10^3 t CO_2 当量

内容	1994	1995	1996	1997	1998	1999	2000	2001	2002	2003	2004
森林保护植树	73	615.8	6546.5	387545.5	10073.4	8523.4	7879.6	6804.3	6055.9	6469.6	5917.0
造林、再造林	726.8	620.4	237.3	322.4	449.0	590.6	628.0	637.9	676.1	711.9	768.4
城市林业	0.2	1.1	1.3	3.9	5.3	5.8	10.5	11.2	14.4	17.7	20.3
生物质林和其他农用林	356.6	213.9	1964.6	1962.3	1962.3	503.2	392.5	425.7	428.0	425.4	425.4
经营内容不详	无	7.0	*	无	0.1	无	无	无	无	无	无
小计	727.0	627.7	2188.1	2263.6	2393.6	1077.3	1006.4	1056.4	1097.6	1136.1	1194.9
退化林经营	363.9	366.2	93.6	148.3	167.9	164.6	74.0	51.9	98.9	81.5	80.0
耕地保护	4.3	4.3	3.3	8.5	8.5	8.5	11.9	4.4	4.4	4.4	4.4
其他	2.8	3.1	4.1	44.9	58.9	59.1	59.1	59.8	59.7	59.8	59.8
共计	746.5	1190.8	8676.6	9849.8	12490.9	9623.6	9011.1	7956.8	7296.5	7731.3	7236.1

注：1."*"表示固碳量不到50t；2."小计"与"共计"指的是碳汇项目数量，并不等于其他内容的简单相加，这是由于有些项目拥有一个以上经营目的；3.数据源于美国能源信息部网站 www.eia.doe.gov

(4) 区域温室气体排放倡议登记所。区域温室气体排放倡议登记所由纽约州州长于 2003 年号召包括康涅狄格等 8 个州共同成立的区域性温室气体排放贸易平台。根据 2007 年 5 月 1 日修订的 RGGI 备忘录，该所减排计划如下：

每个准许额（相当于 1t CO_2 当量）的初始拍卖价格由政府规定，暂定为 1.86 美元。目前两次拍卖时间分别是 2008 年 9 月 10 日和 2008 年 12 月 17 日。

为了顺利推进减排目标的实现，RGGI 备忘录也同时规定了 5 种碳汇项目作为补偿手段，其中林业碳汇项目只限于造林活动，且对林地合格性和计入期（项目运行的周期）有严格的规定（表 5）。截至 2008 年 2 月，还没有造林项目在该所成功注册。需要指出的是，在 2005 年 12 月 20 日公布的备忘录草案中，曾提到关于是否将再造林和森林经营项目等纳入碳汇项目将提请各参与州商定。

表 5 RGGI 备忘录规定的减排额   t CO_2 当量

时间（年）	预期减排额
2009~2014	188076976，比 2000~2004 均数下降 4%
2015	183375052，比 2009~2014 年减排额约下降 2.5%
2016	178673127 比 2015 年减排额约下降 2.5%
2017	173971203 比 2016 年减排额约下降 2.5%
2018	169269278 比 2017 年减排额约下降 2.5%

数据来源：美国林业碳信用交易和市场 http://www.fs.fed.us/

三、美国林业碳汇市场未来发展趋势

从以上美国林业碳汇市场发展的国内外背景和发展现状来看，美国林业碳汇市场现呈现较好的发展态势，主要体现在以下 4 点：一是市场环境趋优。随着美国政府、州政府、高耗能企业和环保组织对温室气体限排的现实目的和战略意义的认识逐渐到位，加上外交谈判压力不断增大，美国国内的政治、法律逐渐鼓励实施有保留的减排固碳策略，为美国林业碳汇市场的供给来源打下了基础。二是市场规模将逐步扩大。由于林业碳汇市场政策环境趋于优化、志愿市场参与者人数的增多、现有交易所运行经验的积累和各级政府的鼓励，林业碳汇市场将呈扩大趋势。三是林业碳信用价格走高。由于美国国内没有国家统一的温室气体排放管理体制或法律、计量标准不一、购买者有限等制约因素的存在，使得目前美国碳信用价格低于其他市场，如

2006年10月,准许额市场交易单价在芝加哥气候交易所为1t CO_2 当量4.05美元,而欧盟排放贸易计划(市场)为20.8美元,在新南威尔士交易(市场)上为9.42美元。但随着计量标准不断趋于一致、市场信息流通的加快和购买者增多等市场利好消息的增多,在其他条件不变的情况下,美国林业碳信用价格将有望提高。三是林业碳汇项目种类将增加。随着林业碳汇市场规模的扩大和林业碳信用价格不断走高,以及计量方法研究不断深入,没有将再造林、森林经营和可持续木材利用等纳入合格项目种类的登记所将逐步修改碳汇项目资格条件。四是参与主体多元化。当前,林业碳汇项目的参与主体以美国国内NGO(非政府组织)为主,如碳基金(Carbon fund)、气候信托(Climate trust)、全美碳抵减联合组织(The National Carbon Offset Coalition)和太平洋森林信托(Pacific Forest Trust)等机构都是重要的参与主体,但随着碳市场规模的扩大和价格的提升,特别随着国际减排压力的增大,林业碳汇市场参与主体将多元化。

4 结论

根据对美国林业碳汇市场发展的国内外背景的了解、发展现状的研究以及未来发展趋势的分析,本文得出如下结论:

(1)美国林业碳汇市场的发展,是伴随着《联合国气候变化框架公约》和《京都议定书》相关谈判工作的不断推进和国内各州温室气体减排呼声的高涨以及国内NGO积极参与而呈现更好的发展势头。

(2)美国林业碳汇市场以项目为主,规模较小,项目种类不多,未来发展空间较大。

(3)美国林业碳汇项目各大登记所规则不一致,在一定程度上造成了市场割裂,增加了交易成本,影响市场规模的扩大。市场吸引力有待提高。

参考文献

Air Resource Board. Forestry Greenhouse Gas Accounting Protocols. http://www.arb.ca.gov/cc/forestry/forestry_protocols/forestry_protocols.htm

Carbon Accounting Rules and Guidelines for the United States Forest Sector Richard A. Birdsey. 15/5/2005. http://jeq.scijournals.org.

Jonathan L. Ramseur. Greenhouse Gas Reductions: California Action and the Regional Greenhouse Gas Initiative. 13/4/2007. http://www.fas.org.

Proposed Adoption of California Climate Action Registry's Forestry Greenhouse Gas Protocols for Voluntary Purposes. California Environ mental Protection California Environmental Protection Agency. 25/10/ 2007. http://www.arb.ca.gov.

RGGI. Design Elements for Regional Allowance Auctions under the Regional Greenhouse Gas Initiative. 17/3/2008. http://www.fas.org/.

RGGI. Regional Greenhouse Gas Initiative-Memorandum of Under standing. 1/5/2007. http://www.rggi.org/

Steven Ruddell. Forest Carbon Trading and Marketing in the United States. 10/2006. http://www.fs.fed.us/

U. S. Environmental Protection Agency. 2007 Inventory of U. S. Green-house Gas Emissions and Sinks. U. S. Environmental Protection Agen-cy. 22/2/2008. http://www.epa.gov.

US Global Climate Change Policy: A New Approach Fact Sheet Issued by the White House on 14 February 2002. http://www.usgcrp.gov/us gcrp/Library/gcinitiative2002/gccfactsheet.htm

国际自愿碳汇市场的补偿标准

武曙红[1]　张小全[2]　宋维明[1]

(1. 北京林业大学自然保护区学院　北京 100083；
2. 中国林业科学研究院森林生态环境与保护研究所　北京 100091)

通过技术转移和能力建设的碳补偿项目可以产生经济和环境等方面的多重效益，碳补偿市场作为缓解全球气候危机的一个重要部分已经越来越受到国际社会的重视。气候变化是全球性问题，在世界上任何一个地方减少温室气体排放或增加温室气体吸收汇都将有益于保护地球气候，因此将"碳补偿"作为缓解气候变化的一种减排行动是可行的。碳补偿市场中的"碳补偿"是指企业、个人或者政府通过购买在异地完成的温室气体减排额，用其来补偿或抵消购买者自身在生产过程中产生的温室气体排放量的一种减排形式。由碳补偿购买者和供给者之间形成的各种经济关系（包括交易价格、交易形式等）就组成了碳补偿市场。企业可以购买碳补偿来中和他们的碳足迹或产品生产过程中的碳排放，实现气候中和(climate neutrality)或碳中性(carbon neutrality)的目标。目前，各国的个人或企业如果要想在内部或国家强制政策之外进行减排的话，一般都是通过自愿市场进行的。自愿市场可以作为强制市场的补充以及运作方式和程序、方法学和技术的试验基础。自愿市场还有利于没有承诺《京都议定书》减排指标的国家实施小项目或者由于外交原因而不是质量原因不能进入强制市场的减排或增汇项目。虽然自愿碳市场目前在减少温室气体排放方面所做的贡献还不大，而且未来的气候政策必然要求各国从自愿减排向强制减排转变，要对目前强制市场所涉及的参与者进行调整，但近几年自愿碳市场的发展趋势表明，自愿碳市场将会成为今后企业或个人参与缓解气候变化行动的一个主要途径，将成"碳补偿标准"为有效发挥自愿碳市场功能亟待解决的关键问题。

我国于 2007 年 7 月 20 日在中国绿化基金下设立了绿色碳基金，在基金的资助下，开发了自愿碳汇市场。但目前该基金以及国家碳汇项目管理机构对此类市场还没有成熟规范的交易体系和相应的管理政策，我国的自愿碳汇市场面临着政策和技术标准等各层次的难题。因此,对目前已开发的自愿碳汇市场的碳补偿标准进行分析将有助于建立和完善我国的自愿碳汇市场,确保在我国实施的林业碳补偿项目的公正性、成本有效性和可操作性,并为我国的碳汇项目争取到更多的国际市场份额。目前,国际自愿碳汇市场采用的碳补偿标准主要有CDM造林再造林项目标准(afforestation and reforestation standard under CDM, CDM-AR)、农业、林业和其他土地利用项目自愿碳标准(voluntary carbon standard for agriculture, forestry and other land use projects, AFOLU2 VCS)、气候、社区和生物多样性标准(the climate, community and biodiversity standard, CCBS)以及生存计划方案(plan vivo system)等。这些标准都有其各自的特点及优缺点。

一、CDM-AR 标准

CDM是《京都议定书》中的一种国际合作机制,该机制允许《京都议定书》中的附件Ⅰ国家(工业化国家)向非附件Ⅰ国家(发展中国家)购买经核证的减排量(certified emission reduction, CER),补偿他们在发展本国经济的过程中引起的部分温室气体排放,以相对较低的成本完成其在《京都议定书》中承诺的减排指标。CDM的碳补偿模式是现有标准中较为严格和完善的一种,除作为强制市场的碳补偿项目的标准外,也可作为自愿市场中的碳补偿项目标准。CDM2AR项目补偿标准主要有以下几方面的要求(UNFCCC, 2003)。

(1)合格性。CDM-AR标准是由UNFCCC缔约方会议和CDM执行理事会制定的。该标准要求:实施碳补偿项目的土地必须是最近50年内不曾为森林的土地(造林项目)或1989年12月31日以来不为森林的土地(再造林项目);除造林再造林项目可以作为合格的碳补偿项目外,其他任何形式的林业碳汇项目(包括避免毁林项目)都不是合格的碳补偿项目。

(2)方法学。该标准要求CDM碳汇补偿项目必须使用经CDM执行理事会批准的方法学,如果使用新的方法学,项目开发商必须向CDM方法学委员会提交拟议的新的方法学,CDM方法学委员会对拟议的新方法学进行评审后,将其评审意见提交给CDM执行理事会,由CDM执行理事会决定是否批准拟议的新方法学。

CDM-AR项目的方法学必须就项目的基线和额外性的确定方法、识别可能的温室气体排放/泄漏源及考虑或忽略该泄漏源的理由、计量和监测的方法、参数以及与关键参数有关的不确定性等内容进行详细描述。采用临时核证减排量(temporary CERs, tCERs)或长期核证减排量(long-term CERs, lCERs)2种形式签发项目产生的碳信用,在tCERs或lCERs的有效期结束时,获得tCERs或lCERs签发的附件Ⅰ国家必须用可在京都市场中交易的排放单位,将这些已经签发的tCERs或lCERs进行替换,例如标准的CEFs(certified emissions reductions)、ERU(european union allowance)或其他碳汇项目产生的有效(lCERs或tCERs)。

(3)项目碳信用计入期。在CDM-AR标准下,可选择不可更新的30年为碳信用计入期,也可选择可更新2次的20年为碳信用计入期。

(4)审定、注册。CDM-AR标准要求项目开发商提交包含项目基本情况、基线和监测方法方面的信息、碳信用计入期、监测计划、温室气体排放源、项目的环境和社会经济影响、利益相关方的意见以及项目所在国的批准函,由第三方审核机构(指定经营实体designated operation entity, DOE)对这些文件进行审定后,将审定报告提交给CDM执行理事会,由CDM执行理事会批准后,项目才可完成注册。

(5)核查和核证。项目注册成功后,项目实施主体需要根据项目设计文件(project design document, PDD)中的监测计划对项目进行监测,将监测报告提交给DOE,由其对项目产生的人为净温室气体汇清除进行核查,出具核查报告,对核查报告进行核证,并将核证报告提交给执行理事会,由其批准后,由执行理事会签发CERs。

(6)其他规定。在《京都议定书》第一承诺期,附件Ⅰ国家使用林业碳汇项目产生的碳信用额度不能超过其基准年排放水平的1%的5倍。

由于林木碳贮量的测量方法不仅复杂,而且有较大的不确定性,所以CDM-AR标准对方法学的要求很严格而且繁琐。鉴于CDM-AR标准的严格和复杂性,被CDM执行理事会拒绝的方法学建议比例非常大(到2008年4月为止,在已提交的方法学中,被批准的方法学是10个,未批准的是20多个,被撤销的有3个)。自从2006年成立"注册和签发工作组"(registration and issuance team, RIT)以来,CDM项目注册的瓶颈现象也显得日益突出。由于RIT各成员对项目的评估结果差异很大,一些项目开发商已经明确表示了他们对这种状况的不满。造成这种情况的主要原因除了该机构缺乏相应的制度以外,对该机构人员培训的不足也是一个主要原因。由于审定和核查项目的指定经营实体DOE是由项目开发商选择和付费的,自身利益最大化的目的可能会导致项目开发商和 DOE 的选择破坏 CDM 项目的环境完整性。DOE 面临着节约审定和核查的时间和成本问题。

CDM-AR 额外性工具已经开发了好几年了，而且已经被作为其他额外性试验的一个参照。但最近有报告认为 CDM-AR 额外性工具在很大程度上是由项目参与者主观决定的，项目参与者所提供的证据通常都不能真实地反映实际情况（Schneider，2007；Haya，2007）。

虽然 CDM-AR 标准要求项目要必须能促进其所在国经济和环境的可持续发展，但由于衡量项目是否能促进国家可持续发展的标准是由项目所在国自己制定的，如果项目所在国将衡量可持续发展的标准制定得太严格，就有可能会限制项目开发商的投资，因此，部分国家可能会降低可持续发展标准，影响 CDM-AR 项目在可持续发展方面的贡献。

二、农业、林业和其他土地利用项目自愿碳标准

2007 年的 AFOLU 自愿碳标准（voluntary carbon standard for agriculture, forestry and other land use projects，AFOLU-VCS 2007）是一种较为完善的碳补偿标准。它主要强调项目在减少大气温室气体方面所做的贡献，没有要求项目要具有环境和社会效益。该标准得到了碳补偿行业（项目开发商、碳补偿购买商、核查者以及项目咨询者等）的积极响应。符合 AFOLU-VCS 2007 的项目产生的碳补偿可以以"自愿碳单位"（voluntary carbon units，VCUs，代表减少 1Mg CO_2 排放）的形式进行注册和交易。AFOLU-VCS 涉及生物质碳吸收和基于土地利用的排放减少 2 类项目。该标准开发了一套描述农业、林业和其他土地利用项目等项目类型所特有的问题和风险的规则，其主要要求如下（VCS Association，2007）。

（1）合格性。AFOLU-VCS 下合格的项目类型包括造林再造林和植被恢复（afforestation, reforestationand revegetation, ARR）、农地管理（agricultural land management, ALM, 包括改善农田管理、改善草地管理以及农田转变为草地）、改善森林管理（improved forest management, IFM, 包括减少采伐影响、森林保护、延长轮伐期、提高森林生产力）以及减少毁林排放（reduced emissions from deforestation, RED）4 种。

（2）方法学。该标准下的所有项目采用的方法学必须是自愿碳标准（voluntary carbon standard，VCS）委员会批准的方法学，或者是 VCS 计划和其他温室气体计划批准的现有的方法学。AFOLU-VCS 计划批准方法学在很大程

度上是基于 ISO(international organization for standardization)14064 – 2：2006 的指南来开发的。AFOLU-VCS 下的项目可采用 CDM 执行理事会以及加利福尼亚气候行动注册系统(california climate action registry)中批准的方法学。该标准下的项目如果要采用新的方法学，必须经过 2 个具有资质的独立审定机构的批准(一个是由项目开发商指定，另一个由 VCS 秘书处指定)，才能获得 VCS 委员会的批准。如果其中一个审定机构不批准，那么拟议的新方法学将被 VCS 委员会拒绝。项目开发商有权对 VCS 委员会的决定提出重新评审的请求。VCS 秘书处将指定一个独立的顾问组对项目建议者提出的请求进行评议。VCS 委员会将根据评议结果对是否批准该方法学做出最终的决定。

该标准要求项目开发商必须对项目可能产生的潜在泄漏进行预测，并将潜在的泄漏从项目产生的净碳效益中扣除。为了确保泄漏影响的扣除，AFOLU-VCS 针对改善森林管理项目制定了地区市场转移泄漏的缺省泄漏因子，这些缺省值的范围在项目碳效益的 10% ~ 70% 之间(Kollmuss et al., 2008)。

与 CDM-AR 标准不同，AFOLU-VCS 签发的是永久自愿碳单位(voluntary carbon unites, VCUs)，它可在 VCS 下合格的项目类型之间进行互换。为了减轻项目非持久性的风险，AFOLU-VCS 的所有项目都必须从项目产生的全部碳信用中扣除一定的比例作为缓冲碳信用(Buffer)。所有项目产生的缓冲信用都将存入 VCS 的缓冲帐户中，一旦项目意外失败，即可从缓冲帐户中将缓冲碳信用扣除。缓冲碳信用的高低由第三方独立审核机构通过对项目的风险评估确定，并在每次监测和核查时可进行重新评估。

(3)项目开始日期和碳信用计入期。项目开始日期为 2002 年 1 月 1 日。如果项目在 AFOLU-VCS 开始执行的第 1 年(即 2007 年 11 月 9 日至 2008 年 11 月 9 日)，完成了审定过程，那么在 2002 年 1 月 1 日以后开始的项目都可是合格的。从执行标准的第 2 年(即 2008 年 11 月 9 日以后)开始，只有在完成审定的日期之前的 2 年内开始的项目才是合格的。AFOLU-VCS 的碳信用计入期与项目的运行期相同，最少是 20 年，最长可达 100 年。碳信用计入期的开始日期是 2008 年 3 月 28 日。

(4)审定、注册。AFOLU-VCS 要求项目的审定要由 VCS 计划或 GHG (greenhouse gas programme)计划授权的第三方审定机构来完成。审定机构根据 AFOLU-VCS 的审定要求对项目进行评估，并按照 AFOLU-VCS 审定报告的模板完成包括项目设计、基线、监测计划、碳贮量的计算、环境影响以及利益相关者的评论等内容的审定报告。如果审定机构确认项目通过了审定，那么项目将自动获得批准。

在该标准下，只有在签发VCUs时，VCS委员会才会根据审定和核查机构出具的审定和核查报告的结论对项目进行正式的注册。但是，只要项目通过了审定，项目的相关信息即可作为一个VCS项目进入VCS项目数据库，该数据库是对公众开放的数据库。为了避免重复计算，确保项目获得的VCUs仅在一个单独的注册系统里注册，VCS将把与项目有关的数据在其VCS的网站上公布，并对每个项目分配一个系列号。在VCS的网站上可查到AFOLU-VCS项目产生的碳补偿数量、项目参与者、项目参与者所持有的注册系统以及其他与项目有关的信息。

（5）核查。AFOLU-VCS项目产生的碳补偿量可以由负责审定项目的同一机构进行核查。核查机构根据ISO14064-3：2006的各项要求对项目宣称的碳补偿量和计算方法的精确性进行核查。然后写出核查报告，做出是否对项目所宣称的碳补偿量进行批准的决定。VCS委员会不对任何项目做出批准或拒绝的决定。

此外，VCS要求所有的AFOLU项目要确定项目可能产生的负面的环境和社会经济影响，并制定减缓措施。然而，VCS并没有要求对项目产生的社会和环境影响进行监测。

AFOLU-VCS是一种针对主要土地利用活动（包括农业和林业）的标准。该标准具有较低的审定和核查成本。该标准的一个优点是将部分评审工作交给其他相关领域的专业机构去完成，使各相关机构之间可以保持紧密的联系，提高了评审工作的质量。但这也可能会导致所授权的机构掌握的批准权太大，仅凭项目审定者的判断就能决定VCS项目是否被批准。授权委员会既能对项目进行评审，又能决定项目是否被批准的审定程序是AFOLU-VCS潜在的一个缺点。与VCS项目类似的双重批准程序可能是解决这个问题的最好办法。

由于AFOLU-VCS没有强制性地要求对曾经获得碳效益认证的项目进行重新认证，因此，要求项目保留一定数量的碳信用作为缓冲信用来处理项目可能发生的非持久性风险。这些不参与贸易的缓冲碳信用都将储存在VCS的缓冲值帐户中。如果项目开发商能证明项目的有效期、可持续性以及缓解风险的能力，并得到核查者的认可，那么随着时间的推移，可以将所储存的缓冲碳信用转换成VCUs。缓冲值帐户中储存的缓冲信用值每隔1年或2年就要进行定期的修正。这种定期对缓冲值帐户中储存的缓冲碳信用进行修正的方法,确保了 AFOLU 项目产生的碳补偿的可靠性性和环境完整性主要取决于对缓冲值的定期修正。VCS 为了避免项目开发商和审定机构之间互惠问题的出现,在批准新方法学时采用了必须选择 2 个审定机构的双重审定程序。

三、气候、社区和生物多样性标准

CCBS 是由气候、社区和生物多样性联盟(climate, community and biodiversity alliance,CCBA)开发的一种项目设计标准,为项目设计和开发提供规则和指南。该标准的主要目的是确保项目在设计阶段就考虑当地社区和生物多样性效益。该标准由 15 个强制指标和 8 个可选择指标组成。该标准既不对项目产生的碳补偿进行核查,也不对其进行注册。其主要要求如下(CCBA,2005):

(1)合格性。CCBS 主要是针对与土地利用有关的缓解气候变化的项目制定的,该标准下合格的项目类型有天然林或次生林保护、再造林或植被恢复、农田防护林营建、新耕作技术的引进、新木材采伐及加工处理技术的引进(例如,减少采伐影响)、减少农地耕作以及改善家畜管理等。

(2)方法学。CCBS 采用的方法学主要以其他组织或机构开发的方法、工具以及这些组织计算基线的标准为基础(例如,碳贮量的净变化可采用《IPCC 好的做法和指南》中推荐的方法学或 CDM 批准的方法学)。在 CCBS 标准下,项目的额外性证明是基于每个项目具体的方法学来进行的。CCBS 要求项目参与方要对项目引起的项目边界以外的碳贮减少或非 CO_2 温室气体排放的增加进行量化,并将其降到最小。CCBS 要求项目参与方预先确定项目潜在的风险,并设计出减轻潜在的碳逆转、社区效益以及生物多样性减少的方法。由于 CCBS 只是项目设计标准,所以没有对项目的持久性做出专门的要求(如签发临时碳补偿)。

(3)项目开始日期和碳信用计入期。CCBS 对项目的开始日期没有要求,但项目必须提供包括碳计量及社区和生物多样性效益的开始日期等内容的文件。由于 CCBS 是一个单独的项目设计标准,所以没有对碳信用计入期做出任何规定。

(4)审定、核查。项目一经设计,就需要第三方审定机构对其进行审定。审定通过后,每隔 5 年必须对项目进行一次监测和核查。审定和核查可以由同一个审定机构来进行。CCBS 核查并不对项目的碳效益进行数量的核证，它只是对审定机构所确认的碳效益、环境效益以及社会效益进行评估。经过对相关的项目文件的评审、当地访谈、对项目的实施情况进行检查、对项目设计内容以及对公示期间收到的意见进行考虑等程序后，在 CCBA 的密切配合下，由审定机构对项目是否被批准做出最终的决定。

(5) 注册。由于 CCBS 只是一个项目设计标准，因此，没有任何授权的注册机构对符合该标准的项目产生的碳补偿进行注册。

此外，CCBS 的项目必须对项目地所在社区和生物多样性产生积极的影响。该标准采用筛选的方法排除具有负面影响的项目，采用分值的方法对具有额外环境效益的项目给予一定的分值。该标准规定项目不能对国际自然与自然资源保护联盟（international union for the conservation of nature and natural resources，IUCN）红皮书中所列的濒危物种或国家级保护物种产生负面的影响。在项目中不能使用入侵种或遗传改良品种。CCBS 对使用本地种和具有水土保持作用的项目给予额外的分值。

CCBS 是确保项目获得多重效益的一种项目设计工具。由于碳的核查标准要在项目设计时完成，在预期投资到位的几年后该标准才能发挥作用，所以 CCBS 对于林业项目是非常重要和有价值的。

CCBS 强调了项目的社会和环境效益，现已开发出一套能确保和估计这些效益的工具和指南。其中有的指标描述得非常明确（如生物多样性方面的指标和标准），而有的只是做了概括性的定义（如利益相关者和能力建设的规则），这使得项目开发商能灵活地采用最适合项目的方式对问题进行描述，但这样就使审定机构要承担更多的责任。

与 AFOLU-VCS 类似，气候、社区和生物多样性项目是否被批准是由项目审定者决定，缺乏授权委员会也是 CCBS 的潜在缺点。由于 CCBS 的审定程序最近才被确定，所以目前 CCBA 急需开展指南编写工作。CCBS 审定机构以及项目开发商之间彼此独立的关系，有助于 CCBS 专家尽可能少地与项目和审定机构进行接触，增加了审定的透明性。

四、生存计划方案

生存计划方案是爱丁堡碳管理中心（edinburgh centre for carbon management，ECCM）于 1994 年在南墨西哥开发的一个研究项目。它强调采用促进可持续发展、改善农村生计和生态系统的小规模的土地利用。生存计划的工作与农村社区较为密切,强调参与式设计、与利益相关者进行商讨以及本地种的采用。目前,生存计划项目是由倡导人类发展与环境变化相和谐的非盈利组织——Plan Vivo基金会进行管理的。生存计划对项目的主要要求如下(Plan Vivo,2007)。

(1)合格性。合格的生存计划方案项目类型包括在发展中国家实施的恢复森林、森林保护和管理、经济林种植、水土保持以及提高园艺技术等项目。

(2)方法学。描述Plan Vivo项目方法学的技术说明书以及每一种种植模式预期产生的碳信用的审定都是由Plan Vivo基金会授权代理的。Plan Vivo项目的额外性主要是通过障碍分析(如缺乏资金、技术,政治上的局限性以及文化环境等)来进行的。基线既可以基于项目水平,也可以采用地区尺度的模型来计算。项目碳信用的预测是根据管理方案、立地条件、树种选择、生长速率以及种植密度等信息来计算的。生存计划要求在项目的技术说明书中必须对每一种土地利用活动产生的泄漏进行评估,并确定潜在的泄漏风险以及控制这些风险的方法,从实施机构的能力、项目参与者的经验、项目实施地的稳定性、土地的长期所有权等方面对项目的持续能力进行评估来解决项目的持久性问题。

(3)项目开始日期和碳信用计入期。项目只要注册为Plan Vivo项目之后,即可出售Plan Vivo证书。该标准对项目的开始日期没有任何限制。碳信用计入期可根据具体的项目情况来制定。一般而言,Plan Vivo项目的碳信用期可以长达150年,但付给实施碳汇活动的农民的费用通常都要在5~15年内付完。

(4)审定、注册。Plan Vivo项目的审定是由Plan Vivo基金会指定的相关领域的专家完成的。当项目通过了审定以后,项目参与方将项目技术说明书(主要描述项目的土地利用方式、碳计量、潜在的风险、监测指标、泄漏、额外性以及持久性等内容)和项目实施方案提交给由Plan Vivo技术咨询委员会授权的独立机构或组织,该组织按照生存计划方案的要求对项目所提交的技术说明书和实施方案进行评审,并做出是否批准的决定。项目的技术说明书和实施方案一经批准,即可注册为Plan Vivo项目。Plan Vivo基金会拥有一个注册系统,该系统详细记录了Plan Vivo项目所出售的碳信用以及相应的Plan Vivo证书购买者。

(5)核查。目前Plan Vivo基金会并没有要求第三方核查机构对注册的

Plan Vivo 项目进行核查，但为项目参与者提供了可选择的核查方以及对项目进行核查的的程序和步骤。随着 Plan Vivo 项目的增多，Plan Vivo 基金很可能会制定出更为详细的核查规定。

生存计划方案主要适用于乡村民间，具有较高的环境保护效益和社区效益。然而，由于这种标准主要适用于那些碳信用价格较低的项目，所以该类型标准的应用范围较小。

生存计划方案中，如果参与 Plan Vivo 项目的农民能确保其所种植的林木能保留数十年，那么参与 Plan Vivo 项目的农民就可以按照分期付款的方式获得补偿，所有的款额将在 10~15 年内被付清。PlanVivo 方案中的碳补偿是根据付款结束时农民所保留的林木来计算的。农民一旦获得了所有分期付款的补偿，将不再具有砍伐林木的权利。生存计划的实践证明，通过项目的设计，农民不服从项目规定的风险得以大大降低。农民为了自己的经济利益，也会很好地保存林木。

五、结语

由于对自愿碳汇市场所持有的观点、涉及行业以及财务制度的不同，目前所开发的各种碳汇补偿标准对项目类型、项目的多重效益、可持续发展、额外性、计量方法学、核查、监测以及注册系统等方面的要求都有所不同。从上述分析可知，CDM-AR 标准在确保项目能产生足够数量的"碳补偿"方面是非常成功的，但目前该标准是否真正能促进项目所在国的多重效益及其可持续发展，仍有待于进一步的研究和论证。AFOLU 自愿碳标准是以确保项目满足基本质量要求的同时，尽可能地减少项目实施者的负担和成本为目的的，没有要求项目必须有当地利益相关者的参与，而且也未体现出多重效益的理念。因此，对于看重项目多重效益的买方而言，AFOLU-VCS 不是一个很理想的标准，但该标准从项目产生的碳信用中扣除一定的比例作为缓冲碳信用（buffer）的做法很好地解决了林业项目所特有的非持久性问题。CCBS 以支持社区可持续发展和保护生物多样性为目的，强调项目的多重效益，但其仅仅是一种项目设计标准，并不对项目产生的碳贮量变化进行核查。生存计划方案具有多重效益，有助于缓解贫困、能解决很多大的补偿项目或至今未能作为 CDM 项目来实施的项目所面临的问题。然而，与后期出售碳信用的方式相比，碳信用的预先出售可能不能确保项目能按计划真正实现预期的排放减少或碳信用。基于我国自愿碳汇市场还处于开发初期的背景，从促进我国可持续发展和确保我国实施的林业碳补偿项目具有环境完整性和可操作性的角度出发,建议采用 AFOLU 自愿碳标准与 CCBS 相结合的方法设计我国的自愿碳补偿项目。

参考文献

CCBA. 2005. Climate, community and biodiversity project design standards: first edition [EB/OL]. [2005-12-14]. http://www.climatestandars.org/images/pdf/CCBStandards.pdf

Haya B. 2007. Failed mechanism: how the CDM is subsidizing hydro developers and harming the Kyoto protocol. Berkeley CA: International Rivers, 4–5.

Plan Vivo. 2007. The Plan Vivo Standards [EB/OL]. [2007-12-14]. http://www.planvivo.org/content/fx.planvivo/resources/Plan%20Vivo%20Standards%202007.pdf

Kollmuss A, Zink, H, Polycarp C. 2008. Making sense of the voluntary carbon market: a comparison of carbon offset standards. Bonn: WWF Germany, 74.

Schneider L. 2007. Is the CDM fulfilling its environmental and sustainable development objectives [EB/OL]. [2007-11-29]. http://www.panda.org/about.wwf/what.we.do/climate.change/? uNewsID = 118000

UNFCC. 2003. Decision 19/CP.9: modalities and procedures for afforestation and reforestation project activities under the clean development mechanism in the first commitment period of the Kyoto protocol [EB/OL]. [2004-03-03]. http://unfccc.Int/resource/docs/cop9/06a02.pdf.

VCS Association. 2007. Voluntary carbon standard guidance for agriculture, forestry and other land use projects [EB/OL]. [2007-11-19]. http://www.v-c-s.org/docs/VCS%202007.pdf

森林碳汇服务市场交易成本问题研究

林德荣

(山东工商学院经济学院)

《京都议定书》及其相关协议规定,发展中国家可以利用林业碳汇信用帮助附件 I 国家抵消或补偿温室气体排放。造林再造林被允许为京都协定第一承诺期惟一合格的清洁发展机制(The Clean Development Mechanism,简称 CDM)林业碳汇项目。2005 年 2 月《京都议定书》生效,正式成为具有法律效力的文件规定和实施计划。在此背景下,CDM 造林再造林碳汇交易成为全球森林碳汇服务交易市场的重要组成部分。森林碳汇服务交易市场有可能成为一个新兴的、具有巨大发展潜力的环境服务市场。同时它也是一个特殊市场,其特殊性就在于这个市场不是自发形成的,而是人们为了有效配置大气平流层这一全球公共资源,人为地运用交易和价格机制。不容置疑,森林碳汇服务作为人们一贯自由享用的公共物品,要求为其付费是很困难的。因此,这种人为市场需要更为复杂的制度和规则进行规范,而制度和规则的制定及实施往往需要耗费大量资源,这通常增大了市场交易费用。交易费用过高可能使森林碳汇服务市场的交易效率大为降低。Landell Mills. N 和 Ina. T. Porras 通过对全球 75 个森林碳汇信用交易案例的研究,认为影响森林碳汇服务市场发展的最大限制是市场交易成本过高[1]。

一、交易成本理论回顾

交易成本概念是 1937 年科斯在其著名论文《企业的性质》中首次提出的。后来经过许多经济学家的阐释和扩展,形成了各种不同的交易成本定义。科斯认为,交易成本是指利用价格机制的成本,包括寻求价格信息的成本、谈判和签订合同的成本、合同的履行成本[2]。张五常将交易成本看作是一系列制度成本,其中包括信息成本、谈判成本、起草和实施合约的成本、界定和实施产权的成本、监督管理的成本和改变制度结构变化的成本。简言之,交易成本包括一切不直接发生在物质生产过程中的成本[3]。平乔维奇明确认为:"交易费用是在产权从一个经济主体向另一个经济主体转移过程中所有需要花费的资源的成本。这包括做一次交易(如发现交易机会、洽谈交易、监督成本)的成本和保护制度结构的成本(如维持司法体系和警察力量)。"[4]可见,由于经济学家各自理解交易的角度不同,交易成本的定义及其内涵存在较大差异。

一般而言,新制度经济学将市场交易成本划分为以下3种类型:①搜寻和信息成本;②讨价还价(谈判)和决策成本;③监督和强制实施成本[5]。本文中森林碳汇服务市场的交易成本主要是遵循科斯的市场交易成本概念,也就是指平乔维奇的做一次交易的成本,而不是指整个制度成本。

二、森林碳汇服务市场的交易成本

迄今为止,森林碳汇服务市场主要是一个松散的以林业项目(如造林、再造林、森林保护和森林管理等)投资为基础,并获取由此产生的碳汇信用的交易集合[6]。其交易成本还没有一个统一的概念和衡量标准。

(一)交易成本的构成

目前,各国学者主要是根据森林碳汇服务交易项目的实施程序发生的费用,划分和衡量交易成本。Stavins将森林碳汇交易成本分为搜寻与信息成本、讨价还价与决策成本、监测和强制实施成本等3种[7];Dudek和Wienar将交易成本进一步划分为搜寻成本、谈判成本、批准成本、监测成本、强制实施成本以及保险成本等6种成本[8];Oscar J. Cacho等在Dudek和Wienar划分的基础上,又将其分为搜寻成本、谈判成本、核实和认证成本、执行成本、监测成本、强制实施成本以及保险成本;Landell Mills. N等在对世界各地发生的森林碳汇交易项目进行回顾的基础上,将交易成本分为5种类型:项目识别、项目设计和执行、项目监测、强制实施和风险管理、主办国和国内项目检查以及市场交易等[1]。

可见,根据不同交易要求实施程序的差异,森林碳汇服务的交易成本的构成要素也有所不同。按照CDM造林再造林碳汇交易项目的执行程序,可以将森林碳汇服务市场交易成本再细分为搜寻成本、谈判成本、项目文件设计成本、批准成本、证实生效成本、注册成本、监测成本、核实成本、认证成本、强制实施成本等。

(二)交易成本的大小

目前,国际上对森林碳汇服务(及其他温室气体交易项目)交易成本的量化研究还不尽如人意,究其原因主要是各研究者对交易成本的定义存在差异[9],以及数据的可获得性困难导致的。由于森林碳汇服务交易只是零散的、个案的,而且,不同研究者所涉及的交易成本的构成要素也各不相同,所以,森林碳汇服务的交易成本大小通常不具有可比性。

然而,按照CDM碳交易的实施程序,该市场发生的许多交易成本,如搜寻成本、项目文件设计成本、证实生效成本和监测成本等是固定的,一般不随项目规模的不同而改变。Axel Michaelowa等人的研究表明,CDM项目的最小固定交易成本为150 000欧元,假设CDM造林再造林碳汇交易价格为每吨CO_2 3欧元,那么由于固定交易成本的存在,碳汇信用量为50 000吨CO_2的碳汇项目就将无利可图[9]。根据世界银行原型碳基金(Prototype Carbon Fund,简称PCF)公布的信息,PCF实施的林业碳汇项目的前期各阶段交易成本如表1所示。这些成本基本上属于不变交易成本,不随交易量(或项目规模)的变化而变化。将各阶段成本相加,世界银行所实施碳汇项目的前期交易总费用约为210万~310万元人民币。PCF认为,温室气体总减排量少于300万吨CO_2的项目就会由于交易成本的存在而失去吸引力。假设热带森林的年净碳汇生产力为8~16吨C/公顷,若轮伐期为20年,则共约需要造林面积为2 500~5 000公顷。

表1 林业碳汇信用项目的主要交易成本

执行阶段	涉及成本/万元	耗费时间/月
前期准备(可行性调研、项目意见书)	10~20	3~5
基准线测量	40	2
项目规划、环境-社会效益评估	10~40	2
审核、申报(国际、国内)	50~60	3~4
谈判与签约	100~150	3

注:该数据由全球环境研究所吴逢时博士收集整理并提供。

(三)交易成本的特征

森林碳汇服务市场的交易成本与通常意义上的商品市场交易成本有较大差异,主要表现在以下3个方面:①森林碳汇服务市场的交易过程通常与碳汇信用的生产管理过程交织在一起,交易成本往往直接体现在供求双方的成本函数中;②普通商品市场的交易成本通常主要涉及质量验证和讨价还价费用,而森林碳汇服务市场的交易成本除了包括前述费用以外,额外增加了基准线确认、方法学确立、注册、核查与认证等费用;③森林碳汇服务项目的大小和交易成本之间没有明显的联系[11],许多交易成本,如搜寻成本、谈判和签约成本、审批成本以及注册成本等都属于不变成本,与项目规模无关,而其他交易成本随项目规模的大小变化亦不明显。

以上特征显示,森林碳汇服务市场的交易成本之所以巨大,一方面是为实现交易,必须采取一系列规则以满足碳汇信用的可计量性和排他性而发生的费用,如防止泄漏和持久性问题;另一方面,由于CDM下森林碳汇信用交易是通过造林再造林项目形式实现的,周期长,受自然力的影响大,存在更大的市场风险。

三、交易成本对森林碳汇服务市场的影响

根据森林碳汇服务市场的交易成本的承担方不同,可以将交易成本对市场的影响分为供给改变、需求改变和供给与需求同时改变3种情况。森林碳汇服务市场的交易成本,特别是固定交易成本的存在将改变森林碳汇服务市场供求双方的供给和(或)需求曲线,使市场达到新的均衡,从而影响碳汇信用的市场均衡价格和均衡数量。实践显示,交易成本主要由森林碳汇服务的需求者(或购买者)支付,或由购买者先行垫付,然后再从其对碳汇信用的实际支付中扣除。具体情况由供求双方协商确定,但总有一些成本需要供求双方共同承担,如搜寻成本以及谈判和签约成本。实质上,不管交易成本由哪一方承担,产生的后果基本相同,都会降低森林碳汇服务交易的实际收益和市场规模。下面以森林碳汇服务供给方承担交易成本时的情形进行分析。

由于森林碳汇服务市场发生的大量交易成本属于固定交易成本,直接体现在碳汇信用交易者的成本函数中,在这里,我们将边际交易成本设为固定值 MOC。如图1所示,横轴表示交易的碳汇信用数量,纵轴表示边际收益和边际成本。由于固定交易成本的存在,供给方的碳汇边际供给成本由 MC 向左上方移动到 $MC' = MC + MOC$,导致交易数量从 Q 降低到 Q',森林碳汇服务市场交易规模减少了 $Q - Q'$。由于边际碳汇供给成本的提高,森林碳汇信用供给曲线也随之向左上方移动。这是因为森林资源具有多种替代用途,当森林碳汇服务交易费用足够大,以至于CDM框架下森林碳汇信用交易收益少于其他用途所带来的收益时,人们就会减少森林碳汇信用的供给。

对需求方或供求双方共同承担交易成本的分析与供给方承担的情形没有

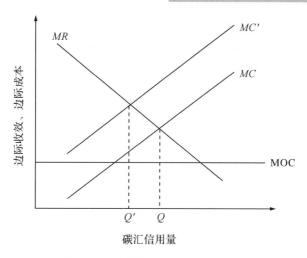

图1 交易成本对森林碳汇服务交易规模的影响

多大差别,都将直接降低供求双方进行交易可能获得的净收益,对森林碳汇服务市场规模产生负面影响,从而降低森林碳汇信用交易对供求双方的吸引力。

四、降低交易成本的有效途径

联合履约行动和正在实施的 CDM 项目数据显示,森林碳汇服务交易成本占项目总成本的较大部分。Milne 估算交易成本约占项目总成本的 6%~45%[10],但其中有些估计未能包括所有的交易成本类型,导致数额可能过低。高交易成本意味着森林碳汇服务交易项目对潜在的碳汇信用供求双方的吸引力降低,不利于森林碳汇服务市场的开发。因此,可以采取下列途径来降低交易成本。

(一)建立适合市场(潜在)状况的交易体系

创建合理的森林碳汇服务市场交易体系能够有效降低市场交易成本。目前,CDM 造林再造林碳汇信用交易,对发展中国家开发和创建森林碳汇服务交易市场,是一个良好的机遇。主办国政府未雨绸缪,及早建立明确的管理机构,制定规范的交易程序,进行迅速的信息发布,提供高效的交易平台,是降低交易费用的有效途径。当然,建立的市场交易体系也不是越高级越复杂越好,因为市场交易体系的创建和维护也是需要花费成本的。根据边际分析理论,市场创建水平在边际市场创建成本正好等于边际市场运行成本时达到最优,此时的市场总交易成本为最小。因此,应该根据(潜在的)市场规模建立合理、高效的市场交易体系。

(二) 设计和使用标准化合同

森林碳汇服务交易以林业项目投资为基础,信息不对称往往容易导致严重的机会主义行为,使交易风险和成本增加。标准化合同首先能够使交易各方无须对每笔交易的合同条款,如损失责任、风险分担、利益分配等逐个协商,从而降低了谈判费用;其次,相关合同法规能够有效防止机会主义行为的产生,从而降低强制实施成本。

(三) 简化和标准化森林碳汇信用交易程序

森林碳汇服务交易成本的很大部分是由对碳汇信用的监测、计量和核实引起的。实践显示,对森林碳汇信用的监测、核实和认证的合同协议费用往往占总交易费用的一半以上。譬如,关于CDM项目的基准线和碳评估、证实生效、注册、核实以及认证的行业报价为60 500美元,约占其行业报价中总交易费用的77%。PCFplus在它的报告中指出,CDM项目的年监测费用和第三方独立操作实体关于生效、核查和认证的合同协议费用占其总交易费用的55.7% ~94.4%[11]。因此,应当尽量简化和统一森林碳汇信用交易的计量、监测以及核实认证程序,并使这些程序和所需文件的文本标准化,尽可能使项目开发者独立完成项目文件设计和监测。

(四) 扩大森林碳汇服务交易的项目规模

森林碳汇服务交易存在较高的固定成本,所以扩大项目规模能够有效降低单位固定交易成本,从而减少每单位碳汇信用的总成本。如前所述,森林碳汇服务交易市场涉及供求双方的许多交易成本都是不变的,如搜寻成本、谈判成本和认证成本等,或随项目规模的扩大成本增加并不明显,如审批成本与核实成本等。可见,固定交易成本是构成森林碳汇服务市场总交易成本的重要部分,规模经济能够有效降低单位森林碳汇信用的交易费用。

(五) 加深与政府的联系,注重协调利益相关者的关系

森林碳汇服务交易项目往往地处偏远,当地居民的市场和法律意识相对淡薄,这会给项目带来更大的不确定性,增加项目的交易成本。而地方政府在这些地区具有更大的权威,更了解当地的风土人情、习俗和文化,这对保证项目的顺利实施和成功,降低项目的强制实施成本具有重要作用。因此,森林碳汇服务项目在设计和实施过程中,加深与地方政府、森林社区及其他利益相关者的联系,加强与他们的沟通,就相关问题咨询他们的意见和建议,并努力取得他们的理解和支持,能够保证项目的顺利实施和成功,降低

项目可能发生的强制实施成本。

参考文献

[1] NATASHAL M, INA T P. Silver bullet or fools' gold? a global review of markets for forest environmental services and their impact on the Poor [R]. London: International Institute for Environment and Development, 2002.

[2] COASE R H. 社会成本问题[J]. 法学与经济学, 1960(3): 41-44.

[3] 张五常. 经济解释[M]. 北京: 商务印书馆, 2001.

[4] 斯韦托扎尔·平乔维奇. 产权经济学[M]. 蒋琳琦, 译. 北京: 经济科学出版社, 1999.

[5] EIRIK G F, RUDOLF R. Institutions and economic theory [M]. Ann Arbor: The University of Michigan Press, 2000.

[6] 林德荣. 森林碳汇市场的演进及展望[J]. 世界林业研究, 2005(1): 125.

[7] STAVINS J. Transaction costs and tradeable permits[J]. Journal of Environmental Economics and Management, 1995(29): 133-148.

[8] DUDEKD J, WIENAR J B. Joint implementation, transaction costs, and climate change, organization for economic co2operation and development [R]. Paris: OECDPGD, 1996.

[9] AXEL M, FRANKJ. Transaction costs, institutional rigidities and the size of the clean development mechanism[J]. Energy Policy, 2005(33): 511-523.

[10] MILNE M. Transaction costs of forest carbon projects [R]. Bogor: Center for International Forestry Research, 2002.

[11] CHRISTOPHE D G, OSCAR C. Transaction costs and carbon finance impact on Small2Scale CDM Projects [R]. Prototype Carbon Fund: PCFplus Report 14, 2003.

国内外林业碳汇产权比较研究

陆霁

(北京林业大学经济管理学院 北京 100083)

一、引言

为应对全球气候变化,1992年,189个国家签署了《联合国气候变化框架公约》(下简称《公约》)。公约的目标,是要"将大气中温室气体的浓度稳定在防止气候系统受到危险的人为干扰的水平上"。《公约》规定发达国家应在21世纪末将其温室气体排放恢复到1990年的水平。但是,《公约》并没有为发达国家规定量化减排指标。1997年12月1日,在日本京都通过的《京都议定书》(下简称《议定书》)为附件Ⅰ国家(包括主要工业化国家和经济转轨国家,统称发达国家)规定了有法律约束力的量化减限排指标。要求附件Ⅰ国家在2008至2012年间,把本国温室气体排放量在1990年的基础上平均减少5.2%。《议定书》于2005年2月16日生效。

应对气候变化全球行动,主要是致力于减少温室气体的排放(源)和增加温室气体的吸收(汇),而在《议定书》框架下,林业成为碳汇的重点。《议定书》的土地利用、土地利用变化和林业(LULUCF)条款中,认可造林、森林管理、农业活动等获得的碳汇对减缓气候变化有重要作用,并确定了在第一承诺期内,附件Ⅰ国家除了在本国采取造林、森林管理获得碳汇抵减碳排放外,还可以通过清洁发展机制(下简称CDM)项目从发展中国家购买造林再造林项目的碳汇减排量,用于抵减本国的温室气体排放量。尽管《议定书》规定每年从CDM造林再造林项目中获得的减排抵消额不得超过基准年(1990年)排放量的1%,而且目前经CDM执行理事会(EB)注册的CDM造林、再造林项目只有52个,每年为购买方提供不到200万吨碳汇减排量(CO_2e)。但是,森林在减缓和适应气候变化中的双重功能以及多重效应对人类社会的价值却日愈受到国际社会的高度重视。在联合国气候谈判中各国一致赞同积极推行"减少毁林和森林退化造成的碳排放以及森林管理和增加森林面积增加碳汇"(REDD +)行动。虽然在国际碳市场中林业碳汇的份额并不大,但各国都在纷纷探究如何利用市场机制,推动利用林业碳汇减排和扶贫解困以及改善环境。

本文总结梳理澳大利亚、新西兰、加拿大及国内碳交易市场中涉及林业碳汇产权的研究和实践,为我国深入研究林业碳汇产权提供可参考的依据。

二、林业碳汇产权的基本概念

(一)产权

产权一词最早产生于经济学领域,作为一种权利或与权利有关的概念,它又与法律制度有着密不可分的关系,但即便是在法律领域内对产权也没有进行严格定义。英美经济学家在研究产权时没有对经济学上的产权和法律意义上的产权进行严格区分。我国法学界对产权有两种认识:一种认为产权是财产所有权;另一种认为产权是指财产所有权及与之相关的财产权。

著名产权经济学家 Alchian、Demsetz(1972)和 Barzel(1997)对产权有这样的描述:产权是权利拥有人使用商品或资产进行消费或取得收益的权利。它还包括把这种权利通过销售、赠送和遗产的形式转移给其他人的权利。具体来说,产权允许其所有人通过签订合同把一种商品或资产出租、质押或抵押给他人或允许他人使用该商品。

本文认为产权反映的不仅仅是所有者和占有财产之间的人与物的关系,其本质上反映的是人与人的关系。这些关系可以通过产权不同权能的调整得以体现,从而让财产尽可能地达到资源配置的帕累托最优(Pareto Optimality)状态。这些权能使产权的资源配置功能得到充分的发挥,但是在定义中把这些权能一一列举不但容易发生遗漏,还容易将所有权与所有权的权能发生混淆。因此,本文采用产权的抽象概括定义,认为产权是资产所有权人对所拥有资产依法享有的一切权利。

(二)林业碳汇

林业碳汇是利用森林生态系统吸收大气中二氧化碳并将其固定在植被和土壤中的特性,通过实施造林再造林和森林管理、减少毁林、保护森林和湿地等活动,获取合格的碳汇产品,并按照一定的规则与碳交易相结合,以达到增加温室气体排放空间,实现碳减排目标的行为或机制。它是森林的自然属性社会化的过程,是应对气候变化的一种方法和途径(李怒云,2007)。

林业碳汇是森林自然属性与社会经济属性的结合。由于具有严格的外部性要求,需要按照严格的方法学进行项目实施才能准确量化,之后还需通过计量、审核和注册等程序才可以完成产权的界定,从而具备进入市场进行交易的条件。

(三)林业碳汇产权

林业碳汇产权除了具有普通产权的特点外,作为一种全新的产权,它有自己独有的特点。首先,林业碳汇产权有很大部分处于公共领域中。这是由林业碳汇产品自身的公共产品属性和外部性特征决定的。要把这些处于公共领域中的属性界定到产权中需要付出成本,只有在利益攫取者花费的交易成本(其中主要是信息成本)小于某种属性可能带来的收益前提下这些属性才会逐渐被界定到林业碳汇的产权中。因此,这一产权界定的过程是一个动态的不断演化的过程。

其次,林业碳汇产权的客体不是具体的实物,而是一种排放温室气体的权利。林业碳汇的本质是通过人为活动把空气中的二氧化碳固定到植物体和土壤中,但是林业碳汇产权的客体却不是被固定的二氧化碳,而是能够容纳二氧化碳的一个节约出来的排放空间。

第三,林业碳汇符合民法规定的"物"的概念。虽然林业碳汇并没有实体存在,只是温室气体排放权的表现方式之一,但是它具有"物"所必备的基本条件:无体物、独立性、存在于人体之外且能为人力支配。因此,可对林业碳汇产品进行产权的界定。

同样参照产权的抽象概括定义,林业碳汇产权可以被定义为林业碳汇的所有权人对所获得的林业碳汇产品依法享有的一切权利。

三、林业碳汇产权国内外研究和实践概况

(一)国外研究和实践概况

1. 澳大利亚立法确定林业碳汇产权

与其他行业不同,林业行业自身生产过程就具有吸收碳大于排放碳的特点,因此澳大利亚政府鼓励林场主自愿加入"碳污染减少方案"。(Department of Climate Change, Australia, 2008)碳市场分配效率的提高必须有安全清晰的产权和登记产权变动的机制,这样市场参与者才能确定他们能从自己的投资中获得收益。若产权能被轻易破坏或者含糊不清,投资者就不太可能进行这类商业冒险。在《碳污染减少方案绿皮书》中,澳大利亚气候变化部没有把产权不明晰的碳权纳入方案中,规定只有具备私人产权特点的碳权才

可以获取碳污染许可证。

在澳大利亚《产权转让法案1919》中对林业碳汇产权的定义是：与土地相关的碳汇权利是一项授予个人的权利，这种权利源自1990年后在土地上现存或将生长的树木形成的碳汇，它可以通过协议、法定、商业或现在和未来其他收益的形式来确定。

澳大利亚新南威尔士实施的温室气体减排计划（下简称GGRS）的目的是减少与电力生产和使用相关的温室气体排放，同时鼓励参加补偿温室气体排放的行动。在新南威尔士，为电力零售商、消费者及其他提供或消费电力的人员设定了州温室气体基准及个人温室气体基准。这些被称为"基准参与者"的公司或个人的温室气体排放如果超过设定基准排放额，就可以通过购买新南威尔士温室气体减排许可证（以下简称NGACs）抵减其超额排放量。新南威尔士的碳汇产权是可独立转让的，合格的碳汇产权还可以产生NGACs。在2010年5月生效的《2003年第五号温室气体基准规则（碳汇）》中规定土地上的碳汇产权可以独立于土地所有权或其他与土地有关的权利进行转让。只有在合格土地上注册过的碳汇产权才能产生NGACs，这些产权的持有人可以不是土地的所有者。可见，澳大利亚通过立法明晰了碳汇的产权，直接推动碳汇进入市场交易。

2. 新西兰把林业行业纳入排放交易体系

新西兰排放交易体系是一个强制加入、强制减排的双强制碳交易体系。在新西兰各经济部门中，只有林业部门获得的免费碳排放配额能满足自身需求，其他部门或者需要降低现有温室气体排放水平或者需要购买可排放单位补偿自己的超额排放。林业部门产生的碳汇减排量（碳信用指标）可转换为能被其他部门用于抵减碳排放的"新西兰排放单位"（New Zealand Units，下简称NZU）。

为了减少政府制定的减排目标给经济发展带来的压力，努力以最低的成本实现减排目标，新西兰各部门进入交易体系的时间各有不同。2008年1月1日，林业由于其减排成本最低成为第一个进入排放交易体系的部门。

为了减少交易成本对林业碳汇交易的限制，新西兰政府利用先进的遥感信息技术及电子网络技术，建立了庞大的基础信息库。项目参与者可以通过网络在新西兰森林碳汇交易网站上把所需数据输入即可得出自己所拥有的林业碳汇及收益数据，可提交作为交易依据。此外，新西兰农林部对面积超过100公顷的林地还采用实地人工采样的方法量化林业碳汇。高科技手段与传统计量方法的结合应用,保证了登记在注册系统中的林业碳汇产权的真实可靠,大大降低了林业碳汇的交易成本。

参与减排方案的林农要获取碳汇的产权比较简单。在没有产权争议的土地上,林农只要确认自己拥有的土地满足造林条件就可以申请加入排放交易方案。具体来说,只要土地1989年前为无林地,或者1989年12月31日为森林,但1990年1月1日到2007年12月31日期间林木被毁(称为1989年后林地),土地的所有者就可以申请加入排放权交易方案。只要林地所有者再造林使碳汇增加,他们就可以获得NZU。

对于拥有1990年前是森林并一直保持到2007年12月31日的林地所有者,他们是强制加入排放交易体系的对象。如果他们毁坏森林,必须依据新西兰排放交易体系规定上缴NZU。这一上缴排放单位的行为称为"减少毁林义务"。具体毁林行为包括改变土地用途或者在指定时间表内没有恢复森林。这一类林地所有者可以通过购买他人提供的NZU或者按每排放单位25新元的价格支付罚款,从而承担所规定的减少毁林义务。这些"减少毁林义务"的承担者还可以通过在其他林地上造林补偿自己毁坏的森林。但是这种用于补偿的新林地不能在新西兰排放交易体系中获得林业碳汇产权。

对新西兰排放交易体系中林业部门运作的研究表明,新西兰林业碳汇的产权与林地所有者所拥有的森林是可以分离的。林业碳汇产权一经认定就可在政府的项目注册平台上进行登记确权,并方便每年的上报和检查。所产生的每一NZU都对应有实际存在的树林,这是新西兰顺利达到《京都议定书》规定的排放目标的重要保证之一。

3. 加拿大公共部门通过林业碳汇产权转移实现碳中和

与澳大利亚和新西兰的排放交易体系(计划)不同,加拿大林业碳汇在温室气体中的减排作用是通过政府在公共部门推动的碳中和政策中体现的。加拿大英属哥伦比亚省政府为落实2007年开始的《温室气体减排目标法案》,于2008年开始实施《气候行动计划》。根据这一计划,全省到2010年要实现政府部门100%的碳中和,以在2020年达到33%的温室气体减排目标,实现93%的清洁电力生产。省政府对所有公共部门(包括政府部门和机构、中小学、学院、大学、卫生主管部门和国营企业)设定了一定的碳排放量额度,还要求测定其每年温室气体排放量,向公众宣布其减少温室气体排放量的计划以及行动,并通过向一些减排项目投资抵消剩余的碳排放量,以保证公务活动的碳中性。

为了推动这一计划的实施,省政府于 2008 年 3 月出资建立了太平洋碳信托基金(Pacific Carbon Trust,下简称 PCT)从事碳权交易,其主要业务是提供基于 BC 省内碳权的交易平台,把 PCT 所购买的碳权指标出售给公共部门,以帮助他们实现碳中和目标,促进本省公共部门低碳发展。

PCT 经营的碳权源自三类项目,即提高能源效率、使用可再生能源和林业碳汇项目。这些项目分布在以温哥华为中心的全省各地,其中林业碳汇项目占到 60%。在 PCT 的《排放补偿量规定指南文件》中要求碳汇减排量的提供者必须拥有明晰的碳汇产权。如果权属复杂的项目,就要由各相关方通过合同协议确定碳权。

PCT 规定产权的合法权利可以多种方式得到证明。①如果排放减少量是项目开发者拥有的特定资产如林地生产的产品、购买记录或者经审计的财务报告中的资产明细就可以证明产权的合法性。②如果产权不明晰,比如所使用的资产不是项目开发者所有或者是一家合营企业,就必须提供一份足以证明碳权归属的合同。③如果在合同中没有规定碳权的属性,项目开发者就必须和合作伙伴共同协商并证明碳权的属性。最终项目开发者应能够独自应对其他各方提出的产权主张。

通过建立公共性质的碳信托基金,利用清晰的林业碳汇及其他碳补偿项目产生的碳权,加拿大英属哥伦比亚省在 2010 年成功使公共部门达到规定的减排目标,使该省政府成为北美各省(州)第一个实现碳中和的行政区域。

(二)国内研究和探索

与国外不同的是,国内目前还没有全面实施强制性减排,林业碳汇在温室气体减排上的作用也没有得到充分体现。但国内的研究者已经在对林业碳汇产权进行超前的研究。随着我国碳交易试点在北京、上海、深圳、天津、重庆、广东和湖北等七省市相继开始,如何对碳汇产权进行界定和分配以便纳入我国的碳交易体系,更有效地帮助实现行业的减排目标也日益受到研究者的关注。

研究者们一般均认为产权界定对林业碳汇进入碳交易市场十分重要。赵亚骏等(2011)提出林业碳汇的交易实践要求对林业碳汇的产权进行界定和明晰。胡品正等(2007)在研究中指出森林碳汇服务稀缺性的增加要求产权的明晰,以避免处于公共领域内资源的过度利用,并根据科斯定理的原理提出产权界定是森林碳汇服务通过市场进行配置的前提条件,产权界定后森林碳汇具有私人物品身份,具备在市场交易的条件。

国内对林业碳汇产权的研究和探索主要有：

（1）林权与碳汇产权的关系问题。林权和碳汇产权密切相关，有研究认为碳汇产权就是林权的一部分。林权包含碳汇产权，所以只要林权界定清晰，碳汇产权界定也没有问题。林德荣（2005）认为森林碳汇产权是林权的一种，也是依托于森林资源的生态产品之一，应该可以从林权中分离出来。但对如何进行产权的界定和配置没有作进一步讨论。

由于林业碳汇是森林林木的天然孳息，比较普遍的看法是碳汇产权依附于林木，所以只要林木的产权清晰，林业碳汇的产权也就清晰，林业碳汇产权不能离开林木单独存在。谭静婧（2011）在其研究中认为森林碳汇不能脱离其物质载体发挥功能，故其所有权人只能在法律上或观念上占有森林碳汇而不发生现实转移。这一观点忽视了森林碳汇具有抵消碳排放量的功能。森林碳汇的买方不仅仅是为了占有森林碳汇的产权，在相关规定出台后还可能把合格的林业碳汇用于抵减自己的排放量以获取排放空间，为自己通过技术革新或产业升级实现减排目标赢得宝贵的缓冲期。在使用之后这部分林业碳汇就不复存在，但其物质载体（林木）在碳汇项目计入期内仍然拥有排放空间。因此在计入期内，林业碳汇被用于抵偿排放量之后，林木仍然可以存在。这说明林业碳汇具有自己独立的产权。虽然它必须有实际的林木存在才可能加以产权界定，但正如林木产生的其他林副产品一样，林业碳汇的产权与林权是可分离的。

（2）捐资造林后碳汇产权的归属问题。由于国内目前还没有形成碳汇交易的自由市场，企业和个人进行捐资造林获得碳汇产权并不是以交易为目的。在获得核证注册后的碳汇产权之后，企业或个人直接将其用于碳中和或消除碳足迹，以实现自己的环保公益目的。为了帮助社会公众达到这一目的，中国绿色碳汇基金会推动一系列碳中和活动。如会议碳中和、个人碳汇车贴、捐资造林碳汇荣誉证书以及各种节日和特殊纪念日碳汇贺卡等。政府为了推动这一公益行为的开展，也进行了一些制度设计，比如北京市政府规定公民可以通过捐资60元"购买碳汇"履行义务植树。

（3）开发方法学和标准，确定碳汇产权。作为一种看不见摸不着的生态产品，林业碳汇必须按照科学的方法学进行生产，以满足可计量、可报告、可核查的"三可"要求，同时，通过第三方审核，以完成碳汇产品产权的界定。在林业碳汇项目的方法学上，我国走在了世界前列。近10年来，国家林业局在碳汇营造林方法学方面进行了超前的研究和探索，先后研制了《碳汇造林项目方法学》和《竹子造林碳汇项目方法学》以及《碳汇造林技术规定（试行）》等碳汇营造林方法学和标准。2013 年，《碳汇造林项目方法学》和《竹子造林碳汇项目方法学》通过国家发改委审核，于同年 10 月 25 日正式发布，作为中国温室气体自愿减排方法学予以备案。营造林方法学的研究和制定为林业碳汇产权的确定提供了保证，也为林业碳汇产生的减排量进入国家碳排放权交易试点奠定了基础。

（4）建立注册管理系统和碳汇产权转移标准及规定。因林业碳汇是无体物，在按照规范的方法学和标准生产出来后需要进行注册，以确保进入市场后碳汇交易的唯一性。国家林业局建立了林业碳汇注册管理平台，在指定经营实体按照《中国林业碳汇审定核查指南》对林业碳汇项目审查合格后给予注册，以确保碳汇产品交易的唯一性和真实性。

无体物的交易需要严格的规则约束和标准规定。为了使林业碳汇产权的交易规范化，中国绿色碳汇基金会与华东林权交易所共同研究制定了一些市场层面的标准和规则，比如，《林业碳汇交易标准》《林业碳汇交易规则》及《林业碳汇交易流程》等。这些规则的研究和制定为林业碳汇进行规范的市场运作建立了依据，使林业碳汇交易有章可循。

四、结论

我国虽然不承担国际上的强制性减排义务，但是作为温室气体排放居首的大国，主动控制温室气体排放量既体现了大国责任，又可在全球应对气候变化的谈判中处于主动的有利地位。但是，减排方式和目标的不合理设定会对经济发展带来冲击。从澳大利亚、新西兰和加拿大利用林业碳汇实现本国本地区减排目标的研究和实践中可看出，具有明确产权的林业碳汇可以缓解减排政策对经济的冲击，更好地发挥林业碳汇优势。

林业碳汇作为自然生态服务产品的典型代表，通过界定产权可以更好配置稀缺的环境资源。推动以碳汇为主的生态服务产品的生产和交易，是促进中国生态服务市场化的有效途径。不过林业碳汇要纳入我国目前正在进行的碳交易试点还需要进行更多的研究和实践，包括对林业碳汇产权的确定、交易的规律、相关各方的利益分配等问题。

参考文献

[美]Y. 巴泽尔著，费方域，段毅才译. 产权的经济分析 [M]. 上海：上海人民出版社，

2004:2

李怒云. 中国林业碳汇[M]. 北京：中国林业出版社，2007:6~7

李怒云，冯晓明，陆霁. 中国林业应对气候变化碳管理之路[J]. 世界林业研究，2013(26)：1~7

胡品正，徐正春，刘成香. 森林碳汇服务的经济学分析——基于产权角度看森林碳汇服务交易[J]. 中国林业经济，2007(3)：34~37

林德荣. 森林碳汇服务市场化研究[D]. 北京：中国林业科学研究院，2005:97

谭静婧. 我国森林碳汇资源所有权制度初探[D]. 北京：中国政法大学，2011:31

赵亚骎，王化雨. 林业碳汇产权归属浅析[J]. 价值工程，2011(19)：293~295

Armen A. Alchian, Harold Demsetz. Production, Information Costs, and Economic Organization [J]. American Economic Review, 62(5), 777~795

Conveyancing Act 1919, Division 4, 87A.

Department of Climate Change, Australia. Carbon Pollution Reduction Scheme Green Paper[R]. 2008, 17~18

Forestry's obligations: Deforestation and offsetting[EB/OL]. Ministry for the Environment New Zealand, 2012-4-19 [2013-12-10]. http://www.climatechange.govt.nz/emissions-trading-scheme/participating/forestry/obligations/.

Greenhouse Gas Benchmark Rule(Carbon Sequestration) No. 5 of 2003:7

Greenhouse Gas Reduction Targets Act[EB/OL]. Queen's Printer, Victoria, British Columbia, Canada, 2013-12-11 [2013-12-10]. http://www.bclaws.ca/EPLibraries/bclaws_new/document/ID/freeside/00_07042_01

New South Wales Government. Electricity Supply Amendment(Greenhouse Gas Emission Reduction) Act 2002 No 122[R]. 2002:4

Pacific Carbon Trust. Guidance Document to the BC Emission Offsets Regulation v2.0[R]. Pacific Carbon Trust, 2010:27~28

Voluntary participation for forestry: Earning NZUs[EB/OL]. Ministry for the Environment New Zealand, 2012-8-2 [2013-12-10]. http:// www.climatechange.govt.nz/emissions-trading-scheme/participating/forestry/voluntary-participation.html.

中国森林碳汇交易市场现状与潜力

何 英[1] 张小全[2] 刘云仙[3]

(1. 中国林学会,北京 100091;2. 中国林业科学研究院森林生态环境与保护研究所,
北京 100091;3. 云南省曲靖市林业局,曲靖 655000)

气候变暖是人类面临的十大生态问题之首,而大量排放二氧化碳等温室气体形成的温室效应则是气候变暖的根源。森林碳汇功能具有比其他减排方式更经济和高效的优点,《京都议定书》中森林碳汇成为 CO_2 减排的主要替代方式。在市场上,森林碳汇被作为商品,通过碳信用自由转换成温室气体排放权,帮助附件 I 国家完成温室气体减限排义务,这就形成了森林碳汇服务市场。森林碳汇的市场交易为森林生态服务功能提供了市场交换的方式,实现了森林生态价值的市场补偿,对于融资发展林业、保护生态环境具有重要意义。本文概述了国内外森林碳汇交易市场现状,分析了中国森林碳汇交易市场的潜力和存在的问题,以促进中国森林碳汇交易市场的形成和发展,加快中国造林再造林、森林保护和管理方式的创新,建立森林生态效益市场化机制,将中国的林业建设融入到缓解全球气候变暖的国际行动中。

一、国际森林碳汇服务市场现状

(一)森林碳汇服务交易数量在森林环境服务交易中占重要地位

木材可作为原材料代替水泥、钢材、铝材、塑料等高耗能、高排放 CO_2 的能耗密集型原材料,从而减少 CO_2 和其他温室气体排放。据估计,在能源生产中限制碳排放的边际控制成本为每天 25~120 美元(Niskanen et al., 1996),提高化石能源利用效率以减少碳排放成本为每天 100 美元(Dixon et al., 1993)。Dixon 等(1993)估算热带地区造林储存碳的成本为每天 6~60 美元,温带地区为每天 2~50 美元。利用森林的碳汇作用缓解 CO_2 浓度上升是世界公认的最经济有效的办法(陈根长,2005)。Landell Mills 等(张陆彪等,2004)对世界上 287 个森林环境服务交易案例分析得知,其中碳汇交易 75 例,生物多样性保护交易 72 例,流域保护交易 61 例,景观美化交易 51

例，其余28例为综合服务交易。国际环境与发展研究所2002年的一项调查显示，75例森林碳汇交易发生在27个国家中，这些交易广泛分布在拉丁美洲和加勒比海地区（32.0%）、欧洲（18.7%，包括俄罗斯）、亚太地区（17.3%）、北美（12.0%）、非洲（6.7%）、多国公司（10.7%）和国际机构（2.7%）。从交易参与者来看，国际性交易占80%，区域性交易占3%，国家性交易占8%，地方性交易占3%。

（二）森林碳汇交易市场正在迅猛发展

碳汇交易始于1992年联合国环境与发展大会签署的《联合国气候变化框架公约》（UNFCCC）。自1997年联合国气候变化框架公约第三次缔约国大会签署了《京都议定书》以来，碳汇交易快步、稳健发展。尽管交易中存在基线确定困难、交易成本高、交易风险大等种种问题，但碳汇交易为森林生态效益价值市场化提供了一条途径，解决了生态性森林建设管护活动中的资金问题。俄罗斯总统普京于2004年11月5日正式签字核准《京都议定书》，议定书于2005年2月自动生效，使森林碳汇服务的交易和市场化水平发展更加迅猛，碳汇服务交易形成了最具发展前景的森林环境服务市场。

（三）森林碳汇项目正在迅速增加

由于《京都议定书》确立的清洁发展机制（CDM）允许附件Ⅰ国家通过在发展中国家开展造林再造林碳汇项目，帮助其完成承诺的减限排任务，而发展中国家可以借助发达国家提供的资金和先进技术来促进本国经济的发展，因此许多发达国家和发展中国家借此机会迅速开展了相关的林业碳汇项目。1997年《京都议定书》签订后，CDM林业碳汇试点项目便全面开展起来了。荷兰电力委员会（SEP）在1992年创建森林CO_2吸收基金（forest absorbing CO_2 emissions，简称FACE），其中，在世界各地建立林业碳汇项目的总预算金额为1.8亿美元。其首项投资是马来西亚沙巴州的热带雨林的恢复项目，随后又在厄瓜多尔、捷克、荷兰和乌干达（Pedro，2001）等地开展了4项林业碳汇项目，以抵消其所属电厂的碳排放量。该项目的实施为当地创造了就业机会，带动了旅游业发展，降低了环境污染（IPCC，2001），带来了巨大的社会、经济和环境效益。到目前为止，亚洲、非洲、北美洲和南美洲的许多国家都开展了CDM林业碳汇项目（表1）。

表 1　CDM 林业碳汇项目开展情况①

国家 Country	林业碳汇项目 Forest carbon project	面积 Area /hm²	项目年限 Expected l if et ime/a	预计碳吸收量 Expected carbon/t	资助国 Investor
印度尼西亚 Indonesia	限伐减排 Reduced impact logging for carbon sequestration	600	40	—	美国 USA
俄罗斯 Russia	沃洛格达地区再造林 Reforest ation in Vologda	2 000	60	228 000	美国 USA
马来西亚 Malasia	INFAPRO 造林和森林恢复项目 Enrichment plant ing, restoration project	16 000	25	4 300 000	荷兰 Holland
阿根廷 Argent ina	里约伯慕州(Rio Bermejo)再造林 Reforest ation in Rio Bermejo	70 000	30	4 345 500	美国 America
巴西 Brazil	雨林种植 Rainforest plant ation	1 214	40	727 525	—
智利 Chile	SIF 碳吸收工程 SIF carbon sequestrat ion	7 000	51	385 280	美国 USA
墨西哥 Mexico	Scolel Te 农用林造林工程 Scolel Te agroforestry project	—	30	16 000 ~ 354 000	英国、法国 UK、France
乌干达 Uganda	国家公园森林恢复工程 Forest rehabilit ation in nat ional park	27 000	—	172 000	荷兰 Holland

①资料由世界资源所(WRI)和气候、能源和污染计划小组(CEP)提供 According to the correlat ion data that WRI and CEP offered.

(四)碳交易体系不断增加

随着《京都议定书》生效,保证碳交易顺利进行的交易体系和服务机构逐渐形成。2001 年和 2002 年,丹麦和英国分别引入国家减排单位的交易体系;2003 年 1 月,日本环境省宣布正式开展交易活动;澳大利亚、挪威等国家声称,将实施国家排放交易计划,允许公司和企业在其权限内共同实现京都承诺;2003 年 7 月,欧盟委员会计划在欧盟内部建立一个排放交易体系,它将基于欧盟的京都承诺对欧盟内部的企业和公司设定排放限额,并于 2005 年正式实施;另外,美国、加拿大和澳大利亚等国家出现了地方性交易体系,如美国芝加哥气候交易所和澳大利亚新南威尔士州温室气体减排计划。这些碳交易体系的形成和壮大,促进了碳汇交易市场的发展。

(五)森林碳汇服务机构出现

开发和实施林业 CDM 项目比普通的减排项目复杂,不仅要遵照繁琐的程序要求，还要证明其环境上的额外性和计算实际的减排量。而发展中国家的公司、企业和项目开发商缺乏这些方面的能力和经验，从而为深谙游戏规则的国际咨询公司提供了广阔的 CDM 包装市场。提供相关服务的一些国际咨询公司相继出现，如：ICF 咨询公司、生态证券公司（EcoSecurities Ltd.）、温洛克公司（Winrock International）、Ernst & Young 公司、ECOFYS 公司、E-conergy 公司、Factor Consulting + Management AG 公司等。目前实施的 CDM 项目绝大部分经过这些国际公司的包装。另外，为了使森林碳汇交易成本降低，FUNDECOR 组织将拥有小块土地的农民们组织起来进行集体申请，并帮助他们进行土地登记；据 2005 年 11 月 28 日《国际环境资讯电子报》报道，西班牙跨国能源公司 Endesa，21 日于巴西里约热内卢证券交易所正式启用碳信用交易，成为一家直接大量买进碳减排信用（ERCs）的公司；英国《经济学家》周刊 2004 年 10 月 9 日报道，欧盟正在兴起碳排放行业，已有几十家中小型咨询公司成立；一些大型会计师事务所正联合起来培训"碳会计师"，风险资本则大量投入到洁净能源方面；伦敦正在迅速崛起碳金融中心。它是"气候变化资本"的发祥地，那是第一家专门办理与碳有关业务的商业银行（以承兑汇票和发行证券为主要业务）。许多机构，如澳大利亚的新南威尔士州和世界银行的原型碳基金组织等，已经开展了国际性的森林碳信用交易。新南威尔士州的林业部门出售经认证的碳信用，同时允许卖方从人工林的木材销售中获得收益。另外，也有公司之间开展私人交易。例如，丰田汽车公司、日本三井株式会社和日本造纸工业有限公司共同成立了 1 个新公司——澳大利亚造林有限公司，由这个新公司种植和管理 5 000 公顷的桉树林。大部分投资资金由丰田汽车公司提供，并由丰田汽车公司保留碳信用，木材则卖给日本造纸公司。利润由 3 个公司分享。再例如，非营利机构 FACE 基金会已经在 5 个国家开展了 5 个项目，共涉及 13.5 万公顷森林，可固碳 8 200 万吨。

（六）国际上碳交易额正在增加

《京都议定书》生效后，碳信用交易迅速增加，发展中国家正成为主要的卖方市场。1996～2000 年，大部分碳交易主要发生在发达国家之间，尤其是美国和加拿大。但是，最近几年这种状况发生了很大改变，发展中国家对减排量的合同交易份额已经由 2001 年的 38% 上升到 2002 年的 60%，在 2003 年前 3 个季度达到 91%。据 Natsource 估计，1996～2001 年的交易量为 5 500 万吨 C，2001～2002 年 6 月交易量为 4 000 万吨 C。2003 年 1～11 月份交易量为 7 000 万吨 CO_2，2004 年 1~4 月为 6 400 万吨（GreenBiz，2004），其中，以项目为基础的交易数量占其总数的 95% 以上。2006 年 1 月 13 日每日经济新闻报道，欧盟内部 2005 年"减排信用额度"的交易额高达 50 亿美元以上。欧洲气候交易所称，一旦 CO_2 排放配额交易在期货期权市场展开，仅欧洲市场每年的交易规模就将达到 580 亿美元。据 2005 年 3 月 6 日人民网讯，2005 年国际碳交易市场的交易额达到 94 亿欧元（合 113 亿美元），比 2004 年的 3.8 亿欧元明显增高。据世界银行测算，全球 CO_2 交易的需求量在今后 5 年间预计为每年 7~13 亿吨 C，年交易额将高达 140~650 亿美元。

二、中国森林碳汇服务市场现状

（一）中国政府、研究机构和非政府组织非常关注森林碳汇服务市场的发展

1992 年 6 月 11 日中国政府签署了 UNFCCC，不久后公开发表了《中国环境与发展十大对策》。1998 年 5 月中国政府签署了《京都议定书》，成为第 37 个签约国，并于 2002 年 8 月正式核准了该议定书。1990 年中国政府就设立了国家气候变化协调小组。1998 年设立了国家气候变化对策协调小组。2003 年 10 月，新一届国家气候变化对策协调小组正式成立，由国家发改委牵头，协调小组的成员单位包括财政部、商务部、农业部、建设部、交通部、水利部、国家林业局、中国科学院、国家海洋局和中国民航总局，主要职责是讨论涉及气候变化领域的重大问题，协调各部门关于气候变化的政策和活动，组织对外谈判，对涉及气候变化的一般性跨部门问题进行决策，并由国家气候变化对策协调小组办公室负责执行或批准执行气候变化领域的国际合作项目。2003 年底，国家林业局成立了碳汇管理办公室。由国家林业局碳汇管理办公室主办，清华大学环境政策与管理中心和美国大自然保护协会承办的"中国碳汇网" 2005 年 12 月正式开通。中国政府还鼓励各种社会主体投资发展林业，可以是跨国、跨所有制、跨行业、跨地区的投资者。同时，2003 年至今，国家林业局、世界自然基金会、中国科学院农业政策研究中心、中国林业科学研究院等单位曾多次举行研讨会和培训班，针对在中国开展林业碳汇项目出现的相关问题进行研讨，针对林业碳汇项目申请的程序和方法等举办了多次培训班，以促进中国森林碳汇交易市场的发展。

（二）中国森林碳汇交易市场正在中国建立和发展

自从 2005 年中国首个与国际社会合作的碳汇项目——中国东北部敖汉

旗防治荒漠化青年造林项目的造林工程在敖汉旗完成后，在国家气候变化对策协调领导小组办公室的指导下，中国积极推进项目试点。在内蒙古，中国和意大利合作的治沙项目，已经将碳汇列为项目实施的重点并已经正式启动实施；在广西，正利用世界银行生物碳基金，准备实施造林再造林碳汇试点；云南、四川与保护国际和美国大自然保护协会等非政府组织合作，结合植被恢复和生物多样性保护实施了林业碳汇示范项目；在辽宁，中日防沙治沙试验林建设也正在探索与 CDM 结合；河北省正与荷兰 CDM 咨询公司探索建立碳汇项目。还有一些非公有制林业企业也正在积极探索与清洁发展机制项目相结合的途径。

（三）中国森林碳汇科研领域取得突破性进展，促进了森林碳汇服务市场的发展

国家林业局碳汇管理办公室积极与中国林业科学研究院、中国科学院地理研究所、清华大学、北京师范大学、北京林业大学等科研单位以及美国大自然保护协会、保护国际等非政府组织加强联系和合作，并组织人员进行了以下相关研究工作：在技术方面，研究林业碳汇项目相关的方法学问题，包括选点、基线方法学、监测、核实、认证等问题；在市场方面，研究国际碳市场现状，分析林业碳汇的市场份额和未来趋势；在政策方面，结合林业碳汇项目的实施，探索借助市场机制推进林业发展的政策机制；在区域方面，开展中国造林再造林碳汇项目优先区域的选择和评价，建立立地选择的基本程序；在标准方面，探索如何将气候变化、社区发展以及生物多样性保护等方面和国内造林项目以及 CDM 造林再造林项目结合起来；积极参与中国森林资源核算及纳入绿色 GDP 研究中有关森林固碳制氧的专题研究。据 2006 年 2 月 21 日中国绿色时报报道，2005 年，中国开展了清洁发展机制下造林再造林项目优先区域选择和评价的研究。这一研究由国家林业局碳汇管理办公室组织、国家林业局调查规划设计院实施。根据《京都议定书》及相关国际规则的要求，在组织专家研讨的基础上，确立了评价指标，并利用现有森林资源调查、生物多样性调查数据和遥感技术等手段，基本搞清了中国适合开展清洁发展机制下的造林再造林碳汇项目的优先区域和次优先区域。特别要指出的是，中国已获得全球第一个批准的 CDM 造林再造林碳汇项目的方法学。方法学问题是技术性很强的工作，以广西项目为依托开发的 CDM 造林再造林碳汇项目方法学不仅有助于促进中国 CDM 造林再造林碳汇项目的实施，对全球 CDM 造林再造林碳汇项目的推进具有重要贡献。

(四)一些林业公司的涌现,促进了中国森林碳汇服务市场的发展

通辽市活立木交易中心有限公司宜昌分公司,是中国第一家由政府支持、通辽市林业局监管,具有独立法人资格的活立木交易中心,是一家集造林、管护、生产为一体的实体公司,正着手进入碳汇市场。吉林森工、岳阳纸业等上市公司则以森林碳汇股份形式吸引社会资本,加强融资能力,投资林业,促进森林碳汇交易市场发展。

三、中国森林碳汇服务市场的潜力

根据现有规定,CDM 项目的实施需要合作双方国家政府部门的认可和保证,包括国家 CDM 项目活动运行规则和程序的确定、项目的审核批准,以及邀请经公约缔约方大会指定的独立经营实体对 CDM 项目进行合格性认定和减排量核实、证明等。因此,一个国家只有政治、经济环境稳定,才能够保证其 CDM 项目相关政策的连续性和稳定性,进而保障项目的顺利实施。特别是森林生长周期长,森林碳汇市场的顺利交易必须要有稳定的政策作保障。与其他亚洲国家相比,中国政治、经济环境稳定,具有实施 CDM 项目所需的稳定、可靠的社会制度保障。森林资源的所有制形式和经营模式也使在中国开展林业碳汇项目具有一定的竞争力。目前,中国的森林资源和林地所有制形式相对单一,主要为国有和集体所有两种形式,具有强有力和稳定的行政管理机构进行宏观调控和具体操作,便于实施规模造林、统一经营,减少项目实施过程中发生的交易成本和风险,因此,对碳汇项目的开展更具竞争力。

(一)中国森林表现为大气碳净吸收汇,森林发展空间大且固碳能力增长潜力大

20 世纪 90 年代以来,科学家对中国森林碳吸收情况进行了比较精确的计算,结果表明,中国森林表现为大气碳的净吸收汇(GEF 中国林业温室气体清单课题组,2003;Fang et al.,2001;李克让等,2003)。首先,中国发展森林的空间很大。第五次森林资源清查结果表明,中国目前的森林覆盖率为 18.21%。到 2010 年,中国将新增森林面积 3 668 万公顷,森林覆盖率达 20.3%。到 2020 年,新增森林面积 2 960 万公顷,森林覆盖率达 23.4%。到 2050 年,新增森林面积 4 696 万公顷,森林覆盖率达 28% 以上(中国可持续发展林业战略研究项目组,2003)。其次,中国目前实施的六大林业工程生态活动主要是人工造林、封山育林和飞播造林,这 3 种活动对大气碳储量的贡献最大(魏殿生,2003)(图1)。再次,中国正处于经济发展的高速增长期,对木材及其他林产品的需求量日益增加。只有大规模增加森林资源,才能满足木材需求。中国现有森林蓄积量、林木生长率、林分生产力等都还有一定的提升空间,且通过加大控制毁林力度,适当增加木材使用量以及通过一定技术措施,延长木材使用寿命等,都会增加中国森林的整体固碳能力。

(二)开展碳汇项目实现减排,既经济,又能吸引融资

首先,减少排放源是要减少能源和工业生产,或者进行技术改造以减少排放,这都要付出巨大的成本,对中国经济发展的阻力很大。而造林和再造林等措施增加吸收 CO_2 的汇则便宜得多,后者大约是前者的1.30(陈根长,2005)。由于劳动力成本低,在中国开展碳汇项目,在成本方面具备一定优势。其次,根据《京都议定书》中对碳汇项目实施要求,项目活动的资金和技术必须是额外于官方发展援助(ODA)和参与国政府计划的,因此对中国的林业发展而言,这是资金供给的一个补充,也是技术引进的一种途径。在项目推进的技术方面,中国经过过去20多年的造林活动,目前可供造林的土地多为立地条件较差的土地,特别是中国华北和西北的干旱和半干旱区、西南的干旱和干热河谷区以及石质山区,存在造林投资和技术瓶颈。因此需要引进发达国家的先进技术。再次是国际社会已经于2002年由世界银行通过一些发达国家的大型企业筹资建立了"生物碳基金",它允许造林和再造林项目申请者分阶段对项目进行准备和申报,以降低风险,这都能调动中国造林者的积极性。总之,同其他国家相比,在中国实施碳汇项目是具有一定优势的,中国森林碳汇服务市场具有较大的潜力。

四、中国发展森林碳汇服务市场存在的问题

(一)公众与环保非政府组织(NGO)关注全球气温上升,但其对促进森林碳汇交易市场发展作用不大

蔡志坚等(2005)在全国范围内做过一个抽样调查,公众对全球气温上升都很关注,超过60%的公众认为多少钱都不能赔偿由于气温上升而给他们带来的损失,但是,超过80%的公众表示自己既没有主动意识,更没有渠道参与到与自己利益相关的二氧化碳减排的公共事务之中。另外,中国目前虽然有2 000多个环保非政府组织(NGO),但是,大都处于自发、松散和各自为战的状态,他们多数徘徊在体制之外,徘徊在社会的边缘,缺乏表达意见的制度和渠道。实际上,应当从制度上或法律上将NGO纳入公共决策

渠道之中，甚至给予资助，充分发挥 NGO 的作用，是推动中国发展森林碳汇交易的重要途径，也是公众参与社会事务的直接方式。

（二）市场需求低、规模小，市场信息难以获得

由于中国森林碳汇市场关键参数还存在诸多不确定性，导致市场参与人数少，需求低，无法形成竞争价格。价格的非竞争性和可能存在的买方垄断导致目前的森林碳汇交易不能实现经济效率。由于森林碳汇服务产品独特的自然和经济属性，它的数量和质量信息都难以被市场参与者彻底掌握，往往造成信息的不完全和不对称。经济学认为，信息的可获得性是市场能否实现经济效率的重要影响因素之一。

（三）国际市场上的林业碳汇项目交易额太低，不利于中国经济的发展

目前，在国际碳排放交易市场（皆为非政府组织）资助的林业项目，每吨 CO_2 的交易额大约为 2 美元左右，只相当于工业项目的 1.20～1.10（李怒云等，2003）。这样不利于国际引进林业碳汇项目在我国的顺利开展。相比较而言，对于中国这样的发展中国家，更希望获得一些先进的工业生产技术和技改资金援助。目前，中国对于 CDM 项目的实施，主要是优先考虑引进先进的工业生产改造技术，获得较多外资无偿援助并促进工业升级换代，取得相对较大的效益，这不利于中国经济的发展。

（四）巨大的交易成本不利于中国碳汇交易市场的发展

森林碳汇服务对象可能是众多具有不同偏好和需求，且地理上分散偏远的小土地所有者或经营者，使交易成本较大。从理论上讲，与 CDM 工业和能源项目以及附件 I 国家的国内减排成本相比，CDM 的造林再造林碳汇项目尽管具有较低的碳减排成本，但在实际中可能产生巨大的交易成本，可能大幅度降低 CDM 造林再造林碳汇项目对投资者的吸引力，从而降低交易规模。

（五）供应方权益保障与产品的可持续提供问题

林权的清晰界定是交易森林碳汇服务的前提和基础。在森林碳汇交易市场中，碳信用产品供应的主体是林业经营者。但由于中国缺乏操作规范和交易平台，林地使用权和森林、林木所有权难以合理流转，林业经营者特别是非公有制主体的收益权没有保障，如承包经营合同得不到有效维护，林业税费负担过重，这不仅挤占了经营者的合理收益，也使得经营者缺乏动力，增大了投资回报的风险和投资者的心理障碍。

五、建议

虽然目前中国 CO_2 减排并没有明确的数量要求，参与国际间的 CO_2 减排指标交易的条件不很成熟。但是，从各国的经验来看，CO_2 排放指标交易是控制和降低 CO_2 排放量的有效方法。为了进一步促进国内"CO_2 排放权交易市场"的发展，提出以下建议：①森林碳汇交易是计划指导下的市场活动，为了规范市场行为、切实发挥森林碳汇交易对林业的补偿作用，应该逐步建立和完善各种资金使用的制度、法律以及监督机制，应当规范森林碳汇交易市场，并调动非政府组织的积极性，促进森林碳汇交易市场的发展；②国家制定、颁布和实施有关森林碳汇计量标准和进行碳汇交易的政策法规，发展森林碳汇交易市场，促进国内"二氧化碳排放权"交易；③建议运用法律机制协调森林资源的权属关系与流转关系，建立起完备的森林资源物权法律制度，使森林资源在顺畅流转的动态中实现森林碳汇交易顺利进行；④林业主管部门要加强培训，指导人们通过增加森林生物量，对现有森林导入长轮伐期经营，提高经营强度，减少森林采伐量，扩大速生人工林面积等方法增加森林碳汇，并达到可持续提供森林碳信用的目的；⑤加强宣传，使全社会关注森林在减缓温室效应中发挥的重要作用，使全社会了解森林在国家生态安全建设乃至全球生态安全中的重要作用。

参考文献

蔡志坚，华国栋. 2005. 对中国发展森林碳补偿贸易市场的相关问题探讨. 林业经济问题，25(2): 68-76

陈根长. 2003. 环境资源与社会经济发展的矛盾决定了林业的发展趋势和地位. 林业经济，(11): 25-26

陈根长. 2005. 林业的历史性转变与碳交换机制的建立. 林业经济问题，25(1): 3

GEF 中国林业温室气体清单课题组. 2003. 土地利用变化和林业温室气体计量方法. 造林绿化与气候变化：碳汇问题研究. 北京：中国林业出版社，123-164

李克让，王绍强，曹明奎. 2003. 中国植被和土壤碳储量. 中国科学，233(1): 72-80

李怒云，高均凯. 2003. 全球气候变化谈判中中国林业的立场及对策建议. 林业经济，5: 12-13

魏殿生. 2003. 加快新时期林业发展，应对全球变暖的挑战. 造林绿化与气候变化：碳汇问题研究. 北京：中国林业出版社，2-21

张陆彪，郑海霞. 2004. 流域生态服务市场的研究进展与形成机制. 环境保护，(12): 38-43

中国可持续发展林业战略研究项目组. 2003. 中国可持续发展林业战略研究总论. 北京：中国林业出版社，26-27

IPCC. 2001. Climate Change 2001: Mitigation. Cambridge: Cambridge Univeisit v Press

Dixon R K, Andrasko K J, Sussman F G, et al. 1993. Forest sect or carbon offset projects: Near. term opportunities to mit igate greenhouse gas emissions. Wat er Air and Soil Pollution, 70: 561 –577

Fang J Y, Chen A P, Peng C H, et al. 2001. Changes in forest biomass carbon storage in China between 1949 and 1998. Science, 292: 2320 –2322

GreenBiz C. 2004. 年全球温室气体排放权交易量大幅成长. [2004/6/10]. http://www.greenbiz.com.news.news.third.cfm? NewsID = 26814.

Niskanen A, Saastanrnoinen O, Rant ala T. 1996. Economic impacts of carbon sequestrat ion in reforestation: Examples from boreal and moist tropical conditions. Silva. Fennica, 30 (2/3): 269 –280

新西兰碳排放交易体系及其对我国的启示

肖 艳[1,2] 李晓雪[1]

(1. 中南林业科技大学经济学院;
2. 对外经济贸易大学中国世界贸易组织研究院)

一、研究背景

国际社会通过《京都议定书》和《马拉喀什协定》共同构建了为期 5 年 (2008~2012 年,即第一承诺期)的政府间温室气体排放交易体系。该体系涵盖了 37 个国家。2004 年,这些国家的整体排放量占全球排放的比例为 29%(Climate Analysis IndicatorsTool,2008)。各国可以通过联合履约(Joint-Implementation)和清洁发展机制(CleanDevelopment Mechanisms,简称 CDM)下的相关碳信用产品的交易履行自身减排承诺。国家间温室气体排放交易单位为分配数量单位(Assigned AmountUnits,简称 AAUs)。

2012 年,第一承诺期即将到期,根据联合国政府间气候变化专门委员会(Intergovernmental Panelon Climate)于 2011 年 12 月 3 日公布的报告[1],1990~2009 年,附件 I 国家整体温室气体排放不包含土地、土地利用变化和森林项目及含土地、土地利用变化和森林项目对温室气体的清除分别上升了 11.5% 和 17.6%。其中经济转型国家不包含土地、土地利用变化和森林项目及含土地、土地利用变化和森林项目对温室气体的清除比例分别下降了 41.4% 和 54.4%,非转型国家这两个比例分别上升了 2.1% 和 0.6%,即经济转型国家土地、土地利用变化和森林对温室气体的清除贡献为 13%,而非转型国家对温室气体的清除贡献为 1.5%。

1990 年新西兰温室气体排放为 5 910 万吨,2009 年增加到 7 160 万吨,近 20 年间增长了 19.4%。2009 年新西兰通过土地、土地利用变化和森林项目清除的温室气体达到了 2 670 万吨,相比 1990 年所清除的 2 350 万吨,增加了 320 万吨,即相对 1990 年,2009 年新西兰的土地、土地利用变化和森林项目对温室气体清除的贡献比例上升了 13.6%[2],可见森林项目对温室气体的清除作用不容小觑。

《京都议定书》规定，截至 2010 年，所有发达国家 CO_2 等 6 种温室气体的排放量，要比 1990 年减少 5.2%。各发达国家在第一承诺期必须完成的具体削减目标是：与 1990 年相比，欧盟削减 8%，美国削减 7%，日本削减 6%，加拿大削减 6%，东欧各国削减 5% ~ 8%。相对于以上国家的减排重任，新西兰、俄罗斯和乌克兰仅需将排放量稳定在 1990 年水平上即可履行其相应责任①。在应对全球气候变化的大背景下，全球碳排放交易市场的研究吸引了众多学者的关注。Zapfel 等[3]将建立全球统一的碳排放交易体系的方式分为两类，即自上而下型和自下而上型，前者是在《联合国气候变化框架公约》(United Nations Framework Convention on ClimateChange，简称 UNFC-CC)框架下通过多边谈判的方式建立，后者是通过各国及各地区的单边、双边及诸边合作的方式建立。Christian Flachsland 等[4]从环境管制的有效性、成本控制性和政策的可行性方面对比了以上两类建立全球碳排放交易市场体系方式的特点和差异，发现自上而下的方式较普遍，而且在环境管制的有效性上强于自下而上的方式。但是自下而上的方式很好地统一了国家和次国家间的交易行为，在整合了交易基准线和信用额度分配后，两种方式将得以高度统一。Robbie Andrew 等[5]采用投入-产出法计算了新西兰国内排放交易体系下各参与主体分摊的负担比例，结论是温室气体减排的成本中，有 44% 由本国生产商承担，28% 由本国消费者承担，27% 通过出口输入国际市场。James A. Lennox 等[6]按照一般均衡的方法，就新西兰以温室气体排放量为基础的免费配额发放方式对宏观经济的影响作了分析，评估发现随着销售排放配额的净收入的内循环效率提高，其对宏观经济的负面影响下降。本文以新西兰碳排放交易市场的框架为基础，分析减排体系中各要素间的联系，从而获得对我国碳排放交易市场的启示。

二、新西兰碳排放交易体系及其运行现状

新西兰的碳排放交易体系(Emissions Trading Scheme，简称 ETS)是新西兰政府为履行《京都议定书》相关承诺的一项国内制度性安排。其目的是以一种成本最低的方式确保新西兰减排责任的履行，同时促进国内企业和消费者行为模式的改变以减少温室气体的排放，鼓励清洁技术和可再生能源的投

---

① 见《京都议定书》附件 2。

资,以及扩大森林面积,加强清洁绿色品牌的国家形象建设[7]。

(一)碳排放交易体系的构造

(1)管理机构。经济发展部(the Ministry of Economic Development)是温室气体排放交易体系的管理机构。

(2)参与方以及纳入体系的时间框架。政府计划在2008~2015年的7年时间内,分步骤将国内所有部门全面纳入排放交易体系,其中包括林业、交通、渔业、电力、工业加工、除CO_2以外的其他气体排放、废物及农业部门(见表1[8])。2008年1月林业最先被纳入交易体系。

表1 新西兰各部门参与减排的时间框架

部门	自愿性报告截止日期	强制性报告截止日期	执行减排开始日期	是否赚取NZUs	是否缴纳NZUs	是否分配NZUs
林业			2008-01-01	√	√	√
交通		2010-01-01	2010-07-01		√	
渔业		2010-01-01	2010-07-01			√
电力		2010-01-01	2010-07-01		√	
工业加工		2010-01-01	2010-07-01		√	√
除CO_2以外的其他气体排放	2011-01-01	2012-01-01	2013-01-01			
废物	2011-01-01	2012-01-01	2013-01-01			
农业	2011-01-01	2012-01-01	2015-01-01		√	√

注:NZUs(New Zealand Units)是新西兰排放单位。1单位NZUs相当于向大气排放或从大气中清除1t CO_2当量的温室气体,同时等价于1单位的AAUs。

(3)交易单位及价格。新西兰经济发展部同时也负责新西兰排放单位NZUs的分配和回收。所有参与方均拥有独立账户,交易记录保存于新西兰排放注册系统 NZEUR (New Zealand Emission UnitRegistry, http://www.eur.govt.nz)。

(4)交易机制。被纳入排放交易体系的参与方必须如实上报温室气体的排放量或对温室气体的清除量,对排放或清除行为分别上缴或获得相应的NZUs。为缓解由于减排所带来的企业成本增加的压力,政府根据企业的特征和抗影响力的强弱预先分配部分的免费排放配额NZUs。NZUs具有抵减、交易和储存的功能[9]。

(5)过渡期安排。2008~2012年为过渡期,每单位NZUs的法定交易价格固定为25NZs/吨。对于固体燃料类、工业生产类和液体化石燃料类企业,每排放2吨CO_2则仅需上缴1单位NZUs,即在过渡期该类参与方的排放成本为 12.5 NZ \$/t[10]。过渡期结束后，政府将取消对各类企业的优惠，交易价格将由国内外市场共同决定。

（二）运行现状

截至 2011 年 6 月，减排交易体系的强制参与方有 96 家，自愿参与方达到 1 216 家（见表 2）。2010 年，碳排放交易市场的交易规模达到 830 万美元（见表 3）。2010 年新西兰的实际温室气体排放量为 1 630 万吨，政府发放免费配额 470 万吨，即相当于实际整体排放需求量的 28.8%。作为高能耗及高排放行业的铁、钢和铝制造业，以及对出口成本影响较大的纸浆、卫生纸、工业包装纸、新闻纸和纸板制造业所获得的免费排放配额分别占到了 41% 和 24%（见表 4）。

表 2　新西兰排放交易体系中强制和自愿参与方注册数

强制类		自愿类	
企业类型	参与方注册数量	企业类型	参与方注册数量
1990 年前森林出现毁林的参与方	3	1989 年后森林所有权参与方	1 159
燃料供应	5	1989 年后林地所有方	36
煤炭进口	3	1989 年后森林租赁方	11
煤炭开采	18	配件生产商	1
天然气进口	2	航空油料采购商	4
天然气开采	41	天然气采购商	3
地热利用	10	煤采购商	2
使用废油、轮胎或废物燃烧	4	合计	1 216
钢铁冶炼	2		
铝业生产	1		
熟料或石灰生产	5		
玻璃制造	2		
合计	96		

注：表中数据来自参考文献[11]。

表 3　2010 年各部门上缴 NZUs 情况

	交通运输	能源和工业	林业	合计
所上缴部分的比例/%	48	49	3	100
交易金额/万美元	401.9	408.3	19.8	830

注：表中数据来自参考文献[11]。

表4 2010年新西兰政府免费NZUs的分配情况

序号	行业	比例/%	排放配额/万t
1	铁、钢和铝制造业	41	192.7
2	水泥产品及烧石灰	15	70.5
3	纸浆、卫生纸、工业包装纸、新闻纸和纸板制造业	24	112.8
4	甲醇、乙醇和过氧化氢生产	9	42.3
5	氨、尿素、烧碱、玻璃容器与明胶生产	7	32.9
6	西红柿、辣椒、黄瓜和玫瑰切花生产	1	4.7
7	肉类加工	2	9.4
8	粘土砖及实地砖生产	<1	<4.7
9	再生木板	1	4.7
	合　计	100	470.0

注：表中数据来自参考文献[11]。

三、新西兰碳排放交易体系的特点

新西兰最先将森林纳入减排交易体系，这体现了该国对森林生态经济综合效应的高度认可和重视。自1990～2010年的20年间，新西兰的森林面积经历了逐步上升后有所下降的过程：1990年森林面积为772万公顷；2000年升至826.6万公顷；2005年继续上升至831.1万公顷；2010年下降到826.9万公顷[12]，占国土面积的31%。其中天然林面积达214.4万公顷，占森林面积的26%；人工林面积为612.5万公顷，占森林面积的74%。面对全球气候变化的压力，新西兰政府结合实际开展了以森林碳汇为唯一供应源的碳排放交易体系建设。

(1)森林碳汇计量的简洁性设计降低了交易成本。森林碳汇计算一直被认为是森林碳汇市场建设的技术性障碍。新西兰森林碳汇计算方便且实用。首先，政府协助森林所有权人完成林地地理位置及边界的数字化绘图工作，使基础信息库得以完备。其次，通过新西兰森林碳汇交易注册界面NZEUR进行简单的相关变量数据的输入。中小面积的森林所有权人可快速地获得其森林碳汇及收益数据。对于超过100公顷的林地，农林部强制使用实地人工采样的方法量化森林碳汇，同时提供了Field Measurement Approach(简称FMA)的方法[13]。为降低大面积森林所有权人的交易成本，并简化交易手续，政府已经着手在积累大面积林地测量信息的基础上，建立起针对大面积森林碳汇计算的参照系数和相应计算公式，使大面积森林碳汇量化更简洁。

(2)取消森林碳信用指标发放上限,提高了森林维护收益的可预见性。新西兰政府规定免费碳排放总配额,分配计划需要预先提交国会讨论通过方能实行。除林业外,其他部门获得的免费碳排放配额均不可能满足企业的需求,企业无疑需要努力降低其温室气体的排放,即降低对排放配额的需求或者增加对排放配额的购买。但森林碳信用指标的发放不受分配方案的制约,在制度上确保了森林项目参与方通过提高森林减排效率从而获得更多碳信用指标的可能性;同时,也意味着森林碳信用指标发放未设定上限,只要符合条件的森林项目均可获得相应的碳信用指标。这极大地增强了所有权人为获得森林碳信用指标而造林,以及进行森林维护的商业收益的可预见性。

(3)国内与国际碳排放交易市场的紧密融合发挥了新西兰碳排放交易体系中森林碳汇的优势。在2010年的新西兰碳排放交易市场上,森林类NZUs的交易比重达到64%(见表5[11]),远高于其他类型碳排放交易产品[14]。由于新西兰NZUs是以国家信用为基础,故其交易信用普遍为国际社会所接受。尽管目前新西兰政府只允许森林类NZUs参与国际市场的交换,但是过渡期结束后,各类NZUs均可参与国际市场交易,这显示出新西兰对NZUs参与国际市场交易的信心。由于新西兰森林资源相对丰富,森林碳汇率先参与国际碳排放交易的安排充分发挥了新西兰在森林碳汇资源上的国际竞争优势[15]。

表5 2010年新西兰碳排放交易市场产品类型及占比

交易方式	交易金额/美元	比例/%
森林NZUs	5 314 161	64.00
其他NZUs	2 556 141	30.73
新西兰AAUs	262 883	3.17
核证减排量CERs	133 150	1.65
按固定价格(25NZ $/t)从政府购买	37 325	0.45
合计	8 303 660	100

注:核证减排量CERs(Certified Emission Reduction)是CDM项目下允许发达国家与发展中国家联合开展的CO_2等温室气体核证减排量。

(4)减排过渡期的设计安排为国内产业调适预留了时间和空间。对于温室气体排放密集型行业及主导性出口部门,新西兰政府针对其可能产生的成本增加,给予了差别对待考虑。对于高强度排放方(排放量高于1 600t/100万销售收入),按照其基期[16](各部门1995~2005年年均排放水平)排放量的90%发放排放配额;中等强度排放方(排放量高于800 t/100万销售收入)则按照其基期的60%发放配额。过渡期结束时,工业领域排放配额数量将减半,自2013年起按照每年削减1.3%的比例,逐步削减免费配额数量,直到政府的免费NZUs发放安排完全退出[17],以确保在过渡期结束后工业企业完成适应和过渡,达到改进排放技术、优化能源消耗结构、内部化减排成本的目的,使企业在应对温室气体减排中,获得能源使用效率的提升及环境综合贡献度的提高,从而增强其综合实力。

(5)农业减排的纳入将进一步增强造林和森林维护的效果。2009年新西兰温室气体排放最大的部门是农业,达到3 280万吨,占该年度整体温室气体排放量的46.5%,主要排放气体为CH_4和N_2O;其次,工业部门(主要包含电力和交通两部分)排放量达到3 140万吨,占44.4%,主要排放气体为CO_2;工业加工过程中的温室气体排放、所生成废物及使用溶剂等部分的排放量分别为430万吨(占6.2%)、200万吨(占2.9%)和3万吨(占0.04%)[18]。由于新西兰的农业高排放特征及农业和林业用地的竞争性特征,使得造林及森林维护与农业生产能力扩大之间存在必然的分歧。农业温室气体减排和森林碳汇增加是新西兰政府的两大目标,既可保持新西兰的乳制品出口竞争力,又可创造国内良好的生态环境。在确保了森林所有权人收益的确定性、可预见性和稳定性的同时,对增加造林和改善森林维护的效力将显著提升[2]。

(6)分步骤将各部门纳入排放交易体系有利于提高评估制度的绩效。循序渐进地将各部门纳入减排体系,易于在相互干扰较小的前提下对各部门的减排效应进行评估,便于政府更准确地测度减排制度对各企业的影响,避免了同时将所有经济部门纳入减排体系对整体经济的过度冲击;有利于衡量政策对各部门的影响程度,以便进行迅速修订,即实现了体系的适时不断更新和完善。新西兰农牧业是经济的主要支柱,其温室气体排放的大类除CO_2外即为CH_4,全面的产业监控设计,增加了全社会参与减排的意识。又由于新西兰免费排放指标的分配采用年度计划的方式,这有利于随时根据情况调整分配方案,从而最大限度地保证政策对产业调适的引导和扶持作用。

(7)充分挖掘森林碳汇功能,降低政府的财政负担。2009年,新西兰森林体系吸收了全年温室气体排放的近1/4(即1 730万吨)。在《京都议定书》第一承诺期中,新西兰所分配的排放指标为3 096万吨,而估计1989年后森林的净吸收部分可达8 930万吨。该数字意味着新西兰1989年后森林在第一承诺期所吸收的量完全可抵减1990年来新西兰的温室气体排放量[19]。在过渡期结束后，对特定排放企业的优惠安排全面取消，则新西兰政府在工业领域的财政负担将几乎为零。如果政府按照25NZ＄/t的价格发放NZUs，则第一承诺期间森林碳汇财政支出约为14.6亿NZ＄，相当于新西兰政府在第一承诺期间财政支出的5%，计算过程为(8 930 - 3 096)×10 000×25 = 1 458 500 000 NZ＄。

（8）森林碳汇纳入市场交易的制度安排既契合了国际规则，又实现了森林的可持续发展。由于《京都议定书》规定了1990年前森林产生的碳汇不可以用作抵减国家温室气体减排义务，故新西兰将森林分为1990年前[①]和1990年后[②]两类，对其碳汇进行区别量化。

第一，1990年前的天然林未被纳入减排体系，而人工林受到采伐约束。1990年前的天然林不能获得碳信用分配指标，即该类天然林未被纳入减排体系，原因是其森林碳汇已经处于稳定状况，且受到多部相关森林保护法规的管辖，例如《资源管理法案》(Resource Management Act)、《森林协议法案》(the Forest Accord)、《1949森林法案》(the ForestsAct 1949)，其遭毁林的风险相对较低。对于1990年前的人工林，政府规定在第一承诺期的5年内，森林所有权人将会因为毁林或将林地转化用途的面积超过2公顷（如改为农业用地），被强制纳入减排体系并向政府上缴相应的碳信用指标。对于1990年前的森林，所有权人可以在两种状况下申请毁林的责任免除：树种清除或到2007年9月1日所有权人拥有的林地面积不低于50公顷[20]。针对1990年前的森林，由于其林地使用灵活性的下降所导致经营林地的相关收益下降，所有权人提出申请，可从政府获得NZUs作为一次性补偿。

第二，1990年后的天然林和人工林可自愿加入减排体系获得碳信用指标，即无论森林是何种类型，其在减排体系下的待遇一致，从2013年开始可获得政府碳信用额度的分配。森林所有权人可自愿部分或全部地将森林加入减排系统，森林所有权人因森林碳汇的净增加获得相应的NZUs，但如果森林碳汇下降（由于砍伐森林和火灾），则必须向政府上缴相应的NZUs。

---

① "1990年前"指截至1989年12月31日已经是林地，且到2007年12月31日仍保有森林的地区。
② "1990年后"指截至1989年12月31日仍然是非林地，或者在1989年12月31日已是林地，但在1990年1月1日到2007年12月31日期间出现了毁林现象。

四、启示

新西兰将森林纳入减排体系对延缓毁林的作用初步显现,据新西兰农林业部(Ministry of Agriculture and Forestry,简称 MAF)发布的《2009 毁林情况报告》显示,如果新西兰未将森林纳入排放体系,则估计 2009 年的毁林面积为 7 000 公顷,而由于森林被纳入减排体系使得毁林面积下降至 3 500 公顷。随着时间推移,该减排设计体系的效果将进一步显现,预计 2013~2020 年毁林面积为 17 000 公顷(年均 2 400 公顷),而未纳入排放体系的话该数字将达到 63 000 公顷(年均 9 000 公顷)[21]。虽然在全球减排体系中,我国暂时未承担强制减排的国际义务,但是在《京都议定书》第二承诺期结束后,国际社会对我国承担温室气体减排的呼声将进一步加大,我国经济发展方式的转变也日益需要建立减排的制度性约束环境。因此,借鉴其他国家的成功经验,对建立符合我国国情的碳排放交易市场,同时确保既定发展目标的实现尤显重要。

第一,加快碳排放交易市场建设,促进我国产业低碳竞争力的提升。一是把握低碳革命的机遇,创建我国低碳型社会。2011 年德班会议取得了一项重要成果,即深入讨论了 2020 年后进一步加强《联合国气候变化框架公约》的实施,并明确了相关进程,向国际碳排放交易市场发出了积极信号。当前的低碳革命是一种刚性约束下的革命,有很强的"倒逼"机制,我国能否抓住低碳革命的机遇是建设低碳型社会的推力所在。二是构建强制和自愿碳排放交易市场并存的格局,自愿交易市场的功能逐渐退出,强制市场日益完善。目前,北京、天津、上海三大产权交易所已开展了自愿减排碳交易试点工作。2011 年,北京、广东、上海、天津、重庆、湖北和深圳 7 省市被确定为首批碳排放交易试点省市,2013 年将在以上区域全面启动总量限制碳排放交易。我国自愿和强制减排市场并存格局将初步形成,两大市场的培育将因参与人类型、交易产品的质量或交易规模的差异而呈现出各自的特征。市场将为满足不同参与者的需求得以完善,同时随着强制交易市场的成熟,自愿交易市场将逐步退出或转化为纯公益性机构。在此过程中两个市场呈现出相互促进、协调发展的格局。三是结合产业发展规划,将高耗能、高污染产业陆续纳入强制减排体系。我国现已成为各类资源的消耗大国,温室气体的排放将在 2020 年达到峰值。而国家产业竞争优势不仅基于技术领先产业的超前发展带动全产业的进步,而且较低的温室气体排放及高效的能源利用效率又是低碳理念下产业竞争力的核心因素。国家层面的碳排放交易市场的建设和完善将有利于借助减排体系的设计，引导我国产业的低碳化演进。四是设立减排过渡期以满足产业的适应性调整。对能源消费增长偏快的高耗能、高排放行业进行监控，在确保产业发展所必需的排放空间的前提下，政府从制度层面的设计适度降低其减排成本的压力，为其适应减排创造时间，从而"倒逼"我国企业低碳竞争力的提升。

第二，建设以工业反哺林业的生态反哺机制，促进森林综合生态效益的提升。一是确立以森林作为减排体系中唯一的供应源的减排设计安排。由于一直以来工业反哺农业实施过程的复杂性，当前政府应适度降低政策的目标，简化实施方式，将大农业的范围适度缩小，以林业作为工业反哺的对象，从而确保反哺资源的集中使用和实施效果。由于林木生长过程的长期性及林业生产的相对稳定性，将森林碳汇作为森林培育和维护的主要收益来源，促进林农的实际收入增长与经济增长水平相当，基于可预见的收益安排，将极大激发林农的造林和森林维护的积极性，对于我国森林综合生态效益的提升将具有重大意义。二是建立林业反哺森林资源培育的机制。在林权制度改革时，预留社会保障基金作为林农社会保障的一部分以解决其后顾之忧；在发展林业的同时，增加林业资源，增加林农收入，提高林农的生活水平；在生态建设时，应加大生态公益建设，增加森林覆盖率，改善环境质量；加大对苗木、良种推广、水利、喷滴灌、大棚设施、农机具的补贴以提升我国森林培育的能力。三是大力加强林区公共设施建设、生产设施和集体经济的投入。按照城乡一体化的要求规划好林区、农区、生活区，保护好林区环境；大力发展优质高产高效特色林业，增加林农收入，促进林农致富；推进城镇化建设的同时，注意缩小林区与非林区的差别，提高林农的生活质量；国家财政要顾及到林区的公共设施建设，加大对林区生产设施投资，促进林区特色休闲经济的发展，实现林区生态环境效益和经济效益的同步提升。

第三，建设全社会普遍参与、高度统一、协调一致并相互融通的碳排放交易系统。一是规划设计能与其他国家或国际碳排放交易市场相融通的减排体系。结合我国长期减排目标，分析研究其他国家减排交易市场的设计特点，研究全球减排交易体系的发展趋势，针对我国的实际情况，规划设计有中国特色的减排交易体系，同时争取实现与其他国家或地区交易体系的融通，减少因体系设计上的缺陷所可能导致的机会成本和交易风险的上升，维护交易体系的完整性、可持续发展性和稳定性。二是限制减排交易机构的盲目扩张，尽快整合资源，建立高度融合、协调统一的交易体系。目前国内成立的环境产权交易机构已达到12家，加上一些地市成立的排污权交易中心、京沪交易所在其他省区建立的分所、各地产权交易所内设立的排污权交易部门，运作环境产权交易平台的机构达到20多家。碳排放交易市场过度分散不利于未来碳排放交易市场的整合，无法实现其资金融通和风险规避功能。良好的市场规划将降低未来市场间整合的制度障碍。三是从技术层面上解决森林参与碳排放交易的技术障碍。国家林业局林业碳汇计量监测中心的建立、森林碳汇测定和核查的新方法学的诞生、《中国温室气体自愿减排交易活动管理办法（暂行）》（已进入审批程序）等制度性安排将使得森林参与交易的技术障碍最小化，为森林参与减排创造了良好的条件。最后，充分挖掘我国森林碳汇的功能，正确评估国家财政在实施过程中的负担情况，解决可能的资金缺口，从而为碳排放交易市场的顺利推进创造条件。

解决森林碳汇测量的基准线问题更是当前的关键，故组建精干力量迅速完善森林碳汇基础数据的信息化采集、监控和更新的体系建设迫在眉睫。

参考文献

[1] UNFCCC. National greenhouse gas inventory data for the period 1990 – 2009[R]. Durban：Subsidiary body for implementation thirty-fifth session, 2011.

[2] Minstry for the Environment. New Zealand's greenhouse gas inventory 1990 – 2009：questions and answers[EB/OL]. (2011-04-01)[2011-10-20]. http://www.mfe.govt.nz/publications/climate/greenhouse-gas-inventory-2011/index.html.

[3] ZAPFEL P, VAINIO M. Pathways to European greenhouse gas emissions trading history and misconceptions [R]. Milan：Fondazione Eni Enrico Mattei (FEEM) Working Paper No. 85, 2002.

[4] CHRISTIAN F, ROBERT M, OTTMAR E. Global trading versus linking：architectures for international emissions trading[J]. Energy Policy, 2009(5)：1637 – 1647.

[5] ROBBIE A, VICKY F. A three-perspective view of greenhouse gas emission responsibilities in New Zealand [J]. Ecological Economics, 2008(12)：194 – 204.

[6] JAMES A L, RENGER V N. Output-based allocations and revenue recycling：implications for the New Zealand emissions trading scheme [J]. Energy Policy, 2010(12)：7861 – 7872.

[7] OTT H, STERK W, WATANABE R. The Bali roadmap：new horizons for global climate policy [J]. Climate Policy, 2008(1)：91 – 95.

[8] Emissions Trading Scheme Review Panel. Emission trading scheme review 2011[EB/OL].

(2011-03-11)[2011-10-01]. http://climatechange.govt.nz/emissions-trading-scheme/ets-review-2011/issues-statement.pdf.

[9] Minstry of Agriculture and Forestry. Guide to preparing and submitting an emissions return[EB/OL].(2011-10-01)[2011-12-20]. http://www.eur.govt.nz/how-to/guides-hmtl/emissionsreporting-guides-seip-and-lff-sectors.

[10] Minstry of Agriculture and Forestry. A guide to forestry in the emissions trading scheme [EB/OL].(2011-10-01)[2011-12-20]. http://www.pfolsen.com/nz/src/ETSGuide.pdf.

[11] Ministry for the Environment. Report on the New Zealand emissions trading scheme[EB/OL].(2011-10-01)[2011-10-20]. http://www.climatechange.govt.nz/emissions-tradingscheme/building/reports/ets-report/ets-report-final.pdf.

[12] Forest cover 2010 [EB/OL].(2011-10-01)[2011-10-20]. http://rainforests.mongabay.com/deforestation/2000/New_Zealand.htm.

[13] Ministry for the Environment. Doing New Zealand's fair share emissions trading scheme review 2011 final report [EB/OL].(2011-06-30)[2011-10-20]. http://www.climatechange.govt.nz/emissions-trading-scheme/ets-review-2011/review-report.pdf.

[14] LENNOX J A, ANDREW R, FORGIE V. Price effects of an emissions trading scheme in New Zealand[EB/OL].(2011-10-01)[2011-10-30]. http://ageconsearch.umn.edu/bitstream/6678/2/cp08le01.pdf.

[15] LARKE M. Creating space for private sector financing in forestryremoving constraints to investment: a New Zealand case study [EB/OL].(2011-06-30)[2011-10-20]. http://www.indiaenvironmentportal.org.in/files/growing%20gree%20asset%20-%202.pdf.

[16] Climate Change(Eligible Industrial Activities) Regulations 2010 [EB/OL].(2012-05-08)[2011-11-30]. http://www.climatechange.govt.nz/emissions-trading-scheme/participating/industry/allocation/eligible-activities/.

[17] Ministry of Agriculture and Forestry. Afforestation grant scheme [EB/OL].(2011-10-01)[2011-10-20]. http://www.arc.govt.nz/environment/funding-awards/afforestation-grant-scheme/afforestation-grant-scheme_home.cfm.

[18] REHDANZ K, TOL R. Unilateral regulation of bilateral trade in greenhouse gas emission permits[J]. Ecological Economics, 2005(12): 397 – 416.

[19] PHILIBERT C. How could emissions trading benefit developing countries? [J]. Energy Policy, 2000(5): 947 – 956.

[20] KERR S, SWEET A. Inclusion of agriculture in a domestic emissions trading scheme: New Zealand's experience to date [J]. Farm Policy Journal, 2008(11): 1 – 11.

[21] SAUNDERS C, WREFORD A, CAGATAY S. Trade liberalisation and greenhouse gas emissions: the case of dairying in the European Union and New Zealand[J]. The Australian Journal of Agricultural and Resource Economics, 2006(4): 538 – 555.

林业碳汇交易可借鉴的国际经验

陆霁[1] 张颖[1] 李怒云[2]

(1. 北京林业大学经济管理学院,北京 100083;2. 国家林业局造林司,北京 100714)

随着全球气候变化对社会经济发展的影响日益加剧,减少温室气体(下称 GHG)排放和降低大气中的 GHG 浓度,成为国际社会共同关注的热点问题。通过林业碳汇应对气候变化,不仅可有效降低 GHG 浓度,还能带来经济效益和社会效益,特别是对农村扶贫解困、改善生态环境、保护生物多样性等具有不可替代的作用。因此,林业碳汇项目受到国际社会的高度关注,也为建设生态文明、促进现代林业发展提供了更广阔的空间。当前,把林业碳汇纳入碳交易市场,通过市场机制促进碳汇林业发展,成为世界各国正在研究和试点的前沿课题。加拿大太平洋碳信托基金(Pacific Carbon Trust,下称 PCT)率先开展的探索与实践,为我们提供了有益的启示。它山之石,可以攻玉,其经验可供我们借鉴。

一、PCT 的运作模式及林业碳汇项目

(一)PCT 的基本运作模式

PCT 成立于 2008 年 3 月,位于英属哥伦比亚省(下称 BC 省),是一家由 BC 省政府控股、从事碳权交易的国有企业,其主要业务是提供基于 BC 省内项目产生碳权的交易平台,旨在帮助本省各类客户实现碳减排目标,并促进低碳产业的发展。

PCT 由六名董事组成的董事会进行管理,向本省财政部长负责。它不仅要遵循 BC 省国有企业管理制度,也要遵守 BC 省对公共部门管理的基本准则。

PCT 的主要业务有三项:战略收购、商业发展和市场运营,并分别设立战略收购部、商业发展部、市场运营部等三个部门。战略收购部与项目开发商和供应商合作,向其购买碳权,同时提供专业技术支持,按规定核证项目计划,并提出特定的投资战略以购买合格的碳权指标。商业发展部负责营销

和信息沟通，与供应商、客户及其他有兴趣的各方建立良好关系，开展培训及跨行业部门的宣传活动。市场运营部负责内部商业计划的规划和战略指导。为帮助BC省各公共部门实现碳中和目标，PCT实施了一系列能源替代和碳汇项目，不仅推广了清洁能源新技术，也促进了林业碳汇发展，PCT还把所购买的碳权指标出售给公共部门，以抵减其所需要的碳减排量。同时，PCT还"为市场提供一个新的、促进绿色经济发展的投资渠道"。

从2008年起，BC省政府向PCT提供了总额为2 100万加元的投资，以支持其开展业务。2010年，BC省政府宣布其公共部门实现了碳中和，成为北美各省及各州中第一个实现此目标的行政区。为实现这一目标，BC省所属公共部门共花费1 820万加元，向PCT购买了73万吨碳权。

(二)PCT的碳权及林业碳汇项目

1. PCT经营的碳权

PCT经营的碳权源自三类项目，即提高能效项目、使用可再生能源项目和林业碳汇项目。这些项目分布在以温哥华为中心的全省各地，其中林业碳汇项目占60%，提高能效项目占20%，使用可再生能源的能源替代项目占20%。

为了使买卖的碳权符合BC省的相关规定，PCT制定了项目指南和项目开发规则及要求。在项目开始前，要求项目开发商根据《BC省碳权交易条例》(下称《条例》)进行四项检查：①项目起始日(基线)必须是2007年11月29日之后；②所产生的碳权必须在BC省内；③项目开发商必须对项目产生的碳权有清晰的产权或者可以顺利获得该产权；④用于碳中和的碳权不能是水力发电项目，因为其不具有额外性，不适用于碳权。

在完全满足上述四个条件的前提下，项目开发商还需检查自己的项目是否符合《条例》的六条标准：

(1)范围：GHG减排必须来自BC省内的碳源，其中包括森林碳汇。符合要求的只有《京都议定书》认定的六种GHG，并且以二氧化碳当量(CO_{2-e})计算。

(2)基线要求：项目实施必须与《条例》规定保持一致，而且减排量必须可测量、可报告、可核查。

(3)方法学：项目开发商必须提供相应的方法学，以阐明减排量如何计算以及每年项目减排量的计算公式。

(4)额外性：与无需实施项目也可产生的减排量进行比较，项目实施必须具有经济、技术等额外性,以确保项目所获减排量是额外增量。

(5)核证:独立第三方必须依照《条例》规定对项目计划进行审核,并对项目报告进行核证。

(6)排他性:减排量只有在没有用于其他碳中和用途时,才是有效的碳权,即不能重复计算。

2. 林业碳汇项目

(1)项目类型。PCT购买的来自林业碳汇项目的碳权,除了满足以上《条例》的规定外,还要按照《BC省森林碳权议定书》(the Protocol for the Creation of Forest CarbonOffsets in BC,简称FCOP)实施项目。具体项目类型包括:造林、再造林、改善森林管理和减少毁林项目。

(2)项目合格性要求。根据FCOP,所有合格的林业项目应满足以下条件:

①合法。项目必须遵守各种适用的土地和森林管理法规。②树种质量。所申报项目必须使用具有遗传多样性的高产树种,或者是达到BC省林业《树种选择标准》的要求,包括不得使用转基因树种。③碳库选择。在确定项目分类、适用性和区域划定后,项目申请人必须明确受该项目影响的碳源、碳汇和碳库(简称SSPs),以计算GHG的净排放量。FCOP采用一套以生命周期评估为基础的统计方法。该方法既考虑实地SSPs,也考虑项目上下游相关的SSPs,包括持续发生以及一次性发生的SSPs。FCOP开发的这一项目模式,可以将项目关键活动和项目流程SSPs的物质及所耗能源计算清楚(见表1)。

表1 项目碳源/碳汇和碳库

上游相关SSPs	现场对照SSPs				下游相关SSPs
建材生产	森林碳库		木质林产品碳库	化石燃料燃烧—交通工具和设备	采伐后木材运输
交通工具和设备生产	活生物量				采伐后木材加工
化石燃料生产	活立木	灌木及林下草本层	活根	采伐后在用的木质产品	生物量燃烧	采伐后木材燃烧
化肥生产	死生物量			使用化肥的排放	采伐后木质产品和残余物处置/回收
其他正在进行的投入品生产	死立木	倒的死木	林地覆被物	采伐后丢弃的木质产品	森林火灾的排放	采伐后木质产品和残余物厌氧分解

(续)

上游相关SSPs	现场对照SSPs	下游相关SSPs
材料、设备、投入品和人员的运送(离项目地点或者到项目地点)	土壤	
受影响的SSPS/泄露	项目边界外受项目活动间接影响的森林碳汇和木质产品池	项目边界外受项目活动间接影响的排放

SSPs来源：《BC省森林碳权议定书》。

在表1基础上进一步制定的详细规定，可以明确前述所有合格项目类型的SSPs。

(3)项目额外性要求。额外性是项目产生有效碳权的必要条件。在BC省只有当实施项目存在可证实的资金、技术或其他符合额外性要求的情况存在，且项目实施后可产生符合碳权要求的GHG减排量，额外性才得以成立。

符合资金额外性的情况主要包括：①即使将现有的政府气候变化激励政策考虑在内，项目也不盈利；②所申报项目的经济收益低于项目方现有的内部投资收益率；③所申报项目的吸引力低于可行的替代项目；④项目方获得资金有困难。

符合非资金额外性的情况主要是技术性问题或其他问题。项目方必须清楚说明即便获得的是非资金激励，但碳权带来的这些激励至少有助于克服已明确的下列情况。主要包括：

①技术额外性。所申报项目含有项目方未用过或不便使用的技术方法。所以，即使项目是有收益的，项目方通常也不会实施。然而，产生碳权所带来的非资金利益，比如体现了企业的环保责任等，对项目方和利益相关者是有价值的。这些非资金利益使项目方决定继续实施项目。②供应链额外性。源于供应链的问题使项目无法获利。由于环境友好型项目符合PCT或政府的可持续发展及社会责任目标，产生碳权的能力可以使PCT和当地政府部门与项目方一起解决供应链问题。③法律额外性。所申报项目实施中遇到法律问题，使项目实施遇到困难。但是，由于项目具有产生碳权的潜力，这有助于说服政府管理者与项目方合作，对法律规定进行调整以允许项目进行。

从以上分析可以看出，PCT在经营林业碳汇项目以获得有效碳权时是严格遵循BC省所制定的项目实施标准的。只有这些符合科学方法学的标准才能使PCT获得所需要的高质量碳权。

二、PCT运作模式存在的问题

（一）信息不对称和逆向选择问题

信息不对称就是参与交易的某一方比另一方知道更少的信息。信息不对称是市场经济普遍存在的问题，它的存在是出现市场失灵的重要原因，常常导致市场资源不能优化配置。逆向选择就是后果之一，即由于信息不对称而导致不同质量的产品以同样的价格出售，使价格机制的效率大打折扣甚至失灵，从而导致劣币驱逐良币，使高质量的产品被逐出市场。

PCT在实施林业碳汇项目时，同样遇到信息不对称所带来的逆向选择问题。如果碳中和要求的是排放到大气中的每一吨碳都通过碳汇全部吸收以实现抵偿，碳中和政策的制定和实施就比较简单。但是，BC省政府当前对碳中和的定义是：要产生一单位的碳权就要防止本来会排放的一单位碳被实际排放。根据这样的定义，分析的焦点就从原来的碳审计变成了碳排放预测问题，增加了项目实施的难度和不确定性。

如果一个单位希望通过项目获得碳权以抵减其碳排放（比如通过把化石燃料转换为可再生能源的项目），PCT会先对其项目情况进行审核。如果通过审核发现该单位对项目的实施方案是满足碳权项目的各项要求的，PCT就会根据项目的规定使该单位获得相应的碳权。

但由于碳权获得者和PCT之间存在的信息不对称，在检查项目做出预测时，会受到不确定性的影响。如果碳权获得者实施项目只是为了获得"绿色形象"，而并不想真正实施项目，尽管项目额外性等条件通过核证，他们总有可能私下继续使用化石燃料。作为中间商，PCT很难区别谁是"搭便车者"，谁是那些获得碳权并按要求真正改变其行为的单位。

这一逆向选择的问题很难量化。经济学家已经用一些方法来对收到补贴的区域或团体与一个相似的对照组进行比较，以评估补贴对低碳投资倾向的影响。对照组可以是一个未收到补贴的样本，也可以是同一样本的历史数据。一项与能源效率补贴有关的对"搭便车"现象的研究显示（搭便车现象在公共服务中比较多见），补贴确实对低碳投资有好的影响，但影响往往比投资前的预测小很多。这说明"搭便车"现象仍较为普遍，人们有理由怀疑能源效率补助政策的有效性。

（二）经济效率问题

效率是基于市场的碳交易规则要达到的主要目的之一。PCT是用公共资金设立的国有企业,其特许经营实际上形成了碳权市场上的垄断势力。尽管在其股东协议里明确了 PCT 应加强公共效益和促进经济效率。但是,PCT 对社会经济中的公共部门可能会带来一定的负面影响。2011 年,PCT 向 BC 省公共部门销售碳权统一定价为 25 加元/吨 CO_{2-e},但 PCT 并不披露其购买碳权的价格。在一份投资组合文件中,发现 PCT 从加拿大自然保护组织(下称 NCC)的 Darkwoods 项目中购买了 403 112 份碳权。在一份新闻稿中,NCC 披露了 Darkwoods 项目以 400 万加元的价格出售了 70 万吨 CO_{2-e} 的碳汇,这样平均每吨 CO_{2-e} 的价格是 5.70 加元。那么保守地推断,PCT 从这个项目中获得的利润为 400%。在国际碳市场上,碳权的价格波动幅度较大,从原芝加哥气候交易所碳市场的每吨低于 1 美元,到欧盟碳交易市场的每吨 10 欧元(2012 年跌到 1 欧元以下)。可见 25 加元/吨 CO_{2-e} 并非市场价格而是 PCT 单方制定的价格。结果并未达到获取效率的目的,财富只是从一些公共部门转移到了 PCT。

(三)公平性问题

PCT 的超级利润大部分用于预定的战略收购。但这一政策给有义务购买碳权的公共部门带来了财务方面的负担。因为这些公共部门已经在省内为其碳排放支付了 25 加元/吨 CO_{2-e} 的碳税。碳中和政策又要求他们向 PCT 额外支付 25 加元/吨 CO_{2-e} 的义务。这使学校、医院和其他公共部门为其碳排放承担了双倍税赋,增加了预算,并削弱了其对私营部门的竞争力。这些都是当初设计 25 加元/吨碳税时想要避免的问题。当然,从长期看,这些政策为推进节能减碳提供了强大动力,有利于促进低碳创新和建设低碳社会。

三、林业碳汇项目与碳交易可借鉴 PCT 经验

目前我国正在北京、天津、上海、重庆、湖北、广东和深圳等 7 省(市)开展碳交易试点工作。国家有关部门也正在研究审议推出新的环保税以取代现行的排污收费。二氧化碳排放税(即碳税)有望纳入新的环保税中进行征收。但是目前企业税负已经较重,减税呼声很高。虽然通过减排促进经济结构的升级和转型势在必行,但在具体实施过程中应考虑综合利用各种经济手段,既能实现减排目标,又不给减排企业增加太大成本压力。

(一)我国林业碳汇的优势和意义

与其他形式的碳权相比,林业碳汇具有以下优势:

(1)具有多重效益。林业碳汇的增加,涉及到森林植被的恢复、管理及

保护等。农民参加这些活动，可以增加就业机会，获得经济收入，提高和改善生活质量；森林植被增加有利于生物多样性保护；此外，保护和发展森林资源，对建设生态文明、提供更丰富的生态产品、维护国家生态安全和改善环境起到不可替代的作用。

(2)林业碳汇概念是绿色标签。植树造林能吸收 CO_2 是普通常识，林业碳汇这种具备公益性、真正绿色的碳权进入碳交易系统，容易被社会公众理解、接受和推广。与之相比，工业碳减排项目则涉及到复杂的科学技术和生产流程，普通公众对其认识能力有限，更不容易参与。

(3)林业碳汇已经实现了从产生到分配的一系列实践活动。在成功组织实施全球首个林业碳汇清洁发展机制(CDM)项目的基础上，国家林业局参照 IPCC 指南，已经建立了与国际接轨并具中国特色的碳汇造林系列标准，包括已经发布使用的碳汇造林方法学、竹林碳汇项目方法学及森林经营碳汇项目方法学等。此外，通过中国绿色碳汇基金会的碳汇营造林项目，初步形成了林业碳汇从生产、计量、审定、注册、交易、监测、到核查等管理体系，并于 2011 年 11 月成功进行了我国第一单最大量的林业碳汇交易，以阿里巴巴为首的十家企业购买了 14.8 万吨碳权指标，为促进企业自愿减排和参与碳中和探索了具有中国特色的有效途径。

这些优势使林业碳汇项目的实施具有以下意义：首先，是贯彻落实"十八大"提出的推进生态文明建设、建设美丽中国、增强生态产品生产能力的迫切需要。其次，是巩固集体林权制度改革成果的迫切需要。占我国林地 61% 的集体林已经确定发证承包给 9 000 多万户农民，但农民从营林中获得的经济收入甚少。通过在原有补贴机制基础上纳入林业碳汇以增加农民的营林收入是调动农民营林积极性、增加林农收入、巩固林改成果的重要举措。第三，它是我国未来参与国际气候问题谈判、应对"三可"要求、赢取发展空间、争取国际话语权的需要，积极研究和实践林业碳汇的生产和交易规律，对支持我国未来气候谈判意义重大。

(二)国内林业碳汇项目存在的问题

我国是世界森林面积增加最快、人工林最多的国家。近几年来，通过大面积的植树造林，我国的碳汇蓄积量快速增加。但是，随着我国宜林地和未造林地面积的逐渐减少，造林的边际成本也在逐渐上升。通过林业碳汇项目获取碳权的难度正在增加。实施林业碳汇项目存在以下问题：

(1)资金来源渠道单一。碳汇林不仅只追求经济效益，这导致在当前经济发展模式下要通过市场获得开展碳汇林业所需资金渠道不通。资金来源不足直接导致林区基础设施建设的落后，使营林成本过高，新技术难以推广。长期以来，林区基础设施投入较少。由于林区经济相对独立，基础设施投入依赖森工企业，随着这些企业效益逐年下降，基础设施和公共服务投入严重滞后。现有道路、电力和供水均难以为开展大规模森林经营提供保障。以林区道路为例，全国林区道路平均密度为4.8米/公顷。部分条件较好的林区道路平均密度也只有10米/公顷，不到林业发达国家的1/4。

（2）林业碳汇供需不畅。从供给方面看，林业碳汇的生产专业性较强，有严格的方法学要求。我国现在还没有统一的标准和规范，有大量没有按照标准和规范实施的造林项目也在提供实际上不可交易的碳权。这使林业碳汇的供给状况比较混乱。从需求方面看，由于现在企业减排动力不足，而且有大量的工业减排项目产生的碳权存在，对林业碳汇的需求难以充分体现。

（3）纳入碳交易试点方案滞后。我国各试点区域纷纷出台碳排放权交易试点的方案。这些都涉及到减排企业或单位可以购买一定比例的核证自愿减排量来抵扣自己的部分排放量。但这只是从"碳源"角度设计的方案，影响温室气体浓度的"碳汇"角度并未被考虑在内。目前，如何把林业碳汇产生的合格碳权纳入碳交易试点方案还没有明确研究成果。

（4）经营方法学亟需开发。通过营造林增加碳汇的方法要受到项目实施地面积的限制，但是我国落后的森林经营水平却给增加林业碳汇提供了新的可能途径。我国森林经营工作滞后，已成为我国林业与发达国家林业最主要的差距。这也直接导致我国现有林的碳汇能力低下。据测算，我国森林固定二氧化碳能力平均为91.75吨/公顷，大大低于全球中高纬度地区157.81吨/公顷的平均水平。

（三）PCT 经验对我国的启示

PCT 利用碳权交易帮助加拿大 BC 省公共部门实现碳中和目标的成功经验及其林业碳汇项目管理和碳交易经验对我们解决当前林业碳汇项目面临的问题有借鉴意义。

首先，拓宽林业碳汇项目的资金来源。PCT 的启动资金来自政府财政，但是随着项目实施和碳权交易，PCT 逐渐具备了造血机能。比如 2010 年，加拿大 BC 省所属公共部门，花费 1 820 万加元向 PCT 购买了 73 万吨碳权，使该省成为北美第一个实现碳中和目标的省级行政区。其做法值得中国各地方碳交易试点省市政府借鉴。

其次，统一标准，从公共部门着手逐步解决供需问题。PCT所提供的碳权之所以被认为是优质的，是因其在购买碳权和实施项目时所遵循的标准和规范是与BC省出台的官方标准高度一致的，这是PCT提供的碳权得以顺利进行交易的必要条件。同时，为了达到降低排放的目标，BC省没有简单地把减排指标全部推到企业和公司头上，而是要求公共部门首先实现碳中和目标，为排放权的推广积累经验。与BC省相比，我国目前应尽快确定林业碳汇项目的官方标准和规范，以明晰可交易碳权的入门门槛。其他各机构出台的标准和规范都要与官方规定相符。此外，我国政府对公共部门的调控力度更强，国家财政预算投向对国民经济有重大影响。目前全球经济仍不景气，广大中小企业在市场疲弱状况下面临更激烈的竞争压力。此时全面推行企业的碳减排，无疑会进一步增大企业成本上涨的压力。在此背景下，不妨考虑先在公共部门进行碳中和试点。这样既减轻了企业的压力，又可以较好地对节能减排政策的效果进行监督，有利于节能减排政策的实施和完善。

第三，把林业碳汇纳入各省市试点的碳交易方案。毁林和森林退化是二氧化碳的重要排放源，因此减排工作不应该把林业碳汇排除在外。PCT实施的项目中，林业碳汇项目占到60%。这些碳权以合理的方式纳入减排方案中，有效地帮助实现了BC省公共部门的碳中和目标。为了提高公共部门的节能减排效率，各碳交易试点省市政府可以考虑建立类似PCT的国有控股企业，来操盘碳交易的市场化运作，地方政府投入启动资金，运用市场机制和经济规律力争先实现公共部门的节能减排目标。

第四，提高森林经营水平，开发碳汇林业经营方法学。营造碳汇林获取碳权受到造林面积减少和造林成本愈来愈大的限制，但是通过森林经营得到合格的碳权仍具有很大潜力。PCT所实施的较大的林业项目如Darkwoods资源保护项目和Timberwest生态系统保护计划均是通过森林经营获取碳权的项目。从这些项目的实施中总结出的经验表明通过开发科学的方法学，林业碳汇产生的碳权还有很大的发展空间。国内各研究机构应在已有研究基础上加强对经营方法学的研究和实践工作。

第五，从前述分析可知，PCT在经营碳权促进BC省公共部门实现碳中和过程中出现了信息不对称和逆向选择、经济效率不高和公平性问题，我国在实施类似项目时应引以为戒：

(1)研究有效的统计方法或经济手段对搭便车者进行甄别，对搭便车情况普遍的行业进行重点监督。

(2) 为了提高效率,林业碳汇的定价应考虑各利益相关者的诉求,在定价模型中加以反映,并考虑举行有关专家评审会和听证会。

(3) 为避免对公共部门特别是事业单位造成增加成本的额外压力,在通过林业碳汇完成节能减排目标的过程中,要考虑与现有政策的衔接与协同作用,比如在征收环境类税收(如碳税)前对持有林业碳汇者给予税收减免等优惠。

致谢:加拿大 UBC 大学王光玉教授和他的学生对资料的收集提供了帮助,在此一并感谢。

参考文献

[1] 3GreenTree, Ecosystem Restoration Associates. Approved VCS Methodology VM0012: Improved Forest Management on Privately Owned Properties in Temperate and Boreal Forests(LtPF)(Version 1.0, Sectoral Scope 14)[S]. Verified Carbon Standard, 2011.

[2] BC Ministry of the Environment. British Columbia: Climate action for the 21st Century [R]. 2010.

[3] BC Government. Carbon Neutral Government Regulation B. C. Reg. 392/2008[R]. Queen's Printer, Victoria, British Columbia, Canada, 2008.

[4] Chandra A, Gulati S, Kandlikar M. Green Drivers or Free Fiders? An Analysis of Tax Rebates for Hybrid Vehicles[J]. Journal of Environment Economics and Management, 2010, 60(2): 78–93. [5] PCT. Guidance Document to the BC Emission Offsets Regulation v2.0 [R]. PCT, 2010.

[6] Gibbon A, O'Brien J, Cathro J. Validation Assessment Report for: The Nature Conservancy Canada Darkwoods Carbon Forest Project in Nelson, BC[R]. Verified Carbon Standard, 2011.

[7] BC Government. Greenhouse Gas Reduction Targets Act, S. B. C. 2007, c. 42 [S]. Queen's Printer, Victoria, British Columbia, Canada, 2007.

[8] Grosche P, Vance C. Willingness to Pay for Energy Conservation and Free-ridership on Subsidization: Evidence from Germany[J]. The Energy Journal, 2009, 30(2), 135–153.

[9] Jaccard M, Griffin B. BC's Carbon Neutral Public Sector: Too Good to Be True? Unpublished Manuscript[EB]. Retrieved Oct 19, 2011, http://www.sfu.ca/content/dam/sfu/pamr/pdfs/CarbonNeutral%20BC%20Govt%20Jaccard%20Griffin%20July%202015%202011.pdf.

[10] Loughran D, Kulick J. Demand-side Management and Energy Efficiency in the United States [J]. The Energy Journal, 2004, 25(1), 19–43.

[11] PCT. Pacific Carbon Trust Annual Service Plan Report 2010/2011 [R]. Pacific Carbon Trust, 2011.

[12] PCT. Pacific Carbon Trust Delivers First Offsets[J]. Enviromation, 2009, 58: 503.

[13] Parfitt B. Hypothetical Offsets May not Really be There[N]. Vancouver Sun, 2011.

[14] PCT. Portfolio: Pacific Carbon Trust[EB]. Retrieved October 19, 2011, from www. pacificcarbontrust. com/.

[15] BC Government. Protocol for the Creation of Forest Carbon Offsets in British Columbia[S]. B. C. Reg. 393 /2008. 2011.

[16] PCT. Shareholder's Letter of Expectations between the Minister of Finance and the Chair of the Pacific Carbon Trust[R]. Pacific Carbon Trust, 2011.

[17] Train K, Atherton P. Rebates, Loans, and Customers'Choice of Appliance Efficiency Level: Combining Stated and Revealedpreference Data[J]. Energy Journal, 1995, 16(1), 55-69.

[18] 罗伯特·S·平狄克, 丹尼尔·L·鲁宾菲尔德. 微观经济学(第六版)[M]. 北京: 中国人民大学出版社, 2006. [Robert S P, Daniel L R. Microelectronics, 6th edition [M]. Beijing: China People's University Publishing House, 2006.]

伐木制品相关议题国际谈判进展及各国应对策略分析

原磊磊[1] 吴水荣[1] 陈幸良[2]

(1. 中国林业科学研究院科技信息研究所北京 100091；2. 中国林学会北京 100091)

伐木制品(HWP)是指从森林中采伐的，用于生产锯材、单板、人造板、刨花板、纸张和纸浆及类似半成品，或进一步生产为家具、胶合板、纸类产品等最终产品(即除了回收、在固体垃圾场处置或用于能源生产外不再作其他转化，具有特定用途的产品)的原木，以及薪柴、木炭和纸浆黑液等用作燃料的木质类薪材。《联合国气候变化框架公约》(UNFCCC，以下简称《公约》)允许缔约方根据自身条件，将基于竹子类和藤本类材料等其他非木材类纤维质林产品纳入温室气体报告清单。尽管与其他碳库相比，HWP碳储量相对较小，对全球碳预算影响有限，但其储碳潜力巨大。目前，国际社会已经就HWP在减缓气候变化中的作用与潜力达成了广泛的共识。然而，在木材和木制品交易的全球化背景下，在实践中追踪HWP转移路径、产品用途、物理形式和处置情况，以及进口和国产产品的寿命周期存在较大难度。加之HWP在寿命周期内可能被重新利用，改变其物理状态和用途，对其碳储量的估计难上加难(Profit等，2009)。

目前，HWP尚未被纳入《京都议定书》(以下简称《议定书》)。在《公约》框架下，科技咨询附属机构(SBSTA)请有条件、有能力的缔约方在其国家温室气体排放清单中自愿报告伐木制品碳储量变化情况。在所用计量方法上，各缔约方仍未达成共识，争议集中在估算过程中对系统边界和HWP进出口贸易的处理，这可能导致缔约方逆向选择有利于其本国的方法以推脱减排责任，无法提供充足可靠的信息，甚至误导决策者(Dias和Arroja，2012)。为此，本文在全面回顾HWP相关议题国际谈判进展与实质性内容的基础上，分析各国在森林管理参考水平(以下简称FMRL)技术评估报告中对该问题的应对策略，以期为我国就HWP相关议题的决策提供科学依据。

一、伐木制品减缓温室气体排放的潜力

首先,据估计,全球 HWP 碳储量在以每年 2 600 万~13 900 万吨的速度快速增长(Winjum 等,1998)。不同研究对全球 HWP 碳储量的估计值存在显著差别,这主要由于不同研究者使用的假定和参数值不同,如对产品使用寿命的假定不同(Green 等,2006)。Pingoud 等(2003)假定锯木和木质板的平均使用年限为 30 年,在不考虑被垃圾填埋后废弃 HWP 碳储量的情况下得出:1960 年到 2000 年 40 年间,全球 HWP 碳储量加倍,由 1 500 百万吨增至 3 000 百万吨。

其次,HWP 在减少温室气体排放上有巨大潜力(Wemer 等,2006)。通过光合作用储存在 HWP 中的碳,会随其腐烂、焚烧释放到大气中,即 HWP 起到延迟碳排放的作用。因此,针对在用 HWP,通过改变 HWP 用途,生产更多长寿命周期的 HWP,回收利用,都将减缓 HWP 自身储存碳的排放。此处,寿命周期是指 HWP 在采伐后到最终通过焚烧或回收在固体废物处置场(SWDS)处置的整个过程,伴随着相应物理形式的转化。建筑材料、纸类、家具等 HWP 的寿命周期可达数 10 年。在收藏、文化价值等特殊情况下甚至上百年(Jandi 等,2007);针对固体废物处置场中的 HWP,部分 HWP 废弃被填埋后,在缺氧情况下衰减极其缓慢且不充分,强化了其延缓排放的作用;在被填埋的 HWP 处于几乎无氧的理想条件下,不进行分解或碳排放,故被看作一项永久性碳库(Micales 和 Skog,1997)。

再次,薪材等短寿命 HWP 作为一项可再生资源用作燃料,可以直接替代化石燃料等不可再生资源,符合《议定书》关于"研究、促进、开发和增加使用新能源和可再生的能源、CO_2 固碳技术和有益于环境的先进的创新技术"的要求。在 HWP 加工过程中产生的木质残料用作燃料,不仅可以直接减少化石燃料的燃烧,还提高其经济价值和资源利用率(Marland 和 Schlamadinger,1997)。

最后,胶合板、原木等长寿命 HWP 在建筑等能源密集型领域替代水泥、钢铁等材料,可降低对化石燃料的需求(Niles 和 Schwarze,2001)。Buchanan 和 Levine(1999)的研究表明,HWP 替代水泥、钢铁等高能耗材料,最多可以减少约为 HWP 自身碳储量 15 倍的碳排放。国际能源机构(1EA)的研究表明,在产品整个的使用寿命内,使用 HWP 替代其他高能耗材料,最多可以减少约为 HWP 自身碳储量 9 倍的碳排放。此外,这种替代还可以减少在生

产过程中产生的其他工业废弃物和污染（Gustavsson 等，2006）。

二、伐木制品相关议题国际谈判进展

1996 年，政府间气候变化专门委员会（IPCC）全会开始审议估算森林采伐和 HWP 净排放量的方法学问题，提出 IPCC 缺省法，要求深入开展估算 HWP 碳排放的方法学等相关技术工作，并在其政策影响方面向《公约》科技咨询附属机构（SBSTA）寻求指导。同年，UNFCCC 和 IPCC 联合工作组 OWG）提议，由 SBSTA 决定如何分配 HWP 碳排放。此后 10 多年来，SBSTA 4～SBSTA 23、气候大会、《公约》大会对 HWP 进行了一系列的审议（表1），取得了重要进展，但在 HWP 碳计量方法学上依然存在分歧。为弥合分歧寻求共识，SBSTA 还鼓励各缔约方就 HWP 碳计量使用不同途径和方法的影响开展非正式合作。

表1 伐木制品相关议题国际谈判进展一览

年份	会议/文件	进展
1996	IPCC 全会	提出 IPCC 缺省法作为 HWP 的碳计量方法，并将其写入了《1996 年 IPCC 国家温室气体清单指南修订本》（简称《1996 年 IPCC 指南》）。
1996	SBSTA4	首次审议 HWP 碳储量计量方法，充分肯定了 IPCC 召集专家组对 HWP 碳排放计量的方法学问题的成果，要求大会秘书处对此方法学问题涵盖的范围进行研究，将其写入会议成果文件。
1997	COP3	通过了《京都议定书》，提出发达国家量化的减排目标，明确了"促进可持续森林管理的做法、造林和再造林"对实现减排承诺的重要作用，强调"保护和增强《蒙特利尔议定书》未管制的温室气体的汇和库"，将 HWP 等森林碳库的计量问题推上议程。
1998	IPCC 专家组会议	增加了储量变化法、生产法和大气流动法等用于 HWP 的碳计量方法。
1998	Winjum 等	基于寿命分析法提出了 Winjum 法。
1999	SBSTA 11	在议程项目 F，即其他事项下审议了相关议题。会议要求缔约方在认真研读达喀尔 IPCC 专家组会议报告基础上，于 2001 年 5 月前提交其对该议题的观点。
1999	SBSTA 10	进一步对 HWP 碳排放的方法学问题进行了研讨。
2001		新西兰政府组织召开了 HWP 非正式研讨会，建议将 HWP 议题纳入《京都议定书》予以考虑。
2001	SBSTA 14	该问题再次引发关注。
2001	SBSTA 15	注意到 IPCC 意欲在保持与 3/CP.5 决议一致的情况下，将 HWP 相关技术内容编入 IPCC《关于土地利用、土地利用变化和林业活动良好实践指南》（GPG—LulLUCF）。

(续)

年份	会议/文件	进展
2003	GPG-LULUCF	提出3个层级的做法结构,包括 GPG 第一层级做法,即假设 HWP 碳储量无显著增加,故忽略其碳储量变化;GPG 第二层级做法,即一阶衰减法,即假设降解率恒定,HWP 中的碳储量在其寿命周期内逐渐地排放;GPG 第三层级做法,又称作国家特定的方法,即可应用通量法或储量法,或将二者结合。
2003	SBSTA 18	要求大会秘书处和《公约》特别专家小组在各缔约方提交的提案和专项文件、达喀尔 IPCC 专家组会议成果文件和其他相关文件等的基础上,提交关于 HWP 碳计量在社会经济和环境方面对发展中国家和发达国家的影响的报告。
2003	SBSTA19	要求各缔约方在研读如上 SBST。A18 大会秘书处提供的技术报告和 GPG-LULUCF 附件中涉及 HWP 碳计量的内容,于次年4月份之前向大会秘书处再次提交其对于该问题的观点。
2004	SBSTA 20	围绕缔约方提交的报告文件、《1996年 IPCC 指南》以及 GPG-LULUCF 等材料对该议题进行深入审议。之后,在挪威利勒哈默尔 HWP 研讨会上,各位代表就 HWP 碳计量、报告和计量相关概念和范围的界定,以及不同方法途径潜在影响进行深入讨论并交换了意见。
2003	新西兰农业与林业	新西兰提出简单衰减法,把 HWP 和大气之间的碳交换看作重心,将 HWP 的碳排放计入生产国,实质上是在生产法框架下的一种计量做法,并非一项独立的新方法,亦并不精确。
2004	SBSTA 21	指出需保证计量方法对出口国和进口国的公平性和环境的完整性,且必须符合当前《公约》的报告准则,再次请附件 I 缔约方向大会秘书处提交相关报告。根据《公约》报告指南,缔约方可以自愿报告,该内容列示在 LuLUCF。中表格5的第五行,即其他那一行。
2005	SBSTA 23	进一步就该问题进行了非正式磋商。根据 SBSTA 21 的提议,澳大利亚、加拿大、英国和美国四个国家提交了 HWP 碳储量、碳排放和碳清除数据和信息,并分享了相关经验。大会秘书处呈交了一份信息概览。
2006	SBSTA24	应部分缔约方的请求,将 HWP 与 IPCC 温室气体报告指南两项议题合并。SBSTA 请有条件、有能力的缔约方以与现行《公约》报告指南的相关原则和要求一致的方式在其国家温室气体排放清单中自愿报告 HWP 碳储量变化情况。
2006	《2006年 IPCC 指南》	第4卷"农业、林业和其他土地利用"(AFOLU)第12章"伐木制品"对其方法的选择,方法的三个层级、不确定性评估、质量保证和控制等做了详细阐述。提出了经修改的三个层级做法,第一层级做法即一阶衰减法,与 GPG 第二层级做法相近;第二层级做法是基于国家特定数据的一阶衰减法;第三层级做法使用国家详细的特定数据。
2007	SBSTA 26	参会各方再次在《IPCC 温室气体排放清单指南》框架下对 HWP 相关问题展开讨论,并决定根据讨论结果将 HWP 碳计量的相关问题纳入修订的《IPCC 指南 2006》。
2010	Marland 等	提出了分布式计量方法(Distributed Approach),被认为是在原有方法基础上的扩展。

(续)

年份	会议/文件	进展
2011	COP 17/CMP7	通过了关于"土地利用、土地利用变化和林业"的决定(以下简称为第2/CMP.7号决定),对HWP碳排放和碳清除的核算范围、假设基础、对特殊种类HWP的处理、参数设定等内容作出了明确的规定,为各国在FMRL技术评估报告中对HWP问题的处理奠定了基础。
2012	COP 18/CMP8	大会报告附件"年度温室气体清单中关于《京都议定书》第三条第3款和第4款之下土地利用、土地利用变化和林业活动的信息"中强调,缔约方依据瞬间氧化假设之外的方法对HWP碳排放和碳清除进行报告时,应按照第2/CMP.7号决定提供相关信息。

三、UNFCCC框架下关于HWP报告的主要规定

目前关于HWP的技术处理主要是依据德班会议通过的"第2/CMP.7号决定",该决定的附件"与《京都议定书》之下土地利用、土地利用的变化和林业活动有关的定义、模式、规则和指南"明确提出:

(1)在第二个承诺期(2013~2020年)开始以前从森林移除的HWP在第二个承诺期内发生的排放量也应纳入核算范围。如果缔约方依据预测确定森林管理参考水平(FMB.r),在第二承诺期则可选择不核算此前源自森林移除的HWP的排放量,并确保对HWP的处理与FMRL的确定在方法学上一致。此外,在第一个承诺期已经依据瞬间氧化假设核算过的HWP碳排放量在第二承诺期内应予以扣除。基于预测确定FMRL时,对HWP的处理不应以瞬间氧化为基础,应使用一阶降解函数进行核算,并设定纸张、木板和锯木的半衰期分别为2年、25年和35年。

(2)缔约方根据《京都议定书》第三条第3款和第4款核算HWP从森林移除后的碳排放量,应仅由该缔约方加以核算。对于进口的HWP,不论其原产地,都不应计入进口国的核算范围。这在某种程度上否定了储量变化法和大气流动法。

(3)在纸张、木板和锯木三类HWP的活动数据(即排放源的量化数据)可得,且数据透明、可核查的情况下,应该依据HWP储量的变化,应用一阶降解函数进行核算,并根据GPG-LULUCF设定纸张、木板和锯木的半衰期缺省值分别为2年、25年和35年。否则,核算应依据HWP瞬间氧化假设。

(4)缔约方可以采用本国特定的数据代替上述的半衰期缺省值,或根据

最近《IPCC 指南》提出的定义和估算方法以及其发布后缔约方大会同意的说明文件对 HWP 碳储量进行核算。前提条件是可核查和透明的活动数据可得，并且所用方法至少与以上所定方法同样详细或精准。针对出口的 HWP，国家特定的数据指其进口国本国特定的半减期和 HWP 用途。

（5）来源于毁林行为的 HWP 导致的碳排放应依据瞬间氧化假设进行核算。这被认为是对毁林行为的一种惩罚，与《公约》第 4 条"促进可持续地管理，并促进和合作酌情维护和加强《蒙特利尔议定书》未予管制的所有温室气体的汇和库，包括生物质、森林和海洋以及其他陆地、沿海和海洋生态系统"以及《京都议定书》第 2 条"保护和增强《蒙特利尔议定书》未予管制的温室气体的汇和库，同时考虑到其依有关的国际环境协议作出的承诺；促进可持续森林管理的做法、造林和再造林"一致。

（6）如另行核算 SWDS 中的 HWP 二氧化碳排放量，应依据瞬间氧化假设。目前，根据《2006 年 IPCC 指南》，在使用第二和第三层级做法时，通常将在用和在 SWDS 中的 HWP 分开计算，也已经被多数国家认可并实践（Pingoud 等，2003；Dias 等，2009）。这一决定，一方面将简化计算，减少估算不同产品类别降解率等工作；另一方面也会弱化温室气体排放清单对 SWDS 中 HWP 延迟碳排放积极作用的反应；

（7）作能源之用采伐的木材二氧化碳排放量应依据瞬间氧化假设加以核算。由于薪材等用作能源的木材主要通过非正式渠道生产和交易，其相关数据很难获取，且可信度低 Brown 等，1998）。这一决定，将有利于解决这一难题。

此外，鉴于该决定，缔约方决定修改通用报告格式（C1KF），以便将 HWP 作为一种新增的碳库纳入其中，这也反映出缔约方希望在第二承诺期将 HWP 的碳排放纳入国家温室气体排放清单的意愿。

相应地，缔约方依据瞬间氧化假设之外的方法对 HWP 碳排放和碳清除进行报告时，应按照第 2/CMP.7 号决定提供关于 HWP 碳储量变化所致碳排放和清除量的信息，具体包括：

（1）酌情估算用于本国消费和出口的国产材生产的 HWP 碳储量时，所用不同类别 HWP（纸张、木板和锯木）的活动数据。

（2）关于按照第 2/CMP.7 号决定估算这些类别 HWP 排放量和清除量的半衰期的信息和采用本国特定的数据核算 HWP 所用方法的信息，并证明所用方法至少与第 2/CMP.7 号决定附件第 29 段中提供的缺省半衰期的一阶降解法同样详细或准确。

（3）在 FMRL 基于预测的情况下，表明是否已经在第二承诺期开始前对 HWP 碳排放进行核算。

（4）说明在第二承诺期，如何扣除在第一承诺期内已经根据瞬间氧化假设核算的碳排放量。

（5）提供信息表明 HWP 如果是来源于毁林行为，或用于能源，或在 SWDS 中，其核算依据瞬间氧化假设。

（6）提供信息表明未将进口 HWP 纳入此项核算范围。

四、各国就 HWP 的应对策略

第 2/CMP.7 号决定明确要求依据预测确定森林管理参考水平（下简称 FMKL）的缔约方，在第二承诺期则可选择不核算第二承诺期开始前自森林移除的 HWP 的排放量，并确保对 HWP 的处理与 FMRL 的确定在方法学上一致。因此，以下根据 2011 年各国提交的 FMRL 技术评估报告分类汇总各国将 HWP 纳入 FMRL 核算范围的情况。

（一）已将 HWP 纳入 FMRL 核算范围的国家

首先，HWP 参考水平为正值，表现为净的碳排放的国家。瑞士、英国、捷克、秘鲁、保加利亚等 5 个国家使用 Fccc/KP/AWG/2010/18/Add.1 中列示的方法，按照半衰期缺省值使用一阶降解函数，并假设用作生物燃料和 SWDS 中的 HWP 瞬间氧化，基于《2006 IPCC 指南》提供的做法（以下简称方法 I），估算出其 HWP 的参考水平分别为每年 0.21 吨、4.826 吨、1.989 吨、0.350 吨、0.218 吨 CO_{2-e}。可见，在该方法下，上述 5 个国家的 HWP 表现为净的碳排放，将 HWP 纳入国家温室气体排放清单对其不利。此外，HWP 参考水平表现为净的碳排放的国家还包括：丹麦预计其国产 HWP 的消费将有所回落，用作能源的木材需求将稳步爬升，因此在 2013~2020 年期间，HWP 将成为一项碳源。

其次，HWP 参考水平为负值，表现为净的碳清除的国家。在方法 I 下，比利时、立陶宛、荷兰、意大利、匈牙利、斯洛伐克、拉脱维亚、西班牙、德国、欧盟、芬兰等 11 个国家估算出其 HWP 的参考水平分别为每年 -0.092 吨、-0.14 吨、-0.413 吨、-0.984 吨、-1.08 吨、-1.142 吨、-2.047 吨、-2.29 吨、-20.351 吨、-53.072 吨、-116.6 万吨 CO_{2-e}。可见，在该方法下，上述 11 个国家的 HWP 表现为净的碳清除，将 HWP 纳人国家温室气体排放清单对其有利。此外，HWP 参考水平表现为净的碳清除的国家还包括：澳大利亚将自 1990 年开始将 HWP 纳入 FMRL 的核算范围，对于本国消费和出口的 HWP 分别根据在 2009 温室气体清单报告中列示的模型和方法 1 进行估算，HWP 的参考水平为每年 - 4.0 吨 CO_{2-e}，表现为净清除。瑞士基于瞬间排放假设和一阶衰减法，得出 2011 年 FMRL 分别为每年 - 36.057 吨 CO_{2-e} 和每年 - 41.336 吨 CO_{2-e}，HWP 参考水平表现为负值；奥地利基于方法 I 和瞬间氧化假设得出 FMRL 值分别为每年 - 6.516 吨 CO_{2-e} 和每年 - 2.121 吨 CO_{2-e}，HWP 参考水平亦表现为负值；列支敦士登估算在 2013 ~ 2020 年期间，HWP 参考水平为每年 - 0.003 ~ - 0.007 吨 CO_{2-e}，取决于对国内 HWP 消费和生产前景的预测；斯罗文尼亚不仅基于瞬间氧化假设和一阶衰减法，估算出在 2013 ~ 2020 年期间其 HWP 增量分别为每年 - 3.033 吨 CO_{2-e} 和每年 - 3.171 吨 CO_{2-e}，还根据 2004 ~ 2009 年锯木和纸浆外的 HWP 数据，使用基准情景法(Business-As-Usual Approach, BAU)确定 HWP 的参考水平。

最后，复杂的情况包括：①加拿大在方法 I 的基础上，将纸浆计入纸类与纸板类 HWP，假设其半衰期为 2 年，得出 HWP 碳排放量历史和预测的时间序列数据，在基于瞬间排放假设、自 1900 年起考虑 HWP、自 1990 年起考虑 HWP3 种情景下，得出 FMRL 分别为每年 - 102.75 吨、- 114.30 吨、- 70.60 吨 CO_{2-e}。可见，在"自 1900 年起考虑 HWP"情景下，HWP 参考水平表现为每年 - 1.55 吨 CO_{2-e}，总的碳清除量最多，对其最为有利；但是，在"自 1990 年起考虑 HWP"情景下，HWP 参考水平表现为 32.15 吨 CO_{2-e}，总的碳清除量最少，则对其极为不利。②爱尔兰使用一阶衰减法进行估算，预计 2013 年 HWP 净排放量为每年 20.73 万吨 CO_{2-e}，2020 年 HWP 净清除量为每年 27.09 万吨 CO_{2-e}，2013 ~ 2020 年平均碳清除量为每年 13.41 万吨 CO_{2-e}。这意味着，将 HWP 纳入核算范围，短期内对其不利，但长远上看有利。

(二)未将 HWP 纳入 FMRL 核算范围的国家

目前，日本使用狭义法确定 FMRL，并未将 HWP 纳入报告范围。然而，日本分别使用第三层级方法和简单衰减法对建筑用木材和木材及其他 HWP 进行了估算，预计 2020 年 HWP 碳清除量将达基准年本国碳清除总量的 0.1%。由于目前无法整合估算 HWP 所需的数据，新西兰根据专家评审组(ERT)的建议在确定 FMRL 时未将 HWP 纳入核算范围，这与目前该国温室气体清单对HWP的处理,即基于瞬间氧化假设一致。然而,新西兰支持并计划将HWP纳入到碳计量中。由于冰岛大部分的HWP都用作供热或者短寿命HWP,在采伐后一年内即氧化,因此在确定FMRL时对HwP不予核算。此外,俄罗斯、白俄罗斯、乌克兰、希腊、挪威在其2011年FMRL技术评估报告中对HWP未予考虑。

五、主要结论

HWP具有巨大的储碳潜力,有望在减缓温室气体排放,缓解气候变化方面发挥重要作用。然而,在《公约》框架下,关于HWP的议题进展缓慢,各方争论的焦点在于对其碳计量的方法学问题。目前,COP17/CMP 7通过了第2/CMP.7号决定,在《京都议定书》第二承诺期HWP碳储量计量的核算范围,假设基础,对进出口、不同用途、来自毁林行为,以及在SWDS中HWP的处理,参数设定等部分规则做出了明确的规定;COP 18/CMP 8再次强调了缔约国按照第2/CMP.7号决定列报HWP所需提交的信息,并未实现实质性进展。此外,多数国家已将HWP纳入FMRL核算范围;然而,由于缺乏数据、长寿命HWP储量小等原因,少数国家未将HWP纳入FMRL核算范围,其中部分国家支持并计划将HWP纳入到碳核算中。鉴于此,将HWP列入国家温室气体清单强制列报内容,是大势所趋。

参考文献

Buchanan AH, Levine SB. Word-based building materials and atmospheric carbon emissions[J]. Environmental Science Policy 1999, 2(6):427 - 437

Dias, A. C. & Arroja, L. Comparison ofmethodologies for estimating the carbon footprint-case smdy of office paper[J]. Journal of Cleaner Production, 2012(24):30 - 35

Green C., Vdefio E., Edward P. F, et al. B. eporting harvested wood products in national greenhouse gas inventories: Implications for Ireland[J]. Biomass and Bioenergy 2006(30):105 - 114

Gustavsson L. Pingoud K, Sathre R. Carbon dioxide balance of wood substitution: comparing concrete and wood flamed buildings[J]. Mitig Adapt Strateg Glob Change 2006(11):667 - 691

jandi, R., Vesterdal, L., OUson, M., et al. Carbon sequestration and forest managem ent. CAB R eviews: Penpectives in Agriculture, Veterinary Science, Nutrition and Natural Resources, 2007(2):17

Marland G, Schlamadinger B. Forests for carbon sequestration or fossil fuel substitution——a sensitivity analysis[J]. Biomass Bioenergy, 1997(13)389 ~ 397

Marland, E. S., Stellar, K., &Marland, G. H. A distributed approach to accounting for carbon in wood products[J]. Mitig Adapt Strateg Glob Change, 2010(15): 71 -91

Micales, J. A., Skog, K. E., The decomposition offorest products in landfills [J]. Int. Biodeterior. Biodegrad, 1997(39): 145 -158

Niles. J. and Schwarze, R.: The value of careful carbon accounting in wood products [J]. Clim. Change。2001, 49(4): 371 -376

Pingoud K, Perala AL, Soimakllio S, et al. Greenh ouse gas impacts of harvest wood products. Evaluation and development of methods[J]. VTT Research Notes 2189; 2003. 136

Profit, I. Martina Mund; Georg-Ernst W eber, et al. Forest management and carbon sequestration in wood products[J]. Eur J Forest Res 2009(128): 399 -413

Wemer F, Tavema R, Hofer P, Richter K. Greenhouse gas dynamics of an increased use of wood in buildings in Switzerland[J]. Climate Change, 2006(74): 319 -347

Wmjum J. K. Brown S. Schlamadinger B. Forest harvests and wood products: sources and sinks of atmospheric carbon dioxide[J]. Forest Science, 1998, 44(2): 272 -284

基于HASM的中国森林植被碳储量空间分布模拟

赵明伟[1,2]　岳天祥[1]　赵娜[1,2]　孙晓芳[3]

(1. 中国科学院地理科学与资源研究所资源环境信息系统国家重点实验室，北京　100101；
2. 中国科学院大学，北京　100049；3. 曲阜师范大学地理与旅游学院，日照　276800)

一、引言

　　森林是陆地生态系统中最重要的组成部分，一方面，森林本身维持着巨大的碳库，全球植被碳库的86%以上[1-2]，全球土壤碳库的73%以上[3]都贮存在森林生态系统中；另一方面，与其他陆地生态系统相比，森林生态系统具有更高的生产力，每年固定的碳占整个陆地生态系统的2/3以上[4-5]。因此，森林生态系统在调节全球碳平衡、减缓大气中温室气体浓度上升等方面起着重要作用[6-7]。其中，准确估算森林生态系统的碳储量及其空间分布对于理解陆地碳循环过程、不同区域的碳源汇格局，以及今后逐步发展的碳交易决策支持均具有重要意义。

　　中国作为《京都协议书》等多个国际性公约的签约国，在当今气候变暖、环境恶化的背景下，承担着自身发展和维护、改造世界生态环境的双重责任和压力。中国承诺到2020年森林面积比2005年增加4 000万公顷，森林蓄积量比2005年增加13亿立方米，通过大力增加森林碳汇来减缓温室气体排放[8]。因此，基于最新的国家森林资源清查数据（2004~2008年），准确估算中国森林生态系统碳储量及其空间分布，对于验证国家大规模植树造林的碳汇效果、进一步明确中国森林碳汇格局都具有重要的意义。

　　计算区域尺度上森林生态系统碳储量的主要方法是基于森林资源清查数据，近年来将森林资源清查数据同遥感数据结合起来应用于森林生态系统碳储量计算的研究逐渐增多[9-10]。基于森林资源清查数据计算碳储量对于清查样地而言精度较高，但是将样地计算结果推广到区域尺度上时会出现一些问题，例如目前森林资源清查的清查标准是郁闭度大于20%，因此郁闭度小于20%的稀疏林地被忽略。更重要的是，大范围内的森林资源清查耗费大量人力物力，而且持续时间很长，例如中国最新的森林资源清查耗时达5年，这严重影响了森林碳储量研究的时效性。基于遥感数据的区域尺度碳储量计算也存在诸多缺陷，比如各种遥感植被指数在计算中存在很大的不确定性[11-12]，另一方面，NDVI等植被指数更多的是反映植被生产力的状况，与植被碳储量之间还存在较大差别。

鉴于当前区域乃至全球尺度上森林生态系统碳储量估算存在上述问题，本研究试图建立一种新的森林碳储量估算模型。这种新的模型应该以森林样地清查数据为基础，以保证模型的精度，但同时不应依赖太多的森林样地清查数据，以保证碳储量模拟的时效性。遵照这个基本原则，本研究建立了基于HASM理论的森林碳储量估算模型，HASM理论是近年逐步发展起来的高精度空间模拟方法，该方法依据微分几何的基本原理将体现空间变量整体趋势的驱动场和高精度实测点位信息巧妙结合，从而形成一种仅仅依靠少量采样点位信息就能达到很高模拟精度的空间建模方法，已经成功应用到生态建模各个领域[13-15]。本研究所建立的新模型将森林碳储量在空间中的分布看作近似曲面，本研究的主要任务就是构造森林碳储量驱动场，并基于森林资源清查数据生成森林碳储量精度控制点，进而运用HASM模型得到区域尺度上的森林碳储量空间分布。

二、研究数据和方法

（一）研究数据

本研究包括两部分数据，即用于生成碳储量驱动场的数据和生成碳储量精度控制点的数据。前者主要是气候数据，为分布在中国陆地范围内的735个气象站点，其检测范围为从1950~2010年共计60年，用于提供本研究所需要的气候数据，主要是月平均气温、月平均降水量和月平均日照百分率。气候数据用来运行LPJ-GUESS模型并生成中国森林植被碳储量的驱动场。

用于生成碳储量精度控制点的数据是中国第7次全国森林资源清查数据。森林资源清查数据是当前准确估算区域尺度森林碳储量的最重要数据源，自1950年以来，共组织了7次全国森林资源清查，相关学者利用这些森林资源清查数据对全国尺度上的森林碳储量及近半个世纪的变化情况作了大量研究[16-18]。第7次全国森林资源清查于2004年开始，到2008年结束，历时5年。采用国际公认的"森林资源连续清查"方法，以数理统计抽样调查为理论基础，以省（自治区、直辖市）为单位进行调查（图1）。全国共实测固定样地41.50万个,判读遥感样地284.44万个,获取清查数据1.6亿组[19]。本研究采用每个省份(直辖市)的优势树种清查数据(图1),并结合全国1∶400万植被分布图实现空间定位。

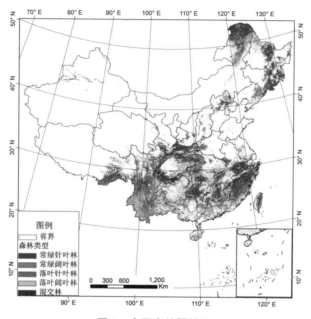

图1 中国森林覆被图

(二)研究方法

1. HASM

高精度曲面建模方法(HASM)是近年来针对困扰曲面建模的误差问题和多尺度问题发展起来的一种基于微分几何学曲面理论的曲面建模方法,已经成功运用于土壤插值领域、气候模拟和建立DEM等领域[13-15]。

根据曲面论基本定理,一个空间曲面完全由其第一类基本量和第二类基本量决定,其中曲面第一类基本量、第二类基本量需满足如下的高斯方程:

$$\begin{cases} f_{xx} = \Gamma_{11}^1 f_x + \Gamma_{11}^2 f_y + \dfrac{L}{\sqrt{E+G-1}} \\ f_{yy} = \Gamma_{22}^1 f_x + \Gamma_{22}^2 f_y + \dfrac{N}{\sqrt{E+G-1}} \\ f_{xy} = \Gamma_{12}^1 f_x + \Gamma_{12}^2 f_y + \dfrac{M}{\sqrt{E+G-1}} \end{cases} \quad (1)$$

式中，E，G 为曲面第一类基本量；L，M，N 为曲面第二类基本量，$\Gamma_{11}^1 \Gamma_{11}^1$，$\Gamma_{11}^2$，$\Gamma_{22}^1$，$\Gamma_{22}^2$，$\Gamma_{12}^1 \Gamma_{11}^1$，$\Gamma_{12}^1 \Gamma_{22}^1$，$\Gamma_{22}^2$ 称为曲面的第二类克里斯托弗尔变量。曲面第一类基本量、第二类基本量以及第二类克里斯托弗尔变量的计算公式可参见参考文献[13]。

将方程组（1）中的偏导数用离散差分代替，则方程组变为：

$$\begin{cases} \dfrac{f_{i+1,j}^{n+1} - 2f_{i,j}^{n+1} + f_{i-1,j}^{n+1}}{h^2} = (\Gamma_{11}^1)_{i,j}^n \dfrac{f_{i+1,j}^n - f_{i-1,j}^n}{2h} + (\Gamma_{11}^2)_{i,j}^n \dfrac{f_{i+1,j}^n - f_{i-1,j}^n}{2h} + \dfrac{L_{i,j}^n}{\sqrt{E_{i,j}^n + G_{i,j}^n - 1}} \\ \dfrac{f_{i,j+1}^{n+1} - 2f_{i,j}^{n+1} + f_{i,j-1}^{n+1}}{h^2} = (\Gamma_{22}^1)_{i,j}^n \dfrac{f_{i+1,j}^n - f_{i-1,j}^n}{2h} + (\Gamma_{22}^2)_{i,j}^n \dfrac{f_{i+1,j}^n - f_{i-1,j}^n}{2h} + \dfrac{N_{i,j}^n}{\sqrt{E_{i,j}^n + G_{i,j}^n - 1}} \\ \dfrac{f_{i+1,j+1}^{n+1} - f_{i-1,j+1}^{n+1} + f_{i-1,j-1}^{n+1} - f_{i+1,j-1}^{n+1}}{h^2} = (\Gamma_{12}^1)_{i,j}^n \dfrac{f_{i+1,j}^n - f_{i-1,j}^n}{2h} + (\Gamma_{12}^2)_{i,j}^n \dfrac{f_{i+1,j}^n - f_{i-1,j}^n}{2h} + \dfrac{M_{i,j}^n}{\sqrt{E_{i,j}^n + G_{i,j}^n - 1}} \end{cases} \quad (2)$$

式中，h 是网格化计算区域的网格尺寸，f 是网格点上的模拟变量值，式中各个变量标记符的下标表示空间位置，上标表示方程组的迭代次数。

同时为了保证在采样点处的模拟精度，HASM 模型还要满足：$f_{i,j} = \tilde{f}_{i,j}$，$(x_i, y_j) \in \Phi$，其中，$\Phi = \{(x_i, y_j, \tilde{f}_{i,j}) \mid 0 \leq i \leq I+1, 0 \leq j \leq J+1\}$ $\Phi = \{(x_i, y_j, \tilde{f}_{i,j}) \mid 0 \leq i < I, 0 \leq j < J\}$ 为采样点构成的集合。其中 I 和 J 分别是计算区域横向和纵向的网格数目。

分别用 A，B，C 表示公式（2）中三个方程左端构成的系数矩阵，用 d，p，q 表示三个方程组右端项的常数向量，并结合采样点信息，可将 HASM 转化为如下的最小二乘问题：

$$\begin{cases} \min \left\| \begin{bmatrix} A \\ B \\ C \end{bmatrix} z^{n+1} - \begin{bmatrix} d \\ p \\ q \end{bmatrix}^n \right\|_2 \\ s.t.\ Sz^{n+1} = k \end{cases} \quad (3)$$

式中，z^{n+1} 为研究区域在空间中离散后的格网点，k 为采样信息，S 为表示采样位置信息的系数矩阵。

通过引入权重参数 λ，上述约束最小二乘问题可以转化为：

$$\min \left\| \begin{bmatrix} A \\ B \\ C \\ \lambda S \end{bmatrix} z^{n+1} - \begin{bmatrix} d \\ p \\ q \\ \lambda k \end{bmatrix} \right\|_2 \quad (4)$$

该最优化问题等价于：
$$Wz = V \tag{5}$$
其中，$W = A^TA + B^TB + C^TC + \lambda S^TS$ 为对称正定大型稀疏矩阵，而 V 为方程组常数向量，且 $V = A^Td + B^Tp + C^Tq + \lambda S^Tk$。

此时，曲面优化模拟问题变转化为求解大型线性方程组(5)。在实际应用 HASM 模型时，需要提供的输入参数为驱动场和精度控制点，其中驱动场可以是其他模型输出的或者根据其他变量计算得到的精度较低的空间变量分布，而精度控制条件则是实际测量、精度较高的点数据。HASM 模拟过程简述如下：

(1) 根据驱动场数据计算曲面第一类、第二类基本量以及第二类克里斯托弗尔变量，并根据公式(2)计算三个方程组的右端常数向量 d，p，q；根据精度控制点数据生成采样点约束方程的右端常数向量 k。

(2) 根据公式(2)生成三个方程组的系数矩阵 A，B，C；根据精度控制点的空间位置信息生成采样点约束方程的系数矩阵 S。

(3) 将各个系数矩阵合成最终系数矩阵 W，将各个右端常数向量合成最终常数向量 V，得到大型线性方程组(5)，求解该方程组，满足精度后输出即为结合了驱动场的空间趋势信息和精度控制点的变量精度的最终曲面结果。

2. 基于森林资源清查的精度控制点生成

目前，基于森林资源清查数据计算样地碳储量的主要方法有 IPCC 法、生物量经验回归模型法[20-21]和生物量转换因子连续函数法[18]。由于大区域的森林资源清查数据只提供森林面积和森林蓄积量数据，而 IPCC 法和生物量经验回归模型法还需要其他额外参数，例如 IPCC 法需要木材密度，生物量经验回归模型法一般需要胸径和树高。因此，生物量转换因子连续函数法更适用于大范围内的森林资源清查样地碳储量计算。换算因子连续函数法是平均换算因子法的改进方法。平均换算因子法是指利用生物量换算因子的平均值乘以所研究森林类型的总蓄积，得到该类型森林的总生物量，该方法曾经在国家尺度上基于森林清查资料所提供的森林总面积和总蓄积量数据计算森林生物量[22-23]。但后期研究表明，某种森林类型的生物量换算因子并不是一个固定值，而是随着林龄、立地、个体密度以及林分状况等不同而发生变化，因此将生物量换算因子(BEF)看作固定值显然是不准确的。后来，方精云等利用倒数方程来表示 BEF 与林分材积之间的关系[24-25]，即：

$$BEF = a + \frac{b}{x} \tag{6}$$

式中，a 和 b 为常数。当材积很大时，BEF 趋向恒定值 a，当材积较小时，BEF 则很大。因此可以说该公式蕴含了林分年龄的关系。研究表明，该函数关系式符合生物的相关生长理论，适合绝大多数森林类型。而且基于该式可以非常简单地实现由样地调查向区域推算的尺度转换，进而为推算区域尺度的森林生物量提供了理论基础和合理的方法。基于上述公式估算森林生物量的方法被称为换算因子连续函数法。方精云等基于该方法和中国 50 年累积的森林清查资料，计算了中国森林植被碳储量，在国际上引起很大反响[18]。

本研究根据全国森林资源清查数据，计算出各个省的优势树种的生物量，其中计算公式中的系数 a、b 可参见文献[18]。得到森林生物量以后，需要再乘以林木含碳系数才能得到森林的碳储量。含碳系数是除生物量外影响森林碳储量的又一影响因素，国际上常用的含碳系数为 0.45～0.5，全球缺省值为 0.5。考虑到中国森林优势树种的种类差异性，本研究采用李海奎等的结果，其研究认为：木材所含的碳主要存在于木材细胞壁的结构成分纤维素、半纤维素和木质素中，因此可以根据碳元素在这三种物质中所占的比例计算木材的含碳系数，具体公式为（CF 代表含碳系数）：

$$CF = 纤维素含量 \times 44.4\% + 半纤维素含量 \times 45.5\% + 木质素含量 \times 82.2\% \tag{7}$$

根据木材含碳系数的计算公式，结合中国森林主要优势树种（前 10 位）的纤维素、半纤维素以及木质算的含量计算中国森林主要优势树种的含碳系数(表1)[26]。

表 1　中国森林主要优势树种木材各成分含量和含碳系数

树种	纤维素含量(%)	半纤维素含量(%)	木质素含量(%)	含碳系数
栎类	44.91	26.89	21.72	0.5004
马尾松	43.45	10.09	26.84	0.4596
杉木	33.51	10.76	32.24	0.5201
桦木	41.82	30.37	20.37	0.4914
落叶松	52.63	15.33	26.46	0.5211
杨树	44.57	21.54	24.28	0.4956
云南松	49.89	11.42	28.91	0.5113
云杉	58.96	8.14	26.98	0.5208
柏木	50.13	7.72	29.87	0.5034
冷杉	41.34	17.19	28.96	0.4999

3. 基于 LPJ-Guess 的碳储量驱动场生成

LPJ-Guess 模型是国际上普遍应用的基于过程的生物化学机理模型，该模型能够模拟大尺度陆地生态动力和陆地大气间水分交换与碳交换，被广泛用于模拟区域或全球过去至未来的生态系统动态，以及研究陆地生态系统与大气间生物化学和生物物理之间的相互作用[27-30]。

LPJ-Guess 模型在同一个框架模式中联合了机理型的陆地植被动态、碳循环、水循环。模型根据不同植被的生理、形态、物候和对外界干扰的响应以及生物气候限制等因子定义了 10 种植被功能型(PFT)，包括 8 种木本植被功能型和 2 种草本植被功能型，即热带常绿阔叶林、温带常绿阔叶林、温带常绿针叶林、温带夏绿阔叶林、北方常绿针叶林、北方夏绿针叶林、北方夏绿阔叶林、温带草本植物和热带草本植物[31]。模型从植被动力学出发，以冠层能量平衡、光合呼吸过程中的生物化学反应、光合作用的碳同化产物基于异量相关在植物各器官组织内部的分配规则、土壤水平衡等为基础，同时也考虑到生态系统的自然死亡规律和自然干扰因素的影响，模拟生态系统的光合与呼吸作用、叶片的形成、叶片枝叶的凋落、资源竞争、组织周转、种群的建立和死亡等过程。

模型所需输入的数据包括气候参数、大气 CO_2 浓度和土壤质地级别。气候数据包括气温、降水和日照百分率的日值或月值。土壤质地级别用来驱动与其相应土壤的水文过程和热扩散速率。受此影响的生态过程决定了生态系统的状态变量，例如净初级生产力、土壤水分有效性、植被组成和结构；而反过来，这些状态变量协同输入的气候数据等也共同影响生态系统的过程。输出数据包括不同植物功能型或物种的生物量、以及生态系统向大气和水圈转移的 CO_2 和水分的生物地球化学过程通量等。

从本文提出的基于 HASM 的中国森林植被碳储量分布格局模拟的技术路线(图 2)可看出，HASM 将 LPJ-GUESS 模型和基于森林资源清查计算森林碳储量的方法结合起来，利用精度较高的森林清查样点数据优化 LPJ-GUESS 模型输出的碳储量空间分布，结果不仅具有森林清查数据计算的精度，同时能兼顾到森林清查范围之外的森林植被碳储量分布。

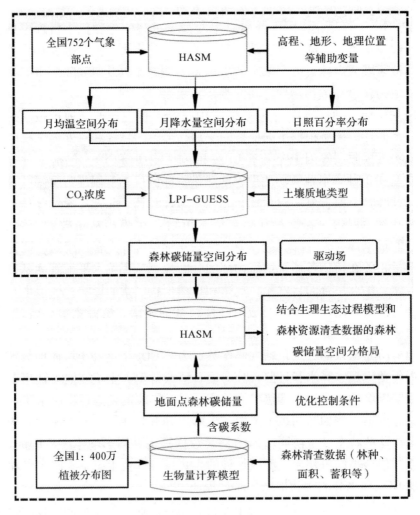

图 2　研究技术路

三、结果与分析

(一) 中国碳储量的空间分布

首先依据第 7 次全国森林资源清查数据并结合全国 1:400 万植被分布图,将基于生物量因子转换连续函数法计算得到的样点碳储量进行空间定位(图 3),作为 HASM 模型的精度控制点。然后采用 LPJ-GUESS 模型计算 HASM 模型另一个输入参数——驱动场,运行 LPJ-GUESS 模型需要得到研究区域的月平均光照百分数、月平均温度、月平均降雨量,研究区域 CO_2 浓度及土壤质地条件。其中 CO_2 浓度和土壤质地条件采用模型自带的全球通用数据,月平均光照百分数、月平均温度和月平均降雨量则根据全国 752 个气象站点 1950~2010 共计 60 年的观测数据结合区域高程、位置等信息运用 HASM 模型得到(图4)。

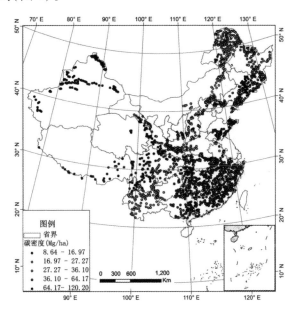

图3 森林碳储量精度控制点分布图

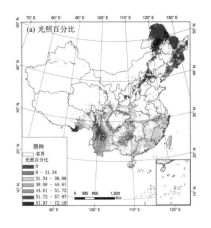
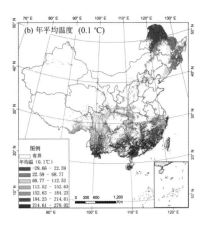

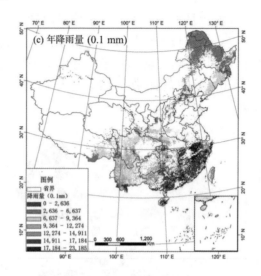

图 4 研究区域中 LPJ 模型的输入变量

（注：对于光照百分比、年均温及年降雨量 LPJ 模型输入的是月平均值，这里为了展示上述变量在空间中的分布格局而给出的是年平均光照百分比、年平均温度和年降雨总量）

运行 LPJ-GUESS 模型，得到中国森林碳储量分布（图 5），可以看出，西南、东北及东南沿海是我国主要的森林碳汇，其中碳储量密度最高的是西南地区，东北地区次之，东南沿海地区除台湾南部及海南具有较高的碳密度之外，整体区域碳密度较低。

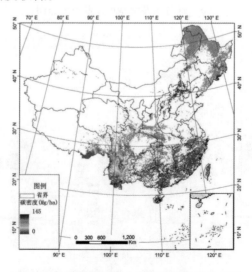

图 5 LPJ 模型输出的中国森林碳储量分布图

基于 HASM 的中国森林植被碳储量空间分布模拟

以基于森林清查数据计算得到的森林碳储量样点作为精度控制点,以 LPJ-GUESS 模型输出的碳储量空间分布格局作为驱动场,运行 HASM 模型输出的即是结合了生理生态过程模型和实地调查数据的森林碳储量空间分布格局(图6)。可以看出,HASM 模型模拟得到的全国森林植被碳储量在空间中的分布与其驱动场(图5)基本一致,但也存在明显差别。西南山区是碳储量密度分布最高的区域,其次是东北地区,而东南沿海地区碳储量密度较低。原因是东南沿海地区多人工林,且优势树种的碳储量密度较低,这也可以从本研究采用的精度控制点分布看出(图3)。这说明 HASM 模拟的结果结合了驱动场的分布趋势,同时又能在局部地区根据精度控制点对模拟结果进一步优化,因而模拟结果更加符合实际情况。

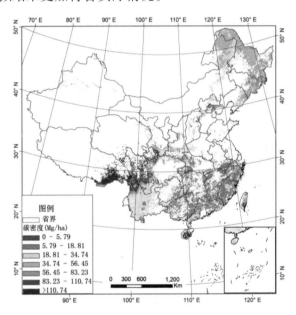

图6 中国森林碳储量分布图

为了定量分析中国森林碳储量的空间分布特征,同时为了验证本研究模型的模拟精度,本文将中国分为 6 个区域,分别是东北、北方、西北、西南、中南以及东部沿海。分别统计森林资源清查推算的区域碳储量及本文研究得出的碳储量值(图7,表2)。

543

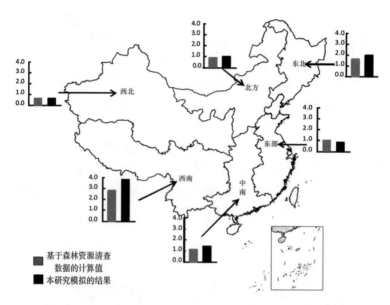

图7 基于森林资源清查和本研究计算的中国不同区域碳储量对比(Pg)

表2 本研究模拟结果与基于森林清查数据计算结果的空间差异

	森林清查计算值	本研究模拟值	差值	相对差值(%)
东北	1.5649	1.8909	0.326	20.83
北方	0.8121	0.955	0.1429	17.6
西北	0.5866	0.5285	-0.0581	-9.91
西南	2.8099	3.6794	0.8695	30.94
中南	1.0892	1.2593	0.1701	15.62
东部	0.9487	0.9273	-0.0214	-2.26
全国	7.8114	9.2405	1.4291	18.3

注：(1)表中碳储量单位为Pg；(2)差值为本研究模拟值与森林清查计算值之差，相对差值则是差值与森林清查计算值的比；(3)香港、澳门及台湾由于数据缺乏未考虑入内。

可以看出，基于森林资源清查数据的计算值和本研究模拟得到碳储量在空间中的分布情况基本相同，具体分布情况为：最大的是西南和东北，其次是中南及北方，西北及东部则相对较小，这与前人的相关研究基本一致。另一方面，本文模拟的结果与基于森林资源清查计算得到的结果存在一定差异(表2)，需要指出的是，本文将二者之间的差异称为差值而非误差是合理的，因为基于森林资源清查计算的碳储量本身存在误差。森林资源清查是基于20%的郁闭度标准的，即郁闭度小于20%的疏林、灌木林并未清查，在全国尺度上这种误差是不容忽视的，此外森林资源清查过程及后续的碳储量计算都不可避免存在一定误差。从表2中可以看出，东北和西南地区两者的差值最大，其主要原因应该是这两个地区是我国的主要林区，森林面积大而且地形复杂都会导致两种方法产生较大误差，但是考虑到本文模拟方法能够同时考虑到疏林、灌木林的碳储量计算，因此本研究计算得到的碳储量应该更符合实际情况。对于东部和西北部，本研究的模拟值略小于基于森林资源清查计算的结果，最主要的原因应该是这些地区存在大量面积较小、分散的林区没有包含在本研究采用的中国森林植被分布范围内，此外对于东部地区马尾松是主要优势树种，而马尾松碳密度较低，因而在该地区用马尾松样点作为精度控制点也会使得该地区的模拟值偏小。从全国尺度上看，由于本研究将生理生态过程模型 LPJ-GUESS 的输出碳储量分布作为驱动场，以森林资源清查数据计算值作为精度控制条件，进行优化模拟，既保证了精度也兼顾到了森林范围的完整性（主要指郁闭度低于 0.2 的林区），因此模拟结果应该更符合实际碳储量的分布情况。

（二）中国近 30 年森林碳储量及碳密度的变化

为了研究中国森林生态系统碳储量总量及碳密度近几十年的变化，并验证中国近年来大规模植树造林的碳汇效果，本研究给出了过去 4 个 10 年间的森林碳储量总值及碳密度变化（图8和图9，图中柱状依次为 1975～1985、1985～1995、1999～2003、2004～2008 年间计算结果）。可以看出，从 1975～1995 年 20 年间，6 个区域的碳储量总量变化并不大，但是到了 2005 年，6 个区域相比以前都增加了，其中西南、中南、东北三个区域增加幅度非常明显。而对于碳储量密度，近 30 年间 6 个区域变化都不明显，不同的是本研究计算得到的碳储量密度，即 2004～2008 年间的碳储量密度值稍微小于之前的计算值。因此，森林覆盖面积的增加是碳储量增加的主要原因，这与方精云等研究结果一致[18]。

四、讨论与分析

（一）HASM 模型的优势及不确定性分析

本研究所提出的计算森林碳储量的模型的最大优势在于它采用有限数目的森林样地实测资料就能够模拟出接近实际情况的碳储量空间分布情况，不仅提高了模拟精度，而且不依赖于大范围的森林资源清查工作，大大减少人力及财力资源的投入，从而为今后全球尺度的森林碳储量模拟提供方法

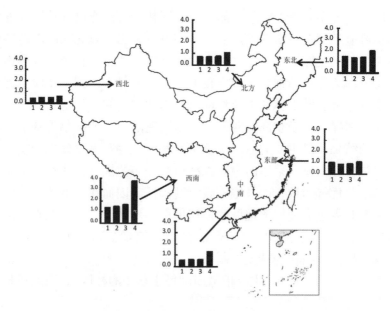

图 8 近 30 年中国不同区域森林碳储量变化图(Pg)

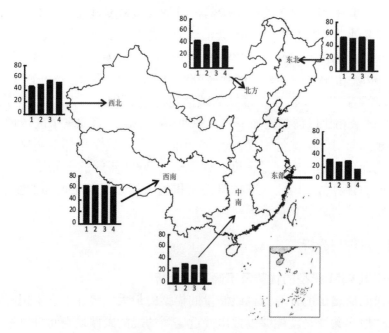

图 9 近 30 年中国不同区域森林密度变化图(Mg/ha)

基础。

同时基于 HASM 理论的森林碳储量模拟也存在一定的不确定性。若干因素会影响到最终模拟结果的精度，首先是精度控制点的选取，尽管 HASM 模型对精度控制点的数量要求不高，但是却要求所选取的精度控制点必须是典型的，即最能够代表森林碳储量在空间中的分布趋势的点。本文选择的精度控制点所代表的区域都是各个地区的优势树种，因而能较好地反映森林碳储量在全国尺度上的分布情况，但是对于小尺度上的森林碳储量模拟，仅仅采用优势树种生成控制点可能会带来较大的误差。其次 LPJ 模型的输入参数自身的误差会影响到输出的驱动场，从而进一步影响 HASM 模型的模拟结果。以本研究为例，LPJ 模型输入的气候参数是 1950～2010 年共计 60 年间的气象观测中得到，而中国森林植被分布格局的形成所经历的时间尺度显然更大，此外 LPJ 模型需要的土壤质地数据是模型自带的全球 $0.5°×0.5°$ 的数据，与中国实际土壤质地必然存在一定的误差。最后，森林植被分布范围也会影响最后的模拟结果，由于 LPJ 模型自身并没有考虑土地利用类型的差异，因此需将 LPJ 模型输出的驱动场与森林植被分布图做叠加处理，尺度较大的土地利用图必然导致一些面积较小的林区被排除在研究范围之外，从而导致最后模拟结果偏小。

（二）与其他空间分析方法的对比

在空间分析中，基于空间点推算面上的属性常用方法是空间插值。相比于普通插值方法，HASM 模型在 DEM 构建、气候要素模拟、土壤属性模拟等领域具有更高的模拟精度。为了验证普通插值方法与 HASM 模型在碳储量模拟中的差别，本研究以反距离加权插值法和普通克里金法为例，基于前面生成的森林碳储量精度控制点数据，做空间插值（图 10）。可以看出，普通空间插值方法得到的森林碳储量模拟值最大的特点是结果连续分布，空间异质性比较弱，显然这是与实际不符合的。这是因为普通空间插值方法只是用到了空间邻域采样点的属性信息，而森林碳储量值不同区域的影响因素不同，不适合通过空间内插方法推算得出，此外，当空间采样点距离过大，未知点与空间采样点之间的相关性变弱时，基于普通插值方法得到的结果甚至可能是错误的。因此，从碳储量的计算原理上讲，普通插值方法都是不适用的。

（三）中国近 30 年碳储量变化原因

以第 7 次中国森林资源清查数据计算得出的中国森林碳储量总量与以前

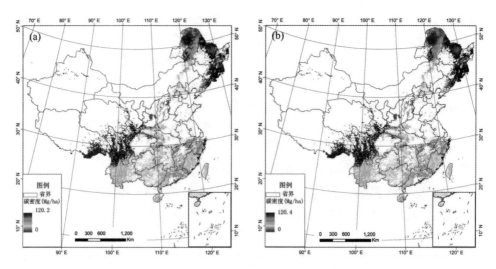

图10 反距离加权方法(a)和普通克里金法(b)得到的中国森林碳储量分布图

相比增加量较大。如根据1973~1976年中国森林资源清查数据计算得出的中国森林碳储量为4.592 Pg，而根据第7次中国森林资源清查数据计算得出的中国森林碳储量值为7.8115 Pg，增加了3.2195 Pg；基于第7次中国森林资源清查数据和HASM模型模拟得到的中国森林碳储量则为9.2405 Pg，增加了4.6485 Pg。可以看出，无论是仅仅基于森林资源清查数据计算得到的结果，还是运用HASM模拟得出的结果，与1973~1976年计算出的碳储量相比都有较大幅度的增长，其中前者增加了70.11%，而后者增加了91.86%，接近一倍。这主要的原因是森林面积和森林蓄积量的增加，根据第一次中国森林资源清查的结果(1973~1976年)，当时中国森林面积为12 186万公顷，森林蓄积为865 579万立方米；而第7次中国森林资源清查结果显示森林面积为19 545.22万公顷，森林蓄积量为1 372 080.36万立方米，分别增加了60.39%和58.52%，可见森林面积和蓄积量的增加可以解释大部分碳储量的增加。导致基于第7次中国森林资源清查所计算的碳储量值与1973~1976年碳储量值相比出现较大增长的另一个原因是，以前森林资源清查标准是郁闭度为30%，即郁闭度小于30%的林木不计入森林清查范围；而最新的森林资源清查的标准将郁闭度降为20%，因而更多面积的林木参与清查，也一定程度上增加了最后计算出的森林碳储量总值。

此外，从计算原理和过程看，基于森林资源清查数据计算碳储量只是计算的森林(主要是乔木)的碳储量，并且森林清查的标准是郁闭度20%。而对于本研究采用的 HASM 方法，是以 LPJ 模型输出的碳储量为驱动场，以根据森林资源清查计算的样地碳储量值为精度控制点模拟得到的结果，因此该模型的不仅仅是森林，而是包括森林生态系统内的所有植被，如灌木林，此外还包括郁闭度低于 20% 的稀疏林木，因此最后的模拟计算结果必然高于基于森林资源清查计算的结果。

五、结论

精确估计区域乃至全球尺度的碳储量及其模拟在空间中的分布情况具有重要意义。当前主要的分析方法还是主要依赖于森林资源清查数据，这需要花费很大的人力财力，而且耗时很长，并且在很多国家还没有完整的森林资源数据清查资料。针对上述问题，本研究提出了一种仅依靠部分森林样地清查数据就能获得区域尺度上森林碳储量分布情况的模拟方法，并且以中国第 7 次全国森林资源清查数据（2004~2008 年）为例，一方面作为生成精度控制点的数据源，另一方面也作为本研究方法模拟结果的验证。本研究的主要结论是：

（1）模拟结果表明，本研究模拟得到的中国森林碳储量为 9.2405 Pg，与根据森林清查数据计算得到的碳储量值 7.8115 Pg 相比，本研究模拟结果值增加了约 18.30%，考虑到森林资源清查是以郁闭度 20% 为标准，而本研究中的模拟方法得到是中国所有林木区域的碳储量值（包括郁闭度小于 20% 的稀疏林），因此本文模拟得到的结果应该更符合实际情况。

（2）从空间分布上看，中国森林碳储量仍然主要分布于西南山区，东北林区以及东南丘陵山区，其中碳储量最大的是西南山区，东北林区次之，碳储量密度的空间分布也遵循这个规律。跟以前相比，中国各个区域的碳储量都有所增加，其中东北林区、西南山区碳储量增加特别明显。表明中国几十年来大力发展植树造林碳汇效果非常显著。

此外，需要指出的是，除了分析中国森林碳储量的空间分布之外，本研究也验证了基于 HASM 理论模拟分析区域尺度上森林碳储量空间分布情况的有效性。本文使用的中国第 7 次森林资源清查数据既为本研究提供生成精度控制点的数据源，也用来验证本研究分析方法的精度。模拟结果表明本研究提出的方法具有很高的模拟精度。因此，本研究提出的森林碳储量分布模拟方法不仅适用于区域尺度，也适用于全球尺度；不仅适用于森林生态系统碳储量的模拟，也同样适用于草地生态系统碳储量、土壤碳储量的空间模拟。

参考文献

[1] Woodwell G M, Whittaker R H. The biota and the world carbon budget. Science, 1978, 199: 141-146.

[2] Olson J S, Watts J A, Allison L J. Carbon in live vegetation of major world ecosystems. Report ORNL-5862. Oak Ridge National Laboratory, Oak Ridge, Tenn., 1983: 15-25.

[3] Post W M, Emanuel W R, Zinke P J et al. Soil pools and world life zones. Nature, 1982, 298: 156-159.

[4] Kramer P J. Carbon dioxide concentration, photosynthesis, and dry matter production. BioScience, 1981, 31: 29-33.

[5] Waring R H, Schlesinger W H. Forest Ecosystems. Inc. Orlando, FL, USA: Academic Press, 1985: 313-335.

[6] Houghton R A. Land-use change and the carbon cycle. Global change Biology, 1995, 1: 275-287.

[7] Detwiler R P, Hall C S. Tropical forests and the global carbon cycle. Science, 1988, 239: 42-47.

[8] Li Haikui, Lei Yuancai, Zeng Weisheng. Forest carbon storage in China estimated using forestry inventory data. Scientia Silvae Sinicae, 2011, 47(7): 7-12.[李海奎, 雷渊才, 曾伟生. 基于森林清查资料的中国森林植被碳储量. 林业科学, 2011, 47(7): 7-12.]

[9] Piao Shilong, Fang Jingyun, Zhu Biao et al. Forest biomass carbon stocks in China over the past 2 decades: Estimation based on integrated inventory and satellite data. Journal of Geophysical Research, 2005, 110: G01006.

[10] Liu Shuangna, Zhou Tao, Shu Yang. The estimating of the spatial distribution of forest biomass in China based on remote sensing and downscale techniques. Acta Ecological Sinica, 2012, 32(8): 2320-2330.[刘双娜, 周涛, 舒阳. 基于遥感降尺度估算中国森林生物量的空间分布. 生态学报, 2012, 32(8): 2320-2330.]

[11] Kogan F N. Evolution of long-term errors in NDVI time series. Advances in Space Research, 2001, 28(1): 149-153.

[12] Trishchenko A P, Josef Cihlar, Li Zhanqing. Effects of spectral response function on surface reflectance and NDVI measured with moderate resolution satellite sensors. Remote Sensing Environment, 2002, 81(1): 1-18.

[13] Yue Tianxiang, Du Zhengping, Dong Dunjiang et al. A new method of surface modeling and its application to DEM construction. Geomorphology, 2007, 91(1/2): 161-172.

[14] Shi Wenjiao, Liu Jiuyuan, Song Yinjun et al. Surface modeling of soil pH. Geoderma, 2009, 150(1/2): 113-119.

[15] Wang Chenliang, Yue Tianxiang, Fan Zemeng et al. HASM-based climatic downscaling model

over China. Journal of Geo-Information Science, 2012, 14(5): 599 – 610. [王晨亮, 岳天祥, 范泽孟等. 基于高精度曲面建模的中国气候降尺度模型. 地球信息科学学报, 2012, 14(5): 599 – 610.]

[16] Wang Xiaoke, Feng Zongwei, Ouyang Zhiyun. Vegetation carbon storage and density of forest ecosystems in China. Chinese Journal of Applied Ecology, 2001, 12(1): 13 – 16. [王效科, 冯宗炜. 中国森林生态系统的植物碳储量和碳密度研究. 应用生态学报, 2001, 12(1): 13 – 16.]

[17] Zhao Min, Zhou Guangsheng. Carbon storage of forest vegetation and its relationship with climatic factors. Scientia Geographica Sinica, 2004, 24(1): 50 – 54. [赵敏, 周广胜. 中国森林生态系统的植被碳贮量及其影响因子分析. 地理科学, 2004, 24(1): 50 – 54.]

[18] Fang J Y, Chen A P et al. Changes in forest biomass carbon storage in China between 1949 and 1998. Science, 2001, 292: 2320 – 2322.

[19] Department of Forest Resources Management of State Forestry Administration. Forest Resources Statistics of China. Beijing: Department of Forest Resources Management of State Forestry Administration, 2010. [国家林业局森林资源管理司. 全国森林资源统计: 第七次全国森林资源清查. 北京: 国家林业局森林资源管理司, 2010.]

[20] Xing Yanqiu, Wang Lihai. Compatible biomass estimation models of natural forests in Changbai Mountains based on forest inventory. Chinese Journal of Applied Ecology, 2007, 18(1): 1 – 8. [邢艳秋, 王立海. 基于森林调查数据的长白山天然林森林生物量相容性模型. 应用生态学报, 2007, 18(1): 1 – 8.]

[21] Zeng Weisheng, Luo Qibang. Study on compatible nonlinear tree biomass models. Chinese Journal of Ecology, 1999, 18(4): 19 – 24. [曾伟生, 骆期邦. 兼容性立木生物量非线性模型研究. 生态学杂志, 1999, 18(4): 19 – 24.]

[22] Alexeyev V, Birdsey R, Stakanov V et al. Carbon in vegetation of Russian forest: methods to estimate storage and geographical distribution. Water, Air and Soil Pollution, 1995, 82: 271 – 282.

[23] Turner D P, Koepper G J, Harmon M E et al. A carbon budget for forests of the conterminous United States. Ecological Applications, 1995, 5: 421 – 436.

[24] Fang J Y, Liu G H, Xu S L. Storage, distribution and transfer of the biogenic carbon in China. The 1st IGAC Conference, Eilat, Israel, 1993.

[25] Fang J Y, Wang G G, Liu G H. Forest biomass of China. Ecological Applications, 1998, 8: 1084 – 1091.

[26] Li Haikui. Estimation and Evaluation of Forest Biomass Carbon Storage in China. Beijing: China Forestry Publishing House, 2010. [李海奎. 中国森林植被生物量和碳储量评估. 北京: 中国林业出版社, 2010.]

[27] Morales P, Sykes M T, Prentice I C et al. Computing and evaluating process-based ecosystem

model predictions of carbon and water fluxes in major European forest biomes. Global Change Biology, 2005, 11(12): 2211 - 2233.

[28] Bonan G B, Levis S. Evaluating aspects of the community land and atmosphere models(CLM3 and CAM3) using a dynamic global vegetation model. Journal of Climate, 2006, 19(11): 2290 - 2301.

[29] Sitch S, Huntingford C. Evaluation of the terrestrial carbon cycle, future plant geography and climate-carbon cycle feedbacks using five Dynamic Global Vegetation Models(DGVMs). Global Change Biology, 2008, 14(9): 2015 - 2039.

[30] Doherty R M, Sitch S. Implications of future climate and atmospheric CO_2 content for regional biogeochemistry, biogeography and ecosystem services across East Africa. Global Change Biology, 2010, 16(2): 617 - 640.

[31] Sitch S, Smith B, Prentice I C. Evaluation of ecosystem dynamics, plant geography and terrestrial carbon cycling in the LPJ dynamic global vegetation model. Global Change Biology, 2003, 9: 161 - 185.

基于社会偏好的森林生态服务产品自愿供给路径分析

冯晓明[1] 李怒云[2]

(1. 河北农业大学 保定 071001;2. 国家林业局气候办 北京 100714)

一、导言

按照新古典经济学定义,森林生态服务因其效用的不可分割性、消费的非竞争性和非排他性属于典型的公共物品,由此带来的个体消费中的"搭便车"行为会造成自愿供给困境问题。然而,随着行为经济学和实验经济学的兴起,越来越多的经济学家继承古典阶段和新古典阶段出现的个体利他偏好假设,通过理论和实验方法研究公共物品的自愿供给问题,取得了显著成果。来自国内外的公共物品自愿供给经验数据也表明,基于社会偏好的较高水平的公共物品个体自愿供给行为普遍存在。"基于利他偏好,非盈利性行为取向下的公共物品供给,是公共物品供给的重要补充形式"(王廷惠,2007),这为破解我国森林生态服务供给不足问题提供了崭新的路径。

人性利他假设和理性经济人假设是经济学说史上两面相互独立又相互辉映的旗帜。尽管沿袭不同路径,但二者在利用旗下经济理论分析人类经济行为上统一于对人性复杂性的深刻认识。经济分析中的人性利他偏好由来已久。Smith(1759)运用公正的旁观者机制解释人的利他行为;德国历史学派(19世纪中期)强调"人的本性并非个人主义"(何正斌,2007);North(1981)利用意识形态理论解释人类忽略个人利益行为(道格拉斯·诺思,1994)。20世纪30年代以来,随着行为经济学和实验经济学的兴起,以个体社会偏好为中心的公共物品自愿供给理论研究和实验研究成果为世人瞩目。主要代表人物有 Rabin(1993)、Camere(1997)、Fehr 和 Schmidt(1999)、Bolton 和 Ochenfels(2000)。国内学者主要是周业安(2008)、刘文忻(2010)、韦倩(2010)等。该理论体系采用实验研究和实证分析方法,解释了人类社会普遍存在的公共物品自愿供给行为,验证了公共物品自愿供给中的社会偏好特征和规模因素。

本文的逻辑思路是：对国内外基于社会偏好的公共物品自愿供给理论和实证研究成果进行梳理和总结，阐明个体社会偏好特征和群体规模对公共物品自愿供给水平具有显著影响；基于 Ostrom"公共池塘资源"治理模型，将森林生态服务产品自愿供给问题置于小规模群体和大规模群体两个框架下，分别分析森林生态服务产品自愿供给路径选择问题，最后提出政策建议。

二、公共物品自愿供给的动机与激励：理论和实验证据

(一) 社会偏好理论的形成与发展

社会偏好理论的形成大致分为三个阶段：基于人性利他主义的经验分析阶段，基于行为分析和心理分析的社会偏好理论形成阶段，基于不同环境和条件的社会偏好理论实验和实证研究阶段。

在西方经济学说史上，对人性利他的关注可以追溯至两个渊源：一是"经济学之父"Adam Smith，二是德国的哲学先贤、历史学派思想的奠基者 Kant、Fichte 和 Hegel。在 Smith 传世名著《道德情操论》(1759) 中，他用同情的基本原理阐释人类正义、责任、仁慈和克己行为[1]。认为人在追求物质利益的同时，受到道德感念的约束，公正、道义、信任和帮助别人，这种"利他"的道德情操植根于人内心深处。诺贝尔经济学奖得主 Friedman 评价说，"不读《国富论》不知道应该怎样才叫'利己'，读了《道德情操论》才知道'利他'才是问心无愧的'利己'"。18 世纪中后期和 19 世纪初的德国哲学先贤、历史学派思想的奠基者 Kant、Fichte 和 Hegel，强调个人意志与道德意志、国家意志的统一，主张"人的本性并非个人主义"。之后的人性利他学说尽管淹没于古典和新古典经济学的洪流之中，但其光芒依然闪耀在哲学、伦理学和心理学等领域中，并为行为经济学、实验经济学的兴起奠定了坚实的思想基础。

随着公共物品理论的形成与完善，越来越多的经济学家开始关注传统政府和市场手段之外的个体自愿供给行为。特别是随着心理学、行为经济学和实验经济学研究的不断发展和成熟，社会偏好理论逐步形成和完善。主要代表是：Veblen (1934)、Duesenberry (1949)、Leibenstein (1950)、Pollak

---

[1] Smith 的《道德情操论》(1759) 早于其《国富论》(1776)，前者给西方世界带来的影响更为深远。至于由此带来的"Smith 问题"，后来社会偏好理论的形成和发展证明了 Smith 对人性利他的认识实为其对经济思想发展的另一伟大贡献。

(1976)在其文献中形成了社会偏好的雏形;Rabin(1993)构造了社会偏好理论第一个基于动机公平的"互利"模型;Camerer(1997)第一次提出"社会偏好概念";Fehr 和 Schimdt(1999)、Bolton 和 Ochenfels(2000)将社会偏好与实验经济学相互结合,从人的公平、信任和合作行为动机出发,完整构造了基于动机的互惠偏好理论模型、基于结果的差异厌恶偏好理论模型和基于社会福利的利他偏好理论模型,并进行了深入分析,标志着社会偏好理论趋于完善(陈叶烽等,2012)。

在经典社会偏好理论模型的基础上,国内外经济学者开始尝试调整不同变量,通过实验方法和信息技术手段,对不同环境和条件下的个体社会偏好行为进行了实证研究和验证。在个体动机影响因素、多维度激励约束、模型测度和外溢问题上取得了显著成果,使得社会偏好理论具备了越来越坚实的实证基础。主要代表是:Isaac(1984)、Bergstrom(1986)、Ledyard(1995)等对个体自愿供给中一些影响合作的特征化事实进行了实证分析;Andreoni(1995)、Goeree、Holt 和 Laury(2002)等在新古典框架下研究了利他、互惠以及社会责任感等社会偏好因素对合作捐献的影响;Fischbacher 和 Gachter(2006)采用实验方法研究了异质社会偏好对个体自愿供给的影响;国内经济学者周业安、宋紫峰(2008)在一个典型的公共物品实验环境中,考察了公共物品覆盖人群大小、个体投资公共物品的边际收益、初始禀赋和社会关系对于个体自愿供给的影响;刘文忻、龚欣和张元鹏(2010)利用实验经济学方法,探讨了个体自愿供给中社会偏好异质性与合作捐献行为之间的关系问题。

(二)公共物品个体自愿供给中的动机与激励

研究表明,公共物品个体自愿供给对环境非常敏感(刘文忻等,2010)。敏感程度主要取决于个体社会偏好动机的异质性和对环境激励效应的反应程度。通过梳理行为经济学和实验经济学的相关文献不难发现,社会偏好理论形成和发展一直围绕动机和激励两个核心内容展开。

1. 关于社会偏好动机的存在性和稳定性

无论是从心理学、伦理学、哲学,还是从经济学角度来看,Adam Smith 的经典名著《道德情操论》都具有里程碑式意义。Smith 深刻揭示了"同情"是人的天性,人的公平、仁慈、责任、信任和合作品质与生俱来,人的善恶不过是形容这些品质的敏感程度罢了。20 世纪后期,实验经济学家在个体行为博弈实验中验证了人类利他行为的存在性:Güth 等(1982)在最后通牒博弈实验中发现响应者的拒绝分配方案行为，Forsythe 等（1994）在独裁者实验中发现给予行为，Berg 等（1995）在信任实验中发现信任行为和回报行为，Fehr 等（1996）在礼物交换博弈中发现互惠行为（陈叶烽等，2012）。国内学者周业安等（2008）以中国大学生为被试对象，采用标准的实验经济学方法，在一个典型的公共物品实验中验证了在公共物品自愿供给中个体稳定的社会偏好；刘文忻等（2010）同样采用实验经济学方法以北京大学学生为被试对象，在公共物品自愿捐献实验中验证了稳定存在的个体社会偏好行为。这些实验研究验证了人在现实生活中普遍存在的公平、信任和合作行为，并具有一定的稳定性。

2. 关于社会偏好的动机与变异

Rabin（1993）根据近年来心理学实验的发现概括了个体普遍存在的"互惠互利"行为规则，并第一次构建了一个"互利"偏好模型。不同于互利偏好模型，Fehr 和 Schmidt（1999）、Bolton 和 Ochenfels（2000）分别构建了经典的差异厌恶偏好模型，该模型强调结果导向，即人们具有减少他与别人收益差异的动机。Andreoni 和 Miller（2002）的社会福利偏好理论认为，人们不仅关心自身利益，还关心社会福利的大小，特别是弱势群体福利。Charness 和 Rabin（2002）的模型结合了互惠偏好和社会福利偏好，Koler（2003）的模型结合了社会福利偏好和差异厌恶偏好，Falk 和 Fischbacher（2006）的模型结合了互惠偏好和差异厌恶偏好，这些模型反应了不同条件下偏好的变异与结合。国内学者刘文忻（2010）在其公共物品自愿捐献实验中发现，个体社会偏好具有异质性，据此将参与者归为四种类型：具有互惠偏好的条件合作者、具有利他主义观念的积极合作者、利己型非合作者、具有长远目标的利己主义的策略型合作者（刘文忻等，2010）。实验还发现，依据不同条件变化，个体社会偏好会发生变异，不同类型参与者可以相互转化。

3. 群体规模对社会偏好的影响

俱乐部理论较早关注了组织规模对公共物品提供的影响。通过自愿结社，可以部分排除参与者搭便车行为，俱乐部可以有效进行公共物品自愿供给，只要排他机制的成本低于获得的收益（王廷惠，2007）。Ostrom（1990）在其《公共事务的治理之道》中通过对大量长期存续的公共池塘资源的制度分析，形成了治理适度规模公共池塘资源制度的八项"设计规则"（埃莉诺·奥斯特罗姆，2012），并认为满足"设计规则"的公共池塘资源可以得到有效利用。Klein（1990）将美国市镇社区居民踊跃购买州公路公司的股票行为归因于负筛选激励和社会压力,揭示了适度规模内的自愿供给行为动因(Cliein,D. 1990)。周业安等(2008)在一个标准的公共物品实验中,考察了组织规模、边际收益、初始禀赋和社会关系对公共物品自愿供给的影响,并得出如下结论:初始禀赋大小影响自愿供给量,但随着实验重复,供给量递减;互惠动机显著支持自愿供给;当边际收益变化足以改变免费乘车行为时,其对公共无品自愿供给影响显著。刘文忻等(2010)的自愿捐献实验发现,私人边际回报率和交流两大控制因素分别对具有不同社会偏好倾向的捐献者的个人自愿捐献水平有较大的影响:私人边际回报率主要通过两种方式促进合作捐献,一是促使各类参与者增加首次或多次捐献额度,也就是移动捐献路径或改变路径斜率(增大条件合作的系数);二是某些参与者会因为私人边际回报率的增加而根本地改变捐献路径,即发生"转型"。而面对面的交流则有助于消除不确定性,帮助在从非合作博弈转向合作博弈之后维持持续性合作均衡(刘文忻等,2010)。李英等(2008)采用聚类分析和 Logistic 回归分析,通过文化程度和收入水平两个主要因素将牡丹江市居民自愿参与城市绿化的出资水平分为 4 种类型,第 1 类自愿出资 10 元以上的占样本的 95%,第 2、4 类倾向自愿出资 10~30 元,第 3 类自愿出资 5~30 元的占样本的 85%,居民自愿参与城市森林生态服务的概率较高。

三、森林生态服务产品自愿供给路径的分析框架

个体在公共物品供给中的自愿行为已经为理论和实践验证。因此,根据新古典经济学的一般定义,森林生态服务产品的自愿供给无论是在理论上还是在实践上,都存在很大的效率空间。当前,我国生态环境危机突显,人们对改善环境的愿望强烈。在森林生态服务产品政府低效供给和市场供给不成熟的背景下,探索个体自愿有效供给是政府手段和市场手段之外的重要补充路径。

(一)森林生态服务产品自愿供给的逻辑分析框架

新古典经济学解决公共物品供给的主要逻辑路径是:通过设置排他手段,降低个体的投机行为风险,从而实现公共物品的有效供给;主要手段如制度排他(科斯定理)、组织排他(俱乐部理论)、技术排他(降低排他成本)和价格歧视排他等。其逻辑依据是利用上述手段被动激励显示消费者偏好,是一种基于自利假设的逻辑分析方法。而个体社会偏好理论基于利他假设,通过改变影响个体利他动机的变量(如规模、边际报酬、信息成本、互信预

期等),达到满足自愿供给的激励条件,实现主动激励显示消费者偏好,从而达到供给的次优效率①。个体的社会偏好是构建森林生态服务产品自愿供给分析框架的逻辑起点。

生态环境污染程度受经济和社会发展水平影响呈现较强的区域性特征,因而个体对森林生态服务产品的需求偏好也呈现较为明显的群体性特征。如城市居民需求明显强于农村居民需求,重工业发达地区居民需求明显强于工业欠发达地区居民需求。而且,理论和实验研究证明,群体规模不同,影响个体自愿供给动机因素的作用机制、采用的激励手段明显不同。因此,按规模分析个体自愿提供森林生态服务产品行为是实现森林生态服务产品供给次优效率的基本逻辑前提。

遵循Ostrom(1990)定义"公共池塘资源"的方法,本文划分规模的依据是:规模内个体是否具有统一水平的社会偏好预期,个体自愿供给中收益是否大于成本。据此将森林生态服务产品自愿供给主体分为小规模群体(如城市或社区)和大规模群体(如地区或国家)。在此基础上构建小规模群体和大规模群体内个体自愿供给的分析框架将更具针对性和实效性。这是本文的基本逻辑思路。

(二)小规模群体森林生态服务产品自愿供给路径分析

小规模群体森林生态服务基于Ostrom"公共池塘资源"分析框架,因此,小规模群体森林生态服务自愿供给路径分析依据Ostrom"长期存续的公共池塘资源"治理思路展开。

1. 确定小规模群体边界

确定小规模群体边界方法可以有两种:一种为Ostrom方法,即"资源系统"存在可量化"资源单位",根据对"资源单位"统一水平的需求偏好实现排他,从而确定群体规模。另一种为Buchanan(1965)方法,即通过设置合理需求偏好显示机制(如收费)使个体实现自愿聚集,通过"用脚投票"方法确定群体规模。通过排他设置确定边界,能够实现在合理规模内对森林生态服务产品进行私人物品属性的供给分析。

2. 预测需求偏好特征

预测小规模群体森林生态服务产品的需求偏好水平是构建自愿供给路径

---

① 由于复杂环境对个体动机的影响很不稳定,加之目前技术所限,自愿供给的帕累托最优很难实现。

的理论和现实前提。理论和实验研究已证明,社会偏好具有稳定性和异质性。可采用条件价值方法(Contingent Voluation Method)对小规模群体内森林生态服务产品的需求偏好水平进行预测(李英等,2008)。需求偏好特征包含两层含义:一是确定小规模群体需求偏好的统一程度,二是确定小规模群体需求偏好结构。二者为深入分析小规模群体森林生态服务产品自愿供给路径提供依据。

3. 解决可信承诺问题

社会偏好理论和实验已经发现,小规模群体中个体具有互惠偏好和差异厌恶偏好,公共物品的自愿供给水平取决于另一方的善意函数或收益均值[①]。Ostrom 也认为,公共池塘资源中的占用者会依据其他占用者采取的行动而采取权变策略和适当的贴现率(埃莉诺·奥斯特罗姆,2012)。因此,实现小规模群体森林生态服务产品的自愿有效供给,必须解决可信任承诺问题。

解决小规模群体内可信承诺可采取正激励和负激励两种机制。正激励机制主要包括:占用和供给制度设计要与群体内禀赋条件相符;绝大多数小规模群体个体要参与规则的制定与修改;建立规范的群体研讨制度,最大程度降低信息成本,增进互信水平,并为制度完善提供保证。负激励机制主要包括:建立全部个体参与的内部监控机制和分级制裁方案,降低集体行动中的个体投机风险。

4. 小规模群体自愿供给行为的组织问题

作为公共物品的森林生态服务产品在自然属性上与 Ostrom 的公共池塘资源有所不同。森林生态服务产品在消除环境污染、改善生活环境方面具有隐性特征,产品效用具有很长的周期性。只要不足够影响到人们正常生活,对其需求和供给很难自发形成。而且,即使规模适度的小规模群体,个体间高昂的沟通成本也会给合作带来致命的打击。因此,建立具有相同偏好预期的小规模群体的自愿组织,有效解决沟通和协调问题,是实现森林生态服务产品自愿有效供给的重要制度保障。

---

① 参见 Dufwenberg 和 Kirchsteiger(2004)基于动机的互惠偏好扩展模型:$U_i(a_i, b_i, c_i) = \pi_i(a_i, b_i) + Y_i \sum_{j \neq i} f_i(a_i, b_i) \tilde{f}_i(b_j, c_i)$ 和 Fehr 和 Schmidt(1999)基于结果导向的差异厌恶模型 $U_i(X) = x_i - \frac{\alpha_i}{n-1} \sum_{j \neq i} \max(x_j - x_i, 0) - \frac{\beta_i}{n-1} \sum_{j \neq i} \max(x_i - x_j, 0)(\beta_i \leq \alpha_i, 且 0 \leq \beta < 1)$。

(三) 大规模群体森林生态服务产品自愿供给路径分析

大规模群体内的森林生态服务产品自愿供给行为,因为个体所处环境条件不同、禀赋条件不同、社会偏好的异质性和个体间无法测量的沟通成本,具有极大的不确定性和不稳定性。在此条件下的自愿供给行为是一种基于纯利他动机的个体行为。研究大规模群体森林生态服务产品的自愿有效供给,关键是解决发现动机、组织动机和激励动机三大问题。同时,辅之于建立良好的意识形态环境,提高自愿供给水平。

1. 建立可信的第三方组织[①]的必要性

可信的第三方组织是大规模群体自愿提供森林生态服务产品的基本前提。一方面,可信的第三方组织为满足大众普遍存在的社会偏好诉求提供了可靠路径。理论和实证研究已经证明,个体存在普遍的和稳定的社会偏好,为个体提供一个可信的自愿捐献平台无疑会大大提高社会公众参与森林生态服务产品自愿供给的水平。第二,由于无法计量的沟通成本,大规模群体内个体自愿供给的自发合作行为无法实现。可信的第三方组织有效节约了此种情况下的个体沟通成本,为协调大规模群体的自愿供给行为创造了条件。第三,普遍存在于个体内的纯利他动机难以产生持续的自愿供给激励[②]。刘文忻等(2010)的实验证明,通过改变个体自愿供给动机的作用条件,可以增强原有利他动机或诱导产生新的自愿供给动机,从而促进产生一个持续的激励。可信的第三方组织具备建立这种激励的条件。通过建立可信的第三方组织,解决发现动机、组织动机和激励动机的基本组织条件。

可信的第三方组织自身必须满足如下条件:与个体间具有完全信息,具备表达群体社会偏好的专属功能,能够代表大规模群体实施组织,具备良好的社会偏好实现机制和反馈机制等。

2. 大规模群体森林生态服务产品自愿供给的可持续激励问题

周业安(2008)、刘文忻(2010)的公共物品自愿捐献实验中,发现个体自愿捐献行为随着捐献次数(实验次数)增加而衰减。不同于小规模群体分析逻辑,大规模群体的自愿供给行为对纯利他动机依赖很高。因此,可持续激励问题成为突破大规模群体森林生态服务产品自愿供给瓶颈的关键。

---

① "可信"是一种理论假设,目的在于说明个体对"第三方组织"具有完全信息;"第三方组织"定义为具有唯一目标(如植树造林)的非盈利性社会公益组织,区别于政府组织和盈利的市场组织。

② 周业安、刘文忻分别在其公共品自愿供给实验中验证了"自愿捐献行为动机随着实验次数的增加而逐渐衰减"。

可持续激励问题的实质就是利他动机激励问题。研究证明，个体互惠、公平的动机对自愿捐献的合作行为影响显著。群体中沟通和交流的信息成本越低，个体的贴现水平就越低，互惠、信任和合作行为就越容易实现。因此，建立持续畅通的反馈机制和对个体互惠动机的持续激励机制，是提高在大规模群体的森林生态服务产品供给水平的必要制度条件。

3. 建立良好的意识形态环境条件

North(1994)认为，意识形态具有克服"搭便车"行为和降低交易费用的作用。"当个人深信习俗、规则和法律是正当的时候，他们也会服从于它们。变迁与稳定需要一个意识形态理论，并以此来解释新古典理论的个人主义理性计算所产生的这些偏差"。对规则、法律具有的正义、公平认识，直接影响着人们在经济和社会活动中采取的行动。高评价带来较强的群体社会责任感和良好的互信行为，反之则导致普遍的投机行为。建立大众对规则、法律的良好信心，即形成积极的意识形态，是提高森林生态服务产品自愿供给水平的必要宏观条件。

四、政策启示

基于个体社会偏好的森林生态服务产品自愿供给不同于其他公共物品自愿供给。一是由于对森林生态服务的需求因经济发展水平、环境污染程度和区域的禀赋条件不同而明显不同，个体的社会偏好特征对外界环境依赖程度较高；二是森林生态服务的外部性难以采用新古典理论的一般排他技术有效解决。因此，在探索森林生态服务产品的政府供给和市场供给手段同时，给予自愿供给手段更多政策支持是有效解决当前我国环境危机的明智选择。本文提供的主要政策启示如以下方面。

(一)森林生态服务产品自愿供给行为对外界环境十分敏感

政府营造良好的"意识形态"环境，有利于建立公众较强的社会责任感、信任感和公平正义感，从而增强个体社会偏好。通过建立科学的社会偏好显示机制，可以引导个体提高森林生态服务产品自愿供给水平。

(二)有效的社会组织能够提升森林生态服务产品的自愿供给水平

无论是基于Ostrom"公共池塘资源"的小规模群体，还是面向大众的大规模群体，社会组织在发现动机、组织动机和激励动机方面都具有着不可替代的作用。政府应积极创造条件，鼓励和支持具有森林生态服务产品提供功能的社会组织快速、有序发展，为提高森林生态服务水平提供有力的组织和服务条件。

（三）小规模群体森林生态服务产品自愿供给因为边界容易界定、需求偏好容易测度、可信承诺成本较低

依据 Ostrom"公共池塘资源"治理模型分析框架能够应用于构建社区规模的森林生态服务产品自愿供给模式。政府可以鼓励在满足一定条件的城市社区开展居民植树绿化，改善城市生态环境。

（四）我国森林生态服务产品自愿供给的理论研究和实验研究尚处于初级阶段

仍有一些影响自愿供给的关键性因素有待发现。政府应该在森林生态服务产品自愿供给理论研究和实验研究上给予更多支持，为进一步提升森林生态服务水平提供更多理论和实验依据。

参考文献

[美]埃莉诺·奥斯特罗姆. 公共事务治理之道[M]. 余逊达，等译. 上海：上海译文出版社，2012：108

[美]道格拉斯 C. 诺思，经济史中的结构与变迁[M]. 陈郁，等译. 上海：上海人民出版社，1994：19

陈叶烽，叶航，汪丁丁. 超越经济人的社会偏好理论：一个基于实验经济学的综述[J]. 南开经济研究，2012(1)：64

何正斌. 经济学 300 年[M]. 湖南：湖南科学技术出版社，2007：105

李英，裴佳音. 基于聚类分析的居民自愿供给森林生态服务研究[J]. 林业经济问题，2008(3)：224

刘文忻，龚欣，张元鹏. 社会偏好的异质性、个人理性与合作捐献行为[J]. 经济评论，2010(5)：6

王廷惠. 公共品边界的变化与公共品的私人供给[J]. 华中师范大学学报(人文社会科学版)，2007(7)：41

周业安，宋紫峰. 公共品的自愿供给机制———一项实验研究[J]. 经济研究，2008(7)：91

Klein, D.. The Voluntary Provision of Public Goods? The Turnpike Companies of Early America [J]. Economics Inquiry, 1990, 28(4)

促进林业生态产品生产与发展对策建议

——以林业碳汇为例

赵宗桓

(云南省丽江市林业局 丽江 674100)

生态环境恶化,生态产品短缺已成为制约我国经济社会可持续发展的重要因素。党的十八大报告集中论述大力推进生态文明建设,其中在提到加大自然生态系统和环境保护力度时强调,要"增强生态产品生产能力"。这是党对可持续发展理念的延伸,体现了党和国家对自然生态系统和环境保护的重视。良好的生态产品是人类生存与发展的基本条件,能维持大自然的生态循环,保持环境平衡,保障人和动物在自然环境中持续健康的生存(欧阳志云等,1999)。因此,提高生态产品生产能力,增加生态产品供给,充分发挥生态产品效益,对促进生态文明建设,促进社会和谐,实现经济社会可持续发展,实现人与自然和谐共处具有重要意义。

一、生态产品解读

生态产品是指维系生态安全、保障生态调节功能、提供良好人居环境的自然要素,其特点是节约能源、无公害、绿色生产,主要包括清新的空气、清洁的水源和宜人的气候等(全国主体功能区规划,2011)。生态产品是依托自然生态系统来生产的,其生产过程就是形成和释放生态效益的过程,生态生产的生态产品具有公用性、整体性、外部性和可再生等特性。林业生态产品是生态产品的重要组成部分,是通过经营森林生态系统生产出来的,是在市场经济条件下对森林生态资源、生态效能、生态价值、生态效益等的综合表述(高建中,2007),林业生态产品包括两大类,一是有形产品,主要包括木材、森林食品、林化产品等;二是满足生态需求的无形产品,主要包括吸收CO_2、制造氧气、涵养水源、净化水质、保持水土以及调节气候等(赵树丛,2013)。可见,林业碳汇产品(下简称碳汇产品)是林业生态产品的重要组成部分,是森林生态系统吸收和固定CO_2能力的表现,是应对气候变化行动中重要的、不可替代的生态产品。

二、促进林业生态产品增加的重要意义

（一）增加林业碳汇是应对气候变化的重要措施

当前，气候变化已成为世界各国共同面临的危机和挑战。党的十八大报告中明确提出，坚持共同但有区别的责任原则、公平原则、各自能力原则，同国际社会一道积极应对全球气候变化。作为应对气候变化的重要措施之一，林业在减缓和适应气候变化具有独特功能和重要作用。因此，促进林业碳汇积极应对气候变化，既是建设资源节约型、环境友好型社会的内在要求，也是赢取国家发展空间，抢占低碳经济优势地位的潜力所在。联合国政府间气候变化专业委员会（IPCC）第四次评估报告指出：林业是当前和未来30年乃至更长时期内，技术和经济可行、成本较低的减缓气候变化的重要措施，可以和适应形成协同效应，在发挥减缓气候变暖作用的同时，带来增加就业和收入、保护水资源和生物多样性、促进减贫等多种效益（国家林业局，2009）。

（二）增加林业碳汇是推进生态文明建设的重要任务

历经30多年快速发展，我们国家提供物质产品的生产能力大幅提高，文化产品的生产能力也在快速提高，但相对而言，提供生态产品特别是优质生态产品的能力实际上在减弱（杨时民，2013）。林业碳汇作为生态产品的重要组成部分，是利用森林的储碳功能，通过植树造林、加强森林经营管理、减少毁林、保护森林和湿地等活动吸收 CO_2，释放 O_2，并能通过这一固碳过程降低空气中的 CO_2 含量，减缓气候变暖，减小由气候变暖带来的水资源短缺、土壤侵蚀等不良影响，减缓生态环境恶化，维护生态平衡，提供良好的人居环境，满足人类对生态产品的需求。因此，加快森林植被恢复，增强林业碳汇生产能力是推进生态文明建设的一项重要任务。

（三）增加林业碳汇是社会经济可持续发展的重要保障

虽然我国目前尚未承担《京都议定书》规定的温室气体减、限排义务，但作为温室气体排放大国，在国际气候公约谈判中，面临的压力越来越大。转变生产方式、减低能耗、减少碳排放成为必然趋势。而我国是一个发展中的大国，大力推行工业减排必然会对我国社会经济发展造成巨大影响。因此，通过林业措施吸收、固定 CO_2，发展碳汇林业，增强林业碳汇生产能力，即可为缓解全球变暖趋势、改善人类共同生存的环境作出贡献，又可拓

展我国经济发展空间,为确保经济社会可持续发展提供保障。

三、我国林业碳汇产品生产和发展现状

(一)林业碳汇生产、计量监测和交易

1. 加快造林增加生态产品

通过植树造林、加强森林经营管理、减少毁林、保护森林和湿地等活动均能增加林业碳汇。中国是全球植树造林面积增加最快、人工林最多的国家。在大规模增加森林资源的同时,增强了林业碳汇的生产能力。据第七次全国森林资源清查结果(2004~2008年),我国森林面积达19 545.22万公顷,森林覆盖率20.36%。活立木总蓄积149.13亿立方米,森林蓄积137.21亿立方米。森林植被总碳储量达78.11亿吨。森林生态系统仅固碳释氧、涵养水源、保育土壤、净化大气环境、积累营养物质及生物多样性保护等6项生态服务功能年价值达10.01万亿元(国家林业局,2010)。

2. 林业生态产品交易之尝试

根据《京都议定书》规则,发达国家即附件I国家,可以按照清洁发展机制(下简称CDM)要求,提供资金或技术,从发展中国家购买碳信用指标,用于抵减《京都议定书》为其规定的部分温室气体减排量。至此,作为森林生态产品之一的碳汇,在应对气候变化、抵减碳排放的作用上得到了国际社会的认可,标志着森林生态产品通过交易获取回报的时代的到来。在国家林业局碳汇办积极推动下,2006年11月,"中国广西珠江流域再造林项目"获得CDM执行理事会批准,成为全球第一个获得注册的CDM林业项目。2006年和2009年,世界银行生物碳基金出资385万美元分别订购了广西2个CDM碳汇项目产生的85万吨碳汇减排量(碳信用指标)。加上后来获得批准、碳汇进入交易的2个CDM林业项目,共造林1.43万公顷。在国内碳汇产品成功进入国际碳市场的基础上,中国绿色碳汇基金会为国内企业搭建了一个"捐资造林、购买生态产品、自愿碳减排"的平台。目前,获得捐资6亿多元人民币,在全国二十多个省(区、市)组织实施了碳汇造林8万公顷,并组织营造了"国务院参事碳汇林""北京建院附中碳汇科普林"等不同主题的个人捐资碳汇林。2011年11月1日经国家林业局批准,在浙江省义乌市举办的第四届国际林业博览会上,启动了中国林业碳汇交易试点。依托华东林业产权交易所托管平台,阿里巴巴、歌山建设等10家企业按照18元/吨的价格,签约认购了的14.8万吨造林项目碳汇减排量;2013年6月,河南郑

勇豆制品公司按照 30 元/吨价格认购了 6000t 来自黑龙江伊春的森林经营项目碳汇减排量。这些碳汇交易的尝试,为推的更大规模的生态产品交易奠定了基础。

3. 林业碳汇的计量与监测

作为无形的生态产品,林业碳汇看不见、摸不着,如何确定这种生态产品的存在而且还要进入市场交易?科学的计量监测必不可少。参照国际社会普遍认可的科学方法,国家林业局组织中国林业院、中国绿色碳汇基金会等相关单位在林业碳汇计量与监测方面的研究取得了很多成果。研究编制了《全国林业碳汇计量监测技术指南(试行)》《造林项目碳汇计量与监测指南》《竹林项目碳汇计量与监测方法学》以及上报国家发改委公布备案的温室气体自愿减排《碳汇造林项目方法学》《竹子造林碳汇项目方法学》和《森林经营碳汇项目方法学》3 个林业项目方法学。为规范化、科学化开展林业碳汇计量和监测,确保林业碳汇的可测量、可核查、可报告提供了技术保证。同时,根据《林业碳汇计量监测管理办法》,国家林业局开展了林业碳汇计量监测资质管理,向北京林学会、国家林业局林产工业设计院、浙江农林大学、内蒙古农业大学等 15 家单位颁发了《林业碳汇计量监测证书》。这支有资质的碳汇计量监测的队伍,也是今后科学计量核算林业生态产品的中坚力量。

(二)影响林业碳汇生产和交易的因素

1. 缺乏对林业碳汇的补偿机制

生态产品具有显著的公共物品性质,如果其价值能够通过市场交换来实现,将能够促进生态产品的可持续生产。林业碳汇作为生态产品,包括两种形式:一种是森林、林木自然生长所产生的碳汇;一种是按照相关的方法学,通过人为活动实施碳汇项目所生产的碳汇减排量。现行的森林生态效益补偿基金仅仅针对公益林进行补偿,可以看做是对自然生产的碳汇进行的部分补偿。而人为活动产生的碳汇减排量,作为一种排放空间,由于目前尚未建立排放企业的"碳补偿"机制,碳汇减排量这种生态产品难以得到补偿,也致使林业碳汇项目的减排效益不清,碳汇的价值得不到准确评估,林业碳汇也得不到合理定价,形成林业碳汇生产投入和产出的不对等。影响了林业碳汇效益的发挥,进而影响了林业碳汇进入市场实现其价值。

2. 森林质量不高

经过多年的林业工程建设,我国的森林面积得以快速增加,从森林覆盖率、森林面积和活立木蓄积量等统计指标来看,在总体上均呈上升趋势。但由于我国森林经营粗放,森林质量低下的问题仍然严重。乔木林蓄积量仅为85.88立方米/公顷,只有世界平均水平的78%,平均胸径仅13.3cm,人工乔木林平均单位蓄积量仅49.01立方米/hm(国家林业局,2010)。林业碳汇是在森林生长发育过程中不断产生的,森林质量不高导致生产力低下,进而影响了林业碳汇的生产力的提高。

四、促进林业碳汇生产的措施和建议

(一)加快森林植被恢复,提高碳汇生产能力

我国目前尚有4 000万公顷宜林荒山荒地和5 400万公顷宜林沙荒地(国家林业局,2009)亟待恢复森林植被。况且我国森林固定CO_2能力仅为91.75吨/公顷,大大低于全球中高纬度地区157.81吨/公顷的平均值。这表明我国林业碳汇生产的潜力和空间很大。因此通过加强技术和资金投入,加快植被恢复、保护林地和森林、控制林地水土流失,保护林地土壤、林木生物质能源替代化石能源以及用木材部分替代能源密集型材料等措施,可扩大森林面积,提高森林质量和林木生长量,减少源自林业活动的碳排放,增加碳汇量,提高林业碳汇生产能力。

(二)促进林业碳汇交易,实现生态产品价值

1. 建立林业碳汇产权制度

根据应对气候变化的国际制度和规则,并不是所有的林业碳汇都可以成为交易对象。现代产权经济学认为,只有产权清晰的商品才可以进入交易市场。而林业碳汇往往因为产权的不清晰形成交易障碍。因此,林业碳汇要进入市场必须要先明晰产权,并通过注册和颁发产权证书加以确定;按照规定的方法学和技术标准实施项目,以保证提供的碳汇产品的合格性以及碳汇信用额度的真实性,然后通过已经建立的交易所按照市场规则和法律制度进行交易。

2. 完善林业碳汇价值核算体系

要增加林业碳汇的生产能力,需要科学地评估碳汇的服务价值,对林业碳汇的功能效益进行以货币为计量单位的评估核核算,为林业碳汇合理定价提供依据,以确保林业碳汇生产者获得与投入相对应的经济收益和补偿。因此,应结合国际经验和我国实践,针对林业碳汇生产投入情况、林业碳汇生产力降低导致的损失、生产林业碳汇对林地经营者造成的损失以及林业碳汇

生产力的增加给社会带来的收益等内容，开展林业碳汇价值核算研究，制定价值核算的技术标准和方法，促进林业碳汇价值核算体系的建立。

五、完善森林生态效益补偿机制的政策建议

（一）探索林业碳汇市场化补偿

林业碳汇是生态产品，在应对气候变化背景下具有了商品的属性，仅仅靠国家补偿是不能满足经济发展对林业碳汇的需要的。而且可交易的林业碳汇，实际上提供的是一个"排放空间"。根据"谁受益、谁补偿"的原则，应该通过市场机制推进碳交易，以弥补国家补偿的不足。以激励林业经营主体开展林业碳汇生产活动，进而促进其发展。因此应对经过审定合格、并获得注册或有关部门备案的林业碳汇项目，在对产生的林业碳汇进行价值核算和合理定价后，准许在交易机构挂牌、交易，以实现以碳汇为主的生态产品的市场化。

（二）引导林业碳汇社会补偿

森林生态效益的受益者是全社会，全社会都有责任和义务参与补偿。林业碳汇社会补偿可通过加强宣传普及气候变化与碳汇知识的方式增强社会责任，引导有消除"碳足迹"、开展"碳中和"和自愿减排意愿的企业、团体和个人，以公益捐助的方式获取碳汇产品进行补偿。中国绿色碳汇基金会就为社会各界搭建了捐资造林增汇、保林减排、扶贫解困、保护环境等这样一个公益平台，资助碳汇营造林项目，使林业碳汇生产者获得一定补偿。

（三）推行林业碳汇分类补偿

不同的森林生态系统生产能力有差异，所产生的林业碳汇内涵也不尽相同，而统一标准的补偿不利于提高林业经营者科学开展营造林活动的积极性。因此应对不同区位、不同地域、不同类型的森林生态系统的碳汇效益进行价值核算，按照所产生的碳汇效益进行分类补偿，以激励林业经营者开展林业碳汇生产活动，增强林业碳汇生产能力。在此基础上，推动其他生态产品逐步进入市场，真正实现生态服务的价值化。为实现十八大三中全会提出的"建立系统完整的生态文明制度体系"做出贡献。

参考文献

高建中. 论森林生态产品——基于产品概念的森林生态环境作用[J]. 中国林业经济，2007
　（3）：108~112

国家林业局. 应对气候变化林业行动计划[M]. 北京：中国林业出社，2009：1~35
国家林业局政府网. 第七次全国森林资源清查主要结果(2004-2008)[EB/OL]. (2010-01-28)[2013-12-26]. http：//www. forestry. gov. cn/
李怒云，冯晓明，陆霁. 中国林业应对气候变化碳管理之路[J]. 世界林业研究，2013(2)：1~7
李怒云. 中国碳汇林业[M]. 北京：中国林业出版社，2007：1~7
欧阳志云，王如松，赵景柱. 生态系统服务功能及其生态经济评价[J]. 应用生态学报，1999，10(5)：635~640
赵树丛. 中国林业发展与生态文明建设[J]. 国土绿化，2013(7)：5~8
中国网. 全国主体功能区规划[EB/OL]. (2011-06-13)[2013-12-26]. http：//legal. china. cn/2011-06/13/content_ 30252168. htm

欧盟碳排放权交易体系第三期的改革及其启示

周茂荣　王　丹　薛进军

一、EU ETS 第三期改革的背景与原因

EU ETS 是欧盟气候政策的基石和核心组成部分。按照欧盟 2003 年 10 月通过的《2003 碳交易指令》(Directive，2003/87/EC)第一条的规定，其目的在于"以成本有效和经济有效率的方式"减少温室气体排放。自 2005 年正式运行以来，在相继经历的 2005~2007 年的"干中学"的试点阶段和 2008~2012 年履行《京都议定书》第一承诺期相应义务的前两个阶段，至少取得了以下令人瞩目的成绩。

其一，作为当今世界第一个由欧盟所有成员国按照"总量—交易"模式组建的碳排放交易体系，EU ETS 本身就是一种制度创新。经过发展和扩充，现已覆盖了 31 个成员①的电力行业及制造业共约 5 000 家企业的 11 500 台设施②，所覆盖领域排放的温室气体(GHG)占欧盟总体排放量的 45%。从其成立到现在，EU ETS 一直是全球最大的碳市场，无论就其交易总量还是交易额衡量，在全球碳市场都始终占有 90% 以上的绝大多数份额。其二，通过赋予碳排放权以价格，使 GHG 排放所造成的社会成本内部化，使减排成为企业日常经营与投资战略的一项考量因素。尽管难以准确测度 EU ETS 对欧盟实现减排目标的贡献，但它所覆盖的每一设施的平均排放额已有所下降，说明 EU ETS 对欧盟《京都议定书》第一承诺期减排目标的实现发挥了一定的作用。其三，EU ETS 催生了一个活跃的碳金融市场，各种与 EUAs 交易相关的期货、期权、对冲与掉期等碳金融衍生产品和相关金融服务，既为所覆盖企业减排和规避风险提供了多种选择，也为金融机构投资提供了新的渠道

---

① EU ETS 成员除包括欧盟的 28 个成员之外，还包括冰岛、挪威和列支敦士登三个欧洲经济区成员。

② 此处数据不包括从 2012 年开始被纳入其中的民用航空业经营者。因其较为特殊，以下内容除专门指明外，均不包括该领域。

和产品,使碳市场更具流动性。其四,通过抵消机制允许经核证的清洁发展机制(CDM)和联合履约(JI)项目产生的减排额进入欧盟碳市场,从而促进了世界其他地区特别是发展中国家的低碳技术开发与低碳投资。此外,EU ETS 的制度设计与运行实践还为世界其他国家和地区构建碳交易体系提供了丰富的经验与教训。

虽然取得了以上所述的诸多成就,在 EU ETS 前两期以高度分权为特征的制度安排的缺陷也充分暴露。欧盟是一个由众多主权国家组成的超国家集团,任何减排行动都必然会直接涉及各国减排责任分担和经济利益,其间的博弈在所难免。在《京都议定书》达成后不久,欧盟曾一度试图通过设立统一的碳排放税以实现减排目标,但因成员的强烈反对而流产,转而在 2000 年提出构建碳排放交易体系方案。为了赢得各成员的政治支持,在较短时间内建立碳排放交易体系,为履行《京都议定书》承诺做准备,欧盟只能按照"辅助性原则"[①]采取分权模式,将更多的自由裁量权赋予各成员。在这种高度分权的体制下,配额总量的设定与配额的分配均由成员国通过国家分配计划(NAPs)来完成,欧盟层面在第一和第二期并不设立统一的配额总量,而只负责对各国 NAP 提出指导性意见和批准各国的 NAP。虽然欧盟委员会对各国 NAP 的审批具有一定纠错功能,但实际上往往显得"笨拙"和力不从心,而且屡屡因此引发与成员国的官司。这种高度分权的制度安排至少给 EU ETS 前两期的运行带来了如下弊端。

其一,配额总量确定中的"囚徒困境"。虽然各成员都明白应该严格控制配额总量,但又都担心这样做会损害本国产业的竞争力,因而力图将本国配额总量最大化。在 EU ETS 建立之初,由于设施层面的排放数据的缺失,各国在制定总量管制与交易制度时主要是基于所覆盖企业根据估计甚至猜测得出的往往被夸大的排放数据,企业之所以会倾向于多报则主要是为减轻履约压力,节约减排成本,一旦有多余配额还可用于出售以获利。

其二,配额的免费分配影响减排效果和扭曲竞争。在第一和第二期,各成员在通过 NAPs 分配配额时,基本上都采取了根据"祖父法则"来免费发放配额的方式。这种根据"祖父法则"免费分配的发放方式,对企业减排有着明显的消极影响:对既有设施中的早期努力减排者会造成"鞭打快牛"的后

---

① 欧盟决策中的"辅助性原则"是指在共享权领域,只有当成员没有充分能力完成行动目标,而出于规模和效果的考虑,共同体能更好地完成时,才由共同体采取行动,否则均应由成员行使权力。

果，会削弱其减排意愿，而高排放的落后设施会继续存在以获得免费配额，对新增设施也不能鼓励其采用减排新技术。此外，还存在因各国分配规则的差异而造成的行业、企业的不公平竞争，因收入分配效应而给某些行业带来"意外之财"，例如电力行业通过提高电价向消费者转嫁减排成本和出售免费获得的多余配额而获得的"意外之财"仅在第二期就高达230亿～700亿欧元[①]。

其三，抵消信用数量限制过于宽松。早在2004年欧盟就通过"链接指令"允许成员国使用清洁发展机制和联合履约机制产生的核证减排单位CERs和ERUs来抵消排放。但该指令并未对京都信用的使用规定数量限制，而由成员在NAP中自行决定。事实上各国对抵消机制的数量限制都非常宽松，仅在第二期的头4年就达549MT。进入EU ETS碳市的信用过多显然成为第一、二期高度分权制度安排的一大缺陷。

慷慨的配额总量设定与分配及宽松的京都信用造成了碳市场配额供需的失衡，配额供应超过排放额的现象在第一期就始终存在，从表1可见整个第一期累计的剩余配额达141MT。这促使欧委会在审批NAPs时将2008年各成员配额总量之和削减了10.4%，从而使2008年配额超过排放额的状况稍有改变。但随着2008年全球金融危机的爆发，特别是随后欧洲主权债务危机的跌宕起伏、久拖不决，欧盟工业生产及其对电力需求持续大幅下降，再加上欧盟在可再生能源应用和能源效率提高方面取得进展，大大减少了GHG排放与对配额的需求，从而使得剩余配额越积越多（见表2）。EU ETS碳市场配额的供给长期超过需求，使得前两期的碳价出现大幅波动（见图1）。早在2006年5月，由于欧盟首次披露上一年的核证排放量低于发放配额，碳价在4个交易日内由每吨30.45欧元降为9.3欧元，跌幅近70%；2007年底，因多余配额不能储存到第二期使用，碳市场现货价格降为0。第二期的碳价在2008年5月达到最高28.95欧元/吨的顶点后便开始下跌，从2009年到2011年秋始终在每吨10～12欧元的低价位徘徊，此后更下跌到不足10欧元/吨。碳价是引导企业实现减排和进行低碳投资的信号，第一、二期碳价的剧烈波动与长期低迷，造成碳价信号失真和扭曲，使EU ETS不仅不能有效约束所覆盖行业的当期排放，更不利于其进行低碳技术研发与低碳投资，降低了EU ETS的动态效率。正是在这种背景之下，欧盟决定在第三期

---

① http://www.carbontradewatch.org/downloads/publications/ETS_briefing_april2011.

对 EU ETS 进行重大改革。

表1 2005～2007年 EU ETS 配额过剩情况　　　　单位：百万吨

	2005	2006	2007	总计
发放的配额总量	2096	2072	2079	6247
经核证排放额量	2014	2036	2056	6106
剩余配额	82	36	23	141

表2 2008～2011年 EU ETS 配额过剩情况　　　　单位：百万吨

	2008	2009	2010	2011	总计
发放的配额与京都信用额	2076	2105	2204	2336	8721
其中：京都信用额	82	81	134	252	549
核证排放额	2100	1860	1919	1886	7765
剩余配额	-24	244	285	450	955

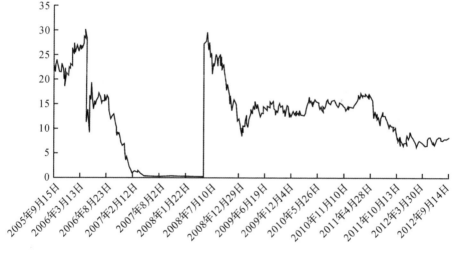

图1 2005～2013年 EU ETS 现货市场 EUAs 价格（欧元/吨）

二、第三期改革的主要内容与前景

为充分发挥 EU ETS 的减排潜力，促使欧盟经济向低碳转型，欧委会在对其运行情况进行充分评估后，于2008年1月提出了修改议案。2009年4月，欧盟通过《改进和扩大欧盟温室气体排放配额交易机制的指令》（简称《2009年修订指令》），为第三期的改革奠定了法律基础。根据该指令，EU ETS 第三期时限为2013～2020年，改革重点是将原来由成员享有的自由裁量权集中到欧盟层面,使其制度结构从分权走向协调统一,其主要内容如下。

(一) 配额总量改由欧盟统一确定

EU ETS 第三期的配额总量不再由成员通过 NAPs 分散设定,而是由欧盟统一确定。在确定配额总量前,欧盟首先对覆盖行业和非覆盖行业的减排责任做了划分。在第一、二期的高度分权体制下,成员自行制定 NAPs 时,为照顾本国行业利益,往往划分给覆盖行业的减排责任反而比未覆盖行业的减排责任低,这种划分显失公平,而且在经济上缺乏效率,因为一般而言未覆盖行业减排成本相比覆盖行业要高。为了使减排成本最低,改革后按效率原则予以划分,使两者承担的减排责任刚好与各自的边际减排成本相等。按照欧盟单方面承诺的减排目标[①],2020 年整体排放水平相比 2005 年下降 14%,其中覆盖行业需减排 21%,而未覆盖行业则需减排 10%。EU ETS 的减排总量确定之后,还需将这 21% 的减排目标在年度之间加以划分。第三期采取的方式是首先根据 2008~2012 年签发的配额总量的平均水平确定 2013 年的初始总量,此后每年按 1.74% 的比例线性递减。

(二) 分配模式改为以拍卖为主

根据《2009 年修订指令》,第三期的配额分配权力也从成员集中到了欧盟,分配的模式则改为以拍卖为主。电力行业的配额将全部通过拍卖获得。由于担心立即采取完全拍卖方式可能会导致碳泄漏[②]和沉淀成本[③]问题,所以对那些面临碳泄漏的行业将继续在第三期免费发放 100% 的配额,但碳泄漏行业的具体名单需经欧委会按一定标准评估、认定和公布。对上述行业以外的既有设施则采取逐步过渡的办法。在过渡阶段将继续向其免费发放部分配额,配额数量将采用基准法计算得出,行业基准值为所在行业碳效率最高的 10% 设施排放的平均值,基准值与设施产出量的乘积即为该设施能获得的全部配额。2013 年将对此类设施免费发放全部配额的 80%,随后每年等量递减,到 2020 年将只有 30% 的配额免费发放,2027 年后将全部通过拍

---

① 欧盟 2009 年单方面承诺的减排目标是 2020 年的温室气体排放比 1990 年下降 20% (在其他主要经济体积极减排情况下这一目标可提高至 30%),如将基础年从 1990 年改为 2005 年,其整体减排水平则为 14%。

② 碳泄漏(carbon leakage)是指承担减排义务的国家的减排行动导致不承担减排义务国家排放增加的现象。

③ 沉淀成本(sunk cost)指 EU ETS 建立前的投资和建立后碳价格导致的利润下降所引起的成本。

卖。《2009年修订指令》还对新入和退出设施制定了统一规则。按新规则，预留给新入者的配额最高限为欧盟配额总量的5%，分配办法将与同类既有设施的过渡措施保持一致；第三期停止运行的设施将不能获得免费配额。此外，《2009年修订指令》还就各成员拍卖配额的比例、拍卖收入的使用及拍卖的具体规则与程序做了统一规定。

（三）限制抵消信用的使用

EU ETS第三期将延续抵消机制，允许第二期剩余的信用转换为第三期配额，其中包括2012年底前已产生的信用和2013年前完成项目注册而在2013年后产生的信用。而对2013年后的国际信用项目，第三期只认可东道国为最不发达国家的CDM项目及与欧盟签订了双边协议国家的项目。此外，第三期将允许成员向其境内未被EU ETS覆盖行业的减排项目签发信用配额。鉴于第一、二期抵消机制的数量限制过于宽松加剧了配额过剩，第三期力图进行严格控制。对既有设施，允许使用的抵消信用最高为11%，对新入设施允许使用的信用则不高于排放量的4.5%。在欧盟整体层面，允许使用的信用总量不能超过所有减排总量的50%。

（四）强化欧盟层面的管理职能

随着第三期的制度结构趋于协调统一，《2009年修订指令》从三方面强化了欧盟层面的管理职能：一是授权欧委会制定统一的MRV条例，以消除此前各国在监测与报告上的差异。同时，为规范核查和加强对核查者的管理，促进欧盟核查、认证服务统一市场的发展，要求欧委会专门制定核查与核查者资质条例。二是建立单一的欧盟注册处，改变此前注册登记系统由各成员国注册处和共同体独立交易日志共同组成的局面，避免配额被盗、重复使用和被黑客入侵等现象再次发生。三是设立应对碳价波动的机制，授权欧委会在认为碳市场表现不佳时，提出相应改进建议。

为增加减排机会和降低管理成本，第三期还对覆盖范围进行了扩大和优化，在新纳入一些行业与温室气体的同时，排除了大约6300个小型设施和小型技术单位。

上述各项改革无疑使第三期的制度安排比前两期显得更为完善，但长期存在的配额供需失衡问题并未解决，反而变得更为严重。究其原因，则有供给超量和需求萎缩两方面因素，其中最重要的因素是宏观经济形势改变打破了当初对配额供求关系的预期。如上所述，经过第三期改革之后由欧盟统一设定的配额总量是在2013年总量基础上每年递减1.74%。这一原本严格而又明确的配额总量，是在2009年做出的，当时预期欧盟2005～2020年经济年均增长率为2.4%，在此基础上通过对覆盖行业所应承担的减排责任而计算得出。但受2009年底开始的欧债危机的拖累，欧盟经济增长率已远不如当初的预期，覆盖行业的排放量也相应大幅下降，这使配额总量由于锁定而不再严格。再加上欧盟所设定的2020年可再生能源使用率和能效各提高20%目标的逐步实施对配额需求带来的冲击，都为第三期配额的过剩埋下了制度根源。

此外，向第三期过渡过程中的一些特殊因素又进一步加剧了配额的过剩：首先，在第一、二期积累的大量剩余配额将可跨期储存到第三期继续使用。正如表1所示，到2011年底剩余配额已高达9.55亿吨，2012年底这一数额更高达14亿吨；其次，各成员从自身利益出发，在向第三期过渡前抓紧拍卖了尚未发放的1亿吨配额，包括为新入者所保留的配额，同时还提前拍卖了第三期的部分配额以满足套期保值需要，仅在2012年第四季度提前拍卖的第三期配额即达1.2亿吨；此外欧洲投资银行还在2011年底到2013年先后出售了总共3亿吨配额来为碳捕捉与储存及可再生能源示范项目（NER300）筹资[1]；再次，规则改变使一部分抵消信用在第三期将不能再使用，也促使各国允许企业将破纪录数量的抵消信用投放入碳市场。

在上述因素的作用下，2013年初第三期开始时的过剩配额便由一年前的近10亿吨猛增一倍，达到近20亿吨。更为严重的是，如果不能采取强有力的举措，这种为数庞大的结构性的过剩配额将在整个第三期始终存在（见图2 德意志银行等三家欧洲著名机构对第三期配额过剩情况的预测）。如此严重的配额过剩在短期内将逐渐损害欧盟碳市场的有序运行，从长期来看则有可能使欧盟无法实现既定的减排目标。进入第三期一年多以来，由于EU ETS碳价屡创2008年以来的新低，交易量也从2012年的107亿吨降为2013年的92亿吨，这是其成立以来交易量的首次下降。这种量价齐跌的局面招致了欧盟内外对EU ETS减排作用的诸多质疑。

面对EU ETS的重重困境，欧委会早在2012年就试图从短期和中长期两方面来解决配额严重过剩问题。作为短期应对举措，欧委会建议将2014～2015年总共900MT配额推迟到第三期最后两年再拍卖（Back-loading）；建议

---

[1] 此处数据引自EUROPEAN COMMISSION：COMMISSION STAFF WORKING DOCUMENT，*Information provided on the functioning of the EU Emissions Trading System, the volumes of greenhouse gas emission allowances auctioned and freely allocated and the impact on the surplus of allowances in the period up to 2020*。

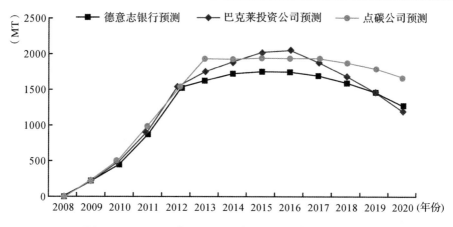

图2 2008~2020年EU ETS的配额过剩情况描述与预测

的中长期措施则是对EU ETS进行结构改革,其中包括6个选项:提高2020年减排目标,取消第三期的部分配额,修订第三期的年度减排因子,将更多部门纳入交易体系,进一步限制抵消机制及对碳价加强调控。然而,由于涉及各方利益关系的调整,特别是工业部门担心增加成本而在欧洲议会开展院外游说,致使欧委会关于推迟拍卖的建议在提出一年多后几经反复才得以通过,但从长远看,这些被推迟到第三期最后两年才拍卖的配额会不会对此后配额的供求带来更为严重的失衡远未可知。至于对其进行结构性改革的建议,尚在争论之中,其间的博弈将更激烈,难度将更大,耗时会更长。

这里需要附带指出的是,由于EU ETS第三期对抵消机制进行严格限制,特别是规定2013年之后新批准的CDM项目的东道国只能是最不发达国家,这对CDM市场造成严重冲击。自2002年CDM市场问世以来,中、印等5个新兴经济体供应的份额一直占90%以上,而欧盟则是最主要的接受方,由于欧盟规则的改变,CDM项目已难于吸引新的投资,2013年CDM市场的价格已不足50美分/吨,5年内价格下降了98%,交易额下降了96%,CDM市场的迅速萎缩对全球碳市场的发展绝非福音。

三、EU ETS第三期改革对中国构建碳市场的启示

中国政府在"十二五"规划中明确提出要"积极应对全球气候变化,逐步建立碳排放交易市场"。2011年11月国家发改委决定在7省市开展碳排放交易试点,旨在为2015~2016年构建全国性的碳排放交易体系做准备。现在,各试点的设计方案均已公布,多数试点已开始交易,据测算,这7个试

点省市的年总量规模将达到 7 亿~8 亿吨，将成为仅次于 EU ETS 的全球第二大碳市场。尽管各国经济发展水平及产业结构特点互有不同，但所有试点毫无例外地都采用了"总量—交易"模式，在配额总量的设定与分配及其他相关制度架构上更多地参考甚至直接沿用了 EU ETS 第一、二期的某些做法。这就很自然地使人担心其能否有序运行并发挥减排作用。为此，很有必要借鉴 EU ETS 近 10 年的运行特别是第三期改革的经验和教训，其中以下几点尤为重要。

第一，合理设定配额总量。稀缺性是碳排放权具有价值的基础，也是碳交易市场得以建立的前提条件。EU ETS 运行近 10 年的经验说明，如果设定的配额总量超过 GHG 排放量以致配额大量过剩，不仅使覆盖企业失去减排压力和动力，影响低碳投资，还会造成碳市场供求关系的失衡和碳价的下跌。目前中国 7 个交易试点虽不存在 EU ETS 第一、二期那样由于分权而造成配额过多的问题，但因企业普遍缺乏排放数据，只能根据能源使用量加以推算，一方面由于能源数据本身往往并不准确，另一方面也由于企业从自身利益出发往往倾向于多报，再加上中国所承诺的减排目标及分解到各省市的也是单位 GDP 排放量下降的相对指标而非 GHG 绝对量的减少，所有这些因素都增加了确定配额总量的难度。无论是在试点阶段还是在今后构建全国性碳交易体系时，如何根据国家总体减排目标和对经济增长的预期，合理设定配额总量将始终是中国碳市场建设中的首要挑战。

第二，科学合理分配配额。配额的分配直接关系减排成本的均等化和碳市场运行的效率。配额的分配可采用免费、拍卖及二者混合三种方式，通常认为拍卖分配的效率最高，所以 EU ETS 第三期改革后主要采取拍卖分配的方式。目前中国 7 个试点省市出于减少企业对参与炭交易体系的抵触情绪，避免因拍卖增加成本而削弱本地企业竞争力的原因，故在对企业分配配额时，尽管计算方法上稍有差别，但基本上是根据"祖父法则"即历史排放量免费分配的方式，只有少量配额采取拍卖发放。这种与 EU ETS 第一、二期相类似的分配方式将不可避免地造成竞争扭曲和低效率。为此，应在碳市场建立起来、具有经核证的企业排放数据之后，尽快逐步扩大通过拍卖发放配额的比例，待条件成熟时适时全部取消免费发放。

第三，在保证市场机制发挥作用的前提下，政府应对碳价过度波动加以调控。从本质上看，碳市场是一个由政府人为建立起来的市场，旨在弥补市场失灵造成的"公地悲剧"，即工业革命以来不受限制地排放 GHG 使得全球气候变暖。作为基于市场的环境政策工具之一,碳交易体系通过碳价格信号引导私人做出行为决策以达到减少 GHG 排放的目的。虽然碳市场和其他市场一样,价格最终取决于供求关系,但其赖以建立和发挥作用的前提——稀缺性、强制性、稳定性都取决于政府决策。除了碳市场的制度安排之外,碳价还容易受到经济活动、能源价格、天气条件等多种因素的影响,因此碳价的波动具有必然性。然而,碳价的过度波动,会使价格信号失真,不利于碳市场作用的发挥,因此需要政府对此加以调控。EU ETS 第一、二期未设置相应的价格调控机制,第三期改革虽然赋予欧委会以一定调控权,但决策依然缓慢而低效,以致碳价长期剧烈波动并一直处于低迷状态,使 EU ETS 的作用大受影响。中国在构建碳交易市场的过程中,既要吸取 EU ETS 的教训,建立必要的价格调控机制,又要防止政府过度干预甚至依靠政府"撮合"来完成交易的做法,只有在确保市场机制发挥作用的前提下,政府加以适度干预并把握好调节和干预的时机、力度与手段,才能更好地发挥碳交易市场的作用。

第四,制定正确的储存与信用政策,对维持碳市场的稳定运行至关重要。碳交易体系中的配额储存和信用机制的目的都在于降低企业的减排成本和激发其他投资者参与炭交易的积极性,EU ETS 第一期允许配额持有者跨年储存但不允许将第一期的配额储存到第二期使用,其意在于防止第一期试错阶段的失误"外溢"到第二期,结果使 2007 年底现货价格下跌为零。在向第三期过渡时,由于允许跨期储存又造成第三期配额大量过剩。与此同时,EU ETS 在信用政策方面的改变也给其稳定运行及 CDM 市场带来了严重冲击。这些都成为中国碳交易试点及构建全国性碳交易体系的前车之鉴,目前中国的 7 个碳交易体系试点在覆盖范围、纳入标准与企业数目、配额总量设定与分配、交易规则及登记制度等方面都存在差别,在向全国性碳交易体系过渡过程中保持市场的稳定性,将是一个亟待深入研究的课题,否则将会面临两难困境:如果允许储存将使各试点省市不同"含金量"的配额在同一市场交易,显失公平;如果不允许储存则很可能使企业所获配额丧失价值,碳价跌为零。一旦出现碳价为零的情况,给中国碳市场建设带来的负面影响将远超 EU ETS,原因是欧盟存在一个与碳交易相关的碳金融市场,大量碳金融市场投资者的投资需求,可使现货市场价格为零时其他交易仍在进行。相比之下,由于金融监管能力有限,中国的碳金融市场远未建立,7 个碳交易试点的交易品种以现货交易为主,一旦碳价下跌为零,将很可能使其一蹶不振。为使中国碳交易体系的运行稳定而有序,除了使分期实施的政策连贯与具有衔接性之外,还要加强与碳市场建设相关的立法力度并建立和执行奖惩分明的激励与约束机制。

参考文献

[1] A. Denny Ellermanand Barbara K. Buchner, "The European Union Emissions Trading Scheme: Origins, Allocation, and Early Results", *Review of Environmental Economics and Policy*, Volume 1, Issue 1(2007), winter.

[2] Centre for European Policy Studies: *Does the ETS Market Producethe "Right" Price Signal*, Report of the Cepstask Force, Brussels, 2012.

[3] Christian de Perthuisand Raphaël Trotignon, *The European CO_2 Allowances Market: Issues in the Transition to Phase III*, Information and Debates Series of Paris-Dauphine University, March 2012.

[4] European Commission: *The State of the European Carbon Market in* 2012, Report Fromthe Commission tothe European Parliamentand the Council, Brussels, 14.11.2012.

[5] Joseph E. Aldy and Robert, N. "Stavins: The Promise and Problems of Pricing Carbon: Theory and Experience", *The Journal of Environment Development*, April 2012.

[6] International Emissions Trading Association(IETA): 2013 Greenhouse Gas Market Report, http://www.ieta.org/ghgmarket2013.

[7] Point Carbon Advisory Services: *EU ETS Phase II-The Potential and Scale of Windfall Profits in the Power Sector*(A report for WWF, March 2008).

[8] Richard Scotney, Sarah Chapman, Cameron Hepburn, Cui Jie: *Carbon Markets and Climate Policy in China*(ClimateInstitute, October 2012).